W0376161

Thieme

Zellbiologie

Helmut Plattner · Joachim Hentschel

2., überarbeitete und erweiterte Auflage

255 Abbildungen
23 Tabellen

Georg Thieme Verlag
Stuttgart · New York

Prof. Dr. Helmut Plattner
Biologische Fakultät
der Universität
Universitätsstr. 10
78434 Konstanz

Dr. Joachim Hentschel
Biologische Fakultät
der Universität
Universitätsstr. 10
78434 Konstanz

Die Deutsche Bibliothek –
CIP Einheitsaufnahme

Ein Titeldatensatz für die Publikation ist bei Der Deutschen Bibliothek erhältlich

1. Auflage 1977

Rüdigerstraße 14
D-70469 Stuttgart
Telefon: +49/0711/8931-0
Homepage: http://www.thieme.de

Printed in Germany

Umschlaggestaltung: Thieme Verlagsgruppe
Zeichnungen und Umschlaggrafik:
Ruth Hammelehle, Kirchheim/Teck
Satz: epline, Kirchheim/Teck
Druck: Appl, Wemding
Buchbinder: Großbuchbinderei Monheim, Monheim

ISBN 3-13-106512-5 1 2 3 4 5

Vorwort zur 2. Auflage

Vielen sind wir zu Dank verpflichtet: den zahlreichen Studierenden, die dieses Einführungswerk so gut angenommen haben und uns wertvolle Anregungen für eine zweite Auflage gaben, sowie den zahlreichen Fachkollegen, die uns mit ihrer ermutigenden, fast durchweg positiven Kritik beinahe überraschten. Bei einem Lehrbuch für Anfänger mußten wir Mut zur Lücke oder manchmal auch zur Vereinfachung aufbringen. Viele Anregungen haben wir in der Neuauflage berücksichtigt. Vorschläge, die den Charakter eines gut lesbaren Lehrbuches für Anfänger substantiell verändert hätten, wurden nicht aufgenommen. So legen wir weiterhin Wert darauf, Bau und Funktion der Zelle - vom Molekül bis zum lichtmikroskopischen Niveau – unter Einbeziehung des notwendigen Grundverständnisses kongruent zu erklären. Die Beibehaltung der zahlreichen Mikrographien und deren Umsetzung in parallele Schemata dient weiterhin diesem Zweck. Ebenso wollten wir auch dieses Mal – trotz vieler Herausforderungen – kein Lamento aufziehen, dass eigentlich alles viel komplizierter sei. Zwar hätten wir gerne neue, auch medizinische Aspekte eingearbeitet, aber es sollte doch ein gut lesbarer Einstieg in die Grundlagen des Fachgebietes bleiben.

Wir haben erkennbare Unzulänglichkeiten der 1. Auflage korrigiert und Fehler beseitigt. Manchmal stellten sich trotz umfangreichen Studiums der Primärliteratur einzelne etablierte Aspekte überraschend als falsch heraus, so z. B. die von uns in die 1. Auflage übernommene Lokalisierung von Rubisco, wobei wir uns auf frühere Arbeiten in führenden Zeitschriften verließen; und manchmal verändern sich die Ansichten eben – das macht ja gerade den Fortschritt aus.

Darüber hinaus wurden die weiterführenden Literaturhinweise aktualisiert, der Index im Umfang wesentlich erweitert und ein neues, relativ umfangreiches Kapitel über die Pflanzenzelle eingearbeitet. Für dieses Kapitel ließen uns Frau Prof. Dr. Ilse Foissner (Botanisches Institut, Univ. Salzburg), Herr Prof. Dr. Kurt Mendgen (Fachbereich Biologie, Univ. Konstanz) und insbesondere Herr Prof. Dr. Gerhard Wanner (Botanisches Institut, Univ. München) Rat und Hilfe zuteil werden, wofür wir uns herzlich bedanken. Selbstverständlich gehen aber eventuell verbleibende Unzulänglichkeiten auf unser eigenes Konto.

Die Neuauflage präsentiert sich nun im Vierfarbdruck. Grafiken, Formelbilder sowie die Technikboxen wurden überarbeitet und angepasst. Last but not least wurde das Layout völlig neu gestaltet und der Text übersichtlicher strukturiert. In diesem Zusammenhang gebührt unser Dank insbesondere Frau Margrit Hauff-Tischendorf und Ihrem Team vom Georg Thieme Verlag sowie der Fa. epline (Frau Ruth Hammelehle, Grafik, Herr Bernhard Walter, Satz).

Wenn Sie sich über unsere eigene Forschungs- und Lehrtätigkeit informieren wollen, besuchen Sie uns im Internet unter www.uni-konstanz.de (Sektionen & Fachbereiche → Mathematisch-Naturwissenschaftliche Sektionen → Biologie → Plattner Laboratory).

Hoffentlich erfüllt diese 2. Auflage noch besser unseren Wunsch, junge Menschen mit Interesse für Biologie an das faszinierende und aktuelle Fachgebiet der Zellbiologie heranzuführen. Wir bitten weiterhin um Anregungen und Kritik.

Konstanz, im Januar 2002 Helmut Plattner und Joachim Hentschel

Inhaltsverzeichnis

1 Der lange Weg der Zellenlehre zur modernen Zellbiologie

Die Entwicklung der Zellbiologie ist von einem steten Wechselspiel zwischen methodischer Entwicklung und Formulierung neuer Probleme gekennzeichnet. Dabei werden sehr verschiedenartige Methoden aus Physik, Chemie, Immunologie, Genetik etc. kombiniert, um zu einem integrierten Verständnis der Zelle als elementarem Baustein des Lebens zu gelangen. Der Fortschritt der Zellbiologie hat die menschlichen Lebensbedingungen nachhaltig beeinflusst.

Großen Entdeckungen gehen meistens große Erfindungen voraus. Da Zellen im Allgemeinen zu klein sind, als dass man sie mit bloßem Auge sehen könnte, bedurfte ihre Entdeckung der Erfindung des Mikroskops – oder wenigstens der Lupe. So konnte in den 60er Jahren des 17. Jahrhunderts Robert Hooke in Oxford an dünn geschnittenem Korkgewebe von Pflanzen erstmals „little boxes" (kleine Kammern) oder auf Latein „cellulae" wahrnehmen (Abb. 1.**1**). Eigentlich waren die Strukturen, die er sah, nur die toten Hüllen der Pflanzenzellen, nämlich die verkorkten Zellwände. Immerhin reichten die gesammelten Beobachtungen für ein Buch, welches Hooke 1665 unter dem Titel „Micrographia" in London publizierte (Abb. 1.**2**).

Eigentlich sollte Hooke Luftpumpen für seinen Chef, einen ernsthaften Physiker, bauen – der Mikroskopbau war nur sein Hobby. Zwei Linsen hatte er in einer Röhre in geeignetem Abstand angebracht, ganz wie dies heute noch beim „zusammengesetzten Mikroskop" üblich ist, und erreichte so eine ca. 30-fache Vergrößerung. Hooke war nicht der Erste, der auf die Idee gekommen war, ein Vergrößerungsgerät aus zwei Linsen anzufertigen. So baute Galileo Galilei nicht nur Fernrohre für die Beobachtungen der Planeten und deren Monde, sondern er hatte bereits 1624 ein Mikroskop vorgestellt, „per vedere da vicino le cose minime" (um die kleinsten Dinge aus der Nähe zu sehen). Verwendung aber fanden diese Geräte bestenfalls bei reichen Leuten, um nachzusehen, wie jene Marterwerkzeuge von lästigen Stechinsekten aussehen, von denen sie geplagt wurden. Lupen und Mikroskope dienten also zu jener Zeit lediglich als „Flohgläser". Die Zeit war noch nicht reif, nach Bausteinen des Lebens zu suchen, das Problem war noch nicht erkannt und niemand stellte die entscheidenden Fragen.

Fast niemand. Eine Ausnahme war der holländische Leinenhändler Antony van Leeuwenhoek (Löwenhuk gesprochen) in Delft, ein Zeitgenosse Hookes. Sein Mikroskop war nur eine einfache Linse aus Eigenfertigung, allerdings nach sorgsam gehütetem Geheimnis so geschliffen, dass der Farbfehler (chromatische Aberration) bereits weitgehend korrigiert war und eine ca. 100 fache Vergrößerung erreicht werden konnte. Die wenige Millimeter große Linse war in der Bohrung eines Blechstücks befestigt und darüber war eine einfache Objekthalterung angebracht. Van Leeuwenhoek war wohl der Erste, der le-

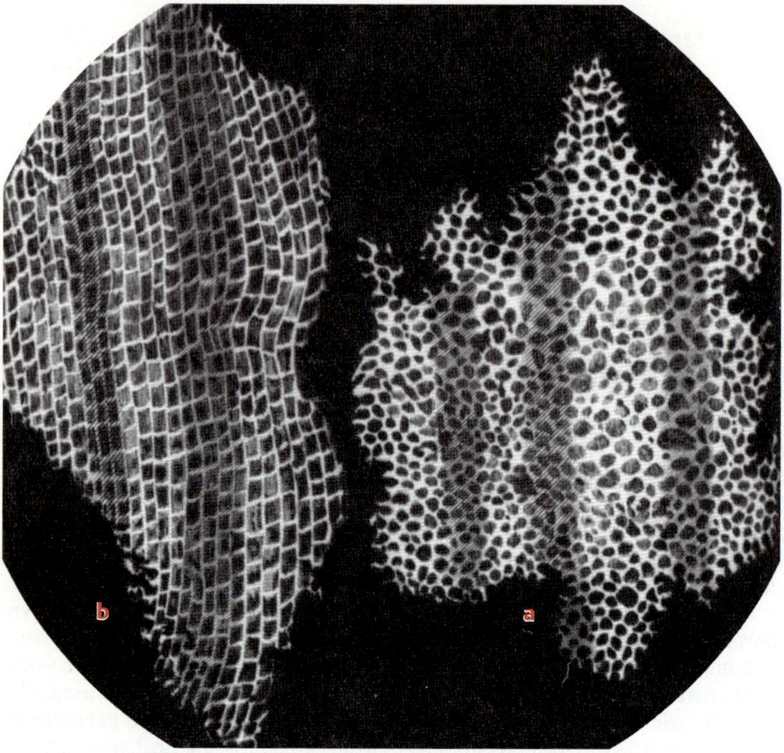

Abb. 1.1 Die „cellulae“ von pflanzlichem Korkgewebe: **a** Querschnitt, **b** Längsschnitt, wie sie Robert Hooke 1665 erstmals in seinem Werk „Micrographia“ abgebildet hat.

bende Zellen wahrgenommen hat: Protozoen (aus Tümpelwasser), Blutzellen und Samenzellen (Spermatozoen). Er beobachtete, wie diese sich mit ihrem Schwanz schlängelnd fortbewegen und nannte sie „animalculae“ (Tierchen). Unübersehbar war, dass diese Zellen mit einem Saft gefüllt sind. Gelegentlich konnte er eine kompaktere Innenstruktur, den Zellkern, wahrnehmen. Van Leeuwenhoeks Beobachtungen fanden ein offenes Ohr bei der Britischen Royal Society und in ihrem Publikationsorgan (Proceedings) kam van Leeuwenhoek häufig zu Wort.

Erstaunlich ist dann die absolute Funkstille über mehr als 150 Jahre. Erst ab 1838 kann man eigentlich vom Beginn der Zellenlehre sprechen. Der deutsche Botaniker Matthias Schleiden erkannte, dass Pflanzen aus Zellen aufgebaut sind, aus einer Unzahl von Zellen, da diese nur ca. 20 bis 50 µm groß sind.

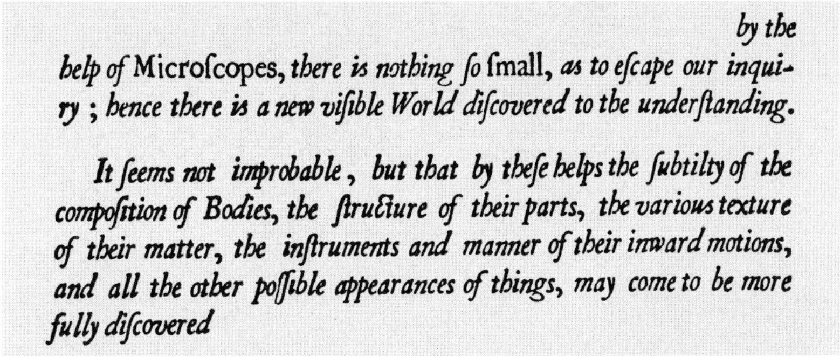

by the help of Microſcopes, *there is nothing ſo* ſmall, *as to eſcape our inquiry ; hence there is a new viſible World diſcovered to the underſtanding.*

It ſeems not improbable, but that by theſe helps the ſubtilty of the compoſition of Bodies, the ſtructure of their parts, the various texture of their matter, the inſtruments and manner of their inward motions, and all the other poſſible appearances of things, may come to be more fully diſcovered

Abb. 1.**2** Textausschnitt aus der „Micrographia" (1665) von Robert Hooke. Seine Weitsicht ließ ihn bereits erkennen, wie bedeutsam die enge Verflechtung von strukturellen und funktionellen Aspekten (engl.: inward motions) einmal sein würde. Damit hat er ein immer noch gültiges Grundanliegen der Zellbiologie vorweggenommen.

Wieder kam, wie schon in den Uranfängen, die klare Umgrenzung der pflanzlichen Zellen durch eine Zellwand dem Beobachter zu Hilfe. An tierischen Geweben war Derartiges noch nicht gesichtet worden – noch nicht, aber die Vermutung lag nahe. So überzeugte Schleiden einen Kollegen aus der Zoologie, die Allgemeingültigkeit seiner Hypothese vom zellulären Bau der Organismen an tierischen Geweben zu überprüfen (Abb. 1.**3**).

Schon 1839 konnte Theodor Schwann sein Werk vorlegen, welches den Titel trägt: „Mikroskopische Untersuchungen über die Übereinstimmungen in der Struktur und dem Wachsthum der Thiere und Pflanzen". Die Hypothese war zur Theorie gereift – die Zellentheorie. Bald wurde die Zelle als Bau- und Funktionseinheit der Organismen im modernen Sinn definiert. So schrieb Max Schultze im Jahre 1861: „Die Zelle ist ein mit den Eigenschaften des Lebens begabtes Klümpchen Protoplasma, in welchem ein Kern liegt".

Es ist aus heutiger Sicht unverständlich, wie leicht man damals mit dem Begriff „Leben" umging. Immer noch dominierte die Ansicht, einfaches Leben – also auch die Zelle – könnte jederzeit in fauligem Wasser oder in Abfall spontan entstehen (Urzeugung, „generatio spontanea"). Nichts hatten die Einwände einiger scharfsinniger Denker gefruchtet, wie etwa die des französischen Gelehrten Voltaire, welcher sich im Kapitel über die Wissenschaften in seinem Werk „Le siècle de Louis XIV" bereits 1751 mit erstaunlicher Sicherheit geäußert hatte: „Die Fäulnis gilt nicht mehr als Erzeuger der Tiere und Pflanzen".

Erst das Diktum des deutschen Mediziners Rudolf Virchow: „omnis cellula e(x) cellula" (jede Zelle entsteht aus einer Zelle) brachte 1855 die endgültige Trendwende. Das Mikroskop gestattete nun auch, Bakterien von verschiedener Form und Größe, allerdings oft knapp an der Auflösungsgrenze, zu erkennen. Auch wurden Bakterien erstmals als pathogene Keime realisiert. Aber immer

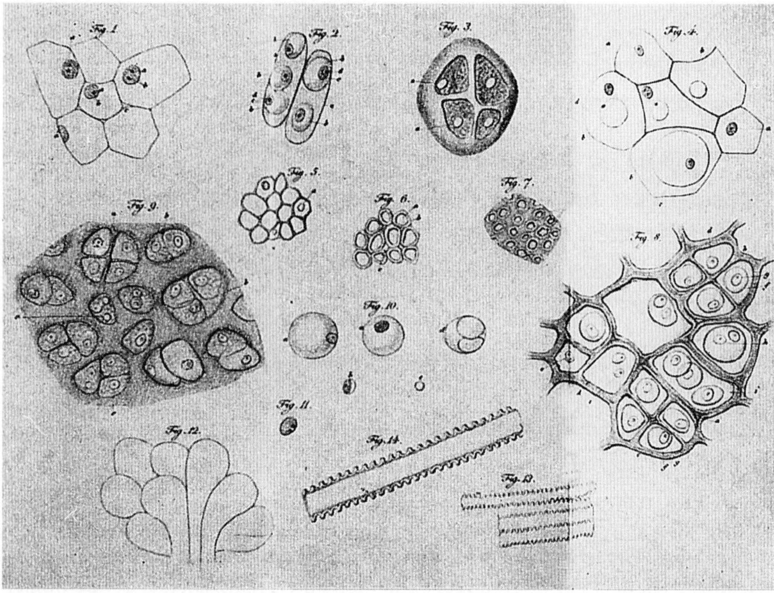

Abb. 1.**3** Abbildung aus Theodor Schwanns Werk (1839), in dem er erstmals dokumentierte, dass tierische ebenso wie pflanzliche Gewebe aus Zellen aufgebaut sind.

noch schwelte die Vorstellung von der spontanen Entstehung wenigstens von „primitivem“ Leben, als welches man etwa Würmer und schon gar die von Leeuwenhoek gesichteten kleinen Einzeller angesehen hatte. Man glaubte immer noch, sie entstünden ganz einfach, wenn ein Kadaver verfault oder wenn eine Fleischbrühe verdirbt: „Man kann doch zusehen ...“

Nun galt es, den Gegenbeweis zu erbringen. Louis Pasteur trat an. Er argumentierte leidenschaftlich vor großem Publikum in Paris, dem er seine Experimente vorführte, nicht ohne auch seine Kontrollexperimente zu zeigen: Ein offenes Gefäß mit Fleischbouillon zersetzte sich binnen weniger Tage in eine stinkende Brühe. Dieselbe Bouillon, ausreichend erhitzt und aufbewahrt in einem geschlossenen Gefäß, war noch nach Tagen appetitlich. Noch heute wenden wir das Prinzip des Pasteurisierens an, etwa um Frischmilch haltbar zu machen. Am Luftabschluss konnte es nicht gelegen haben, denn Pasteur konnte „seinen“ Effekt auch mit Glasgefäßen zeigen, welche oben nicht ganz verschlossen, sondern in ein langes, offenes, schräges Rohr ausgezogen waren, den Zutritt von Bakterien erschwerend (Abb. 1.**4**). Daraus leitete er folgende Schlüsse ab: In der Luft schwirren „Keime“ herum, welche sich in geeignetem Substrat vermehren. Diese Keime entstehen nicht spontan. Also stand es auch für Bakterien fest, dass es eine spontane „Urzeugung“ nicht gibt.

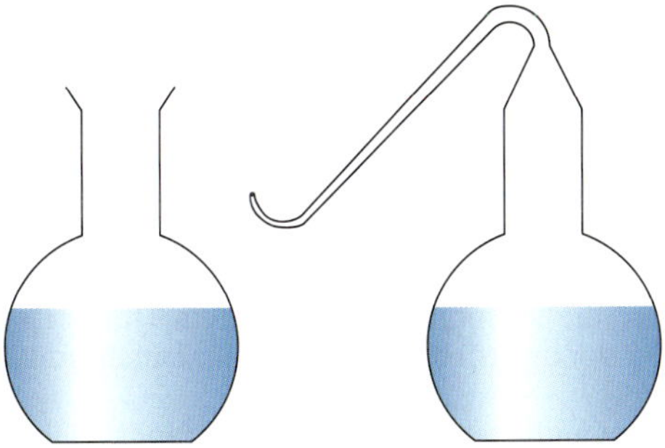

Abb. 1.**4** Louis Pasteurs Versuchsanordnung aus Glaskolben mit Nährbouillon. Mit dieser Anordnung hat er um 1850 endgültig die spontane Entstehung von fäulniserregenden Mikroorganismen widerlegt. Die Bouillon im offenen Gefäß links zersetzte sich, nicht dagegen jene im Gefäß rechts, dessen lang ausgezogener Hals zwar die Luftzufuhr, nicht jedoch den Zutritt von Bakterien erlaubte.

Damit hätte man sich zufrieden geben können. Inzwischen aber hatte man gelernt, aus dem naturwissenschaftlichen Fortschritt Nutzen zu ziehen. Der Boden war schon um 1600 durch den englischen Philosophen des Empirismus, Francis Bacon, mit seinem Leitmotiv „Knowledge is power" gelegt worden. Je mehr sich in den folgenden zweieinhalb Jahrhunderten die Kenntnisse über die Natur anreicherten, desto mehr trachtete man, die Früchte zu ernten. So erkannte Justus v. Liebig ab 1804, allerdings unter anderen Namen, Proteine (Eiweiße), Lipoide (Fettstoffe) und Polysaccharide (Zucker), als wichtige Stoffklassen der Organismen und vergrößerte den Einfluss der chemischen Denkweise in der Biologie durch seine wichtigen Untersuchungen zum Mineralstoffbedarf der Pflanzen. Das Resultat war Mineralstoffdünger für größere landwirtschaftliche Erträge. Im Jahre 1859 verkündete der Physiologe Hermann Helmholtz bei einem Tagungsvortrag zum Thema „Über das Ziel und die Fortschritte der Naturwissenschaft" in Innsbruck: „Das schon geleistete mag die Erreichung weiterer Fortschritte verbürgen... Dass diese Richtung des wissenschaftlichen Strebens eine gesunde ist, haben namentlich ihre praktischen Folgen deutlich erwiesen". Damit meinte er die neue, messende, experimentelle Biologie mit dem Einsatz neuer physikalischer und chemischer Methoden. Man versuchte also ab damals systematisch, naturwissenschaftliches Wissen in die Praxis umzusetzen, auch in der Biologie. Ja, die Gesellschaft erwartete dies geradezu als „Bringschuld der Naturwissenschaften" – ein Schlagwort, das allerdings erst in unserer Zeit von einem bekannten deutschen Politiker geprägt wurde. Die wissenschaftlichen Voraussetzungen und die gesellschaftliche Akzeptanz waren gegeben. Fortan erblühte die Zellbiologie, neue Forschungsstätten wurden gegründet.

Wir können für die beachtlichsten Früchte, welche es nun zu ernten gab, vor allem zwei Wissenschaftler als Kronzeugen anführen: Den bereits erwähnten Louis Pasteur (nach welchem ein großes Forschungsinstitut in Paris benannt ist) und Robert Koch in Berlin (mit gleichnamigem Institut). 1865 gelang Pasteur der erste Nachweis, dass ein Mikroorganismus pathogen sein kann. Zwar handelte es sich „nur" um die Pébrine-Krankheit der Seidenraupe (welche damals allerdings für Südfrankreich bedeutsam war), doch folgte bereits ab 1876 Koch mit dem Erreger des Milzbrands *(Bacillus anthracis)* und den Tuberkulose-Bazillen (*Corynebacterium* oder *Mycobacterium tuberculosis*). Milzbrand kann sowohl Haustiere als auch Menschen infizieren und töten (humanpathogen, letal) und Tuberkulose ist gerade in unserer Zeit wieder im Zunehmen. Man erkannte fortan, dass auch Typhus und Cholera nicht in schlechten Bodenausdünstungen ihren Ursprung haben, sondern in pathogenen Bakterien. Nun konnte man etwas unternehmen: Die hygienischen Bedingungen wurden verbessert und die Versorgung mit sauberem Trinkwasser wurde in Großstädten ab ca. 1870 vorangetrieben. Dies war ein früher praktischer Erfolg der Zellbiologie.

An dieser Stelle wollen wir kurz einhalten und uns etwas Grundsätzliches überlegen: Die Zellbiologie wurde also ab der Mitte des 19. Jahrhunderts ein Fortschrittsträger. Doch zu welchem Preis? Konnte man nicht noch um 2001 lesen, der Milzbranderreger sei als „biologische Waffe" einsatzbereit von wenigstens einer der Großmächte gespeichert worden? Und welche Nebeneffekte hatte die Bekämpfung von Krankheiten auf der Grundlage der zellbiologischen Erkenntnisse seit ca. 1870? Ohne Zweifel bewirkte sie auch die Bevölkerungsexplosion, durch verbesserte Abwehr von pathogenen Keimen (Hygiene). Dies erfolgte durch den systematischen Einsatz der Chemotherapie ab der Jahrhundertwende (Paul Ehrlich, Gerhard Domagk, Nobelpreise 1908, 1939) und durch die Entdeckung des ersten Antibiotikums, Penicillin, durch den Briten Alexander Fleming im Jahre 1928 (Nobelpreis 1945). Die Zunahme der Bevölkerung zu steuern und ihre Verelendung in weiten Teilen der Welt zu unterbinden, ist bis heute nicht geglückt. Eine solche Steuerung wurde aber möglich auf der Grundlage zeitgenössischer Entwicklungen der Hormonforschung, ebenfalls unter Einbeziehung der Zellbiologie. Wir sollten daher immer beides im Auge behalten, den Fortschritt im Sinne einer Verbesserung der menschlichen Lebensbedingungen und die Nebeneffekte des Fortschritts. Dies ist eine Herausforderung für alle jene, die naturwissenschaftlich arbeiten ebenso wie für jene, welche die Positionen durch Folgenabschätzung stets von neuem zu klären und die Gesellschaft darüber aufzuklären haben. Fortschritt ist immer ein zweischneidiges Schwert gewesen – in Biologie, Chemie und Physik. Man denke an die unheilige Allianz der ABC-Waffen.

Einen starken Schub erfuhr die Zellbiologie insbesondere auch im Hinblick auf technisch-methodische Entwicklungen, ebenfalls ab ca. 1870. Immer wieder erlauben derartige Innovationen, anstehende Forschungsprobleme einer Lösung zuzuführen. So war die Entwicklung eines leistungsfähigen Mikrotoms (1870) zur Herstellung sehr feiner Gewebeschnitte unmittelbare Voraussetzung für die Entdeckung der Chromosomen und ihrer systematischen Umverteilung während der Zellteilung sowie der Keimbahn durch August Weissmann (ab 1873 in Freiburg/Br.). Nur mit der neuen Ausrüstung war es zu schaffen, die komplexen Strukturdetails mikroskopisch zu analysieren. Ab 1873 erfolgte auch die entscheidende Verbesserung der Mikroskope selbst, indem der deutsche Physiker Ernst Abbé die Theorie der optischen Abbildung entwickelte. Erst 1932 erfand der holländische Physiker F. Zernicke das Phasenkontrast-Mikroskop, mit welchem man auch lebende Zellen untersuchen kann (Vitalbeobachtungen). Mit großer Zeitverzögerung (1953) wurde seine Entwicklung mit dem Nobelpreis belohnt. Ähnliches gilt für den Berliner Ernst Ruska, der ab 1932 mit der Erfindung des Elektronenmikroskops ganz neue Dimensionen, bis in den molekularen Bereich hinein, eröffnete, aber erst 1986 mit dem Nobelpreis ausgezeichnet wurde (Abb. 1.**5**, 1.**6**). Was er und die mit ihm assoziierten Biologen anfangs an zellulären Strukturen zu sehen bekamen, war äußerst bescheiden. Jahrzehntelange methodische Verbesserungen, auch auf dem Sektor der Präparationstechniken, waren erforderlich, um die Kapazität immer besser werdender Elektronenmikroskope auch nur annähernd nutzen zu können.

Ohne alle diese Entwicklungen wäre die moderne Zellbiologie nicht zu denken. Durch die verbesserten lichtmikroskopischen Techniken waren z. B. der Italiener Camillo Golgi und der Spanier Santiago Ramón y Cajal in der Lage, ihre grundlegenden Arbeiten auf dem Gebiet der Neurobiologie zu machen. Beide erhielten dafür 1906 den Nobelpreis für Medizin. Ebenso wichtig war der Versuch, Zellen in ihre Komponenten zu zerlegen (Zellfraktionierung). Um 1943 erzielte der Belgier Albert Claude die ersten Erfolge. Eine unentbehrliche methodisch-technische Voraussetzung war die Entwicklung der Ultrazentrifuge durch den schwedischen Physiker T. Svedberg ab 1940 (Nobelpreis 1926 für andere Arbeiten). Bereits ab ca. 1960 konnten auf diese Weise wichtige Funktionsabläufe einzelnen Zellkomponenten zugeordnet werden, deren strukturelle Identität im Elektronenmikroskop leicht festzustellen war. So klärten der aus Rumänien stammende US-Forscher George Palade den zellulären Ablauf der Bildung und Ausschleusung von Sekreten und der belgische Biochemiker Christian de Duve den Mechanismus der intrazellulären Verdauung in Lysosomen auf. Claude, de Duve und Palade wurden 1974 mit dem Nobelpreis für Medizin bedacht.

Nicht nur Elektronenmikroskop und Ultrazentrifuge waren als neue Werkzeuge unabdingbar für den Fortschritt der Zellbiologie, sondern auch die Entwicklung der Fächer Biochemie, Biophysik und Molekulargenetik.

Halten wir uns beispielsweise den langen Weg vor Augen, der zu durchschreiten war, allein um das Phänomen der Zellatmung (fast) abschließend zu klären. Noch vor dem ersten Weltkrieg hatte in Berlin Otto Warburg (Nobelpreis 1931) festgestellt, dass eine „atmungsaktive Partikelfraktion" für den Sauerstoff-Verbrauch durch Zellen verantwortlich sei. Man machte sich auf die Suche nach Enzymen als Biokatalysatoren für die Zellatmung, d. h. für die für das Überleben notwendige Energiegewinnung. Doch dazu mussten erst biochemische Analysemethoden entwickelt werden.

Die Emigration hoch qualifizierter Chemiker, Biologen und Mediziner aus Deutschland und Österreich in den 30 er Jahren nach Großbritannien und in die USA trug dort wesentlich zur Entwicklung von Biochemie, Biophysik und Molekulargenetik bei. So entschlüsselte noch in den 30 er Jahren der deutschstämmige Sir Hans Krebs den nach ihm benannten Krebs- oder Tricarbon-

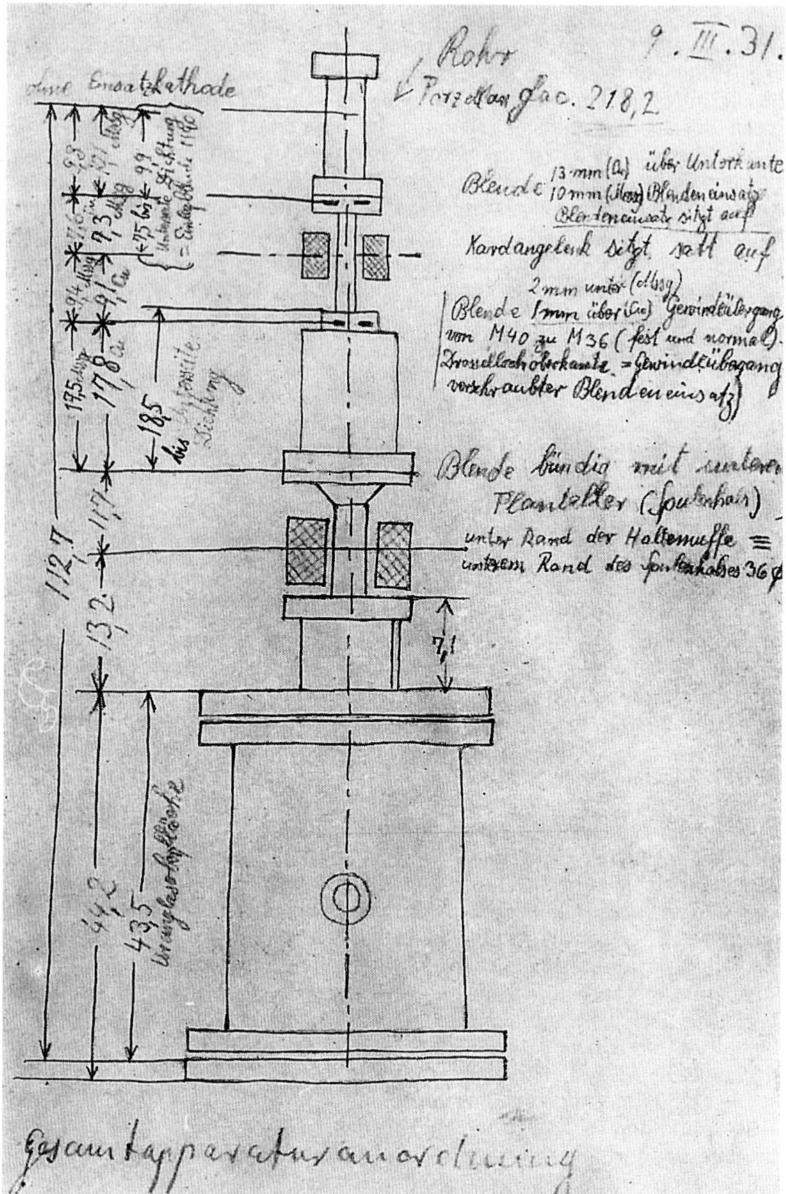
Rohr
9. III. 31.
Kardangelenk sitzt satt auf
Gesamtapparaturanordnung

Abb. 1.**6** Zusammenbau des ersten Elektronenmikroskops durch Ernst Ruska und seinen Lehrer Max Knoll an der Technischen Hochschule Berlin (Quellennachweis s. Abb. 1.**5**).

säure-Zyklus in den Mitochondrien. Das sind die von Warburg als atmungsaktive Partikel erkannten Zellbestandteile (Organellen). Dafür erhielt Krebs 1953 den Nobelpreis. Die strukturelle Identifikation dieser Mitochondrien ließ aber noch eine Forschergeneration lang auf sich warten. Erstmußten die Techniken der Zellfraktionierung und der Elektronenmikroskopie erfunden werden (s. o.). Als es so weit war, wurden Mitochondrien in ihrem Feinbau von G. Palade richtig erkannt, doch hatten andere Forschergruppen beim Versuch, innerhalb der mitochondrialen Membranen auch noch feinere Details elektronenmikroskopisch aufzuklären, weit über das Mögliche hinaus interpretiert. Ein falsches Membranmodell war die Folge, denn in molekularen Dimensionen ist das, was man sieht, nicht immer das, was es ist. Biophysikalische Grundlagen der Methodik sind gefragt, denn auch die Resultate der

◀ Abb. 1.**5** Handskizze des Erfinders des Elektronenmikroskops Ernst Ruska aus dem Jahre 1931. Hier ist der prinzipielle Bau mit Kathode (oben) und stromdurchflossenen Magnetlinsen (im Querschnitt schraffiert) bereits vorweggenommen (aus Ruska, E.: Die frühe Entwicklung der Elektronenlinsen und der Elektronenmikroskopie. Acta historica leopoldina 12 [1979] 1).

… l nur so viel wert, wie sie vom methodischen Ansatz her … sind. Einen entscheidenden Durchbruch brachte erst wieder … der Elektronentransportkette durch US-Amerikaner. Sie waren … erwähnt – emigriert und manche hatten technisches Know- … Dienst bei den US-Streitkräften eingebracht. Hier profitierten Biophy… Zellbiologie von der Kriegsforschung, ganz wie Heraklith (ca. 500 v. Chr.) und später in ähnlicher Weise Leonardo da Vinci (um 1500) meinten: „Der Krieg ist der Vater der Dinge" – gemeint ist: des Fortschritts. Allerdings scheint in der Geschichte häufig auch die Umkehrung dieses Satzes zuzutreffen (Milzbrand-Erreger, s. o.). Einen zunächst unglaublichen Durchblick legte in den 60er Jahren der Brite Peter Mitchell an den Tag, als er den Schlüssel zur Bioenergetik in einem Gradienten von Protonen fand (Protonen = H^+, positiv geladene Wasserstoff-Atome). Nach vielfacher Verifikation wurde die Hypothese (wissenschaftlich begründete Vermutung) zur Theorie (wissenschaftlich fundierte Erklärung) und Mitchell zum Nobelpreisträger (1978) gekürt.

Hypothesen und Theorien können also nicht nur aus einer Summe von faktischen Einzelbeobachtungen herauskristallisieren, sondern es gibt auch den Visionär, der Voraussagen über zu erwartende Fakten wagt. Eine wissenschaftliche Aussage ist insofern wissenschaftlich, als sie falsifizierbar, d. h. widerlegbar ist. Wegen der endlichen Zahl an möglichen experimentellen Beobachtungen ist eine endgültige Verifizierung prinzipiell nicht möglich.

Derlei Hypothesen- und Theorienbildungen spielten auch bei der Erforschung biologischer Grenzflächen, z. B. der Zellmembran, welche jede Zelle umhüllt, eine große Rolle. Welch ein langer Weg von der ersten Feststellung, dass jede Zelle von einer dünnen Zellmembran umhüllt ist! Die Elektrophysiologie hat ihre Anfänge in den Arbeiten des Berliner Physiologen Emil DuBois-Reymond um 1840. Erst später erreichte sie das zelluläre Niveau, auf welchem elektrophysiologische Prozesse, wie die Reizleitung in Nerven, eigentlich erklärbar wurden. Die letzten methodischen Entwicklungen führten zur Messung von einzelnen Ionenkanälen mit der „Patch-clamp"-Methode, für deren Entwicklung die beiden Deutschen, Erwin Neher und Bert Sakman, 1991 mit dem Nobelpreis geehrt wurden. Damit hat sich der Anspruch der Elektrophysiologie auf Aussagen bis zum molekularen Niveau erweitert.

Einen ebenso langen Weg hatte die Genetik zu durchschreiten, bis sie – abgesehen von ihren spezifischen, autonomen Leistungen – auch zum Fortschritt der Zellbiologie beitragen konnte. Schon 1869 hatte der Schweizer F. Miescher das Vorkommen von Nukleinsäuren (lat.: nucleus, Kern) in Spermien entdeckt. Dies blieb jedoch ohne weitere Konsequenzen, bis die Lokalisierung im Zellkern erfolgte. Dies gelang mit der von R. Feulgen, aus Essen-Werden gebürtig, im Jahre 1924 entwickelten DNA-Färbung (Feulgen-Reaktion) und durch den Einsatz der mikroskopischen UV-Absorptionsspektroskopie von T. Caspersson (1936).

Schließlich war das Rüstzeug geschaffen, um die chemische Natur der Erbsubstanz aufzuklären. Konzeptionell entscheidend war dabei eine Arbeit des

US-Amerikaners O. Avery und Mitarbeitern, 1944, in welcher sie zeigten, dass der Transfer von DNA von einem Bakterium in ein anderes genetische Veränderungen hervorrufen kann. Die Aufklärung der DNA-Struktur selbst war ein teils faszinierender, teils problematischer Wettlauf von persönlichem Ehrgeiz, wissenschaftlichen Konzepten und methodischen Entwicklungen. Ab den 40er Jahren fand in den USA der aus Österreich stammende Biochemiker Erwin Chargaff das Prinzip des DNA-Aufbaus aus vier Arten von Nukleotiden. Während der 50er Jahre gelang es dem Amerikaner Arthur Kornberg, den Synthesemechanismus der DNA, dem Spanier Severo Ochoa, den der RNA in vitro, aufzuklären und beide wurden 1959 mit dem Nobelpreis für Physiologie und Medizin ausgezeichnet. 1953 schlugen der US-Amerikaner James Watson und der Brite Francis Crick (beide Nobelpreis 1962) – weitgehend intuitiv geleitet – das Doppelhelix-Modell der DNA vor und Anfang der 60er Jahre wurde vom Amerikaner M. Nirenberg und dem Inder Khorana u. a. die molekulare Sprache der Erbsubstanz als Triplett-Kode von Nukleotiden entziffert (Nobelpreis 1968).

Noch musste geklärt werden, wie der über 2 m lange Faden der DNA-Doppelhelix in einem Zellkern von nur ca. einem Millionstel seiner Größe (denn der Zellkern ist nur wenige Mikrometer groß) verpackt werden kann. Den Schlüssel hierzu lieferte die biophysikalische Methode einer verfeinerten quantitativen Elektronenmikroskopie (Elektronenbeugung). Dafür erhielt der in Großbritannien forschende Aaron Klug zu Anfang der 80er Jahre den Nobelpreis. Er stellte fest, dass die DNA im Zellkern als komplexe Struktur von DNA-Protein-Komplexen, als so genanntes Chromatin vorliegt, wobei die DNA wie ein dünner Faden in vielen kleinen Spulen um Histonproteine aufgewickelt ist. Dies ist das Geheimnis der kompakten Verpackung einer enormen Menge DNA in jeder Zelle. Untereinheiten dieser Art, Nukleosomen, hatten die Elektronenmikroskopiker schon lange abgebildet; sie wurden jedoch – weil nicht in das damalige Konzept passend – als Artefakte abgetan. Erst nach der Entdeckung der Restriktionsenzyme durch den Schweizer Werner Arber (Nobelpreis 1978) konnte man darangehen, Genabschnitte aus dem Genom herauszuschneiden und zu transplantieren. Damit war der Weg frei, die Molekulargenetik (Molekularbiologie) in den Dienst der zellbiologischen Grundlagenforschung zu stellen. Die Methode wurde jedoch erst effizient und praktikabel, als auch eine Möglichkeit gefunden wurde, Genabschnitte zu vervielfältigen. Diese Gen-Amplifikation kann durch die relativ einfache Methode der Polymerase-Ketten-Reaktion“ (PCR, engl.: polymerase chain reaction) erfolgen, welche die US-Amerikaner Mullis und Faloona 1983 entwickelt haben. Seitdem lassen sich Fremdgene oder veränderte Gene zum Funktionstest relevanter DNA-Abschnitte bzw. der von ihnen kodierten Proteine in Zellen einführen (Transfektion). Die Zellbiologie hat damit endgültig molekulares Niveau erreicht.

Auch die Immunologie leistete einen entscheidenden Beitrag zum Fortschritt der Zellbiologie. Die Produktion von monoklonalen Antikörpern durch den in Basel tätigen Deutschen G. Köhler und den Engländer C. Milstein (beide Nobelpreis 1984) gestattete es, an Proteine heranzukommen, die man zunächst nicht isolieren konnte – ja mehr noch, sie haben sich zu einem Schlüssel entwickelt, mit dem man sogar an die zugrunde liegenden Gene herankommt. Heute lassen sich, um ein typisches Szenario zu schildern, Proteine identifizieren, die bestimmte Zellfunktionen steuern. Man kann sie in der Zelle elektronenmikroskopisch lokalisieren. Auch ist es möglich, ihre funktionelle Relevanz zu testen, indem man sie durch Antikörper selektiv ausschaltet oder indem man die zugrunde liegenden Gene gezielt verändert.

Das Endziel der Zellbiologie ist ein integratives Verständnis der Zelle in ihrem Gesamtgefüge, also weit über die einzelnen Struktur- und Funktionsdetails hinaus. Auf der Basis dieses Konzeptes wurden bereits zahlreiche Krankheitsbilder auf molekularem Niveau aufgeklärt.

Im Rückblick stellen wir fest, dass – wie eingangs gesagt – häufig neue Methoden erforderlich sind, um neue Erkenntnisse zu ermöglichen. Wir beobachten auch, wie enorm der Aufwand steigt, je kleiner die Dimensionen werden, in die wir vordringen. Schließlich wird klar, dass am ehesten die Kombination mehrerer Methoden zum Durchbruch verhilft. Lassen wir hierzu den aus Deutschland stammenden Evolutionsforscher und Philosophen Ernst Mayr (1994 Ehrendoktor der Universität Konstanz) zu Wort kommen. Er schreibt in seinem Buch „The growth of biological thought“ 1982: „Es gibt verschiedene mögliche Ursachen, warum ein Problem noch nicht für eine Lösung reif sein kann: Die technischen Werkzeuge für ihre Analyse mögen noch nicht geschmiedet sein und gewisse Konzepte, besonders dann, wenn sie die Nachbargebiete betreffen, mögen vielleicht noch nicht genügend entwickelt sein“. Beides, konzeptionelle und methodisch-technische Entwicklungen, haben in der Tat entscheidend den Erkenntnisfortschritt auch in der Zellbiologie geprägt.

So wurde aus der Zellenlehre (Cytologie) von einst die Zellbiologie von heute – als unentbehrlicher Zweig der biologischen und medizinischen Grundlagenforschung.

Literatur

Eckart, W. U.: Geschichte der Medizin. Springer, Berlin 2001
Harris, H.: The Birth of the Cell. Yale University Press, Yale 1999
Jahn, I., R. Löther, K. Senglaub: Geschichte der Biologie. Gustav Fischer, Jena 1982
Jahn, I., M. Schmitt: Eine Geschichte der Biologie in Portraits. C. H. Beck, München 2001
Jordan, Lenz (ohne Angaben der Vornamen): Die 100 Naturwissenschaftler des Jahrhunderts. Rowohlt Verlag, Reinbeck/Hamburg 1994
Magner, L. N.: A History of the Life Sciences. Marcel Dekker Inc., New York 1993

2 Größenordnungen in der Zellbiologie

Die Größe der Objekte zellbiologischer Forschung reicht vom molekularen Auflösungsniveau des Elektronenmikroskops bis in den Arbeitsbereich der Lichtmikroskopie. Je nach Fragestellung ist es wichtig, die richtige Methodik einzusetzen, um mit geringstem Aufwand ans Ziel zu gelangen.

Aus dreierlei Gründen kommen wir in der biologischen Forschung nicht umhin, uns die Dimensionen klarzumachen, mit denen wir bei jeder Problemstellung konfrontiert sind:

1. Wir brauchen das richtige Suchbild.
2. Wir müssen uns für das richtige Instrument zur Untersuchung entscheiden.
3. Wir sollten unsere Resultate und Anschauungen möglichst quantitativ dokumentieren.

Um sich die praktische Arbeit zu vereinfachen, vermeidet man gerne Exponentialgrößen, sondern bevorzugt griechische Vorsilben zur Angabe von Größenordnungen. Sie gehen in Stufen des Faktor 1000 vom Astronomischen bis ins Subatomare (Tab. 2.**1**)

Ein Mikrometer (µm) entspricht demnach 10^{-6} Meter (m) oder 10^3 Nanometer (nm). Daneben halten sich alte Dimensionsangaben, wie 1 Å = 0,1 nm. Å ist die Abkürzung von Ångström, so benannt nach einem schwedischen Physiker. Megabyte kennen wir z. B. als Angabe der Speicherkapazität von Computern, Kilovolt (kV) vom Elektronenmikroskop.

Mit welchen Größenordnungen also hat es der Zellbiologe zu tun? Eine Bakterienzelle ist im Durchschnitt etwa 0,1 µm bis 1 µm groß, eine „höhere" Zelle 10 bis 50 µm. Natürlich sind das keine Naturkonstanten, sondern Richtwerte. Sich einige davon einzuprägen, ist ratsam, damit man am Mikroskop oder Elektronenmikroskop weiß, was man – falls überhaupt – sehen sollte.

Das Transmissions-Elektronenmikroskop bietet eine Auflösung bis in atomare Dimensionen; die erreichbaren Werte liegen bei der Größe des Wasserstoff-Atoms (0,1 nm = 1 Å). Alkali- (Na^+, K^+ etc.) und Erdalkali-Ionen (Ca^{2+}, Mg^+) haben eine mehrfache Größe, für Nukleotide und Aminosäuren kann man einen Richtwert von 0,5 nm angeben. Bei komplexeren Molekülen, wie Phospholipiden oder gar bei Proteinen, ist bei der Größenangabe die Form zu berücksichtigen. Während ein Phospholipid an seinem Kopfteil nur ca. 0,3 nm

Tab. 2.**1** Größenordnungen und ihre Bezeichnung

10^{18}	10^{15}	10^{12}	10^9	10^6	10^3	$10^0 = 1$	10^{-3}	10^{-6}	10^{-9}	10^{-12}	10^{-15}	10^{-18}
exa	peta	tera	giga	mega	kilo	–	milli	mikro	nano	pico	femto	atto

dick ist, beträgt seine Länge ca. 2 nm. Proteine können bei einem Molekulargewicht (MG) von 10 000 bis ca. 5 000 000 in einem Größenbereich zwischen 1 und 30 nm (bei Kugelgestalt) liegen. Die Werte für das Molekulargewicht sind Relativwerte in Bezug auf die Masse des Wasserstoff-Atoms mit der definierten Masse von 1. Man sagt auch, die relative molekulare Masse eines Proteins beträgt 10 oder 5000 KiloDalton (kD, kDa). Für eine Aminosäure kann man im Durchschnitt 100 Dalton veranschlagen. Weiß man die molekulare Masse eines Proteins, so kann man grob abschätzen, aus wie vielen Aminosäuren es aufgebaut ist. Später werden wir sehen, dass man die Masse eines Proteins auch nach seinem Sedimentationsverhalten beim Zentrifugieren abschätzen und in „S-Einheiten" angeben kann (vgl. Kap. 10). Extremfälle sind die Nukleinsäuren mit nur 2 nm Durchmesser, aber mit über große Länge linear angeordneten Nukleotiden. Da es auf die in den Nukleotiden sitzenden Basen als Träger der genetischen Information ankommt, gibt man hier die Länge oft als Zahl von Basen, besser noch in Kilobasenpaaren (kbp) an. Große Moleküle in der Art der Proteine und der DNA nennt man Makromoleküle.

Dass ein Molekül oder irgendeine Struktur über dem Auflösungswert des Elektronenmikroskops liegt, heißt noch lange nicht, dass man die Struktur auch sehen kann. Dazu müssen wir uns mit der Theorie der Bildentstehung bei verschiedenen elektronenmikroskopischen Methoden vertraut machen, ebenso wie mit den notwendigen Präparationsmethoden (vgl. Kap. 3). Sowohl der präparative als auch der analytische Ansatz müssen der jeweiligen Problemstellung angepasst werden.

Mit den makromolekularen Proteinen, den Phospholipid-Aggregaten in biologischen Membranen und den Nukleinsäure-Protein-Komplexen der Chromosomen sind wir bereits in Dimensionen, für welche sich der Zellbiologe interessiert. Es ist die klassische Dimension der Elektronenmikroskopie. Auch komplexe Strukturen höherer Ordnung fallen darunter, wie Viren, mit Dimensionen von 10 bis 100 nm, deren Existenz und schon gar deren Feinstruktur (Ultrastruktur) mit dem Lichtmikroskop nicht zu erfassen war. Dies gelang ebenso wenig für distinkte Zellkomponenten (Organellen), wie etwa Mitochondrien und Chloroplasten von etwa Bakteriengröße. Mit der Ultrastruktur der Chromosomen im Zellkern werden wir ein Beispiel kennen lernen, das zeigt, wie sehr die Strukturauflösung von den Präparationsbedingungen und molekulares Verstehen vom strukturellen Erfassen abhängt.

Abbilden bedeutet in den meisten Fällen eine Wechselwirkung elektromagnetischer Strahlung mit einem Objekt und die auflösbaren Strukturdetails können nicht kleiner sein als die Wellenlänge des zur Beobachtung verwendeten Lichtes. Mit welchen Wellenlängen (λ) haben wir es hierbei zu tun? Die Tab. 2.**2** gibt darüber Auskunft. Sie bezieht größerer Vollständigkeit halber Infrarot mit ein.

Wie wir in Kap. 3 sehen werden, hängt die mit einem Abbildungssystem (z. B. Mikroskop) erzielbare Auflösung im Allgemeinen direkt von der Wellenlänge des verwendeten Lichtes ab. Das bloße Auge kann nur Strukturen bis

Tab. 2.**2** Übersicht über elektromagnetische Schwingungen, die teilweise für Abbildungszwecke verwendet werden

Art der Strahlung	**Wellenlänge [nm]**
stark beschleunigte Elektronen (bei 100 kV)	0,0038
Röntgenstrahlen	< 0,01 bis > 1
ultraviolettes Licht (UV)	< 380
sichtbares Licht	380 – 780
Infrarot	> 780

0,3 mm auflösen. Das Lichtmikroskop vermag bis zu Größenordnungen von 300 nm (0,3 µm), das Elektronenmikroskop sogar bis zu 0,1 nm, also bis zum Größenbereich des Wasserstoff-Atoms, vorzudringen. Dieses ist die jeweilige „Geräteauflösung“. Von dieser kann man allerdings nur insoweit Nutzen ziehen, als durch eine geeignete Präparation (Fixation, evtl. Kontrastierung) die zu beobachtenden Strukturen stabilisiert und beobachtbar gemacht werden können (vgl. Box S. 30). Man könnte dies die „präparative Auflösung“ nennen. Die zur Bildentstehung notwendigen Voraussetzungen werden in Kap. 3 beschrieben.

In der Realität will der Zellbiologe weder Wasserstoff-Atome noch einzelne Ionen, Zuckermoleküle oder Aminosäuren sehen, deren Durchmesser jeweils unter 1 nm liegt. Dagegen sind Makromoleküle für den Zellbiologen insofern interessant, als ihre molekulare Struktur etwas über ihre Funktion auszusagen vermag. Damit beansprucht der Zellbiologe bereits voll die Möglichkeiten der Elektronenmikroskopie. Abb. 2.**1** gibt eine Übersicht über den Einsatzbereich

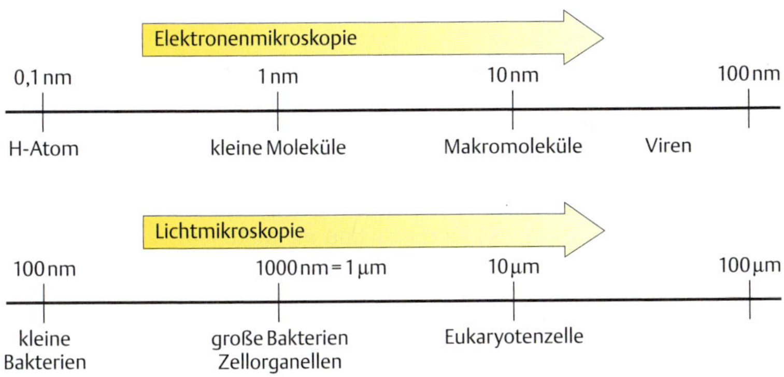

Abb. 2.**1** Dimensionen zellbiologischer Objekte und Einsatzbereich der Licht- und Elektronenmikroskopie.

von Licht- und Elektronenmikroskopie zur Erfassung biologischer Strukturen verschiedener Größenordnungen.

Weiß man die genaue Aminosäure-Zusammensetzung (Primärstruktur) eines Proteins, so kann man bei einem mittleren MG von ca. 100 pro Aminosäure und einem spezifischen Gewicht von Proteinen von ca. 1,2 leicht ausrechnen, wie groß das Protein sein muss. Kleine Proteine aus 100 Aminosäuren (MG von ca. 10 000) haben einen Durchmesser von 2 nm, Proteine mittlerer Größe aus ca. 1000 Aminosäuren (MG von ca. 100 000) einen Durchmesser von 8 nm. Wie erwähnt, kann man dies über ihr Sedimentationsverhalten in der Ultrazentrifuge überprüfen. Der Haken dabei ist jedoch, dass man aus einer Aminosäurenkette ebenso ein kompaktes Kugelprotein wie ein lang gestrecktes oder ein „flauschig" gebautes Protein aus lockeren Schleifen formen kann. Die wahre Struktur kann jedoch mit dem Elektronenmikroskop enthüllt werden. Zusätzlich gibt es alternative Methoden aus der Kristallographie, wie die Röntgenbeugung (die hier nicht besprochen wird), für welche die Makromoleküle allerdings kristallisiert werden müssen. Auf diesem Wege wurde erstmals die molekulare Struktur der DNA als Doppelhelix aufgeklärt. Obwohl sie nur 2 nm dick und fast beliebig lang ist, bildet sie in unserem Genom durch Assoziation mit Histon-Proteinen ca. 11 nm dicke Stränge aus Nukleosomen. Diese Strukturen bedurften ihrerseits wieder der Elektronenmikroskopie zur Aufklärung.

Zwar konnten Bakterien und viele geformte Elemente in der höheren Zelle bereits lichtmikroskopisch wahrgenommen werden, über Details konnte man jedoch nur rätselraten, bis die Elektronenmikroskopie auf einen geeigneten Standard gebracht worden war. Ähnlich konnte man die Existenz und Größe von Viren voraussagen, volle Gewissheit brachte jedoch wiederum erst die Elektronenmikroskopie, mit deren Hilfe es auch gelang, die quasi-kristalline Anordnung viraler Strukturkomponenten und damit ihre Entstehung aufzuklären.

Viren sind zwar keine lebenden Zellen, beanspruchen aber dennoch das Interesse des Zellbiologen. Sie sind meist zwischen 0,01 und 0,1 µm groß. Mit 0,1 µm Durchmesser ist das inzwischen ausgerottete menschliche Pokkenvirus so groß wie die kleinsten echten Zellen (vgl. Kap. 4). Andererseits können Bakterien, mit einer durchschnittlichen Größe von 0,1 bis 1 µm an Größe wiederum die kleinsten unter den „höheren" Zellen übertreffen. Dazu gehören gewisse Grünalgen des marinen Planktons, die nur 1 µm Größe erreichen. Auch nach oben hin gibt es Extremfälle (Tab. 2.**3**), z. B. die Eizelle des Vogeleis (Eidotter). Ein anderer Extremfall sind die Motoneurone (Nervenzellen), deren Zellkörper im Rückenmark lange Fortsätze zu den Muskeln aussenden, die bis zu einigen Metern lang sein können – denken wir nur an die Giraffe. Auch manche sesshaften Grünalgen können extreme Größe erreichen; sie sind metergroß und bestehen nur aus einer einzigen vielfach verzweigten Zelle. Ansonsten kann man für die durchschnittliche Größe höherer tierischer oder pflanzlicher Zellen ca. 10 bis 50 µm veranschlagen. Warum schlichtes Mittelmaß zumeist bevorzugt wird, liegt u. a. wohl im Vorteil begrenzter Transportwege in der Zelle.

Tab. 2.3 Richtwerte für die Größenordnungen zellbiologischer Komponenten

zellbiologische Komponente	Durchmesser bzw. Größenbereich
Wasserstoff-Atom (H), Proton (H^+)	0,1 nm
Kationen (Na^+, K^+, Ca^{2+}, Mg^{2+} etc.)	0,1 nm, mit Hydrathülle (H_2O): 0,4 – 1,1 nm
Anionen (Cl^-, PO_4^{3-}, etc.)	0,2 – 0,5 nm
Aminosäuren	0,3 nm
Zuckermoleküle	0,3 nm
Nukleotide	0,5 nm
Proteine	< 2 bis > 15 nm
DNA	2 nm Durchmesser, ≥ 5 cm Länge in einzelnen Chromosomen
Viren	0,01 – 0,1 μm
Bakterien	0,1 – 1 μm
höhere Zelle (in meisten Fällen)	10 – 50 μm
menschlicher Erythrocyt	7,5 μm Durchmesser
menschliches Spermatozoon	6 μm (Durchmesser des Kopfteils) 30 μm (Länge des Schwanzteils)
menschliche Eizelle	150 μm
Extremformen der höheren Zelle	5 cm Durchmesser (Eizelle von Vögeln) einige Meter Länge (Motoneurone, Giraffe)
Subzelluläre Strukturen	
Ribosomen (RNA-Protein-Komplex)	23 – 25 nm
Elemente des Cytoskeletts	6 – 25 nm
membranumhüllte Organellen	0,01 bis < 5 μm
Zellkern	5 μm
Chromosomen	1 – 5 μm

In der Praxis begleitet den Zellbiologen neben dem Elektronenmikroskop fast immer auch das Lichtmikroskop, nicht nur des geringeren Aufwandes wegen, sondern auch deshalb, weil nur das Lichtmikroskop die Beobachtungen an lebenden Zellen erlaubt (Vitalbeobachtung, vgl. Kap. 3).

Literatur

Flindt, R.: Biologie in Zahlen. Spektrum, Heidelberg 2000
Jerrard, H. G., D. B. McNeill: Wörterbuch wissenschaftlicher Einheiten. Quelle & Meyer, Wiesbaden 1994

3 Zelluläre Strukturen – Sichtbarmachung mithilfe mikroskopischer Techniken

Für die Auswahl des je nach Fragestellung richtigen „Werkzeuges“ ist es wichtig, sein Funktionsprinzip zu verstehen. Daher wird hier die Entstehung eines vergrößerten Bildes im Lichtmikroskop (LM) und im Elektronenmikroskop (EM) erläutert. Nur das LM erlaubt die Beobachtung lebender Zellen (mit bis zu 10^3facher Vergrößerung und einer Auflösung von ca. 0,3 µm), besonders unter Verwendung des Phasen- oder des Interferenzkontrastes.

Das EM gibt es in zwei Varianten:

1. Das Transmissions-EM (für ultradünne Schnitte) mit Vergrößerungen bis zu 10^6fach und atomarer Auflösung.
2. Das Raster-EM mit etwa 10fach geringerer Vergrößerung und Auflösung, jedoch mit der Möglichkeit, die Oberfläche beliebig dicker Präparate, also auch ganzer Zellen zu untersuchen.

3.1 Das Lichtmikroskop

Mikroskope machen sich die Brechungseigenschaft von Linsen zunutze. Trifft z. B. ein Lichtstrahl auf eine Glaslinse, so wird er aus seiner Verlaufsrichtung abgelenkt, da er von einem optisch dünneren (z. B. Luft) in ein optisch dichteres Medium (z. B. das Glas der Linse) übertritt (Abb. 3.**1**). Durch dieses Brechungsverhalten können Linsen verschiedenartige Abbildungen von Gegenständen herstellen. In Abhängigkeit von der Entfernung zur Linse werden Objekte entweder verkleinert oder vergrößert dargestellt.

Bei Sammellinsen, wie sie in Mikroskopen Verwendung finden, lässt sich die Richtungsänderung für drei Hauptgruppen von Strahlen leicht darstellen:

1. Parallelstrahlen: Parallel zur optischen Achse verlaufende Strahlen treffen sich im hinteren Brennpunkt der Linse.
2. Brennstrahlen: Strahlen, die durch den vorderen Brennpunkt der Linse gehen, verlaufen nach Verlassen der Linse parallel zur optischen Achse (Umkehrschluss von Fall 1).

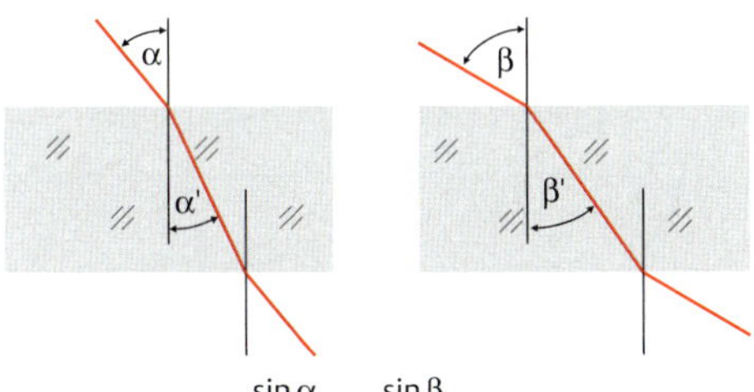

$$\frac{\sin\alpha}{\sin\alpha'} = \frac{\sin\beta}{\sin\beta'} = n$$

Abb. 3.**1** Lichtstrahlen, die in verschiedenen Winkeln (α, β) auf eine Glasoberfläche treffen, werden von dieser auch verschieden stark gebrochen. Das Verhältnis des Sinus des Einfalls- und des Brechungswinkels gibt den Brechungsindex „n“ des Mediums an.

3. Zentralstrahl: Der Strahl, der durch den Linsenmittelpunkt läuft, wird nicht abgelenkt.

Mithilfe eines einfachen optischen Systems aus optischer Achse, Sammellinse und diesen drei Hauptstrahlarten kann man die Bilder von Gegenständen, die sich in unterschiedlicher Entfernung von der Linse befinden, optisch-geometrisch konstruieren (Abb. 3.**2**). Befindet sich der Gegenstand außerhalb der doppelten Brennweite der Linse, so entsteht ein verkleinertes, umgekehrtes und reelles Bild (Fall A, Abb. 3.**2**). Unter der Brennweite versteht man die Entfernung der Brennpunkte von einer Linse, wo einfallende Strahlen gesammelt werden. Ist der Gegenstand weniger als die doppelte, jedoch mehr als die einfache Brennweite von der Linse entfernt, so erhält man ein vergrößertes, umgekehrtes, reelles Bild (Fall B, Abb. 3.**2**). Reell bedeutet, dass dieses Bild mithilfe eines Projektionsschirmes sichtbar gemacht werden kann. Steht der Gegenstand innerhalb der einfachen Brennweite der Linse, so bekommt man ein stark vergrößertes, aufrechtes, virtuelles Bild (Fall C, Abb. 3.**2**). Virtuell bedeutet, dass man dieses Bild nicht auf einem Sichtschirm abbilden kann. Linsen, die nach dem in den Fällen A und B geschilderten Prinzip arbeiten, werden auch als Projektionsobjektive bezeichnet. Linsen, die wie im Fall C geschildert abbilden, werden Lupen genannt.

Diese zwei Möglichkeiten, ein Objekt zu vergrößern, sind im Lichtmikroskop vereinigt. Als erstes erzeugt ein Objektiv vom Präparat ein vergrößertes Bild, das dann durch das Okular nachvergrößert wird. Im Lichtmikroskop sorgen also wenigstens zwei, meist mehrere hintereinander geschaltetete Linsensysteme für die Vergrößerung. Man spricht daher auch von der zusammengesetzten Vergrößerung eines Mikroskops. Aus diesem Grund errechnet sich die Gesamtvergrößerung aus dem Produkt der Einzelvergrößerungen von Objektiv und Okular:

$$\text{Vergrößerung}_{\text{Mikroskop}} = \text{Vergrößerung}_{\text{Objektiv}} \times \text{Vergrößerung}_{\text{Okular}} \quad (3.1)$$

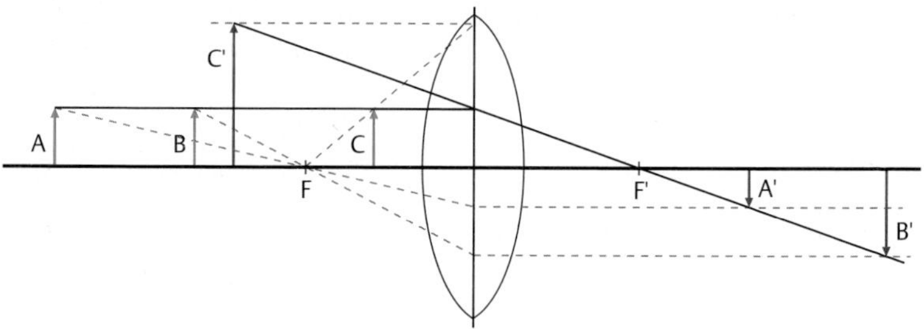

Abb. 3.**2** Sammellinsen erzeugen von unterschiedlich entfernten Gegenständen (A, B, C, grüne Pfeile) unterschiedliche Abbildungen (A', B', C', rote Pfeile). F und F' sind die Brennpunkte. Nähere Erklärung s. Text.

Neben Objektiv und Okular gibt es noch andere optische Systeme in einem Lichtmikroskop. Ein so genannter Kollektor im Lampengehäuse und der Kondensor sorgen für gute und gleichmäßige Ausleuchtung des Präparates.

Häufig wird die Vergrößerung als Beurteilungskriterium für Mikroskope benutzt, was jedoch nicht richtig ist. Man sollte vielmehr von der „Auflösung" eines Mikroskopes sprechen, und die hängt von Parametern wie Wellenlänge des Beleuchtungslichts und Öffnungswinkel der Linsen ab. Der deutsche Physiker Ernst Abbé hat den Begriff „numerische Apertur" als dimensionslose Größe „A" eingeführt, um einen Maßstab für die Qualität von optischen Systemen zu haben:

$$A = n \cdot \sin \alpha \qquad (3.2)$$

Um das Zusammenspiel dieser Parameter im Hinblick auf das Auflösungsvermögen eines optischen Systems deutlich zu machen (also den Abstand d_{min} zweier gerade noch getrennt sichtbarer Punkte A_1 und A_2 zu bestimmen), betrachtet man am besten Lichtbrechungsphänomene an einer Gitterplatte (Abb. 3.**3**). Unter den Voraussetzungen, dass α der Winkel sei, um den das Licht aus der optischen Achse abgelenkt wird, dass ferner die Strecke A_2B senkrecht auf der Strecke A_1B steht, deren Länge exakt der Wellenlänge λ des Beleuchtungslichts entspricht, gilt nach einfachen trigonometrischen Gesetzen folgende Formel:

$$\sin \alpha = \frac{\lambda}{d_{min}} \text{ oder } d_{min} = \frac{\lambda}{\sin \alpha} \qquad (3.3)$$

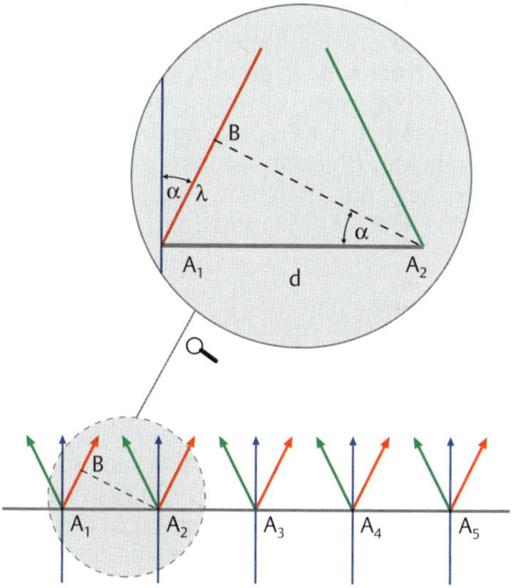

Abb. 3.**3** Schematische Darstellung von Beugungsphänomenen. Paralleles Licht fällt auf eine Gitterplatte mit 5 Öffnungen (A_1 bis A_5). Nach den Gesetzen der geometrischen Optik können die Lichtstrahlen ungehindert durchtreten (blaue Pfeile) oder um einen bestimmten Winkelbetrag α von der optischen Achse weggebrochen werden (grüne und rote Pfeile). Im Kreis vergrößert dargestellt ist das daraus resultierende Schema zur Ableitung der mikroskopischen Auflösung.

Um ganz genau zu sein, muss noch der Brechungsindex des Mediums berücksichtigt werden, das sich zwischen dem Objekt und der abbildenden Linse befindet. Normalerweise ist dies Luft und da der Brechungsindex von Luft $n = 1$ ist, wird er häufig vernachlässigt. Bei Verwendung von Immersionen wie Öl ($n = 1{,}515$) oder Glycerin ($n = 1.45$) wirkt sich der erhöhte Brechungsindex jedoch auflösungsfördend aus:

$$d_{min} = \frac{\lambda}{n \cdot \sin \alpha} \text{ oder } d_{min} = \frac{\lambda}{A} \quad (3.4)$$

Aus dieser Formel geht eindeutig hervor, dass die Auflösung von der Wellenlänge des Beleuchtungslichts und der numerischen Apertur „A“ abhängt. Je kleiner die Wellenlänge und je größer die numerische Apertur, desto kleiner wird d_{min}, d. h. umso besser ist auch die Auflösung. Setzt man die normalerweise verwendeten Werte in die Formel 3.4 ein, so kann man einen ungefähren Richtwert für die Auflösung eines Lichtmikroskopes berechnen:

$$d_{min} = \frac{500\,\text{nm}}{1{,}5} = 333\,\text{nm} \approx 0{,}3\,\mu\text{m} \quad (3.5)$$

3.1.1 Unterschiedliche Mikroskope für verschiedene Fragestellungen

Dem Mikroskopiker stehen heute eine Reihe unterschiedlichster Mikroskoptypen zur Verfügung. Die Abb. 3.**4**, 3.**5** und 3.**6** zeigen beispielhaft an einer *Paramecium*-Zelle die mit verschiedenen Techniken zu erzielenden Ergebnisse.

Hellfeld (Amplitudenkontrast). Das wohl am häufigsten angewandte Verfahren ist die Hellfeld-Mikroskopie. Mit ihrer Hilfe kann man gefärbte Präparate – z. B. histologische Schnitte von Organen, Geweben und Zellen – untersuchen. Bei dieser Methode werden durch das Präparat hindurchgehende Lichtwellen aufgrund unterschiedlich dichter Objektstrukturen in ihrer Intensität (Amplitude) abgeschwächt. Unser Auge nimmt dies als Hell-Dunkel-Kontraste und letztendlich als ein Bild wahr (Abb. 3.**4**). Man spricht in diesem Falle auch von einem Amplituden-Objekt.

Phasenkontrast. Andere Verhältnisse treffen wir bei dünnen, ungefärbten Präparaten wie z. B. Zellkulturen oder lebenden Kleinorganismen an. Hier heben sich die Objektstrukturen kaum von der Umgebung ab, sodass fast keine Absorption und somit auch kaum eine Amplitudenverringerung der hindurchtretenden Lichtwellen stattfindet. Trotzdem beeinflusst das Präparat das Beleuchtungslicht, allerdings in anderer Weise. Da z. B. ein Bakterium optisch dichter als das umgebende Medium Luft oder Wasser ist, wird den Lichtwellen der Durchtritt erschwert. Sie bleiben gegenüber den nicht durch das Objekt gehenden Wellen in der Phase zurück. Diese Phasenverschiebung der Bildwelle kann das menschliche Auge jedoch nicht wahrnehmen. Bei solchen

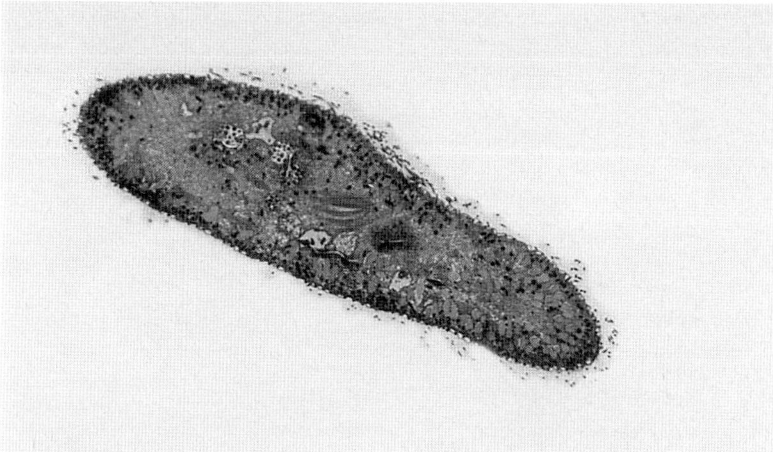

Abb. 3.**4** Hellfeld-Aufnahme eines mit Methylenblau gefärbten Schnittes durch eine *Paramecium*-Zelle, deren äußere Form durch den deutschen Namen „Pantoffeltier" gut beschrieben wird. In der Zelle sind verschiedenartige Organellen sichtbar. Vergr. 900fach (Aufnahme: J. Hentschel).

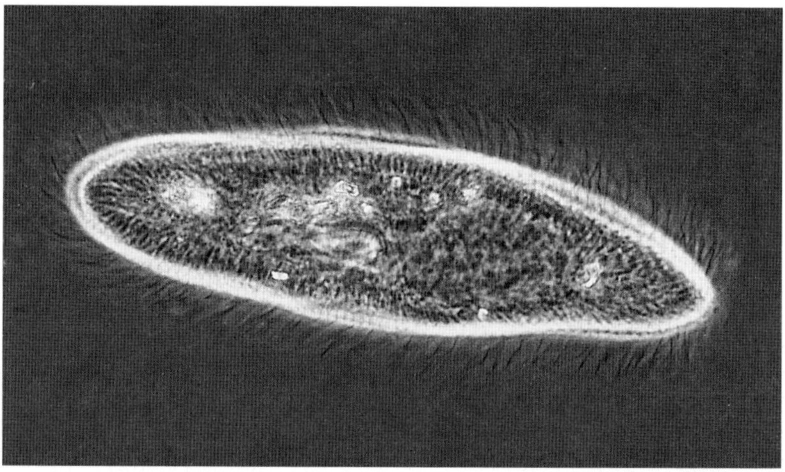

Abb. 3.**5** Phasenkontrast-Aufnahme einer lebenden *Paramecium*-Zelle. Mit dieser Technik treten vor allem die dünnen Cilien an der Zelloberfläche in Erscheinung. Der helle Saum ist durch Beugungsphänomene der abgerundeten Zelle zu erklären. Vergr. 900fach (Aufnahme: J. Hentschel).

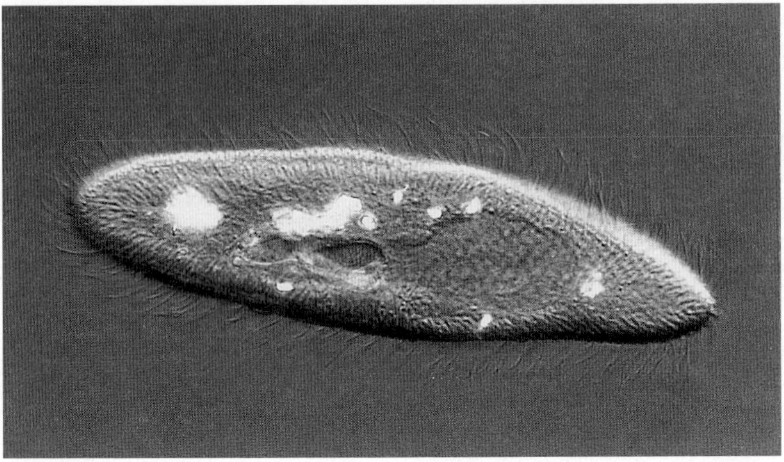

Abb. 3.**6** Differential-Interferenzkontrast-Aufnahme einer lebenden *Paramecium*-Zelle. Deutlich tritt die Dreidimensionalität auch von dünnen Strukturen wie der Cilien zutage. Die stark leuchtenden Strukturen sind kristalline Zelleinschlüsse. Vergr. 900fach (Aufnahme: J. Hentschel).

Objekten wird auch von Phasenpräparaten gesprochen. Um dennoch die Bildinformationen, die in diesen phasenverschobenen Wellen enthalten sind, sichtbar zu machen, benutzt man das von Zernicke vorgeschlagene Phasenkontrastverfahren. Es wandelt diese Phasenunterschiede im Gang der Lichtwellen in einen Amplitudenkontrast um, der – wie bei der Hellfeld-Mikroskopie – von unserem Auge wieder wahrgenommen werden kann (Abb. 3.**5**).

Differenzial-Interferenzkontrast. Die Differenzial-Interferenz-Mikroskopie ist ein Verfahren, das von dem Präparat durch in den Strahlengang eingebrachte Prismen zwei gleiche Bilder erzeugt, also eine Bildaufspaltung betreibt. Diese zwei Bilder werden etwas verschoben wieder zusammengesetzt. Durch Interferenzerscheinungen kommt es zu Hell-Dunkel-Kontrasten und es entsteht ein gewisser dreidimensionaler Eindruck der Strukturen (Abb. 3.**6**). Ausgenützt werden hier geringfügige Unterschiede der optischen Dichte verschiedener Präparatstrukturen. Mit dieser Technik können – wie mit der Phasenkontrast-Mikroskopie – ungefärbte, lebende Objekte beobachtet werden.

Fluoreszenz-Mikroskopie. Die Fluoreszenz-Mikroskopie macht sich die Eigenschaft bestimmter Substanzen zunutze, die, von bestimmten Wellenlängen angeregt, Licht größerer Wellenlänge abstrahlen (Abb. 3.**7**). Dieses Verfahren wird vor allem im Zusammenhang mit der Immunmarkierung von Zellkompo-

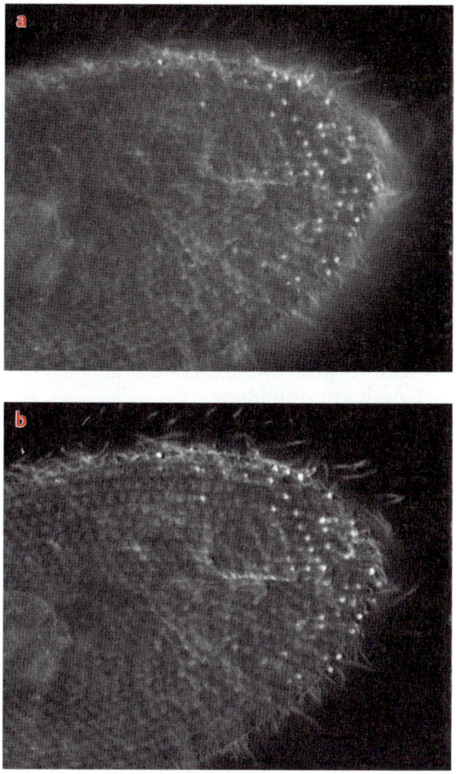

Abb. 3.7 Fluoreszenz-Aufnahmen einer *Paramecium*-Zelle, die mit einem Fluorochrom-gekoppelten Antikörper gegen die Zelloberfläche markiert wurde.
a Konventionelle Abbildung.
b Dieselbe Zelle konfokal mit einem Laser-Raster-Lichtmikroskop aufgenommen. Anhand der markierten Cilien am oberen Zellrand erkennt man deutlich die Wirkung der konfokalen Blende. Da die Cilien im Raum gebogen sind, die Blende jedoch nur distinkte Fokusebenen abbildet, sind bei vielen Cilien nur kurze Abschnitte zu sehen. Die Oberflächenstrukturen treten in **b** deutlicher in Erscheinung als in **a**. Vgr. 1250fach (Aufnahmen: J. Hentschel).

nenten eingesetzt (vgl. auch Kap. 10.5). Auch bei neueren Techniken, wie der konfokalen Laser-Raster-Lichtmikroskopie, wird dieses Abbildungsverfahren verstärkt verwendet. Diese in den letzten Jahren entwickelte konfokale Methode ermöglicht ein „optisches Zerlegen" (engl.: optical sectioning) des Präparates in einzelne, konfokale Schärfeebenen. Man kann dadurch all die Präparatstellen in der Z-Achse ausblenden, die nicht in der exakten Fokusebene liegen und somit zur Unschärfe des Bildes beitragen (Abb. 3.7**b**).

Neben diesen wichtigen Mikroskopierverfahren gibt es noch eine Reihe anderer Techniken, wie z. B. die Dunkelfeld- oder auch die Polarisations-Mikroskopie, die jedoch hier nicht näher besprochen werden sollen.

3.2 Das Transmissions-Elektronenmikroskop

Das Transmissions-EM wird schlechthin als das Elektronenmikroskop oder, im Laborjargon, als das „EM" bezeichnet, obwohl es auch noch andere Typen von Elektronenmikroskopen gibt (Raster-EM, vgl. Abschnitt 3.3). Prinzipiell gelten für das Transmissions-EM dieselben Gesetze der Auflösung und Vergrößerung wie für das Lichtmikroskop. Das besondere am Elektronenmikroskop ist jedoch die Verwendung von Elektronen statt Photonen als „Beleuchtungsstrahlen" und der daraus resultierende Einsatz elektromagnetischer Linsen. Die heutigen, neuesten Elektronenmikroskope (Abb. 3.**8**) erreichen Auflösungen im Ångström-Bereich. Für diesen Auflösungsgewinn gegenüber dem Lichtmikroskop müssen jedoch einige Voraussetzungen gegeben sein:

- Erzeugung freier Elektronen als „Lichtquelle" und deren Beschleunigung;
- Erzeugung eines ausreichenden Vakuums in der Mikroskopröhre;
- mehrstufige, elektromagnetische Linsen zur Abbildung;
- optimierte Probenpräparation (vgl. Box S. 30).

3.2.1 Erzeugung freier Elektronen als „Lichtquelle"

In jedem Metall kann man einen Elektronenfluss (elektrischen Strom) hervorrufen. Besitzen diese Elektronen genügend Energie, so können sie leicht aus dem Metall austreten. Da Elektronen negativ geladen sind, treten sie besonders leicht aus einem Metalldraht aus, wenn dieser negativ aufgeladen wird. Dieser Effekt verstärkt sich noch, wenn der Draht zusätzlich aufgeheizt wird, sodass eine erhöhte thermische Energie es den Elektronen erleichtert, die Austrittsenergie zu erreichen. Auf dieser Grundlage kann man auf einfachem Wege eine Elektronenquelle bauen. Diese ist im einfachsten Falle ein Wolframdraht, der haarnadelartig (Haarnadelkathode) gebogen ist, an dem man eine Spannung von einigen Volt anlegt. Dadurch werden die thermischen Schwingungen im Atomgitter verstärkt, bis die oberflächennahen Elektronen genügend kinetische Energie besitzen, um aus diesem Gitter auszutreten.

Die nun freien Elektronen werden auf hohe Geschwindigkeit beschleunigt, indem man unterhalb der Kathode eine Metallplatte, die so genannte Anode, mit positivem Potenzial anbringt. In der Mitte der Anode befindet sich eine Bohrung, durch die die Elektronen in die Mikroskopröhre gelangen können. Um Kollisionen der Elektronen mit Luftmolekülen in einem tragbaren Maß zu halten, muss der Luftdruck in einem Elektronenmikroskop mindestens 10^7fach geringer sein als in der Atmosphäre. Im Elektronenmikroskop arbeitet man bei einem Druck von wenigstens 10^{-4} Torr, entsprechend $1{,}33 \times 10^{-4}$ mbar oder $1{,}33 \times 10^{-2}$ Pa (Pascal) nach neueren Maßeinheiten.

Solch ein Vakuum lässt sich nur in zwei oder drei Schritten erzeugen. Zunächst wird ein Vorvakuum (≤ 1 Pa) durch eine mechanische Drehschieberpumpe erzeugt. Erst dann können empfindlichere Pumpen nach verschiedenen Verfahrensweisen (z. B. Diffusionspumpen) ein „Hochvakuum" ($< 10^{-2}$ Pa) herstellen.

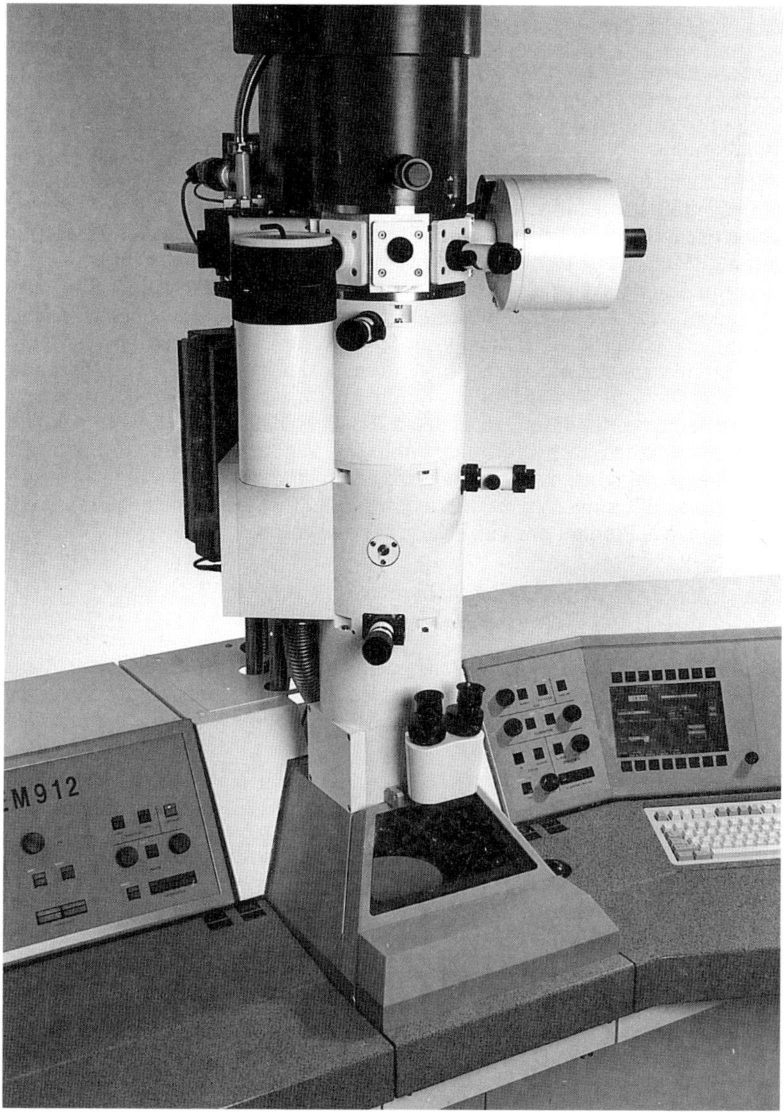

Abb. 3.**8** Das Hochleistungs-Transmissions-EM Zeiss 912 Omega.

3.2.2 Elektromagnetische Linsen zur Abbildung

Aus der Physik ist bekannt, dass elektrisch geladene Teilchen in einem Magnetfeld abgelenkt werden. Wickelt man einen Metalldraht zu vielen Schleifen auf und lässt durch ihn einen Strom fließen, so bildet sich ein elektromagnetisches Feld im Zentrum einer solchen Spule aus. Werden durch ein solches System Elektronen geschickt, übt das Magnetfeld auf sie eine bestimmte Kraft aus, die ihre Bahn auf die Achsenmitte der Spule ablenkt. Solche elektromagnetischen Linsen können somit Elektronen ebenso fokussieren wie Glaslinsen die Lichtwellen.

Die heutigen Transmissions-EM-Geräte arbeiten in der Regel alle nach folgendem Schema: Nachdem die Elektronen die Kathode verlassen haben, erlaubt – wie im LM – ein Kondensor-Linsensystem die Bündelung des Elektronenstrahls auf das Präparat. Hinter diesem kommt als erste vergrößernde Linse das Objektiv. Der Stromfluss durch das Objektiv kann geregelt werden, um eine scharfe Abbildung zu erzielen. Nachgeschaltet sind zwei Projektive, die in zwei Stufen nachvergrößern (Abb. 3.**9**). Die Vergrößerung des zweiten Projektivs ist variabel, d. h. je mehr Strom man hindurchschickt, um so stärker ist die Vergrößerung. Wie beim Lichtmikroskop ist die erzielte Gesamtvergrößerung das Produkt der Einzelvergrößerungen.

3.2.3 Verbesserung der Auflösung durch Verkleinerung der Wellenlänge

Wie wir gesehen haben, hängt nach der Abbé-Formel (3.4) die erreichbare Auflösung unter anderem von der Wellenlänge des Beleuchtunglichtes ab. Die Wellenlänge eines Elektrons beschreibt die von de Broglie aufgestellte Wellengleichung:

$$\lambda = \frac{h}{m \cdot v} \tag{3.6}$$

Dabei ist „*h*“ eine Konstante (Plancksches Wirkungsquantum), „*m*“ die Masse eines Elektrons ($9{,}1 \times 10^{-28}$ g) und „*v*“ dessen Geschwindigkeit im Elektronenmikroskop. Die Geschwindigkeit eines Elektrons wiederum hängt von der Beschleunigungsspannung ab, die es auf der Wegstrecke zwischen Kathode und Anode erfährt. Wählt man sie groß genug – im Routinefall 100 kV, entsprechend ⅔ Lichtgeschwindigkeit – so ergibt sich eine Wellenlänge von $\lambda = 0{,}0038$ nm. Setzt man nun die so erzielte Wellenlänge in Formel 3.4 ein, so sieht man, dass die Auflösung sehr kleine Werte erreicht, auch wenn die numerische Apertur nur den Wert 1 besäße. Tatsächlich ist die numerische Apertur im Elektronenmikroskop aus bautechnischen Gründen sogar noch wesentlich „schlechter“, d. h. kleiner. So erklärt sich der Sachverhalt, dass die im Transmissions-EM verwendete Wellenlänge zwar 10^5fach geringer als jene im Lichtmikroskop, die erzielte Auflösung aber „nur“ 10^3fach besser ist, was allerdings eine atomare Auflösung erlaubt.

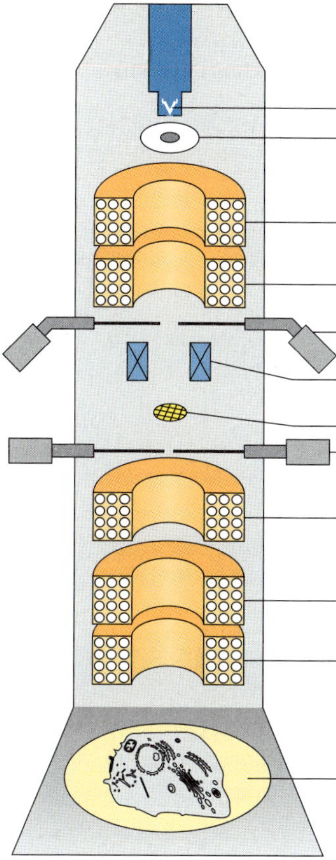

Abb. 3.**9** Schematischer Längsschnitt durch ein Transmissions-EM mit strahlerzeugendem System (Kathode, Anode) und Doppelkondensor zur effektiven Bündelung des Elektronenstrahls. Die Kondensorblende verkleinert zusätzlich den Strahlquerschnitt und ein Ablenksystem sorgt für eine Zentrierung des Strahls und gleichmäßige Ausleuchtung des Präparats. Die die Abbildung erzeugenden Elektronen müssen danach die Kontrastblende und die vergrößernden Linsen Objektiv und Projektive durchlaufen, um letzendlich auf dem Leuchtschirm das Bild zu erstellen.

3.2.4 **Kontrastbildung**

Eine Abbildung ohne genügend Kontrast lässt kaum Strukturdetails erkennen. Im Transmissions-EM erfolgt die Kontrastbildung überwiegend durch elastisch gestreute Elektronen, d. h. durch Elektronen, welche ohne Energieverlust durch Wechselwirkung mit dem Präparat aus dem Strahlengang hinausgestreut werden. Das elastische Streuvermögen eines Elementes steigt überproportional mit seiner Ordnungszahl (Kernladungszahl). Elemente niederer Ordnungszahlen, wie sie in biologischen Materialien dominieren, haben nur ein geringes elastisches Elektronenstreuvermögen. Um dennoch zu einer kontrastreichen Abbildung zu kommen, müssen Schwermetalle in Strukturele-

Technik: Präparation von Zellen und Geweben für das Transmissions-EM (TEM) nach der Ultradünnschnitt-Technik

Für die Untersuchung im Transmissions-EM müssen Proben aus folgenden Gründen sehr dünn und außerdem wasserfrei sein:

1. Elektronen können nur dünne Schichten störungsfrei durchdringen, bei organischem Material etwa 100 nm. Ist ein Präparat zu dick, so verlieren Elektronen mehr und mehr Energie, d. h. sie bekommen unterschiedliche Wellenlängen und dadurch wird die Abbildung unscharf (chromatische Aberration).
2. Da man im Vakuum arbeitet, würden die Proben zu kochen anfangen, hätte man sie nicht entwässert.
3. Die Strahlenschäden würden in wässrigen Systemen über die „indirekte Wirkung“ ionisierender Strahlen noch höher sein als in trockenen Proben (vgl. Kap. 24.3).

All dies setzt voraus, dass die Zellstruktur genügend chemisch stabilisiert, d. h. fixiert wird, bevor man Zellen entwässern und dann zum Herstellen ultradünner Schnitte mit Kunststoffen (Epoxide oder Methacrylate) imprägnieren und auf diese Weise härten kann. Dazu kommt noch die Notwendigkeit, über den Einbau von Schwermetall-Atomen wie Osmium (Os), genügend elastische Elektronenstreuung an Zellstrukturen zu erzielen, um sie so sichtbar zu machen. Osmium wird als Osmiumtetroxid (OsO_4) appliziert. Im Falle des OsO_4 werden dabei auch Lipide einer Fixation unterzogen. Meistens wird eine Stabilisierung der Proteine über Quervernetzung (Fixation) durch Aldehyde vorausgeschickt. Daraus ergibt sich das folgende Präparationsschema:

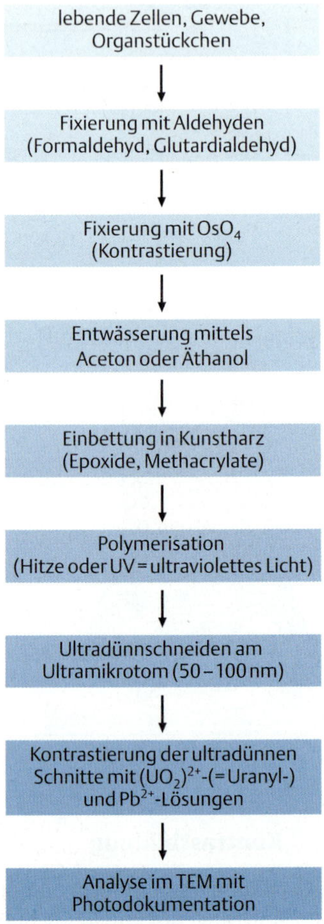

Fließschema der konventionellen Präparation für die Transmissions-EM-Analyse

Neben der chemischen Fixierung, die eine gewisse Gefahr der Artefakt-Bildung in sich birgt, hat sich in den letz-

Fortsetzung

Fortsetzung

ten Jahren die **Kryofixierung** durchgesetzt. Es ist dies eine physikalische Fixierungsart, bei der Zellen bzw. Gewebe in Bruchteilen von Millisekunden auf ca. – 195 °C abgekühlt und somit alle biologischen Prozesse – auch sehr schnelle – im wahrsten Sinne des Wortes „eingefroren“ werden (vgl. Kap. 6 „Biomembranen“, Technik-Box „Gefrierbruch“). Insbesondere für schwer fixierbare, z. B. pflanzliche Gewebe hat sich dieses Verfahren durchgesetzt (vgl. Abb. 13.**10**, 20.**1** und 21.**17**).

Die Technik der **Negativkontrastierung** („negative staining“) ist nur an kleinen Objekten, wie Makromolekülen (vgl. Abb. 5.**7**), Viren, isolierten Membranen oder Organellen und in beschränktem Umfang an Bakterien (vgl. Abb. 4.**10** und 6.**13**) anwendbar, weil sie die Durchstrahlbarkeit der Objekte voraussetzt. Bei der Technik der Negativkontrastierung werden Schwermetallatome nicht in Strukturen eingebaut, vielmehr werden feine Objektdetails durch Anlagerung bzw. durch Umhüllung mit Schwermetallsalzen sichtbar gemacht. Man verwendet Salze von Wolfram, Molybdän und Uran. Durch deren Anlagerung erscheinen molekulare Details der Objekte hell umrandet, also in einem negativen Kontrast.

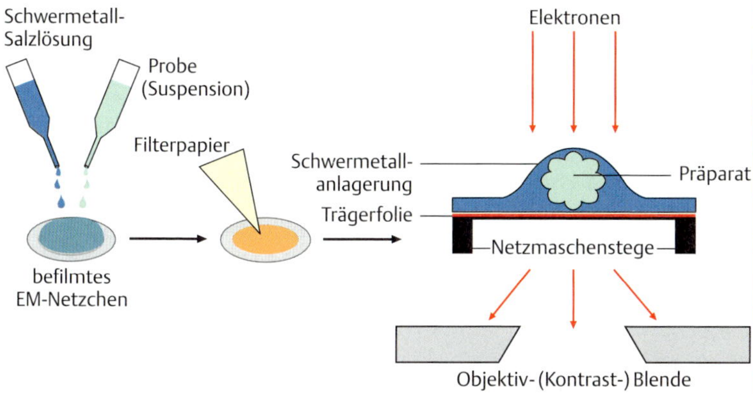

Die Technik der Negativkontrastierung. Eine Suspension von im wässrigen Medium schwebenden Partikeln wird auf ein EM-Trägernetzchen aufgetropft, das mit einer dünnen Kunststofffolie befilmt ist. Dann wird eine Schwermetall-Salzlösung zugetropft und der Überschuss an Flüssigkeit abgesogen. Das verbleibende Schwermetallsalz umhüllt die Oberflächendetails eines Moleküls, das dadurch über elastische Elektronenstreuung im Transmissions-EM sichtbar wird.

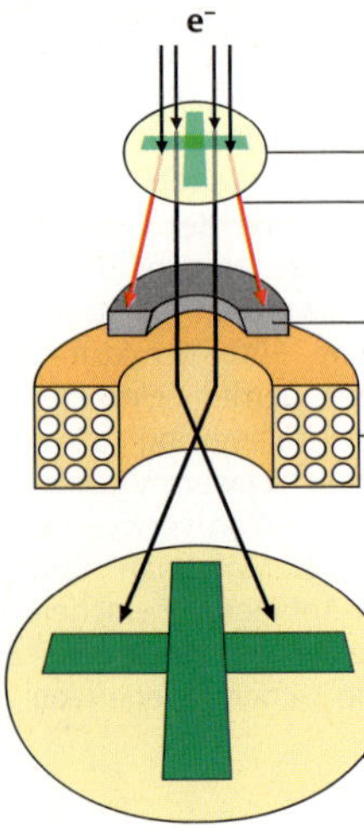

Abb. 3.**10** Bildentstehung im Transmissions-EM.
e^- = Elektronen.
Weitere Erklärung siehe Text.

mente der Zelle eingebaut werden. Dieses erfolgt bei der Fixierung und Kontrastierung mittels Schwermetallverbindungen wie Osmiumtetroxid oder Uranylacetat (s. Box, S. 31). Führt man nun in der hinteren Brennebene des Objektivs eine Blende ein, so können alle ungestreuten Elektronen die zentrale Blendenbohrung passieren. Die elastisch gestreuten Elektronen dagegen werden von der Objektivblende absorbiert (Abb. 3.**10**), sodass sie in der Endabbildung fehlen. Die Strukturen, die diese Elektronen elastisch streuen, erscheinen daher kontrastreich bzw. dunkel. Aus diesem Grund nennt man die Objektivblende auch „Kontrastblende".

3.3 Das Raster-Elektronenmikroskop

Das Raster-EM arbeitet ebenfalls mit einem Elektronenstrahl-Erzeugersystem (Kathode, Anode) und mit elektromagnetischen Linsen (Abb. 3.**11**). Auch hier muss das Objekt in der Regel fixiert und entwässert, aber nicht in Kunstharz eingebettet werden. Um statische Aufladungsphänomene zu vermeiden, muss jedoch die Präparatoberfläche mit einer dünnen, leitenden Metallschicht belegt werden. Zum Einsatz kommen diverse Schwermetalle wie Chrom, Gold oder andere, aber auch Kohle. Dabei werden die Metallatome mit speziellen Apparaturen möglichst gleichmäßig auf der Präparatoberfläche verteilt. Das Raster-EM erlaubt es, massive Proben, also ganze Zellen, Gewebe, Organoberflächen oder -anschnitte zu untersuchen. Seine Auflösung ist gegenüber dem Transmissions-EM etwas geringer ($d_{min} \geq 1$ nm, je nach Gerätetyp). Seine Aufgabenstellung unterscheidet sich daher von jener des Transmissions-EM.

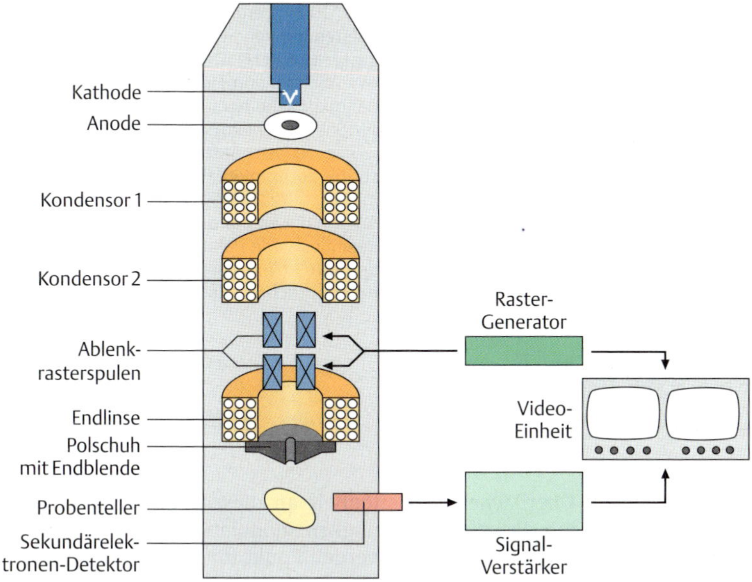

Abb. 3.**11** Schematischer Längsschnitt durch ein Raster-EM (REM). Die Beleuchtungserzeugung ähnelt der im Transmissions-EM. Wegen der Notwendigkeit einer punktförmigen Bündelung des Primärstrahls sind mehrere Kondensorlinsen hintereinandergeschaltet. Objektiv- und Projektivlinsen fehlen völlig. Die Bildentstehung erfolgt über Auswertung der von der metallbedampften Probenoberfläche stammenden Sekundärelektronen, die in Lichtsignale umgewandelt und mittels Fernsehtechnik auf einen Bildschirm ausgegeben werden.

Im Gegensatz zum Transmissions-EM fehlen dem Raster-EM Objektiv- und Projektivlinsen. Es ist nur ein mehrstufiges Kondensorlinsensystem vorhanden, dessen Endlinse häufig als „Objektiv" bezeichnet wird. Dies liegt in der Tatsache begründet, dass diese Endlinse für die starke Bündelung des primären Elektronenstrahls benötigt wird, dessen Querschnitt im Raster-EM die zu erzielende Auflösung bestimmt. Dieser punktförmige Primärelektronenstrahl tastet („rastert") Punkt für Punkt und Zeile für Zeile die Präparatoberfläche ab. Durch Wechselwirkung mit der Probe werden aus dieser sekundäre Elektronen herausgelöst (Abb. 3.**12**). Ein Raster-EM wird üblicherweise mit geringerer kV-Zahl (bis zu 40 kV) betrieben als ein Transmissions-EM. Die Energie der Sekundärelektronen beträgt maximal 50 eV. Sie können daher leicht von einem elektrostatisch geladenen Kollektor gesammelt, über Umwandlung in Lichtsignale in einem „Photomultiplier" verstärkt (vgl. 10.4.2) und als Signale auf einen Fernsehschirm übertragen werden. Auf diesem sieht man dann pro Objektdetail (Pixel), auf welches der primäre Elektronenstrahl auffällt, einen

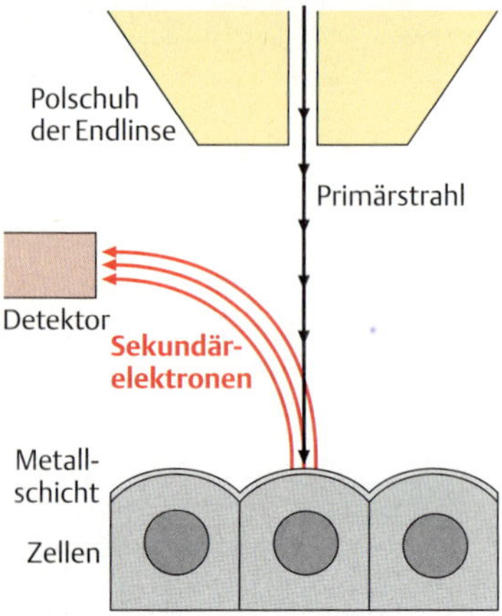

Abb. 3.**12** Vereinfachte Darstellung der Entstehung von Sekundärelektronen im Raster-EM (REM). Der Primärstrahl löst stets eine Vielzahl von Elektronen aus der Probenoberfläche heraus. Der Austrittsort dieser Sekundärelektronen muß nicht unmittelbar mit dem Auftreffort des Primärstrahls zusammenfallen, liegt jedoch stets in dessen Nähe. Trotzdem hat dies negative Auswirkungen auf die laterale Auflösung. Beeinflussende Parameter sind die Energie der Primärelektronen, aber auch die Oberflächenbeschaffenheit der Probe.

Punkt, der je nach Oberflächenbeschaffenheit an diesem Objektpunkt verschieden hell sein kann (Prinzip der „Helligkeitsmodulation").

Die Signale der Sekundärelektronen werden Punkt für Punkt und Zeile für Zeile synchron mit dem Primärstrahl auf den Fernsehschirm übertragen. Diese zeitsequenzielle Bildübertragung wurde aus der Fernsehtechnik übernommen und ist der Grund für den langen Zeitraum zwischen dem Bau des ersten Prototypen im Jahre 1938 und der Erstellung eines serienreifen Raster-EM 1965. Der Kontrast entsteht aufgrund der unterschiedlichen Signalausbeute als „topographischer Kontrast". Die Menge der Sekundärelektronen hängt nämlich an jedem Präparatpunkt unter anderem auch von der jeweiligen Oberflächengeometrie ab. So können aus Erhebungen mehr Sekundärelektronen als aus Vertiefungen austreten.

Da – wie oben erwähnt – dem Raster-EM Objektiv- und Projektivlinsen fehlen, muss die Vergrößerung in diesem Gerät auf andere Weise hergestellt werden. Dies wird dadurch erreicht, dass bei gleichbleibender Pixelzahl ein kleineres Objektareal abgerastert wird, die detektierten Sekundärelektronen – bzw. genauer gesagt – die durch sie im Photomultiplier erzeugten Signale jedoch auf den immer gleich groß bleibenden Beobachtungsmonitor ausgegeben werden.

Komplizierte Prozesse wie die amöboide Bewegung und die dynamischen Veränderungen der Struktur der Gesamtzelle (vgl. Abb. 17.**9** und 17.**13**), wie bei der Transformation und Umbildung in Krebszellen, lassen sich günstig mit dem Raster-EM untersuchen. Durch die dreidimensionale Oberflächenabbildung mit großer Schärfentiefe einerseits und durch die Auflösung bis in den Nanometer-Bereich andererseits, deckt das Raster-EM den Vergrößerungsbereich vom Stereo-Lichtmikroskop bis zum Transmissions-EM ab. Da bei einem Elektronenbombardement von Materie auch immer elementspezifische Röntgenstrahlung entsteht, kann das Raster-EM, mit speziellen Röntgendetektoren ausgerüstet, allerdings auch einen Beitrag zur Elementanalyse der betrachteten Proben leisten.

Literatur

Gerlach, D.: Das Lichtmikroskop. Thieme, Stuttgart 1985
Goodhew, P. J., J. Humphreys, R. Beanland: Electron Microscopy and Analysis. Taylor & Francis, London 2001
Lange, R. H., J. Blödorn: Das Elektronenmikroskop: TEM + REM; Leitfaden für Biologen und Mediziner. Thieme, Stuttgart 1981
Maunsbach, A. B., B. A. Afzelius: Biomedical Electron Microscopy. Academic Press, New York 1999
Pawley, J.: The Handbook of Biological Confocal Microscopy. Plenum Press, New York 1995
Plattner, H., H. P. Zingsheim: Elektronenmikroskopische Methodik in der Zell- und Molekularbiologie. Gustav Fischer, Stuttgart 1987
Reimer, L.: Scanning Electron Microscopy. Springer, Berlin 1998
Rizzuto, R., C. Fasolato: Imaging Living Cells. Springer, Berlin 1998
Whitaker, M.: Fluorescent tags of protein function in living cells. BioEssays 22 (2000) 180

4 Grundbaupläne – ein Überblick über zelluläre Organisationsformen

Zunächst stellen wir uns die Frage, welche Kriterien eine Zelle als lebendigen Elementarorganismus auszeichnen. Anschließend sehen wir, dass es prinzipiell zwei Kategorien von Zellen gibt, solche ohne Zellkern (Prokaryoten = Bakterien) und solche mit klar abgegrenztem Zellkern (Eukaryoten = höhere Zellen). Dann lernen wir den grundsätzlichen Bauplan von Pro- und Eukaryoten kennen. Letztere zeigen eine Untergliederung in zahlreiche Innenräume, die optimale Reaktionsabläufe durch Konzentrationen der beteiligten Moleküle auf kleinstem Raum gewährleisten.

4.1 Kennzeichen einer lebenden Zelle

Alle Organismen sind aus Zellen aufgebaut, und sei es nur aus einer einzigen (Einzeller, wie Bakterien, Protozoen und manche Algen). Für alle Zellen, „niedere" (Bakterien) wie „höhere" (nichtbakterielle) Zellen, lassen sich gemeinsame Charakteristika feststellen:

- Zellen entstehen immer aus Zellen.
- Jede Zelle hat einen kompletten Satz an Erbanlagen, Genom genannt (aus DNA, Desoxyribonukleinsäure), als Informationsspeicher für Bau und Funktion einer jeden Zelle.
- Das zentrale „Dogma der Molekularbiologie" besagt, dass der Informationsfluss immer in der Richtung DNA → Proteine verläuft.
- Das Genom ist befähigt zur identischen Selbstvermehrung (Replikation).
- Zellen sind differenzierungsfähig.
- Ihre Abgrenzung nach außen erfolgt durch eine Zellmembran.
- Zellen sind komplexer organisiert als ihre Umgebung.
- Zellen sind „offene Systeme" im Fließgleichgewicht.
- Die Energiespeicherung erfolgt in Form von ATP (Adenosintriphosphat).
- Konsequenzen: Stoffwechsel, Wachstum, Reaktionsfähigkeit (Reizbarkeit), Bewegungsfähigkeit.

Im Folgenden werden diese Charakteristika lebender Zellen weiter ausgeführt.

4.1.1 Zellen entstehen immer aus Zellen

Heutzutage ist dies eine triviale Feststellung. Wie schwer man sich zu dieser Erkenntnis, besonders für Bakterien, durchgerungen hat, wurde schon früher dargelegt (vgl. Kap. 1). Zellen stellen durch Teilung ihre Vermehrung sicher. Etwa 10^{14} Zellen bauen unseren Körper auf, allein unsere Großhirnrinde hat ca. 10^{10} Nervenzellen, die in ihrer Gesamtlänge fast bis zum Mond reichen würden.

4.1.2 Jede Zelle hat einen kompletten Satz an Erbanlagen

Jede Zelle enthält ihren eigenen Bauplan, der in Form der Gene kodiert vorliegt. Die Summe der Gene einer Zelle wird als Genom bezeichnet. Die Gene sind aus einem polymeren Kettenmolekül, der DNS (*D*esoxyribo*n*ukleins*ä*ure), aufgebaut. Zur internationalen Vereinheitlichung verwendet man durchwegs die Abkürzung DNA (engl.: *d*eoxyribo*n*ucleic *a*cid). Das „Rückgrat" des DNA-Moleküls besteht aus Ribose-Molekülen, welche über eine Phosphatgruppe linear vernetzt sind. Ribose ist eine Pentose (5 C-Atome mit Ringschluss), welche in der DNA jedoch ein O-Atom weniger hat als üblich (Desoxy-Form). Die Phosphatgruppe (PO_4^{3-}) bewirkt den Säurecharakter der DNA. Hervorzuheben ist die Vernetzung von Purin- und Pyrimidinbasen in linearer Abfolge entlang der DNA (vgl. Kap. 5.5). Je eine Dreiergruppe solcher Basen, wie sie am Ribose-Phosphat-Rückgrat aneinander gereiht sind, also ein Triplett von Basen, bildet den Kode für eine bestimmte Aminosäure (vgl. Kap. 7.1). In jeder Zelle kommt die DNA als ein in sich gewundener Doppelstrang vor, die Doppelhelix. Nur ein Strang davon dient als Informationsträger, der kodierende Strang. Entsprechend diesem Kode können Proteine (Eiweiße) mit spezifischer Abfolge von Aminosäuren in der Zelle zusammengebaut werden. Die spezifische Abfolge von Aminosäuren bedingt ganz spezifische Funktionen für einzelne Proteine. Diese sind unter anderem „Biokatalysatoren" (Enzyme) für chemische Reaktionen, andere Proteine dienen der Strukturgebung, Festigung, Bewegung etc. Beispiele wird es hierfür später genügend geben. Die DNA dient also als Informationsspeicher, als „Bau- und Betriebsanleitung" für die Zelle. Der Informationsgehalt beträgt zwischen 10^7 (Bakterien) und 10^9 bis10^{10} bytes (Eukaryotenzelle) – und dies auf kleinstem Raum, wie es die Computertechnik nur träumen kann. Es bleibt festzuhalten, dass zwar jede Zelle denselben Bauplan enthält, dass aber nicht in jeder Zelle alle Proteine „gebaut" werden, sondern je nach funktionellen Bedürfnissen eine Auswahl getroffen wird (genetisches Programm). Diese erfolgt im Zuge der Differenzierung in verschiedene Zelltypen.

4.1.3 Das zentrale Dogma der Molekularbiologie

Es besagt, dass dieser Informationsfluss immer nur von der DNA in Richtung Proteine läuft. Es gibt keine Rückwirkung der Syntheseprodukte (Proteine) auf den Bauplan (DNA). Dies gilt für alle Zellen.

4.1.4 Identische Replikation des Genoms

Wenn Zellen immer nur durch Teilung aus ihresgleichen entstehen (s. o.), so setzt dies voraus, dass sich auch die DNA teilt. Bei der Vermehrung der DNA weichen ihre beiden Einzelstränge auseinander und es wird jeweils an jedem Einzelstrang ein komplementärer Strang mit entsprechender Abfolge von Basen nachgebaut. Da in der DNA-Doppelhelix zwar komplementär passende aber nicht identische Basen einander gegenüberzustehen kommen, spricht man von „semikonservativer Replikation“ (vgl. Kap. 7). Erst danach teilen sich die Zellen als ganzes und jede Tochterzelle erhält einen identischen Satz des Genoms.

Dieser Mechanismus arbeitet mit einer gewissen Fehlerrate. Im Durchschnitt wird pro 10^9 Basenpaare eine falsche Base eingebaut. Dies ist ein Beispiel für die chemische Grundlage von Mutationen. Mutationen führen zum Einbau einer anderen Aminosäure in das kodierte Protein. Meistens ist eine Mutation ungünstig, wenn nicht sogar letal, für das Überleben einer Zelle oder eines Organismus. Andererseits führt dieses willkürliche Spiel die Möglichkeit herbei, dass unter geänderten Außenbedingungen eine Mutante eventuell besser überleben kann als die ursprüngliche Form (Selektion). Mutation als zelluläres Phänomen, kombiniert mit Selektion, bildet die Grundlage der Evolution. Bei vielzelligen Organismen kommt dieses evolutionäre Prinzip allerdings nur zum Tragen, wenn die Mutation in einer Keimzelle erfolgte, aus welcher sich ein Organismus bildet. Mutationen in Körperzellen (somatische Mutationen) können eine Rolle bei der Krebsentstehung spielen.

4.1.5 Zellen sind differenzierungsfähig

Eine befruchtete Eizelle teilt sich und es bilden sich sehr verschiedenartige Zellverbände (Gewebe) und aus diesen Organe heraus. Gewebe sind ein Zusammenschluss von Zellen, Organe ein Zusammenschluss von Geweben für Leistungen von jeweils höherer Komplexität. Trotz des identischen Genoms in allen unseren Körperzellen können diese sehr verschiedenartig aussehen und jeweils spezielle Funktionen ausüben. Man denke nur an Nervenzellen, welche der raschen Reizverarbeitung und -weiterleitung dienen oder an Muskelzellen mit ihrer ausgeprägten Kontraktionsfähigkeit etc. Dementsprechend werden bei der Zelldifferenzierung spezifische Proteine, welche entweder der Reizleitung oder der Kontraktion etc. dienen, von der Zelle gebildet (exprimiert). Entsprechende Proteine können in anderen Körperzellen entweder ganz fehlen, obwohl die Gene vorhanden sind, oder nur in geringer Stückzahl gebildet werden. Die Differenzierung läuft nach einem „genetischen Programm“ ab.

In einigen Fällen kann dieses Programm sozusagen auf den Startpunkt zurückgedreht werden. Eine Karotte lässt sich in einzelne Zellen zerlegen und aus diesen lassen sich im Reagenzglas (in vitro) einzelne kleine Karotten heranziehen. Bei tierischen Organismen ist es schwieriger, die Omnipotenz des Zellkerns nachzuweisen. So konnte beispielsweise beim Frosch aus einer Epithelzelle des Dünndarms der Zellkern mit einer Mikronadel entnommen und in eine Eizelle übertragen werden (Mikroinjektion), welche vorher entkernt (denukleiert) worden war. Im neuen Milieu steuert dann der fremde Zellkern die Bildung aller zelltypischen Strukturen bzw. Proteine, für welche er offensichtlich die komplette DNA besitzt, sodass sich ein komplexer Organismus bilden kann.

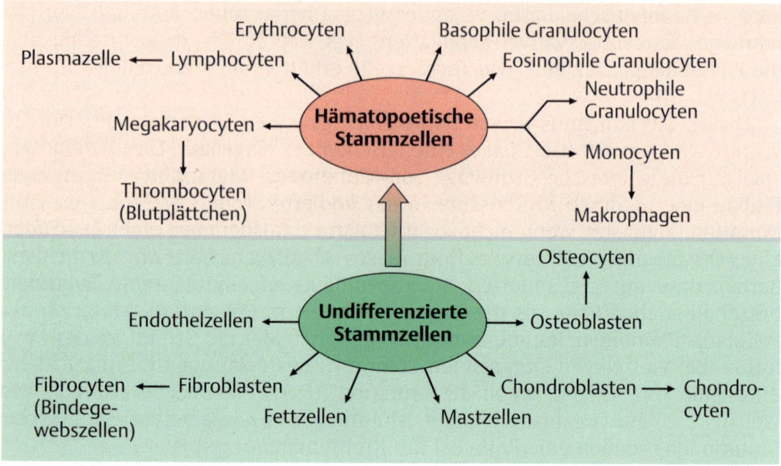

Abb. 4.**1** Differenzierung ausgewählter tierischer Zelltypen aus Stammzellen des Embryos. Aus einer Stammzelle können sich Vorläuferzellen verschiedener Art differenzieren, die sich dann endgültig in fertig ausdifferenzierte Zelltypen entwickeln. Die noch nicht voll ausdifferenzierten Vorläuferzellen tragen oft die Bezeichnung „-blast", wie Fibroblast, der sich dann in den fertigen Fibrocyten (Bindegewebszelle) differenzieren kann. Rot: Blutbildung. De facto ist unser Körper aus ca. 240 Zelltypen aufgebaut.

Bei Pflanzen wie bei Tieren gibt es Gewebe, welche zunächst von der Differenzierung ausgenommen bleiben und so während Entwicklung und Wachstum einen Zellpool für spätere Differenzierung bilden. Bei Pflanzen sind dies Meristem-Gewebe, etwa im Bastgewebe (Phloem) an der Grenze zwischen Holz (Xylem) und Rinde. Bei der Entwicklung von Tieren, während der sich das Ektoderm und das Entoderm (äußeres und inneres Keimblatt) entwickelt, sondert sich eine Zwischenschicht (Mesoderm) oder ein Haufen von Zellen (Mesenchym) heraus, welche besonders differenzierungsfähig sind. Abb. 4.**1** gibt eine Übersicht über die Differenzierung wichtiger Zelltypen des Säugetierorganismus.

Das genetische Programm kann allerdings auch ungewollt auf den Startpunkt zurückspringen. Spontan oder durch Umwelteinflüsse (energiereiche Strahlung, toxische Chemikalien etc.) kann sich im Gewebeverband eine Zelle wieder entdifferenzieren, meist gefolgt von starker Zellteilungsaktivität. So kann eine Krebswucherung entstehen. Von besonderer Wichtigkeit ist dabei die Veränderung von Proteinen der Zellmembran (vgl. Kap. 6), die normalerweise für „gut nachbarschaftliche Beziehungen" sorgen. Indem das genetische Programm gesprengt wird, wird die normale Integration in normales, gesundes Gewebe gestört.

4.1.6 Abgrenzung durch eine Zellmembran

Jede Zelle, vom Bakterium bis zum Menschen, ist von einer dünnen Grenzschicht umhüllt (vgl. Abb. 4.**5** und 4.**16**). Diese Zellmembran (Plasmamembran oder Plasmalemma) besteht aus einer Doppelschicht von Phospholipiden mit ein- und angelagerten Proteinen (Membranproteine). Sie ist ca. 6 nm dick und hat nach der elektronenmikroskopischen Standardpräparation, also nach Schwermetallbehandlung (Osmium), ein einheitliches Aussehen mit einer Dunkel-Hell-Dunkel-Bänderung (Einheitsmembran, engl.: unit membrane).

Die Zellmembran bildet eine Barriere für den Eintritt und Austritt von Substanzen von kleinem (z. B. Ionen) oder großem Durchmesser (z. B. Makromoleküle). Eingelagerte Membranproteine können eine selektive Durchlässigkeit (selektive Permeabilität) erzeugen. Die Zellmembran gewährleistet somit die Aufrechterhaltung eines typischen und funktionell notwendigen „inneren Milieus". In Kap. 6 werden wir uns ausführlich mit diesen Aspekten befassen.

4.1.7 Zellen sind komplexer organisiert als ihre Umgebung

Dazu ist die Abgrenzung durch eine Zellmembran Voraussetzung. Die Komplexität einer Zelle wird dadurch gewährleistet, dass ihr Genom einen umfangreichen Informationsgehalt darstellt, also den Bauplan eines Gefüges, welches viel komplexer ist als das sie umgebene Milieu. Dieses wird augenfällig, wenn man etwa die zahlreichen Proteine einer Zelle mit den relativ wenigen vergleicht, welche im Blutserum gelöst sind. Die Wahrung solcher Komplexität entgegen dem thermodynamischen Gleichgewicht, das dem Zerfall bzw. maximaler Unordnung zustrebt, hat Konsequenzen in Bezug auf die Energetik der Zelle (s. u.): Um zu existieren, bedarf die Zelle einer dauernden Energiezufuhr.

Wenn die Zelle so definiert wird, dass sie komplexer sei als ihre Umgebung, so schließt man Viren aus. Viren erfüllen zwar andere Kriterien einer Zelle, aber nicht das Kriterium der höheren Komplexität gegenüber ihrer Umgebung, d. h. ihrer Wirtszelle. Trotz des Besitzes eines eigenen Genoms und trotz einer Membranumhüllung aus einer Phospholipid-Doppelschicht oder einer Proteinhülle, die man bei manchen Viren vorfindet, können sie sich nur vermehren, indem sie in bestimmten Entwicklungsabschnitten die komplexe Synthese- und Energiemaschinerie echter Zellen benutzen. Unabhängig vom viel komplexeren System einer echten tierischen, pflanzlichen oder bakteriellen Zelle können Viren also nicht existieren. Viren, die Bakterien befallen, nennt man Bakteriophagen.

Viren sind also keine Zellen, keine Lebewesen. Dementsprechend ist ihr Genom um Größenordnungen kleiner.

4.1.8 Zellen sind „offene Systeme" im Fließgleichgewicht

Zellen sind nicht nur auf dauernde Energiezufuhr, sondern auch auf ständige Zufuhr von Stoffen angewiesen. Damit meint man nicht nur Stoffe, deren chemische Energie ausgebeutet wird (wie Zucker), sondern auch solche, welche für Funktionsabläufe (Vitamine) oder für den Aufbau körpereigener Substanz (Aminosäuren) notwendig sind, und des weiteren bestimmte Ionen.

Zellen sind „offene Systeme", weil sie Energie und Materie sowohl aufnehmen als auch abgeben. Insofern stehen sie mit ihrer Umgebung nicht in einem starren Gleichgewicht, sondern in einem „Fließgleichgewicht". Diese Begriffe stammen aus der Regeltechnik (Kybernetik) und werden auch von der Computertechnik zur Beschreibung komplexer Systeme gebraucht. Man könnte sagen, Zellen sind offene Systeme im Fließgleichgewicht, mit Input und Output sowie mit einer Hardware und Software.

Im Klartext heißt dies: Es sind viele zelluläre Funktionen miteinander vernetzt. Es gibt Sollwerte für viele Parameter, wie z. B. für die Konzentration der in der Zelle gelösten Calcium-Ionen (Ca^{2+}). Ihr Ruhewert (Sollwert in kybernetischen Begriffen) kann, wenn eine Zelle gestört oder aktiviert wird (Abb. 4.**2**), auf das 10fache ansteigen (Stellwert). Zur Entaktivierung muss wieder auf den Ruhewert zurückgeregelt werden. Die Regelung erfolgt über biochemische Prozesse, welche ebenfalls der Regelung unterliegen. Die Zelle ist aus der Sicht der Kybernetik eine Art Automat, jedoch von einer Komplexität, die jeden, vom Menschen konstruierten Automaten überbietet. Dazu kommen Regelprozesse auf höherem Niveau, wie in Geweben und Organen und im gesamten Organismus.

Man kann diesen Aspekt sogar global sehen, indem alle Zellen mit der sie umhüllenden Atmosphäre (Biosphäre) im Gleichgewicht stehen, und zwar nach dem Schema in Abb. 4.**3**.

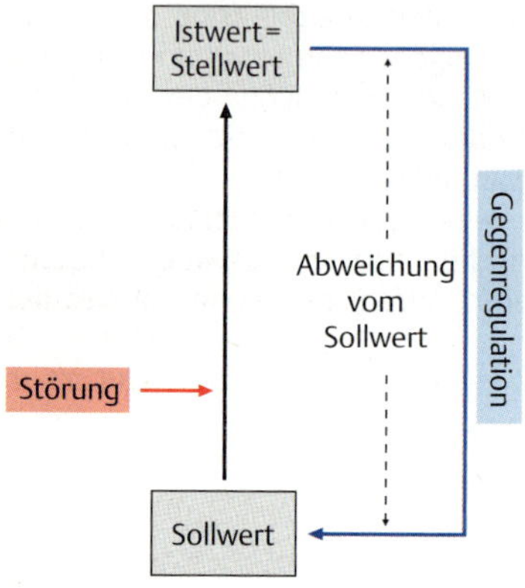

Abb. 4.**2** Dieses einfache regeltechnische Schema zeigt die Gegenregulation nach einer Störung, wenn ein System auf einen bestimmten Sollwert zurückgebracht werden soll. Auf die Zelle übertragen kann als „Störung" der Anstieg eines bestimmten Ions (z. B. Ca^{2+}) oder eines Stoffwechselprodukts angesehen werden. „Störung" kann Aktivierung bedeuten, der gegengesteuert werden muss, soll die Zelle nicht im „Dauerrausch" permanenter Aktivierung verharren und weiterhin steuerbar sein. Soll- und Ist-Wert können daher in einer Zelle dem Ruhe- und Aktivierungswert entsprechen.

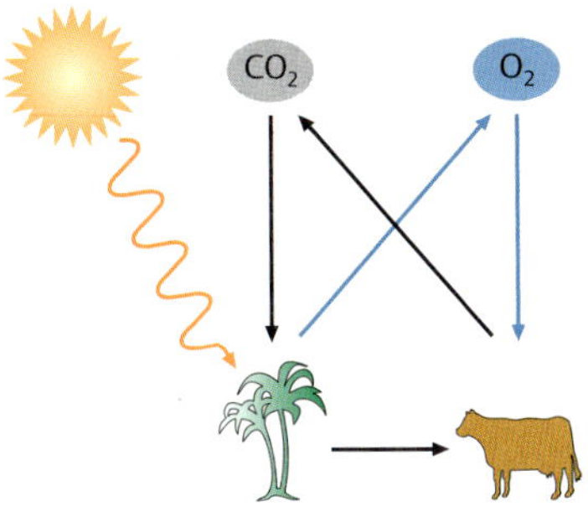

Abb. 4.**3** Pflanzliche und tierische Organismen stehen miteinander über die Biosphäre in einem globalen Gleichgewicht (ebenso wie die hier nicht berücksichtigten Bakterien). Pflanzliche Zellen binden in der Photosynthese die Primärenergie des Sonnenlichts und gewährleisten so neben ihrer eigenen Energieversorgung auch jene der Tiere. Pflanzen binden dabei CO_2 aus der Atmosphäre und geben O_2 in diese ab. Tiere veratmen O_2 und geben dabei CO_2 ab. (Obwohl letzteres auch für pflanzliche Zellen gilt, geben sie netto O_2 ab und nehmen netto CO_2 auf.)

Dementsprechend nehmen Pflanzen Strahlungsenergie der Sonne (Primärenergie) auf und binden diese als chemische Energie (Photosynthese in Verbindung mit Assimilation von Kohlenstoff). Die Umsetzung der Primärenergie beinhaltet die Spaltung von Wasser (Photolyse des Wassers):

$$2\,H_2O \rightarrow 4\,H^+ + 4\,e^- + O_2 \qquad (4.1)$$

wobei Sauerstoff (O_2) in die Biosphäre entweicht, Protonen (H^+) und freie Elektronen (e^-) energetisch umgesetzt werden. Die bei der Verarbeitung von H^+ und e^- verfügbare Energie dient der Bindung von Kohlendioxid (CO_2) in eine zelleigene Substanz, entsprechend der eigentlichen Bedeutung von „Assimilation", nämlich in Glukose (Traubenzucker, $C_6H_{12}O_6$). Pauschal verläuft dies nach folgender Formel:

$$6\,H_2O + 6\,CO_2 \rightarrow C_6H_{12}O_6 + 6\,O_2 \qquad (4.2)$$

Der gesamte Prozess läuft in Chloroplasten ab, Strukturen, die sich nur in der Pflanzenzelle finden. Ihre grüne Farbe stammt vom „Blattgrün" (Chlorophyll), das der Umsetzung der Primärenergie des Sonnenlichts dient.

Der entweichende O_2 dient den Tieren (aber auch den Pflanzen selbst) zur Atmung, indem O_2 in der Zellatmung verbraucht wird, wenn Glukose in der Zelle unter Energiefreisetzung zu CO_2 abgebaut wird. CO_2 wiederum tritt in den biosphärischen Kreislauf ein, gemäß Abb. 4.**3**.

Die heutige Erdatmosphäre hat sich im Laufe von Milliarden Jahren in stetem Wechselspiel mit allen Zellen entwickelt, die es je gegeben hat. Die Biosphäre existiert also auch in einem Fließgleichgewicht – in einem sehr empfindsamen sogar (vgl. hierzu auch das Kap. 24 über die „Evolution der Zelle").

4.1.9 Energiespeicherung als ATP (Adenosintriphosphat)

Wie jeder Staat seine Währung hat, mit der für alle Bedürfnisse bezahlt werden kann, so auch die Zelle. Alle Zellen verfügen über dieselbe Einheitswährung, das ATP (Adenosintriphosphat) mit folgender Formel:

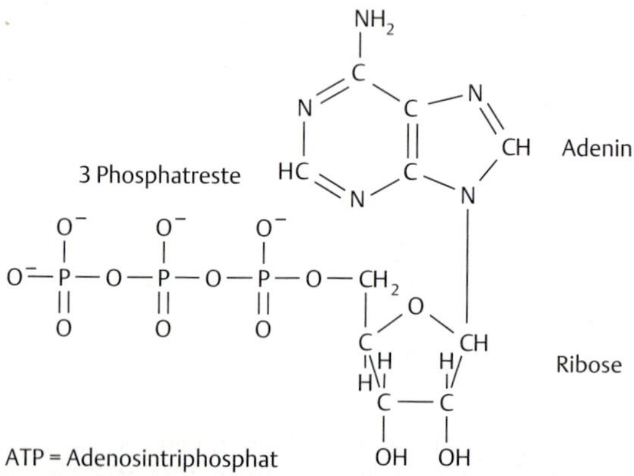

ATP = Adenosintriphosphat (4.3)

Adenosin gehört zu den Nukleosiden (vgl. Kap. 6). Ein Nukleotid besteht aus einer Purinbase (hier Adenin) oder einer Pyrimidinbase und einem Zucker-Rest mit 5 C-Atomen (Pentose, hier: Ribose), an welchem Phosphat-Reste angehängt sind. Phosphat-Reste kürzt man als P_i ab (i steht für engl.: inorganic, also anorganisch, weil es so auch im Boden und im Meerwasser auftritt).

$P_i = PO_4^{3-} =$ 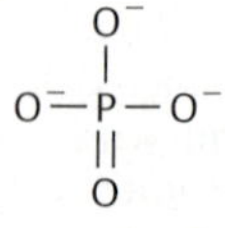 (4.4)

Phosphatrest

Allgemein gilt:

$$\begin{array}{lll} \text{Base + Pentose} & = & \text{Nukleosid} \\ \text{Nukleosid} + P_i & \rightarrow & \text{Monophosphat} \\ \text{Nukleosid} + 2\,P_i & \rightarrow & \text{Diphosphat} \\ \text{Nukleosid} + 3\,P_i & \rightarrow & \text{Triphosphat} \end{array} \left.\vphantom{\begin{array}{l}a\\a\\a\end{array}}\right\} \text{Nukleo}\textit{t}\text{ide} \qquad (4.5)$$

Die Bindung zwischen dem äußersten und dem mittleren Phosphoratom ist besonders energiereich. Wird diese Bindung gelöst, so werden 44 kiloJoule (kJ) pro Mol ATP freigesetzt. (Ein Mol Substanz enthält definitionsgemäß immer 6×10^{23} Moleküle):

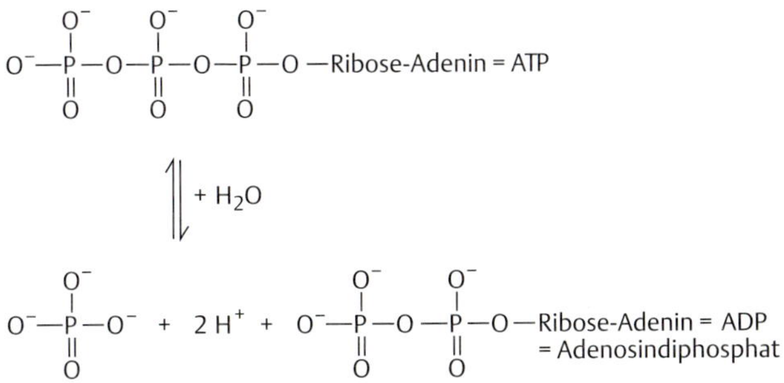

(4.6)

(4.7)

$$\text{d. h. ATP} \longrightarrow \text{ADP} + P_i + 44\ \text{kJ/Mol} \qquad (4.8)$$

Nun ist mit frei werdender Energie noch nichts geleistet, sie könnte ja auch als Wärme ungenützt verpuffen. Die Zelle hat aber die Fähigkeit, die ATP-Spaltung direkt mit der Durchführung von Arbeit zu koppeln. Sie hängt den Phosphat-Rest zum Beispiel an eines ihrer zahlreichen Proteine, welches dadurch seine Konformation (Gestalt) ändert, d. h. im Nanometer-Bereich oder darunter eine Bewegung ausführt. Das Protein wird durch diese Phosphorylierung energetisiert (Abb. 4.**4**).

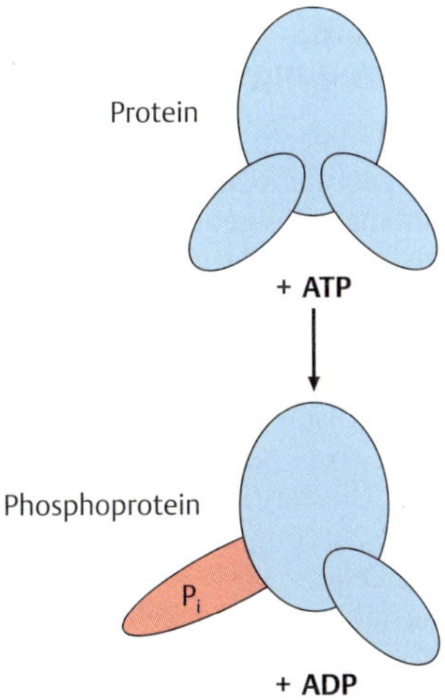

Abb. 4.**4** Bei der Spaltung von ATP in ADP + P_i kann ein Protein durch Bindung eines Phosphat-Restes (P_i) energetisiert werden. Dies bedeutet, dass durch das Einbringen der negativen Ladung von P_i die Konformation eines Proteins verändert wird. Konformationsänderung bedeutet eine Bewegung, wenn auch nur im Nanometer-Bereich (hier übertrieben gezeichnet). Der Phosphat-Rest wird entweder adsorbiert (ionale oder heteropolare Bindung) oder häufiger kovalent an eine bestimmte Aminosäure angehängt (zumeist Tyrosin, Serin oder Threonin; vgl. Kap. 5.3). Im Falle kovalenter P_i-Bindung spricht man von Protein-Phosphorylierung, die ein wichtiges Steuerungsprinzip zahlreicher zellulärer Funktionen darstellt.

Die Konformationsänderung (Arbeit) ergibt sich allein daraus, dass sich die Aminosäuren durch kovalente Bindung des negativ geladenen Phosphat-Rests (Protein-Phosphorylierung) gegeneinander verschieben, durch Abstoßung negativ geladener und Anziehung positiv geladener Aminosäuren im Protein. Ähnliches kann an manchen Proteinen ohne kovalente Bindung eines Phosphat-Restes, also ohne Phosphorylierung, erreicht werden, indem zwar ATP gespalten wird, P_i und ADP aber auf nichtkovalente Weise gebunden werden.

Von der Art des Proteins, an das P_i bindet oder welches phosphoryliert wird, hängt die in der Zelle bewirkte Aktivität ab. So können Zellen z. B. durch ATP-Spaltung zur Kontraktion befähigt (Muskelzellen) oder ihre Ionenpumpen in der Zellmembran aktiviert werden, um nur zwei Beispiele zu nennen. Letzteres ist z. B. für die Reizleitung an Nervenzellen Voraussetzung.

Woher die Zelle ihr ATP bezieht, haben wir noch nicht erwähnt. Die grünen Pflanzen produzieren aus der Primärenergie des Sonnenlichts Glukose als Sekundärenergie. Glukose wird dabei abgebaut, zu einem Teil im Cytosol (Grundsubstanz der Zelle, Vgl. Kap. 18) in einem Prozess, den man Glykolyse nennt, und zum anderen Teil in den Mitochondrien, die man als die „Kraftwerke" der Zelle bezeichnen könnte. Hierbei wird beim Abbau von Glukose unter Abgabe von CO_2 und Verbrauch von O_2 (Zellatmung) ATP synthetisiert. Dies gilt für pflanzliche wie für tierische Zellen. Die Synthese erfolgt durch komplexe Enzyme, die ATP-Synthasen (oder Synthetasen). Das von der Zelle gebildete ATP bleibt in der Zelle, in der es gebildet wurde. Jede Zelle ist also – nicht nur genetisch, sondern auch energetisch – autonom. Die Zelle ist insofern ökonomisch autonom, als sie so viele „Münzen prägt" wie sie braucht. Dabei ist die „Münze" ATP der direkte Energielieferant für die Vielzahl verschiedenartiger energieabhängiger Prozesse. Versiegt die Zufuhr von „Betriebsstoff" (meist Glukose), so kann kein ATP mehr gebildet werden und die Zelle stirbt.

4.1.10 Konsequenzen: Stoffwechsel, Wachstum, Reaktionsfähigkeit (Reizbarkeit), Bewegungsfähigkeit

Mit dem ATP hat die Zelle die Möglichkeit, Arbeit verschiedenster Art zu leisten. Dies gilt für den Stoffwechsel, der vielfach energiebedürftige Prozesse beinhaltet. Es gilt selbstverständlich für den Aufbau zelleigener Strukturen beim Wachstum. Ebenso gilt es für die Reaktionsfähigkeit der Zelle auf Außenreize (Reizbarkeit). Ein Paradebeispiel sind die Nervenzellen. Der Reizaufnahme und Weiterleitung liegen elektrische Prozesse in Form von Ionenströmen zugrunde. Ionen strömen selektiv in die Zelle hinein (z. B. Na^+) oder aus ihr heraus (z. B. K^+). Dazu müssen sie vorher, also im Ruhezustand, in die Zelle hinein- (K^+) oder aus ihr herausgepumpt (Na^+) worden sein (vgl. Kap. 6). Pumpen laufen aber nur mit Energiezufuhr. Die Na^+/K^+-Pumpe ist ein Protein in der Zellmembran und wird über Phosphorylierung angetrieben. Sie verbraucht bis zu ⅓ des gesamten ATP-Bedarfs der Zelle.

Noch ein anderes Beispiel: Für die Bewegungsfähigkeit von Zellen (Beispiel: Muskelzelle) werden Proteinfilamente in der Zelle gegeneinander verschoben, ebenfalls unter ATP-Verbrauch (vgl. Kap. 16). Da alle Zellen zu diesen Leistungen in der Lage sind, wenn auch oft weniger ausgeprägt als die genannten Paradebeispiele, benötigen auch alle Zellen ATP.

Viren haben keinen eigenen Energiestoffwechsel, sie schmarotzen in echten Zellen auch in Hinblick auf ihre Energiebedürfnisse. Auch deshalb stellen sie keine Zellen dar (s. o.)

4.2 Die zwei Kategorien von Zellen

Bei allen Gemeinsamkeiten gibt es doch zwei Kategorien von Zellen mit wesentlichen Unterschieden. Wir unterscheiden:
1. die Zelle ohne einen im Mikroskop sichtbaren Zellkern („niedere" Zelle, Protocyte, Prokaryotenzelle, Bakterium)
2. die Zelle mit Zellkern („höhere" Zelle, Eucyte, Eukaryotenzelle). Dazu gehören alle Organismen, tierische wie pflanzliche, außer den Bakterien.

4.2.1 Die Prokaryotenzelle im Vergleich zur Eukaryotenzelle

Prokaryoten sind immer einzellig. Jedoch trifft dies auch für viele Eukaryoten zu, wie Protozoen und manche Algen und Pilze. Nur die „höhere Zelle" besitzt einen bereits im Lichtmikroskop erkennbaren Zellkern, in welchem das Genom (Erbanlagen) vom Rest der Zelle abgesondert ist, wogegen in der Bakterienzelle das Genom frei in der Zelle liegt. Zu den höheren Zellen gehören Algen, außer den heute als Cyanobakterien bezeichneten Blaualgen, und Protozoen. Diese werden mit den Algen als Protisten zusammengefasst. Des weiteren gehören alle höheren Pflanzen und Tiere zu den Eukaryoten.

Bakterien sind meistens ca. 0,1 bis 1 µm groß, die Durchschnittsgröße der Eukaryotenzelle liegt bei 10 bis 50 µm. Allerdings gibt es Algen von nur 1 µm Zellgröße (vgl. Kap. 2). Die Zellgröße ist daher kein allgemeines Kriterium für die Einstufung als „höhere" oder „niedere" Zelle, sondern nur der Besitz bzw. das Fehlen eines morphologisch sichtbaren Zellkerns. Daneben gibt es noch weitere Unterschiede zwischen „niederer" und „höherer" Zelle: Ein Organismus wie der menschliche Körper besteht aus einer Vielzahl von Zellen mit unterschiedlichster Struktur und Funktion. Derlei Differenzierungen gibt es bei Bakterien nicht. Der prinzipielle Bau der Bakterienzelle geht aus den Abb. 4.**5** und 4.**6** hervor.

Weitere Unterschiede zwischen der Prokaryoten- und der Eukaryotenzelle sind:
- Das Fehlen einer inneren Kammerung bei Prokaryotenzellen. Sie bestehen also nur aus einem einzigen Raum (Cytoplasma), der von der Zellmembran umhüllt ist. Dagegen enthält das Cytoplasma der Eukaryoten zahlreiche, jeweils von einer Membran umhüllte Kammern (Kompartimente, membranumhüllte Organellen) mit abgegrenzten Funktionsabläufen.

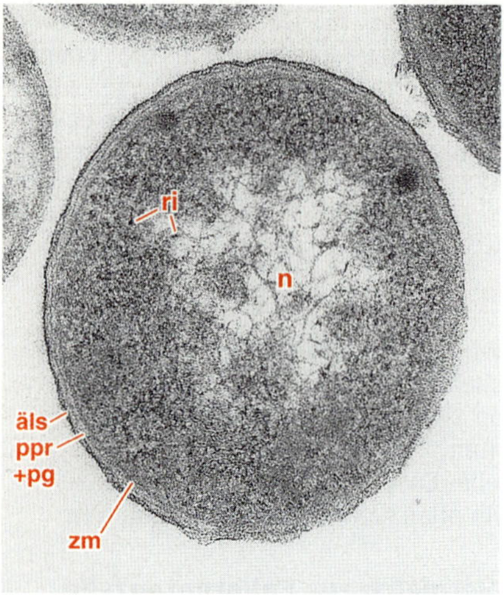

Abb. 4.**5** Elektronenmikrographie einer quergeschnittenen Zelle von *Escherichia coli*. Das Transmissions-EM-Bild zeigt die nackte DNA, die im Nukleoid (Kernäquivalent, n) in vielfach verzwirbelter Form vorliegt, außerdem Ribosomen (ri) und die Zellmembran. Das Mesosom ist eine (allerdings nur unter bestimmten Bedingungen sichtbare) Einfaltung der Zellmembran, an der die DNA befestigt ist. Ganz außen liegt eine weitere (äußere) Lipiddoppelschicht (äls). Zwischen dieser und der Zellmembran (innere Lipiddoppelschicht, zm) liegt ein schmaler periplasmatischer Raum (ppr), in dem eine dünne Peptidoglykanschicht (pg) eingelagert ist. Da diese sehr dünn ist, wird *E. coli* mit der Gram-Färbung nicht angefärbt. Vergr. 70000 fach (Aufnahme: J. Schlepper-Schäfer, Konstanz).

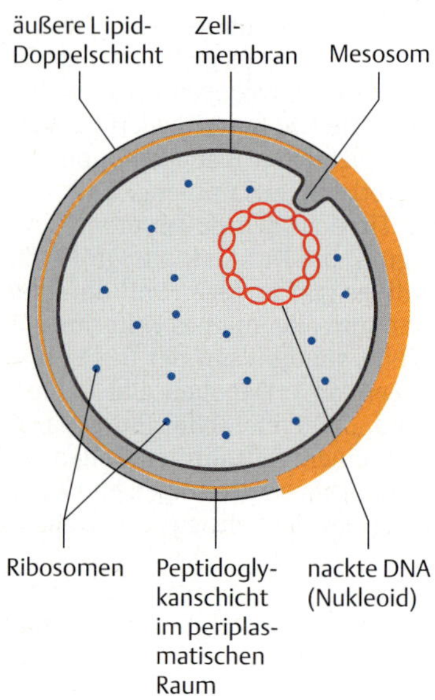

Abb. 4.**6** Schema einer Gram-positiven (rechts) und einer Gram-negativen (links) Bakterienzelle. Die Bezeichnung gibt an, ob eine Färbung nach der „Gram-Methode“ anschlägt oder nicht. Dies hängt davon ab, ob eine dicke Zellwand (= verdickte Mureinschicht) oder nur ein dünner Murein-Sacculus ausgebildet wird (in letzterem Falle mit einer außen angelagerten „äußeren Lipd-Doppelschicht“ zur Verstärkung). Weitere Anhänge und eine eventuell ganz außen aufgelagerte Kapsel sind hier nicht eingezeichnet.
Murein = Peptidoglykan

– Das Fehlen eines Cytoskeletts bei Prokaryoten, wogegen Eukaryoten tubuläre und filamentäre Strukturen (Cytoskelett) zur Verstärkung und zur Kontraktion enthalten.

4.2.2 Die Bakterienzelle

Die soeben erwähnten Charakteristika sind in Abb. 4.**5** am Beispiel von *Escherichia coli (E. coli)* illustriert. Davon ist das Schema in Abb. 4.**6** abgeleitet.

E. coli ist ein so genanntes Gram-negatives Bakterium (s. u.), das einerseits unseren Dickdarm (Colon) besiedelt, andererseits in absolut ungefährlichen Stämmen in der Gentechnik zur Expression von Fremdgenen verwendet wird (vgl. Box in Kap. 7). Man hat *E. coli* daher auch das „Haustier" der Molekulargenetiker genannt. Auffallend ist, dass neben der (inneren) Zellmembran noch eine äußere Lipiddoppelschicht vorkommt. Im dazwischenliegenden periplasmatischen Raum liegt eine sehr schwach ausgebildete, dünne Peptidoglykanschicht (Verbindung aus Peptiden = vernetzte Aminosäuren, aber kürzer als in Proteinen, und Zucker-Resten; vgl. S. 51).

Allerdings weisen auch manche Bakterienzellen eine Art inneres Membransystem auf, welches jedoch stets aus Einfaltungen der Zellmembran hervorgeht (Abb. 4.**7**). Dementsprechend steht der bei der Einfaltung entstehende Hohlraum zunächst mit dem die Zelle umgebenden Außenraum in Verbindung, er ist nach außen hin offen. Bei Eukaryoten dagegen handelt es sich stets um geschlossene Hohlräume. Solche Einfaltungen dienen bei Prokaryoten:

1. der Anheftung der DNA und deren Verteilung auf die Tochterzellen bei der Zellteilung. Diese Einfaltungen, die erst bei der EM-Präparation sichtbar werden, nennt man Mesosomen.
2. bei manchen Bakterien der Photosynthese, denn sie enthalten Chlorophyll (Abb. 4.**7**).

Zu den photosynthetisch aktiven Bakterien gehört u. a. – wie erwähnt – die entwicklungsgeschichtlich (phylogenetisch oder evolutiv) alte Gruppe der Cyanobakterien. Vergleiche hierzu auch das Kap. 24 über die „Evolution der Zelle".

Das Fehlen eines mikroskopisch sichtbaren Zellkerns bei Bakterien beruht ebenfalls auf dem Fehlen eines echten Endomembran-Systems. Das Genom liegt frei im Cytoplasma als Aggregat von ringförmigen DNA-Doppelsträngen (Abb. 4.**5** und 4.**6**). Bei den Bakterien sind keine Proteine an die DNA gebunden. Dieses DNA-Aggregat nennt man Nukleoid oder Kernäquivalent, manche nennen es auch das Bakterien-Chromosom, obwohl echte Chromosomen nur den Eukaryoten zu Eigen sind.

Frei im Cytoplasma der Bakterien liegen auch die Ribosomen. Dabei handelt es sich um makromolekulare Aggregate aus Ribonukleinsäure (RNA) und Proteinen. Sie vollziehen die Synthese von Proteinen, auch von jenen der Ribosomen selbst.

Die am einfachsten organisierten Bakterien sind die Mycoplasmen. Diese sind relativ klein, mit 0,1 µm Durchmesser sogar kleiner als die größten Viren (z. B. Pockenviren) und besitzen keinerlei weitere Hülle als ihre Zellmembran. Mycoplasmen leben entweder als Fäulnisbewohner (Saprophyten) im Boden

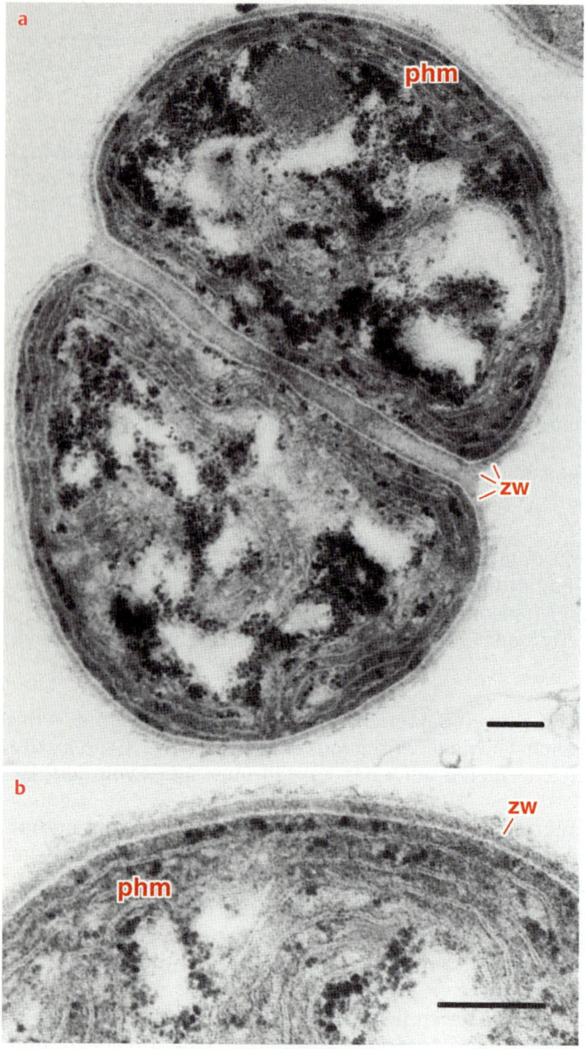

Abb. 4.7 In Teilung befindliches Cyanobakterium, wobei die Auftrennung der Tochterzellen durch die sich dazwischen schiebende Zellwand (zw) erfolgt (**a**). Die photosynthetisch aktiven flachen Membransäcke (phm) sind noch deutlicher in der Detailabbildung erkennbar (**b**). Vergr. 40 000 fach (**a**), 80 000 fach (**b**) (aus Westermann, M., A. Ernst, S. Brass, P. Böger, W. Wehrmeyer. Arch. Microbiol. 162 (1994) 222).

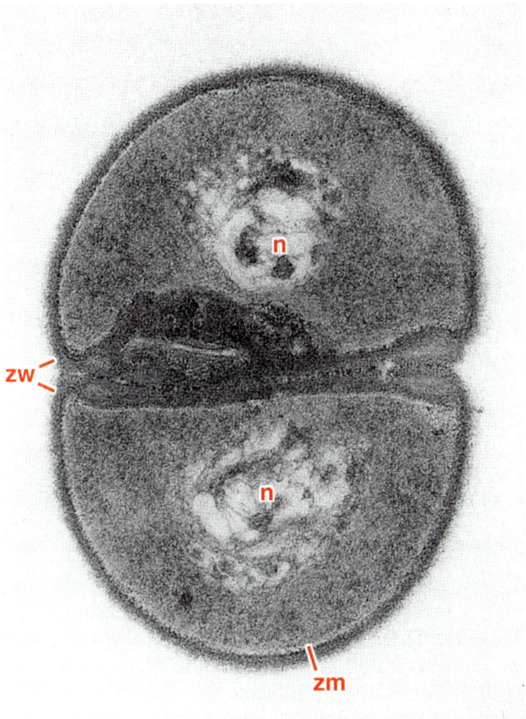

Abb. 4.**8** In Teilung befindliche *Streptococcus*-Zelle. Wiederum erkennt man die DNA des Nukleoids (n) und die Zellmembran (zm). Die Zellwand (zw) erscheint als die Anlagerung einer dicken Peptidoglykanschicht bei diesem Gram-positiven Bakterium sehr dick. Vergr. 50 000fach. (Aufnahme: J. Schlepper-Schäfer, Konstanz).

oder sie sind pathogene Keime (Krankheitserreger), insbesondere im Atemtrakt als Erreger einer Form von Lungenentzündung.

Andere Bakterienzellen sind nach außen hin von einer dicken Zellwand aus polymeren Polysacchariden (Zucker) verstärkt: Als Zellwand außerhalb der Zellmembran liegt, wie erwähnt, als dicke Schicht ein ausgeprägter Mureinsacculus aus Peptidoglykan (vgl. S. 48). Mit einer nach dem dänischen Forscher H. Gram benannten Färbemethode kann man zwischen möglichen pathogenen, oftmals „Gram-positiven", und teilweise harmlosen „Gram-negativen" Bakterien unterscheiden – eine grobe Klassifizierung, von welcher in der mikrobiologischen Diagnose häufig Gebrauch gemacht wird. So ist *E. coli* Gram-negativ, dagegen sind Eiter-Erreger wie *Streptococcus*- (Abb. 4.**8**) und *Staphylococcus*-Arten Gram-positiv. Es gibt aber auch Gram-negative pathogene Bakterien, sodass weitere Kriterien beobachtet werden müssen. Manche Antibiotika wirken jeweils gegen Gram-positive bzw. -negative Bakterien.

Manche Bakterien sind von einer Schleimkapsel umgeben, wofür Abb. 4.**9** ein Beispiel zeigt. Die innerste Umgrenzung einer jeden Bakterienzelle ist immer die Zellmembran (vgl. Kap. 6).

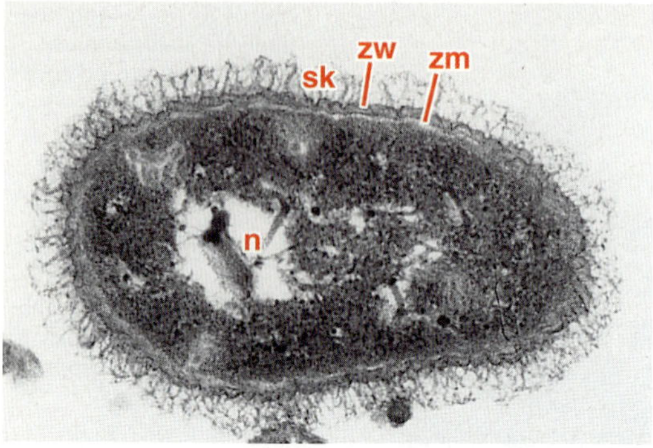

Abb. 4.**9** Bakterium mit Schleimkapsel (sk), gefolgt von Zellwand (zw) und Zellmembran (zm). n = Nukleoid. Vergr. 40000 fach (Aufnahme: H. Plattner).

Ein Bakterium kann aber auch verschiedene Zellfortsätze tragen (Abb. 4.**10**, 4.**11**):
- die Geißel oder das Flagellum
- Pili (Mehrzahl von Pilus)
- Geschlechtspili

Die Geißel eines Bakteriums hat mit der Geißel der Eukaryotenzelle nur gemeinsam, dass beide Strukturen der Fortbewegung dienen. Aufbau und Bewegungsprinzip sind aber völlig verschieden. Die Geißel eines Bakteriums ist ein lineares Aggregat von einem Protein (Flagellin mit variablem MG von 20 000 bis 55 000), ca. 20 nm dick, ohne Membranumhüllung. Die Bakterien-Geißel ist mit einer kreisförmigen Proteinplatte in der Zellmembran verankert. Diese dient als Rotorplatte, rotiert unter ATP-Verbrauch und bringt dadurch auch die Geißel in Rotation. So wird das Bakterium vorangetrieben. Lange Zeit meinte man, die Natur habe fast alle technischen Prinzipien im Laufe der Evolution erfunden, nur das Rad nicht – bis man den Bewegungsmechanismus der Bakterienzelle zu durchschauen lernte.

In den Pili, die ebenfalls aus Protein bestehen, zeigt sich oft eine für den Menschen negative Seite mancher Bakterien. Pili erkennen bestimmte Zucker in der Glykokalyx, dem „Zuckerbelag“ auf der Außenseite der Zellmembran von Eukaryotenzellen. Proteine, die bestimmte Zucker oder Gruppierungen von Zuckern in Polysacchariden erkennen, nennt man allgemein Lektine (vgl. Kap. 10.6). Das Pilus-Protein einer Bakterienart ist also ein Lektin. Durch die recht spezifische Bindung der Lektine an die Glykokalyx kann ein pathologischer Prozess eingeleitet werden, der mit der Anlagerung des Bakteriums an die höhere Zelle beginnt und schließlich zur Aufnahme (Phagocytose) des Bakteriums führt.

Auch Bakterien zeigen schon eine simple Art von Sex. Stämme vom Plus- und Minus-Typ (Männchen und Weibchen wäre zu viel gesagt) erkennen sich an ihren Geschlechtspili und tauschen DNA aus. Man nennt dies Konjugation.

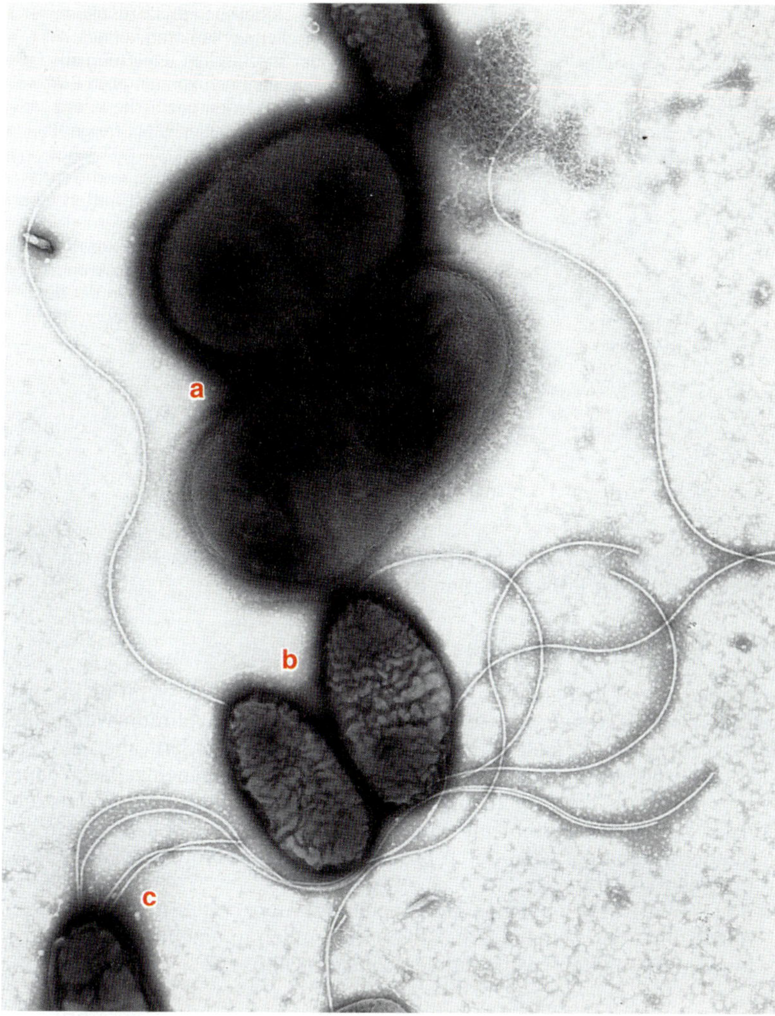

Abb. 4.**10** Gemisch verschiedener Bakterienarten, wovon **a** keine Fortsätze, **b** die andere je eine Geißel und **c** eine weitere mehrere Geißeln erkennen lässt. Abbildung nach dem Negativkontrastierungs-Verfahren. Vergr. 21 000 fach (Aufnahme: H. Plattner).

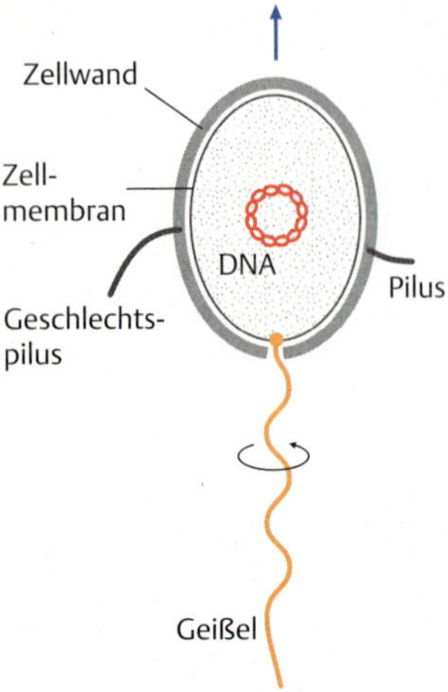

Abb. 4.**11** Mögliche Fortsätze, die an Bakterienzellen vorkommen können. Pili dienen der spezifischen Anheftung an Wirtszellen; an ihnen können auch Bakteriophagen (bakterienspezifische Viren) „andocken". Über Geschlechtspili treten Bakterien in sexuelle Interaktion (DNA-Austausch). Die Bakterien-Geißel reicht durch die Zellwand hindurch und ist mittels einer Drehscheibe aus Proteinen in der Zellmembran verankert. Durch die Rotation der Geißel (runder Pfeil) wird das Bakterium wie von einer Schiffsschraube in der flüssigen Umgebung vorwärts getrieben (Pfeil).

Ihre Beobachtung erbrachte in den 40 er Jahren den ersten Nachweis, dass die DNA der Träger der Erbinformation ist (vgl. Kap. 1).

4.2.3 Die Eukaryotenzelle

Von ihnen ist im vorliegenden Buch immer dann die Rede, wenn nicht ausdrücklich auf Bakterien verwiesen wird. Im Laufe der Evolution wurde die Zelle größer und komplexer. Höhere Komplexität erfordert aber ein ca. 1000 fach größeres Genom. Wird so viel DNA in eine Zelle hineingepackt, dann wird es schwierig, die DNA zu entwirren und gleichmäßig auf die Tochterzellen zu verteilen. Diese Probleme wurden in der Evolution wie folgt gelöst:
- Kondensierung der DNA durch Bindung von Histon-Proteinen (vgl. Kap. 7 über den Zellkern);
- Auftrennung des Genoms in die Koppelungsgruppen der Chromosomen;
- Abgrenzung des Genoms, d. h. der Chromosomen in einem eigenen membranumhüllten Kompartiment, dem Zellkern (Abb. 4.**12**).

Auf diese Art und Weise lässt sich viel mehr DNA in einer Zelle unterbringen, ohne dass alles wirr verknäuelt wird. Es kann eine größere Zahl verschiedener Proteine mit vielfältigen strukturellen oder enzymatischen Aufgaben und damit eine effizientere Zelle gebaut werden. Darüber hinaus bleibt, bei gleichem Genom in allen Zellen eines vielzelligen Organismus, viel Spielraum für die Differenzierung in verschiedenartige Zellen. Dieser Übergang von der Prokaryoten- zur Eukaryotenzelle fand vor ca. 1,8 Milliarden (= $1{,}8 \times 10^9$) Jahren statt (vgl. Kap. 24, „Evolution der Zelle").

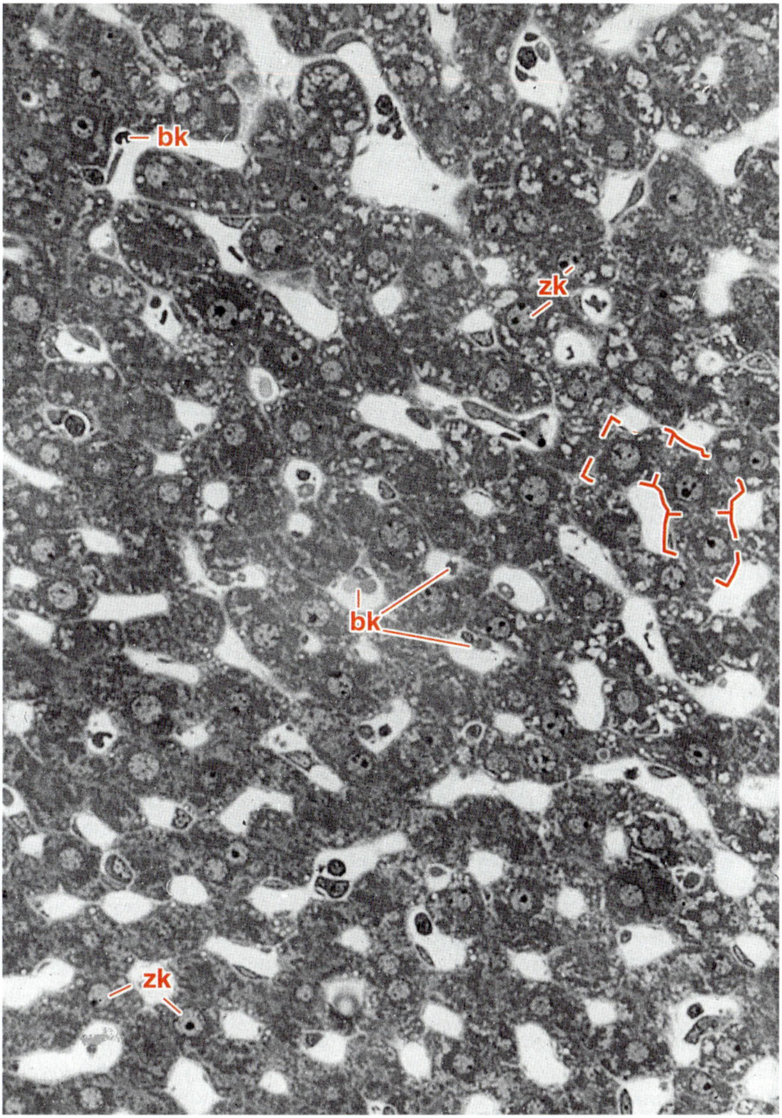

Abb. 3.**12** Zelluläre Gliederung am Beispiel des Lebergewebes. Die Zellen sind hier als Epithel angeordnet, in Form sich verzweigender Zellplatten (z. B. im umrandeten Bereich). Die Grenzen der einzelnen Zellen sind weniger deutlich zu erkennen als der Zellkern (zk) einzelner Zellen. bk = rote Blutkörperchen (Erythrocyten) im Lumen der Blutgefäß-Kapillaren, die das Lebergewebe intensiv durchdringen. Vergr. 265fach (Aufnahme: H. Plattner).

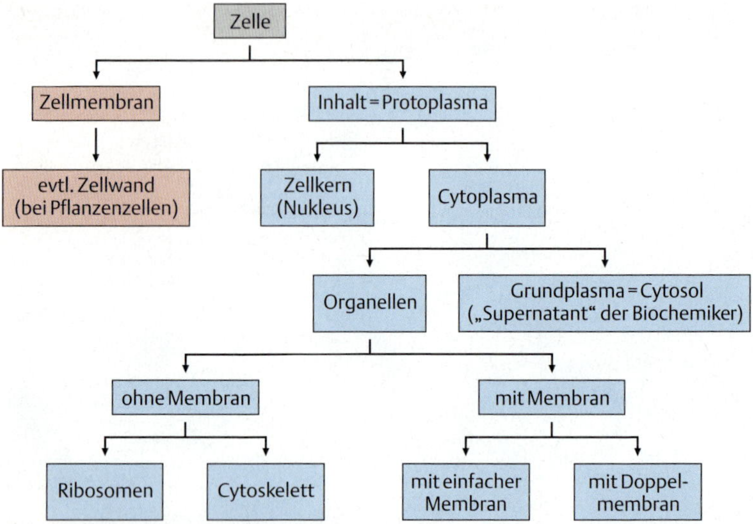

Abb. 4.**13** Gliederung der höheren Zelle in Zellkern und Cytoplasma, das seinerseits in Cytosol und Organellen gegliedert ist. Unter den Organellen gibt es solche ohne bzw. solche mit einfacher oder doppelter Membranumhüllung.

Unter anderem bildet die Eukaryotenzelle in ihrem Inneren zahlreiche Organellen (Abb. 4.**13** bis 4.**16**), und zwar solche mit Membranumhüllung (= Kompartimente) oder ohne (z. B. Cytoskelett). Die Membranumhüllung kann einfach sein (Peroxisomen, Endoplasmatisches Retikulum, Lysosomen, Golgi-Apparat sowie die mit diesem assoziierten Vesikel), sie kann aber auch doppelt sein (Chloroplasten, Mitochondrien). Auch den Zellkern könnte man als ein Organell, also als ein Kompartiment mit doppelter Membranumhüllung bezeichnen. In der Praxis verwendet der Zellbiologe die in Abb. 4.**13** gezeigte Nomenklatur.

Details dieser Kompartimentierung, wie sie bei zunehmender elektronenmikroskopischer Vergrößerung sichtbar werden, sind aus den Abb. 4.**14** bis 4.**16** zu ersehen. Abb. 4.**17** gibt eine schematische Zusammenfassung. Durch die Kompartimentierung wird die höhere Zelle noch effizienter, weil z. B. Enzymmoleküle mit dem Substrat, das sie umsetzen, mit höherer Chance zusammentreffen, als wenn sie in einem großen Volumen verdünnt wären. Die Größenzunahme gegenüber der Protocyte beträgt ein Vielfaches von Hundert. Dies bedarf allerdings der Stützung, entweder von außen (durch die Zellwand bei Pflanzenzellen) oder von innen (durch das Cytoskelett). Ein Teil des Cytoskeletts wird in Zellfortsätze verpackt und dient der Bewegung (Cilien und Flagellen) der Eukaryotenzelle. Wie sich das alles im Laufe der Evolution

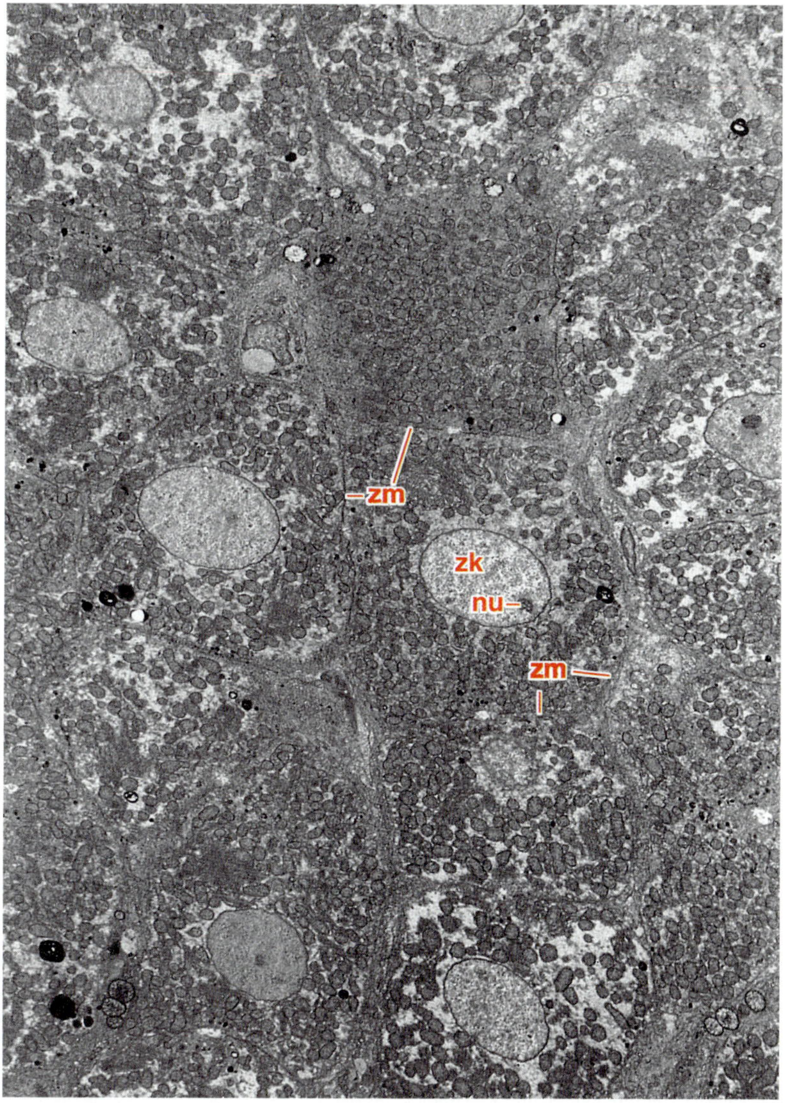

Abb. 4.**14** Bereits bei schwacher elektronenmikroskopischer Vergrößerung werden die Membranumhüllung sowohl des Zellkerns (zk) als auch der gesamten Zelle sichtbar (zm = Zellmembran), ebenso wie verschiedene Organellen. Für deren genauere Identifikation bedarf es jedoch einer stärkeren Vergrößerung (vgl. Abb. 4.**15** und 4.**16**). Zellkerne lassen häufig einen Nukleolus (nu) erkennen. Vergr. 1000fach (Aufnahme: H. Plattner).

herausgebildet haben könnte, wollen wir im Kap. „Evolution der Zelle" besprechen.

Die Organellen der Eukaryotenzelle. Ein System innerer Membranen, die Endomembranen, teilt die Eucyte in distinkte Funktionsräume auf, Kompartimente genannt (vgl. Abb. 4.**14** bis 4.**17**). Wie erwähnt gibt es Kompartimente mit doppelter und mit einfacher Membranumhüllung. So ist der Zellkern, der Träger des Erbgutes (Genom), mit einer doppelten Kernmembran vom Cytoplasma abgegrenzt (Abb. 4.**15**). Im Zellkern ist häufig ein Kernkörperchen, der Nukleolus erkennbar (Abb. 4.**14**).

An Organellen mit doppelter Membranumhüllung besitzt die tierische Zelle neben dem Zellkern nur noch die Mitochondrien (Abb. 4.**15**, 4.**16**). Diese dienen der Bildung von ATP (das für energieverbrauchende Prozesse ins Cytosol abgegeben wird) hauptsächlich aus dem Abbau von Glukose. Häufig werden Mitochondrien daher als „Kraftwerke" der Zelle bezeichnet. Die Glukose wird mit der Nahrung aufgenommen. Sie entstammt letztlich der Photosyntheseleistung pflanzlicher Zellen. Zu diesem Zweck enthalten letztere (neben den Mitochondrien) eine zweite Art von Organellen mit doppelter Membranumhüllung – die Chloroplasten (vgl. Kap. 20). Hier wird CO_2 zu Glukose assimiliert, die im Chloroplasten zerlegt und ins Cytosol abgegeben werden kann. Erst auf diesem indirekten Weg können die Abbauprodukte der Glukose in den Mitochondrien der pflanzlichen Zelle (wie bei tierischen Zellen auch) zur ATP-Synthese weiter energetisch genutzt werden. Nur die Chloroplasten haben die Fähigkeit Primärenergie (Sonnenenergie) zu fixieren. Man könnte sie also als die „Solarkollektoren" der Zelle apostrophieren. Sowohl bei Mitochondrien als auch bei Chloroplasten beobachtet man, dass die innere der beiden Membranen reichliche Einfaltungen hervorbringt.

Im Prinzip unterscheiden sich tierische und pflanzliche Zellen nicht weiter in ihrer weiteren Ausstattung mit anderen Organellen. Solche mit einfacher Membranumhüllung sind zahlreich: Das raue Endoplasmatische Retikulum (Abb. 4.**15**, 4.**16**) dient der Proteinsynthese, das glatte Endoplasmatische Retikulum (Abb. 4.**16**) synthetisiert Lipide und ist mit Entgiftungsprozessen

Abb. 4.**15** Bei höherer elektronenmikroskopischer Vergrößerung wird am Zellkern (zk) die doppelte Kernmembran (km, mit lokalen Unterbrechungen, die Kernporen, kp) und die doppelte Membranumhüllung der Mitochondrien (mi) sichtbar, in letzteren auch Membraneinfaltungen (Pfeilspitzen). Einfache Membranumhüllung besitzen die Elemente des glatten Endoplasmatischen Retikulums (ger), des rauen Endoplasmatischen Retikulums (rer) sowie die Peroxisomen (po, mit homogenem Inhalt), die Lysosomen (ly, Organellen von recht unterschiedlichem Aussehen, häufig mit elektronendichtem Inhalt) und zahlreiche oft nicht genauer identifizierbare Vesikel. Durch die Anlagerung von Ribosomen leicht identifizierbar sind die langen flachen Säcke („Zisternen") des rauen ER. Im Bereich des glatten ER liegen rosettenartige Glykogen-Aggregate (gly), die Speicherform von Glukose in tierischen Zellen. Vergr. 23000 fach (aus Plattner, H.: Progr. Histochem. Cytochem. 5/3 (1973) 1).

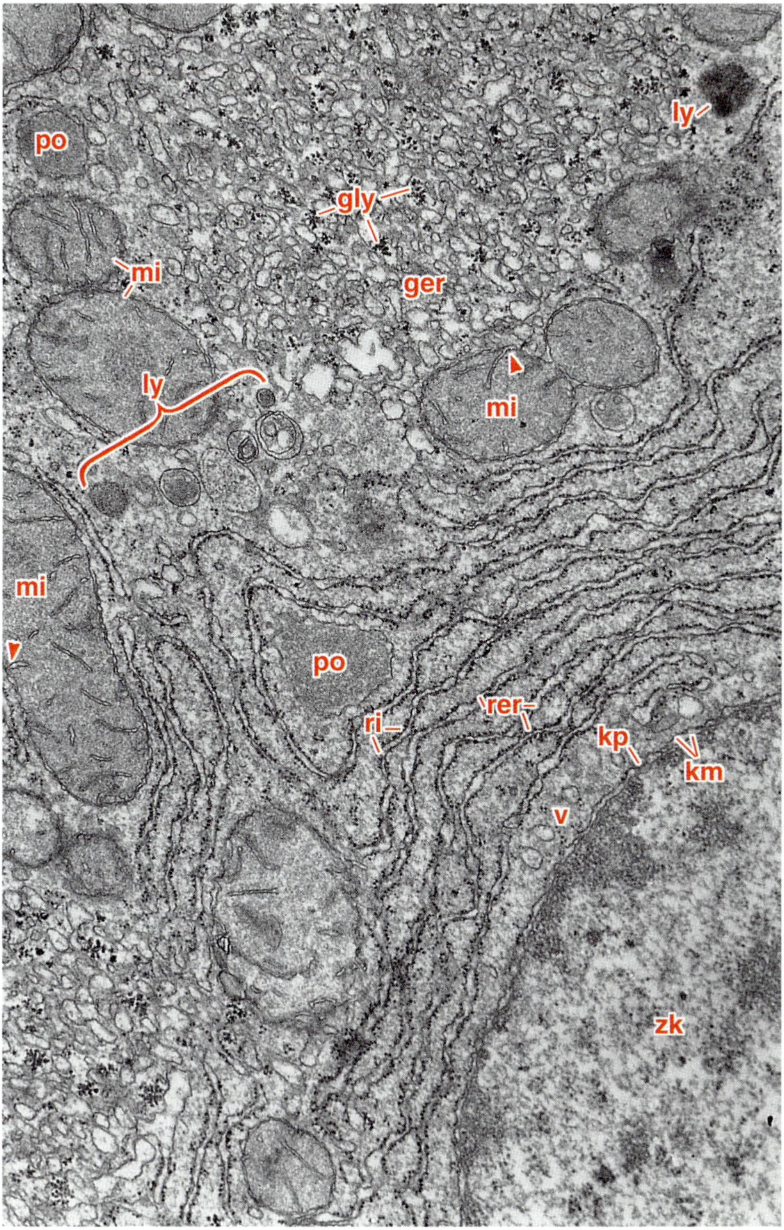
po
ly
gly
mi
ger
ly
mi
mi
po
ri
rer
kp
km
v
zk

befasst. Der Golgi-Apparat (Abb. 4.**16**) ist eine Art Drehscheibe für den Transport von Vesikeln, die sich vom Endoplasmatischen Retikulum (ER) abschnüren und dem Golgi-Apparat zugeführt werden. Die Proteine im Inhalt solcher Vesikel werden dabei verschieden modifiziert und dementsprechend in verschiedene Vesikel mit einfacher Membranhülle abgepackt, die vom Golgi-Apparat aus auf verschiedene Wege „versandt" werden. Man kann den Golgi-Apparat also auch mit einem Verschiebebahnhof vergleichen. Dies betrifft Sekretvesikel und Lysosomen (Abb. 4.**16**). Erstere werden an die Zellmembran angeliefert, mit der sie verschmelzen, um so ihren Inhalt aus der Zelle abzugeben (Exocytose). Lysosomen dagegen dienen der intrazellulären Verdauung, wobei komplexe Moleküle in einfache Bausteine zerlegt und diese aus den Lysosomen abgegeben werden. Man könnte ihre Aufgabe am ehesten mit einer modernen „Müll-Recycling-Anlage" vergleichen, in der die Rohstoffe wiedergewonnen werden. Material wird in die Lysosomen nicht nur aus dem Inneren der Zelle, sondern über Endocytose von außen eingeschleust. Dazu schnüren sich Vesikel mit einfacher Membranhülle von der Zellmembran ab. Pflanzenzellen besitzen oft ein besonders großes Lysosom, die Vakuole, deren Hauptaufgabe die eines „Wasserreservoirs" ist. Schließlich sind an Organellen mit nur einer Membran noch die Peroxisomen zu erwähnen (Abb. 4.**15**). Man kennt zwar viele ihrer Teilfunktionen, wie ihre Teilnahme am Fettstoffwechsel bzw. die Mobilisierung von Reservestoffen beim Auskeimen von Pflanzensamen. Dennoch bleiben Peroxisomen immer noch etwas rätselhafte Gebilde (vgl. Kap.15).

Unter den Organellen ohne Membranumhüllung stechen die Elemente des Cytoskeletts hervor (Abb. 4.**16**): Mikrofilamente, Mikrotubuli und Intermediär-Filamente. Bei kleineren Strukturen kann man nur willkürlich eine Grenze zwischen Organellen und Makromolekülen ziehen. Dies gilt etwa für die Ribosomen (Abb. 4.**15**) mit einem Durchmesser von 25 nm. (Sie vollziehen nach

Abb. 4.**16** Zwei benachbarte Leberzellen (Hepatocyten) lassen deutlich ihre Begrenzung durch ihre jeweilige Zellmembran (zm) erkennen. Dazwischen liegt ein konstant schmaler Interzellularraum (izr), der nur im Bereich einer Gallenkapillare (gak) erweitert ist. Diese dient dem Abfluß der von den Hepatocyten ausgeschiedenen Galle. In das Lumen der Gallenkapillaren ragen Fortsätze hinein, die Mikrovilli (mv, Mikrozotten). Diese sind wie die gesamte Zelloberfläche von der kontinuierlichen Zellmembran überzogen und beinhalten ein feines filamentäres Material (mf, Mikrofilamente), das auch die gesamte Gallenkapillare als eine bei dieser Vergrößerung nicht weiter strukturierte (amorphe) Schicht umgibt. Am Rande sind die Gallenkapillaren durch Zell-Zell-Verbindungen (zzv) deutlich vom restlichen Interzellularraum abgegrenzt, um den Austritt von Galle zu unterbinden. Vereinzelt liegen Mikrotubuli (mt) im Cytosol. Neben sich verzweigendem glattem Endoplasmatischem Retikulum (ger) und rauem Endoplasmatischem Retikulum (rer) erkennen wir wieder Mitochondrien (mi) und Lysosomen (ly). Hierzu kommen die Membranstapel des Golgi-Apparats (go), der öfters von Sekretvesikeln umgeben ist (gv, mit globulärem Sekretprodukt). Vergr. 21000 fach (aus Plattner, H.: Biologie Aktuell II (1983) 89).

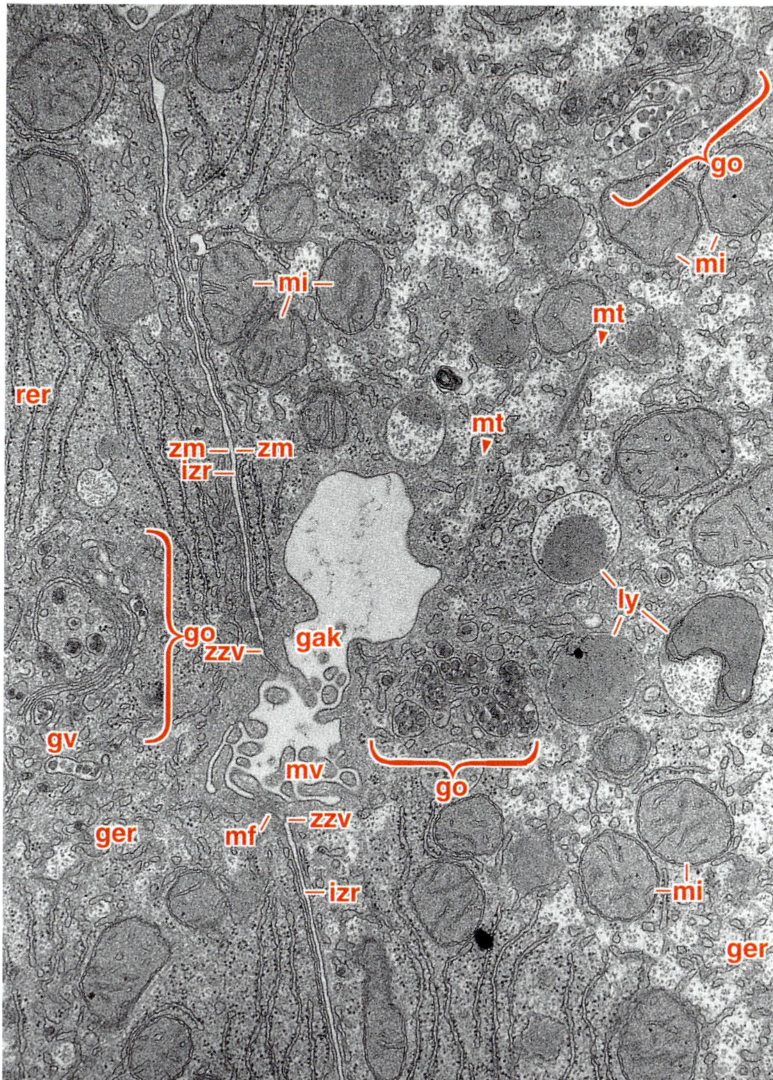
go
mi
mi
mt
rer
mt
zm
zm
izr
ly
go
zzv
gak
gv
mv
go
zzv
mf
ger
izr
mi
ger

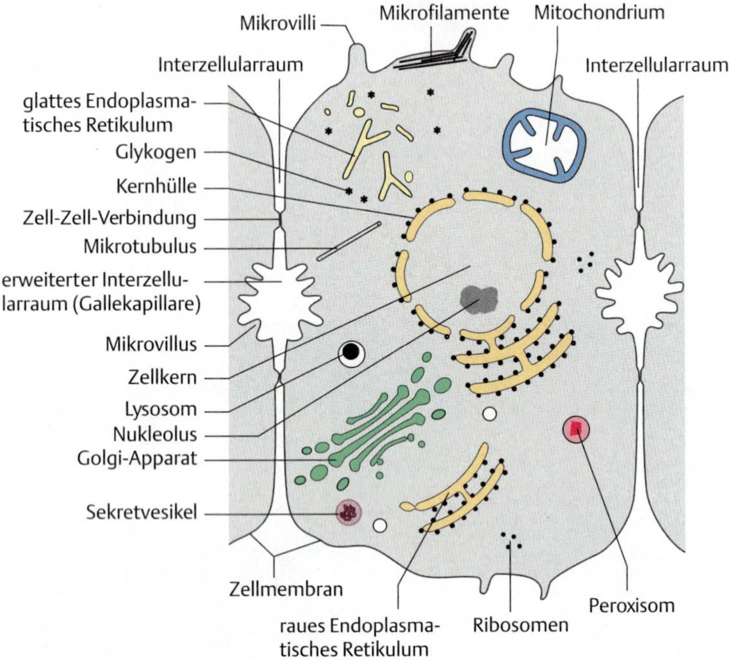

Abb. 4.**17** Gliederung der tierischen Zelle (Beispiel: Leber). Die Zellmembranen benachbarter Zellen lassen einen Interzellularraum frei, der nur an Zell-Zell-Verbindungen unterbrochen ist. Der Interzellularraum kann lokal erweitert sein, im Falle der Leber insbesondere im Bereich der Gallenkapillaren. Diese und andere Bereiche der Zellmembran tragen Mikrovilli als lokale fingerförmige Ausfaltungen. Solche Regionen enthalten Mikrofilamente angereichert. Weitere Elemente des Cytoskeletts sind die Mikrotubuli. Andere makromolekulare Aggregate sind die Glykogenrosetten und die Ribosomen, von denen manche frei im Cytosol liegen. Der Zellkern birgt (neben dem genetischen Material in den Chromosomen, die hier nicht berücksichtigt sind) den Nukleolus. Der Zellkern hat eine doppelte Membranhülle, die gelegentlich mit dem rauen ER in Verbindung steht. Dementsprechend können an der äußeren Kernmembran, wie am rauen ER, Ribosomen angeheftet sein. Die Elemente des rauen wie des glatten ER können sich vielfältig verzweigen (Retikulum = Netzwerk). In Nähe des Golgi-Apparats verliert das raue ER einseitig seinen Ribosomenbesatz. Der Golgi-Apparat besteht aus glatten Membranstapeln und zahlreichen Vesikeln. In seiner Nähe liegen auch häufig Sekretvesikel, die von ihm gebildet werden. Weitere Organellen mit einfacher Membranumhüllung sind Lysosomen und Peroxisomen. Mitochondrien dagegen weisen eine doppelte Membranumhüllung mit Einfaltungen der inneren Membran auf.

Tab. 4.**1** Anteil verschiedener Komponenten an einer „typischen" Säugetierzelle, den Hepatocyten der Rattenleber (nach Stäubli, W. et al.: J. Cell Biol. 42 [1969] 92)

Zellbestandteile	absolutes Volumen [μm^3]	Anteil am Zellvolumen [%]	Anzahl der Strukturen [Absolutwerte]	Oberflächen [μm^2]
Gesamte Zelle	4940	100	(1)	1740
Zellkern	300	6	1	
Cytoplasma	4640	94		
Grundplasma und restliche Komponenten	2656	53,8		
Peroxisomen	67	1,4	370	
Mitochondrien	1070	21,7	1665	
Endoplasmatisches Retikulum (ER)	756	15,4		63 000
raues ER (rER)	467	9,5		37 900
rER-gebundene Ribosomen		ca. 2		$1,27 \times 10^7$
glattes ER	289	5,9		25 100
Golgi-Stapel	< 50	< 1	mehrere	
Lysosomen	41	0,8	ca. 10^2	

„Instruktionen" aus dem Zellkern die Synthese von Proteinen.) Es gilt auch für das Glykogen, eine hochmolekulare Speicherform der Glucose.

Der ungeformte Restinhalt der Zelle heißt Grundplasma oder Cytosol. Auch hier sind spezifische Funktionen, wie die Glykolyse – für eine einfache Energieversorgung in beschränktem Ausmaß – und einige andere Funktionen lokalisiert. Das Cytosol wahrt die erforderlichen Ionenkonzentrationen und einen fast neutralen pH-Wert. Über das Cytosol werden viele Substanzen in der Zelle verteilt, sodass es eine geeignete Matrix für verschiedenste Funktionsabläufe in der Zelle darstellt.

In Abb. 4.**17** ist die Gliederung der tierischen Zelle zusammengefasst. Tab. 4.**1** soll einen Eindruck vermitteln, wie eine „typische" tierische Zelle quantitativ organisiert ist. Es wäre sinnlos, sich derlei Zahlen einzuprägen, weil verschiedene Zelltypen je nach ihren funktionellen Bedürfnissen bzw. Möglichkeiten weitgehend verschieden strukturiert sein können. Auffällig ist jedoch die unterschiedliche Häufigkeit verschiedener Organellen und ihr unterschiedlicher Volumenanteil, die enorme Zahl an Ribosomen des rauen ER sowie die enorme Fläche innerer Membransysteme im Vergleich zur Zelloberfläche.

Literatur

Cross, P. C., K. L. Mercer: Cell and Tissue Ultrastructure. Freeman, Oxford 1993
Krstic, R. V.: Human Microscopic Anatomy. Springer, Berlin 1997
Kühnel, W.: Taschenatlas der Zytologie, Histologie und mikroskopischen Anatomie. Thieme, Stuttgart 1999
Lackie, J. M., J. A. T. Dow: The Dictionary of Cell and Molecular Biology. Academic Press, New York 1999
Neidhardt, F. C., J. L. Ingraham, M. Schaechter: Physiology of the Bacterial Cell. Sinauer, Sunderland USA, 1990
Orkin, S. H.: Stem cell alchemy. Nature Med. 6 (2000) 1229
Schlegel, H. G.: Allgemeine Mikrobiologie. Thieme, Stuttgart 1992
Schmitt, R.: Molekulare Propeller: Bakteriengeisseln und ihr Antrieb. Biol. i. u. Zeit 27 (1997) 1
Ude, J., M. Koch: Die Zelle. Atlas der Ultrastruktur. Fischer, Stuttgart 1994

5 Der „Stoff“, aus dem die Zellen sind – molekulare Bausteine

Zellen bestehen – neben Wasser und darin gelösten Salzen – überwiegend aus Proteinen, Lipiden, Nukleinsäuren (DNA und RNA) und Polysacchariden. Die Kenntnis dieser molekularen Bausteine und ihrer Komponenten soll im folgenden kurz umrissen werden, weil dies eine Voraussetzung für das Verständnis zellulärer Strukturen und Funktionen ist.

5.1 Pauschale Zusammensetzung von Zellen

Die durchschnittliche Eucyte besteht zu 80–85 % aus Wasser. Den größten Anteil an Festsubstanz stellen die Proteine (Eiweiße), gefolgt von Lipiden (Fettstoffe), Salzen, Polysacchariden (Zucker) und Nukleinsäuren (Tab. 5.**1**).

Salze liegen überwiegend in dissoziierter Form als Ionen vor (positiv geladene Kationen, negativ geladene Anionen). Proteine sind zum Teil gelöst, zum Teil treten sie als strukturformende Komponenten (z. B. Cytoskelett) oder als Komponenten der Biomembranen auf. Letztere bestehen überwiegend aus Lipiden, deren Anteil an der gesamten Zelle entsprechend variieren kann, je nachdem wie reichlich die inneren Membransysteme (Endomembranen) ausgebildet bzw. wie stark die äußere Zellmembran durch lokale Auffaltungen und Erhebungen vergrößert ist und wie viel Lipide als Nährstoffe in der Zelle gespeichert sind. Auch der Anteil an Polysacchariden ist sehr variabel, denn nicht alle Zellen speichern Zucker in gleichem Ausmaß. Relativ stabil ist der absolute Gehalt an DNA (Desoxyribonukleinsäure), denn jede unserer Körperzellen hat den gleichen Satz an Erbmaterial (Genom). Die RNA (Ribonukleinsäure) ist in ihren verschiedenen Formen mit der Umsetzung des Genoms in DNA-kodierte Moleküle befasst. Da Zellen diesbezüglich sehr unterschiedlich aktiv sind, ist ihr RNA-Gehalt auch recht variabel.

Alle diese Komponenten sind wiederum innerhalb der Zelle unterschiedlich verteilt. So ist die DNA (fast) ausschließlich im Zellkern lokalisiert, RNA im

Tab. 5.**1** Richtwerte für die chemische Zusammensetzung einer durchschnittlichen tierischen Zelle

	Prozentanteil am Gewicht
Wasser	80–85
Proteine	10–15
Lipide	2–5
DNA	0,5
RNA	0,5
Polysaccharide	0,1–1,0
Salze (Ionen)	1,5

Nukleolus (Kernkörperchen) und im Cytoplasma, Lipide in Membranen etc. Cytoskelettale Proteine können im Extremfall beinahe den gesamten Raum des Cytoplasmas einnehmen, wie in Muskelzellen. Um aktiv zu sein, muss die Zelle genügend Wasser und gelöste Ionen enthalten. Ein Teil davon ist allerdings auch an Makromoleküle adsorbiert.

5.2 Phospholipide

Phospholipide bilden das Grundgerüst der Biomembranen. Ihr prinzipieller Aufbau ist in Abb. 5.**1** zu sehen.

Glycerin (= Glycerol) ist ein dreiwertiger Alkohol, d. h. ein aliphatischer (linear gebauter) Kohlenwasserstoff, in welchem jedes der C-Atome eine Hydroxyl-Gruppe (Alkohol-Gruppe) trägt:

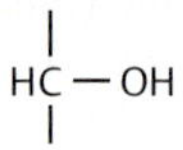

(5.1)

Glycerin ist also ein „C_3-Körper“. Seine Formel ist:

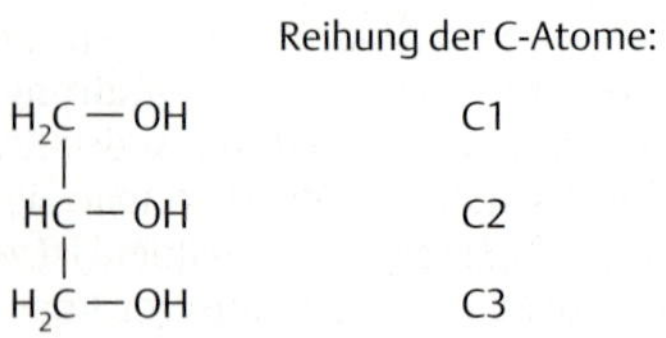

(5.2)

Fettsäuren (Acyl-Reste) sind Säuren, weil sie die Carboxyl-Gruppe

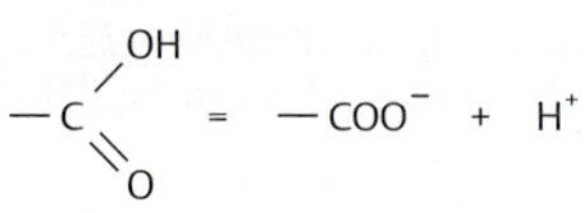

(5.3)

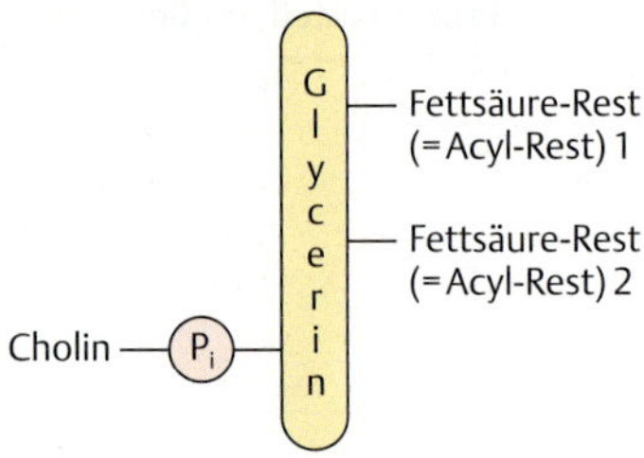

Abb. 5.**1** Aufbau eines Phospholipid-Moleküls. Ein Glycerin-Molekül ist dreifach verestert, zweimal mit je einem Fettsäure-Rest (Acyl-Rest) und einmal mit einem Phosphat-Rest, der seinerseits mit einem weiteren Rest verestert ist (z. B. mit Cholin).

tragen, welche Protonen (H^+) abgeben können. Jede Substanz, die das kann, ist eine Säure. Die Carboxyl-Gruppe ist auch protonierbar, d. h. sie kann Protonen aufnehmen.

Rufen wir uns in Erinnerung, dass auch der Phosphat-Rest das Anion einer Säure ist, nämlich der (ortho-)Phosphorsäure. In den Summenformeln sieht das so aus:

$$H_3PO_4 = H_2PO_4^- + 1\,H^+ \leftrightarrow HPO_4^{2-} + 2\,H^+ \leftrightarrow PO_4^{3-} + 3\,H^+ \quad (5.4)$$

PO_4^{3-}, oft als P_i abgekürzt, kann also verschieden viele Protonen gebunden haben. Die verschiedenen Grade der Protonierung stellen sich in den Strukturformeln folgendermaßen dar:

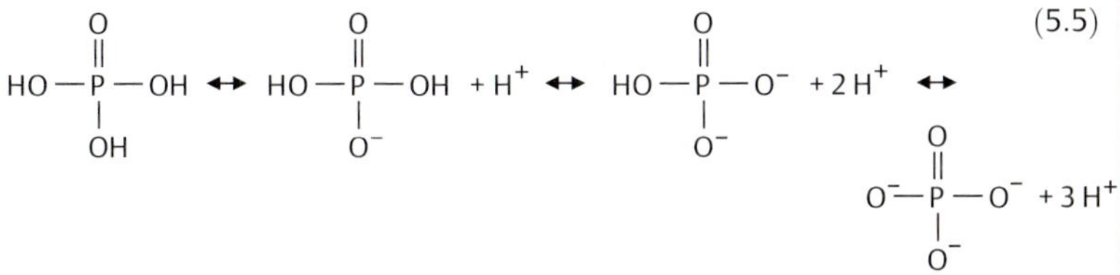

(5.5)

Hier sind die OH-Gruppen nicht an einem vierwertigen C-Atom, sondern an einem 5wertigen P-Atom angeheftet und deprotonierbar. Diese OH-Gruppen sind also keine alkoholischen Gruppen. Das O-Atom ist zweiwertig (Valenz II, im Gegensatz zu Valenz I für H; III für Stickstoff (N); IV für C; V für P). Man sollte das voll protonierte Phosphat (Phosphorsäure) oben links eigentlich so schreiben:

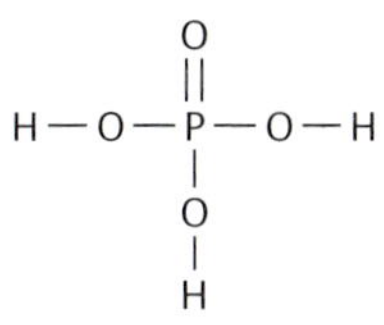

(5.6)

Dann erkennt man die Wertigkeit (Valenz) von O und H besser. Die Valenz gibt die Bindungsfähigkeit der einzelnen Atome an und ergibt sich aus dem Aufbau der jeweiligen Atome, d. h. eigentlich dem ihrer äußeren Elektronenschalen (vgl. Lehrbücher der Chemie). Bei Abgabe eines Protons (H^+) geht jeweils eine positive Ladung ab, daher bekommt das verbleibende O-Molekül eine negative Ladung (O^-).

Eine Säure kann sich mit einem Alkohol unter Wasseraustritt verbinden (Veresterung). Die entstehende Substanz nennt man einen Ester. Für Glycerin und Phosphorsäure ergibt sich Glycerin-3-Phosphat:

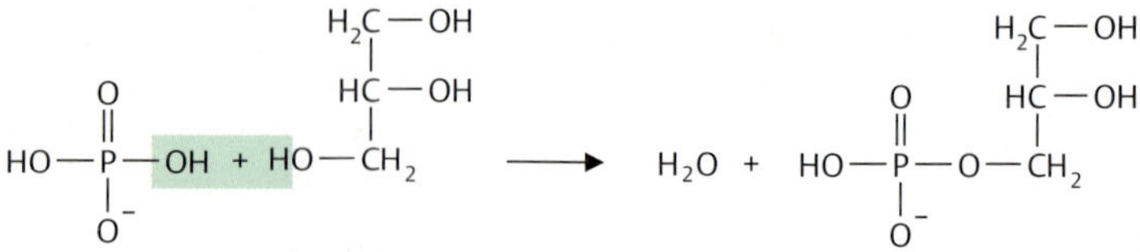

(5.7)

mit dem Phosphat-Rest in endständiger Position (d. h. am 3. C-Atom). Aber auch die anderen Alkohol-Gruppen des Glycerins werden verestert, jedoch mit Fettsäure-Resten. Dazu gehört z. B. die Palmitinsäure $C_{16}H_{32}O_2$:

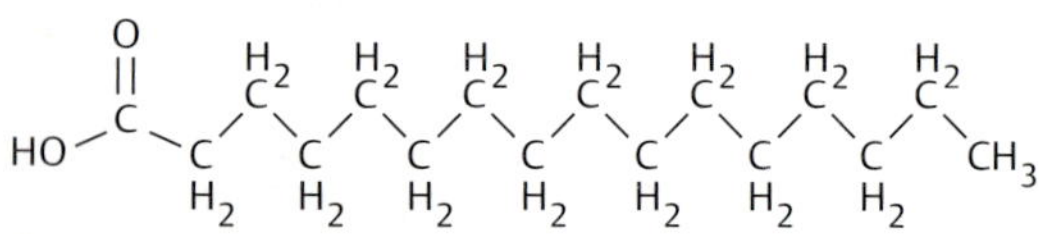

(5.8)

Stearinsäure = $C_{18}H_{36}O_2$ sollte sich demnach jeder selbst hinschreiben können. Komplizierter wird es bei der Ölsäure, $C_{18}H_{34}O_2$ (Oleoyl-Rest), denn sie hat in der Mitte folgende Gruppierung:

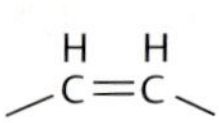

(5.9)

also eine Kohlenstoff-Doppelbindung. Sie bezeichnet man als ungesättigte Fettsäure. Eine Reihe solcher verschiedener Acyl-Reste können nun mit Phosphoglycerin unter Freisetzung von Wasser verestern, z. B.

(5.10)

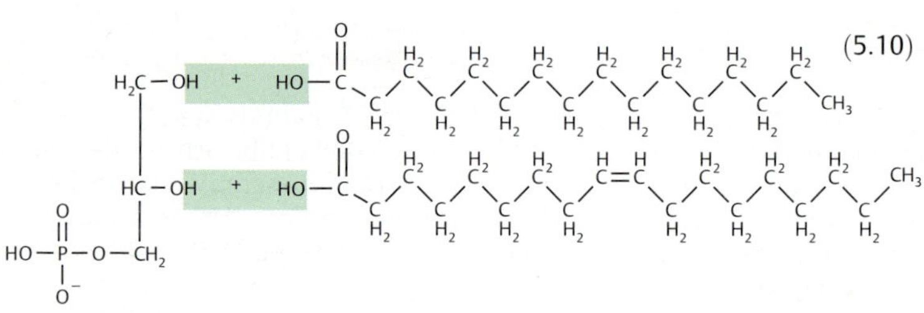

Aber auch der Phosphat-Rest kann weiter verestert werden, und zwar mit einer Vielfalt von Verbindungen mit einer alkoholischen Gruppe, von denen die wichtigsten folgende sind:

$$H_2N-CH_2-CH_2OH \;=\; \text{Ethanolamin} \xrightarrow{+H^+} H_3N^+-CH_2-CH_2OH \quad (5.11)$$

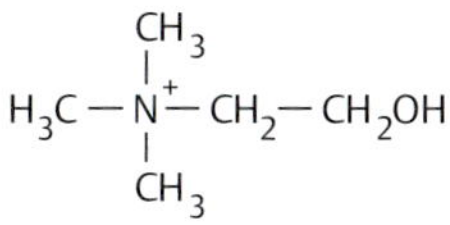

= Trimethylethanolamin (= „Cholin“) (5.12)

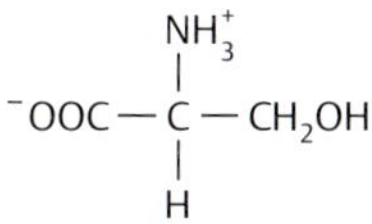

= Serin (= Seryl-Rest), eine Aminosäure (5.13)

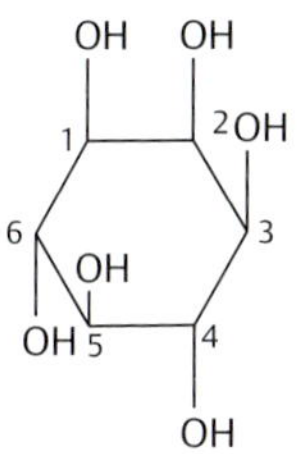

= Inosit (mit 6 COH-Gruppen, also auch als 6-wertiger Alkohol zu bezeichnen) (5.14)

Die Veresterung würde dann am Beispiel des Ethanolamins so erfolgen:

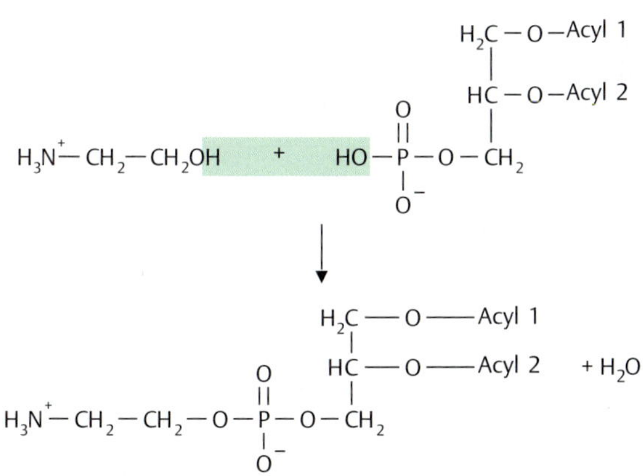

(5.15)

(5.16)

Nun bauen wir uns ein fertiges Phospholipid-Molekül zusammen, etwa das am häufigsten vorkommende:

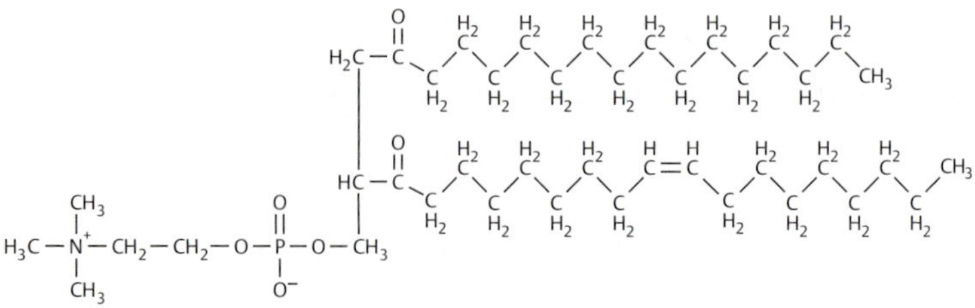

„Cholin" = Trimethyl-ethanolamin

„Phosphatidyl" = Phosphat

„Di-Acyl" = Palmitoyl- + Oleoyl-Rest

(5.17)

Der korrekte Name dieses Phospholipids (sogar nach geringfügiger Vereinfachung) wäre „Palmitoyl-Oleoyl-Glycerin-Phosphatidyl-Trimethylethanolamin", oder einfacher Di-Acyl-Glycerin-Phosphatidyl-Cholin. Da diese Form mit einem Cholin-„Kopf" häufig in Biomembranen vorkommt, verwendet man gerne den noch einfacheren Trivialnamen Lecithin.

Dieses kleine Intermezzo in Chemie dient dazu, den Bau und die Funktion von Biomembranen zu verstehen. Es fehlt uns noch die Struktur des Wasser-Moleküls:

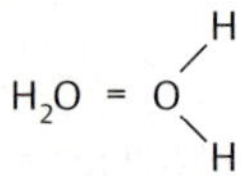

(5.18)

Die Elektronen (negative Ladungen) werden im Wasser-Molekül nicht ganz gleichmäßig verteilt, sondern bevorzugt in Richtung des Sauerstoffs verschoben, wofür die Chemiker sich auf folgende Schreibweise geeinigt haben:

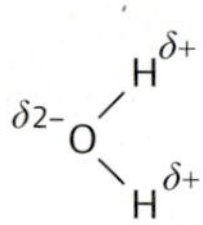

(5.19)

Man sieht, das Wasser-Molekül hat einen leicht positiven und einen leicht negativen Pol, also den Charakter eines Dipol-Moleküls.

Aus allem, was wir bisher kennen gelernt haben, ergeben sich wichtige Konsequenzen. Betrachtet man ein Phospholipid-Molekül, wie in 5.17 dargestellt – oder links mit anderen Resten versehen, wie sie in den Formeln 5.11 bis 5.14 dargestellt sind – so zeigt sich, dass die linke Seite positive und negative Ladungen trägt. Für die rechte Seite des Moleküls, die Fettsäure-Schwänze, trifft dies nicht zu. Freie Ladungen ziehen aber Wasser-Moleküle (Dipole) an,

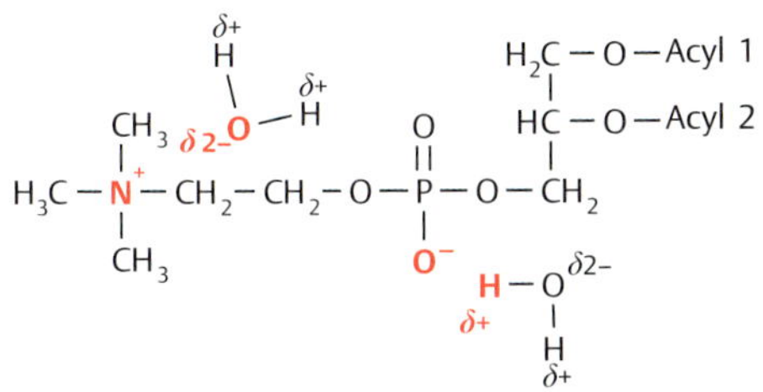

(5.20)

sodass die linke Seite „hydratisiert" wird (Wasserhülle, Hydrat). In anderen Worten, während diese Seite eines Phospholipids also Wasser anzieht, stößt es die andere ab. In vereinfachter Darstellung (Abb. 5.**2**) zeigt dann das Lecithin folgende Eigenschaften:

Das Lecithin-Molekül hat also die Form einer Stimmgabel und andere Phospholipide sehen ihm sehr ähnlich. Phospholipide haben prinzipiell einen hydrophilen Kopf- und einen hydrophoben Schwanzabschnitt. Träufelt man Phospholipide auf eine Wasseroberfläche, so tauchen sie die hydrophilen Köpfchen in das Wasser und strecken die hydrophoben Acyl-Schwänze in die Höhe (Abb. 5.**3**).

Umgekehrt kann man die Köpfchen „lipophob" und die Schwänze „lipophil" nennen, denn hier würden in einer geschlossenen Phospholipidschicht fett-

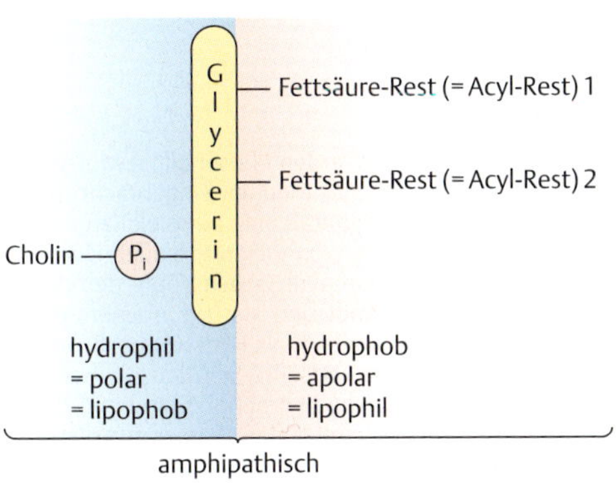

Abb. 5.**2** Strukturbedingte Eigenschaften eines Phospholipid-Moleküls. Die Fettsäure-Reste weisen Wasser ab, sind also hydrophob (wasserscheu), der Kopfteil des Moleküls (mit einem Rest, z. B. Cholin, und einem Phosphat) ist hydrophil (wasseranziehend). Das Gesamtmolekül zeigt also zwei Bereiche mit sich deutlich widerstrebenden Eigenschaften: Es ist amphipathisch.

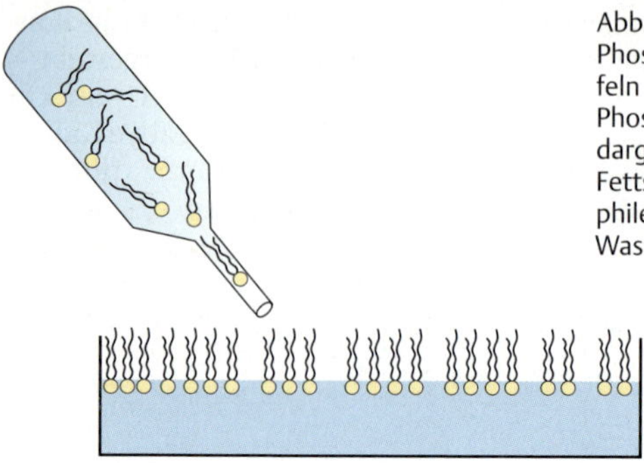

Abb. 5.**3** Spontane Anordnung von Phospholipid-Molekülen beim Aufträufeln auf eine Wasseroberfläche. Die Phospholipid-Moleküle sind vereinfacht dargestellt, mit zwei hydrophoben Fettsäure-Schwänzen und einem hydrophilen Kopf, der allein spontan ins Wasser eintaucht.

lösliche Substanzen jeweils ausgeschlossen bzw. angereichert werden. Ein Phospholipid hat auch aus dieser Sicht einen „amphipathischen" Charakter (hydrophil, polar und lipophob an einem und hydrophob, apolar und lipophil am anderen Ende).

Im wässrigen Milieu von Zellen und Geweben sind Phospholipide allseits von Wasser umgeben. Hier ordnen sich Phospholipide antiparallel in einer ca. 3 bis 4 nm dicken Doppelschicht an, sodass die hydrophoben Schwänze zueinander zeigen und nur die hydrophilen Köpfe mit dem Wasser in Berührung kommen. Diese Anordnung als bimolekulare Schicht (engl.: bimolecular leaflet, lipid bilayer) stellt sich spontan auch dann ein, wenn Phospholipide aus einer Lösung in Wasser hineinpipettiert werden (Abb. 5.**4**). Eine derartige zwangsweise Zusammenfügung molekularer Bausteine aufgrund der physikochemischen Eigenschaften ihrer Bausteine nennt man „Self-assembly", obwohl dieser Begriff von vielen Forschern auf das exakte Zusammenfügen von Protein-Bausteinen zu größeren Aggregaten beschränkt wird. Dies ist ein Prinzip, dem wir noch mehrfach begegnen werden.

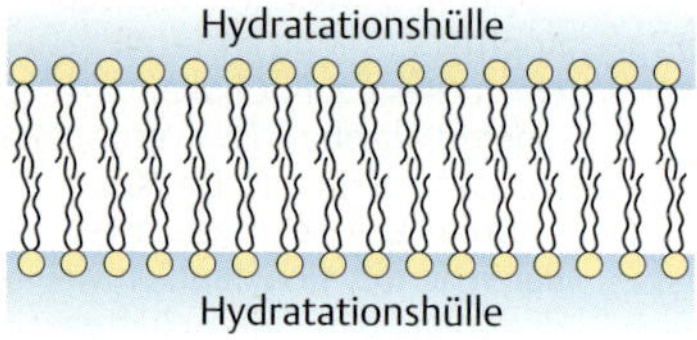

Abb. 5.**4** Werden Phospholipid-Moleküle in ein wäßriges Medium eingebracht, so bilden sie spontan eine bimolekulare Schicht (engl.: bimolecular leaflet) dergestalt, daß die hydrophilen Köpfe dem Wasser zugewandt sind, das sie in einem dünnen Grenzbereich als Hydratationshülle binden. Die Fettsäure-Schwänze haben nur eine schwache hydrophobe Bindung, die dadurch entsteht, daß Wasser aus diesem Bereich ausgeschlossen wird.

5.3 Aminosäuren und Proteine

Unser Körper baut Proteine aus 20 Aminosäuren auf, von denen wir einige nicht selbst synthetisieren können (= essenzielle Aminosäuren). Allein unsere Leberzellen können an die 10 000 Proteine herstellen. Sie haben zum Teil strukturgebende, zum Teil katalytische Funktion (Enzyme), zum Teil sind es Transportmoleküle verschiedener Art oder sie haben noch andere Funktionen. Die spezifischen Leistungen einzelner Proteine und ihre Anordnung, z. B. in einer Membran oder als lösliche Proteine im Inneren der Zelle, hängen sehr davon ab, welche Aminosäuren in welcher Anordnung aneinander gefügt sind. Man nennt diese Anordnung der Aminosäuren die Aminosäuresequenz oder Primärstruktur eines Proteins.

Daher wollen wir uns nun einzelne Aminosäuren herausgreifen, welche in späterem Zusammenhang wichtig erscheinen und gleichzeitig verschiedene Typen vertreten.

(5.21)

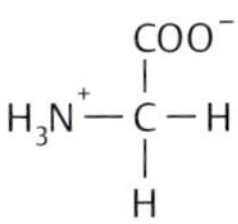

Glycin

(5.22)

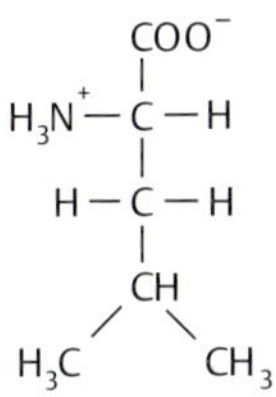

Leucin

(5.23)

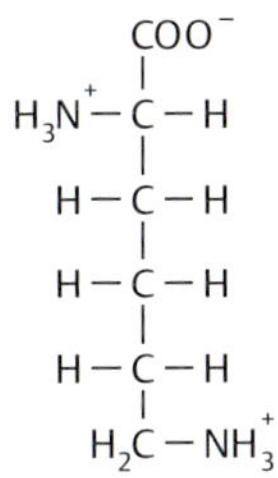

Lysin

(5.24)

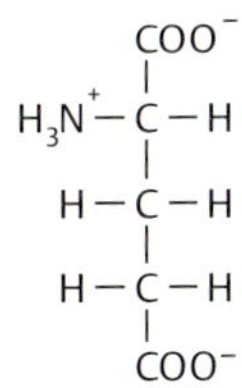

Glutaminsäure

(5.25)

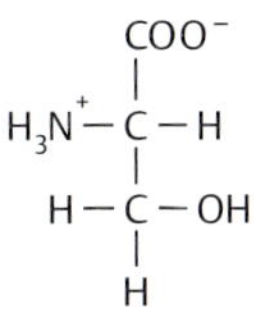

Serin

(5.26)

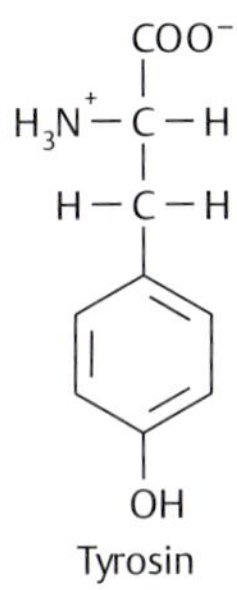

Tyrosin

(5.27)

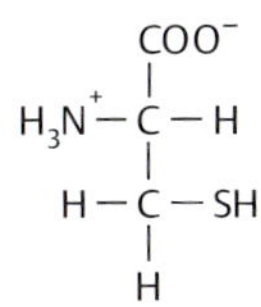

Cystein

Glycin (5.21) ist die einfachste Aminosäure. Alle Aminosäuren enthalten eine Carboxyl-Gruppe,

$$-COO^- =$$ 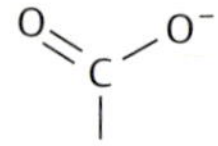 (5.28)

die reversibel Protonen (H^+) aufnehmen kann:

$$-COO^- + H^+ \rightleftharpoons -COOH \qquad (5.29)$$

Die Carboxyl-Gruppe ist also protonierbar und deprotonierbar, je nachdem wie viele Protonen in der Lösung vorhanden sind. Ist die Lösung neutral, so liegen in reinem Wasser 10^{-7} Mol H^+ pro Liter H_2O vor (pH = 7,0). In Säuren sind es mehr Protonen (> 10^{-7} Mol/Liter), in Basen weniger (< 10^{-7} Mol/Liter), sodass der pH-Wert < 7,0 in Säuren, > 7,0 in Basen beträgt.

Die Amino-Gruppe kann ebenfalls H^+ aufnehmen oder abgeben:

$$-NH_3^+ \rightleftharpoons -NH_2 + H^+ \qquad (5.30)$$

Also sind Aminosäuren mit positiver und negativer Ladung ausgestattet (amphoterer Charakter). Sie tragen sowohl eine negativ geladene (anionische, saure) Carboxyl-Gruppe als auch eine positiv geladene (kationische, basische) Amino-Gruppe. Eine Amino-Gruppe sitzt stets an jenem C-Atom, welches der Carboxyl-Gruppe folgt, man sagt am α-C-Atom. In unserem Körper gibt es nur L-Aminosäuren mit bestimmter sterischer Anordnung der Gruppen (wie oben wiedergegeben). Doch darauf wollen wir hier nicht weiter eingehen.

Nun gibt es Aminosäuren, welche außer der positiven Ladung einer Amino-Gruppe und der negativen Ladung einer Carboxyl-Gruppe keine weiteren geladenen (ionisierten) Gruppen tragen, z. B. Glycin (5.21) und Leucin (5.22). Solche Aminosäuren nennt man apolar. Kommt dagegen eine weitere Amino-Gruppe oder eine weitere Carboxyl-Gruppe hinzu, so spricht man von einer basischen (z. B. Lysin, 5.23) oder einer sauren (z. B. Glutaminsäure, 5.24) Aminosäure. Solche Überschussladungen ziehen Wasser an, aus Gründen, die bei den Phospholipiden erläutert wurden. Die OH-Gruppe von Serin (5.25) oder Tyrosin (5.26) hat ebenfalls die Eigenschaft, Wasser anzuziehen, obwohl sie nicht ionisiert ist. Diese Aminosäuren nennt man polar. Eine Besonderheit ist auch das Vorkommen von zyklischen Komponenten in manchen Aminosäuren, wie z. B. im Tyrosin (5.26). Aus der Reihe tanzt das Cystein (5.27), ebenfalls eine apolare Aminosäure, die aber eine SH-Gruppe (Sulfhydryl-Gruppe) trägt. Vielfach verbinden sich in Proteinen zwei Cystein-Reste über ihre SH-Gruppen nach dem Schema

(5.31)

zu einer Disulfidbrücke (-S-S-). Dadurch werden benachbarte Bereiche eines kettenförmigen, in Schleifen gefalteten Proteins gegeneinander stabilisiert (vgl. Abb. 5.**5**).

Für die einzelnen Aminosäuren wurden Standard-Abkürzungen aus 3 Buchstaben gewählt. Seitdem die Molekularbiologen immer größere Sequenzabschnitte aufklären, werden zunehmend Ein-Buchstaben-Abkürzungen verwendet (Tab. 5.**2**).

In einem Protein sind die Aminosäuren über eine Säureamid-Bindung (in Formel 5.32 eingerahmt), also durch Verknüpfung einer Carboxyl- mit einer Amino-Gruppe, miteinander verbunden:

Tab. 5.**2** Abkürzungs-Kode für Aminosäuren

Ein-Buchstaben-Kode	**Drei-Buchstaben-Kode**	**Aminosäure**
A	Ala	Alanin
C	Cys	Cystein
D	Asp	Asparagin-säure
E	Glu	Glutamin-säure
F	Phe	Phenylalanin
G	Gly	Glycin
H	His	Histidin
I	Ile	Isoleucin
K	Lys	Lysin
L	Leu	Leucin
M	Met	Methionin
N	Asn	Asparagin
P	Pro	Prolin
Q	Gln	Glutamin
R	Arg	Arginin
S	Ser	Serin
T	Thr	Threonin
V	Val	Valin
W	Trp	Tryptophan
Y	Tyr	Tyrosin

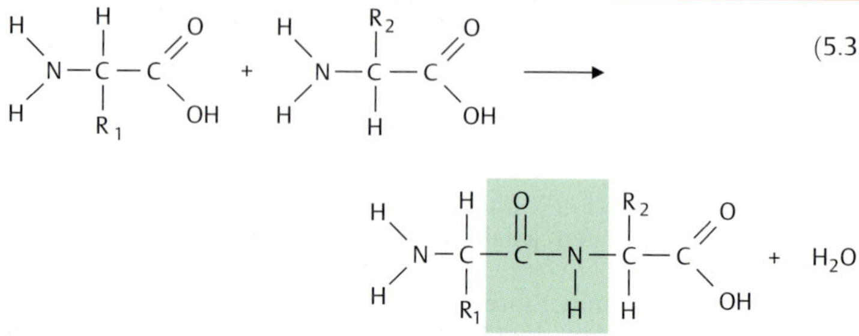

(5.32)

Unter Beteiligung vieler Aminosäuren ergibt sich daraus zunächst ein lineares Kettenmolekül:

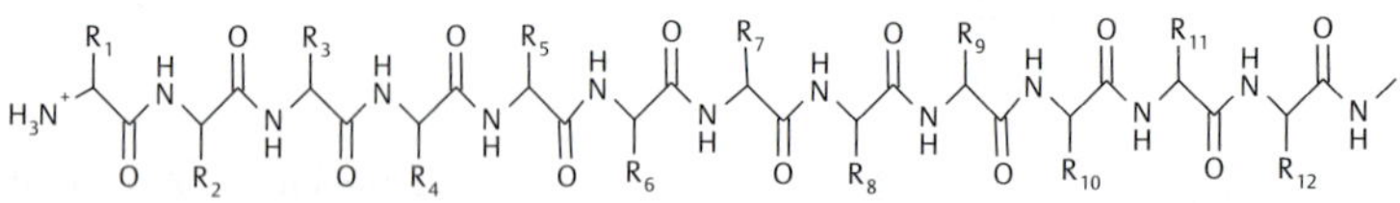

(5.33)

In der Formel 5.33 ist die Grundstruktur eines Proteins dargestellt. Hervorgehoben ist hier die regelmäßige Abfolge von Peptidbindungen, die das „Rückgrat“ eines jeden Proteins bilden. R_1 bis R_{12} bezeichnen Seitenketten, die durch die jeweiligen Aminosäuren eines Proteins gebildet werden. Die Säureamid-Bindung wird in Proteinen auch Peptidbindung genannt. Als konkretes Beispiel wird in Abb. 5.**5** das Insulin-Molekül gezeigt.

Kennt man die Aminosäuresequenz (Primärstruktur) eines Proteins, so weiß man noch nichts über seine Gestalt (Sekundärstruktur). Diese kann dreierlei sein (Abb. 5.**6**):

1. „Random coil“, d. h. willkürlich wie eine geworfene Schnur;
2. gestreckt, mit leichter Abwinkelung zwischen den Aminosäuren, wie ein Blatt, das vielfach leicht gefaltet wurde (β-Faltblatt-Struktur);
3. die Proteinkette kann schraubig verdrillt sein (α-Helix-Struktur).

Nun können innerhalb eines Proteinmoleküls Abschnitte mit verschiedener Sekundärstruktur (Domänen) miteinander abwechseln. Die Gesamtstruktur wird dann als Tertiärstruktur bezeichnet. Schließlich können mehrere Proteine (Untereinheiten) aneinander gelagert werden – die Gesamtstruktur eines derartigen oligomeren Proteins heißt Quartärstruktur. In der Zelle assoziieren manche Proteine, z. B. Enzyme, verschiedener Art zu Multienzymkomplexen

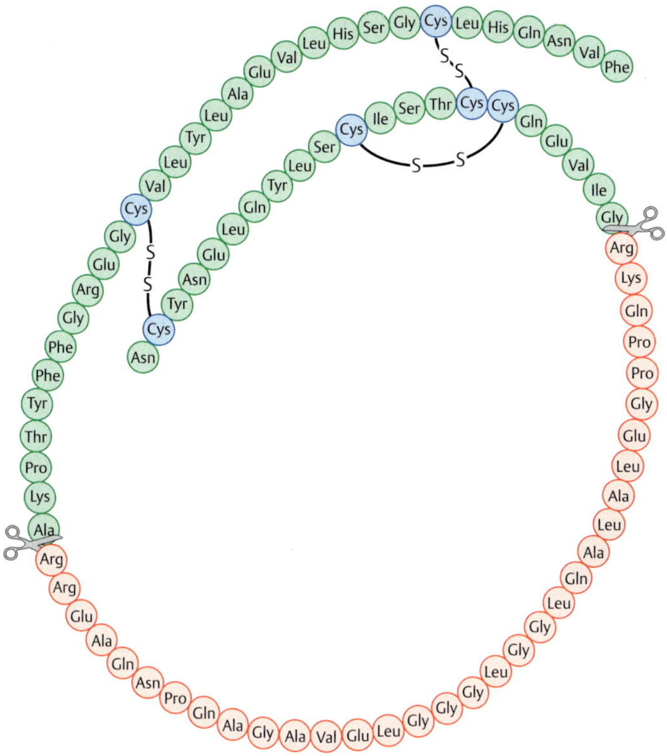

Abb. 5.**5** Primärstruktur von (Schweine-) Insulin. Insulin ist ein Hormon (extrazellulärer Botenstoff), das von den „Inselzellen" der Bauchspeicheldrüse abgegeben wird. Es wird über die Blutbahn im Körper verteilt und verhindert einen zu starken Anstieg des Blutzuckerspiegels (Glukose). Diese Funktion hängt davon ab, daß nach der Synthese der rote Teil der Proteinkette herausgeschnitten wird. Noch in der „Inselzelle" erfolgt dies durch ein proteinspaltendes Enzym (Protease; limitierte Proteolyse). Das restliche, voll aktive Molekül zeigt zwei Aminosäureketten, die über Disulfidbrücken miteinander verbunden bleiben. Eine weitere Disulfidbrücke dient der Stabilisierung einer Teilkette. An diesem Beispiel lassen sich folgende Struktur- und Funktionsprinzipien von Proteinen erkennen:

1. Aus der genau festgelegten Aminosäuresequenz ergeben sich intramolekulare Bindungen und damit die Struktur eines Proteins, obwohl in dieser Zeichnung die funktionell wichtige Sekundär- und Tertiärstruktur nicht weiter berücksichtigt sind.
2. Limitierte Proteolyse ist ein weit verbreitetes Aktivierungsprinzip von Proteinen.

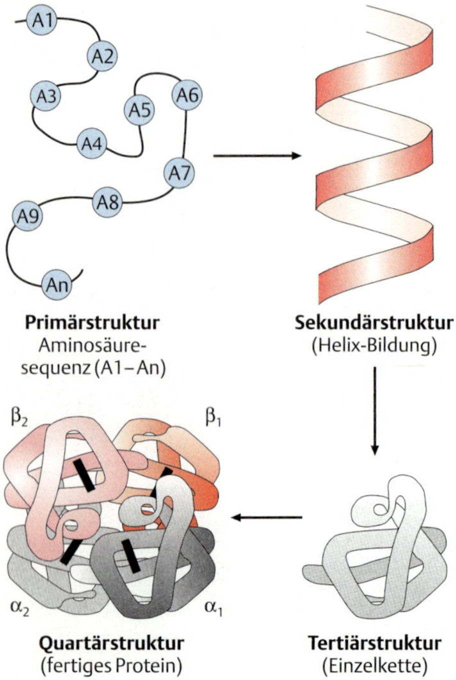

Abb. 5.**6** Struktur von Proteinen. Links oben: „Random coil“ (ungeordnete Struktur).
Rechts oben: Die funktionell wichtigste Sekundärstruktur ist die α-Helix. Hier sind die Aminosäuren schraubig (α-helikal) angeordnet.
Rechts unten: Als Beispiel einer Tertiärstruktur ist eine Kette des roten Blutfarbstoffes Hämoglobin gezeigt, wobei die lange Proteinkette (mit nicht im Detail gezeigten α-helikalen Bereichen) vielfach verschlungen erscheint.
Links unten: Vier solche Ketten treten zur Quartärstruktur eines Hämoglobin-Moleküls zusammen. In dieser Form liegt das Hämoglobin in den Erythrocyten vor. Hämoglobin ist also ein oligomeres, genauer ein tetrameres Protein, in dem jeweils zwei Ketten identisch sind. (Ihre Bezeichnung als α_1-, α_2-, β_1- und β_2-Kette ist alt und hat nichts mit ihrer Sekundärstruktur zu tun). Der schwarze Balken kennzeichnet den eisenhaltigen Teil mit Fe^{2+}, an dem der O_2-Transport stattfindet.

(Abb. 5.**7**). Dies gewährleistet höchste Effektivität wie bei einem Fließband, das schnelle Abläufe von Folgeschritten erlaubt.

Proteine und Aggregate von Proteinen können ihre jeweilige spezifische Struktur, von der ihre Funktion weitestgehend abhängt, nur dadurch bewahren, dass verschiedene Abschnitte eines Proteins oder benachbarter Proteine miteinander in Wechselwirkung treten. Diese sind in Abb. 5.**8** erläutert. Am stabilsten, aber gleichzeitig am wenigsten flexibel ist natürlich die Disulfid-Verknüpfung (Abb. 5.**8b**). Hydrophobe Seitenketten (Abb. 5.**8d**) erleichtern den Einbau von Proteinen in Biomembranen (vgl. Kap. 6). Am flexibelsten sind ionale Bindungen (Abb. 5.**8c**) und Wasserstoff-Brückenbindungen (Abb. 5.**8 a**), die gleichzeitig zu den schwächeren Bindungen gehören.

Von der Wichtigkeit dieser strukturellen Aspekte werden wir spätestens dann überzeugt sein, wenn wir konkrete Beispiele kennen lernen. So „stecken“ manche Proteine mit α-helikalen Domänen aus apolaren Aminosäuren in einer Membran, zeigen außerhalb des „membrandurchspannenden“ Bereiches Domänen mit anderer Sekundärstruktur und aggregieren zu mehreren Untereinheiten. In manchen Fällen können diese einen polaren Kanal bilden, durch welchen nach geringfügigen Änderungen der Quartärstruktur im 0,1 nm-Be-

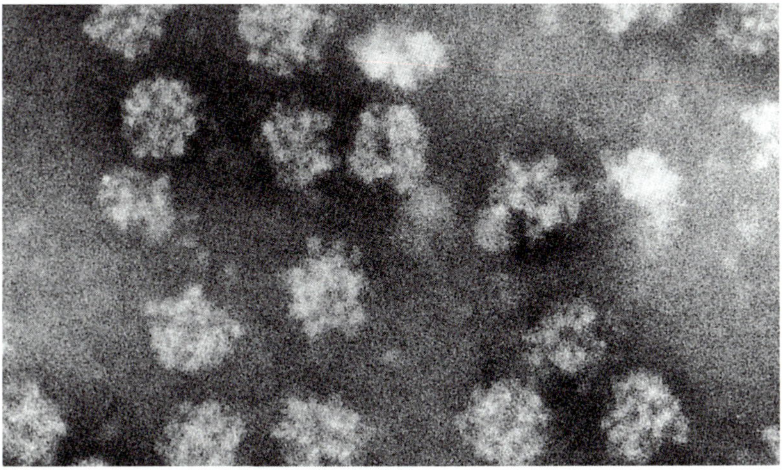

Abb. 5.**7** Der Pyruvatdehydrogenase-Komplex aus Bakterien als Beispiel eines Multienzymkomplexes, in dem zwecks höherer Effizienz mehrere verschiedene Enzymproteine miteinander assoziiert sind. Die einzelnen Proteine werden im Negativkontrastierungs-Verfahren als kleine Kugeln sichtbar. Vergr. 300 000fach (aus Junger, E., H. Reinauer: Biochim. Biophys. Acta 250 [1972] 478).

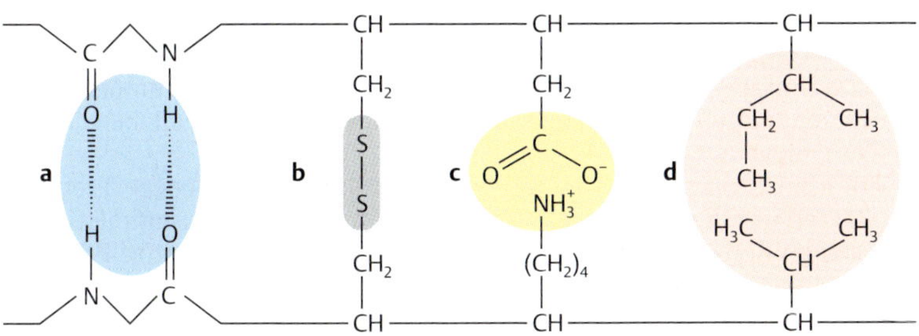

Abb. 5.**8** Die Abschnitte eines Proteins oder Abschnitte benachbarter Proteine stabilisieren sich gegenseitig. Dabei können folgende Mechanismen beteiligt sein:
a Wasserstoffbrücken-Bindung (durch „Verschmieren" der Elektronenwolken ähnlich wie in Formel 5.19), **b** Disulfidbrücken (wie in Abb. 5.**5** für Insulin gezeigt wurde), **c** ionale Bindung (Anziehung von positiven und negativen Ladungen) und **d** Aggregation hydrophober Seitenketten (nach dem Prinzip, das wir aus Abb. 5.**4** bereits kennen).

reich Ionen oder Nährstoffe durchgeschleust werden (vgl. Kap. „Biomembranen"). In ähnlicher Weise werden insbesondere jene Proteine „gesteuert", welche als Biokatalysatoren dienen (Enzyme). In eine Vertiefung eines Enzymmoleküls (aktives Zentrum) passt haargenau nur eine Art von Substratmolekül hinein, das dadurch gespalten oder sonst wie verändert wird. Dieses Schloss-Schlüssel-Prinzip funktioniert nur bei extremer Passgenauigkeit (eben im 0,1 nm-Bereich). Es ist auch nicht erstaunlich, dass die Effizienz von Enzymen von der Konzentration an Wasserstoff-Ionen (pH-Wert) abhängt – müssen sie doch großen Einfluss auf die lokale Ladungsverteilung in einem Protein und damit auf seine Struktur (Konfiguration) ausüben.

Da viele Proteine als Enzyme wichtige Schlüsselfunktionen des Stoffwechsels, von Biosynthesen, Um- und Abbauprozessen steuern, sei hier ein Wort dazu angefügt. Fast keiner dieser Prozesse läuft spontan, also von selbst ab. Meistens bedarf es der Energie, welche entweder in der Ausgangssubstanz selbst steckt oder aber als ATP zugeführt werden muss. Die Spaltung von ATP in $ADP + P_i$ kann bereits zu einer Änderung der Konformation eines Proteins führen (Beispiele: Myosin des Muskels; vgl. Kap. 16). Diese ATP-Hydrolyse geht häufig mit der ionalen Bindung (bei Myosin) oder sogar der kovalenten Anheftung eines Phosphat-Restes einher (Proteinphosphorylierung; Beispiel Ionenpumpen). Auch hierbei bewirkt die lokale Ladungsänderung eine Änderung der Konformation eines Proteins (vgl. Abb. 4.**4**). Wenn diese auch noch so geringfügig ist, so bedeutet dies doch Bewegung, also Arbeit. Arbeit aber kann ohne Energiezufuhr (ATP) nicht geleistet werden. Der andere wichtige Aspekt in diesem Zusammenhang ist, dass chemische Reaktionen häufig sehr langsam ablaufen. Sie werden durch jeweils spezifische Enzymproteine beschleunigt. Manche Enzyme sind sehr träge (mit einem Umsatz von wenigen Substratmolekülen pro Minute), andere sind sehr schnell (mit einem Umsatz von einigen 10^4 Molekülen pro Sekunde). Wie unterschiedlich auch die Aktivität sein mag, so ist es doch in jedem Fall berechtigt, Enzyme als Biokatalysatoren zu bezeichnen.

In unserem Körper dürfte es fast an die 100 000 verschiedene Proteine geben. Bakterienzellen haben viel weniger. Dies hängt damit zusammen, dass wir ein viel größeres Genom haben, also viel mehr verschiedenartige Proteine als Genprodukte kodieren können.

Auch die Größe von Proteinen ist sehr verschieden. Am größten ist die Proteinkette des Titins (MG 3 000 000) von Muskelzellen, das nach den Titanen der griechischen Mythologie benannt ist. Für ein mittleres Protein kann man ein MG = 60.000 ansetzen, also das 60 000fache Gewicht eines H-Atoms, und es würde aus ca. 550 Aminosäuren (MG von von 110 pro Aminosäure im Durchschnitt) bestehen.

5.4 Zucker

Zucker (Saccharide) sind mehrwertige Alkohole mit einer endständigen Aldehyd-Gruppe, seltener mit einer Keto-Gruppe. Die Alkohol-Gruppe sieht wie folgt aus:

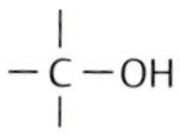

(5.34)

die Aldehyd-Gruppe so:

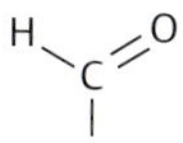

(5.35)

und die Keto-Gruppe wie folgt:

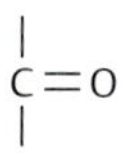

(5.36)

Es gibt Zucker mit 5, 6 oder mehr C-Atomen. Man spricht dann von Pentosen (C_5) oder Hexosen (C_6). Entlang der Kohlenstoffkette treten die OH-Reste in verschiedener Anordnung auf. Die wichtigsten Beispiele sind:

(5.37)

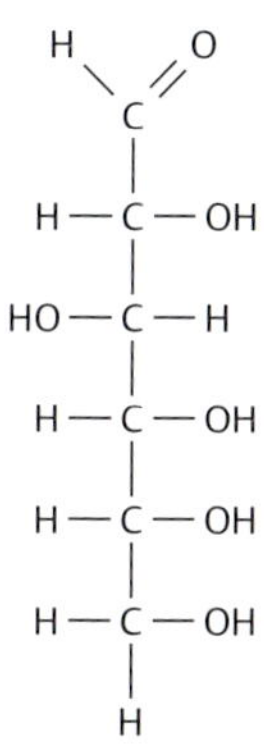

Glukose =
Traubenzucker
(C_6-Körper = Hexose)

(5.38)

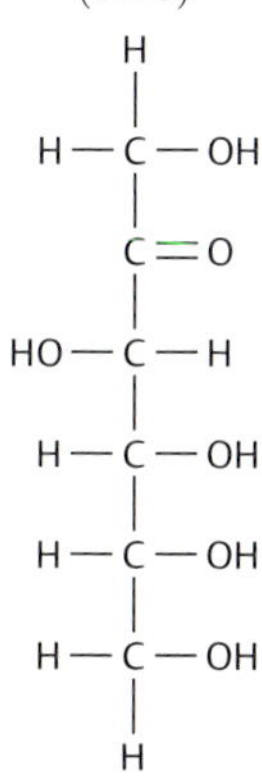

Fruktose =
Fruchtzucker
(C_6-Körper = Hexose)

(5.39)

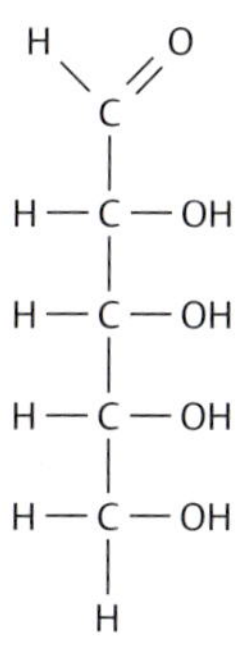

Ribose =
(C_5-Körper= Pentose)

Glukose hat also die typische Aldehyd-Gruppe am obersten C-Atom (am C1-Atom), Fruktose eine Keto-Gruppe am C2-Atom. Beide Zucker-Moleküle haben dieselbe Summenformel

$$C_6H_{12}O_6 \tag{5.40}$$

und beide sind Hexosen. Ribose ist eine Pentose mit einer Aldehyd-Gruppe am C1-Atom. Die oben angeschriebenen offenen Kettenformen können sich zu einer Ringform schließen:

(5.41) (5.42) (5.43) (5.44)

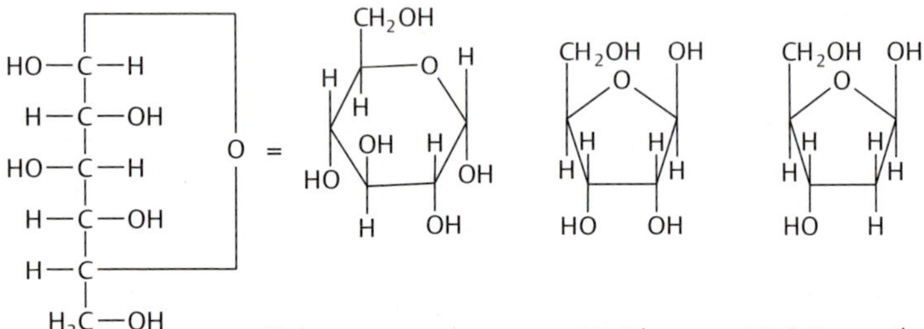

α-D-Glukose β-D-Ribose β-D-2-Desoxyribose

Auf die Vorsätze α, β, D wollen wir hier nicht eingehen, ebenso wenig wie auf die Nummerierung der C-Atome (vgl. Lehrbücher der Biochemie). In der DNA kommt Ribose in ihrer Desoxy-Form, und zwar als „β-D-2-Desoxyribose“ vor.

Ein Hexose-Molekül kann mit einem anderen Hexose-Molekül derselben oder einer anderen Art unter Ausbildung einer glykosidischen Bindung zu einem Disaccharid zusammentreten. So ergeben sich aus

Glukose + Glukose → Maltose (Malzzucker)

Glukose + Fruktose → Saccharose (Rohrzucker, engl.: sucrose)

Dabei wird bei der Maltose die glykosidische Bindung vom C1-Atom des einen zum C4-Atom des anderen Glukose-Moleküls geknüpft. Daher ist Maltose ein Disaccharid der Form Glukose-1,4-Glukose. Diese Ketten können verlängert werden zu Oligo- und Polysacchariden. Ein Poly-1,4-Glukosid ist die Stärke – eine Glukose-Speicherform der Pflanzen. In symbolischer Kurzschreibweise lässt sich das, wie in Abb. 5.**9** gezeigt, darstellen:

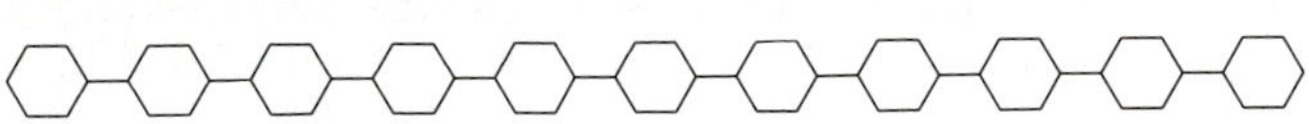

Abb. 5.**9** Stärke-Molekül

Auch die tierische Zelle produziert eine ähnliche Speicherform. Diese weist aber zusätzlich zu 1,4-glykosidischen Bindungen zwischen den kettenförmig angeordneten Glukose-Molekülen in gewissen Abständen auch noch 1,6-glykosidische Bindungen auf (5.45); einzelne H-Atome sind weggelassen.

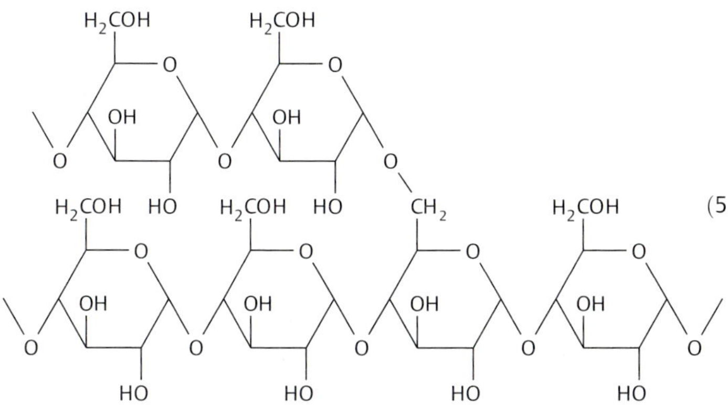

(5.45)

Das Glykogen-Molekül ist daher vielfach verzweigt. In symbolischer Kurzschreibweise lässt sich dieses Polyglukosid darstellen, wie in Abb. 5.**10** gezeigt:

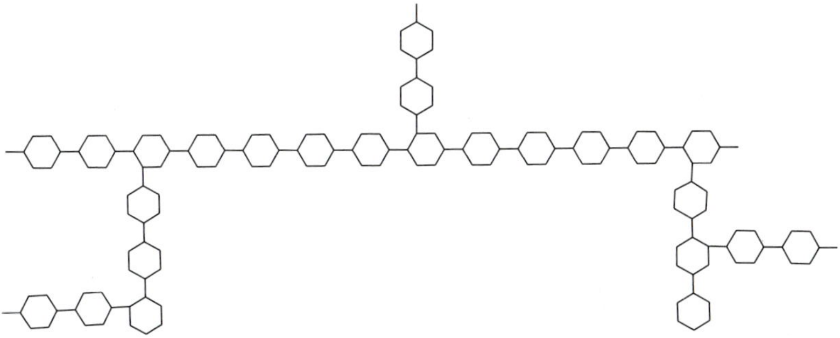

Abb. 5.**10** Glykogen-Molekül

Die Zellwand der Pflanzenzellen besteht zu einem Großteil aus Zellulose mit demselben Bindungsmuster wie Stärke, jedoch mit 1,4-β-glykosidischen (anstatt 1,4-α-glykosidischen) Bindungen.

Wie wir sehen werden (Kap. 6), sind an der Zellmembran Zucker-Moleküle angeheftet. Eine wichtige Komponente ist dabei die Sialinsäure, ein Abkömmling der Neuraminsäure. Sie entsteht aus der kovalenten Verknüpfung des Aminozuckers Mannosamin mit Brenztraubensäure (Pyruvat), einem Zwischenprodukt des Energiestoffwechsels.

(5.46) Brenztraubensäure = Pyruvat

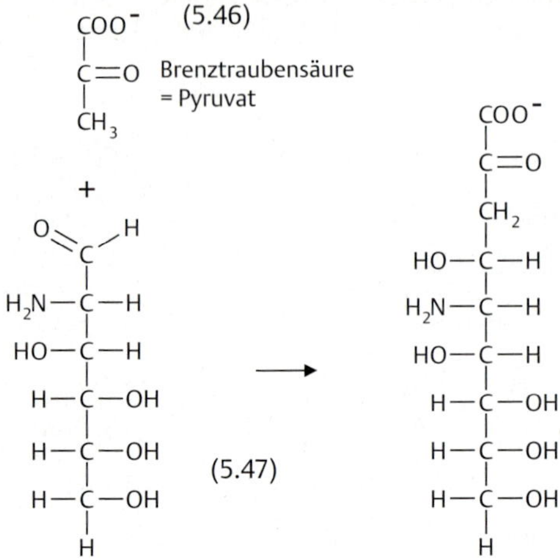

(5.47)

α-D-Mannosamin

Neuraminsäure

(5.48)

5.5 Pyrimidin- und Purin-Basen der Nukleinsäuren

Beide Arten von Basen sind Komponenten der DNA und der verschiedenen RNA-Formen. Der Grundkörper des Pyrimidins

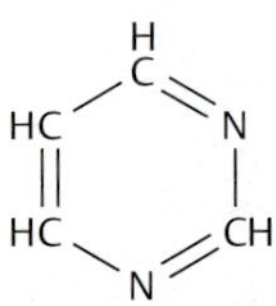

(5.49)

enthält zwei N-Atome in seinem Ring, ist also heterozyklisch. Vom Pyrimidin leiten sich ab:

(5.50) (5.51) (5.52)

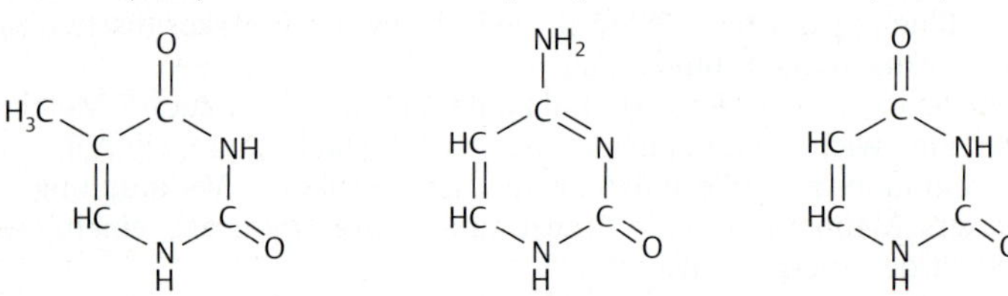

Thymin Cytosin Uracil

Thymin und Cytosin kommen in der DNA vor, Cytosin auch in der RNA, Uracil ersetzt Thymin in der RNA.

Das Purin (der Grundkörper der Harnsäure)

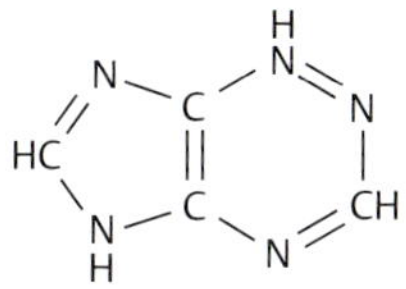

(5.53)

besteht aus zwei heterozyklischen Ringen (ein Fünfer- und ein Sechser-Ring, jeweils mit 2 N-Atomen). Daraus leiten sich die zwei Purin-Basen von DNA und RNA ab, Adenin und Guanin:

(5.54)

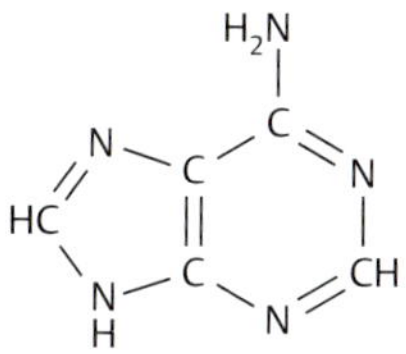

Adenin

(5.55)

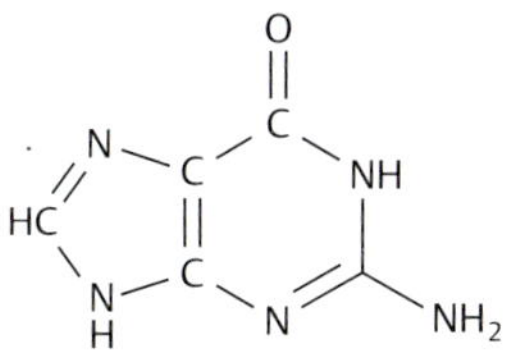

Guanin

Basen sind alle diese Verbindungen, weil sie positiv aufladbare Gruppen, entweder -NH_2- oder >N-, tragen. Ihre kovalente Verknüpfung mit Ribose und Phosphat-Resten in DNA und RNA ist in Abb 5.**11** erläutert. In der DNA treten einander zwei solcher Ketten gegenüber. Dabei paart sich zwangsläufig Adenin mit Thymin (A-T) und Guanin mit Cytosin (G-C) über zwei bzw. drei Wasserstoff-Brückenbindungen. Die Abfolge der Basenpaare stellt die genetische Information dar.

Die DNA ist ein sehr langes unverzweigtes Kettenmolekül (Abb. 5.**12**).

RNA-Moleküle sind ebenfalls unverzweigt. Sie treten als Einzelstrang auf, der gegebenenfalls durch Basenpaarung gepaarte Abschnitte mit Schleifenbildung formen kann (vgl. Kap. 7 und 8).

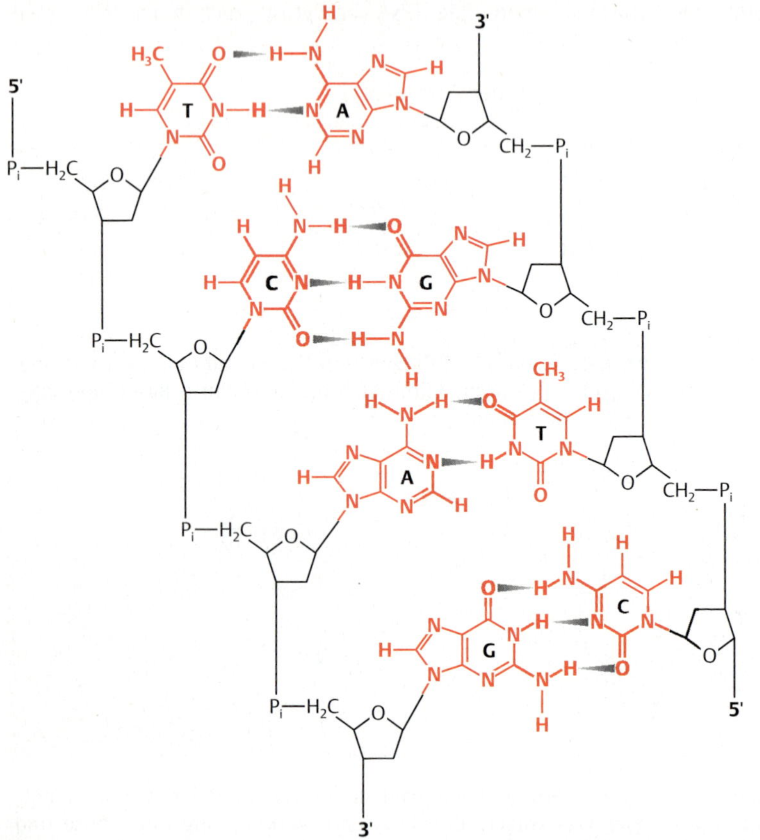

Abb. 5.**11** Ausschnitt aus einem DNA-Molekül mit einem „Rückgrat“ aus kovalent vernetzten Phosphat-Resten und Ribose, an die Adenin (A), Thymin (T), Guanin (G) oder Cytosin (C) kovalent angeheftet sind. Es stehen sich immer A-T bzw. G-C gegenüber, wobei die beiden Einzelstränge der DNA jeweils durch zwei bzw. drei Wasserstoffbrücken miteinander verbunden sind. Diese Bindungen können bei der DNA-Replikation leicht gelöst werden. Das 3'- und das 5'-Ende der Einzelstränge bekommen ihre Bezeichnung nach der Nummer des C-Atoms (nicht eingezeichnet) der Ribose. Zur Ribose gehört der Fünfer-Ring (mit O-Atom und C3-Atom) sowie die CH_2-Gruppe (C5-Atom der Ribose). Die Anordnung der beiden komplementären Einzelketten ist 5'→3' und 3'→5', also antiparallel.

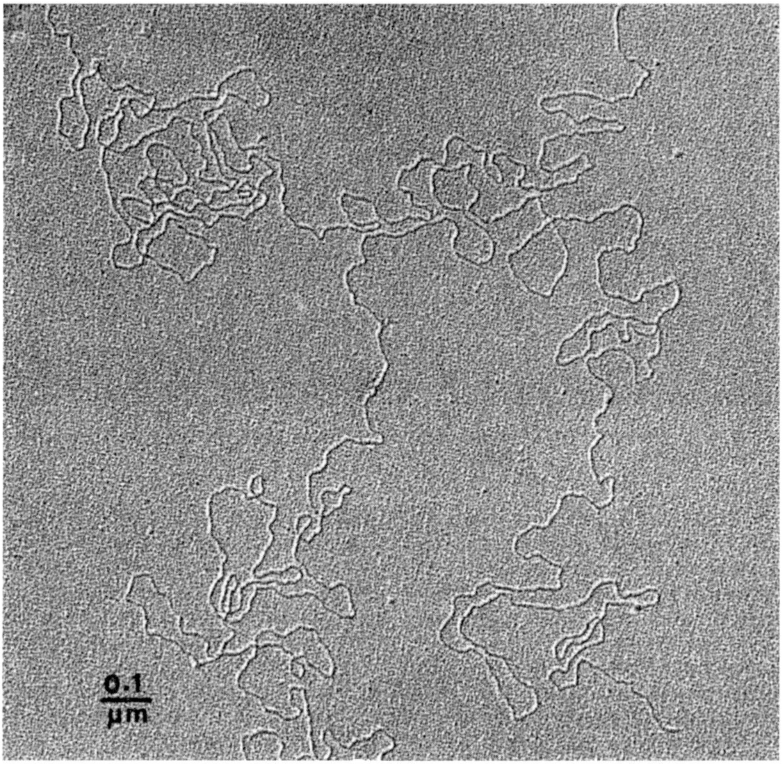

Abb. 5.**12** Elektronenmikroskopische Aufnahme eines isolierten DNA-Moleküls. Durch Adsorption an einer Trägerfolie hat es beim Antrocknen willkürliche Schleifen gebildet. Die DNA wurde durch das Aufdampfen eines Schwermetalls in schrägem Winkel sichtbar gemacht (nach einer Technik, die in Kap. 6 [Box] erläutert wird), so daß sie viel dicker aussieht als sie in Wirklichkeit ist (2 nm). Klar erkennbar ist, daß die DNA ein lineares unverzweigtes Kettenmolekül darstellt. Vergr. 68 000fach (aus Abermann, R., M. M. Salpeter: J. Histochem. Cytochem. 22 [1974] 845).

Literatur

Karlson, P., D. Doenecke, J. Koolman: Biochemie. Thieme, Stuttgart 1994
Nelson, D., M. Cox: Lehninger Biochemie. Springer, Berlin 2001
Stryer, L.: Biochemistry. Freeman & Co., New York 1995
Voet, D., J. G. Voet: Biochemie. VCH Verlagsgesellschaft mbH, Weinheim 1992

6 Biomembranen und das „innere Milieu“ der Zelle

Insgesamt ist die Zellmembran der Zelloberfläche zunächst eine Barriere, aber mit der Fähigkeit einer selektiven Schleuse und der Kommunikation mit der Umwelt. Sie ist wie ein Zaun, der nicht nur viele genau passende Türen, Schleusen und Transportsysteme enthält, sondern dazu auch noch Befehle aufnehmen und weitergeben kann. Die Zellmembran dient also als Barriere zur Wahrung ihres inneren Milieus, ist aber auch Umschlagplatz für Stoffe und Information. Zahlreiche pathogene Prozesse setzen bereits an der Zellmembran ein. Dabei spielen die in der Zellmembran integrierten Proteine eine herausragende Rolle.

Biologische Membranen (Biomembranen) sind die jede Zelle umhüllende Zellmembran (Plasmamembran, Plasmalemma) und das System der Endomembranen, durch welche Kompartimente (membranumhüllte Organellen) abgegrenzt werden. Alle Biomembranen bestehen aus einer nur ca. 6 nm dicken Phospholipid-Doppelschicht mit verschiedenartigen eingelagerten und angelagerten Membranproteinen. Zum Teil kommt noch ein „Zuckerguss“ auf einer Seite darüber, nämlich die Polysaccharide der Glykokalyx auf der Außenseite der Zellmembran. Das komplexe innere Milieu der Zelle, aber auch die Organellen der Eucyte, wäre nicht aufrechtzuerhalten, gäbe es nicht die Barriere der Membranstrukturen. Diese Barriere muss allerdings selektiv permeabel (semipermeabel) für einzelne Komponenten sein, denn die Zelle kann nur im Fließgleichgewicht mit ihrer Umgebung leben (vgl. Kap. 4).

6.1 Biomembranen als selektive Barrieren

6.1.1 Semipermeabilität der Zellmembran

Obwohl das 6 nm dünne Häutchen der Zellmembran weit unter der Auflösungsgrenze des Lichtmikroskops (300 nm) liegt, wurde ihre Existenz aus indirekten Evidenzen schon vor über 100 Jahren von den Biologen postuliert, als von Zellbiologie im eigentlichen Sinne noch kaum die Rede sein konnte. Diese frühen Beobachtungen von Medizinern und Botanikern haben heute noch große Bedeutung. Zwei Beispiele: Warum brauchen Blutzellen eine „physiologische Lösung“, will man sie, aus einem Blutgefäß abgezapft, vor Zerplatzen oder Schrumpfen bewahren? Und: Warum welken Pflanzen ohne Wasserversorgung? Es ist als ob sie ein innerer Druck in Form hielte. Diesen Druck gibt es tatsächlich; er heißt osmotischer Druck und wurde vom deutschen Botaniker Wilhelm v. Pfeffer studiert.

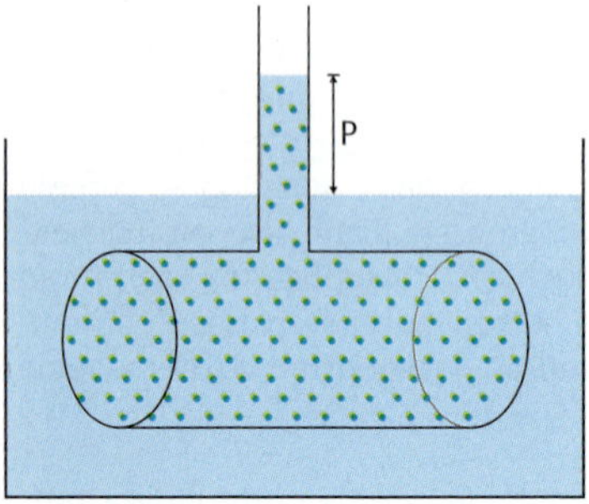

Abb. 6.**1** Pfeffersche Zelle zur Demonstration des osmotischen Drucks. Ein beidseitig mit einer semipermeablen Membran (nicht gezeichnet) abgedecktes Glasrohr mit einem nach oben offenen dünnen Steigrohr wird mit einer Lösung von $CuSO_4$ (grüne Punkte) gefüllt und in ein Wasserbad eingebracht. Wasser kann zwar eindringen, das Kupfersulfat jedoch nicht austreten (Semipermeabilität der Membran). So kommt es durch Wasseraufnahme zu einem Konzentrationsausgleich bis zu dem Punkt, wo der Druck der Flüssigkeitssäule im Steigrohr der Wasseranziehungskraft (osmotischer Druck) in der Lösung entgegenwirkt. Die Höhe der Flüssigkeitssäule entspricht dann dem osmotischen Druck P der Lösung.

Pfeffers Versuchsanordnung war einfach (Abb. 6.**1**). In eine mit Wasser gefüllte Wanne bringt man ein dickes Glasrohr ein, an welches ein dünnes Glasröhrchen angeschweißt ist. Das dicke Rohr ist mit einer Lösung von Kupfersulfat ($CuSO_4$) gefüllt und an seinen offenen Enden mit einer für Wasser durchlässigen, aber für $CuSO_4$ undurchlässigen, also semipermeablen Membran abgedeckt. Nach den Gesetzten der Thermodynamik sollte nun ein Konzentrationsausgleich erfolgen. $CuSO_4$ kann aber nicht heraus, sondern nur Wasser in das Rohr hineindringen, durch einen Prozess, den man Diffusion nennt (im Falle einer Membran: Permeation). So wird die $CuSO_4$-Lösung verdünnt und in das dünne Röhrchen hinaufgedrückt, bis die Flüssigkeitssäule eine bestimmte Höhe über dem Wasserbad erreicht hat. Ihr Druck verhindert das weitere Ansteigen der Flüssigkeitssäule. Diesen Druck nennt man den osmotischen Druck (P in Abb. 6.**1**).

$$P = k \cdot ([S_1] + [S_2] + \ldots + [S_n]) \qquad (6.1)$$

wobei k eine Konstante und [S] die jeweilige Konzentration verschiedener Substanzen (1, 2, ..., n) ist. Man kann sich vorstellen, dass bei Verwendung einer sehr konzentrierten $CuSO_4$-Lösung und einer sehr dünnen Membran diese durch Überlastung sogar zerreißen könnte.

Genau dieses tritt ein, wenn man rote Blutzellen (Erythrocyten), die normalerweise scheibchenförmig abgeflacht aussehen und im Cytoplasma Ionen und Proteine in beträchtlicher Konzentration gelöst enthalten, in pures Wasser oder in verdünnte Salzlösung einbringt (Abb. 6.**2**). Sie quellen auf, bis sie schließlich platzen (Hämolyse), weil sie dem steigenden Innendruck (Tonus) durch Wasseraufnahme aus dem hypotonen Außenmedium nicht mehr standhalten kann. Offensichtlich ist eine den Erythrocyten umhüllende Grenzschicht, die unsichtbare Zellmembran, geplatzt.

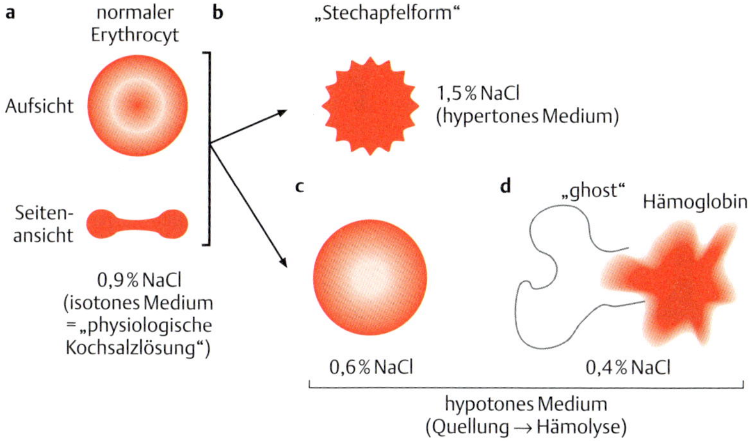

Abb. 6.**2** Veränderung von Erythrocyten in einer hypertonen oder hypotonen Lösung von Kochsalz (NaCl). Ein Erythrocyt ist in seiner Mitte eingedellt, weil er in einem Reifungsprozess seinen Zellkern verloren hat. Diese Zellform wird nur in isotoner Lösung (physiologische Kochsalzlösung) gewahrt, wogegen er in hypertoner Lösung durch osmotischen Wasserentzug schrumpft („Stechapfelform“). Beim Einbringen in hypotone Lösung quillt der Erythrocyt zunächst auf Kugelform, bis er platzt (Hämolyse), sodass der rote Blutfarbstoff Hämoglobin austritt und nur die leere Zellmembran übrig bleibt („Ghost“).

Der osmotische Druck eines Erythrocyten entspricht einer 0,9 %igen Lösung von NaCl (isotone Lösung), in der sie sich nicht verformen (physiologische Kochsalzlösung). In der Praxis werden heute selbstverständlich komplexere Lösungen für die Konservierung von Blutzellen verwendet. Noch eine NaCl-Lösung von nur 0,4 % (hypotone Lösung) führt unweigerlich zum Zerplatzen. Der rote Blutfarbstoff (Hämoglobin) fließt aus den Erythrocyten heraus. Ist eine Suspension von Blutzellen zunächst trübe, so wird sie dann auf einmal ganz klar. Man kann die leeren Membranhüllen („Ghosts“) abzentrifugieren. Dies waren die ersten Zellmembranen, die man als reine Membranfraktion isolieren konnte. Auch das Hämoglobin ließ sich so in reiner Form leicht gewinnen, um seine molekulare Struktur aufzuklären.

Dagegen bewirkt eine hypertone NaCl-Lösung von beispielsweise 1,5 % das Schrumpfen der Zellen zu einer „Stechapfel-Form“ (so genannt nach den Kapseln der Stechapfelpflanze *Datura stramonium*, einem Nachtschattengewächs).

Wird ein pflanzliches Gewebe in eine isotone Lösung eingebracht, so halten die Zellen ihre Struktur (Abb. 6.**3**). In hypertoner Lösung schrumpfen die Zellen, welche nun klein im Gehäuse der starren Zellwand liegen. Diesen Prozess nennt man Plasmolyse und meint damit (im Gegensatz zur Hämolyse) nicht die Auflösung der Zelle, sondern das Ablösen von der Zellwand. Die Plasmolyse

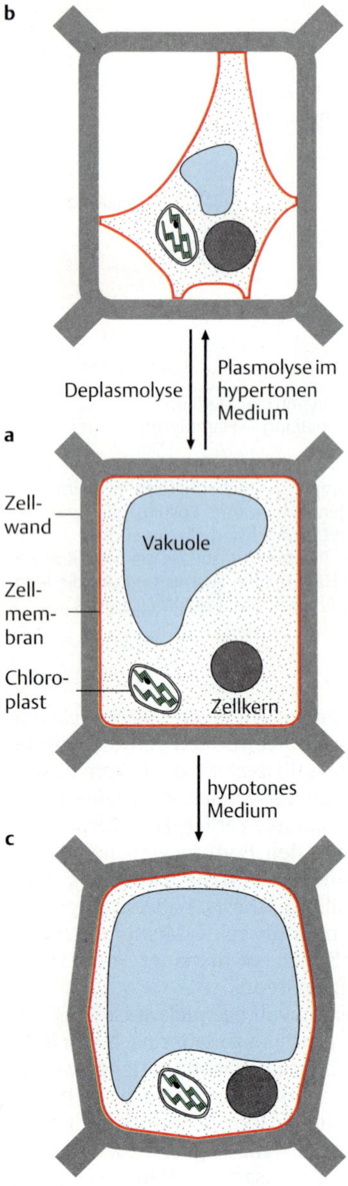

Abb. 6.**3** Plasmolyse und Deplasmolyse bei Pflanzen. Wie alle Zellen reagiert auch die Pflanzenzelle auf osmotische Bedingungen. **a** Normale, isotone Bedingungen. **b** Plasmolyse: Die Zelle und in ihr die von einer Membran umhüllte, mit Flüssigkeit gefüllte Vakuole schrumpfen unter hypertonen Bedingungen. Dieser Effekt kann in hypotonem Medium rückgängig gemacht werden (Deplasmolyse). **c** Im hypotonen Medium wird einer Überkompensierung (mit Überdehnung und Zerplatzen der Zelle) durch den Gegendruck der starren, wenig deformierbaren Zellwand weitgehend entgegengewirkt.

ist umkehrbar, wenn man die hypertone durch eine isotone oder hypotone Lösung ersetzt. Bei Pflanzen nennt man den osmotischen Druck auch Turgor. Bei Wasserverlust welkt eine Pflanze. Bei ausreichender Wasserversorgung, also bei voller Turgeszenz, drückt der Turgor die Zelle wie einen aufgepumpten Fahrradschlauch an die Zellwand. Plasmolyse und Deplasmolyse führten auch hier zum Postulat einer Zellmembran.

Semipermeabel ist aber nicht nur die Zellmembran, sondern sind auch die Endomembranen. Nur so kann das innere Milieu eines jeden Organells für optimale Funktionsabläufe gewährleistet werden.

6.1.2 Grundsätzliche Beobachtungen zum Aufbau der Zellmembran

Ebenfalls bereits vor ca. 100 Jahren machte E. Overton ein entscheidendes Experiment. Er wollte wissen, warum manche Moleküle leicht, andere dagegen schwer in die Zelle eindringen. Die Ionen interessierten ihn weniger. Er beobachtete, dass gut fettlösliche schneller als schlecht fettlösliche Substanzen aufgenommen werden. Könnte es sein, dass die Zellmembran aus Lipoiden (Lipide, Fette) besteht, welche die Aufnahme vermitteln oder verhindern?

Overton machte sich eine Liste für die Permeabilität verschiedener Substanzen (z. B. Glukose, Harnstoff, etc.). In einem Schütteltrichter wurde auf Wasser Öl geschichtet, dann die jeweilige Substanz dazugegeben. Nach kräftigem Schütteln stellte er fest, wie viel von der Substanz (S) sich in Öl oder in Wasser gelöst hatte. So konnte er einen Verteilungskoeffizienten

$$Q = \frac{S_{Oel}}{S_{H_2O}} \tag{6.2}$$

und damit die Lipidlöslichkeit ermitteln. Beim Vergleich mit seiner Liste stellte er fest, dass hohe Lipidlöslichkeit im allgemeinen mit hoher Permeabilität einer Substanz korreliert ist und zog den Schluss, dass die Zellmembran aus Lipiden besteht. Allerdings entdeckte man später, dass die Permeabilität verschiedener Substanzen nicht in allen Fällen der von Overton gefundenen Gesetzmäßigkeit folgt – es gibt selektive Schleusen, ja sogar Pumpen (s. u.).

Was aber führte zur Annahme einer doppelten Schicht von Lipiden? Zwischen den beiden Weltkriegen extrahierten E. Gorter und F. Grendel die Lipoide von Erythrocyten-Ghosts und träufelten sie auf die Oberfläche eines Wasserbades. Wie auf einer Pfütze konnten sie das schillernde Öl mit einem Stab zusammendrängen, bis ihnen die Interferenzfarbe (ein berechenbares Maß für Schichtdicken) anzeigte, dass alle Lipoidmoleküle eine geschlossene monomolekulare Schicht bildeten. Sie bestimmten deren Fläche (F_E, E steht für Extraktion). Dann berechneten sie aus Größe und Form der Erythrocyten die Fläche aller roten Blutzellen, aus denen die Lipoide extrahiert worden waren (F_Z, Z steht für Zellen). Ihre Berechnung ergab

$$F_E = 2 \cdot F_Z \tag{6.3}$$

Daraus war zu schließen, dass die Zellmembran aus einer Lipoid-Doppelschicht besteht. Ironischerweise verliefen die Experimente rein zufällig so glücklich, weil sich die zwei sehr ungenau bestimmten Parameter, F_E und F_Z, zufällig gegenseitig richtig kompensierten. Die wichtige Schlussfolgerung wurde aber bald durch elektrische Messungen bestätigt, die zeigten, dass Lipidschichten eine bestimmte, messbare elektrische Kapazität haben. Man kann sich jeden Erythrocyten als einen kleinen Kondensator vorstellen. Diese Experimente ergaben ebenfalls, dass die Zellmembran aus einer doppelten Lipoidschicht bestehen muss. Schließlich ergab sich derselbe Befund aus der Röntgenbeugung, deren Diagramme die geordnete Anordnung von Molekülen erkennen lässt. Aus Kap. 5.2 ist uns bereits bekannt, warum sich Lipide zwangsläufig als bimolekulare Schicht organisieren.

Einige Bemerkungen zur Forschung am Rande:
1. Essenzielle wissenschaftliche Aussagen, auch in der Zellbiologie, sollen möglichst mit unabhängigen Methoden bestätigt werden.
2. Der Wert einer wissenschaftlichen Aussage hängt vom Wert der Methode ab – es gilt das Prinzip der „Tauglichkeit der Mittel“.
3. Um neue Einsichten zu gewinnen, bedarf es der Weiterentwicklung von Methoden, wie wir bereits in Kap. 1 erörtert haben.

6.1.3 Das „innere Milieu“ der Zelle

Welches innere Milieu gilt es nun für die Zelle, möglichst konstant zu halten, oder – bei Aktivierung – gezielt zu verändern? Dazu müssen wir uns zunächst die Verteilung wichtiger Ionen außerhalb der Zelle und in ihr ansehen (Tab. 6.**1**). Die Konzentrationen werden in Millimol/Liter (= millimolar, = mM) angegeben. „1 molar“ (1 Mol/Liter) heißt, dass 1 Mol (6×10^{23} Moleküle) einer Substanz in 1 Liter Wasser gelöst ist.

Tab. 6.**1** Konzentration wichtiger Ionen in und außerhalb der Zelle (Richtwerte)

Ion	Konzentration	Millimol/Liter
	intrazellulär, $[X]_i$	extrazellulär $[X]_e$
Na^+	10	150
K^+	150	5
Cl^-	5	100
Mg^{2+}	0,5	1
Ca^{2+} gesamt (Ca^{2+} frei + Ca^{2+} gebunden)	1	2
Ca^{2+} frei (Ruhewert)	10^{-4}	1
Ca^{2+} frei (Aktivierungswert)	10^{-3} – 10^{-2}	1
PO_4^{3-}	1	1

Dieses sind Richtwerte für Säugetierzellen, die je nach Zell- und Gewebetyp verschieden sein können, insbesondere bezüglich der Chlorid-(Cl^--)Konzentration. Die eckigen Klammern bedeuten nach Übereinkunft, dass es sich um Konzentrationsangaben handelt. Auch sind die Werte für andere Organismen verschieden. Allgemein aber gelten folgende Gesetzmäßigkeiten (Tab. 6.**2**):

Tab. 6.**2** Pauschale Verteilung wichtiger Ionen in und außerhalb der Zelle. (i = intrazellulär, e = extrazellulär)

$[Na^+]_i < [Na^+]_e$
$[K^+]_i > [K^+]_e$
$[Ca^{2+}]_{i\ frei} \ll [Ca^{2+}]_{i\ gesamt}$
$[Ca^{2+}]_{i\ frei} \ll [Ca^{2+}]_e$
$[Ca^{2+}]_{i\ frei}$ (Ruhewert) < $[Ca^{2+}]_{i\ frei}$ (Aktivierungswert)

Daraus ist folgendes abzuleiten: Alle Eukaryotenzellen benötigen ein definiertes Ionenmilieu für optimale Funktion. Sie alle haben in ihrer Zellmembran eine Na^+/K^+-Pumpe (Na^+/K^+-ATPase), die gegen den Konzentrationsgradienten Na^+ aus der Zelle und gleichzeitig K^+ in die Zelle pumpt (s. u.). Man nennt diese universale Pumpe – obwohl es noch andere gibt – die „Transport-ATPase" schlechthin. Die charakteristische Na^+/K^+-Verteilung ist die Voraussetzung für das Membranpotenzial und damit für die elektrische Erregbarkeit vieler Zellen (z. B. Nervenzellen). Weiterhin zeigt sich, dass von den bivalenten Kationen weniger Mg^{2+} als vielmehr Ca^{2+} einer beachtlichen Regelung unterliegt.

Zwar ist $[Ca^{2+}]_i$ insgesamt nur wenig geringer als $[Ca^{2+}]_e$, aber die freie Ca^{2+}-Konzentration im Inneren der Zelle ist mit 10^{-7}molar sehr gering. Dementsprechend fand man, dass ein großer Teil des intrazellulären Ca^{2+} in Kompartimenten, welche als Ca^{2+}-Speicher dienen, eingeschlossen und ein anderer Teil an Ca^{2+}-Bindeproteine gebunden ist. Werden Zellen stimuliert, so steigt die freie, d. h. in gelöster Form vorliegende Ca^{2+}-Konzentration, $[Ca^{2+}]_{i\ frei}$, auf ungefähr das 10 fache an. Wir werden sehen, dass das Ca^{2+} auf diese Weise als Botenstoff (intrazellulärer Messenger, Second messenger) bei Stimulus-Kontraktions-Koppelung in Muskelzellen oder bei Stimulus-Sekretionskoppelung dienen kann. Ca^{2+} kann durch spezielle Pumpen (Ca^{2+}-ATPasen) in der Zellmembran und in der Membran der intrazellulären Ca^{2+}-Speicher aus dem Cytosol wieder entfernt werden. Sicherlich ist dabei ein Vorteil, wenn nur geringe Mengen an Ca^{2+} unter Energieverbrauch gepumpt werden müssen. Ca^{2+} würde aber in zu hoher Konzentration auch die Phosphat-Ionen (P_i) ausfällen, denn Ca^{2+}-Phosphat, $Ca_3(PO_4)_2$, ist unlöslich. Die Zelle hatte aber während der Evolution bereits ihre Fähigkeit zur Energiespeicherung auf Phosphatbasis erfunden ($ADP + P_i \rightarrow ATP$). In der Tat stirbt eine Zelle aus mehreren Gründen, wenn sie von freiem, also ungebundenem Ca^{2+} überschwemmt wird. Natürlich muss das Ca^{2+}, im Gegensatz etwa zum Mg^{2+}, auch bestimmte Bindungseigenschaften an Proteinen aufweisen, um seiner Rolle als intrazellulärer Messenger gerecht zu werden.

6.2 Transportphänomene an Biomembranen

Die intrazellulären Ionenkonzentrationen sind also fein geregelt. Es gibt aber nicht nur Pumpen, sondern auch andere Transportmechanismen in der Zellmembran. Dazu gehören Kanäle und „Carrier", welche den Austausch von Ionen und Substanzen sehr spezifisch regeln können. Von diesen soll nun die Rede sein.

Wir zeichnen uns eine pralle, runde „Modellzelle" mit einer Zellmembran, aber ohne die Komplikationen eines Zellkerns und von Organellen. Sie enthält viel mehr K^+, aber viel weniger Na^+ als das extrazelluläre Medium: $[K^+]_i > [K^+]_e$ und $[Na^+]_i < [Na^+]_e$ ist also die Ausgangssituation (Abb. 6.**4**). Wäre eine Zelle ohne Regulationsmechanismen, so würde entsprechend den Gesetzen der Thermodynamik das K^+ hinaus und das Na^+ in die Zelle hinein diffundieren (passive Diffusion), bis sich die Konzentrationen ausgeglichen haben. Die Situation wäre dann $[K^+]_i = [K^+]_e$ und $[Na^+]_i = [Na^+]_e$ und würde wie in Abb. 6.**5** aussehen.

Dazu lässt es eine lebende Zelle aber nicht kommen. Sie transportiert mit ihrer Na^+/K^+-Pumpe unter ATP-Verbrauch stets überschüssiges Na^+ nach außen und gleichzeitig K^+ nach innen (Abb. 6.**6**).

Durch diesen aktiven Transport gegen die jeweiligen Konzentrationsgradienten stellt sich die Ausgangssituation von Abb. 6.**4** wieder ein.

Beim freien Ca^{2+} würde die Regulation durch die Ca^{2+}-Pumpe (Ca^{2+}-ATPase) der Zellmembran wie in Abb. 6.**7** ablaufen. Hier wird also nur einseitig Ca^{2+} gepumpt.

Bei diesen Ionenpumpen wird die Hydrolyse des ATP zu ADP + P_i, wie bereits früher erörtert (vgl. Kap. 4.1), dazu verwendet, um Proteine der Pumpe

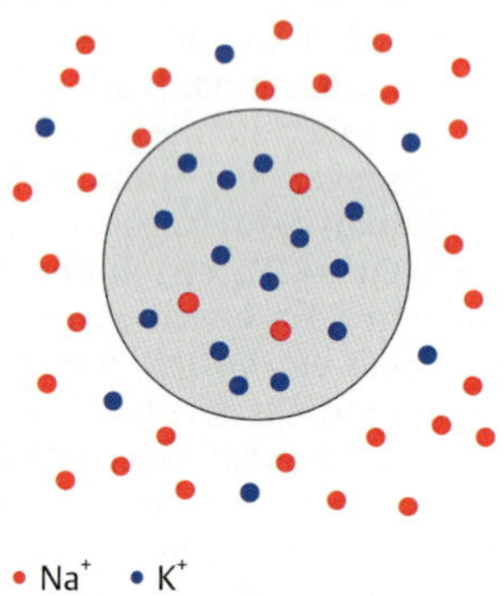

Abb. 6.**4** Verteilung von K^+ und Na^+ in einer lebenden Zelle. K^+ ist intrazellulär, Na^+ dagegen extrazellulär stark angereichert.

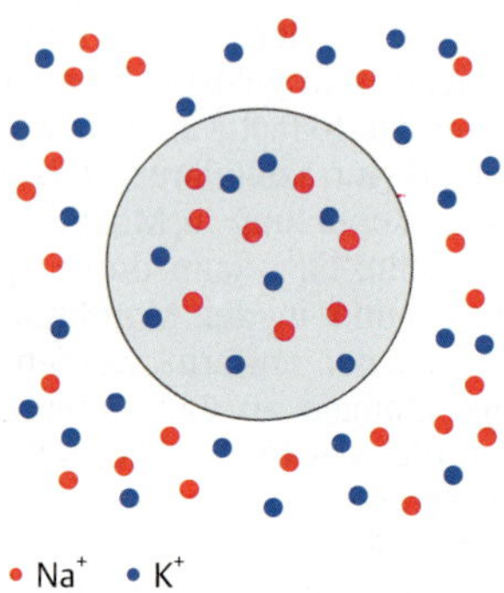

Abb. 6.**5** Homogene Verteilung von K^+ und Na^+ wie sie sich durch passive Diffusion ohne aktive Kompensation einstellen würde.

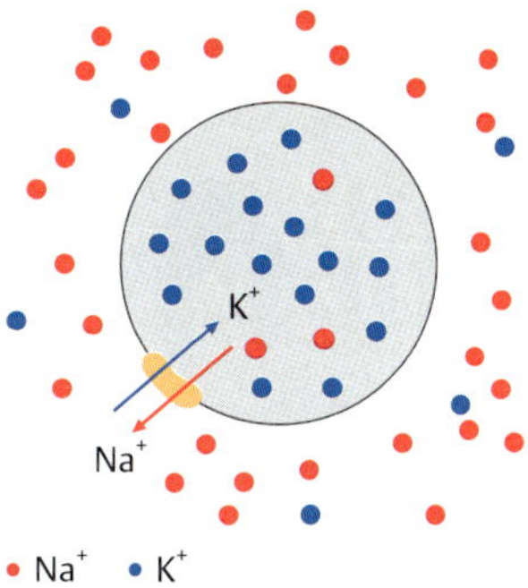

Abb. 6.**6** Aktive Kompensation der passiven Diffusion durch einen Einwärtstransport von K^+ und einen Auswärtstransport von Na^+ gegen den jeweiligen Konzentrationsgradienten. Beides ist in einem Molekül der Na^+/K^+-ATPase (Na^+/K^+-Pumpe) miteinander gekoppelt.

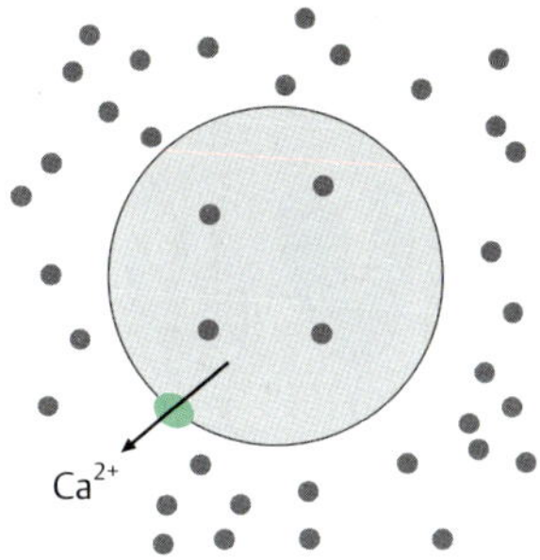

Abb. 6.**7** Die Konzentration des freien Ca^{2+} wird in der Zelle durch aktiven Auswärtstransport (Ca^{2+}-ATPase) niedriggehalten

zu aktivieren. Eine Pumpe besteht meistens aus mehreren Protein-Untereinheiten, also aus mehreren, zu einem Aggregat zusammengelagerten Proteinen. Dadurch besteht die Möglichkeit, dass die Untereinheiten eine ionenselektive Schleuse bilden und die Öffnung der Schleuse variiert werden kann. Durch diese Konformationsänderung kann das zu transportierende Ion in den wässrigen Spalt zwischen den Protein-Untereinheiten eindringen, bewirkt damit das Umklappen der Protein-Untereinheiten gegeneinander und damit die Freisetzung des Ions auf der anderen Seite. Der Vorgang wird bei den meisten Pumpen von einer Protein-Phosphorylierung begleitet, wie in Abb. 6.**8** beispielhaft dargestellt ist.

Das zu transportierende Ion muss sehr genau in den Transportspalt der Pumpe passen, deshalb sind solche Pumpen sehr selektiv.

Die Membranpumpen arbeiten in ihrer Gesamtheit so, dass im Endeffekt auf der Innenseite der Zellmembran weniger Kationen (positiv geladene Ionen) als auf der Außenseite vorkommen. Die Zelle hat also ein elektrisches Potenzial über die Zellmembran (Membran- oder Ruhepotenzial), sie ist elektrisch polarisiert. Würde man Innen- und Außenseite mit einem elektrisch leitenden Draht verbinden, so flösse ein messbarer Strom. Solch einen Stromfluss durch die Membran kann man bei Aktivierung elektrisch erregbarer Zellen tatsächlich messen.

Bei Aktivierung, z. B. bei elektrischer Erregung einer Nervenzelle, aber auch bei anderen Aktivierungsmechanismen, stellte man mit Methoden der Elektrophysiologie fest, dass Na^+ (oder auch Ca^{2+}) sehr rasch (in Millisekunden) in die Zelle hinein und K^+ mit leichter Verzögerung aus der Zelle heraus dringt. Dazu

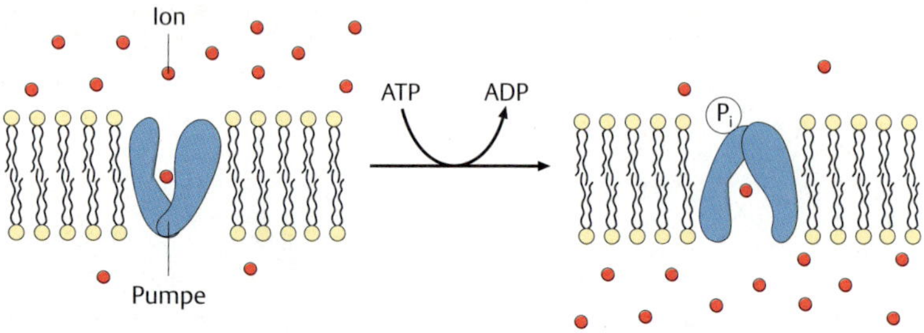

Abb. 6.**8** Molekulares Schema einer Ionenpumpe. Die meisten Pumpen bestehen aus Untereinheiten von membranintegrierten Proteinen, wovon zwei hier gezeichnet sind. Die Phosphorylierung einer Untereinheit bewirkt eine Konformationsänderung der Untereinheiten, derzufolge ein Ion von einer Seite der Membran auf die andere gepumpt wird. (Manche Pumpen bestehen aus nur einer Polypeptidkette, die in sich eine Konformitätsänderung macht.)

gibt es eigene Ionenkanäle – wiederum Proteine aus Untereinheiten (oligomere Proteine) – mit sehr genauer Passform für Na^+ oder Ca^{2+} oder K^+ (Na^+-Kanal etc.). Die unkontrollierte Passage der Phospholipid-Schicht der Zellmembran wäre so schnell nicht möglich. Der Funktionsablauf ist in Abb. 6.**9** erläutert. Nach jeder Pumpleistung muss die Phosphorylierung wieder rückgängig gemacht werden (Wechselspiel von Phosphorylierung / Dephosphorylierung).

Der Stromfluss durch die Ionenkanäle der Zellmembran hindurch führt zu einem Ausgleich des Membranpotenzials (Depolarisierung). Erst durch die unmittelbar einsetzende verstärkte Tätigkeit der Ionenpumpen wird die ursprüngliche Ionenverteilung wieder hergestellt und die Zelle wird wieder polarisiert und somit erregbar. Der Ablauf folgt dem Schema von Abb. 6.**10**.

Keine Zelle lebt aber von den in ihr gelösten Salzen allein, sie braucht ja schon zur ATP-Synthese für den Betrieb ihrer Pumpsysteme „Treibstoff“ (Glu-

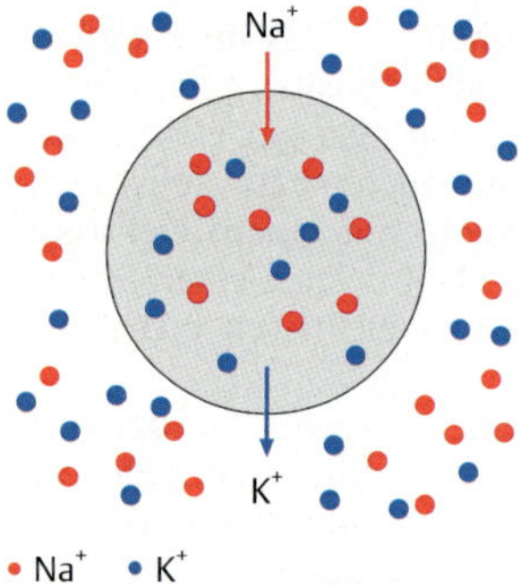

Abb. 6.**9** Aktivierung einer elektrisch erregbaren Zelle durch Depolarisierung. Wirkt auf eine Nervenzelle (Neuron) ein spezifischer Stimulus ein, so führt dies zu ihrer sofortigen Aktivierung über die Depolarisierung ihres Zellmembran-Potentials. Wie die Abb. 6.**10** zeigt, wird zunächst eine Depolarisierung über einen raschen Na^+-Einstrom aus dem extrazellulären Medium hervorgerufen. Durch einen folgenden K^+-Ausstrom aus der Zelle heraus wird eine Repolarisierung hervorgerufen. Diese Vorgänge werden von den in Abb. 6.**10** gezeigten elektrischen Signalen begleitet.

kose). Daneben braucht die Zelle auch Aminosäuren für ihren Auf- und Umbau, denn auch Pumpen und andere Proteinkomponenten verschleißen sich. Auch müssen sie für die Zellteilung neu produziert werden. Dazu kommen unter anderem noch Vitamine als Kofaktoren für bestimmte Prozessabläufe. Fettlösliche Vitamine (A, D, E) penetrieren leicht – ganz entsprechend Overtons alter Hypothese. Probleme hat die Zelle nur mit den wasserlöslichen Vitaminen (B-Komplex, C), den Bausteinen der Nukleotide, den Aminosäuren und den Zukkern. Die Evolution hat „Trägermoleküle" („Carrier"), wiederum oligomere Proteine, erfunden, welche in die Zellmembran eingebaut werden. Auch sie können durch Konformationsänderung, sogar ohne direkten Energieverbrauch, Moleküle durch die Zellmembran hindurchschleusen, bis ein Konzentrationsausgleich zwischen dem Inneren und dem Äußeren einer Zelle erreicht ist. Dieser Prozess heißt „erleichterte Diffusion". Das Funktionsprinzip kann verschieden sein (Abb. 6.**11**).

Als Beispiel sei der spezielle Mechanismus der Aufnahme von Glukose aus dem Darm durch die resorbierenden Epithelzellen erwähnt. Hier kann Glukose

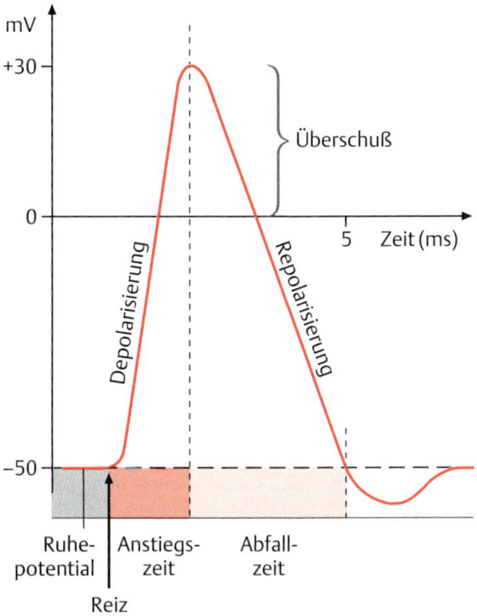

Abb. 6.**10** Aktivierung einer elektrisch erregbaren Zelle (z. B. Neuron). Durch die ungleiche Verteilung von Ionen (Na^+, K^+) über die Zellmembran, also außerhalb und innerhalb der Zelle, hat diese im Ruhezustand ein negatives Potenzial (etwa –50 mV). Dieses Ruhepotenzial kann man mit zwei Elektroden, wovon eine in die Zelle eingestochen wird, messen (Elektrophysiologie). Trifft nun ein spezifischer Reiz auf die Zelle, so misst man im Zeitbereich von Millisekunden (ms) zunächst eine Depolarisierung. Dieser liegt der in Abb. 6.**9** dargestellte Na^+-Einstrom zugrunde, sodass zunächst innenseitig positive Ladungen überwiegen. Erst dann folgt ein Ausgleich durch den Ausstrom von K^+, wodurch das Membranpotenzial wieder abfällt. Diese Ionenströme erfolgen über die durch die Stimulation aktivierten Na^+- bzw. K^+-Kanäle. Anschließend trägt die Aktivität der Na^+/K^+-Pumpe in der Zellmembran dazu bei, die ursprüngliche Ionenverteilung wiederherzustellen und die Zelle wieder auf Ruhepotenzial zu bringen, also zu repolarisieren.

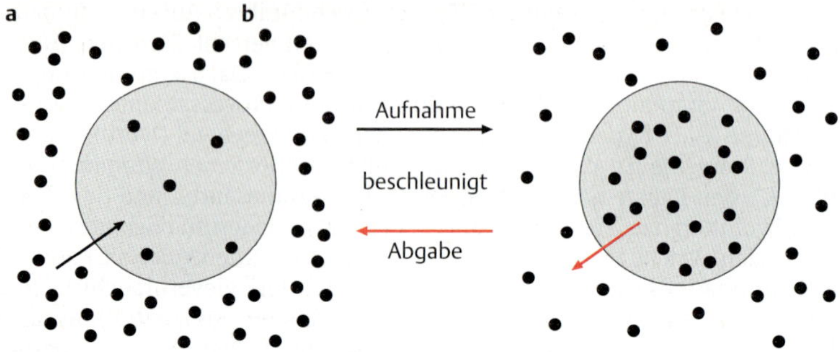

Abb. 6.**11** Erleichterte Diffusion. Manche Moleküle, wie Nährstoffe und Vitamine, werden über Carrier-Proteine durch die Zellmembran hindurch transportiert. Diese können entweder die Aufnahme oder die Abgabe beschleunigen. Beispiele sind: **a** die Aufnahme von Glukose aus dem Darminhalt in die Epithelzellen der Darmwand, **b** die Abgabe von Glukose aus den Darmepithelzellen in den Interzellularraum bzw. in die Blutbahn.

nur gemeinsam mit Na^+ aufgenommen werden (Symport). Obwohl kein ATP direkt benötigt wird, verbraucht es die Zelle indirekt, wenn sie den Überschuss an intrazellulärem Na^+ wieder hinauspumpt. Dieser Aufnahmemechanismus der Glukose ist also ein „sekundär aktiver Transport“. Abb. 6.**12** gibt eine Übersicht über Transportphänomene an Biomembranen, mit Ergänzung der Terminologie. Der Terminus „sekundär aktiv“ steht im Gegensatz zum „primär aktiven Transport“ der Ca^{2+}-Pumpe oder der Na^+/K^+-Pumpe. Erstere wird auch als Uniport-, letztere als Antiport-System bezeichnet, weil entweder nur ein Ion in eine Richtung oder aber zwei Ionen in entgegengesetzte Richtungen transportiert werden.

Ein einfacher Carrier-Mechanismus tritt in Aktion, wenn die Darmepithelzellen die Glukose auf der Gewebeseite in den Interzellularraum abgibt, zum Transport über Blutgefäße in alle Körperteile bzw. in alle Körperzellen. Ein

Abb. 6.**12** Transportvorgänge an der Zellmembran. **a** Passiver Transport durch Diffusion, entweder durch die Phospholipid-Doppelschicht oder durch integrale Membranproteine hindurch. Ein passiver Transport erlaubt lediglich den Ausgleich von Konzentrationen. **b** Aktiver Transport über ATP-verbrauchende Pumpen. Beim aktiven Transport werden Substanzen gegen ein Konzentrationsgefälle angereichert. Zwischen primär und sekundär aktivem Transport ist zu unterscheiden, je nachdem ob unmittelbar oder nur mittelbar ATP verbraucht wird. Kanäle dienen dem raschen Ein- oder Ausstrom von Ionen, Carrier dem Durchschleusen von Nicht-Ionen. Pumpen, Kanäle und Carrier sind (evtl. oligomere) membranintegrierte Proteine, deren Transportleistung auf einer Konformationsänderung beruht. Dabei kann eine Substanz in eine Richtung (Uniport) oder es können zwei Substanzen entweder in dieselbe Richtung (Symport) oder in jeweils entgegengesetzte Richtungen (Antiport) transportiert werden.

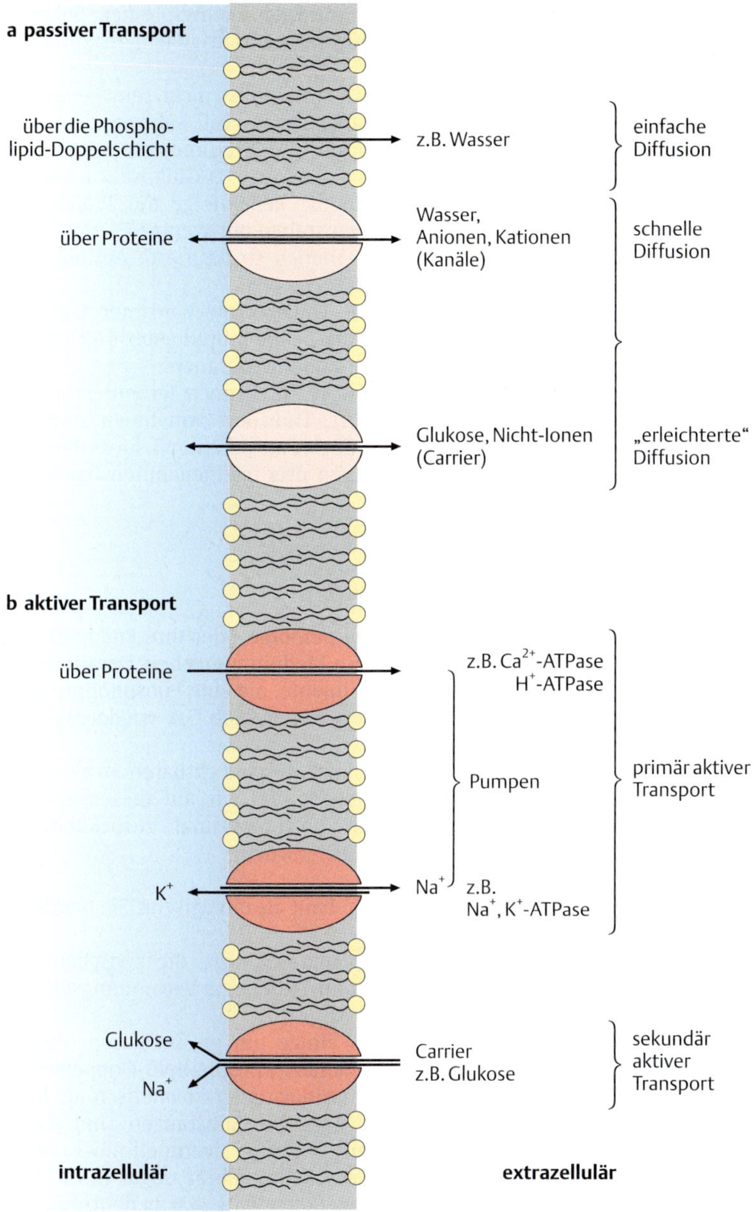
a passiver Transport
über die Phospholipid-Doppelschicht
z.B. Wasser
einfache Diffusion
über Proteine
Wasser, Anionen, Kationen (Kanäle)
schnelle Diffusion
Glukose, Nicht-Ionen (Carrier)
„erleichterte“ Diffusion
b aktiver Transport
über Proteine
z.B. Ca2+-ATPase H+-ATPase
Pumpen
primär aktiver Transport
K+
Na+
z.B. Na+, K+-ATPase
Glukose
Na+
Carrier z.B. Glukose
sekundär aktiver Transport
intrazellulär
extrazellulär

derartiger Carrier kann keinen Konzentrationsgradienten einer Substanz aufbauen, aber er beschleunigt den Konzentrationsausgleich, maximal bis $[S]_e = [S]_i$ (Abb. 6.**11**).

Die molekulare Passform dieser Carrier-Proteine ist nicht sehr genau. Ein Glukose-Carrier (Glukose-Transporter) transportiert zwar sehr effizient α-D-Glukose, aber durchaus auch andere Zucker. Für Erythrocyten gelten etwa folgende Transportraten: D-Mannose > D-Galaktose > D-Glukose > L-Sorbose > D-Fruktose. Für andere Zelltypen kann die Reihenfolge der Präferenzen wieder anders sein. Für die 20 Aminosäuren stehen nur wenige Carrier-Typen zur Verfügung, welche jeweils chemisch ähnlich strukturierte Aminosäuren (vgl. Kap. 5.3) zu transportieren vermögen.

Zusammenfassend gibt es also folgende Transportmechanismen für Ionen und niedermolekulare Substanzen durch die Zellmembran (Abb. 6.**12**). Ähnliche Transportmechanismen findet man an Endomembranen.

Weitere Transportvorgänge werden wir später kennen lernen: Protonen-Transport (H^+-ATPase), Elektronentransport, Transport von Ionen zwischen Nachbarzellen (elektronische Koppelung über Gap junctions) sowie bei Exocytose, Endocytose und Transcytose. Bei den drei letztgenannten handelt es sich um eine Art Massentransport.

6.3 Struktur von Biomembranen

Betrachten wir nun in einer Zelle ihre Zellmembran oder ihre Endomembranen, so sind alle Membranen von wässrigem Medium umgeben. Daraus und in Kenntnis der in Kap. 5 geschilderten Experimente, die eine Phospholipid-Doppelschicht nachgewiesen hatten, resultiert die in Abb. 5.**4** wiedergegebene Grundstruktur aller Biomembranen.

Sogar zur Erklärung der elektronenmikroskopisch sichtbaren Struktur von Membranen, natürlichen wie künstlichen, werden wir auf dieses einfache Schema der Phospholipid-Doppelschicht noch zweimal zurückkommen. (s. u.: Osmiumtetroxid, Unit membrane, Gefrierbruch).

Künstliche Membranen sind nicht anders gebaut als biologische. Sie werden in zweierlei Form verwendet:

1. als „Black lipid“-Membran, d. h. als planare Schicht, die zwischen zwei kleinen Kammern (mit wässrigem Medium) über eine Verbindungsöffnung gezogen werden kann oder
2. als Liposomen. Diese sind ca. 0,1 bis einige µm große Blasen (ähnlich Seifenblasen) mit einer Hülle aus einer Phospholipid-Doppelschicht (Abb. 6.**13**). In Liposomen kann man Pharmaka oder kosmetisch als interessant erachtete Substanzen einschließen. Die Substanzen sind so geschützt und können – mit weiteren Tricks – eventuell über Fusion (Verschmelzung) von Liposomen mit der Zellmembran sogar in die Zelle eingeschleust werden. Für die Grundlagenforschung war bedeutsam, dass

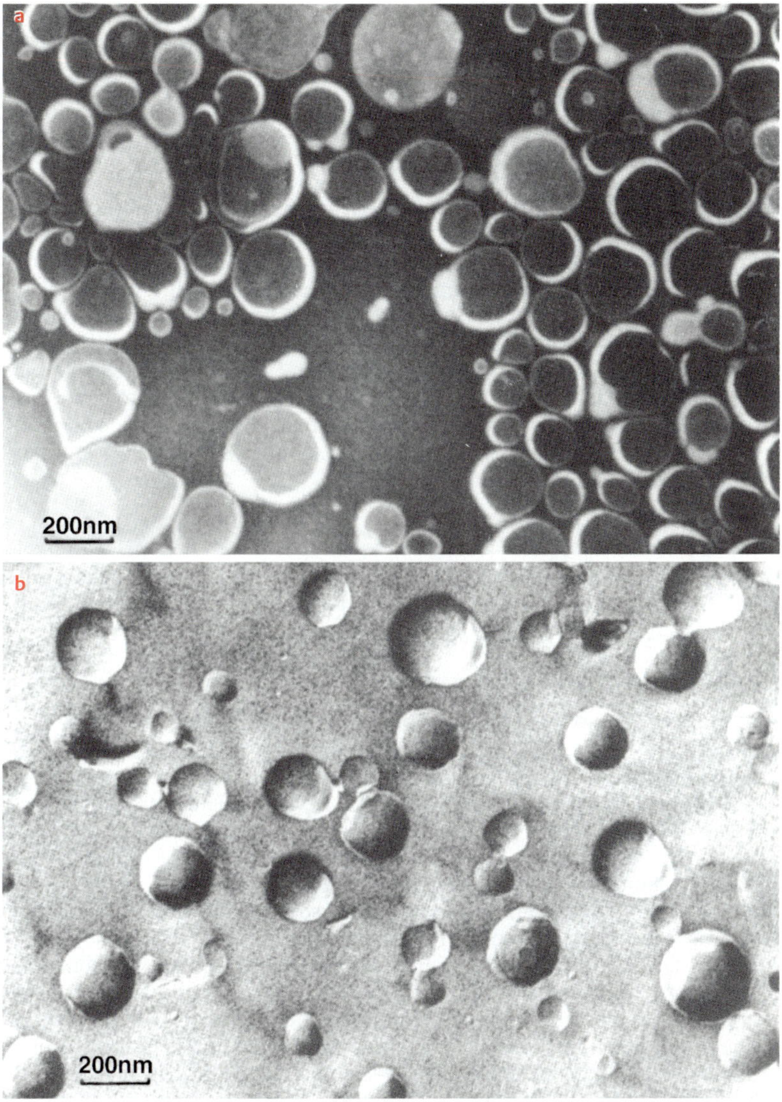

Abb. 6.**13** Liposomen. Diese können künstlich als kleine Vesikel mit einfacher Phospholipid-Doppelschicht hergestellt werden. Sie lassen weder im Negativkontrastierungs-Verfahren (**a**) noch im Gefrierbruch (**b**) Membranpartikel erkennen. Vergr. 46 000 fach (aus Alpes, H., K. Allmann, H. Plattner, J. Reichert, R. Riek, S. Schulz: Biochim. Biophys. Acta 862 (1986) 294)

man definierte, gereinigte Proteine in beiderlei Arten von künstlichen Membranen einbauen und so die elektrophysiologischen Eigenschaften von einzelnen Pump-, Carrier- und Kanalproteinen untersuchen konnte (Rekonstitutions-Experimente).

6.3.1 Die Proteine von Biomembranen

Bereits in den 20er Jahren gab es Beobachtungen, welche indirekt darauf hindeuteten, dass Biomembranen von Proteinen bedeckt sind. Später fand man, dass diese vielfach die weniger komplizierte „Random coil“- und die β-Struktur (Faltblatt-Struktur) aufweisen. Solche Proteine sind mittels Überschussladungen von freien Amino- (NH_3^+) und Carboxylgruppen (COO^-) an entgegengesetzten freien Ladungen der Phospholipide ional, also elektrostatisch (heteropolar) gebunden. Mit konzentrierten Salzlösungen lassen sie sich von Membranen ablösen und heißen daher lösliche Membranproteine. Weil sie an der Oberfläche von Biomembranen liegen, nennt man sie auch periphere Proteine oder membranassoziierte Proteine. Somit lässt sich ein Membranschema zeichnen, wie in Abb. 6.**14** gezeigt.

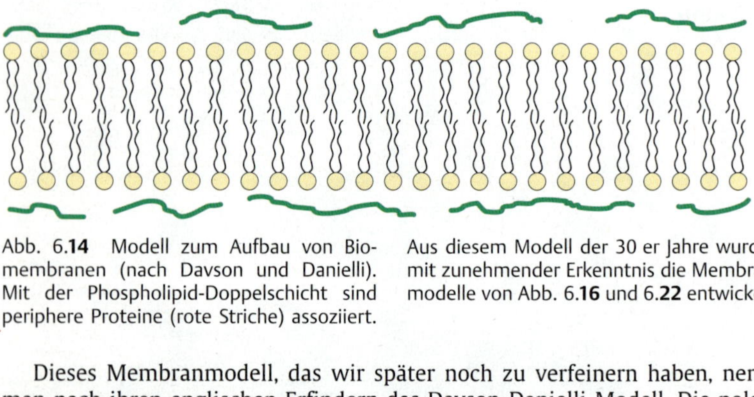

Abb. 6.**14** Modell zum Aufbau von Biomembranen (nach Davson und Danielli). Mit der Phospholipid-Doppelschicht sind periphere Proteine (rote Striche) assoziiert. Aus diesem Modell der 30 er Jahre wurden mit zunehmender Erkenntnis die Membranmodelle von Abb. 6.**16** und 6.**22** entwickelt.

Dieses Membranmodell, das wir später noch zu verfeinern haben, nennt man nach ihren englischen Erfindern das Davson-Danielli-Modell. Die polare Schicht ist hier durch hydrophile Proteine weiter verdickt.

Gegen Ende der 50er Jahre formulierte der amerikanische Elektronenmikroskopiker J. D. Robertson das Konzept der „Unit membrane“ (Einheitsmembran). Es besagt, dass alle Biomembranen (ebenso wie künstliche Membranen) nach der üblichen Standardpräparation für das Transmissions-EM dieselbe Struktur aufweisen. Sie erscheinen ca. 8 nm dick und dreifach gebändert: schwarz-weiß-schwarz (Abb. 6.**15**). Dabei wird eine Fixation mit Osmiumtetroxid, OsO_4 = $Os(VIII)O_4$ (d. h. Os mit Valenz VIII, ein starkes Oxidationsmittel) verwendet. OsO_4 vernetzt zunächst in Biomembranen benachbarte Acyl-Reste, soweit sie Doppelbindungen enthalten (ungesättigte Fettsäuren), in verkürzter Darstellung wie folgt:

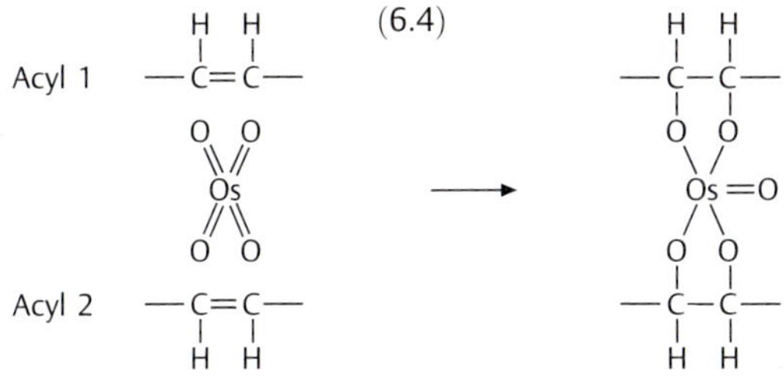

(6.4) (6.5)

Das Osmium wird dabei reduziert und wird sechswertig. Der Vorgang der Vernetzung ist praktisch eine Fixierung, d. h. Phospholipide lassen sich nach OsO_4-Behandlung auch mit Lipid-Lösungsmitteln (Alkohole, Aceton etc.) nicht

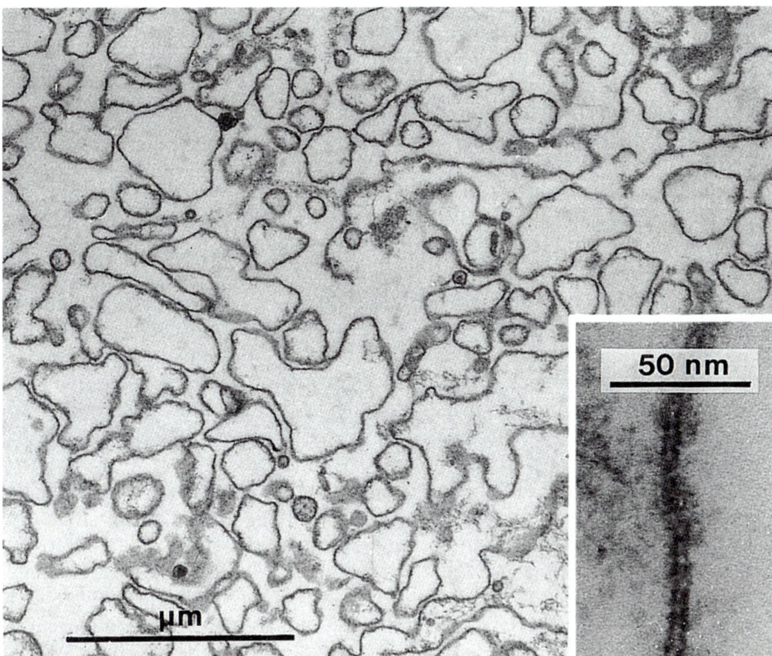

Abb. 6.**15** Zellmembranfragmente, die aus der Leber isoliert wurden. Sie schließen sich vielfach spontan zu kleinen Vesikeln. Im Transmissions-EM zeigen Biomembranen das typische Erscheinungsbild einer „Unit membrane" = „Elementarmembran" (Inset). Vergr. 30 500 fach bzw. 390 000 fach, Inset (aus Zingsheim, H. P., H. Plattner: Methods in Membrane Biology. 7 (1976) 1).

mehr extrahieren. Daher müsste eine Membran im Transmissions-EM eigentlich doch genau umgekehrt aussehen, nämlich weiß-schwarz-weiß, was offensichtlich nicht der Fall ist. Chemische Analysen ergaben des Rätsels Lösung: An vielen, nicht allen Stellen, werden die Osmium-Brücken hydrolysiert; es entsteht an vielen Stellen $Os(IV)O_2$, das Anion von $Os(IV)O_3^{2-}$. Als solches lagert es sich ional an beiden polaren Seiten von Membranen an und bewirkt die typische Struktur im Transmissions-EM. Bei der Kontrastierung ultradünner Schnitte wird der über elastische Elektronenstreuung zu erzielende Kontrast durch Pb^{2+} (Blei-Ionen) oder UO_2^{2+} (Uranyl-Ionen) weiter verstärkt. Sie werden ional an OsO_3^{2-} gebunden und verstärken so das typische Muster der „Unit membrane“-Struktur.

Die „Elementarmembran“ ist lediglich ein ultrastrukturelles Konzept. In Wahrheit haben alle Biomembranen ihre jeweils typischen Phospholipide und insbesondere ihre spezifischen Proteine. In den 60 er Jahren kam man nicht mehr umhin anzunehmen, dass allein für die verschiedenen Transportleistungen ein Teil der Proteine in den Biomembranen integriert sein muss. Diese integralen Membranproteine sind mit Salzlösungen nicht abzulösen (unlösliche Membranproteine), wohl aber mit Lipid-Lösungsmitteln.

Man fand für integrale Membranproteine mehrere wichtige Aspekte heraus:

- Sie durchspannen die Membran, häufig sogar mehrfach (daher auch ihr Name Transmembran-Proteine).
- Sie können schleifenartig auf beiden Seiten der Membran herausragen.
- Diese Abschnitte enthalten bevorzugt hydrophile (lipophobe) Aminosäuren, wogegen der transmembranäre Anteil bevorzugt hydrophobe (lipophile) Aminosäuren enthält.
- Man kann aus dem „Hydrophobizitäts-Index“ nach Analyse der Aminosäuresequenz (Primärstruktur eines Proteins) geradezu vorhersagen, welcher Teil in der Phospholipid-Doppelschicht steckt. Hydrophobe Abschnitte bewirken beinahe unumgänglich, dass sich Proteine von selbst korrekt in eine Membran einfügen. Dabei ist es möglich, dass sich manche Proteine zu großen Aggregaten aneinander lagern („Self-assembly“, vgl. Abschnitt 21.3.2).
- Transmembran-Proteine zeigen oft einen α-helikalen Bau. Die α-Helix ist eine kompliziertere Struktur als die β-Faltblatt- oder gar die „Random coil“-Struktur der peripheren Proteine. Ihre kompliziertere Sekundärstruktur ermöglicht komplexere Funktionsleistungen. Mit Methoden der Röntgenbeugung und der molekularen Elektronenmikroskopie konnte die räumliche Gestalt (Tertiärstruktur) mancher Transmembran-Proteine aufgeklärt werden.
- Häufig lagern sich einige wenige Transmembran-Proteine zu einem Aggregat zusammen (oligomere Proteine), entweder gleichartige (Homo-Oligomere) oder häufiger verschiedenartige Proteine (Hetero-Oligomere), wie bei der Na^+/K^+-Pumpe oder bei vielen Rezeptoren oder Ionenkanälen. Die räumliche Anordnung von Untereinheiten (engl.: subunits) zueinander be-

zeichnet man Quartärstruktur (vgl. Kap. 5.3). Wie wir gesehen haben, ändert sich diese bei Phosphorylierung, sodass über die erzielte Konformationsänderung in einem Kanal oder an einer Pumpe ein selektiver Ionentransport möglich ist.

Damit können wir in Abb. 6.**16** das Schema vom Bau von Biomembranen weiter verfeinern. Es wird zwischen monomeren, homo-oligomeren und hetero-oligomeren integralen (z. B. Cytochromoxidase der inneren Mitochondrien-Membran) Membranproteinen unterschieden.

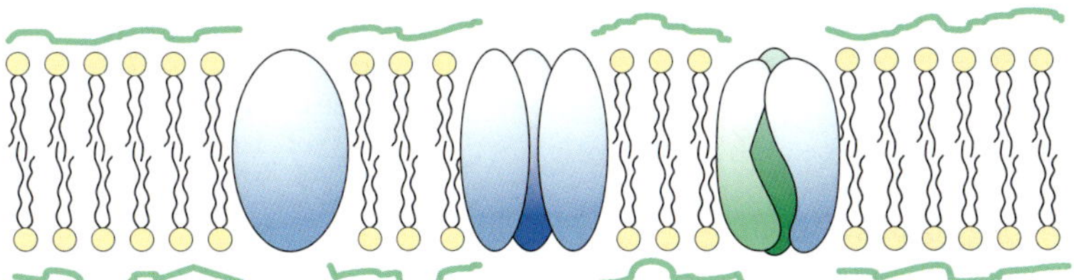

Abb. 6.**16** Verfeinertes Schema einer Biomembran (vgl. Abb. 6.**14**). Hier sind neben peripheren auch integrale Membranproteine berücksichtigt. Diese können sein: **a** Monomere, **b** Homo-Oligomere **c** Hetero-Oligomere.

Solche membranintegrierten Proteine lassen sich mit der Gefrierbruch-Technik als Membranpartikel direkt sichtbar machen (vgl. Box, S. 120 – 122), wenngleich die Identität dieser Partikel nur mit biochemischen Methoden aufzuklären ist. Im Gefrierbruch zeigen Liposomen, die normalerweise glatt erscheinen (vgl. Abb. 6.**13**), solche Membranpartikel, wenn man in sie ein integrales Membranprotein eingebaut hat (Abb. 6.**17**). Auffallend ist der Partikelreichtum von Membranen mit ausgeprägten Transportleistungen, wie dies die Membranen des Sarkoplasmatischen Retikulums in Muskelzellen (Abb. 6.**18**) mit ihrem hohen Gehalt an Ca^{2+}-Pumpen zeigen. Dagegen sind die Membranen der Myelinscheide von Nervenzellen (Abb. 6.**19**), denen im wesentlichen die elektrische Isolierung für die verlustfreie, schnelle Reizleitung obliegt, fast frei von Membranpartikeln (Abb. 6.**20**).

Zu den Phospholipiden sind noch ein paar Details nachzutragen:

- Sie können lateral diffundieren, sodass sie mit hoher Frequenz (ca. $10^7 \times$ pro Sekunde) ihren Nachbarn wechseln. Dadurch können viele integrale Membranproteine wie Eisberge auf dem Meer herumdriften oder sich mosaikartig zusammenlagern. Das Modell wird nach seinen amerikanischen Beschreibern als Singer-Nicolson-Modell oder als Flüssig-Mosaik-(„Fluid mosaic"-)Membranmodell bezeichnet. Diese laterale Diffusion wird reduziert durch den Gehalt an Cholesterin (engl.: cholesterol) mit folgender aus dem Steran-Grundkörper (6.6) abgeleiteten Struktur (6.7):

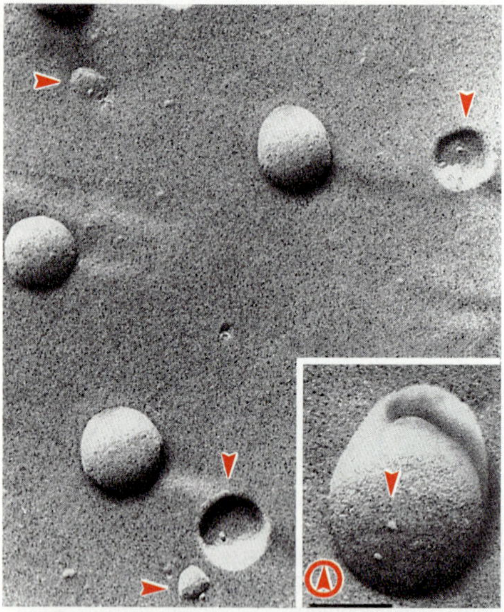

Abb. 6.**17** Liposomen wie in Abb. 6.**13**, aber nach Einbau von Molekülen der Na^+/K^+-ATPase. Nach Rekonstitution werden im Gefrierbruch Membranpartikel von ca. 10 nm Größe bzw. entsprechende Löcher sichtbar (Pfeilspitzen). Solche Liposomen pumpen Na^+ und K^+ wie in der Zellmembran, aus der sie isoliert wurden. Der eingekreiste Pfeil gibt die Richtung der Schwermetallbedampfung an (vgl. Box, S. 120–122). Vergr. 60 000fach bzw. 120 000fach, Inset (aus Alpes, H., H.-J. Apell, G. Knoll, H. Plattner, R. Riek: Biochim. Biophys. Acta 946 (1988) 379).

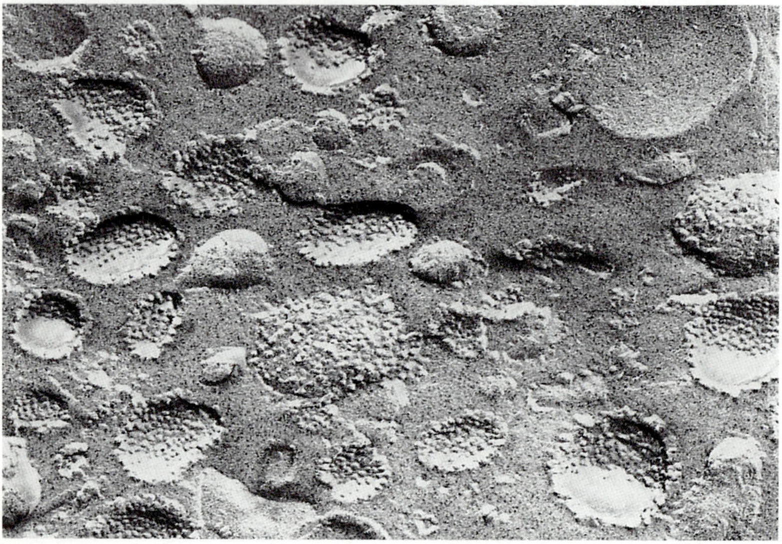

Abb. 6.**18** Gefrierbruch von isolierten Vesikeln des Sarkoplasmatischen Retikulums (SR, vgl. Kap. 16) von Muskelzellen. Die meisten Vesikel enthalten zahlreiche Membranpartikel, die größtenteils den reichlich vorhandenen Molekülen der Ca^{2+}-Pumpe entsprechen. Vergr. 85 000fach (Aufnahme: G. Knoll, H. Plattner, Präparation: D. Pette, Konstanz).

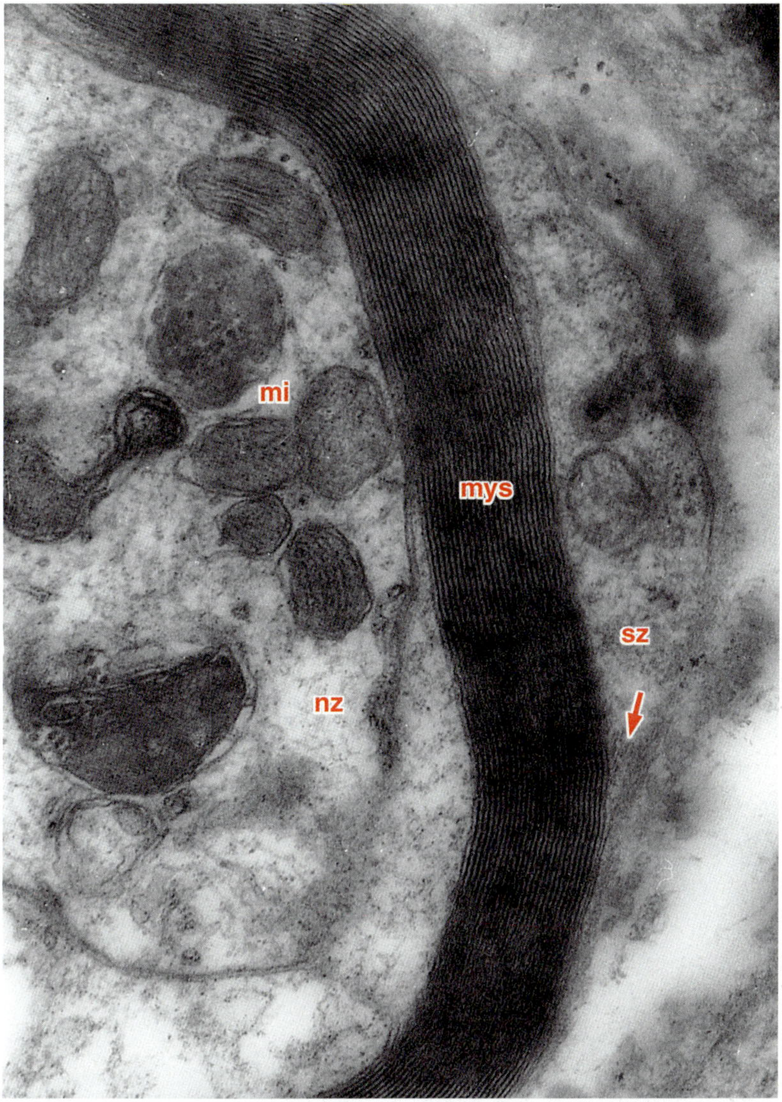

Abb. 6.**19** Isolierung einer Nervenzelle (nz) durch eine Myelinscheide (mys) im Ultradünnschnitt. Die Myelinscheide entsteht, indem eine Hüllzelle (sz = Schwannsche Zelle) flach ausgewalzt (Pfeil) und vielfach um die Nervenzelle herumgewickelt wird. mi = Mitochondrien des Neurons. Die Myelinscheide, die aus den eng aneinander liegenden Zellmembranen der Schwannschen Zelle gebildet wird, hat die Aufgabe, den Neuron-Fortsatz (Axon), analog einem elektrischen Kabel, zu isolieren. Vergr. 47 000 fach (Aufnahme: H. Plattner).

Abb. 6.**20** Membranen der Myelinscheide eines Axons im Gefrierbruch. Diese Membranen zeigen praktisch keine Membranpartikel. Dies entspricht ihrer Funktion als elektrischer Isolator, wozu Phospholipid-Schichten ohne transportaktive integrale Membranproteine bestens geeignet sind. Vergr. 30 000 fach (Aufnahme: H. Plattner).

(6.6) (6.7)

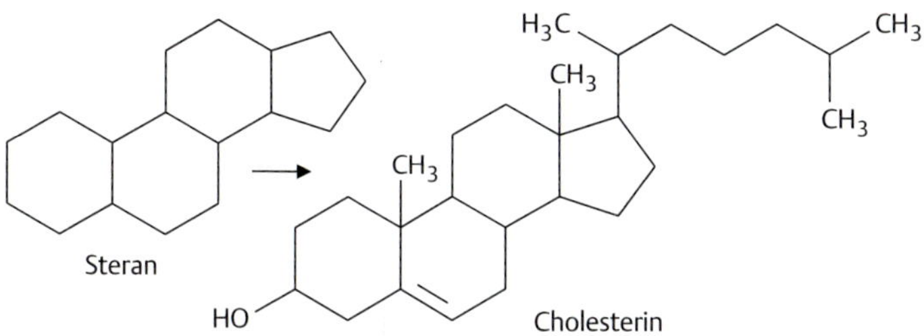

- Cholesterin hat somit eine ähnliche Grundstruktur wie die ebenfalls lipidlöslichen Steroidhormone (vgl. Lehrbücher der Biochemie). Cholesterin ist ein 3-OH-Steroid und kommt in allen Biomembranen der Eukaryotenzelle vor (nicht aber in jenen der Bakterienzelle) – mit Ausnahme der inneren Mitochondrien- und Chloroplastenmembran. Es wird aber im menschlichen Körper nur in der Leber synthetisiert. Von dort wird Cholesterin als Lipoprotein-Partikel über Exocytose freigesetzt, sodass es über die Blutbahn verteilt und von allen Zellen aufgenommen und für den Membranbau verwendet werden kann (vgl. Kap. 11 und 12).
- Das „Durchkriechen" eines Phospholipid-Moleküls von der einen auf die andere Seite (engl.: flip-flop) ist ein sehr seltenes Ereignis (im Bereich von Stunden). Dies gewährleistet die „Sideness" (dt. etwa: Seitigkeit) biologischer Membranen. Das bedeutet folgendes: Häufig sitzt eine bestimmte Molekülsorte auf einer Seite, z. B. Phospholipide mit einem Seryl-Rest oder mit einem Inosit-Rest (s.o.) auf der Innenseite der Zellmembran. Die Bedeutung dieser Anordnung werden wir bei der Besprechung der Signaltransduktion erkennen (vgl. Kap. 6.5 und Kap. 11).

6.4 Die Glykokalyx und Übersicht über die Membrankomponenten

Nun fehlt nur noch der „Zuckerguss" (Glykokalyx). Es sind die Glykosyl-(Zucker-)Reste, welche in variabler Zahl und mit variabler Anordnung an der Außenseite der Zellmembran kovalent angeknüpft sein können (Abb. 6.**21**). Dies kann sowohl an periphere und integrale Membranproteine als auch an Phospholipide erfolgen. Insgesamt können wir die Bausteine der Zellmembran sowie vieler Biomembranen wie folgt zusammenfassen:

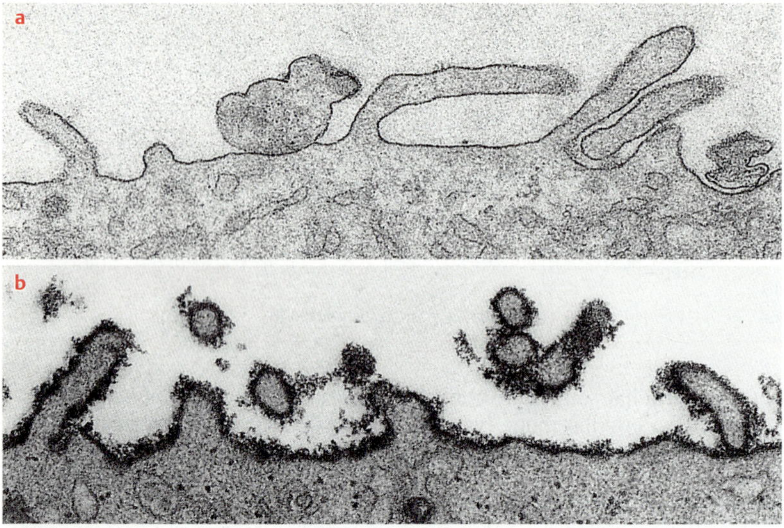

Abb. 6.**21** Glykokalyx im Transmissions-EM. Oberfläche einer Leberzelle in Zellkultur. **a** konventionelle Präparation, **b** nach Kontrastierung der Glykokalyx mit Rutheniumrot. Vergr. 17 000fach (Aufnahmen: P. Pscheid, H. Plattner)

Phospholipide mit asymmetrischer Verteilung
- ohne Glykosyl-Reste, wie z. B. verschiedene Phospholipide oder
- mit Glykosyl-Resten (Glykolipide), wobei die Zucker-Reste an Ceramid (1 Sphingosin + 1 Acyl-Rest) kovalent angeheftet sind.

Cholesterin in wechselnden Anteilen.

Membranproteine
1. periphere (lösliche oder membranassoziierte Proteine) sind heteropolar (ional) gebunden
   - ohne Glykosylierung oder
   - mit Glykosylierung.
2. integrale (unlösliche) Membranproteine sind mit ihren Transmembran-Domänen hydrophob in Membranen verankert
   - ohne Glykosylierung oder
   - mit Glykosylierung.
3. Spezielle Gruppen von Proteinen, welche mit einem lipophilen Anker an der Membran sitzen. Solch ein Anker kann ein Glykosyl-Phosphatidyl-Inositol (GPI) sein. GPI-verankerte Proteine zeigen besonders starke und oft variable Glykosylierung („Surface variant antigens“). Auch eine kovalent angeheftete Fettsäure kann genügen, ein Protein in der Membran zu verankern.

Zur außenseitigen Oberflächen-Glykosylierung der Zellmembran insgesamt tragen nach obiger Darstellung sehr verschiedene Komponenten bei. Im Transmissions-EM sieht man einen oft bis zu mehreren 100 nm dicken Pelz, die Glykokalyx (Abb. 6.**21**). Die Glykokalyx ist die Summe aller Glykosylierungs-Reste auf der Außenseite der Zellmembran, wobei periphere Proteine und Fortsätze von integralen Proteinen mit enthalten sind (Abb. 6.**22**).

Im Transmissions-EM wird die Glykokalyx häufig dargestellt durch Kontrastierung mit Rutheniumrot, das ist eine kationische Verbindung (Abb. 6.**21**). Demnach sind anionische Komponenten in der Glykokalyx zu erwarten. Deren häufigste ist Sialinsäure (N-Acetyl-Neuraminsäure), die aus Formel 5.48 in Kap. 5.4 nach dem in den Formeln 6.8 bis 6.10 wiedergegebenen Prinzip hergeleitet werden kann. Medizinisch ist die Sialinsäure wichtig, weil an ihr manche Bakterien und Viren festmachen, und zwar über Proteinstrukturen (die Pili; vgl. Kap. 4.2.1) mit spezifischem Zucker-Erkennungsvermögen. Proteine mit dieser Fähigkeit nennt man ganz allgemein Lektine. Erst dann können etliche Bakterien und Viren ihre pathogene Wirkung entfalten. Das Toxin des Cholera-Erregers, *Vibrio cholerae*, muss an Glykolipiden und das Grippe-(Influenza-)Virus an Sialinsäure gebunden werden, um in die Zelle zu gelangen. Daneben kommen in der Glykokalyx noch eine Anzahl von weiteren Amino-Zuckern (mit einer NH_2 bzw. NH_3^+-Gruppe) oder deren N-Acetyl-Derivaten vor.

(6.8) (6.9) (6.10)

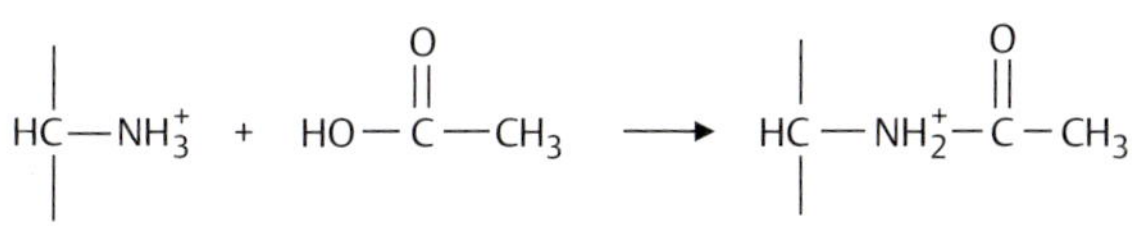

Amino-Zucker Acetat N-acetylierter Aminozucker

Beispiele sind Mannosamin (vgl. Formel 5.47 in Kap. 5.4) und N-Acetyl-Glukosamin (vgl. Kap. 9). Wir finden also sowohl positive (kationische), als auch negative (anionische) Überschussladungen in der Glykokalyx vor. Sie stoßen sich teilweise ab (+ / + oder -/-) und ziehen sich teilweise an (+ /-), sodass sich die fragilen Ästchen dieser Zuckerketten gegenseitig elektrostatisch stützen. So wird das Aussehen der Glykokalyx im Transmissions-EM verständlich (Abb. 6.**21**). Ein Gesamtmodell der Zellmembranstruktur stellt Abb. 6.**22** dar.

Die Zellmembran entsteht durch stete Verschmelzung von inneren Membranvesikeln (vgl. Biogenese der Zellmembran in Kap. 11), in deren Innerem die Glykosylierungs-Reste zunächst eingebaut werden. Diese Vesikel gelangen durch Membranfusion über Exocytose an die Oberfläche, wo sie sich durch Lateraldiffusion ausbreiten (Abb. 6.**22**). Die Glykosylierung beginnt als „Core glycosylation" im Endoplasmatischen Retikulum (vgl. Kap. 8) und wird im

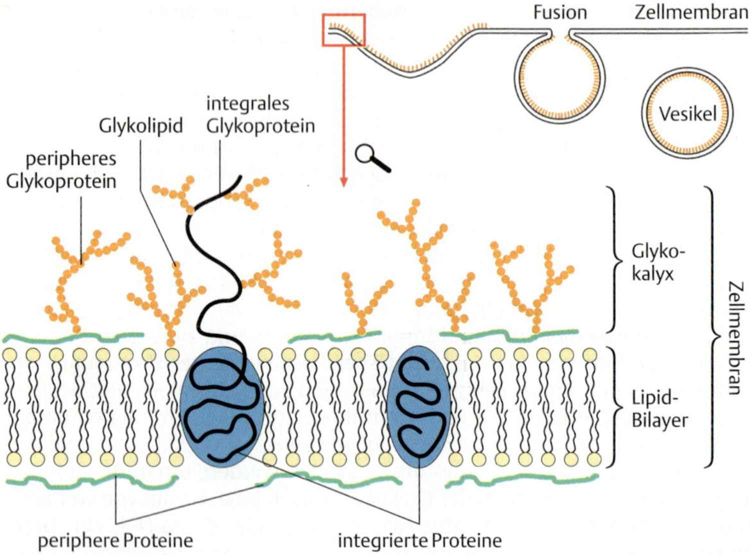

Abb. 6.**22** Komplettes Modell der Zellmembranstruktur. In die Phospholipid-Doppelschicht sind Proteine eingelagert (integrale = unlösliche Membranproteine). An der Oberfläche sind beidseitig Proteine angelagert (assoziierte = periphere = lösliche Membranproteine). An der Oberfläche der Zellmembran sind Glykosylierungs-Reste (orangene Punkte: einzelne Zucker-Moleküle) an integralen und peripheren Proteinen sowie an Lipiden angeheftet (Glykoproteine und Glykolipide). Die Glykokalyx der Zelloberfläche wird von der Gesamtheit der Glykosyl-Reste und den herausragenden Proteinen gebildet. Das Inset zeigt in kleinem Maßstab die Biogenese der Glykokalyx durch Fusion von Vesikeln mit der Zellmembran (vgl. Kap. 11), in der sich die glykosylierten Komponenten (orangene Striche) durch laterale Diffusion ausbreiten.

Golgi-Apparat zu Ende gebracht (periphere Glykosylierung; vgl. Kap. 9). Bei diesen Glykoproteinen ist das „Zuckerbäumchen“ häufig an einem N-Atom eines Asparagin-Rests verankert. Membran-Glykoproteine werden daher als „N-linked glycoproteins“ bezeichnet, im Gegensatz zu den selteneren „O-linked glycoproteins“.

Bereits kleine Änderungen in der Zusammensetzung der Glykosyl-Reste haben wichtige Konsequenzen. So werden die Blutgruppen A und B durch Proteine in der Glykokalyx der Zellmembran von Erythrocyten determiniert. Der Unterschied umfasst nur wenige Zuckerreste. Die Glykokalyx vermittelt also Oberflächenspezifität. Wie ist das für Zucker gewährleistet, wenn doch Spezifität allgemein durch den Informationsfluss DNA → Proteine (Enzyme) erfolgt? In der Tat reflektiert die Spezifität der Zuckergruppierungen nur die geordnete Abfolge der Aktivität von Glykosyl-Transferasen (Glykosyl-Reste übertragende Enzyme). Es liegt also nichts Unorthodoxes vor und das zentrale Dogma der Molekularbiologie bleibt unwidersprochen.

6.4.1 Übersicht über die Funktion der Zelloberfläche

Im wesentlichen handelt es sich um Funktionen des spezifischen Erkennens molekularer Strukturen, bis hin zum zellulären Niveau. Erkennen heißt hier spezifische, nichtkovalente Bindung, etwa nach einem Schloss-Schlüssel-Prinzip.

6.4.1.1 Erkennung körpereigener Zellen

Sie ist von Bedeutung für das Zusammenfügen von „richtigen" Zellen zu einem Gewebe (Histogenese) und von Geweben zu Organen (Organogenese) und daher ein wichtiger Aspekt der Entwicklungsbiologie (vgl. Kap. 21).

Unterscheidung körpereigener von fremden Zellen. Ein Beispiel bieten bereits die einfachsten tierischen Organismen mit vielzelligem Bau. Nimmt man zwei Arten von Schwämmen (Spongiaria oder Porifera) mit gelber und roter arttypischer Färbung und zerlegt sie in einzelne Zellen, so kann man beide Zellarten in Suspension vermischen. Sie aggregieren in gelbe und rote Zellklumpen, Mischpopulationen von oranger Farbe bilden sich nicht. Arttypische Zellen haben sich aufgrund ihrer molekularen Oberflächeneigenschaften wiedererkannt.

Das Beispiel der vom österreichischen Mediziner K. Landsteiner entdeckten Blutgruppen haben wir bereits erwähnt. Bluttransfusion mit falscher Blutgruppe ist wegen Verklumpung der Erythrocyten fatal.

Gewebe und Organe, wie sie für Transplantationen verwendet werden, müssen ebenfalls erst auf ihre Gewebeverträglichkeit (Histokompatibilität) hin getestet werden. Die Histokompatibilitäts-Komplexe sind Glykoproteine der Zellmembran. Transplantation eines falschen Typs führt zu Gewebeabstoßung durch Aktivierung von T-Lymphocyten vom Typ der „Killer"-Zellen im Rahmen der zellulären Immunantwort.

Bildung des zwischenzelligen Kontakts. Im Zuge der Histogenese finden die richtigen Zellen zueinander, z. B. Nervenzellen mit anderen Neuronen oder mit entsprechenden Muskelzellen. Die Verschaltung muss hochspezifisch sein. Dazu dienen Erkennungsmoleküle (wiederum Glykoproteine der Zellmembran), welche den Kontakt herstellen. Dieser erfolgt entweder direkt
- über Zell-Zell-Verbindungen oder
- über Zell-Matrix-Verbindungen, also über das Material der extrazellulären Matrix. Diese verbindet Zellen, wie Mörtel die Ziegel einer Mauer. Auch das „Homing" (Einfangen) von Subtypen der Lymphocyten in bestimmten Or-

ganen des Immunsystems (Bursa, Thymus, Milz, Lymphknoten) gehört in diese Kategorie. Nur so ist ihre Reifung (Differenzierung) zu den jeweils spezifischen Funktionen der Subtypen von Lymphocyten gewährleistet.

Es genügt aber nicht, die Zellen aneinanderzuhalten. Ihre Ausbreitung und ihr Teilungsvermögen müssen gebremst werden. Im ersten Fall spricht man von Kontaktinhibition (Bewegungshemmung), im zweiten Fall von Teilungshemmung (Abb. 6.**23**). Beide Phänomene sind getrennt zu sehen, wenngleich sie meist gemeinsam zum Zug kommen und oft auch verwechselt werden.

Bei der Krebsentstehung ist zunächst die Teilungshemmung aufgehoben, etwa unter dem Einfluss karzinogener (Krebs erregender) Substanzen oder bestimmter Viren. Es entsteht eine Wucherung (Geschwulst, Tumor bzw. Karzinom im Falle epithelialer Zellen). Oft führt auch die gestörte Kontaktinhibition zum Auswandern solcher entarteter Zellen aus dem Krebsgewebe. Je nach ihren Oberflächeneigenschaften werden sie bevorzugt in bestimmten Organen „gefangen", wo sie durch weitere Teilung Metastasen bilden. Dies kann also eine Folge einer pathologischen Veränderung von Glykoproteinen der Zellmembran sein.

Zu den positiven Aspekten gehören Erkennung von entarteten Zellen durch bestimmte Lymphocyten mit dem Vermögen, diese durch immunologische Mechanismen zu eliminieren. Auch zerstörte Zellen, also Zellfragmente, und sogar gealterte und damit molekular veränderte Proteine des Blutserums werden erkannt und durch Makrophagen eliminiert.

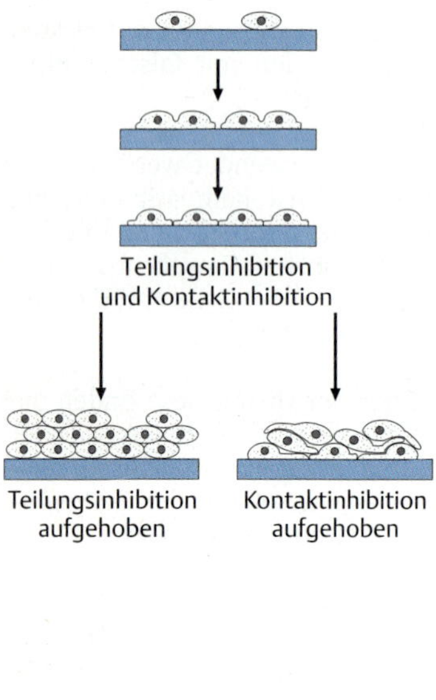

Abb. 6.**23** Verhalten von Zellen nach deren Isolierung aus Gewebe (vgl. Kap. 21). Normale teilungsfähige Zellen erleiden in Zellkultur, wie auch im Organismus, eine Kontaktinhibition und eine Teilungsinhibition. Die Teilungsinhibition führt dazu, dass sich Zellen nicht weiter teilen, wenn sie miteinander in Berührung kommen. Die Kontaktinhibition verhindert das Übereinanderwachsen benachbarter Zellen. Beide Phänomene sind bei Krebszellen sowohl in vivo (Gewebe) als auch in vitro (Zellkultur) aufgehoben, sodass sie sich zügellos teilen (Proliferation), sich übereinander schieben und eine Krebsgeschwulst bilden.

6.4.1.2 Erkennung von pathogenen Keimen

1. Bakterien
2. Viren

Für beides wurden bereits Beispiele, mit Hinweis auf die Bedeutung der Sialinsäure der Glykokalyx für die Aufnahme von Viren, aufgeführt. Es sind Beispiele negativer, also pathogener Effekte der Glykokalyx, weil Keime erst durch die Erkennung (molekulare Bindung) aufgenommen werden. Ein positiver Aspekt ist, dass die Aufnahme in spezialisierte Fresszellen (Makrophagen, neutrophile Granulocyten oder Mikrophagen) in den meisten Fällen zur Inaktivierung von Bakterien und Viren führt (vgl. Kap. 13).

6.4.1.3 Erkennung von Botenstoffen durch Rezeptoren

Botenstoffe sind:
1. Hormone (Proteohormone oder Steroidhormone)
2. Neurosekrete
3. Neurotransmitter

Rezeptoren sind im allgemeinen integrale Glykoproteine der Zellmembran, welche nach dem Schloss-Schlüssel-Prinzip jeweils einen Botenstoff spezifisch binden (Abb. 6.**24**). Auf diese Weise lösen sie einen jeweils spezifischen Mechanismus der intrazellulären Signaltransduktion aus (vgl. Kap. 6.5). Proteohormone sind, wie der Name sagt, Proteine. Sie können, ebenso wenig wie Neurosekrete oder Neurotransmitter, in die Zelle eindringen. Für sie gibt es Rezeptoren in der Zellmembran (vgl. Kap. 11.3.2). Nur Steroidhormone können aufgrund ihrer Lipidlöslichkeit leicht in die Zelle eindringen. Erst im Cytosol treffen sie auf lösliche Rezeptorproteine, die ihnen den Eintritt über Rezeptoren in den Zellkern vermitteln. Auf diese Weise sind sie in ein genetisches Programm eingebaut. Proteohormone sind, wie der Name sagt, Proteine. Sie können, ebenso wenig wie Neurosekrete oder Neurotransmitter, in die Zelle eindringen.

6.4.1.4 Erkennung von Molekülen für deren Aufnahme

Auch diese Funktion bringt im Organismus förderliche, normale (physiologische) und pathogene Aspekte mit sich.

Physiologische Mechanismen. Wie bereits oben erwähnt, werden molekular veränderte Komponenten des Blutserums, wie manche Plasmaproteine, an Rezeptoren von Fresszellen (Makrophagen) gebunden, aufgenommen und abgebaut (vgl. Kap. 13 über „Lysosomen"). Ähnliches gilt für Lipoproteine, welche im Blutplasma Cholesterin transportieren, das so im Körper verteilt und durch Endocytose in alle Körperzellen aufgenommen werden kann (Kap. 12). Durch

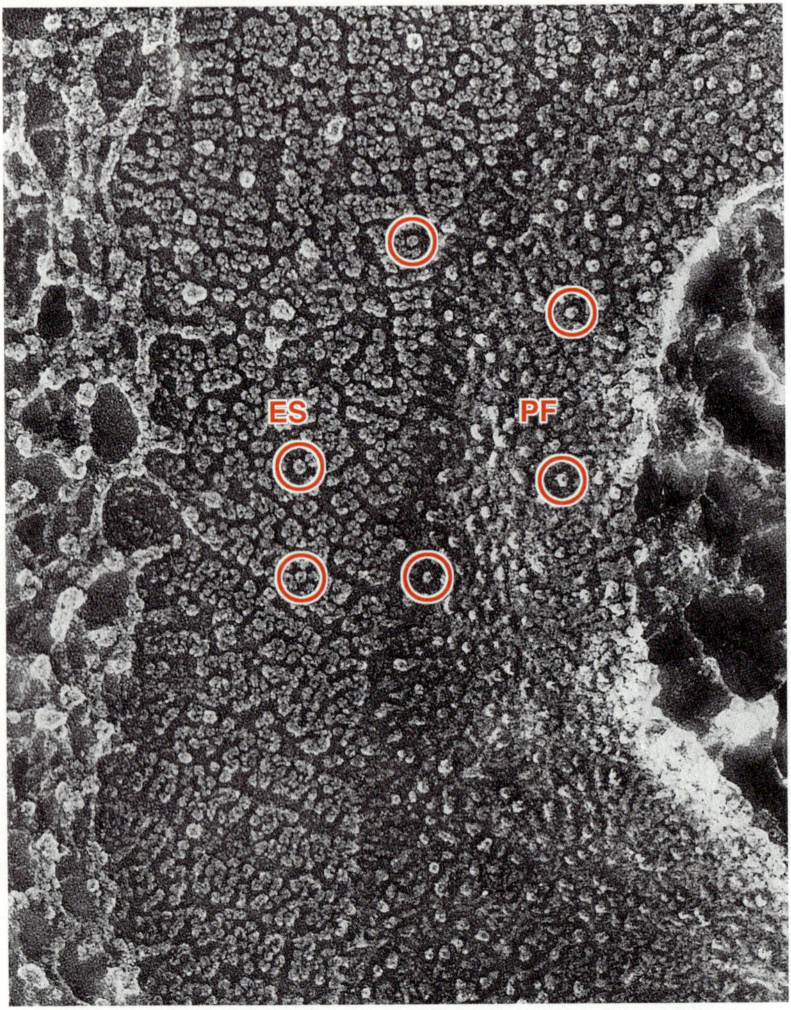

Abb. 6.**24** Rezeptoren an der Zelloberfläche. Hier wurden die Rezeptoren für den Neurotransmitter Acetylcholin in der Zellmembran einer modifizierten Muskelzelle durch Gefrierbruch (rechts) und anschließende Gefrierätzung (links) sichtbar gemacht (zur Methodik vgl. Box, S. 120–122). Im rechten Teil wurde also die Zellmembran aufgebrochen (PF), im linken Teil dagegen die Oberfläche der Zellmembran durch Wegätzen von Eis freigelegt (ES). In beiden Flächen werden die Rezeptormoleküle als Aggregate von ca. 10 nm großen Partikeln sichtbar (z. B. in Kreisen). Vergr. 165 000fach (aus Heuser, J. E., S. R. Salpeter: J. Cell Biol. 82 (1979)150).

Mutation veränderte Lipoprotein-Rezeptoren können pathologische Erscheinungen (Hypercholesterinämie) hervorrufen.

Pathogene Mechanismen. Auch manche bakterielle Toxine bedienen sich eines ähnlichen Aufnahmemechanismus über spezifische Komponenten der Zelloberfläche. Dieses gilt nicht nur für Clostridium-Toxine (Tetanus-Toxin von *Clostridium tetani*, Botulinum-Toxin von *Clostridium botulinum*), sondern auch für Vibrio-Toxine (Cholera-Toxin von *Vibrio cholerae*, Pertussis-Toxin von *Vibrio pertussis*). Das Resultat kann letal sein, sei es durch Starrkrampf (Tetanus), akute Muskelschwächung (Botulinismus), Cholera oder Keuchhusten (Pertussis). Diese Toxine binden zunächst an bestimmte Glykolipide der Zellmembran. Ähnliche Mechanismen können für manche Virusinfektionen, wie oben erwähnt, zutreffen.

6.5 Intrazelluläre Signaltransduktion

Wie in Abschnitt 6.4 erwähnt, werden die meisten Botenstoffe an spezifische Rezeptoren der Zelloberfläche gebunden. Die Zahl der Rezeptoren eines Typs kann einige hundert bis 10 000 pro Zelle betragen. Die Boten sind primäre Boten, sie können nicht in die Zelle eindringen. Erst durch die Bindung an den jeweils spezifischen Rezeptor lösen sie eine Signaltransduktion durch die Zellmembran aus, als ob sie der Zelle auf molekularem Wege den Befehl erteilten „jetzt tu was!"

Die Hormone, die auf diese Weise agieren, sind häufig Proteohormone. Dazu gehören unter anderem die Hormone der Inselzellen des endokrinen Pankreas-Gewebes (Glukagon und Insulin; vgl. Abb 5.**5**) und des Hinterlappens der Hypophyse (Hirnanhangsdrüse; z. B. Wachstumshormon). Daneben gibt es auch modifizierte Aminosäuren, wie das Schilddrüsen-(Thyroidea-)Hormon Thyroxin oder das Serotonin mancher Neurone. Damit ist der Übergang zu Neurosekreten und Neurotransmittern fließend. So werden vom Mark der Nebenniere Catecholamine (Adrenalin = Epinephrin, Noradrenalin = Norepinephrin) freigesetzt und an Zielzellen mit geeigneten Rezeptoren gebunden, sodass diese Zellen aktiviert werden. An Neurotransmittern sei das Acetylcholin von motorischen Neuronen erwähnt:

$$H_3C-\overset{\overset{\displaystyle O}{\|}}{C}-O-CH_2-CH_2-\underset{\underset{\displaystyle CH_3}{|}}{\overset{\overset{\displaystyle CH_3}{|}}{N^+}}-CH_3 \qquad (6.11)$$

Technik: Gefrierbruch und Gefrierätzung – Einblick in die Membranstruktur

Aus der Alltagsbeobachtung ist bekannt, daß gefrorene Gewebe, etwa Pflanzen, sehr spröde sind und beim leichtesten Schlag zerbröseln. Nichts anderes liegt der Technik des Gefrierbruchs (engl.: freeze-fracture) zugrunde. Die Zellen brechen quer durch und man könnte auf diese Weise Einblick in ihre Innenstruktur gewinnen. Allerdings bilden sich beim normalen, also lang-

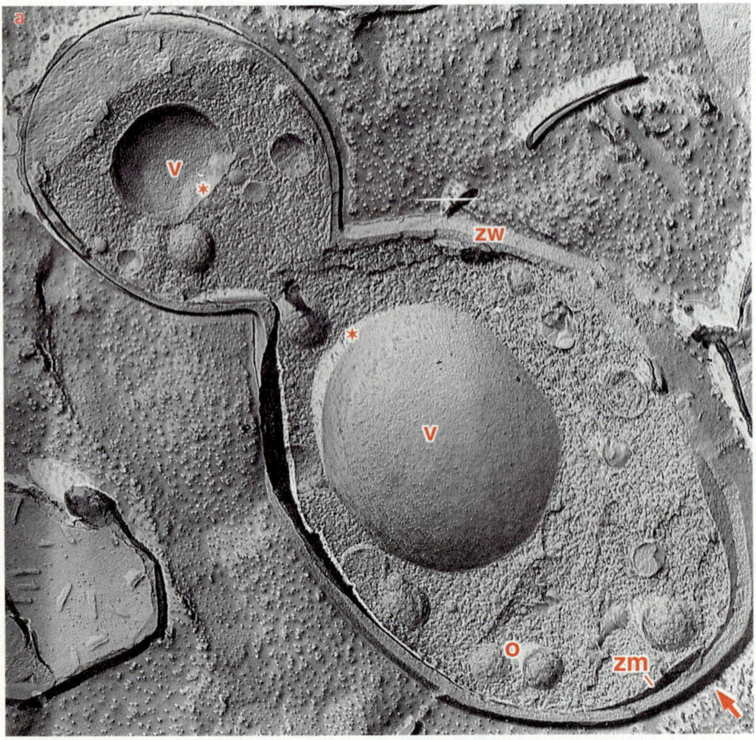

a Transmissions-EM-Bild vom Gefrierbruch-Replik einer Hefezelle. Der Bruch verläuft durch das Cytoplasma und hat neben verschiedenen Organellen (o) zwei Vakuolen (v) freigelegt sowie die Zellwand (zw) und die Zellmembran (zm), z. B. rechts unten. Von den Vakuolen ist die obere herausgebrochen, wogegen die untere noch in der Zelle steckt. Dies ist an der Verteilung des Platins (Pt) (elektronendicht) in Bezug auf die Richtung der Pt-Bedampfung (Pfeil rechts unten) abzuleiten. Die Pt-Bedampfung unter 45° ergibt also helle Schlagschatten (Stern). In den aufgebrochenen Membranen der Organellen (z. B. der Vakuolen) sind zahlreiche Membranpartikel erkennbar. Vergr. 17 000 fach (aus Plattner, H., G. Schatz: Biochemistry 8 (1969) 339).

Fortsetzung

Fortsetzung

samen Einfrieren derartig große Eiskristalle, daß die Zellstrukturen völlig verfälscht werden und Artefakte entstehen. Um Bildung und Wachstum von Eiskristallen zu reduzieren, muß man sehr schnell abkühlen, etwa einige 10^4 °C/s (Abkühlrate). Werden solche Zellen aufgebrochen und gelingt es, die freigelegten Strukturen im Transmissions-EM abzubilden, so haben wir Einblick in die Zellstruktur, wie sie in der Millisekunde des Einfrierens vorlag (**a**).

Aus zweifachem Grunde ist schnelles Einfrieren notwendig:

1. Bereits im Lichtmikroskop ist zu sehen, wie sich bei Applikation der „chemischen Keule“ einer Fixierlösung die lebendige oder (Intra-)Vital-Struktur verändert, indem die Zellen ihre äußere Form und innere Struktur merkbar verändern.
2. Mit der physikalischen Fixation (Kryofixation) hingegen können auch sehr schnelle Prozesse abgestoppt und analysiert werden, wogegen die chemische Fixation sehr langsam, wenigstens über Minuten verläuft.

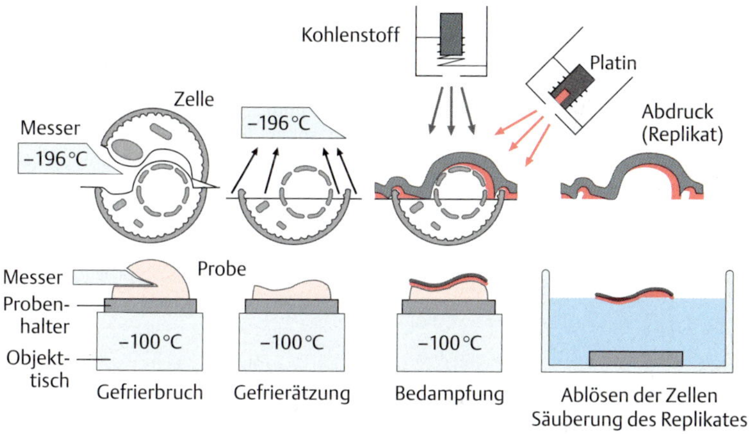

b Gefrierbruch- und Gefrierätzmethode. Beispiel: Hefezelle mit Zellwand, Organellen und Zellkern. Die schnell eingefrorenen Zellen werden bei – 100 °C mit einem kalten Messer (– 196 °C = Temperatur von flüssigem Stickstoff) aufgebrochen (Gefrierbruch). Dann kann fakultativ der Eisspiegel durch Abdampfen (Sublimation, „Ätzen“) abgesenkt werden. Diese Gefrierätzung ist dadurch möglich, daß Wasser-Moleküle aus dem gefrorenen Präparat abdampfen und sich am noch kälteren Messer niederschlagen. Der Gefrierbruch verläuft zwischen den beiden Phospholipidschichten von Membranen (vgl. **c**), also entlang der schwachen hydrophoben Bindungen. Die Zellen mit den so freigelegten Innenflächen von Membranen und den fallweise durch Ätzen freigelegten Membranoberflächen werden sodann mit Platin in schrägem Winkel und mit Kohlenstoff senkrecht bedampft. Diese Platin/Kohlenstoff-Replik haftet zunächst den gebrochenen Zellen an, die dann in einem Säurebad weggelöst werden. Die Replik kann im Transmissions-EM untersucht werden.

Fortsetzung

Fortsetzung

Also werden Zellen für die Gefrierbruch-Technik schnell eingefroren, z. B. in flüssigem Propan. Dann werden sie in einem Vakuumbehälter im Hochvakuum bei −100 °C (= 173 K) aufgebrochen (**b**), um ihr Inneres freizulegen. An Luft würde sofort Wasserdampf auf der kalten Bruchfläche kondensieren und alle Strukturdetails wären sofort „zugeschneit“. – Die Zellen können nun mit folgendem Trick zur Abbildung gebracht werden. Im Vakuum wird Platin (Pt) verdampft, und zwar so, daß die Pt-Atome unter einem Winkel von 45 ° auf die Präparatoberfläche auftreffen. Wie **b** zeigt, resultieren durch die Unebenheiten im angebrochenen Präparat eine ungleichmäßige Verteilung des Platins. Zur Verstärkung wird anschließend reiner Kohlenstoff in senkrechtem Winkel aufgedampft. Nun wird die Vakuumkammer geöffnet, die Zellen werden in einem Säurebad aufgelöst und übrig bleibt die dünne Pt-Replik (Abdruck) mit Kohleverstärkung. Die Replik zeigt im Transmissions-EM aufgrund der ungleichmäßigen Pt-Belegung über elastische Elektronenstreuung die Strukturdetails mit hoher Auflösung (vgl. **a**).

An Membranen werden auf einer Gefrierbruch-Replik zahlreiche Partikel sichtbar. Was stellen sie dar? Es konnte bewiesen werden, daß der Gefrierbruch genau in der Mitte von Membranen verläuft, an jener Schwachstelle, wo die Fettsäure-Schwänze der Phospholipide aneinanderstoßen (**c**). Die Membranpartikel selbst repräsentieren membranintegrierte Proteine, also Ionenpumpen, Carrier, Rezeptoren etc.
Es besteht auch die Möglichkeit, den Eisspiegel um die Membranen herum durch Abätzen abzusenken (Gefrierätzung, engl.: freeze-etching). So kann man sogar die aus der Membran herausragenden Teile von Membranproteinen sichtbar machen.

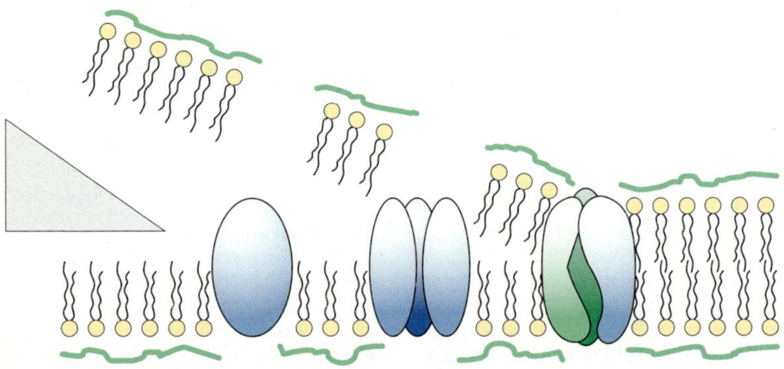

c Verlauf des Gefrierbruches in einer Biomembran. Hierbei werden die Phospholipidschichten getrennt, so daß eine Hälfte der Membran weggerissen wird. Integrale Proteine (blaue und grüne ovale Strukturen) können dann mittels schräger Pt-Bedampfung als Membranpartikel sichtbar gemacht werden. Ein Membranpartikel kann demnach verschiedenartige mono- oder oligomere Proteine repräsentieren.

Acetylcholin (6.11) ist also ein Ester, bestehend aus Essigsäure (Acetyl-Rest; 6.12)

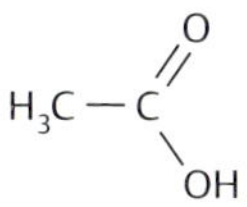

(6.12)

und Cholin (vgl. Formel 5.12).

Wichtig ist, dass diese Botenstoffe nicht in die Zelle eindringen und daher nur indirekt über Signaltransduktion ihre aktivierende Wirkung entfalten können (Abb. 6.**25**). Im Gegensatz dazu dringen die lipidlöslichen Steroidhormone in die Zelle ein. Aus Abb. 6.**25** geht auch hervor, dass Aktivierung einer Zelle je nach Zelltyp und Art der Aktivierung sehr verschiedenes bedeuten kann: elektrische Erregung, Sekretion, Kontraktion, Fortbewegung, Aufnahme der Teilungsaktivität etc.

Der „Befehl" von außen, nachdem er durch Bindung eines Liganden (z. B. eines bestimmten Hormons) an seinem spezifischen Rezeptor entgegengenommen worden war, löst intrazellulär umgehend die Anordnung verschiedener Folgebefehle aus. Im Klartext bedeutet dies die Aktivierung (Freisetzung) von einem oder mehreren „Zweitboten" („Second messenger").

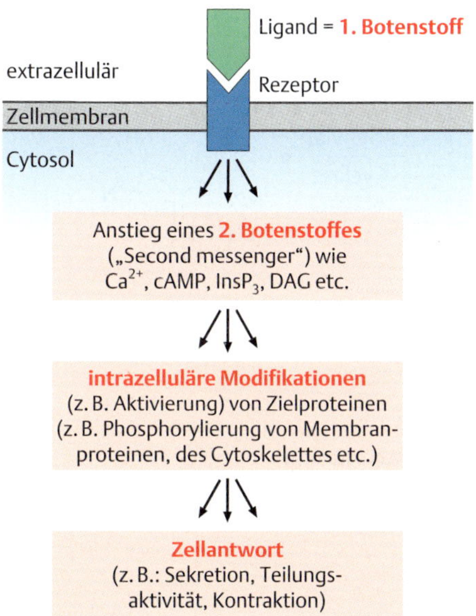

Abb. 6.**25** Intrazelluläre Signaltransduktion. Ein erster Botenstoff (Ligand, z. B. Neurotransmitter oder Hormon) trifft auf einen passenden Rezeptor an der Oberfläche einer Zelle. Durch die Bindung eines Liganden wird der Rezeptor aktiviert (Rezeptor-Ligand-Bindung). Dies löst die intrazelluläre Signaltransduktion durch den Anstieg eines oder mehrerer „zweiter Botenstoffe" aus (Second messenger). So kann z. B. die Konzentration von frei gelöstem Ca^{2+}, $[Ca^{2+}]_{i,\,frei}$, von cyclischem AMP (cAMP), oder von Inositoltriphosphat ($InsP_3$) und Diacylglycerol (DAG) ansteigen. Die Effekte sind je nach der Art der Rezeptoraktivierung bzw. nach Art der Zielzelle jeweils verschieden. So kann die Aktivierung in gesteigerter Sekretion, Kontraktion oder Zellteilung resultieren. Auf jedem Schritt der Signal-Transduktionskaskade kann das Signal verstärkt werden.

Second messenger sind:

1. Ca^{2+}: strömt über die Zellmembran von außen ein oder wird aus intrazellulären Speichern freigesetzt.
2. cyclisches AMP (cAMP, Formel 6.14): wird durch die Adenylat-Cyclase an der Zellmembran-Innenseite aus ATP (Formel 6.13) gebildet.
3. Abbauprodukte des Phosphatidyl-Inositol-bis-Phosphates ($PInsP_2$; vgl. Formeln 6.15 bis 6.17). $PInsP_2$ wird zu Diacylglycerol (DAG) und Inositoltriphosphat ($InsP_3$) gespalten. cAMP oder DAG können verschiedene Proteinkinasen aktivieren (Proteinkinase A bzw. C) und $InsP_3$ kann intrazelluläres Ca^{2+} aus Speichern mobilisieren bzw. freisetzen.

Der Ablauf der Signaltransduktion wird in Abb. 6.**25** zusammengefasst und für spezielle zelluläre Funktionen in Kap. 11 und 22 weiter spezifiziert.

Die Second messenger können verschiedene Effekte auf Effektorproteine haben, z. B. Phosphorylierung (über Kinasen), Dephosphorylierung (über Phosphatasen) etc. Die „Kommandostruktur" der Zelle ist also streng hierarchisch, die „Befehle" werden nach unten immer detaillierter und der Effekt wird vom „Erstboten" bis zu den Effektormolekülen immer weiter amplifiziert. Ein aktiviertes Rezeptormolekül bewirkt also die Bildung vieler Second messenger-Moleküle, die wiederum noch mehr Effektormoleküle aktivieren können (Verstärkungskaskade).

(6.13)

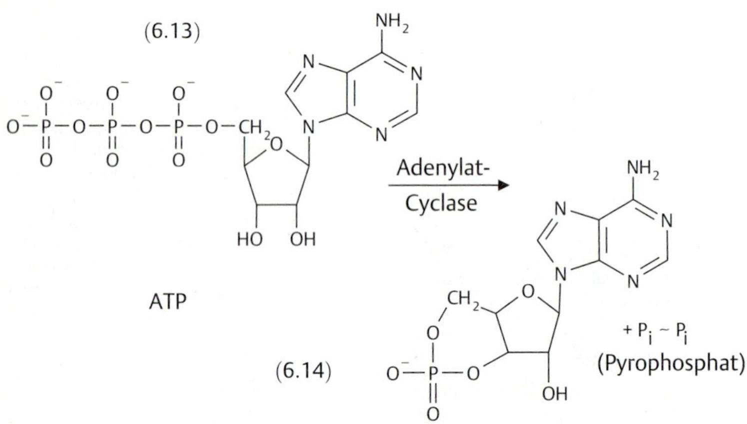

ATP

(6.14)

cyclisches AMP (cAMP)
= cyclo-AMP

(6.15) (6.16) (6.17)

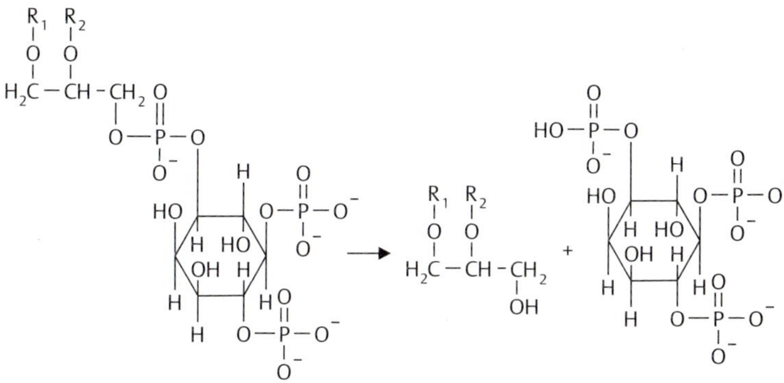

(Diacyl-)Phosphatidyl-Inositol-bis-Phosphat ($PInsP_2$) — Diacylglycerol (DAG) — Inositoltriphosphat ($InsP_3$)

Literatur

Adam, G., P. Läuger, G. Stark: Physikalische Chemie und Biophysik. Springer, Berlin 1995

Barritt, G. J.: Communication within Animal Cells. Oxford University Press, Oxford 1994

Berridge, M. J., M. D. Bootman, P. Lipp: Calcium – a life and death signal. Nature 395 (1998) 645

Bockaert, J., J. P. Pin: EMBO Members Review: Molecular tinkering of G protein-coupled receptors: evolutionary success. EMBO J. 18 (1999) 1723

Bowles, D. J.: Essays in Biochemistry. Cell Signalling. Portland Press, London 1997

Evans, W. H., J. M. Graham: Struktur und Funktion biologischer Membranen. Thieme, Stuttgart 1991

Ferguson, S. S. G.: Evolving concepts in G protein-coupled receptor endocytosis: The role in receptor desensitization and signaling. Pharmacol. Rev. 53 (2001) 1

Heldin, C.-H., M. Purton: Signal Transduction. Chapman & Hall, London 1996

Hille, B.: Ionic Channels of Exitable Membranes. Sinauer, Sunderland 1992

Krauss, G.: Biochemistry of Signal Transduction and Regulation. Wiley-VCH, Weinheim 2001

Plattner, H., H. P. Zingsheim: Elektronenmikroskopische Methodik in der Zell- und Molekularbiologie. Gustav Fischer, Stuttgart 1987

Taylor, C. W.: Intracellular Messengers. Pergamon, Oxford 1993

Tepikin, A.: Calcium Signalling. A Practical Approach. Oxford University Press, Oxford 2001

Winkle, L. J. v.: Biomembrane Transport. Academic Press, New York 1999

7 Der Zellkern – „Kommandozentrale“ der Zelle

Während bei Bakterienzellen das genetische Material als freie DNA ohne Membranumhüllung in der Zelle liegt, besitzt die Eukaryotenzelle einen durch doppelte Membranumhüllung abgegrenzten Zellkern. Hier ist die DNA an Proteine (Histone) gebunden und in distinkte Koppelungsgruppen (Chromosomen) gegliedert. Diese drei evolutiven Neuerungen haben es der Eukaryotenzelle offensichtlich ermöglicht, ein wesentlich umfangreicheres Genom pro Zelle zu speichern und bei der Zellteilung gleichmäßig auf die Folgezellen zu verteilen. Dazu wird die DNA semikonservativ repliziert. Ihre Transkription in Messenger-RNA gewährleistet die Translation in Proteine als Genprodukte, die letztendlich verschiedenste Zellfunktionen ausüben. Die Translation von mRNA in Proteine erfolgt im Cytoplasma an den Ribosomen, die ihrerseits am Nukleolus des Zellkerns gebildet werden. Die doppelte Kernmembran ist vielfach von Kernporen durchsetzt, um den nukleo-cytoplasmatischen Stofftransport in beide Richtungen zu gewährleisten.

Der Zellkern (Nukleus) ist aus mehreren distinkten Strukturen aufgebaut (Abb. 7.**1**, 7.**2**, 7.**3**). Seine Bestandteile sind:
- die Kernmembran
- die Kernlamina
- eine Grundsubstanz (Nukleoplasma)
- die Kernmatrix
- die Chromosomen mit dem Chromatin
- der Nukleolus

7.1 Funktionelle Aspekte

Der Zellkern ist die Kommandozentrale oder das logistische Zentrum jeder Eukaryotenzelle. In ihm ist die Information für den Bau aller molekularen Zellkomponenten gespeichert. Als Informations- oder Datenträger dient die Desoxyribonukleinsäure, DNA, ein fädig gebautes, unverzweigtes, nur 2 nm dickes aber sehr langes Kettenmolekül (vgl. Abb. 5.**12**). Genauer gesagt handelt es sich um zwei komplementäre, gegeneinander verschraubte Moleküle („Doppelhelix“-Struktur der DNA). Die in der DNA gespeicherte Information muss letztendlich in spezifische Proteine als spezifische Baueinheiten und Funktionsträger (Enzyme), aber auch in verschiedene RNA-Spezies (s. u.) umgesetzt werden.

Da Proteine aus maximal 20 Arten von Aminosäuren aufgebaut sind (vgl. Kap. 5.3), reduziert sich die Frage, wie Information in der DNA gespeichert ist, auf die Frage, wie man 20 Aminosäuren verschlüsseln (kodieren) kann. Che-

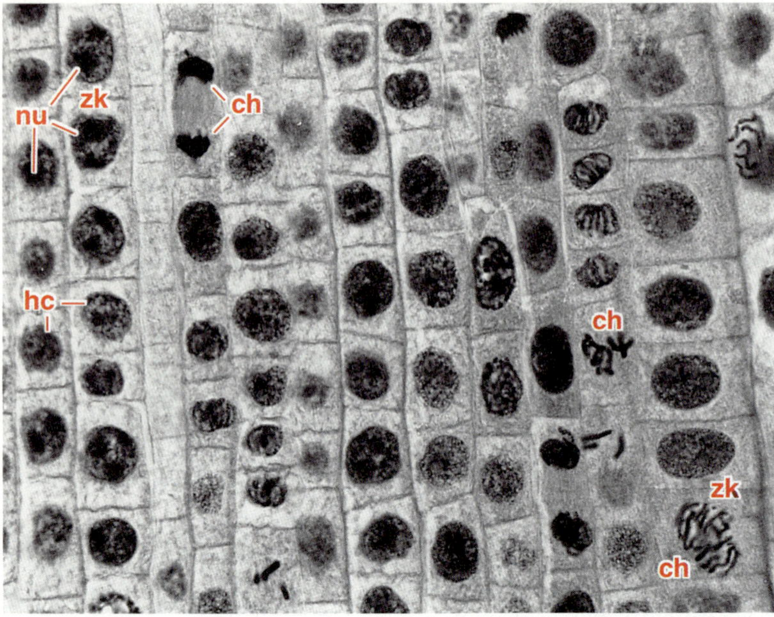

Abb. 7.1 Lichtmikroskopische Aufnahme von Zellkernen in einem Dünnschnitt von pflanzlichem Gewebe (Spitzen von Zwiebelwurzeln). In einzelnen Zellkernen (zk) sind entweder ein Nukleolus (nu) und heterochromatische Bereiche (hc) oder in anderen Kernen Chromosomen (ch) in verschiedenen Stadien der Kondensation zu sehen. Vergr. 580fach (Aufnahme: C. Braun, J. Hentschel).

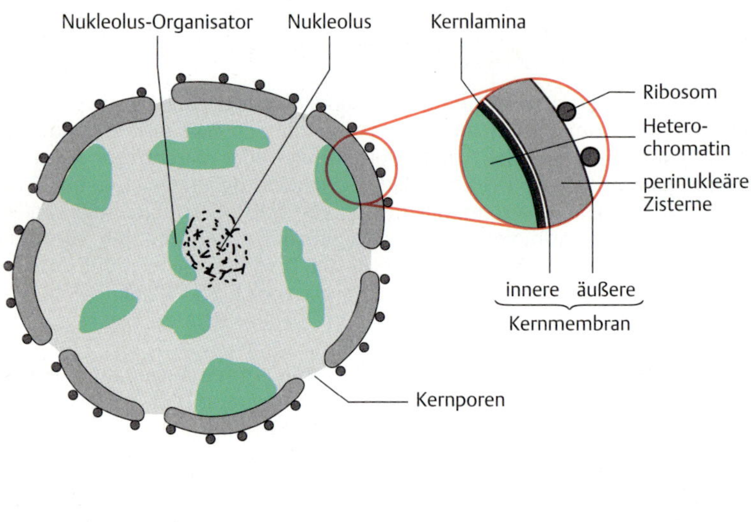

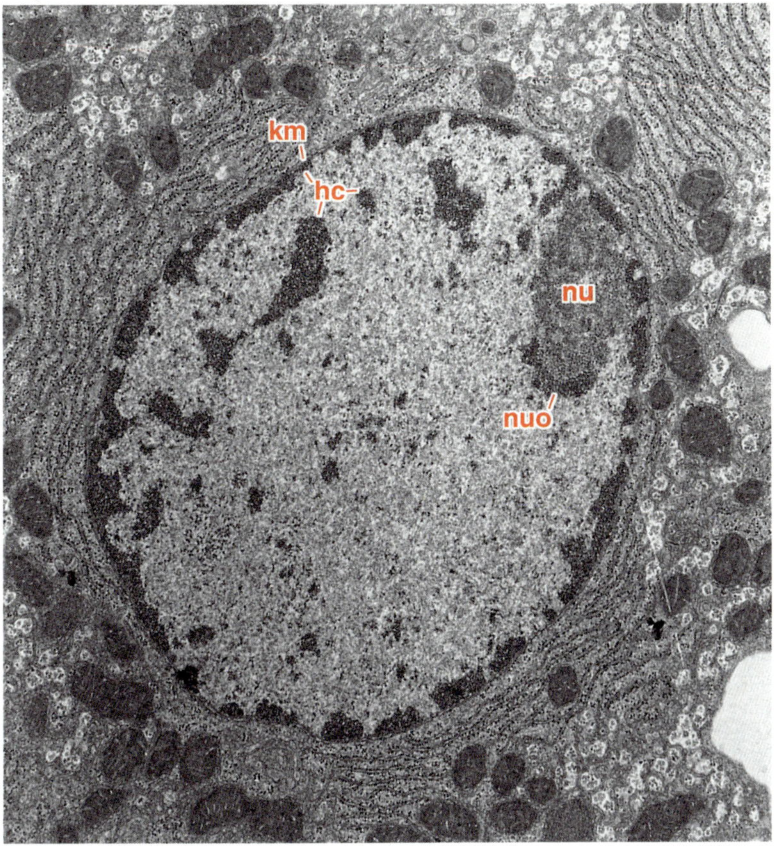

Abb. 7.**3** Ultrastruktur des Zellkerns. Bei schwacher elektronenmikroskopischer Vergrößerung ist die doppelte Kernmembran (km) nur stellenweise erkennbar, deutlich dagegen sind die dunklen Bereiche mit Heterochromatin (hc) zu sehen, besonders entlang des Randes. Das Heterochromatin, das am wesentlich helleren Nukleolus (nu) anliegt, stellt den Nukleolus-Organisator (nuo) dar. Vergr. 10 500fach (Aufnahme: H. Plattner).

◀ Abb. 7.**2** Bau des Zellkerns. Er ist von einer doppelten Kernmembran umhüllt, die in sich geschlossen ist, jedoch Poren freilässt. An die äußere Kernmembran sind Ribosomen, an die innere ist die Kernlamina angelagert. Bereiche mit Heterochromatin sind als Schollen erkennbar. An einem heterochromatischen Bereich, dem Nukleolus-Organisator, liegt der Nukleolus an.

mische Analysen hatten die Anwesenheit von zwei Purinbasen (Adenin = A, Guanin = G) und zwei Pyrimidin-Basen (Cytosin = C, Thymin = T) in der DNA offenbart.

Ab den 50 er Jahren wurde das Geheimnis der Kodierung der genetischen Information gelüftet:

- Es kodiert nur ein Strang (Sinn-Strang) der DNA-Doppelhelix.
- In diesem DNA-Strang bedeutet jeweils eine Dreiergruppe von Basen (ein Triplett) eine Aminosäure.
- Der genetische Kode ist universell, d. h. er gilt für alle Zellen (auch für Bakterien).
- Als zentrales Dogma der molekularen Genetik bezeichnet man das Faktum, dass der Informationsfluss immer in Richtung DNA → Proteine verläuft und nicht umgekehrt.

Theoretisch würde so ein Triplett-Kode unter Verwendung von 4 Bausteinen eine größere Zahl an Kombinationen, nämlich $4^3 = 64$ ergeben, als für 20 Aminosäuren notwendig wäre. In der Tat gibt es weit mehr als 20 Tripletts, also mehr als 1 Triplett pro Aminosäure, sodass mehrere Arten von Tripletts eine einzige Aminosäure kodieren können (Tab. 7.**1**). Im Sprachgebrauch der Informationstechnik ist der genetische Kode daher „degeneriert“. Dies ist nur

Tab. 7.**1** Der genetische Kode. Angegeben wird die Kodierung von Aminosäuren durch Nukleotide von Adenin (A), Cytosin (C), Guanin (G) und Uracil (U) in der mRNA

Aminosäure	**Triplett-Kode (Kodon)**					
Alanin	GCA	GCC	GCG	GCU		
Cystein	UGC	UGU				
Asparaginsäure	GAC	GAU				
Glutaminsäure	GAA	GAG				
Phenylalanin	UUC	UUU				
Glycin	GGA	GGC	GGG	GGU		
Histidin	CAC	CAU				
Isoleucin	AUA	AUC	AUU			
Lysin	AAA	AAG				
Leucin	UUA	UUG	CUA	CUC	CUG	CUU
Methionin	AUG (Startkodon)					
Aspargin	AAC	AAU				
Prolin	CCA	CCC	CCG	CCU		
Glutamin	CAA	CAG				
Arginin	AGA	AGG	CGA	CGC	CGG	CGU
Serin	AGC	AGU	UCA	UCC	UCG	UCU
Threonin	ACA	ACC	ACG	ACU		
Valin	GUA	GUC	GUG	GUU		
Tryptophan	UGG					
Tyrosin	UAC	UAU				

im Sinne der Datenübermittlung gemeint, als biologisches Faktum hat es sogar gewisse Vorteile (vgl. Lehrbücher der Genetik).

Als Informationsspeicher dient der Zelle also ihre DNA. Eine bestimmte Abfolge von Tripletts ist somit das Äquivalent einer Aminosäuresequenz in einem Protein mit spezifischem Bau und entsprechender Funktion. Anders gesagt: Ein Gen ist eine Triplettabfolge, die eine Proteinkette – und zwar nur eine Art – kodiert. Auf die verfeinerte Bedeutung des Genbegriffes kommen wir später zu sprechen. Die Gesamtheit der Gene ist das Genom (Erbanlagen) einer Zelle. Jede unserer Körperzellen hat einen vollen, identischen Satz an Erbanlagen. Das sind nur 32 000 Gene – nach manchen Schätzungen fast 40 000). Unser Gesamtgenom besteht aus ungefähr 3×10^9 Basenpaaren bzw. 10^9 Tripletts, wobei allerdings nur für wenige Prozent die Genprodukte bekannt sind (vgl. auch Kap. 24). Auch sind nicht alle Gene andauernd aktiv. Sie sind es nicht einmal in den Prokaryotenzellen, an denen zum ersten Mal Genaktivierung und Enzyminduktion beobachtet werden konnten. Während der Entwicklung eines Vielzellers werden Gene nach einem „genetischen Programm" in charakteristischer Abfolge aktiviert, d.h. ihre Information wird abgerufen und (über Proteine) in Strukturen und Funktionen umgesetzt.

Halten wir noch einmal fest, dass nur die Eukaryotenzelle einen membranumhüllten, also morphologisch klar abgegrenzten Zellkern besitzt, wogegen in der Prokaryotenzelle die DNA frei im Cytoplasma liegt (vgl. Kap. 4.2, „Zwei Kategorien von Zellen"). Die Zunahme der DNA-Menge pro Zelle um ein mehrere Hundertfaches beim Übergang vom Prokaryoten zum Eukaryoten im Laufe der Evolution war eine Voraussetzung für das Erzielen weit höherer Differenzierungsleistungen (vgl. Kap. 24, „Evolution der Zelle"). Alles deutet darauf hin, dass die „Erfindung" des Zellkerns einfach eine technische Notwendigkeit war, um mit der Riesenmenge an fädiger DNA zurecht zu kommen. Jede unserer Körperzellen hat davon ca. 2,3 m. Nun hat die Eukaryotenzelle ja auch zahlreiche, vielfach ausgedehnte Organellen im Cytoplasma entwickelt. Es galt in der Evolution, eine nicht entwirrbare Verknäuelung all dieser Komponenten vor der Zellteilung zu verhindern sowie eine präzise Weitergabe an die Tochterzellen zu gewährleisten. Ohne eigenes Kompartiment in Form des Zellkerns wäre dies nicht möglich gewesen. Die doppelte Kernmembran musste auch noch mit Poren versehen werden, um den Stoff- bzw. Informationsaustausch mit dem Cytoplasma zu gewährleisten (vgl. Kernporen, unten).

Allein das Absondern (Kompartimentieren) der enormen DNA-Menge im Zellkern war offensichtlich nicht ausreichend, um all den vorhin genannten Anforderungen gerecht zu werden. Es wurden noch zwei weitere Änderungen beim Übergang zur Eukaryotenzelle vorgenommen:

1. Die DNA wurde in mehrere Abschnitte (Chromosomen) zerlegt.
2. Die DNA wurde kompaktiert durch Bindung an basische Proteine (Histone). Der Komplex aus DNA (egal von welchem Gen) und Histonen heißt Chromatin.

Das Chromatin ist in den Chromosomen wiederum so komprimiert, dass man diese im Lichtmikroskop deutlich wahrnehmen kann – wenigstens unter geeigneten Bedingungen (s. u.). Die Chromosomen zeigen entlang ihrer Längserstreckung charakteristische Dichteschwankungen, die Banden oder Chromomeren (s. u.), denen man ab den 20er Jahren bestimmte Gene zuzuordnen versuchte. Chromosomen wurden auf diese Weise als Koppelungsgruppen von Genen erkannt und Gene konnten kartiert werden (Genkarten).

Vor einer normalen Zellteilung (Mitose) muss die DNA verdoppelt werden (Replikation). Die Abgabe von Information aus der DNA und das Umsetzen in Genprodukte erfolgt durch Überschreiben der Information (Transkription) auf dazwischengeschaltete Informationsträger („Messenger“, Boten). Insgesamt haben wir es also mit folgendem Szenario zu tun (Abb. 7.**4**):

- Die latente Informationsspeicherung erfolgt an der DNA. Gene können dauernd oder zeitweise aktiviert sein.
- An aktiven Genen findet die Umschreibung der Information (Transkription) dadurch statt, dass an dem als Matrize dienenden DNA-Antisense-Strang durch komplementäre Basenpaarung eine „sense“-m-RNA synthetisiert

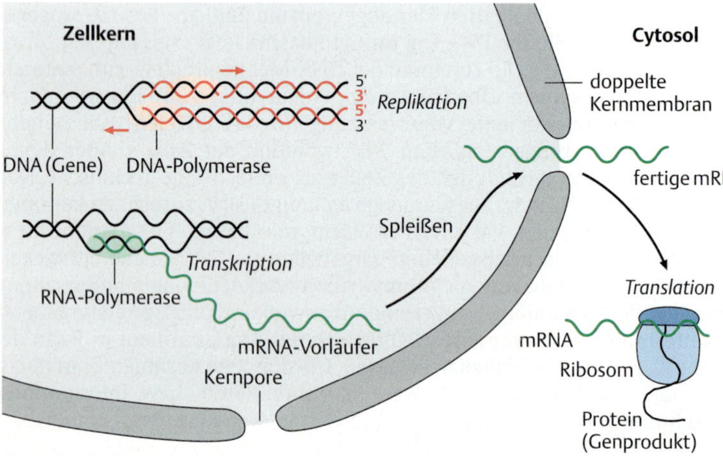

Abb. 7.**4** Genetische Information im Zellkern und ihre Umsetzung im Cytosol. Die DNA wird vor jeder Zellteilung durch die DNA-Polymerase semikonservativ repliziert (vgl. Abb. 7.**5**), d. h. die Einzelstränge werden komplementär verdoppelt (Replikation). Zu verschiedenen Zeiten werden nach einem genetischen Programm einzelne Gene aktiviert. Am aktiven DNA-Strang wird durch die RNA-Polymerase zunächst ein Vorläufer der Messenger-RNA (Prä-mRNA) abgelesen (Transkription). Erst nachdem diese zur fertigen mRNA zurechtgeschnitten wurde (Spleißen), gelangt die fertige mRNA durch die Kernporen ins Cytosol. Dort wird die mRNA an Ribosomen in ein Protein, also in ein fertiges Genprodukt, übersetzt (Translation).

wird, die die identische Sequenz des DNA-Sense-Stranges (Träger der Erbinformation) enthält.
- Die mRNA entsteht zunächst als Vorläuferform (Prä-mRNA) und muss, noch im Zellkern, zurechtgetrimmt werden (Spleißen, d. h. Herausschneiden von Stücken ohne Informationsgehalt, der so genannten Introns).
- Die fertige mRNA verlässt den Zellkern über die Kernporen und gelangt ins Cytoplasma.
- Dort lagert sie sich zusammen mit jenen Makromolekülen (Ribosomen), welche die Übersetzung der Information in entsprechende Proteine vollziehen (Translation). Dabei wird jeweils eine spezifische Transfer-RNA (tRNA) zum Antransport der jeweiligen Aminosäuren benötigt (vgl. Kap. 8 zur „Proteinsynthese").

Als Leitsubstanzen und Leitenzyme des Zellkerns gelten demnach der DNA-Gehalt, die für die DNA-Verdoppelung (Replikation) notwendigen Enzyme der DNA-Polymerasen, ebenso wie die RNA-Polymerasen. Die Verdoppelung der DNA-Doppelhelix erfolgt vor jeder Zellteilung „semikonservativ", d. h. dieselbe Abfolge an Nukleotiden wird komplementär ergänzt, wie sie ursprünglich in den Einzelsträngen der DNA vorlag. Da beide DNA-Stränge in der Doppelhelix eine komplementäre Basenpaarung aufweisen, muss bei Auseinanderweichen der Einzelstränge der jeweils andere Strang durch die DNA-Polymerasen exakt nachgebaut werden (Abb. 7.**5**). Die semikonservative Replikation gewährleistet die exakte Weitergabe der genetischen Information an die zwei Tochterzellen. Dabei kommen auch Lesefehler vor, welche die Zelle aber, wie beim Probelesen eines Textes, mittels Korrekturproteinen nicht nur erkennen, sondern weitgehend auch beseitigen kann.

Besonders fatal wäre es, wenn die RNA-Polymerasen, welche die Transkription in mRNA vollziehen, mit dem falschen Leseraster begännen. Den Lesebeginn auf der Antisense-DNA markiert daher eine sogenannte Promoter-Region, die durch die RNA-Polymerase erkannt wird und die unter anderem auf jeder mRNA ein immer gleiches Startkodon „AUG" generiert. Man gibt die Kodons (Basentripletts) immer so an, wie sie in der mRNA vorkommen, in der statt Thymin Uracil verwendet wird (vgl. Kap. 5.5). Da das Startkodon für die Aminosäure Methionin steht (bei Bakterien für N-Formyl-Methionin), steht diese Aminosäure immer am Beginn eines Proteins. Später kann dies geändert werden, wenn ein Translationsprodukt posttranslational geschnitten wird (limitierte Proteolyse, posttranslationale Modifikation; vgl. Kap. 8).

Daher können RNA- und DNA-Polymerasen als Leitenzyme des Zellkerns und DNA als seine Leitsubstanz bezeichnet werden. Allerdings kommen geringfügige DNA-Mengen auch extranukleär vor, nämlich in Mitochondrien und Chloroplasten (vgl. Kap. 19 und 20). Der DNA-Gehalt des Zellkerns lässt sich leicht über UV-Absorption mittels Photometrie bestimmen. Dies ist in geeigneten Mikroskopen möglich. Noch eindrucksvoller ist das farbliche Sichtbarmachen, früher mit der so genannten „Feulgen-Färbung" oder heute mit anderen, einfach zu handhabenden Farbstoffen (vgl. Abb. 22.**6**). Häufig wird

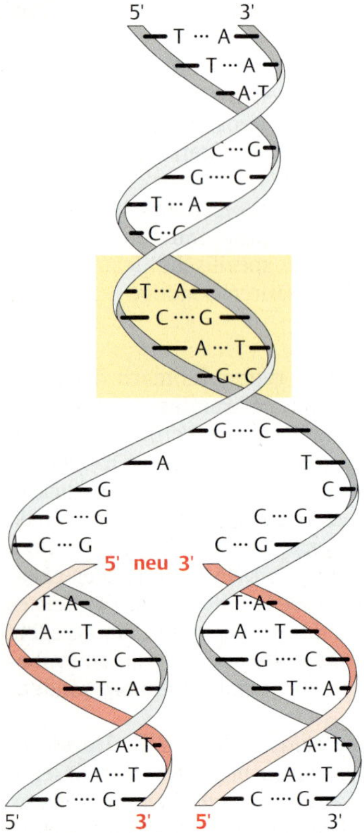

Abb. 7.**5** Doppelhelix-Struktur der DNA. - Die entgegengesetzte Anordnung der 3'- und 5'-Enden lässt die gegenläufige Anordnung der Einzelmoleküle dieses doppelten Kettenmoleküls erkennen. Dabei sind immer Thymin (T) und Adenin (A) bzw. Cytosin und Guanin über Wasserstoffbrücken (Punkte) miteinander gepaart. Die Wasserstoffbrücken-Bindungen werden bei der Replikation gelöst und es werden jeweils komplementäre Stränge (rot) ergänzt. Dies nennt man die semikonservative Replikation der DNA. Für den eingerahmten Bereich wurde in Abb. 5.**11** die genaue chemische Struktur wiedergegeben

DAPI, ein synthetischer Farbstoff (vgl. Abb. 7.**11**), zur Färbung der DNA verwendet. So zeigte sich, dass alle Körperzellen (somatische Zellen) denselben DNA-Gehalt enthalten, den sie erst kurz vor Eintritt in die Zellteilung in der S-Phase des Zellzyklus (S steht für Synthese, vgl. Kap. 22) durch DNA-Synthese auf das Doppelte vermehren. Nur die Keimzellen enthalten den halben DNA-Gehalt. Die mikroskopische Analyse zeigte, dass somatische Zellen alle Chromosomen in doppelter Stückzahl besitzen (Diploidie), die Keimzellen ihre Chromosomen nur als einfachen Satz (Haploidie). Wenn bei der Befruchtung eine männliche Keimzelle (Spermatozoon oder Samenzelle) mit der weiblichen Eizelle verschmilzt, so bildet sich eine Zygote mit wiederum doppeltem, also diploidem Chromosomensatz. Daraus entstehen dann sämtliche Körperzellen (somatische Zellen).

7.2 Bau des Zellkerns

Der Kern ist von einer doppelten Membran (Kernmembran) umhüllt (Abb. 7.**6**). Diese trägt auf der Cytoplasma-Seite Ribosomen und in seltenen Fällen ist zu sehen, wie sie direkt in das raue Endoplasmatische Retikulum (rER), übergeht. Ihr Lumen, die „perinukleäre Zisterne", kann also in direkter Verbindung mit den Zisternen des rER stehen. Aus diesen Gründen wird die Kernmembran als Abkömmling des rER betrachtet bzw. umgekehrt. Darauf werden wir in Kap. 24 noch zurückkommen. Die Kernmembran umhüllt das Kernplasma oder Nukleoplasma. Hier liegt zunächst die „Kernlamina" eng der inneren Kernmembran an. Diese Lamina besteht aus einem Gitterwerk von fibrillären Proteinen (Lamine), welche zum Typ der Intermediär-Filamente gehören (vgl. Kap. 16.4). An der Kernlamina sind die Chromosomen angeheftet. Sie heißt auch „Lamina densa", weil sie nach Schwermetallimprägnation am Ultradünnschnitt im Transmissions-EM elektronendicht erscheint. An den Kernporen ist diese Lamina stets unterbrochen.

Beide, Kernmembran und Kernlamina, werden bei der Kernteilung (Karyokinese), zum Übergang in die Prophase, in Vesikel bzw. Bruchstücke zerlegt (vgl. Kap. 22). Erst dadurch erlangen die Chromosomen den erforderlichen Bewegungsspielraum. Die Desintegration der Lamina wird eingeleitet durch Phosphorylierung der Lamine. Am Ende der Kernteilung werden diese Prozesse rückgängig gemacht und die Tochterzellen bilden wieder intakte Kerne. Es erscheint sinnvoll, Bau und Funktion der in die Kernmembran eingelassenen Kernporen erst zum Ende zu besprechen, wenn wir festgestellt haben, was der Kern an Molekülen aufzunehmen und abzugeben hat (nukleo-cytoplasmatischer Transport).

Es hat sich eingebürgert, einen Zellkern, der sich nicht gerade in Teilung befindet, als „Ruhekern" (Interphase-Kern) zu bezeichnen, obwohl dies insofern irreführend ist, als nur dieser Ruhekern synthetische Aufgaben wahrnehmen kann: DNA-Synthese (semikonservative Replikation) sowie Transkription von mRNA und anderen RNA-Spezies (s. u.). Die „Ruhe" bezieht sich also nur auf die Teilungsaktivität – auf sonst nichts. Im Ruhekern sind die Chromosomen strukturell kaum wahrzunehmen, weil sie entlang fast ihrer gesamten Länge dekondensiert sind.

Zugegeben – die elektronenmikroskopische Beobachtung des Zellkerns gab zunächst wenig Aufschluss. Dennoch muss darüber einiges gesagt werden, um die EM-Bilder richtig zu verstehen, bevor wir auf die zugrunde liegenden molekularen Komponenten eingehen. Die Enttäuschung der Ultrastrukturforscher war verständlich, hatte doch die Lichtmikroskopie bereits seit langem detaillierte „Porträts" von Chromosomen geliefert (Abb. 7.**7**).

Betrachtet man einen Ruhekern am Ultradünnschnitt im Transmissions-EM, so sieht man im Kernplasma neben locker-wolkigen, hellen Bereichen noch elektronendichte Flecken (Abb. 7.**6**). Die Morphologen haben sich angewöhnt, die hellen Abschnitte „Euchromatin" (griech.: eu = gut, chroma = Farbe), die dunkleren aber Heterochromatin (griech.: heteros = fremd, anders)

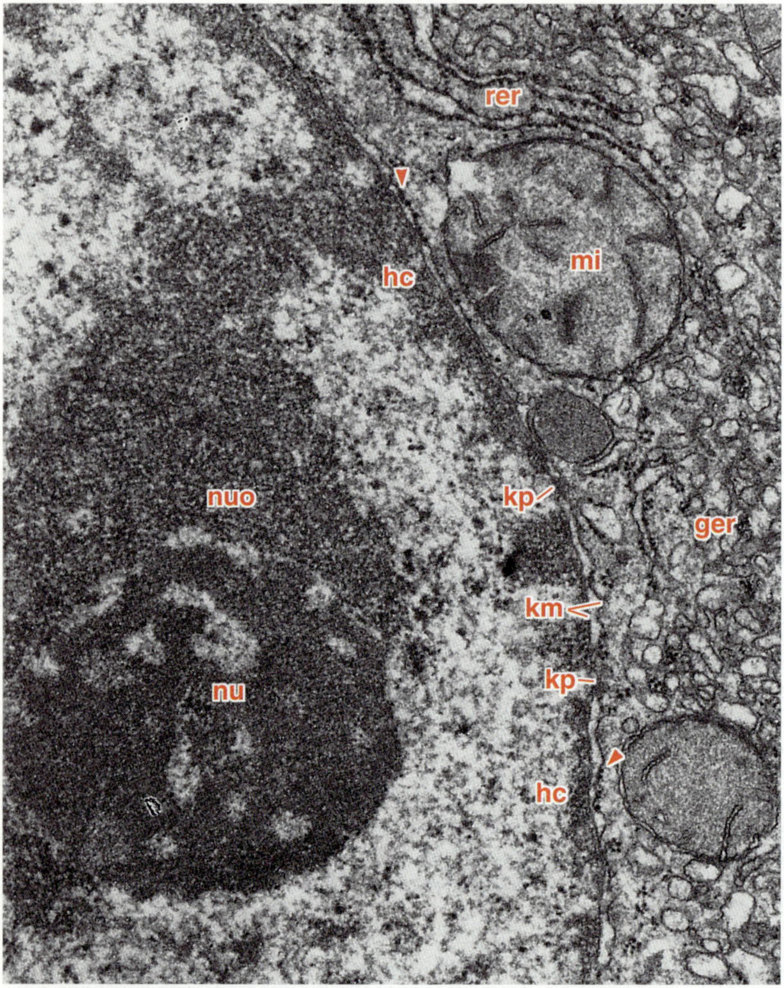

Abb. 7.**6** Randbereich eines Zellkerns mit doppelter Kernmembran (km), wovon die äußere stellenweise Ribosomen trägt (Pfeilspitzen). Der inneren Kernmembran liegt elektronendichtes Material an, das der Kernlamina mit angelagertem Heterochromatin (hc) entspricht. (Beide sind ohne spezielle Verfahren nicht immer klar voneinander zu unterscheiden.) Dieses Material ist im Bereich von Kernporen (kp) unterbrochen. Vom Randbereich aus ragt ins Innere des Zellkerns ein heterochromatischer Bereich (hc), der den Nukleolus-Organisator (nuo) beinhaltet, so dass an diesen Bereich des Heterochromatins der Nukleolus (nu) angelagert ist. Außerhalb des Zellkerns sind Mitochondrien (mi) sowie glattes und raues Endoplasmatisches Retikulum (gER, rER) erkennbar. Vergr. 30 000 fach (Aufnahme: H. Plattner).

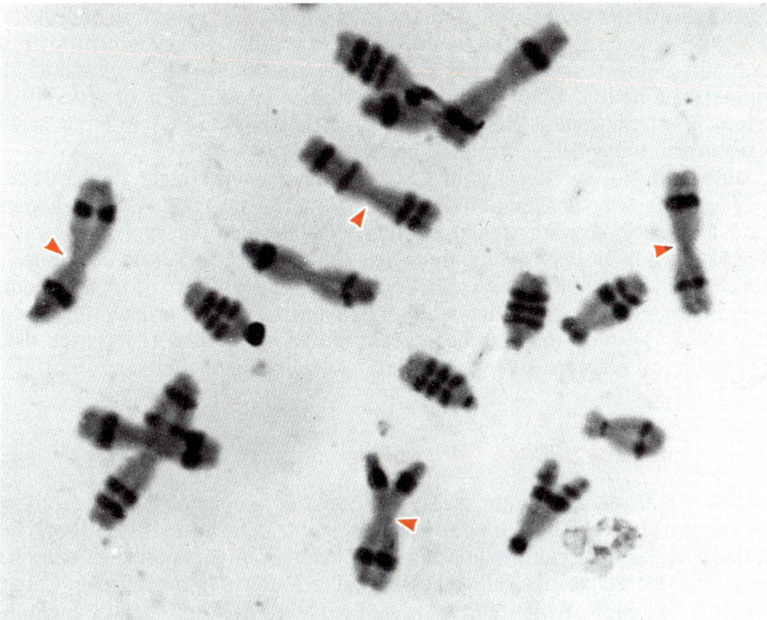

Abb. 7.**7** Chromosomen aus dem Zellkern einer Pflanze *(Anemone blanda)* nach Anfärbung heterochromatischer Abschnitte (dunkel; vgl. Text). Es ist deutlich eine chromosomenspezifische Bänderung zu erkennen. Jedes Chromosom ist der Länge nach in Chromatiden gespalten, die nur am Centromer (enger Bereich) zusammengehalten werden (Pfeilspitzen). Das Centromer verbindet die unterschiedlich langen Arme der Chromosomen. Vergr. 1850 fach (aus Hagemann, S., B. Scheer, D. Schweizer: Chromosoma 102 (1993) 312).

zu nennen. Weil die Namen irreführend sind, geben wir hier eine Gedächtnishilfe. Das Heterochromatin präsentiert sich „anders“ als der Rest des Zellkerns, nämlich sehr viel intensiver gefärbt. Dies gilt nach Anwendung basischer Farbstoffe, wie sie herkömmlich bei der Präparation verwendet werden. Der Grund hierfür ist, dass Heterochromatin relativ viel dichter gepackte DNA enthält als das Euchromatin und dass daher kompakte saure Gruppierungen mit vielen negativen Überschussladungen sehr viel mehr basische, also positiv geladene Farbstoffe binden können. Bereits bei Vitalbeobachtungen registriert man in heterochromatischen Abschnitten des Zellkerns hohe Dichte und hohe UV-Absorption. Starke Verdichtung der DNA in einem Chromosomenabschnitt bedeutet indessen geringe funktionelle Aktivität im oben ausgeführten Sinne. Der Begriff des Heterochromatins, auch kondensiertes Chromatin genannt, kommt zunächst aus der Lichtmikroskopie (Abb. 7.**7**) und wurde dann von der Elektronenmikroskopie übernommen. Heterochromatische Bereiche liegen, wie erwähnt, oft der Kernlamina eng an, ohne die Kernporen zu bedecken. Neben der einen oder anderen unregelmäßigen „Wolke“ von Heterochromatin im Inneren eines Kernanschnitts sieht man Heterochromatin regelmäßig in Kontakt mit dem Kernkörperchen (Nukleolus, s. u.). Für den Genetiker ist Heterochromatin genetisches Material, das transkriptionsinaktiv ist – weil es gerade im Interphase-Kern dicht gepackt bleibt.

Die wichtigste Syntheseleistung, die Informationsübertragung auf mRNA, findet demnach in den unauffälligen, auch im Transmissions-EM bei hoher Auflösung wenig konkret strukturierten Bereichen der Chromosomen statt. Die praktisch nicht wahrnehmbaren, weil so stark aufgelockerten Chromosomenabschnitte schwimmen in der Kernflüssigkeit (Nukleoplasma), die dem Kern ein eigenes „inneres Milieu“ mit charakteristischer Ionenzusammensetzung gewährleistet – nicht unbedeutsam übrigens, um die Organisation des Chromatins aufrechtzuerhalten. Auf diese wollen wir nun eingehen.

7.3 Die Struktur des Chromatins

Nachdem man erkannt hatte, dass der „Stoff“, aus dem die Chromosomen bestehen, nicht nur DNA, sondern auch mit ihr assoziierte Histon-Proteine enthält, galt es, die strukturelle Interaktion beider Komponenten aufzuklären. Das Raster-EM zeigte mit seiner beschränkten Auflösung an isolierten Chromosomen noppige Strukturen, die weit über der Größe der relativ kleinen Histon-Proteine (MG von ca. 10 000 bis 20 000) liegen. Wo liegen also die Histone im Chromatin und wie ist die DNA relativ zu den Histonen angeordnet? Den Durchbruch leiteten enzymatische Verdauungsversuche mit Proteasen und mit Desoxyribonuklease (DNase) ein. Die Überraschung war groß, als sich die Proteasen als wenig effizient erwiesen, wenn nicht vorher die DNase eingesetzt worden war. Nun wurde es allmählich klar: Gänzlich unerwartet sitzen Histone im Inneren der Chromatinstrukturen und die DNA liegt außen.

Es wurde zunehmend deutlich, dass die Chromatinstruktur außerhalb der Zelle labil ist und der stabilisierenden Bedingungen des inneren Milieus des Nukleoplasmas bedarf. Man brachte isolierte Chromosomen auf EM-Objektträger und man manipulierte die Präparationsbedingungen. Es gelang fortan, Chromosomen zum Auseinanderplatzen zu bringen und die freigelegten Strukturen mit Lösungen von Schwermetallsalzen zu umhüllen. Dadurch werden die feinsten Strukturen wie in einem Negativ, auf dunklerem Untergrund, sichtbar (vgl. Methode der Negativkontrastierung, Technik-Box, S. 31).

Nun zeigte sich völlig überraschend folgendes: Chromosomen sind gebaut wie Perlenketten (Abb. 7.**8**). Eine Perle entspricht einem Aggregat aus vier verschiedenen Histonen (Typ 2A, 2B, 3 und 4), die jeweils paarig im Inneren der Perle vorliegen (Abb. 7.**9**). Die Histone bilden daher im Nukleosom einen Oktamer-Komplex. Der DNA-Faden ist außen um jede Perle herumgewickelt, wo er wegen der Ladungsunterschiede ional (heteropolar) gebunden ist. Er läuft weiter von Perle zu Perle, vom einen Ende eines Chromosoms durch-

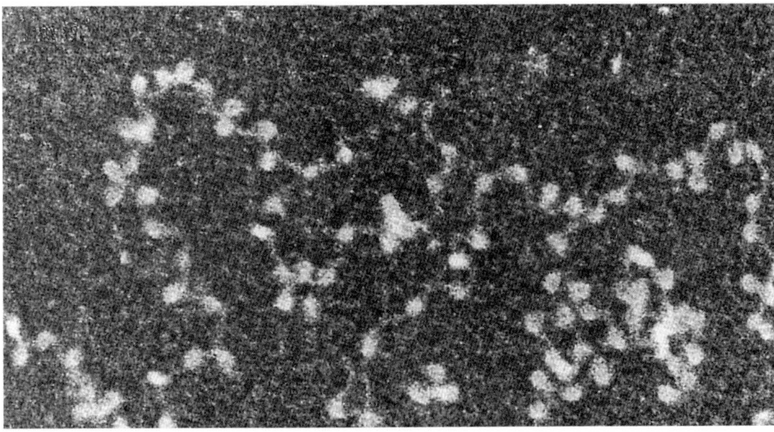

Abb. 7.**8** Nukleosomenstruktur des Chromatins. Die 11 nm großen „Perlen" der Nukleosomen und der sie verbindende 2 nm dicke DNA-Faden sind hier im negativen Kontrast zu sehen (Dunkelfeld-EM-Aufnahme). Vergr. 210 000fach (aus Engel, A., S. Sütterlin, T. Koller. In: Brederoo, P., W. DePriester: Proc. 7th Eur. Congr. Electron Microscopy 1980. Vol. 2 (1980) 548).

gehend zum anderen – ohne Unterbrechung. Um zum Ausdruck zu bringen, dass diese Perlen die Baueinheiten des Kernmaterials Chromatin sind, wurden sie mit dem Namen „Nukleosomen" belegt. Einem Nukleosom sind ca. 200 Nukleotidpaare der DNA zugeordnet, die als 2½fache Schleife das oktamere Histon-Aggregat eines jeden Nukleosoms umwindet. Ein Nukleosom ist ca. 11 nm dick. Im Vergleich dazu beträgt der Durchmesser der „nackten" DNA 2 nm. An den Zwischenräumen zwischen den Nukleosomen sind längliche Histon-Proteine vom Typ I (H1) zur Verstärkung angelagert. Diese Nukleosomenstruktur des Chromatins wird in der Zelle immer aufrechterhalten, sogar während der DNA-Replikation und während der Transkription. Lediglich eine kurzfristige leichte Auflockerung findet statt, wenn die Polymerasen darübergleiten.

Die Frage liegt nun nahe, in welcher Relation ein Nukleosom zu einem Gen steht. 200 Nukleotidpaare entsprechen ca. 67 Aminosäuren. Bei deren durchschnittlichem MG von ca. 100 ergäbe ein Nukleosom ein sehr kleines Protein von einem MG von 6700. Da Proteine im Durchschnitt meistens zehn- und mehrfach größer sind, muss allein nach dieser Überschlagsrechnung ein Gen über zahlreiche Nukleosomen verlaufen. Dazu kommt noch, dass in die meisten Eukaryoten-Gene Abschnitte eingeschaltet sind, nämlich Introns, deren mRNA-Anteil nach der Transkription herausgespleißt wird. Insgesamt muss man im Durchschnitt einige Dutzend Nukleosomen für ein durchschnittliches Gen veranschlagen.

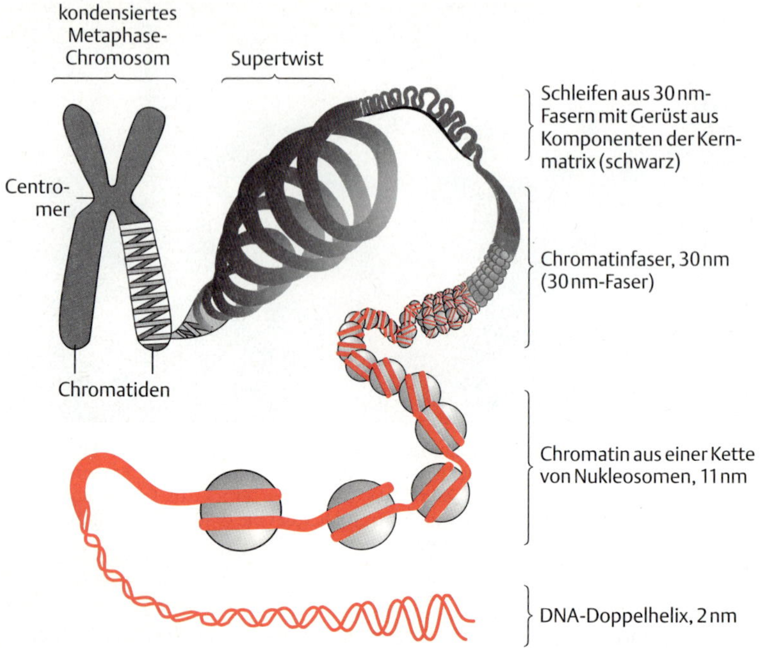

Abb. 7.**9** Organisation des genetischen Materials. Die DNA-Doppelhelix (2 nm dick) umwindet die Histon-Proteine der Nukleosomen (11 nm) und bildet so das Chromatin (DNA-Protein-Komplex). Diese „Perlenkette“ der Nukleosomen ist zu einer Chromatinfaser (30 nm) verdrillt. Diese kann in Schleifen gelegt und weiter verdrillt werden (Supertwist). In dieser Form liegt das Chromatin in einem Chromosom vor, sobald dieses bei Eintritt in die Zellteilung kondensiert wird. (Außerhalb der Zellteilung sind die Chromosomen weitgehend aufgelockert.) Ein solches Chromosom lässt zwei miteinander verbundene Chromatiden erkennen, in denen jeweils eine DNA-Doppelhelix von einem Ende bis zum anderen durchläuft. Die DNA-Schleifen werden durch Anlagerung von Elementen der Kernmatrix in den Chromatiden stabilisiert. Bereiche mit besonders intensiver Kondensierung des Chromatins sind im Lichtmikroskop als Chromomeren (deren Abfolge ein typisches Bandenmuster ergibt), im Elektronenmikroskop dagegen nur als dunkle „heterochromatische Bereiche“ erkennbar.

Die Nukleosomenstruktur ist also der erste „Trick“, mit dem die Eukaryotenzelle die Kondensierung der DNA erreicht. Insgesamt errechnet sich aber eine mehr als 10^4fache Verkürzung, wenn man die Länge der DNA in einem durchschnittlichen Chromosom vergleicht mit der ungefähren Länge eines einzelnen Chromosoms selbst (ca. 5 cm zu 1 µm). Mit dem Aufwinden der DNA um die Histone allein lässt sich dies noch nicht erreichen. So suchte man weiter nach übergeordneten Strukturprinzipien und fand folgendes (Abb. 7.**9**):

Plus: Das Eukaryoten Genom: Bedarf an hoher Speicherkapazität

Da man sich von den wahren Größenverhältnissen im Mikrobereich nur schwer eine richtige Vorstellung machen kann, wollen wir die soeben besprochenen Strukturen auf den Makrobereich übertragen. Nehmen wir an, die DNA sei ein Wollfaden von 2 mm Durchmesser (also 10^6fach dicker als in Wirklichkeit), so entspräche ihre wahre Länge von 2,3 m in jedem unserer Zellkerne jeweils einer Strecke von 2300 km, also quer durch Europa. Es wäre schwer, einen solchen Faden aufzuwickeln, ohne dass er sich verheddert. Ein Nukleosom von 11 nm Durchmesser wäre dann eine Perle von 11 mm Durchmesser und die Kette aus 27×10^6 Perlen würde mit 295 km immer noch der Strecke Konstanz – München entsprechen. Die Perlenkette, um sie im Zellkern mit nunmehr einem fiktiven Durchmesser einer Kugel von 5 m Durchmesser zu verstauen, würde eng verdrillt (30 nm Faser), nochmals verdrillt (Supertwist) und in Schleifen gelegt. Wir wissen inzwischen, dass sich die Zelle diese Aufgabe leichter gemacht hat, indem sie die Perlenkette in 46 Einzelketten zerlegt hat (46 Chromosomen im diploiden Satz beim Menschen). In unserem kugeligen Schmuckbehälter würden die Perlen ein Drittel des Raumes einnehmen – in Wahrheit mehr, nämlich ungefähr die Hälfte, und zwar wegen der unvermeidlichen Zwischenräume zwischen eng gepackten Kugeln. Eine weitere Auflockerung wird überall dort erforderlich sein, wo gerade ein Enzym, z. B. eine Polymerase darüberkriechen muss, um ihr „Handwerk" auszuüben. Denn dazu braucht es Spielraum und die Perlenkette darf in ihrer Struktur nicht beeinträchtigt werden. Den Volumenanteil der DNA im Zellkern (diploid) kann man aus den angegebenen Zahlen mit ca. 15 % berechnen, was in etwa den chemischen Analysen entspricht.

Kehren wir wieder zu den realen Dimensionen zurück und treiben wir das anschauliche Vergleichsspiel weiter: ohne Vergrößerung würden alle DNA-Fäden eines menschlichen Körpers mit 10^{14} Zellen eine schier unglaubliche Strecke von $230\,000 \times 10^6$ km abdecken, entsprechend 600 000 mal der Strecke Erde – Mond, wenn man eine mittlere Entfernung Erde – Mond von 384 420 km zugrunde legt. Obwohl dies dramatisch erscheint, kommt es vor allem darauf an, wie die Zelle das Problem der hohen Informationsdichte in ihrem Zellkern gelöst hat. Die Lösung ist so gut, dass sie jeden technischen Informationsspeicher weit übertrifft.

1. Die Perlenkette ist in sich verdrillt, so daß 30 nm-Fasern entstehen.
2. Diese sind noch einmal gegeneinander verdrillt zu einem Supertwist.
3. Die Supertwists laufen schleifenartig quer durch jedes Chromosom. In dieser kondensierten Form durchzieht nun die DNA ein jedes Chromosom in seiner gesamten Länge (vgl. Plus-Box).
4. Jedes Chromosom scheint in seinem Inneren noch eine Art „Haltestab" für diese Schleifen zu haben. Man glaubt, daß dieser aus den schlecht löslichen Proteinen der Kernmatrix besteht. An ihr würden sich die Chromosomen kondensieren können. Diese komplexen Strukturprinzipien des Chromo-

soms zu finden, war so schwer, weil sie sich nur im richtigen Ionenmilieu halten können (s. o.).

Werden kondensierte Chromosomen gefärbt, so sieht man ein typisches Bandenmuster. Die dichten, gut färbbaren Abschnitte nennt man die Chromomeren eines Chromosoms. Diese zu sehen, gelingt meist nur, wenn die Chromosomen bei Eintritt in die Kernteilung, ab der Prophase, kondensiert vorliegen (vgl. Kap. 22). Zu diesem Zeitpunkt ist die Nukleosomenkette in Supertwists, die noch ein weiteres mal wie Schleifen eines langen Bandes hin- und hergefaltet sind, organisiert. In den Chromomeren ist das Chromatin besonders dicht gepackt.

Sobald eine Zelle sich zur Kernteilung anschickt, durchzieht ein DNA-Faden jede der beiden Chromatiden, denn schon vor Eintritt in die Kernteilung (Mitose) war die DNA in der S-Phase des Zellzyklus dupliziert und jedes Chromosom entlang seiner gesamten Länge in zwei identische Chromatiden gespalten worden. Diese bleiben nur über das Centromer verbunden, bis die zwei Chromatiden eines Chromosoms beim Übergang von der Metaphase in die Anaphase getrennt werden (vgl. Kap. 22).

Im Lichtmikroskop wechseln dicke und dünne Chromomeren einander mit großen oder kleinen Zwischenräumen ab. Jedes Chromosom hat so sein typisches Bandenmuster (Abb. 7.**7**, 7.**10**, 7.**11**). Wieder stellt sich die Frage, ob ein Chromomer nun ein Gen repräsentieren könnte. Bringt man ca. 50 Nukleosomen pro „Durchschnitts-Gen“ (s. o.) in Relation zur Kondensierung in 30 nm-Fasern und Supertwists, so ist sowohl ein im Lichtmikroskop sichtbares Chromomer als auch ein euchromatischer Abschnitt zwischen zwei Chromomeren viel zu groß, um genau einem Gen zu entsprechen. Jede dieser im Lichtmikroskop wahrzunehmenden Strukturen kann demnach eine Reihe von Genen enthalten. Jedoch konnten trotz dieser Unschärfe bestimmte Gene auf bestimmte Chromomeren in definierten Chromosomen lokalisiert werden. Daran schloss sich der „lange Marsch“ der Genetiker von der deskriptiven Chromomerenkarte zur funktionell orientierten Genkarte.

Einiges haben wir noch richtig zu stellen und zu verfeinern. Erstens, der Weg zur Erkenntnis der Nukleosomen-Struktur des Chromatins bekam einen entscheidenden Impuls durch die quantitativen elektronenmikroskopischen Analysen von A. Klug in Cambridge (GB). Dort war zunächst die Methode der Röntgenbeugung etabliert worden, mithilfe deren Daten J. Watson und F. Crick bereits die Doppelhelix-Struktur der DNA aufgeklärt hatten. Da nun hochbeschleunigte Elektronen ebenfalls einer sehr kurzwelligen Strahlung äquivalent sind (vgl. Kap. 3, „Das Transmissions-Elektronenmikroskop“), kann man auch über das Transmissions-EM Beugungsbilder erhalten. Das primäre Bild, das vom Objektiv in seiner hinteren Brennebene gebildet wird, ist ein Beugungsbild. Besonders klar ist dies (wie bei jedem Beugungsbild) bei Strukturen zu sehen, die aus gleichartigen Strukturelementen aufgebaut sind (quasi-kristalline Strukturen). Da diese Voraussetzung für die dicht gepackten Nukleosomen des Chromatins zutrifft, konnte Klug die Chromatinstruktur mittels Elektro-

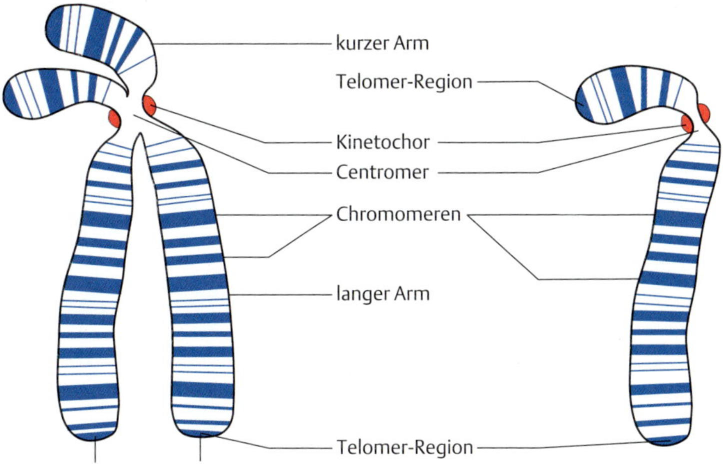

Abb. 7.**10** Struktur des Chromosoms.
Links: Nur nach Eintritt in die Zellteilung (in der Metaphase) wird im Lichtmikroskop durch die zunehmende Kondensation die Struktur eines Chromosoms mit seinen Chromomeren sichtbar. Da die DNA bereits in der vorausgehenden Synthese-Phase repliziert wurde (vgl. Kap. 22), wird das Chromosom sehr bald als Doppelstruktur mit zwei Chromatiden erkennbar. Die Chromatiden bleiben durch ein Centromer (mit angelagertem Kinetochor) miteinander verbunden – eine Verbindung, die erst in der Anaphase der Mitose gelöst wird (vgl. Kap. 22). Je nach der Lage des Centromers können die zwei Arme (oder Schenkel) eines Chromosoms bzw. seiner Chromatiden verschieden lang sein. Jedes Ende ist durch ein Telomer abgedeckt, welches das Chromosom gegen enzymatische Attacken schützt und die Replikation des terminalen DNA-Bereiches gewährleistet.
Rechts: Hier ist ein im Laufe der Mitose längsgeteiltes Chromosom, also nur eine Chromatide dargestellt. So präsentiert sich ein Chromosom nur sehr kurzfristig in der Anaphase. Prinzipiell liegt ein Chromosom in dieser Form auch im nicht teilungsaktiven „Ruhekern“ vor. Dabei ist diese Form jedoch nur sehr kurzfristig zu beobachten, weil Chromosomen nur dann kondensiert, also sichtbar vorliegen, wenn eine Zelle teilungsaktiv wird und weil sie sich am leichtesten in der längsgespaltenen Form (links) isolieren lassen.

nenbeugung erstmals auf eine sichere Basis stellen. Er erhielt dafür zu Anfang der 80 er Jahre den Nobelpreis. Zweitens, der Begriff des Gens wurde zwar ursprünglich auf struktureller Grundlage zu klären versucht. Jedoch allein das relativ monotone Strukturprinzip der DNA und der Nukleosomen lässt es (im Nachhinein) geradezu zwingend erforderlich erscheinen, dass der Genbegriff schon ab den 50 er Jahren zunehmend einer funktionellen Bewertung zugeführt wurde. Entscheidend war die Beobachtung von G.Beadle und E. Tatum (1941), dass der Ausfall eines Gens den Ausfall eines Proteins zur Folge hat. Damit war die „Ein Gen – ein Protein“-Hypothese geboren. Der Genbegriff im

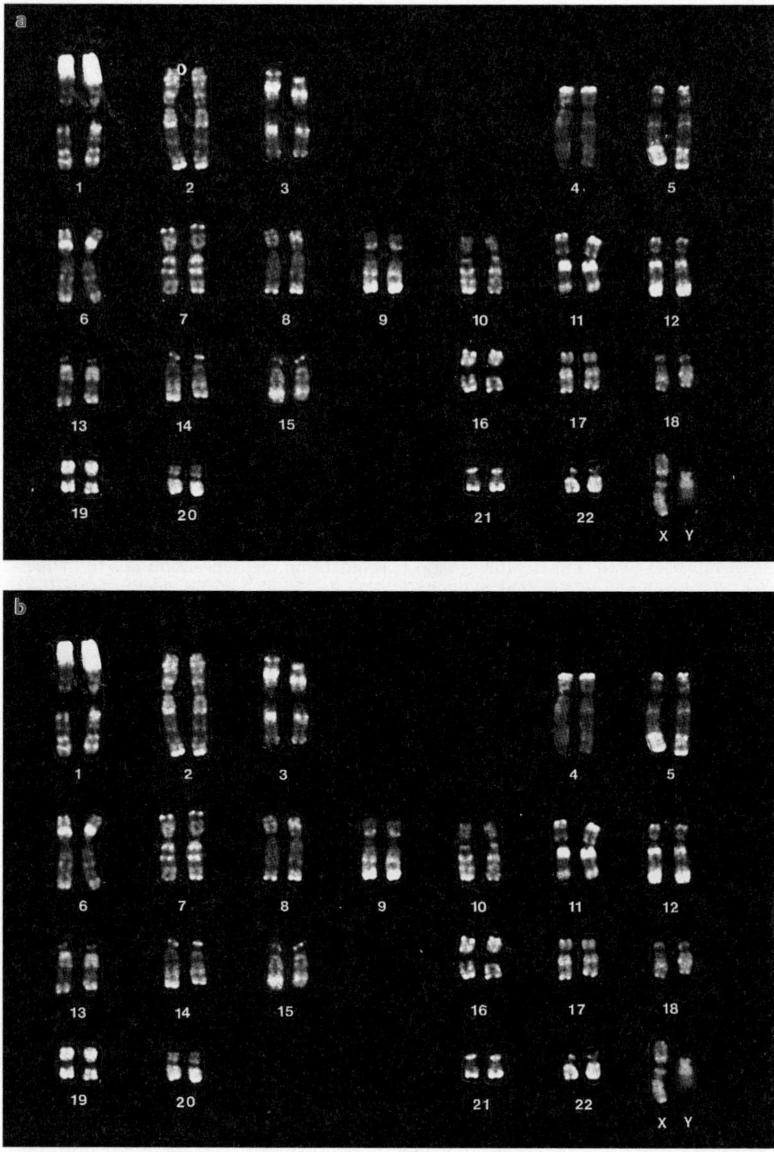
a
1
2
3
4
5
6
7
8
9
10
11
12
13
14
15
16
17
18
19
20
21
22
X Y
b
1
2
3
4
5
6
7
8
9
10
11
12
13
14
15
16
17
18
19
20
21
22
X Y

◀ Abb. 7.**11** Karyogramm des Menschen (normaler Karyotyp), gewonnen aus männlichen Metaphase-Zellen aus einer Kultur von Lymphocyten (weiße Blutkörperchen), nach Anfärbung mit jeweils verschiedenen Fluoreszenzfarbstoffen. **a** Anfärbung der Guanin + Cytosin-reichen Banden mit Chromomycin A_3, **b** Anfärbung der Adenin- und Thymin-reichen Banden mit DAPI (4'-6-Diamidino-2-Phenylindol). Die Färbungen in (**a**) und (**b**) sind komplementär. Es sind jeweils homologe Chromosomen zusammengestellt (Autosomen 1 bis 22) sowie die Geschlechtschromosomen X und Y. Vergr. 2000 fach (aus Schweizer, D.: Hum. Genet. 57 [1981] 1).

Wandel der Zeit wird in einem viel beachteten Artikel von R. Knippers ausführlich diskutiert.

Nochmals sei betont, dass Bakterien nur „nackte" DNA, also keine Histone besitzen und demnach weder Nukleosomen noch übergeordnete Strukturen. Wenn man dennoch vom „Bakterienchromosom" spricht, so meint man seine ringförmig geschlossene, nackte DNA.

7.4 Der Chromosomensatz der Zelle

Der Mensch hat in jeder seiner Körperzellen (somatische Zellen) einen identischen Satz von 46 Chromosomen (diploider Satz), in Keimzellen die Hälfte (haploider Satz). Die Zygote erreicht durch Verschmelzung eines Spermatozoons (Spermiums) mit der Eizelle wieder den diploiden Satz, so wie alle durch Teilung und Differenzierung aus der Zygote hervorgehenden Körperzellen.

Man kann die Chromosomen aus einzelnen Zellen, z. B. aus weißen Blutkörperchen (Leukocyten), leicht isolieren (Abb. 7.**11**), wenn man nur den richtigen Moment abwartet. Gehen die Zellen in Teilung über, so werden die Chromosomen kondensiert und zeigen die typische Struktur aus zwei Chromatiden (Längshälften), die durch das Centromer punktförmig zusammengehalten werden. Die Chromosomen unterscheiden sich untereinander in ihrer Größe, im Bandenmuster ihrer Chromomeren und in der Position des Centromers. Dieses kann in verschiedener Lage entlang des Chromosoms liegen. Um alle diese Charakteristika zur Identifizierung einzelner Chromosomen auszunutzen, wird im Reagenzglas (in vitro) die bei fortschreitender Kernteilung auftretende Trennung der Chromatiden unterbunden. Man zerstört die Teilungsspindel durch Zugabe von Colchicin oder ähnlicher „Anti-Mikrotubulus-Drogen" (vgl. Kap. 16). Dann bringt man die Zelle zum Platzen. Die Chromosomen liegen nun ausgebreitet unter dem Mikroskop. Es genügt eine Fotografie, um den Chromosomensatz weiter zu untersuchen. Ein solches „Karyogramm" (griech.: Karyon = Kern) zeigt, dass jeweils 22 Chromosomen paarweise als homologe Chromosomen auftreten (2 × 22 Autosomen). Wegen ihrer charakteristischen Morphologie kann man sie durchnummerieren (Autosom 1 bis 22). Nur zwei Chromosomen sind unterschiedlich, je nach Geschlecht (Gonosomen = Geschlechtschromosomen X und Y). Bei den Zellen des männlichen Geschlechts gehört zu einem X- ein Y-Chromosom. Zellen des weiblichen Geschlechts lassen zwei X-Chromosomen erkennen. XY determiniert also den Mann, XX die Frau. Das Prinzip dieser „genotypischen Geschlechtsbestimmung“ wird im gesamten System der Eukaryoten realisiert, bei Pflanzen wie bei Tieren, wenngleich je nach Organismusgruppe einmal XX weiblich (wie beim Menschen und bei der in der Genetik besonders beliebten Taufliege *Drosophila melanogaster*) oder männlich determinieren kann. Die Anzahl der Chromosomen (Karyotyp) kann je nach Spezies weit unter, aber auch über jener des Menschen liegen.

Abweichungen mit überzähligen oder fehlenden Gonosomen können schwere Krankheitsbilder hervorrufen. Dasselbe gilt für Chromosomen-Anomalien im Bereich der Autosomen, inklusive Monosomie (nur ein Chromosom eines Typs ist vorhanden) oder Trisomie (ein Chromosom zu viel ist vorhanden). Die häufigste Trisomie betrifft das Chromosom 21. Sie führt zum Down-Syndrom (Mongolismus). Chromosomen-Anomalien und andere im Karyogramm sichtbare Störungen erlauben die pränatale Diagnose von mehr oder weniger wahrscheinlichen Störungen. Hierfür wird bei der Amniozentese Flüssigkeit (Fruchtwasser) aus der Amnionhöhle entnommen, von welcher der Embryo bzw. der Fötus umgeben ist. In ihr schwimmen genügend Zellen, um ein Karyogramm zu erstellen. Eine andere, noch anspruchsvollere Möglichkeit ist die Entnahme von Zellen aus den Chorionzotten.

Wichtig für die normale Entwicklung ist demnach die Balance der Gene, insbesondere bei Tieren. Bei Getreidepflanzen wird die durch die Selektion des Züchters erzielte Zunahme des Ploidie-Grades schon seit dem Übergang zur Sesshaftigkeit, also seit Anbeginn des Ackerbaus zur Verbesserung des Ertrages ausgebeutet („neolithische Revolution“ vor ca. 10 000 Jahren). Dies ist auch in freier Natur ein Weg zur Bildung neuer Arten, wenigstens bei Pflanzen (vgl. Kap. 24). Wie beim Übergang vom Prokaryoten zum Eukaryoten, jedoch in sehr viel bescheidenerem Umfang, ist auch hierbei die Vergrößerung des Genoms pro Zelle der entscheidende Aspekt.

7.5 Nukleolus und Biogenese der Ribosomen

Der Zellkern enthält überdies das Kernkörperchen, den Nukeolus (Abb. 7.**12**). Der Nukeolus ist im Durchschnitt ca. 1 µm groß, seine Größe schwankt jedoch beträchtlich und der Nukleolus kann im Extremfall gar nicht existent sein. Letzteres trifft auf jeden Fall zu, sobald eine Zelle anfängt sich zu teilen. Die Funktion des Nukleolus ist einfach (Abb. 7.**13**): Synthese der ribosomalen RNA (rRNA), mit Ausnahme der 5S-rRNA (s. u.). Demgemäß liegt der Nukleolus stets einem bestimmten Abschnitt eines Chromosoms an, welcher die Gene für die rRNA enthält. Die Gene für die 5S-rRNA liegen getrennt an einem anderen Chromosomenabschnitt.

Die Ribosomen der Eucyte sind Komplexe aus 4 Typen von rRNA und aus über 80 Proteinen. Ribosomen dienen der Proteinsynthese, die im Cytoplasma stattfindet (vgl. Kap. 8). Also synthetisieren sie auch ihre eigenen, die riboso-

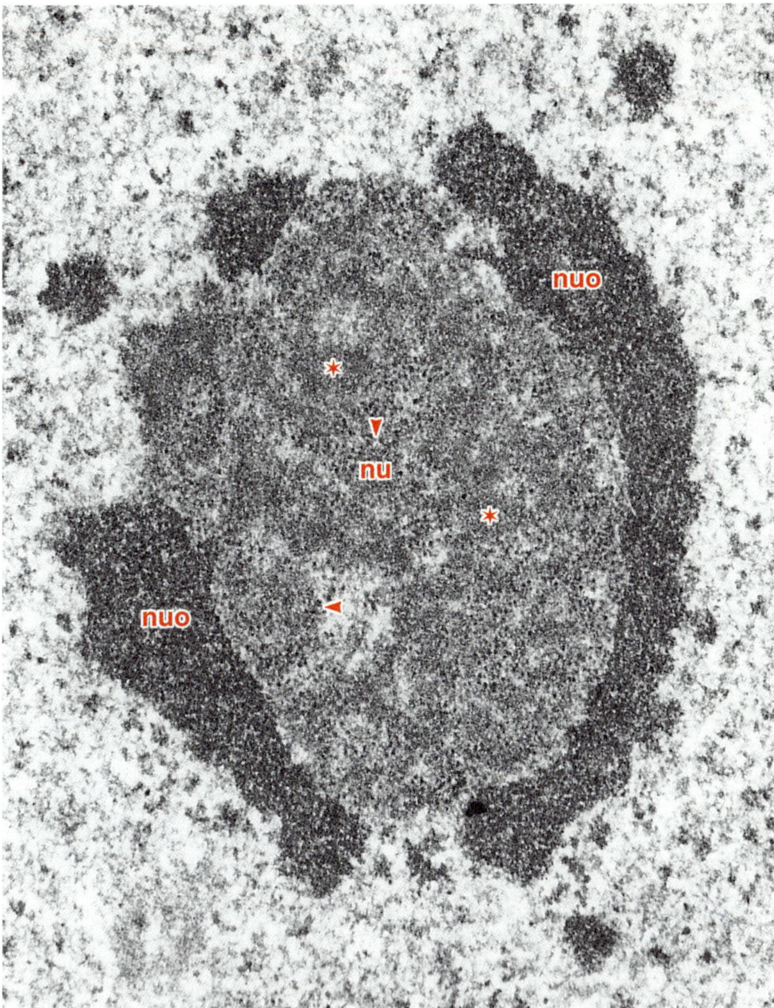

Abb. 7.**12** Nukleolus (nu), umgeben von elektronendichterem Heterochromatin, welches die Gene des Nukleolus-Organisators (nuo) birgt. Im Nukleolus werden aus RNA und Proteinen die Untereinheiten der Ribosomen zusammengebaut. Dementsprechend lassen sich fibrilläre (Stern) bis granuläre (Pfeilspitzen) Bereiche im Nukleolus erkennen. Vergr. 30 000 fach (Aufnahme: H. Plattner).

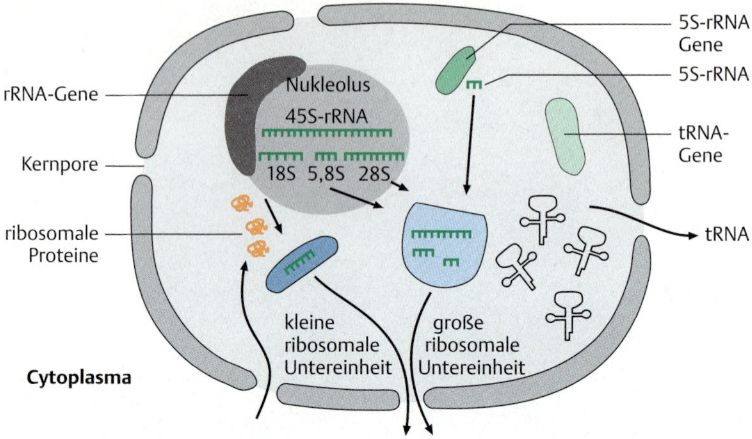

Abb. 7.**13** Bildung der Ribosomen bzw. ihrer großen und kleinen Untereinheit sowie der tRNA im Zellkern.
Die große wie die kleine Untereinheit der Ribosomen wird im Nukleolus aus ribosomaler RNA (rRNA) und ribosomalen Proteinen zusammengebaut. Der Nukleolus-Organisator enthält rRNA-Gene, an denen eine Vorläufer-rRNA (45S) gebildet wird. Diese wird in rRNA vom Typ 18S, 5,8S und 28S geschnitten. Hierzu kommt noch die 5S-rRNA, die in Genen außerhalb des Nukleolus-Organisators kodiert wird. Die ribosomalen Proteine werden zwar auch im Zellkern kodiert, jedoch an bereits existenten Ribosomen des Cytoplasmas synthetisiert (vgl. Kap. 8 über „Proteinsynthese"), von wo sie über die Poren der Kernmembran importiert werden müssen. Erst dann kann jeweils die kleine ribosomale Untereinheit aus ca. 35 Proteinen und der 18S-rRNA, sowie die große Untereinheit des Ribosoms aus ca. 50 Proteinen und rRNA vom Typ 5,8S, 28S und 5S, zusammengebaut werden (Self-assembly). Die Untereinheiten der Ribosomen verlassen den Zellkern durch seine Poren.
Die tRNA wird an anderen Genen kodiert und gebildet. Auch die tRNA muss durch die Kernporen ins Cytoplasma transportiert werden. Sowohl tRNA als auch Ribosomen dienen der Proteinsynthese im Cytoplasma.

malen Proteine. Nun folgt ein interessantes Wechselspiel zwischen dem Nukleolus im Zellkern und den ribosomalen Proteinen aus dem Cytoplasma. Der Zusammenbau zu Ribosomen, zunächst zu ribosomalen Vorstufen, erfolgt gleich nach der rRNA-Bildung ebenfalls im Nukleolus. Zwei Probleme ergeben sich daraus für die Zelle:

Erstens, wie gelangen die Proteine in den Kern? Zweitens, wie gelangen die fertigen Ribosomen hinaus? In beiden Fällen müssen die Kernporen durchschritten werden. Wie wir gleich sehen werden, sind diese wesentlich kleiner als ein Ribosom. Der Import ribosomaler Proteine ist unschwer vorzustellen, weil die einzelnen ribosomalen Proteine relativ klein sind. Der Export erscheint wesentlich schwieriger – es ist, als wollte man ein Möbelstück nach dessen Zusammenbau durch eine viel zu kleine Werkstatt-Tür zwängen.

7.6 Kernporen

Sie sind meist zu Hunderten in die Membran des Zellkerns eingelassen, indem die doppelte Kernmembran an vielen Stellen ringförmig verschmilzt. Dabei wird am Ultradünnschnitt oder an einem Gefrierbruch-Replik im Transmissions-EM eine Öffnung von ca. 30 bis 50 nm sichtbar (Abb. 7.**14** bis 7.**16**).

Die „Türe" wäre also groß genug, um ganze Ribosomen von 25 nm Durchmesser durchzuschleusen. Der Schein trügt jedoch. Am Rand einer Kernpore sind nämlich noch Proteine angelagert, die man bei den standardmäßig verwendeten Präparationstechniken nicht sieht. Nur mit geeigneten Methoden sieht man, dass ein achtfaches Arrangement solcher Proteine am Rand jeder Kernpore die eigentliche Öffnung auf 9 nm einengt (oktagonaler Kernporen-Komplex). Das Schema in Abb. 7.**17** fasst die molekulare Analyse des Kernporen-Komplexes zusammen. Durch eine Kernpore könnte gerade noch ein Protein mit bescheidenem MG von 50 000 leicht hindurchschlüpfen, aber unmöglich eine ribosomale Untereinheit – nicht einmal die kleine. Nur mRNA und tRNA haben diesbezüglich kein Problem.

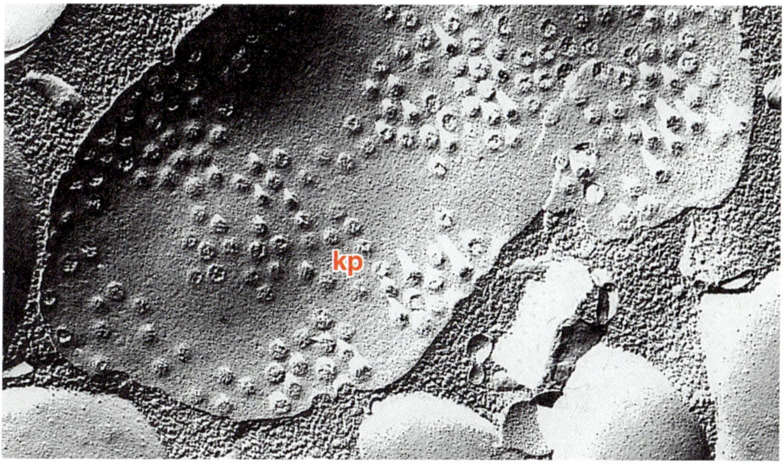

Abb. 7.**14** Kernporen im Gefrierbruch-Bild. Diese Methode erlaubt flächige Membranansichten und kann so am besten den Eindruck vermitteln, dass ein relativ hoher Anteil der Kernmembran durch zahlreiche Kernporen (kp) unterbrochen ist, um einen intensiven Stoffaustausch zu gewährleisten (nukleocytoplasmatischer Transport). Vergr. 23 500 fach. (aus Plattner, H., W. W. Schmitt-Fumian, L. Bachmann: In Benedetti, E. L., P. Favard: Freeze-etching, techniques and applications. Société française de microscopie électronique, Paris 1973)

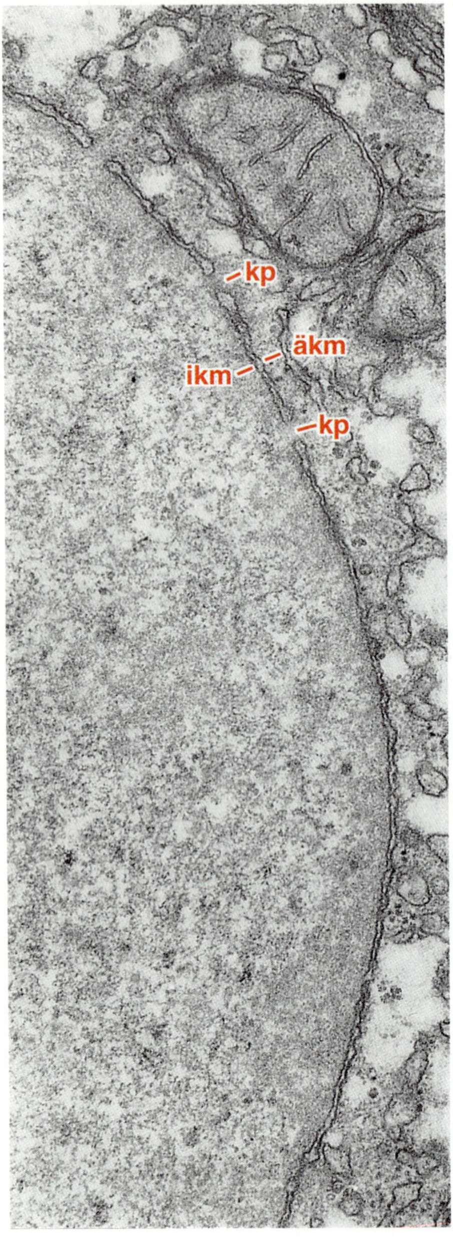

Abb. 7.**15** Die Kernmembran im Querschnitt. Hier ist selektiv die innere und äußere Kernmembran (ikm, äkm) kontrastiert. Dazwischen liegt die perinukleäre Zisterne. Beide Membranen sind lokal verschmolzen, sodass Kernporen (kp) ausgespart werden. Diese sind sehr unregelmäßig über die Kernmembran verstreut. Vergr. 33 000fach. (Aufnahme: H. Plattner).

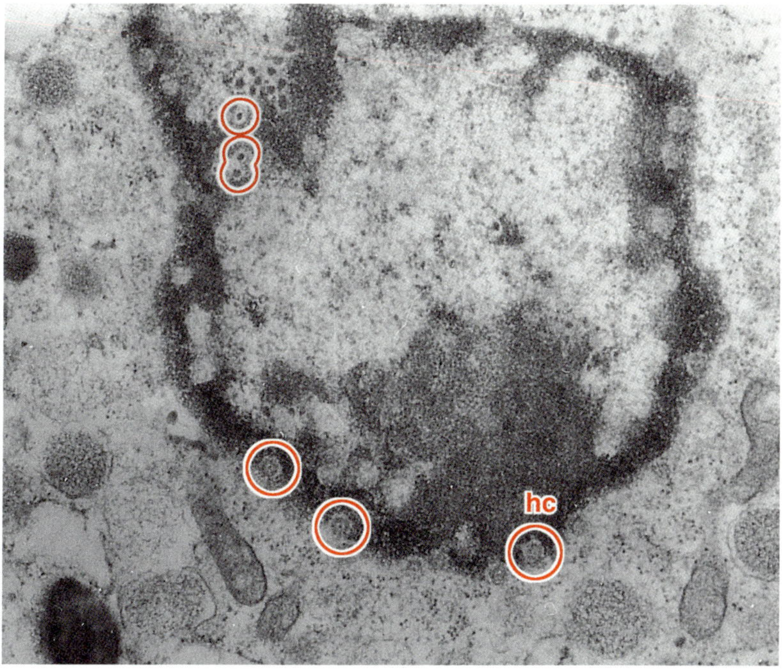

Abb. 7.**16** Die Kernmembran im flachen Anschnitt. Hier sind vielfach Kernporen tangential getroffen, sodass ihre runde Form erkennbar wird. Die eingekreisten Beispiele zeigen ein zentrales Granulum und eine ringförmige Randstruktur, die sich vom dunklen Heterochromatin (hc) des Kernrandes abhebt. Vergr. 33 000 fach. (Aufnahme: W. Schmidt, H. Plattner).

In molekularen Dimensionen ist daher eine Pore nicht mehr einfach die Pore, wie man sie im Elektronenmikroskop sieht. Konkret hängt der Durchtritt von Substanzen durch die Kernporen von folgenden Parametern ab:

1. vom Öffnungsdurchmesser der Pore,
2. von der Ladung eines Moleküls,
3. von seiner Deformierbarkeit,
4. von bestimmten Sequenzabschnitten (nukleäre Lokalisationssignale), die von den Proteinen des Porenrandes wie eine Art Eintrittskarte „zur Kenntnis genommen" werden.
5. Die Kernporen sind beschränkt dilatierbar.

Alle diese „Tricks" hat die Zelle für einen selektiven nukleo-cytoplasmatischen Transport erfunden, um das Karyoplasma vom Cytoplasma abzuschirmen, ohne jedoch den notwendigen Stoffaustausch völlig zu unterbinden. Ein Teil

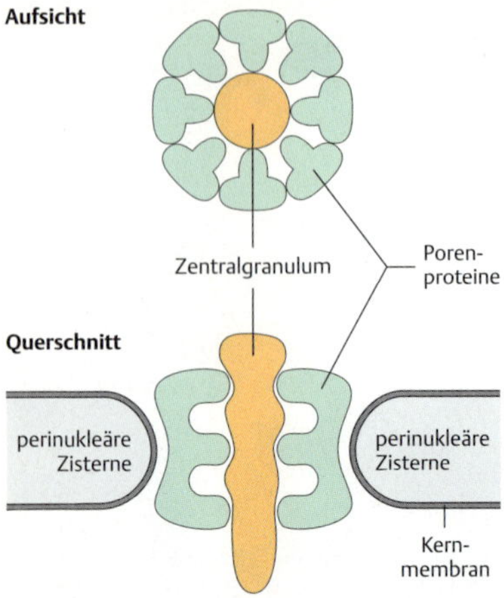

Abb. 7.**17** Schema einer Kernpore in Aufsicht (oben) und im Querschnitt (unten). Der doppelten Kernmembran sind im Bereich der Kernpore Proteine in achteckiger Geometrie angelagert. Am Aufbau dieses „oktagonalen Porenkomplexes“ sind de facto zahlreiche verschiedene Proteine beteiligt. Obwohl daher das Schema sehr vereinfacht ist, lassen sich deutlich die Einengung des Porenrandes und ein länglich deformiertes Zentralgranulum erkennen.

dieser Transportmechanismen, und zwar in beide Richtungen, benötigt ATP, ist also ein aktiver Transport.

Zurück zu unserem Problemfall der ribosomalen Untereinheiten: Sie werden unter starker Deformation durchgezwängt. In der Tat sieht man häufig ein „zentrales Granulum“ in der Mitte von Kernporen (Abb. 7.**16** und 7.**17**). Im Längsschnitt erscheint es lang ausgezogen. In ähnlicher Weise werden in umgekehrter Richtung DNA-Polymerasen, RNA-Polymerasen von ca. 100 000 bis 200 000 MG ebenso wie andere Proteine aufgenommen. Wie aber kann die Zelle eine Masseninvasion kleiner Moleküle aus dem Cytoplasma unterbinden? Manche von den kleinen Proteinen sollen in den Kern gelangen, wie z. B. ribosomale Proteine, aber auch Steroidhormone nach Bindung an ihren cytoplasmatischen Rezeptor. Die geringe Selektivität beim Durchtritt durch die Kernporen wird dadurch kompensiert, dass im Kern ohnehin nur jene Moleküle etwas bewirken, welche spezifische Bindungsstellen vorfinden. Dies gilt zum Beispiel für den Komplex der Steroidhormone mit ihrem Rezeptor, der nur an bestimmte Gene gebunden werden kann, welche er so zu aktivieren vermag.

Technik: Molekularbiologie – ein neues Werkzeug für alte Probleme

Die moderne Zellbiologie ist ohne die Methoden der Molekulargenetik nicht mehr denkbar.

Bei der molekularbiologischen Analyse kann man mehrere Ziele verfolgen:
1. Identifikation eines Gens oder eines Genproduktes (Protein) durch Sequenzvergleich (DNA, Aminosäuresequenz) mit bekannten Genen und Genprodukten, wie sie aus anderen Zelltypen bekannt sind;
2. Isolierung einzelner Gene;
3. Lokalisierung von Genen auf bestimmten Chromosomenabschnitten;
4. Identifikation von Zellen, die gerade ein bestimmtes Gen in mRNA transkribieren und in das entsprechende Protein translatieren;
5. Funktionstests, indem ein Gen überexprimiert oder zerstört wird. Auch kann die Translation durch Applikation von „Antisense"-mRNA unterdrückt werden.

a zeigt ein kombiniertes Verfahrensschema. Ein bestimmtes Protein kann durch jeweils verschiedene Verfahren isoliert werden. Eine Möglichkeit bieten u. a. monoklonale Antikörper (vgl. Abschnitt 10.5.4). Daran schließt sich die teilweise Sequenzierung des Proteins zur teilweisen Ermittlung seiner Primärstruktur (Ansequenzieren). Aus der ermittelten Aminosäuresequenz kann man auf die Abfolge der Kodons in der DNA des entsprechenden Gens schließen. Nun wird die Synthese von Oligonukleotiden möglich. Diese werden mit einer Markierung versehen und als Sonden verwendet, um das Gen aus einer Genbibliothek zu isolieren. Darunter versteht man das in viele kleine Stücke zerlegte und in Phagen oder Bakterien gepackte Genom eines Organismus. Möglich ist die Isolierung eines Gens auf diesem Weg deshalb, weil die Oligonukleotide zu einem Teil der DNA-Sequenz komplementär sind, diese Genabschnitte also „erkennen" und an diese spezifisch binden. Mit Hilfe der an den Oligonukleotiden vorhandenen Markierung läßt sich dann das komplementäre Gen identifizieren.

Ist genügend Sequenzinformation vorhanden, z. B. durch Vergleiche der Aminosäurensequenzen mit bereits bekannten Proteinen (konservative Abschnitte), so können die entsprechenden Oligonukleotide auch als „Primer" zur Vervielfachung eines Genabschnittes verwendet werden. Dazu dient die Polymerase-Ketten-Reaktion (PCR, engl.: polymerase chain reaction), wobei in einem Gerät in einer Kettenreaktion komplementäre DNA-Stränge mittels Polymerasen gebaut und getrennt und in wiederholten Zyklen in großer Zahl nachgebaut werden. Damit können längere und somit spezifischere Sonden in großer Menge hergestellt werden.

Hat man einmal ein ganzes Gen isoliert (kloniert), kann man aus ihm mittels verschiedener Techniken (z. B. PCR, In-vitro-Translation etc.) DNA, mRNA oder „Antisense"-mRNA herstellen.

DNA läßt sich in Bakterien einschleusen, um dort das entsprechende Protein zu exprimieren und dann weiteren Tests zuzuführen. Es lassen sich aber auch mit „transfizierten" Bakterienkulturen medizinisch wichtige Proteine synthetisieren, wie Insulin gegen Diabetes oder Interferon zur Bekämpfung von Virus- und Tumorkrankheiten (**b**). Sie läßt sich aber auch in Eukaryotenzellen einschleusen. Die Überexpression eines Gens erlaubt wichtige Rückschlüsse auf dessen Funk-

Fortsetzung

Fortsetzung

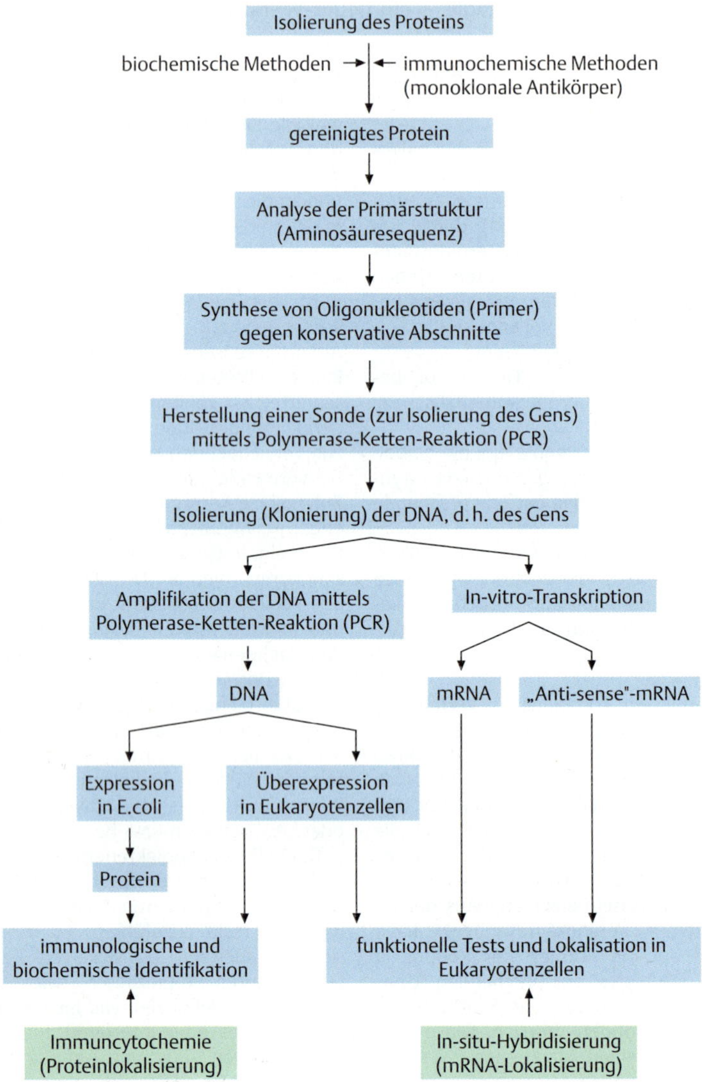

a Methodenkombination bei der molekularbiologischen Analyse zellbiologischer Probleme, wie sie im Text erläutert wird

Fortsetzung

Fortsetzung

tion, ebenso wie die funktionelle Zerstörung eines Gens (Knockout-Experimente). Injiziert oder exprimiert man „Antisense"-mRNA, so hybridisiert diese mit normaler mRNA und blokkiert diese so für die Proteinbiosynthese. Dies ergibt wiederum Anhaltspunkte für die Funktion, erlaubt aber auch die Identifikation transkriptionsaktiver Zellen, wenn die Antisense-mRNA für die lichtmikroskopische Analyse markiert worden war (In-situ-Hybridisierung). Das Prinzip der Markierungstechniken, auch zur Lokalisierung des Endproduktes (also des kodierten Proteins) wird in Kap. 10 behandelt.

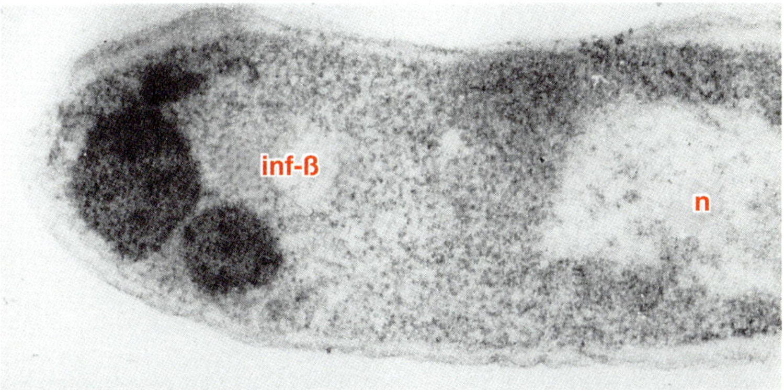

b Eine Zelle von *E. coli* nach Transfektion mit dem Gen für β-Interferon (inf-β). Dieses zellfremde Genprodukt wurde mit Methoden der Immuncytochemie unter Verwendung des Peroxidase-Nachweises über ein elektronendichtes Reaktionsprodukt sichtbar gemacht (vgl. Kap. 10.3).

Literatur

Ausubel, F.M., R. Brent, R.E. Kingston, D.D. Moore, J.A. Seidmann, J.A. Smith, K. Struhl: Current Protocols in Molecular Biology. Wiley & Sons, Inc., New York 2000

Belmont, A.S., K. Bruce: Visualization of G1 chromosomes: a folded, twisted supercoiled chromonema model of interphase chromatid structure. J. Cell Biol. 127 (1994) 2927

Dundr, M., T. Misteli: Functional architecture in the cell nucleus. Biochem. J. 356 (2001) 297

Göhrlich, D., U. Kutay: Transport between the cell nucleus and the cytoplasm. Annu. Rev. Cell Dev. Biol. 15 (1999) 607

Knippers, R.: Molekulare Genetik. Thieme, Stuttgart 1997

Kornberg, R., Y. Lorch: Interplay between chromatin structure and transcription. Curr. Op. Cell Biol. 7 (1995) 371

Passarge, E.: Color Atlas of Genetics. Thieme, Stuttgart 2001

Rout, M.P., J.D. Aitschinson: The nuclear pore complex as a transport machine. J. Biol. Chem. 276 (2001) 16593

Stein, G.S., A.J. van Wijnen, J.L. Stein, J.B. Lian, M. Montecino, J.-Y. Choi, K. Zaidi, A. Javed: Intranuclear trafficking of transcription factors: implications for biological control. J. Cell Sci. 113 (2000) 2527

8 Proteinsynthese – Umsetzung von Botschaften aus dem Zellkern

Die „Botschaft“ der Gene wird als mRNA ins Cytosol abgegeben, wo sie an Ribosomen in fertige Genprodukte, also Proteine übersetzt wird (Translation). Es sind „freie“ Ribosomen sowie membrangebundene Ribosomen des rauen Endoplasmatischen Retikulums (ER) zu beobachten. Am rauen ER werden jene Proteine synthetisiert, deren mRNA eine ganz bestimmte Signalsequenz kodiert. Derlei Proteine werden entweder ins Lumen des rauen ER abgegeben oder in die Membran des rauen ER integriert. Sowohl lösliche als auch integrale Proteine des rauen ER können noch hier eine „Core glycosylation“ erfahren, d.h. Zucker-Reste werden den Proteinen kovalent angeheftet. Die Glykosylierung wird dann im Golgi-Apparat komplettiert („periphere Glykosylierung“, Anheften weiterer Zucker-Reste an bereits bestehende), von wo die aus dem rauen ER stammenden Proteine über Sekretvesikel an die Zelloberfläche oder an Lysosomen weiter verteilt werden. Freie Ribosomen bilden Proteine des Cytosols, des Zellkerns und einzelner Organellen (Peroxisomen, Mitochondrien und Chloroplasten).

8.1 Zusammensetzung und Bau von Ribosomen

Ribosomen sind im Transmissions-EM als Granula im Cytoplasma sichtbar. Sie bestehen aus zwei Untereinheiten, einer großen und einer kleinen (vgl. Kap. 7). Beide enthalten – wie besprochen – ribosomale RNA (rRNA) mit zahlreichen angelagerten Proteinen (ribosomale Proteine). Man kann Ribosomen also als Ribonukleoprotein-Granula bezeichnen. Sowohl Prokaryoten als auch Eukaryoten besitzen Ribosomen, denn diese sind die „fleißigen Handwerker“, die der Zelle ihre Proteine herstellen. Neue Proteine werden nicht nur beim Wachstum gebraucht, sondern vorhandene müssen auch erneuert werden, weil sie einem je nach Protein-Art unterschiedlichen Turnover unterliegen.

Sehen wir uns daher zunächst an, wie ein Ribosom aussieht und wie es zusammengebaut wird. Ein fertiges Ribosom besteht aus zwei Bauteilen, einer großen und einer kleinen Untereinheit. Sie lagern sich erst im Cytoplasma unmittelbar bei Aufnahme ihrer Funktion, also zur Proteinsynthese, zusammen. Die große Untereinheit wird auch als 60S-, die kleine als 40S-Untereinheit bezeichnet. S steht für Sedimentationseinheit oder ursprünglich – nach dem schwedischen Biochemiker – für Svedberg-Einheit. Man verwendet dieses Maß für die Charakterisierung des Molekulargewichts von großen Makromolekülen oder Molekül-Aggregaten (vgl. Kap. 10.2). Der S-Wert gibt die Sedimentationsgeschwindigkeit in der Ultrazentrifuge an. Je größer das Molekül, desto größer der S-Wert.

Aus dem stokeschen Gesetz in Verbindung mit dem Gravitationsgesetz folgt (vgl. Lehrbücher der Physik), dass mit zunehmender Masse eines Moleküls seine Sedimentationsgeschwindigkeit nicht linear zunimmt. So ergibt sich die Tatsache, dass im Falle der Ribosomen der Eukaryotenzelle die kleine Untereinheit 40S, die große dagegen 60S „groß" ist, das gesamte Ribosom aber nur 80S aufweist. Die Werte sind also nicht additiv. Selbstverständlich lässt sich auch direkt das Molekulargewicht (MG) angeben. Hierbei sind die Werte beider ribosomaler Untereinheiten additiv: 1400 000 + 2 800 000 = 4 200 000. Im Transmissions-EM zeigen sie einen Durchmesser von 25 nm. Vgl. Abb.8.1.

Auch das MG der rRNA-Arten wird konventionell in S-Einheiten angegeben: Aus einer 45S-Vorläufer-rRNA als ursprünglichem Genprodukt entstehen durch Spaltung die 28S-, 18S- und 5,8S-rRNAs (Abb. 7.**13**). Die 5S-rRNA wird – wie erwähnt – an einem Gen außerhalb des Nukleolusbereiches gebildet. Die verschiedenen rRNA-Arten verteilen sich nach Assoziation mit den importierten Proteinen wie folgt: Die 18S-rRNA geht in die kleine Untereinheit, die 5S-, 5,8S- und 28S-rRNA gehen in die große. Dazu kommen jeweils ca. 35 bzw. 50 ribosomale Proteine.

In Prokaryoten erfolgt die Bildung der Ribosomen naturgemäß frei im Cytoplasma. Ihr Durchmesser von 23 nm entspricht einem MG von 2 500 000 = 70S, welches sich auf eine 30S- und eine 50S-Untereinheit mit MG-Werten von 900 000 + 1 600 000 verteilt. Die kleine Untereinheit besitzt hier eine 16S-, die große eine 5S-und eine 23S-rRNA. Im Vergleich zu den Eukaryoten fällt auf, dass bei Prokaryoten alle Werte kleiner sind – nur die 5S-rRNA hat identische Größe – und dass die große Ribosomen-Untereinheit eine rRNA-Spezies weniger enthält. Jene mit 5,8S fehlt den Bakterien. Die bei den höheren und niederen Zellen relativ ähnliche rRNA vom Typ 16S bzw. 18S verdient unser besonderes Augenmerk im Zusammenhang mit dem Thema „Evolution der Zelle" (Kap. 24), denn vergleichende Analysen der Nukleotidsequenz an diesem Molekül haben die Evolutionsforschung enorm beflügelt.

Zwischen den Ribosomen von Bakterien und jenen von höheren Zellen gibt es also wesentliche Unterschiede (Abb. 8.**1**). Dies kann wie folgt zusammengefasst werden. Die Ribosomen der Bakterien, von denen es nur ca. 10^4 pro Zelle gibt, sind kleiner (Durchmesser: 23 nm). Außerdem enthalten sie weniger Proteinmoleküle und nur drei rRNA-Ketten. Die Eukaryoten-Ribosomen sind in größerer Zahl vorhanden (ca. 10^5 bis $>10^7$ pro Zelle), sie sind 25 nm im Durchmesser und sie haben neben einem größeren Repertoire an Proteinen auch eine rRNA-Kette mehr, also vier rRNA-Ketten. Darüber hinaus können die Ribosomen der höheren Zelle nicht nur frei im Cytoplasma liegen, sondern auch an Membranen des rauen Endoplasmatischen Retikulums, rER, gebunden werden (Abb. 8.**2**). Nur die Eukaryoten haben also neben „freien" (wie bei Bakterien) auch „membrangebundene" Ribosomen.

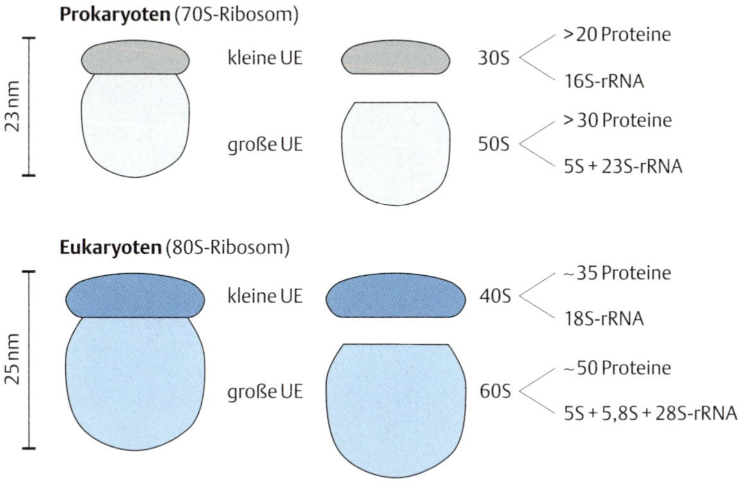

Abb. 8.**1** Aufbau von Ribosomen und ihrer Untereinheiten (UE) bei Pro- und Eukaryoten. Zu beachten sind die Größenunterschiede sowie die unterschiedliche Zahl an Proteinen und rRNA-Spezies. So ist die 5,8S-rRNA nur den Eukaryoten zu Eigen. Während die 5S-rRNA bei Pro- und Eukaryoten gleich groß ist, sind die anderen rRNA-Spezies bei Eukaryoten geringfügig größer.

8.2 Das Prinzip der Synthese von Proteinen und ihrer Verteilung in der Zelle

Ribosomen binden an das 5'-terminale Ende einer mRNA, wann immer sie mit ihr in Berührung kommen und egal, welches Protein diese mRNA kodiert. Um genau zu sein, ein Ribosom entsteht erst aus seinen zwei Untereinheiten, sobald sich die kleine Untereinheit eine mRNA „gefischt" hat. Erst dann lagert sich eine große Untereinheit an. Die Ribosomen beginnen mit der Proteinsynthese (Translation) vom Amino-Ende her, nach der in der mRNA als Nukleotid-Tripletts vorgegebenen Information. Allerdings bedarf es, bevor ein Ribosom seine Arbeit aufnimmt, neben Aminosäuren noch bestimmter Kofaktoren (s.u.). Sobald die Translation angelaufen ist, rutscht das Ribosom entlang des mRNA-Fadens weiter und translatiert Triplett für Triplett unter Verknüpfung der jeweiligen Aminosäuren über eine Peptidbindung (Abb. 8.**3**). Dabei wird vorne Platz für immer neue Ribosomen geschaffen, sodass bis zu zwei Dutzend Ribosomen an einer mRNA angeordnet sein können. So werden entsprechend viele Exemplare eines bestimmten Proteins gleichzeitig wie auf kleinen Nähmaschinen am Fließband produziert. Im EM sieht man dann eine Perlenschnur von Ribosomen (Polyribosomen), die von der unsichtbaren mRNA zusammengehalten werden (Abb. 8.**2**).

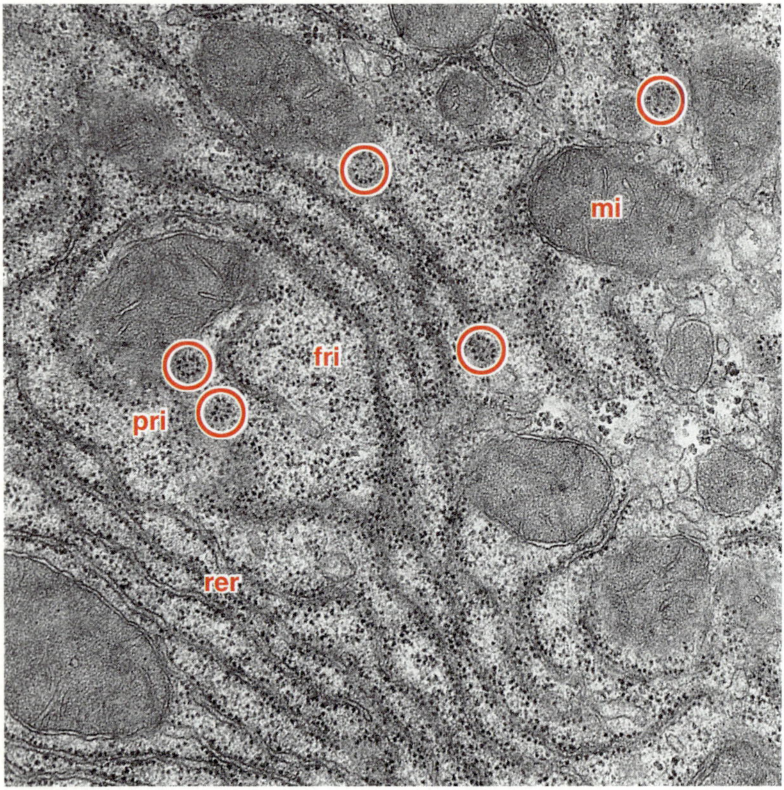

Abb. 8.**2** Ribosomen in einer Leberzelle. Neben einigen freien Ribosomen (fri) sind die meisten an die Membranen des rauen Endoplasmatischen Retikulums (rer) angeheftet. Der Zusammenschluss zu Polyribosomen (pri) ist besonders deutlich zu sehen (eingekreiste Bereiche), wo das raue ER tangential angeschnitten ist. mi = Mitochondrium, mit enger Anlagerung einer Zisterne des rauen ER (vgl. Kap. 13). Vergr. 24 000 fach (Aufnahme: H. Plattner).

Prinzipiell kann jedes Ribosom jede mRNA „übersetzen". Membran-gebundene Ribosomen können diese Position aufgeben und als freie Ribosomen weiterarbeiten oder umgekehrt. Der Unterschied, wo sie ihren „Job" ausüben, hängt lediglich von einer Signalsequenz an der jeweiligen mRNA ab (Abb. 8.**3**). Ist eine solche Signalsequenz vorhanden, dann wird ein Ribosom zur Arbeit an einer Membranoberfläche des rauen ER „engagiert", fehlt sie, so arbeitet das Ribosom „frei" im Cytosol. Proteine werden hier wie dort produziert, jedoch mit unterschiedlicher Bestimmung (Abb. 8.**3**).

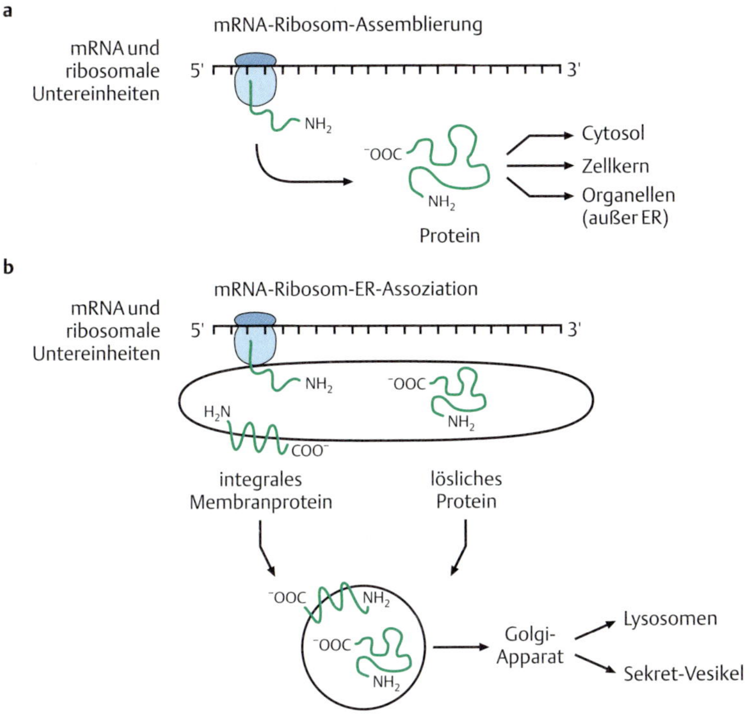

Abb. 8.**3** Synthese von Proteinen an **a** freien oder **b** membranständigen Ribosomen des rauen Endoplasmatischen Retikulums (rER). In **a** entstehen Proteine des Cytosols (inklusive Cytoskelett), des Zellkerns (auch der ribosomalen Untereinheiten für deren Zusammenbau im Nukleolus) und der verschiedensten Organellen (wie Peroxisomen, Mitochondrien), soweit sie nicht in **b** vom rER „bedient" werden. Die am rER synthetisierten Proteine **b** unterliegen aufgrund einer Signalsequenz (die anschließend abgespalten wird) einer kotranslationalen Sequestrierung in die ER-Zisternen bzw. sie können auch in deren Membranen eingebaut werden (vgl. Abb. 8.**6** für Details). Solche Proteine können glykosyliert werden (nicht gezeichnet) und sie werden über den Golgi-Apparat auf Lysosomen und Sekretvesikel weiterverteilt.

Die Eukaryotenzelle enthält in ihren verschiedensten Bauelementen eine Vielzahl verschiedenartiger Proteine. Wie können diese an die jeweils richtige Stelle gelangen? Dazu hat die Zelle zwei Prinzipien realisiert. Eines hängt davon ab, ob ein Protein an freien oder an membranständigen Ribosomen gebildet wird. Letzteres bedarf einer eigenen, relativ langen Signalsequenz an der mRNA (s. u.). Zweitens, die an den freien Ribosomen gebildeten Proteine enthalten relativ kurze Motive von Aminosäuresequenzen, die gewährleisten, dass ein Protein im Cytosol verweilt oder aber in ganz bestimmten Organellen eingebaut wird (engl.: targeting, zielgerichteter spezifischer Einbau). In diesen zweiten Mechanismus hat uns erst die moderne Molekularbiologie Einblick gewährt (vgl. Technik-Box, S. 153 – 155). Jene Proteine, welche an Membranen des rauen ER produziert werden, gehen in das „Exportgeschäft". Sie können als Sekrete (inkl. Hormone und Verdauungsenzyme etc.) ausgeschleust oder in Lysosomen transportiert werden, oder aber sie werden in Membranen von intrazellulären Vesikeln eingebaut (integrale Proteine). In allen diesen Fällen erfolgt eine Durchschleusung durch den Golgi-Apparat. Von dort gelangen sie durch Vesikelfluss in die Lysosomen oder als Vesikel an die Zellmembran. Die „freien" Ribosomen arbeiten vorwiegend an der Herstellung cytosolischer Proteine und solcher für den Inhalt und die Membranen verschiedener anderer Organellen (Zellkern, Peroxisomen, Mitochondrien, Chloroplasten). Sie sind auch die Produzenten ihrer eigenen ribosomalen Proteine, wie dies in Kap. 7 erklärt wurde. Alle diese Möglichkeiten sind in Abb. 8.**3** zusammengefasst.

In der Bakterienzelle obliegt die gesamte Proteinsynthese den freien Ribosomen. Es gibt hier keine innere Kompartimentierung und demnach keinen Vesikelfluss. Die mRNA einer Eukaryotenzelle kann in vitro ohne weiteres auch von Ribosomen aus Prokaryoten gelesen werden und umgekehrt. Die Aufgabendifferenzierung bei höheren Zellen liegt also eher an der Differenzierung von Signalsequenzen an manchen Arten von mRNA, die eben für Export- und Membran-Proteine kodieren.

8.3 Ablauf der Synthese von Proteinen

Eine mRNA bindet also an die kleine Untereinheit eines Ribosoms und erst dann wird durch Anlagerung einer großen Untereinheit ein komplettes Ribosom gebildet. Die Nukleotide der mRNA „blicken" zu dieser großen Untereinheit. Diese hat zwei Bindungsstellen, eine „P-" und eine „A-Stelle" (Abb. 8.**4**).

Es gibt für jede Aminosäure wenigstens eine, jeweils spezifische tRNA. Das tRNA-System ist also – ebenso wie der genetische Kode – „degeneriert", weil es mehrere Sorten von tRNA pro Aminosäure geben kann. Die tRNA ist ca. 70 bis 90 Nukleotide lang, sie ist streckenweise einsträngig, ihre Basen sind aber über kurze Strecken gepaart. Dadurch ergibt sich für die tRNA die typische Kleeblatt-Struktur, wie sie in Abb. 8.**4** und genauer in den Lehrbüchern der Genetik abgebildet ist. Der Stiel des Blattes hat die Fähigkeit, eine ganz bestimmte Aminosäure zu binden, sodass sich ein Aminoacyl-tRNA-Komplex bildet (Abb. 8.**4**). Von den „Kleeblättern" ist das „mittlere Blatt" der tRNA-Struktur besonders wichtig, denn es trägt eine zum jeweiligen Triplett der mRNA (Kodon) komplementäre Nukleotidfolge (Antikodon). Zwei Strukturdetails müssen also zusammenpassen: das Antikodon der tRNA zum Kodon der mRNA und das Antikodon zu der am anderen Ende der tRNA befindlichen spezifischen Aminosäure. Wie letzteres genau funktioniert und in der Evolution gewährleistet werden konnte, darüber lässt sich nur spekulieren – es ist jedoch ein Faktum.

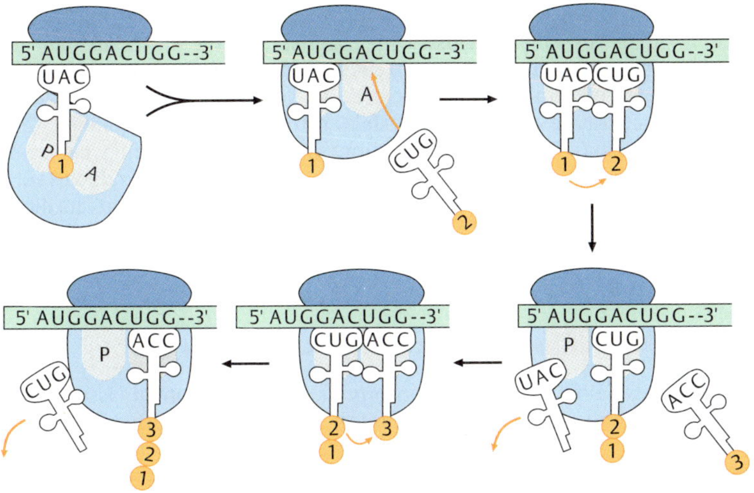

Abb. 8.**4** Molekularer Ablauf der Proteinsynthese. Nach Bindung des 5'-Endes einer mRNA (mit dem Startkodon AUG) an einer kleinen ribosomalen Untereinheit wird eine große Untereinheit gebunden. So wird mit der Synthese des Peptids (Protein von noch geringer Kettenlänge) begonnen, wie es der Triplett-Abfolge in der mRNA entspricht. Den Kodons der mRNA entsprechen die Antikodons der kleeblattförmigen tRNA, die jeweils spezifische Aminosäuren (1,2,3) an die A-Bindungsstelle des Ribosoms herantransportieren. Daneben hat das Ribosom noch eine *P*eptid-(P-)Bindungstelle. Auf der entgegengesetzten Seite des Ribosoms wird eine Peptidbindung geknüpft, wobei das naszente Protein über die vorangehende tRNA an der P-Bindungsstelle gebunden ist. Nach Knüpfung der Peptidbindung fällt die tRNA von der P-Bindungsstelle ab und der tRNA-Protein-Komplex rückt von A nach P weiter, sodass die A-Stelle neu besetzt werden kann usw. Der hier dargestellte Peptidabschnitt entspräche der Abfolge: Methionin-Asparaginsäure-Tryptophan. Das Peptid könnte so zu einem Protein aus Hunderten von Aminosäuren anwachsen – an ein und demselben Ribosom.

Die Translation beginnt am 5'-Ende der mRNA, sodass als erstes der N-terminale oder aminoterminale Teil eines Proteins übersetzt wird. Zu Beginn kommt das Start-Kodon (AUG) der mRNA an die P-Stelle. Sie heißt so, weil hier beim weiteren Fortschreiten der Translation das Peptid bzw. das Protein gebunden ist, wogegen an der A-Stelle immer neue Aminoacyl-Reste über weitere tRNA-Moleküle angelagert werden. Die entsprechende tRNA bindet als erstes, dem AUG-Kodon entsprechend, die Aminosäure Methionin (bei Bakterien: N-Formyl-Methionin) an der P-Stelle. Nach diesem stereotypen Beginn können alle möglichen Aminosäuren angeknüpft werden, entsprechend der Nukleotidsequenz der mRNA. Eine nach der anderen wird über die entsprechende tRNA an die A-Stelle positioniert. Die nächste tRNA bindet wiederum spezifisch mit ihrem Antikodon am nächstfolgenden Triplett der mRNA bzw. an der A-Stelle des Ribosoms usw. Am „oberen" Teil der tRNA, also auf der gegenüberliegenden Seite, werden die zwei Aminosäuren über eine Peptidbindung kovalent verknüpft. Dazu braucht es als Kofaktoren Mg^{2+}, GTP (Guanosintriphosphat) und einen Elongationsfaktor. Dieser ist ein monomeres GTP-Bindeprotein mit GTP-spaltender Funktion (GTPase). Dann springt der ganze Komplex um ein Triplett weiter. Die vorher an der P-Stelle befindliche tRNA springt ab und die vorher an der A-Stelle sitzende t-RNA gelangt an die P-Stelle. So geht das Spiel weiter, bis ein Stopp-Kodon (UAG) auf der mRNA die Proteinsynthese zu Ende bringt und das Ribosom von der mRNA abfällt.

8.4 Freie und membranständige Ribosomen

Als Paradebeispiel für ein Translationsprodukt freier Ribosomen lässt sich das Hämoglobin anführen (vgl. Abb. 5.**6**), das frei im Cytosol der Erythrocyten gelöst ist. Hier werden sogar verschiedene Proteinketten (je zwei α- und β-Ketten als Isoformen, d. h. als Kodierungsprodukte verschiedener Gene) zu einer Quartärstruktur zusammengefügt. Jede Kette erhält außerdem noch eine Häm-Gruppe, also einen Nicht-Protein-Komplex mit einem Fe^{2+} -Kern. Daran wird O_2 beim Sauerstofftransport im Blut reversibel gebunden. Die Reversibilität hängt mit der Fähigkeit der einzelnen Hämoglobin-Ketten zusammen, sich gegeneinander leicht bewegen zu können (Konformationsänderungen aufgrund der Quartärstruktur). Posttranslationale Modifikationen, wie wir sie an Sekret- und Membranproteinen kennen lernen werden, treten an den von freien Ribosomen gebildeten Proteinen (fast) nicht auf.

Im Falle freier Ribosomen gelangen die Proteine direkt in das Cytoplasma. Sie sind noch in ungefalteter, offener Struktur. Das macht sie anfällig für falsche Faltung oder Aggregation mit falschen Proteinpartnern. Daher hat die Zelle Chaperone entwickelt, komplexe Proteine, die wie die Hände einer Hebamme naszente Proteinketten auffangen, bis sie die ihrer Aminosäuresequenz (Primärstruktur) entsprechende Faltung (Sekundär- und Tertiärstruktur) erreicht haben. Erst dann sind sie auch gegen die cytosolischen Proteasen weitgehend unempfindlich. Nur gewisse Modifikationen, die wir im Rahmen der „intrazellulären Verdauung" in Kap.13 besprechen werden, können ihnen diesen Schutz wieder nehmen.

An membrangebundenen Ribosomen des rauen ER (Abb. 8.**5**) erfolgt die Proteinsynthese zwar nach demselben Prinzip, jedoch gibt es mehrere Unterschiede gegenüber der Translation an freien Ribosomen (Abb. 8.**6**). Nach der Bindung der mRNA an die kleine ribosomale Untereinheit und der Assoziation mit der großen Untereinheit wird zunächst ein „Signalpeptid" von ca. 16 bis 30 Aminosäuren translatiert. Dieses bindet ein cytosolisches Protein, das SRP („Signal recognition particle"). So beladen kann der gesamte Komplex an einer Membran des rauen ER an SRP-Rezeptoren (SRPR) andocken. Das Signalpeptid ist hydrophob und wird durch eine von Proteinen gebildete Pore hindurch-

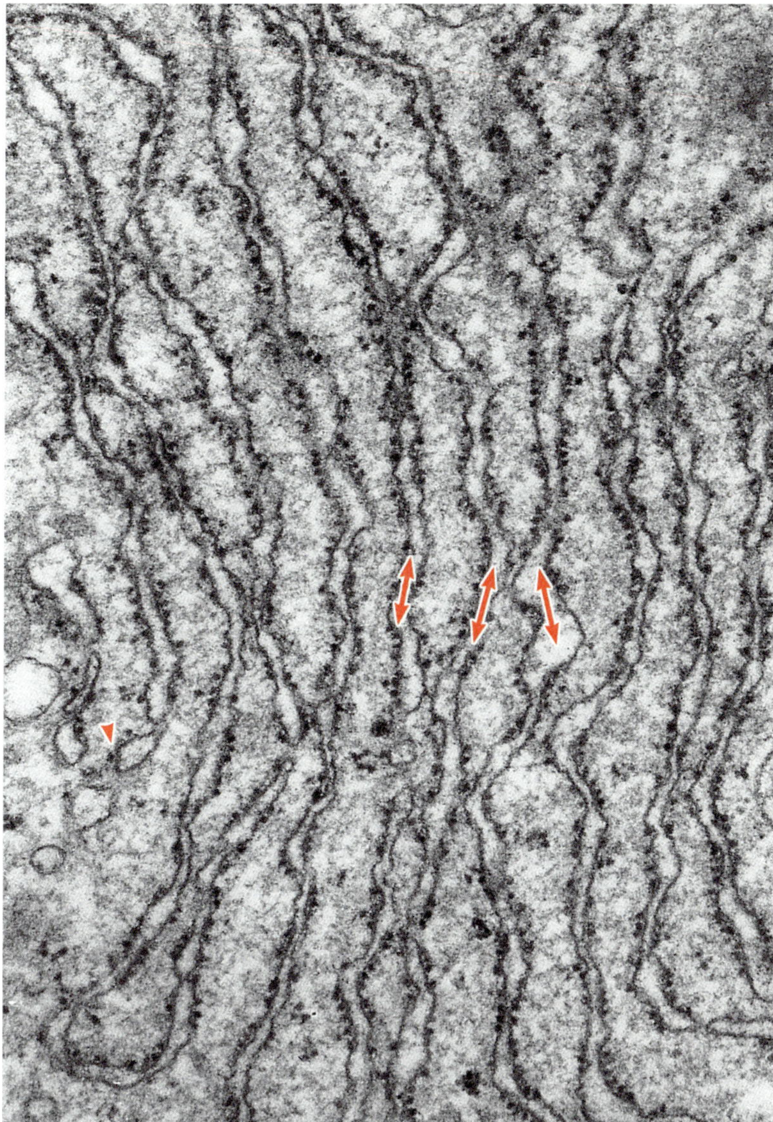

Abb. 8.**5** Raues ER in Detailansicht. Die Doppelpfeile zeigen den Verlauf der Zisternen des rauen ER an. Außenseitig sind zahlreiche Ribosomen angeheftet. Vergr. 60 000 fach (Aufnahme: H. Plattner).

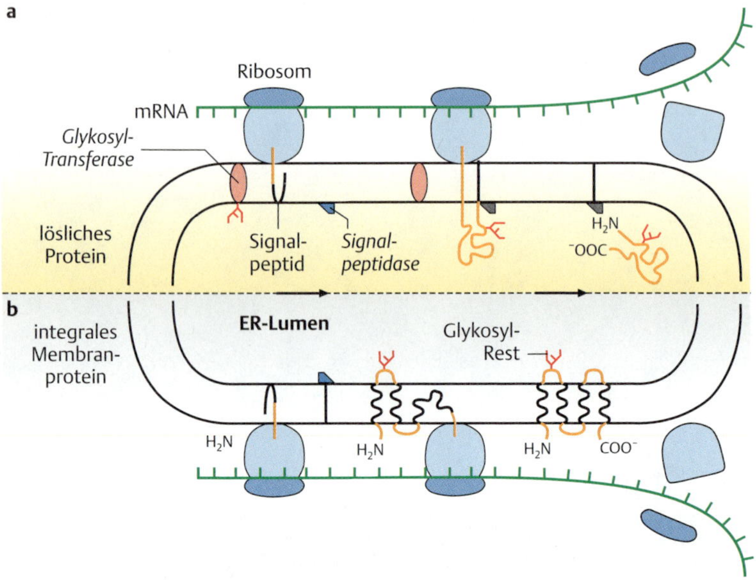

Abb. 8.**6** Synthese und posttranslationale Modifikation von Proteinen am rauen ER. **a** Bildung eines löslichen Proteins, das kotranslational ins Lumen des rauen ER sequestriert wird. **b** Biogenese eines Membranproteins mit mehreren hydrophoben Transmembran-Domänen (schwarz). In **a** und **b** wird das Signalpeptid (schwarz) durch die Signalpeptidase abgespalten und die Proteine können durch Glykosyl-Transferasen einer „Core glycosylation“ unterzogen werden.

geschoben (kotranslationale Sequestrierung). Das Signalpeptid wird dann durch eine Signalpeptidase abgeschnitten, bleibt aber in der Membran stekken. Die Faltung beginnt – wieder unter Beteiligung von Chaperons. Daran schließen sich weitere posttranslationale Modifikationen an. So können bereits im rauen ER lumenseitig Zucker-Reste (Glykosyl-Reste) kovalent angeheftet werden, denn viele hier produzierte Proteine sind Glykoproteine. Diesen Glykosylierungsschritt im rauen ER nennt man „Core glycosylation“ – im Unterschied zu den „peripheren Glykosylierungen“, die im Golgi-Apparat an die bereits bestehenden Glykolysierungs-Reste der „Core glycosylation“ weiter angehängt werden (vgl. Kap. 9). Die an membranassoziierten Ribosomen produzierten Proteine können je nach Art des Proteins zur Gänze in das Lumen der rauen ER-Zisternen abgegeben werden. Andere haben eine oder mehrere Sequenzabschnitte aus hydrophoben Aminosäuren. Mit so einer Sequenz bleibt ein Protein in der Membran stecken und es wird daraus ein integrales Membranprotein. Häufig wird eine Proteinkette mit mehreren „hydrophoben Transmembran-Domänen“ mehrmals durch die Membran „durchgefädelt“. Bereits in der Membran des rauen ER können verschiedene oder gleiche Proteine und Glykoproteine zu Homo- bzw. Hetero-Oligomeren zusammentreten (vgl. Abb. 6.**16**). Die Proteinsynthese am rauen ER wird als vektorielle Translation oder kotranslationale Sequestrierung bezeichnet, weil die Translationsprodukte (Proteine) zunächst nur in das raue ER gelangen, entweder in seine Membran oder ins Lumen.

Nach diesen Erörterungen ist es verständlich, dass insbesondere sekretorisch hochaktive Drüsenzellen bereits im lichtmikroskopischen Bild besonders strukturierte Bereiche erkennen lassen, welche den Reichtum an rauem ER wiederspiegeln (Ergastoplasma). Entsprechend dem hohen Gehalt an RNA sind solche Bereiche im Lichtmikroskop mit basischen Farbstoffen wie Hämatoxylin färbbar (Basophilie). Noch deutlicher sind die „Proteinpakete“ der sekretorischen Vesikel in solchen Drüsenzellen auszumachen. Sekretorische Proteine können häufig mit sauren Farbstoffen wie Eosin angefärbt werden (Acidophilie).

Literatur

Baumann, O., B. Walz: Endoplasmic reticulum of animal cells and its organization into structural and functional domains. Int. Rev. Cytol. 205 (2001) 149

Gabius, H.-J.: Biological information transfer beyond the genetic code: The sugar code. Naturwissenschaften 87 (2000) 121

Hedge, R. W., V. R. Lingappa: Regulation of protein biogenesis at the endoplasmic reticulum membrane. Trends Cell Biol. 9 (1999) 132

Jaenicke, R.: How do proteins acquire their three-dimensional structure and stability? Naturwissenschaften 83 (1996) 544

Matlack, K. E. S., W. Mothes, T. A. Rapaport: Protein translocation: Tunnel vision. Cell 92 (1998) 381

Molinari, M., A. Helenius: Chaperone selection during glycoprotein translocation into the endoplasmic reticulum. Science 288 (2000) 331

Muniz, M., P. Morsomme: Protein sorting upon exit from the endoplasmic reticulum. Cell 104 (2001) 313

Parodi, A. J.: Protein glucosylation and its role in protein folding. Annu. Rev. Biochem. 69 (2000) 69

Spiess, M.: Heads or tails – what determines the orientation of proteins in the membrane. FEBS Lett. 369 (1995) 76

9 Der Golgi-Apparat – „Verschiebebahnhof" der Zelle

Die am rauen ER gebildeten Proteine, membranintegrierte wie lösliche, werden über den Golgi-Apparat weitergeschleust und erhalten dabei ihre „periphere Glykosylierung". Unter den verschiedenartigen Glykosyl-Transferasen gilt die Galaktosyl-Transferase als Leitenzym des Golgi-Apparates. Vom Trans-Golgi-Netzwerk knospen verschiedenartige Vesikel ab. Es sind einerseits primäre Lysosomen (lysosomale Transportvesikel) und andererseits Exocytose-Vesikel, die in die ungetriggerte Exocytose (Biogenese der Zellmembran und der Interzellularsubstanz) oder in die getriggerte Exocytose (Sekretion) eingehen. Die Triggerung durch extrazelluläre Botenstoffe (Hormone etc.) oder bei manchen Zellen durch elektrische Signale (Membran-Depolarisierung) erreicht nicht den Golgi-Apparat, sondern nur die Zelloberfläche (vgl. Kap. 11).

Müsste man die Funktion des Golgi-Apparates mit einem Begriff aus unserer Alltagssprache kennzeichnen, so böte sich „Verschiebebahnhof" an. Allerdings müsste man hinzufügen, dass dieser sich direkt am Endpunkt der Fließbandproduktion von Proteinen und z. T. auch von Lipiden befindet, deren Endfertigung dem Golgi-Apparat obliegt. Hier werden Lipide und Proteine glykosyliert und für den Versand auf dreierlei Transportrouten verpackt:

1. Vesikel, die die Route der konstitutiven Exocytose beschreiten;
2. Vesikel, die für die getriggerte Exocytose bestimmt sind (Kap. 11) und
3. solche, die zu Lysosomen werden (Kap. 13).

Glykosyliert werden sowohl membranassoziierte und integrale Proteine (nachdem sie am rauen ER bereits eine „Core"-Glykosylierung erhalten haben) als auch Lipide, die im glatten ER synthetisiert worden sind (Kap. 14). Weiterhin werden Produkte der konstitutiven Sekretion hier sulfatiert; dies gilt für Komponenten der extrazellulären Matrix (Kap. 21). Die Vorläuferprodukte werden als membranumhüllte Vesikel an den Golgi-Apparat angeliefert und unterliegen also im Golgi-Apparat einer weiteren posttranslationalen Modifikation. Der „Versand" erfolgt über die vom Golgi-Apparat absprossenden Vesikel. Die Art des Transportgutes enthält – in spezifischen Aminosäuresequenzen verschlüsselt – die „Zustelladresse".

Der Golgi-Apparat hat im Prinzip immer denselben Aufbau. Er besteht aus Stapeln von flachen Zisternen (Golgi-Zisternen), also aus membranumhüllten Säcken, und aus zahlreichen Vesikeln um die Zisternen herum. Dennoch kann sein Aussehen sehr variieren. Es können nur drei, aber auch einige Dutzend solcher Zisternen übereinander gestapelt sein. Abb. 9.**1** bis 9.**3** geben hierfür Beispiele. Dieses Aussehen ist zellspezifisch. Dass aber wenigstens drei Stapel zu sehen sind, hängt mit der Funktion des Golgi-Apparates zusammen (s. u.). Immer sind die Membranstapel von Golgi-Vesikeln umgeben, die Material an-

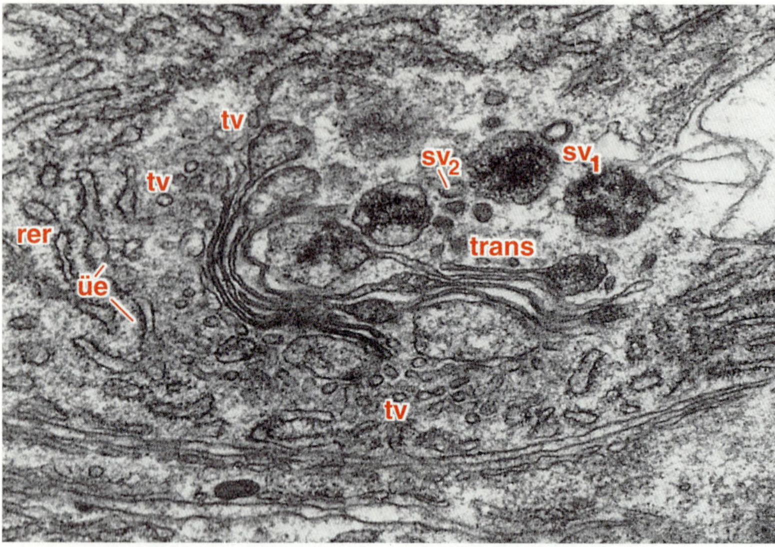

Abb. 9.1 Golgi-Apparat (Diktyosom) einer sekretorischen Zelle aus tierischem Gewebe. Das raue ER (rer) verliert an Übergangselementen (üe) einseitig seinen Ribosomenbesatz. Zwischen diesen Übergangselementen und den Membranstapeln des Golgi-Apparates, also auf der so genannten „Cis-Seite", liegen zahlreiche Transportvesikel (tv). Auf der Trans-Seite schnüren sich vom äußersten Rand der Golgi-Zisternen Sekretvesikel (sv) ab, die z. T. groß sind und elektronendichtes Sekret enthalten (sv_1), z. T. klein und licht erscheinen (sv_2). Zahlreiche weitere Golgi-Vesikel am Rand des Diktyosoms dienen dem Materialtransport von Zisterne zu Zisterne (tv = Transportvesikel). Vergr. 36 000fach (aus Plattner, H., M. Salpeter, J. E. Carrel, T. Eisner: Z. Zellforsch. mikrosk. Anatomie 125 (1972) 45).

bzw. abtransportieren. Ein Stapel von Golgi-Zisternen mit den diese umgebenden Vesikeln heißt Diktyosom. Der Name kommt vom griechischen Diktyon (= Netz), denn bei Anwendung geeigneter Präparations- und Abbildungsverfahren sieht man, dass die Golgi-Zisternen am Rande netzartig durchbrochen sind. Häufig setzt man ein Diktyosom mit Golgi-Apparat gleich. Exakt besteht der Golgi-Apparat einer Zelle jedoch aus der Summe all ihrer Diktyosomen – und das können zahlreiche sein – sowie der zugehörigen Golgi-Vesikel.

Auch die Position der Diktyosomen in einer Zelle ist typisch. In sekretorischen Zellen schließen sie sich an das raue ER an und kommen so zwischen Kern und Zelloberfläche zu liegen. Dies ist strategisch günstig, weil der Golgi-Apparat Sekretprodukte aus dem rauen ER aufnehmen und weiterverarbeiten soll. Die Diktyosomen erreichen diese Position aufgrund der endogenen Eigenschaft, sich an das Minus-Ende der vom perinukleär gelegenen Cytozentrum ausstrahlenden Mikrotubuli anzuordnen; vgl. Kap. 16. Zerstört man letztere, so

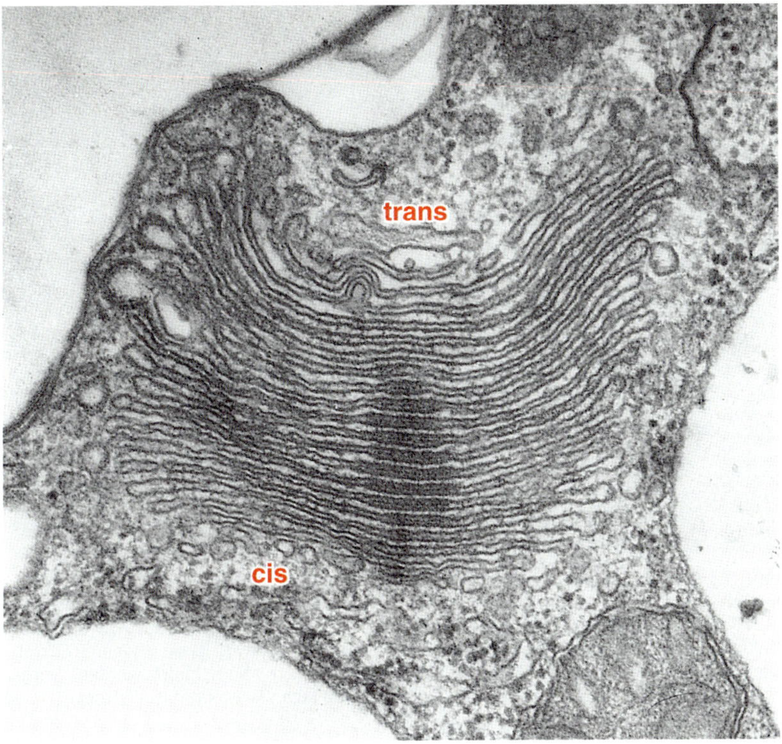

Abb. 9.**2** Golgi-Apparat (Diktyosom) einer pflanzlichen Zelle (Alge *Euglena*). Dieses Diktyosom lässt ca. 20 übereinander gestapelte Golgi-Zisternen erkennen. Auch hier sind Vesikel an der Cis- und Trans-Seite sowie am Rand des Diktyosoms zu erkennen. Jedoch treten in dieser Zelle entsprechend der überwiegenden Funktion ihres Golgi-Apparates (Bildung einer Art Zellwand) nur kleine Sekretvesikel ohne dichten Inhalt auf. Vergr. 54 000fach (Aufnahme: H. Plattner).

verliert sich auch die Stapelstruktur der Diktyosomen. Normalerweise kommt der Golgi-Apparat in eine leicht apikale Lage, d. h. gegen die obere Seite hin orientiert, wo die Sekretabgabe erfolgt. In Leberzellen bedingt die von den Gallekapillaren (die hier dem apikalen Zellmembran-Abschnitt entsprechen) abstrahlende Anordnung der Mikrotubuli, dass die Diktyosomen in der Nähe der Gallenkapillaren liegen (Abb. 9.**3**; vgl. Abb. 4.**16**).

Vom rauen ER werden Membranvesikel abgeschnürt (Abb. 9.**4**). Sie dienen als Shuttle-Vesikel (= Transportvesikel) zum Abtransport an den Golgi-Apparat. Die letzte der ER-Zisternen lässt auf der dem Golgi-Apparat zugewandten Seite die Ribosomen vermissen – es ist eine Übergangszisterne (Abb. 9.**1**). Die

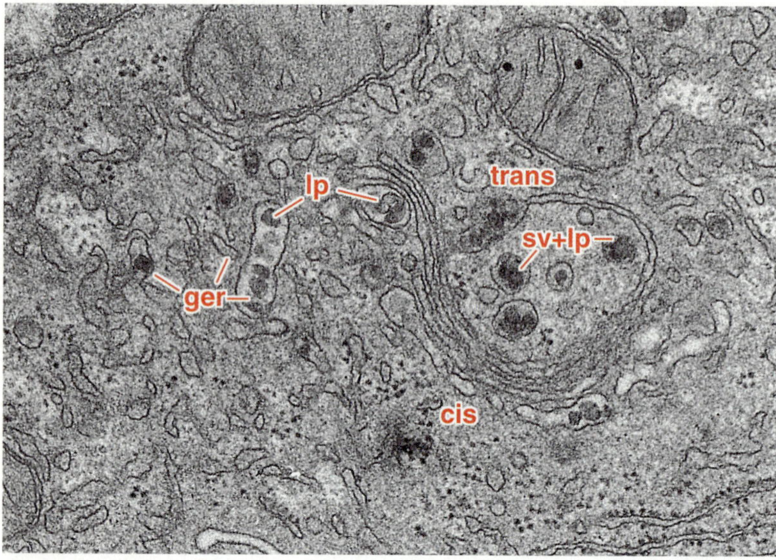

Abb. 9.**3** Golgi-Apparat (Diktyosom) einer Leberzelle (Hepatocyt, Leberepithelzelle). Hier werden Lipoproteine (lp) im Anschluss an die Lipidsynthese im glatten ER (ger) in kleinen Vesikeln dem Golgi-Apparat (mit Cis- und Trans-Seite) zugeführt. Die Lipoproteine sind als ca. 50 nm große, elektronendichte Partikel in Zisternen des glatten ER und im Bereich des Golgi-Apparates erkennbar, von wo aus sie in kleinen Sekretvesikeln (sv) abgeschnürt werden. Vergr. 45 000 fach (Aufnahme: H. Plattner).

Transportvesikel verschmelzen mit der nächstgelegenen Golgi-Zisterne. Größe und Form eines Diktyosoms werden bewahrt, trotz des dauernden Flusses von Golgi-Vesikeln von einem Membranstapel zum nächsten, vom innersten zum äußersten, bis schließlich Sekretvesikel und Lysosomen abgegeben werden. Demnach hat ein Diktyosom eine Bildungsseite und eine Reifungsseite, die auch Cis- und Trans-Seite genannt werden (Abb. 9.**4**).

Kehren wir noch einmal zurück zu den Shuttle-Vesikeln. Sie enthalten sowohl in ihrem Lumen als auch an und in ihren Membranen Proteine, die im rauen ER die „Core“-Glykosylierung als posttranslationale Modifikation erhalten haben (vgl. Kap. 8). Dasselbe gilt für Glykolipide, die aus dem glatten ER eingespeist werden (vgl. Kap. 14). Abb. 9.**3** zeigt die Passage von Lipoprotein-Partikeln durch den Golgi-Apparat, von wo sie über konstitutive Exocytose (vgl. Kap. 11) in die Blutbahn abgegeben werden. Eine weitere Prozessierung, insbesondere die periphere Glykosylierung, erfolgt nun im Golgi-Apparat, wie wir gleich sehen werden. Zunächst besteht aber das Problem, dem rauen ER nicht andauernd jene Proteine durch den Vesikelfluss wegzunehmen, die es selbst benötigt und die in den nachfolgenden Kompartimenten nicht einmal

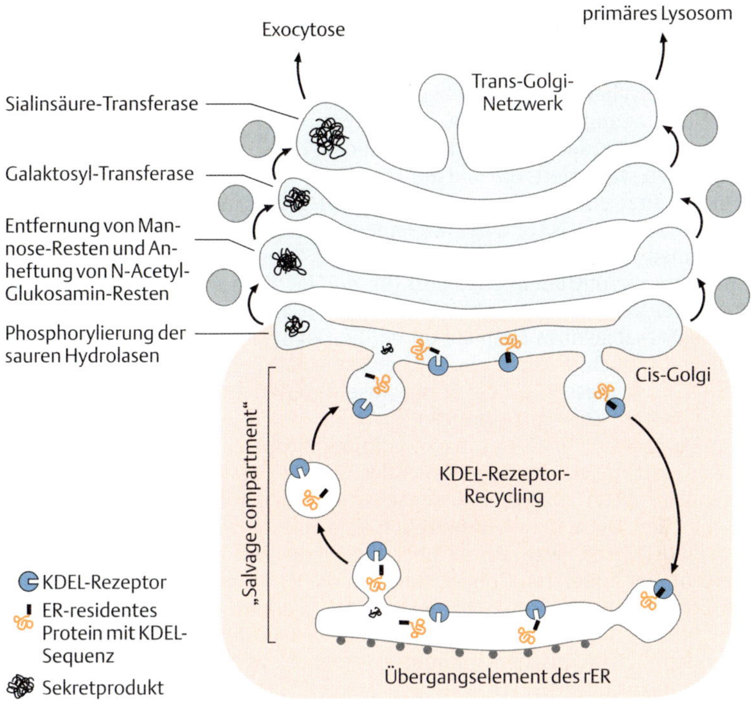

Abb. 9.**4** Aufbau des Golgi-Apparates. Der Golgi-Apparat ist über Transportvesikel an Übergangselemente des rauen ER angekoppelt. Die Membran dieser Vesikel enthält KDEL-Rezeptoren, über die ER-eigene Proteine von der Cis-Seite des Golgi-Apparates zurückgeholt werden („Salvage compartment“). Golgi-Vesikel dienen dem Transport von Zisterne zu Zisterne, bis auf der Trans-Seite über das Trans-Golgi-Netzwerk fertige Syntheseprodukte als Exocytose-Vesikel und als Lysosomen abgeschnürt werden (Vesikelfluss, vektorieller Transport). Bereits auf der Cis-Seite erfolgt die Phosphorylierung der lysosomalen Enzyme (saure Hydrolasen; vgl. Kap. 13). Von cis nach trans werden über spezifische Glykosyl-Transferasen zunehmend spezifische Zucker-Reste an Proteine der Membranen und des Inhaltes angeknüpft (periphere Glykosylierung).

eine Funktion hätten. Die „Rettung“ (engl.: salvage) dieser Proteine des rauen ER erfolgt über Shuttle-Vesikel, die von der Cis-Zisterne wieder an das raue ER zurückwandern. Obwohl morphologisch kaum unterscheidbar, dienen sie als Salvage-Kompartiment (Abb. 9.**4**). Von der Rückführung sind alle jene Proteine betroffen, welche die Sequenz KDEL (Lysin-Asparaginsäure-Glutaminsäure-Leucin) enthalten. Dies ist wie ein Stempel im Pass, der für „Einreiseverbot“ in den Golgi-Apparat steht. Die KDEL-Sequenz wird von KDEL-Rezeptor-Proteinen erkannt, die dann das „Abschieben“ über die zum rauen ER zurückwandernden Salvage-Vesikel „veranlassen“.

In der ersten Zisterne der Cis-Seite werden einige Zuckermoleküle der „Core“-Glykosylierung wieder abgetrennt, dafür andere angeheftet. Die kovalente Übertragung von Zuckern erfolgt stets durch zuckerspezifische Transferasen. In jeder der aufeinander folgenden Zisternen sind jeweils typische Transferasen stationiert, die wie am Fließband arbeiten (Abb. 9.**4**). Im vorletzten Stapel sitzt unter anderem eine N-Acetyl-Glucosamin-Transferase. N-Acetyl-Glucosamin (GlcNAc) trägt an seinem C2-Atom eine Amino-Gruppe, die durch einen Acetyl-Rest modifiziert ist (vgl. Formel 6.10). Nach dem durch Vesikelfluss vermittelten Transport in die letzte (terminale) Zisterne der trans-Seite, dient GlcNAc als Akzeptor für Galaktosyl-Reste (Galaktosyl = Milchzucker, abgekürzt Gal), die durch die Galaktosyl-Transferase übertragen werden. Um noch präziser zu sein, müsste man neben dem Akzeptor auch angeben, dass diese Glykosyl-Transferase zur Aktivierung Uridindiphosphat (UDP) benötigt. Dies gilt übrigens auch für andere Glykosylierungsschritte. Der korrekte Name hieße demnach „Uridindiphosphat-aktivierte-N-Acetylglukosamin:Galaktosyl-Transferase“. Bei der Länge dieses Namens verwundert es einen nicht, wenn auch die Wissenschaftler einfach von Galaktosyl-Transferase sprechen. Diese wird herkömmlich als das Leitenzym des Golgi-Apparates angegeben. Dies ist zwar korrekt, aber wir wissen nun, dass es sich nur um das Leitenzym der äußersten Golgi-Zisterne handelt. Daneben können hier häufig auch Fukose oder N-Acetyl-Neuraminsäure (Sialinsäure) übertragen werden (vgl. Kap. 5.4). So wurde in Abb. 9.**5** die Sialyl-Transferase mit Methoden der elektronenmikroskopischen Immuncytochemie auf dem Trans-Bereich eines Dictyosoms lokalisiert.

Die Abfolge der Glykosylierungsschritte kann wie folgt zusammengefasst werden. Bereits im rauen ER kann ein Protein an einer oder an mehreren Stellen glykosyliert werden. Die Glykosylierung wird immer am Stickstoff-Atom eines Asparaginsäure-Restes angehängt (N-Glykosylierung). Beim Durchwandern eines Diktyosoms ergibt sich eine Vielzahl an möglichen posttranslationalen Modifikationen eines Proteins durch Glykosylierung:

- Zahl, Ort und Art der angehefteten Glykosyl-Reste können variabel sein.
- Die Zuckermoleküle können linear, oft aber auch in Verzweigungen aneinander kovalent vernetzt sein, sodass sich das Bild eines „Zuckerbäumchens“ aufdrängt.

Immer ragen die Glykosyl-Reste in das Lumen der beteiligten Kompartimente (raues ER, Diktyosomen, abknospende Vesikel). Ein bestimmtes Protein hat meist ein ganz spezifisches Glykosylierungsmuster. Das bedeutet, dass an einem bestimmten Asparaginsäure-Rest (oder an mehreren) Zucker-Reste in ganz bestimmter Abfolge und mit ganz bestimmten Verzweigungen angehängt werden. Nur so lässt sich die hohe Spezifität der Zelloberfläche erreichen (vgl. Kap. 6.4). Dabei gibt es auch genetisch fixierte Varianten, wie bei den blutgruppenspezifischen Glykoproteinen der Erythrocyten-Oberfläche.

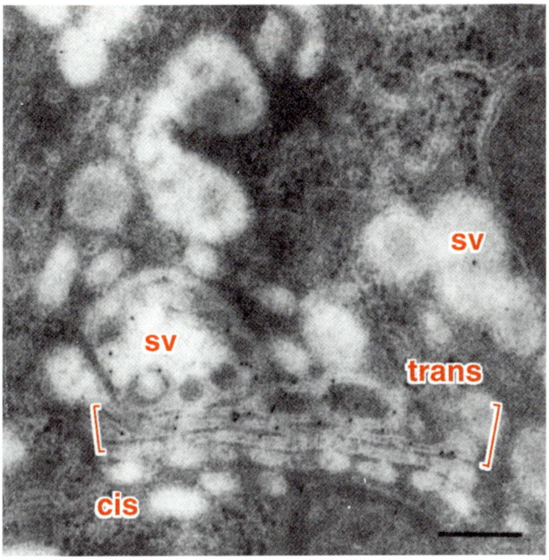

Abb. 9.**5** Lokalisierung von Sialinsäure-Transferase im Golgi-Apparat. Diese Glykosyl-Transferase ist hier mit einer Methode der elektronenmikroskopischen Immuncytochemie (vgl. Kap. 10) mittels Gold-markierter Antikörper-Moleküle im äußeren Trans-Bereich des Golgi-Apparates (zwischen Klammern) lokalisiert worden. sv = Sekretvesikel mit leichter Goldmarkierung (vgl. Kap. 10.5), Vergr. 47 000fach (aus Roth, J., D. J. Taatjes: In Plattner, H: Electron microscopy of subcellular dynamics. CRC Press Inc., Boca Raton 1989).

Die genetische Determination erfolgt auch hier auf dem klassischen Weg DNS → Proteine, in diesem Falle indirekt über die spezifischen Glykosyl-Transferasen.

Ähnliches gilt für Glykolipide. Hierbei dient aber nur ein bestimmtes Lipid als Träger für Zucker-Reste, das Ceramid. Das Ceramid ist ein zweischwänziges Molekül aus einer Sphingosinbase, deren Amino-Gruppe mit der Carboxyl-Gruppe einer Fettsäure säureamidartig verbunden ist. Dieser Doppelschwanz dient der Verankerung in der Membran, wogegen die Glykosyl-Reste frei herausragen.

Über Vesikel, die sich an der Trans-Seite des Golgi-Apparates abschnüren (Abb. 9.**6**), gelangen integrale und periphere Glykoproteine sowie Glykolipide an die Zelloberfläche. Durch Fusion mit der Zellmembran (konstitutive Exocytose) wird auf diese Weise die Glykokalix gebildet, indem sich die zunächst lumenseitigen Glykosyl-Reste nach außen kehren (vgl. Abb. 6.**22**). Konstitutive Exocytose-Vesikel dienen auch dem Ausschleusen von Proteinen der extrazellulären Matrix (vgl. Kap. 21), die ebenfalls im Golgi-Apparat glykosyliert, teilweise aber auch sulfatiert werden (Anhängen einer Sulfat-Gruppe, SO_4^{2-}, Anion der Schwefelsäure).

An der Trans-Seite des Golgi-Apparates werden also die Syntheseleistungen abgeschlossen. Erst daran schließt sich die Funktion als „Verschiebebahnhof" an. Diese Funktion erfüllt die äußerste Zisterne eines Diktyosoms, auch als Trans-Golgi-Netzwerk (TGN) bezeichnet. Sein namengebender Bau deutet bereits auf die ausgeprägten Vesikulationsprozesse hin (Abb. 9.**6**): Vesikel gehen entweder in die konstitutive Exocytose, oder als Sekretvesikel in die getriggerte Exocytose; wieder andere Vesikel werden als primäre Lysosomen abge-

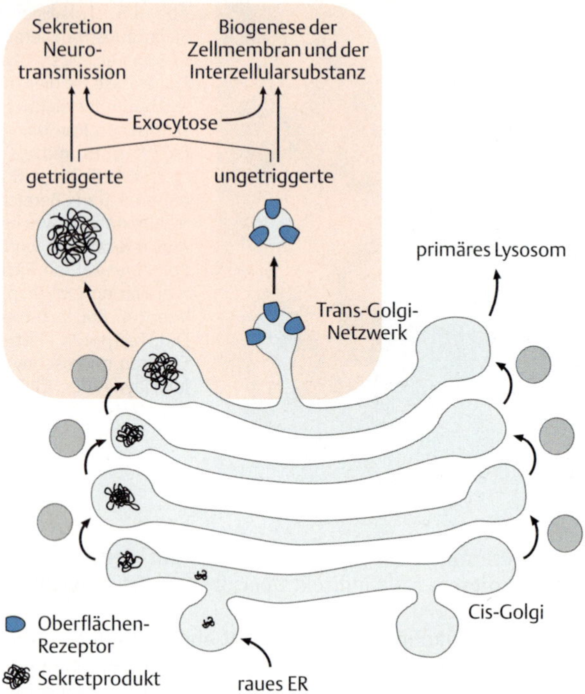

Abb. 9.**6** Vom Golgi-Apparat abgehender Vesikelfluss (vektorieller Transport). Vom Trans-Golgi-Netzwerk werden einerseits primäre Lysosomen und andererseits zweierlei Exocytosevesikel abgeschnürt. Davon enthalten die einen Sekretprodukte für die getriggerte Exocytose und die anderen Materialien für die ungetriggerte Exocytose. Auf diesem Wege gelangen einerseits Sekretprodukte und Neurotransmitter, andererseits Interzellularsubstanz und Komponenten der Zellmembran an die Zelloberfläche.

schnürt. Um auf das richtige „Gleis“ verschoben zu werden (engl.: targeting), sind Proteine mit jeweils typischen Erkennungssignalen markiert. Da nicht nur die jeweiligen Membranproteine, sondern auch die Proteine des Inhaltes spezifisch verpackt werden müssen, gibt es zwischen beiden eine Wechselwirkung, dergestalt, dass Inhalt und Verpackung richtig zusammengebracht und „adressiert“ werden. Dies kann wiederum über spezifische Aminosäuresequenzen erfolgen. Im Falle der Enzymproteine des Inhaltes von Lysosomen wird allerdings ein anderes Signal verwendet. Sie werden im Golgi-Apparat mit einem Mannose-6-Phosphat (Man-6-P) „etikettiert“. Ein Man-6-P-Rezeptor sortiert dann alle lysosomalen Proteine im Trans-Golgi-Netzwerk heraus und verpackt sie in die abknospenden primären Lysosomen (lysosomale Transportvesikel). In Kap. 13 werden wir darauf zurückkommen.

Literatur

Gu, F., C. M. Crump, G. Thomas. Trans-Golgi network sorting. Cell. Mol. Life Sci. 58 (2001) 1067

Keller, P., K. Simons. Post-Golgi biosynthetic trafficking. J. Cell Sci. 110 (1997) 3001

Kirchhausen, T.: Three ways to make a vesicle. Nature Rev. Mol. Cell Biol. 1 (2000) 187

Luzio, J. P., G. Banting: Eukaryotic membrane traffic: retrieval and retention mechanisms to achieve organelle residence. Trends Biochem. Sci. 18 (1993) 395

Mellman, I., G. Warren: The road taken: Past and future foundations of membrane traffic. Cell 100 (2000) 99

Pelham, H. R. B., J. E. Rothman: The debate about transport in the Golgi – two sides of the same coin? Cell 102 (2000) 713

Rabouille, C., T. Misteli, R. Watson, G. Warren: Reassembly of Golgi stacks from mitotic Golgi fragments in a cell-free system. J. Cell Biol. 129 (1995) 605

Rothman, J. E., L. Orci: Knospung von Transportvesikeln in Zellen. Spektrum Wiss. 5 (1996) 46

Schoonderwoert, V. T. G., G. J. M. Martens: Proton pumping in the secretory pathway. J. Membr. Biol. 182 (2001) 159

Short, B., F. A. Barr: The Golgi apparatus. Curr. Biol. 10 (2000) R583

10 Struktur- und Funktionsanalyse – wie sie einander ergänzen

Für die Analyse zellulärer Strukturen und Funktionen stehen verschiedenartige Methoden auf chemischer und physikalischer Grundlage zur Verfügung. Manche Methoden greifen auf die in Kap. 3 besprochenen Abbildungsmethoden zurück. Zellfraktionierung und biochemische Analysen gehen Hand in Hand mit Lokalisierungsstudien in der Zelle (In-situ-Analyse), wovon einige an der lebenden Zelle (in vivo), andere dagegen nur in vitro anwendbar sind. Von besonderer Bedeutung sind Antikörper-Moleküle zur Lokalisierung und Isolierung bestimmter Proteine. Die Isolierung bestimmter Proteine kann wiederum der Ausgangspunkt für die Isolierung der entsprechenden Gene sein (vgl. Kap. 7). Alle diese Methoden werden eingesetzt, wenn es gilt, die Rätsel des äußerst komplexen Gebildes „Zelle“ Schritt für Schritt weiter aufzuklären.

10.1 Zerlegung der Zellen in ihre Bestandteile – die Technik der Zellfraktionierung

Unter Zellfraktionierung versteht man eine Reihe von verschiedenen Verfahrensweisen, um Zellen in ihre Bestandteile zu zerlegen, also bestimmte Organellen als „Fraktionen“ von möglichst großer Reinheit zu isolieren. Dazu homogenisiert man die Zellen, meistens mechanisch, indem man Zellen oder Gewebestückchen in einem Glasrohr mittels eines eng passenden rotierenden Kolbens aufquetscht. Als Homogenisationsmedium dienen pH-gepufferte Salzlösungen mit Zuckerzusatz (Saccharose, ein Disaccharid aus Fruktose und Glukose), die die frei werdenden Organellen osmotisch schützen. Je nach Größe, Dichte und Form werden die Organellen dann mit einer präparativen Ultrazentrifuge aufgetrennt (s. u.).

Jede Organelle bedarf ganz bestimmter Zentrifugationsbedingungen (g-Zahl, Zeit, Dichte des Zentrifugationsmediums etc.). Sogar für denselben Organellentyp müssen die optimalen Isolierungsbedingungen immer wieder neu bestimmt werden, wenn man von einem Zelltyp auf einen anderen übergeht.

In manchen Fällen lässt sich das Sedimentationsverhalten beeinflussen, sodass man besonders reine Fraktionen gewinnen kann. Dies gilt zum Beispiel für Lysosomen der Leber. Injiziert man einer Ratte entweder sehr leichte (Triton WR1339) oder sehr schwere (kolloidale Goldpartikel) Substanzen, die über Endocytose in den Lysosomen angereichert werden, so kann man Lysosomen leicht von den annähernd gleichen Mitochondrien abtrennen. Sie sedimentieren dann entweder viel langsamer oder viel schneller, wie weiter unten gezeigt wird.

Im Prinzip gibt es zwei Zentrifugationsverfahren (Abb. 10.**1**):

- Bei der **Differenzial-Zentrifugation** wird so lange zentrifugiert, bis eine Organelle als festes Pellet am Boden des Zentrifugenröhrchens sedimentiert ist. So lassen sich Zellkerne durch 10 min × 1000 g Zentrifugation gewinnen.
- Bei der **Dichtegradienten-Zentrifugation** ist das Röhrchen zwar auch mit einer Lösung von Rohrzucker (oder anderen Zentrifugationsmedien) gefüllt. Jedoch wird das Medium mit einer von unten nach oben abnehmenden Dichte (d_F) eingefüllt. Nach den Formeln 10.1 bis 10.4 bestimmt auch d_F das Sedimentationsverhalten. Entsprechend ihrer Schwebedichte, je nach ihrer physischen Beschaffenheit, bleiben Organellen als sichtbare Banden auf jeweils bestimmter Höhe im Gradienten stehen, von wo sie entnommen werden.

Wie weiß man, welche Organellen man isoliert hat?

1. Man kann Ultradünnschnitte einer Fraktion herstellen und im Transmissions-EM untersuchen. Dabei sieht man auch die Verunreinigung (Kontamination) mit anderen Organellen.
2. Man misst im Spektralphotometer (vgl. Abschnitt 10.3.2) die vorhandenen Enzyme. Ein für die Organellen typisches Leitenzym und Enzyme für möglicherweise kontaminierende Organellen zeigen Anreicherung und Kontamination an.
3. Die Ergebnisse der Punkte 1 und 2 können überprüft werden, indem man das Leitenzym mit Methoden der Enzymcytochemie in situ lokalisiert (vgl. 10.3.1).
4. Ähnlich wie unter Punkt 1 bis 3 können Antikörper zur Identifikation eines organellspezifischen Proteins herangezogen werden (Abschnitt 10.5).

Ein typisches Beispiel für den Verlauf einer Zellfraktionierung zeigt Abb. 10.**1**. Beispiele für Organellen vor der Isolierung im Gewebe und nach der Isolierung gibt die Abb. 10.**2**.

Abb. 10.**1** Zellfraktionierung. Um reine Fraktionen einzelner Zellorganellen zu isolieren, wird in Richtung der Pfeile wie folgt vorgegangen. Auf die Homogenisation des Gewebes (z. B. in einem „Potter"-Gefäß mit eng sitzendem rotierenden Kolben) folgt eine Differenzial-Zentrifugation. In mehreren Schritten werden Organellen als Pellet abzentrifugiert. Man erhält z. B. im ersten Schritt ein Pellet aus Zellkernen und bei nachfolgender Zentrifugation des Überstandes („Supernatant") eine Mischpopulation aus Lysosomen und Mitochondrien; das raue ER und Ribosomen bleiben im Überstand. Erst eine Gradienten-Zentrifugation in einem Saccharose-Gradienten (mit von oben nach unten zunehmender Dichte) erlaubt die Abtrennung der Mitochondrien von den Lysosomen. Dies gelingt aber zumeist nur dann, wenn die Dichte der Lysosomen durch Aufnahme leichter Substanzen (z. B. Triton WR1339; links) oder schwerer Substanzen (wie kolloidale Goldpartikel; rechts, vgl. Abb. 10.**2**) manipuliert wurde (s. Text), sodass sie sich bei der Zentrifugation von den wenig beeinflussbaren Mitochondrien abheben. ▶

Will man die Membranen von Organellen isolieren, so werden diese osmotisch geschockt, d. h. das Zentrifugationsmedium wird stark verdünnt, sodass die Organellen platzen. Durch Zentrifugation bei hoher g-Zahl können dann die Membranen gewonnen werden.

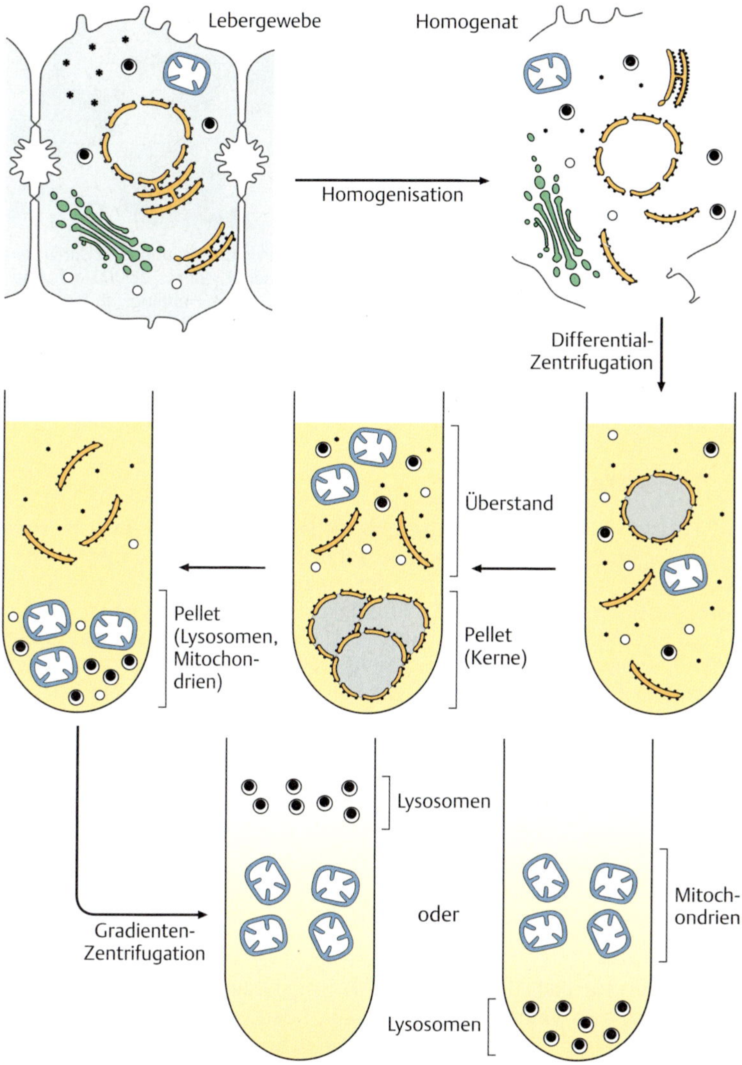

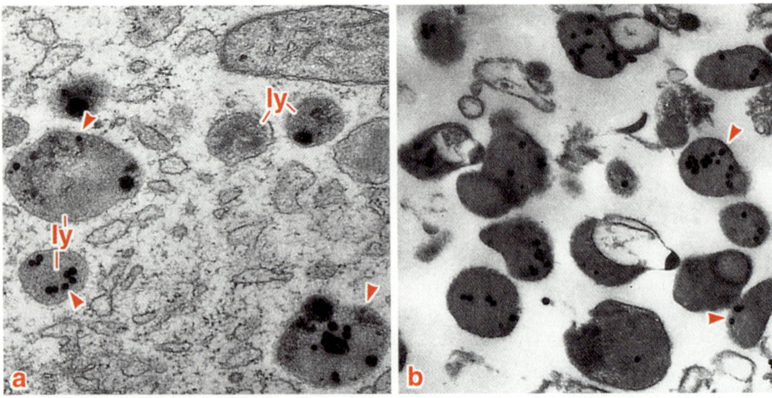

Abb. 10.**2** Lysosomen, **a** im Lebergewebe und **b** nach Isolierung mittels Zellfraktionierung. Zur Isolierung wurde dem Versuchstier eine kolloidale Lösung von Goldpartikeln (Pfeilspitzen) injiziert, die über Endocytose (vgl. Kap. 12) selektiv in die Lysosomen (ly) aufgenommen werden, deren erhöhte Dichte sodann die Abtrennung in der Ultrazentrifuge erlaubt. Vergr. 25 000fach (aus Plattner, H., H, R. Henning. In Sanders, J. V., D. J. Goodchild: Proc. 8th Int. Congr. Electron Microsc. Vol. II, Australian Academy of Science, Canberra 1974).

10.2 Die Ultrazentrifuge

In einer Flüssigkeit mit aufgeschlemmten (suspendierten) Partikeln (z. B. Sand im Wasser) sedimentieren diese spontan auf dem Boden. Die Sedimentationsgeschwindigkeit hängt vom Volumen der einzelnen Partikel (V_p) und ihrer Dichte (d_P) sowie von der Dichte der Flüssigkeit ab (d_F; bei Wasser ist $d_F = 1$). Bereits bei einfacher Erdbeschleunigung (1 g) sedimentieren bevorzugt große Partikeln mit hoher Dichte, kleine sedimentieren langsamer. Zusätzlich ist der Reibungsfaktor f zu berücksichtigen, der von der Form abhängt. Ein Partikel desselben Volumens jedoch von verschiedener Form bietet mehr oder weniger „Stirnfläche" und verursacht daher verschieden viel Reibungswiderstand. Als Maß für die Sedimentation eines Partikels kann man daher seine Sedimentationskonstante S nach folgender Formel angeben:

$$S = \frac{V_P(d_P - d_F)}{f} \qquad (10.1)$$

Da sich nach

$$d_P = m_p / V_P \qquad (10.2)$$

die Dichte eines Partikels definitionsgemäß als Quotient aus Masse des Partikels (m_P) durch sein Volumen (V_P) darstellen lässt, ergibt sich aus der Zwischenformel

$$S = \frac{(m_P \times d_P/d_P) - (m_P \times d_F/d_P)}{f} \qquad (10.3)$$

folgende Variante von Formel 10.1:

$$S = \frac{m_P(1 - [d_F/d_P])}{f} \qquad (10.4)$$

Nach Formel 10.1 kann man also das Volumen von Partikeln, nach Formel 10.4 ihre Masse bestimmen, vorausgesetzt, dass alle Partikel gleichartig sind (homogene Suspension). Bei Partikeln von den Größenordnungen, die für den Zellbiologen interessant sind (Organellen bis Makromoleküle), kann man auf diese Weise über die Sedimentation Volumen oder Masse ermitteln.

Unter „Normalbedingungen" (1 g, einfache Erdanziehungskraft) sedimentieren sehr kleine Partikel, deren Dichte nur geringfügig über 1 liegt, jedoch nicht von selbst; sie sedimentieren aber, wenn man in einer Zentrifuge ein Vielfaches der Erdbeschleunigung einwirken lässt. Man zerkleinert also Zellen mechanisch (Homogenisation) und bringt das Homogenat auf eine Flüssigkeit in einem Zentrifugenglas auf, wobei in der Praxis immer zwei gleich schwere Zentrifugenröhrchen zur Auswuchtung gegenüber gestellt werden. Dann beginnt man mit der Zentrifugation wie in Abb. 10.**1** beschrieben. Die größten und schwersten Zellkomponenten sedimentieren bereits, wenn man ca. 10 min bei 500- bis 1000facher Erdbeschleunigung zentrifugiert (im Fachjargon: 1000 g × 10 min). Mit zunehmender Rotationszahl der Zentrifuge kann man zunehmend leichtere bzw. kleinere Organellen sedimentieren, bis bei 10^5 g × 1 h alle Zellorganellen abzentrifugiert sind und nur das 100 000 g-Supernatant (Cytosol) übrig bleibt.

Der Rotor einer solchen Zentrifuge darf nur im Vakuum laufen und muss gekühlt sein, weil sonst die Reibung mit Luftmolekülen zu Erhitzung und Denaturierung der Proben führen würde. Dem Aufwand entsprechend verdient so ein Gerät seinen Namen „Ultrazentrifuge". Die bisher besprochene Methodik nennt man „präparative Ultrazentrifugation".

Suspendierte Makromoleküle lassen sich nur mit einer noch anspruchsvolleren „analytischen Ultrazentrifuge" auf ihr Volumen bzw. ihre Masse hin analysieren und entsprechend auftrennen. Eine analytische Ultrazentrifuge erlaubt die Herstellung von Schwerefeldern von 10^6 g oder mehr. Die für ein Makromolekül ermittelte Sedimentationskonstante nennt man seinen S-Wert. Es lässt sich ableiten, dass 1 S = 10^{-13} s (s = Sekunde) entspricht.

Einem 80S-Ribosom der Eukaryotenzelle entspräche ein Molekulargewicht von 4 200 000 – eine Größenordnung, die mit anderen Methoden schwer analysierbar wäre. In diesem Bereich trifft sich die analytische Ultrazentrifugation mit der ultrastrukturellen Analyse mittels Negativkontrastierung im Transmissions-EM (vgl. Kap. 3), wobei ein dem 80S-Wert entsprechender Durchmesser des Ribosoms von 25 nm ermittelt werden konnte (vgl. Kap. 8).

10.3 Lokalisierung und Messung von Enzymen

10.3.1 Elektronenmikroskopische Darstellung eines Leitenzyms am Beispiel der sauren Phosphatase in Lysosomen

Eine schonende Aldehydfixation (vgl. Kap. 3) erlaubt eine Stabilisierung zellulärer Strukturen unter teilweiser Wahrung der Enzymaktivität. Am Beispiel der für Lysosomen charakteristischen sauren Phosphatase (die nur bei niederem pH-Wert optimal aktiv ist = saures pH-Optimum) sei erläutert, wie diese lokalisiert werden kann. Nach Zugabe von β-Glycerophosphat als Substrat bei pH 5,0 erfolgt der Reaktionsblauf nach Formel 10.5:

$$\beta\text{-Glycerophosphat} \xrightarrow[\text{pH 5,0}]{\text{saure Phosphatase}} \text{Glycerin} + PO_4^{3-}$$

$$2\,PO_4^{3-} + 3\,Pb^{2+} \longrightarrow Pb_3(PO_4)_2 \qquad (10.5)$$

Das Reaktionsprodukt Bleiphosphat ist unlöslich. Es kann im Lichtmikroskop sichtbar gemacht werden und ist über elastische Elektronenstreuung auch im Transmissions-EM sichtbar (Abb. 10.**3**).

10.3.2 Spektralphotometrischer Nachweis eines Leitenzyms am Beispiel der sauren Phosphatase von Lysosomen

Nach Isolierung von Lysosomen mittels Dichtegradientenzentrifugation erfolgt das Öffnen der Membran, z. B. durch Zugabe von Detergens (Lipidlösungsmittel). Nach Zugabe von Substrat bei pH 5,0 verläuft die Reaktion wie folgt (10.6):

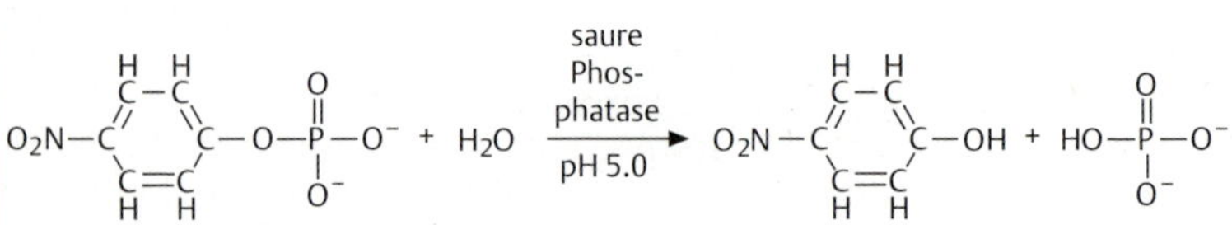

p-Nitrophenylphosphat (10.6)

Dabei ändert sich, wie in Abb.10.**4** gezeigt, sowohl die Wellenlänge (λ) für die maximale Lichtabsorption (A) als auch die Menge des dabei absorbierten Lichtes (ε, der „molare Extinktionskoeffizient"), indem das Substrat abnimmt und die Reaktionsprodukte zunehmen. Daraus lässt sich die vorhandene Aktivität der sauren Phosphatase in den einzelnen Fraktionen, die man aus der Zentrifugation gewonnen hat, ermitteln (Abb. 10.**5**). Die Enzymaktivität wird für bessere Vergleichbarkeit verschiedener Proben auf die Proteinmenge und auf gleiche Zeiteinheit bezogen. Dies ergibt die „spezifische Aktivität" einer

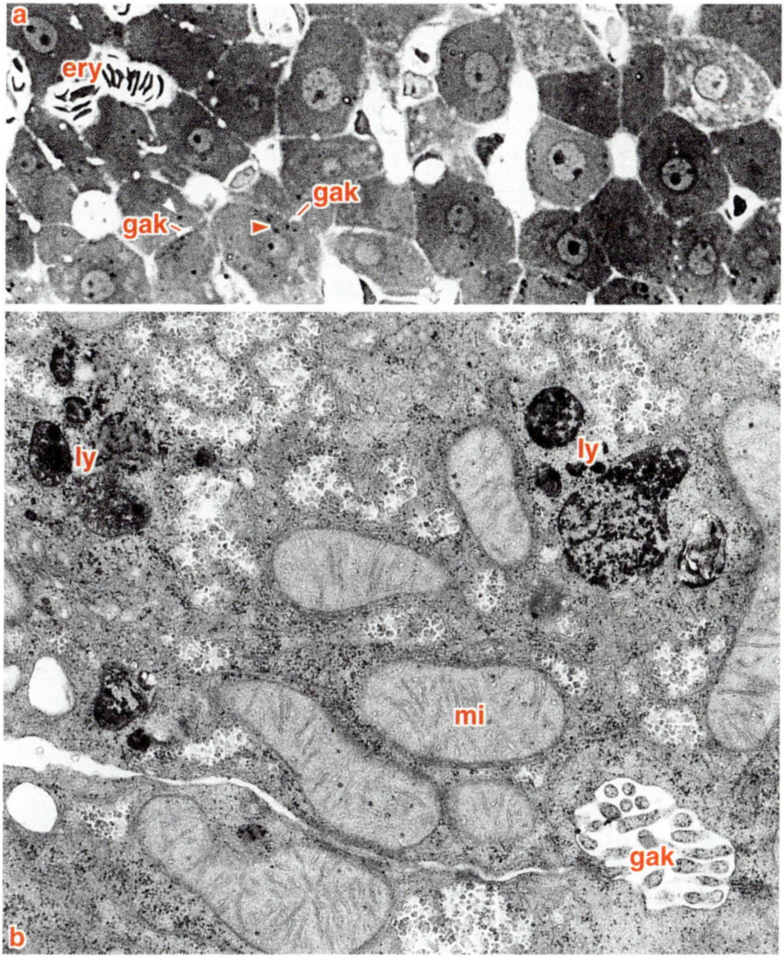

Abb. 10.**3** Darstellung der sauren Phosphatase-Aktivität in Lysosomen der Leber mit Methoden **a** der Histochemie und **b** der Cytochemie. Nur Lysosomen (ly) zeigen dunkles Reaktionsprodukt (Pfeilspitze in **a**), nicht dagegen andere Organellen wie Mitochondrien (mi). Weiterhin fällt die sehr unterschiedliche Größe und Form der Lysosomen sowie deren bevorzugte Anordnung in Nähe einer Gallenkapillare (gak) auf („peribiliäre Lage"). In **a** sind auch Blutgefäße mit quergeschnittenen Erythrocyten (ery) zu sehen. **a** Vergr. 400fach (Aufnahme: H. Plattner, R. Henning); **b** Vergr. 17500fach (aus Plattner, H., R. Henning: Exp. Cell Res. 91 [1975] 333).

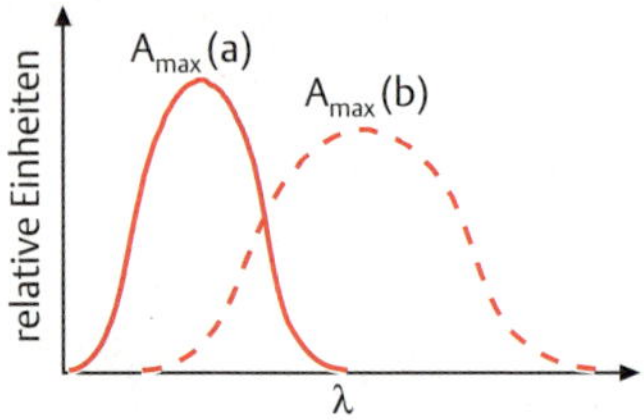

Abb. 10.**4** Spektralphotometrische Enzym-Messung. Hierbei werden die unterschiedlichen optischen Eigenschaften (Wellenlänge der maximalen Anregung und Absorption) von Substrat und Reaktionsprodukt (a, b) ausgenützt; vgl. Text.

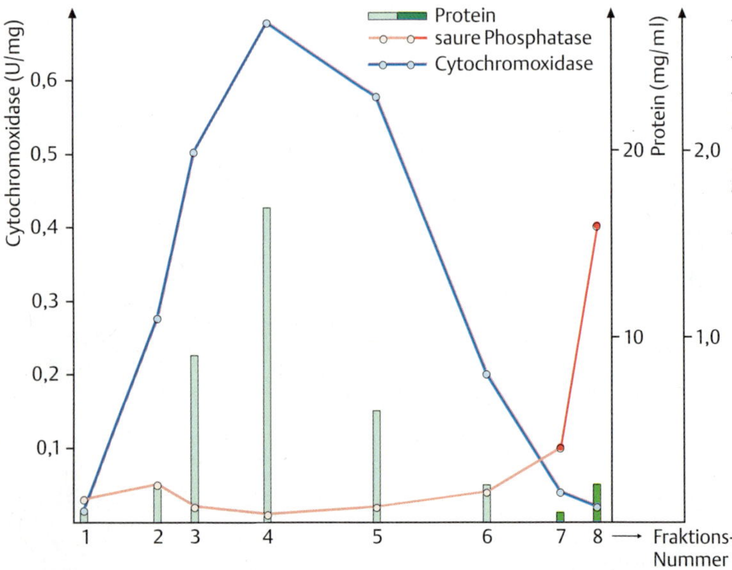

Abb. 10.**5** Zellfraktionierung am Beispiel der Leber. Einem Dichtegradienten (Abb. 10.**1**) wurden von oben nach unten fortschreitend die Fraktionen 1 bis 8 entnommen, um deren Proteingehalt sowie die spezifische Aktivität der sauren Phosphatase (lysosomales Leitenzym) und der Cytochrom-(c-)Oxidase (mitochondriales Leitenzym) zu bestimmen. Fraktion 4 enthält Mitochondrien in stark angereicherter Form, der rote Bereich (insbesondere Fraktion 8) dagegen die Lysosomen vom Typ wie sie in Abb. 10.**2b** gezeigt wurden (aus Plattner, H., R. Henning, B. Brauser: Exp. Cell Res. 94 [1975] 377).

Probe in [µMol/min/mg Protein = U/mg; U = units] ausgedrückt. Alternativ kann beim gegebenen Beispiel mittels einer Färbereaktion das freigesetzte Phosphat zur Bestimmung der spezifischen Aktivität herangezogen werden.

Wenn man die gefundene spezifische Aktiviät mit jener im gesamten Homogenat (vor der Abtrennung der Lysosomen) vergleicht, so erhält man ein

Tab. 10.**1** Leitenzyme und Leitsubstanzen

Zellorganell	**Leitenzym bzw. Leitsubstanz**
Zellmembran	Na^+/K^+-ATPase (vgl. Kap. 6)
Zellkern	DNA-Polymerase, RNA-Polymerase, DNA (vgl. Kap. 7)
Cytosol	Enzyme der Glykolyse (z. B. Laktat-Dehydrogenase; vgl. Kap. 18)
Endoplasmatisches Retikulum	Glukose-6-Phosphatase (vgl. Kap. 14)
raues ER	Ribonukleoproteine der Ribosomen (vgl. Kap. 8)
glattes ER	Hydroxylierungsenzyme (vgl. Kap. 14)
Golgi-Apparat	Galaktosyl-Transferase (vgl. Kap. 9)
Lysosomen	saure Phosphatase und andere Hydrolasen mit saurem pH-Optimum (vgl. Kap. 13)
Sekretvesikel	jeweils spezifische Sekretstoffe (vgl. Kap. 11)
Peroxisomen	Katalase (vgl. Kap. 15)
Mitochondrien	Cytochrom c-Oxidase, Enzyme des Tricarbonsäure-Zyklus (vgl. Kap. 19)

Maß für die relative Anreicherung der Lysosomen (z. B. 10- bis 100fach, je nach Güte der Isolierungsmethode). Auf diese Art und Weise konnte man eine Liste von Leitenzymen und Leitsubstanzen für verschiedene Zellstrukturen erstellen (Tab. 10.**1**).

10.4 Radioaktive Markierung und ihre Lokalisierung

10.4.1 Pulsmarkierung

Will man den Weg eines Makromoleküls (Protein etc.) durch die Zelle oder sein Schicksal in der Zelle zeitlich aufgelöst analysieren, so muss es zunächst radioaktiv markiert werden. Es kommen durchwegs schwachenergetische β-Strahlen zum Einsatz. Man lässt die Zelle radioaktive Vorläufersubstanzen wie Aminosäuren (markiert mit ^3H, ^{14}C, ^{35}S) oder Nukleotide (mit ^{32}P, ^{33}P) kurz vorher, z. B. für 5 min, aufnehmen. Vorher und nachher „sieht" die Zelle diese Substanz nur in inaktiver, nichtradioaktiver Form. Auf diese Weise ist eine Pulsmarkierung möglich (Abb. 10.**6**). Man nimmt nach verschiedenen Zeiten Proben (z. B. nach weiteren 10 min bis einigen Stunden etc.). In solchen „Pulse-chase"-Experimenten durchläuft ein in der „Pulse"-Zeit synthetisiertes Protein, z. B. ein Sekretprodukt, während der nachfolgenden „Chase-Zeit" (engl.: chase = jagen) die verschiedenen Kompartimente, vom rauen ER bis zu Sekretvesikeln. Die Lokalisierung zu einem bestimmten Zeitpunkt kann auf zweierlei Weise erreicht werden, entweder durch Zellfraktionierung und Radioaktivi-

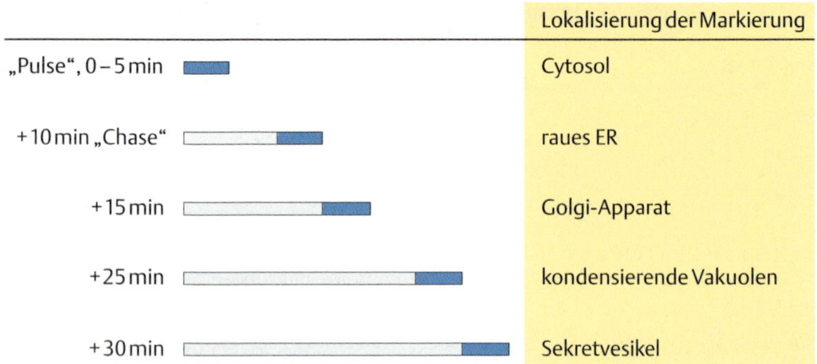

Abb. 10.6 Prinzip von „Pulse-chase“-Experimenten mit kurzfristigem Angebot einer radioaktiv markierten Aminosäure. Auf diese folgt eine verschieden lange „Chase“-Periode, in der die Aminosäure in nichtmarkierter Form angeboten wird. Der Weg aller in der Pulszeit markierten Proteine wird so nachvollziehbar. Das gilt insbesondere für sekretorische Proteine mit hohem Turnover (Umsatzrate) durch andauernde Neubildung aus Golgi-Vesikeln über kondensierende Vakuolen zu Sekretvesikeln.

tätsmessung oder mittels Autoradiographie. Mit dieser Methodik wurden z. B. die in Kap. 8, 9 und 11 dargelegten Mechanismen aufgeklärt.

10.4.2 Radioaktivitätsmessung

Die in der Zellbiologie eingesetzte Radioaktivität (zumeist schwache β-Strahlen) wird meistens im Szintillationszähler gemessen. Dazu werden Zellen aufgelöst und mit einem Szintillationscocktail versehen. Dieser enthält organische Substanzen, die in Wechselwirkung mit radioaktiver Strahlung fluoreszieren, d. h. Licht (Photonen) emittieren. Da die Ausbeute an Photonen aber sehr gering ist, muss diese verstärkt werden. Dazu dient ein Photomultiplier. Seine Photokathode wird durch die einfallenden Photonen zur Emission von primären Elektronen angeregt. Diese treffen auf weitere, spiegelartig angeordnete Platten, die beim Aufprall von Elektronen eine vielfache Zahl von sekundären Elektronen emittieren und an die jeweils nächste Platte weitergeben. Der so verstärkte Strom (Elektronen) wird von einer Anode aufgenommen, sodass am Ende ein elektrischer Strom gemessen werden kann, der die vorhandene Radioaktivität anzeigt. Diese wird zumeist auf die eingesetzte Proteinmenge bezogen.

10.4.3 Autoradiographie

Radioaktive Strahlung ist ionisierend, d. h. sie kann beispielsweise die Silberhalogenid-Moleküle einer Photoschicht anregen. Wie bei Einwirkung von Licht auf einen Film in unserer Photokamera entsteht auf diese Weise ein latentes

Bild, das sich entwickeln und fixieren lässt. So konnte der französische Physiker Henri Becquerel 1896 die Radioaktivität entdecken, indem er Minerale auf eine Photoplatte gelegt hatte. Die lokale Schwärzung zeigte den Gehalt an radioaktivem Mineral an.

Nach demselben Prinzip erlaubt die Technik der Autoradiographie die Lokalisierung von radioaktiv markierten Nukleinsäuren, Aminosäuren etc. auf bestimmte Zellen (lichtmikroskopische Autoradiographie) oder auf bestimmte subzelluläre Strukturen (elektronenmikroskopische Autoradiographie). Hierzu werden diese Bausteine mit schwachen β-Strahlern markiert und den lebenden Zellen zur Aufnahme und zum Einbau in DNA, RNA, Proteine etc. angeboten: ^{3}H = Tritium, ^{14}C, ^{35}S, verschiedene radioaktive P-Atome als Phosphat.

Selbstverständlich nehmen Zellen alle jene Substanzen, die sie normalerweise aufnehmen, gleich gut auf, wenn diese vorher radioaktiv markiert wurden. Alternativ lassen sich bereits fertige Proteine, z. B. an der Oberfläche der Zelle, leicht mit der Methode der Radiojodierung (^{125}J-Einbau) markieren.

Das Gewebe wird anschließend in bewährter Weise fixiert und eingebettet. Für die lichtmikroskopische Autoradiographie werden 0,5 bis 10 µm dicke Schnitte, für die elektronenmikroskopische Variante 0,1 µm dicke Ultradünnschnitte hergestellt. In beiden Fällen werden die Schnitte mit einer Photoschicht überlagert (Emulsion von AgBr, Silberbromid, in Gelatine). Nach Exposition im Dunkeln wird diese Sandwichprobe entwickelt und fixiert. Im Licht- oder Elektronenmikroskop kann dann eine metallische Silberablagerung als lokale Schwärzung einer bestimmten Zellstruktur zugeordnet werden (Abb. 10.**7**). Auf EM-Niveau ist die Zuordnung mit einer Auflösung von ca. 0,1

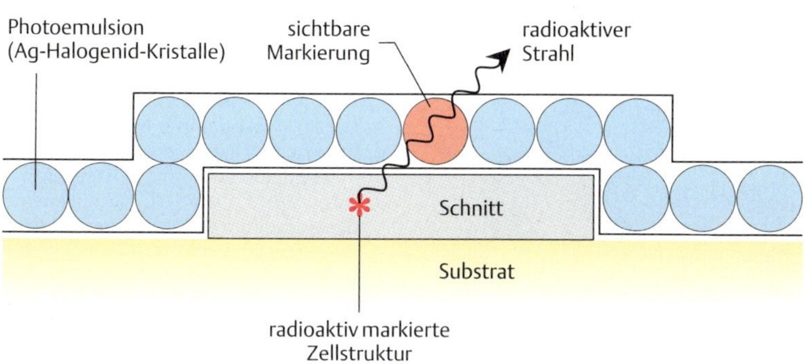

Abb. 10.**7** Prinzip der Autoradiographie. Da die radioaktive Strahlung in alle Raumrichtungen entweicht, kann ein Silberhalogenid-Kriställchen der Photoschicht auch in einiger Entfernung von der radioaktiv markierten Struktur getroffen werden. Damit ist die Zuordnung von Silberkorn und markierter Struktur im EM nur im Bereich von 0,1 bis 0,2 µm möglich. Im Einsatzbereich des Lichtmikroskops stellt sich dieses Problem nicht, weil hier die „präparative Auflösung" ohnehin unter der Geräteauflösung liegt.

bis 0,2 µm relativ ungenau, sodass diese aufwendige Methodik nur im echten Bedarfsfall praktiziert wird.

Ein praktisches Beispiel für die licht-und elektronenmikroskopische Autoradiographie zeigt die Abb. 10.**8**.

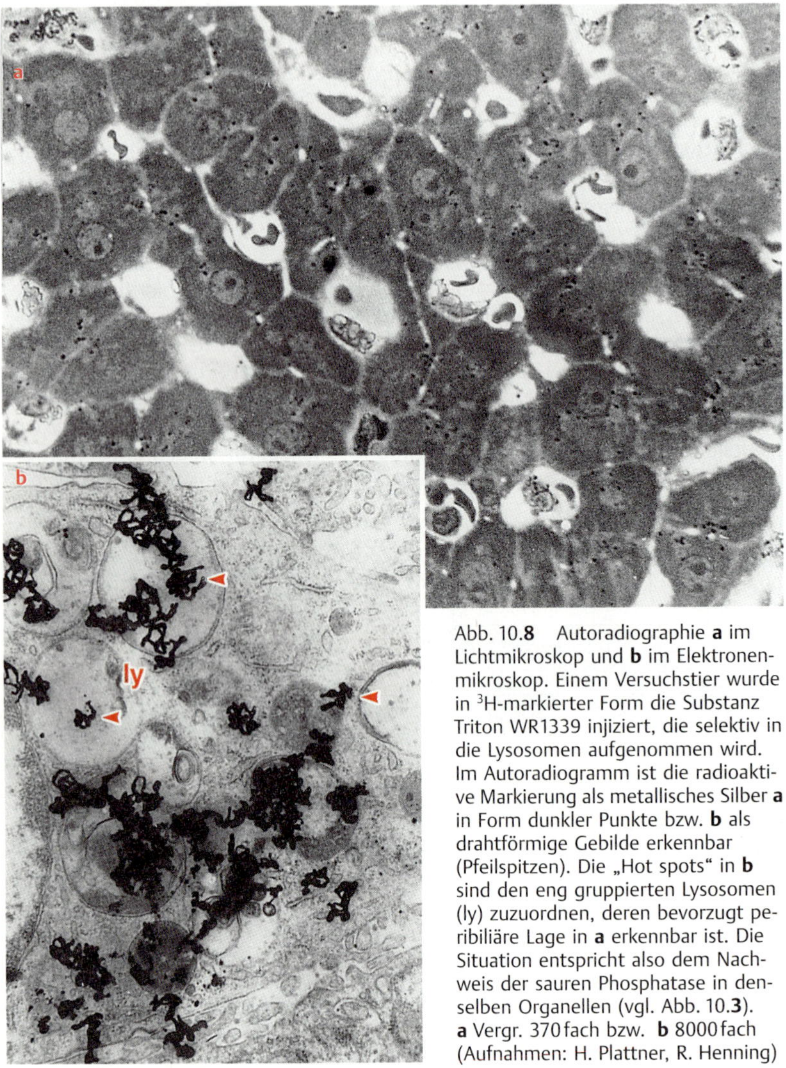

Abb. 10.**8** Autoradiographie **a** im Lichtmikroskop und **b** im Elektronenmikroskop. Einem Versuchstier wurde in ^{3}H-markierter Form die Substanz Triton WR1339 injiziert, die selektiv in die Lysosomen aufgenommen wird. Im Autoradiogramm ist die radioaktive Markierung als metallisches Silber **a** in Form dunkler Punkte bzw. **b** als drahtförmige Gebilde erkennbar (Pfeilspitzen). Die „Hot spots" in **b** sind den eng gruppierten Lysosomen (ly) zuzuordnen, deren bevorzugt peribiliäre Lage in **a** erkennbar ist. Die Situation entspricht also dem Nachweis der sauren Phosphatase in denselben Organellen (vgl. Abb. 10.**3**). **a** Vergr. 370fach bzw. **b** 8000fach (Aufnahmen: H. Plattner, R. Henning)

10.5 Antikörper im Dienste der zellbiologischen Forschung

10.5.1 Markierung zellulärer Strukturen

Hierfür existiert eine breite Palette an Möglichkeiten. Prinzipiell gibt es die Methoden der Analog-, Affinitäts- und Immunmarkierung. Ihre Prinzipien werden nachfolgend dargestellt; beide sind entweder licht- oder elektronenmikroskopisch einsetzbar. Allerdings müssen dementsprechend zumeist sehr verschiedenartige Markermoleküle verwendet werden.

Als Markierung ist nicht nur die Koppelung mit Fluoreszenzfarbstoffen, sondern auch radioaktive Markierung (in Verbindung mit Autoradiographie), Koppelung an enzymatische Marker oder an kolloidale Goldpartikel möglich. Häufig wird Peroxidase aus Meerrettich-Wurzeln als Marker verwendet; sie ergibt mit Diaminobenzidin ein Reaktionsprodukt, das sowohl im Licht- als auch (nach OsO_4-Behandlung) im Elektronenmikroskop sichtbar wird. Goldpartikel haben im EM den Vorteil sehr präziser Strukturzuordnung, denn sie können in definierter Größe von wenigen Nanometern hergestellt werden. Die Darstellung der Markierung erfolgt nach den in Abb. 10.**9 a** und **b** erläuterten Prinzipien.

10.5.2 Struktur von Antikörper-Molekülen

Injiziert man einem Versuchstier, meist einem Kaninchen, ein geeignetes Protein (Antigen), so bildet das Tier spezifische Antikörper, die nur dieses Antigen binden („erkennen") können. Diese Antikörper werden von B-Lymphocyten bzw. von den davon abgeleiteten Plasmazellen gebildet und in das Blutserum abgegeben. Von diesem kann man die Antikörper in gereinigter Form isolieren und für zellbiologische Zwecke verwenden. Hierbei sind die häufigste Klasse von Antikörpern jene vom Typ IgG (γ-Globuline). Ein IgG-Molekül (MG von ca. 180 000) ist aus zwei gleichen Hälften aufgebaut, von denen wiederum eine jede aus zwei Proteinketten besteht, einer schweren und einer leichten Kette (HC = heavy chain, LC = light chain). Dies ist aus Abb. 10.**10** ersichtlich.

Die beiden leichten Ketten sind mit den beiden schweren jeweils mittels einer Disulfidbrücke (-S-S-) kovalent verbunden, ebenso die schweren Ketten untereinander. Von einem IgG-Molekül ist nur der äußere Teil der schweren und der leichten Ketten variabel, d. h. nur hier liegt eine spezifische Aminosäuresequenz vor, die nach dem Schloss-Schlüssel-Prinzip selektiv das entsprechende Antigen erkennen kann. Da ein Antikörper-Molekül zwei identische variable Regionen F_V enthält, kann es zwei Antigen-Moleküle binden. Die konstante Region F_c trägt zusätzlich Glykosylierungs-Reste, die mit der Antigen-Antikörper-Bindung (Immunreaktion) nichts zu tun haben. In Abb. 10.**10** sind rechts unten vereinfachte symbolische Darstellungen des IgG-Moleküls wiedergegeben, wie sie der Einfachheit wegen oft verwendet werden.

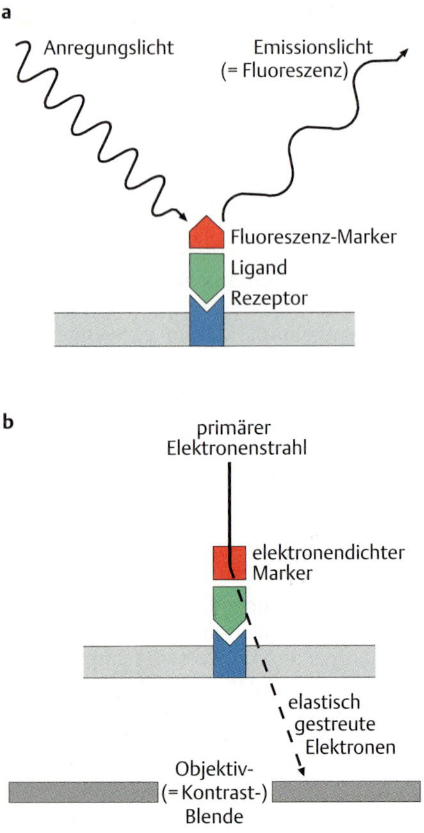

Abb. 10.**9** Prinzip der Markierung von Strukturen im **a** Lichtmikroskop und **b** Elektronenmikroskop. So können Rezeptoren über Ligandenbindung sichtbar gemacht werden, entweder über Fluoreszenz oder über elastische Elektronenstreuung durch eine elektronendichte Markersubstanz. Eine spezifische Markierung wird deshalb erreicht, weil Rezeptoren verschiedener Art jeweils nur spezifische Liganden mit hoher Affinität binden. So binden Lipoprotein-Rezeptoren nur bestimmte Lipoprotein-Moleküle (z. B. vom Typ LDL). Im Falle der Immunmarkierung würde anstatt „Rezeptor“: Antigen, anstelle von „Ligand“: Antikörper zu setzen sein. Für konkrete Anwendungsbeispiele vgl. Kap. 12.

10.5.3 Immunhistochemie und Immuncytochemie

Immunhistochemie bezieht sich auf die Licht-, Immuncytochemie auf die Elektronenmikroskopie. In beiden Fällen werden spezifische Antikörper gegen ein bestimmtes Antigen zu dessen Lokalisierung verwendet. Zumeist verfährt man wie folgt. Zuerst werden Zellen schonend mit Aldehyden fixiert. „Schonend“ heißt, unter Wahrung der Antigenizität (= Bindungsfähigkeit für die spezifischen Antikörper). Meistens wird Formaldehyd verwendet. Handelt es sich um ein intrazelluläres Antigen, so muss dieses zugänglich gemacht werden, entweder indem man die Zellmembran mit geeigneten Chemikalien vorsichtig durchlöchert (permeabilisiert) oder indem man das Gewebe und die Zellen anschneidet. Dann wird mit den spezifisch auf das zu lokalisierende

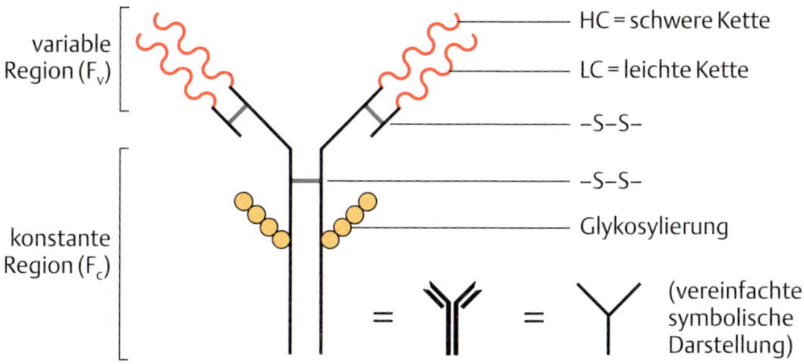

Abb. 10.**10** Struktur eines Antikörper-Moleküls (IgG), wie sie im Text erläutert wird.

Antigen gerichteten IgG-Molekülen inkubiert (erster = primärer Antikörper). Diese können bereits in markierter Form eingesetzt und lokalisiert werden. („direkte Methode").

Zumeist wird aber eine „indirekte Methode" verwendet, und zwar aus mehreren Gründen:

- Primäre Antikörper stehen meistens nur in beschränkter Menge zur Verfügung.
- Die primäre Antikörper-Reaktion lässt sich unter Einsatz von einem in bereits markiertem Zustand kommerziell erhältlichen Zweit-(Sekundär-) Antikörpern verstärken.

Das lässt sich mit folgender Überlegung begründen. Stammt der primäre Antikörper aus Kaninchen, so wird sein nichtvariabler Teil leicht von sekundären Antikörpern erkannt, welche man beispielsweise in Ziegen durch Immunisierung mit Kaninchen-IgG hergestellt hat. Mehrere solcher „Ziege-anti-Kaninchen-IgG" binden an einem „Kaninchen-IgG", sodass ein markierter Zweitantikörper eine beträchtliche Amplifikation des Signals ergibt. Alternativ können Antigene nach Bindung des primären Antikörpers mit markierten Protein A-Molekülen lokalisiert und amplifiziert werden. Protein A wird aus der Zellwand des Bakteriums *Staphylococcus aureus* isoliert und in markierter Form kommerziell vertrieben.

Je nach Bedarf können verschiedenste Markierungen der sekundären Antikörper oder von Protein A herangezogen werden (Abb. 10.**11** und 10.**12**).

10.5.4 Monoklonale Antikörper

Mit monoklonalen Antikörpern lässt sich eine noch höhere Spezifität erreichen. Zur Herstellung von monoklonalen Antikörpern (mAK) wird einer Maus zunächst ein Antigen (z. B. ein isoliertes Protein) oder eine komplexe Zellkomponente injiziert (z. B. Basalkörper, aus einem Cilienepithel isoliert; vgl.

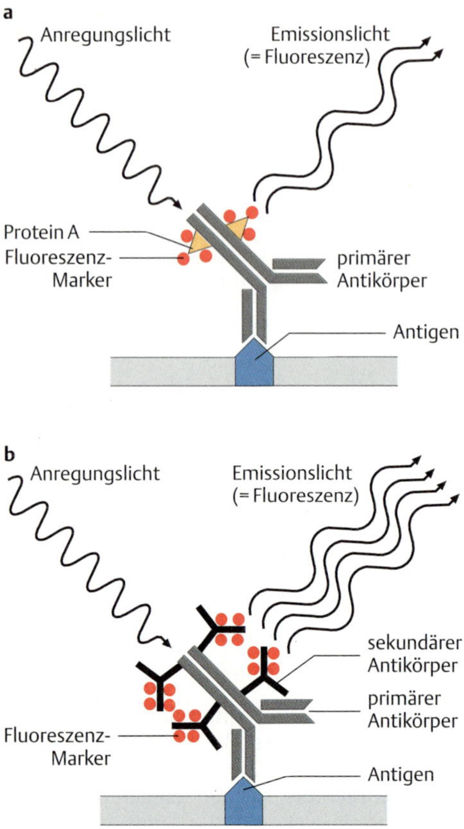

Abb. 10.**11** Prinzip der Antikörper-Lokalisierung im Lichtmikroskop (Immunhistochemie). Bei der hier dargestellten indirekten Methode wird entweder **a** Protein A oder **b** ein Zweitantikörper eingesetzt, beide in fluoreszenzmarkierter Form.

Kap. 17). In den folgenden Wochen kann man eine zunehmende Menge an Antikörpern im Blut nachweisen. Sie stammen aus B-Lymphocyten, die in der Milz stark vertreten sind. Die Milz wird dem Tier entnommen und in eine Suspension von Zellen zerlegt. Die vielen, in der Milz enthaltenen B-Lymphocyten produzieren nicht genau identische Antikörper-Moleküle, sondern die Antikörper eines jeden B-Lymphocyten „erkennen" jeweils nur einen kurzen Abschnitt (= Epitop) eines Antigens (vgl. Abb. 10.**13**). Ziel der Methode der monoklonalen Antikörper-Herstellung ist nun, eine große Zahl gleichartiger B-Lymphocyten zu gewinnen, welche allesamt Antikörper gegen dasselbe Epitop produzieren (Abb. 10.**13**). Abb. 10.**14** zeigt dies am Beispiel von Antikörpern, die jeweils an einem ganz bestimmten Epitop der sehr langen Kette des schweren Myosins binden.

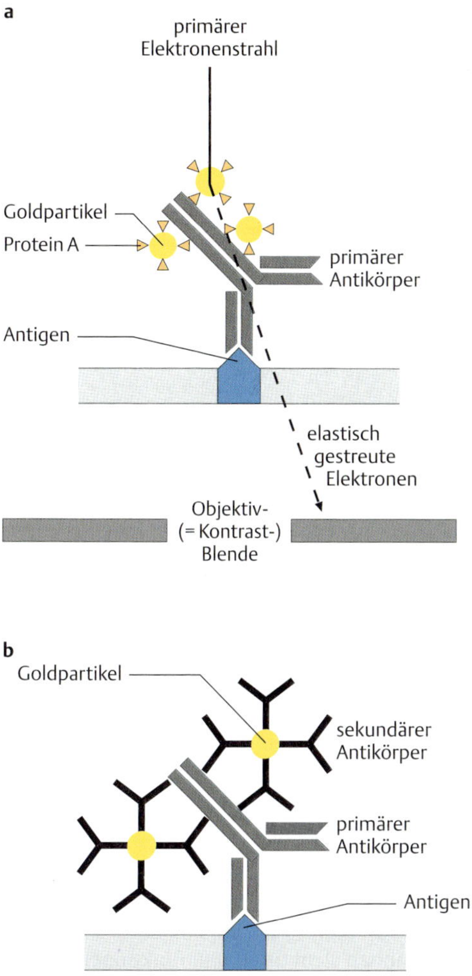

Abb. 10.**12** Prinzip der Antikörper-Lokalisierung im Elektronenmikroskop (Immuncytochemie) am Beispiel der indirekten Methode unter Einsatz von kolloidalen Goldpartikeln als Marker. Diese werden von **a** Protein A oder **b** von sekundären Antikörper-Molekülen lückenlos bedeckt, die ihrerseits am primären Antikörper binden.

Wie lässt sich dies erreichen? Zunächst wird die Vielzahl der aus der Milz eines immunisierten Tieres entnommenen B-Lymphocyten quasi unsterblich gemacht. Dies erreicht man durch künstliche Verschmelzung mit Myeloma-Zellen, die als Krebszellen mit praktisch unbeschränkter Teilungsfähigkeit ausgestattet sind (vgl. Kap. 6). Die entstehenden „Kunst-Zellen" sind Hybride, also Verschmelzungsprodukte von B-Lymphocyten mit Myeloma-Zellen und werden daher Hybridoma-Zellen genannt (Abb. 10.**15**).

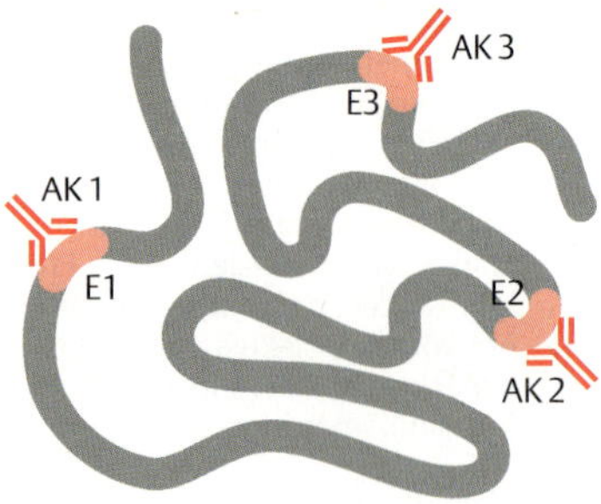

Abb. 10.**13** Monoklonale Antikörper. An einem Protein-Molekül werden von verschiedenen monoklonalen Antikörpern (AK1 – 3) unterschiedliche Sequenzabschnitte (Epitope, E1 – E3) erkannt; vgl. Abb. 10.**14**.

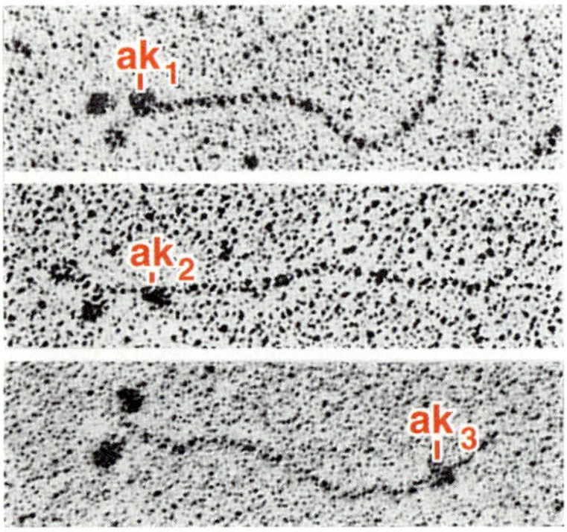

Abb. 10.**14** Bindung von drei verschiedenen monoklonalen Antikörper-Molekülen (ak1 – 3) an drei verschiedenen Epitopen entlang des längsgestreckten Myosin-Moleküls. Dieses erscheint doppelköpfig und langgeschwänzt (vgl. Abb. 16.**18** und 16.**19**). Myosin und die gebundenen Antikörper-Moleküle (deren Y-Form nicht aufgelöst ist) wurden durch Schwermetall-Aufdampfung ähnlich wie in Technik-Box, S. 121, sichtbar gemacht. Vergr. 190 000fach (aus Claviez, M., K. Pagh, H. Maruta, W. Baltes, P. Fisher, G. Gerisch: EMBO J. 1 [1982] 1017).

Nun nimmt man einzelne Hybridoma-Zellen getrennt in Kultur. Jede der Hybridoma-Zellen bildet durch endlos weiterlaufende Zellteilungen einen Klon (Zellpopulation, die sich aus einer einzigen Zelle ableitet). Die Zellen eines Hybridoma-Klons produzieren alle dieselbe Art von Antikörpern gegen dasselbe Epitop (monoklonale Antikörper).

Häufig ist es schwierig bis unmöglich, bestimmte Proteine aus einer Zelle zu isolieren, so etwa die mit dem Centriol assoziierte diffuse Masse von mutmaßlichen Proteinen (vgl. Abb. 22.**9**). Als Ganzes lassen sich aber Centriolen bzw. noch wesentlich leichter die mit ihnen strukturell und funktionell identi-

Abb. 10.**15** Herstellung von monoklonalen Antikörpern. Die Methode ist im Text erläutert. Das HAT-Medium gewährleistet, dass nur Hybridoma-Zellen (also Zellen mit den Charakteristika sowohl von Milz-Zellen als auch von Myeloma-Zellen) weiter vermehrt werden. Zum Schluss können große Mengen von monoklonalen Antikörpern gewonnen werden, entweder indem man die Hybridoma-Zellen in vitro weiterkultiviert oder indem man sie in die Bauchhöhle einer Maus injiziert. Dort werden dann monoklonale Antikörper produziert, die man aus dem Serum und aus der Bauchhöhlenflüssigkeit (Aszites) isolieren kann. ▶

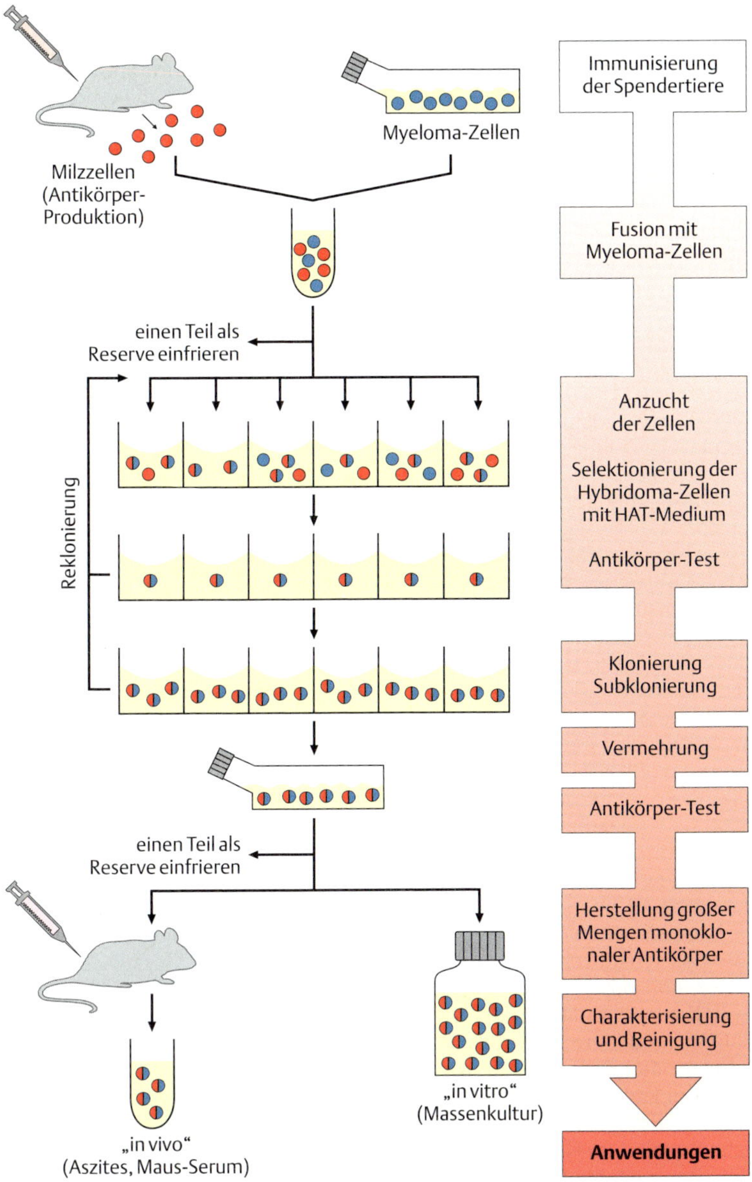
Milzzellen
(Antikörper-
Produktion)
Myeloma-Zellen
einen Teil als
Reserve einfrieren
Reklonierung
einen Teil als
Reserve einfrieren
„in vivo“
(Aszites, Maus-Serum)
„in vitro“
(Massenkultur)
Immunisierung
der Spendertiere
Fusion mit
Myeloma-Zellen
Anzucht
der Zellen
Selektionierung der
Hybridoma-Zellen
mit HAT-Medium
Antikörper-Test
Klonierung
Subklonierung
Vermehrung
Antikörper-Test
Herstellung großer
Mengen monoklo-
naler Antikörper
Charakterisierung
und Reinigung
Anwendungen

schen Basalkörper von Cilien isolieren (vgl. Kap. 17). So lassen sich monoklonale Antikörper gewinnen, welche selektiv jene zunächst nicht definierbaren Proteine am Centriol erkennen. Das Erreichen dieses Ziels wird zunächst mit Methoden der Histochemie festgestellt (vgl. Abschnitt 10.5.3), die einem eine selektive Markierung um ein Centriol herum zeigen (Abb. 22.**5**). Es kann lange dauern, bis man gerade einen der gewünschten monoklonalen Antikörper „erwischt" hat, denn das Verfahren ist nicht zielgerichtet. Irgendwann aber wird es klappen und es gelingt dann auch, über reversible Antigen-Antikörper-Bindung bis dato unbekannte Proteine zu isolieren und sie der molekularbiologischen Analyse zuzuführen (vgl. Kap. 8, Box S. 153 – 155).

10.6 Analogmarkierung und Affinitätsmarkierung

Die dynamische Umgestaltung mancher Self-assembly-Systeme, insbesondere des Cytoskeletts (vgl. Kap. 16) kann wie folgt untersucht werden. Man injiziert monomere Bausteine, die man in reiner Form isoliert und mit einem Fluoreszenzmarker gekoppelt hat. Will man beispielsweise feststellen, wo und wie sich Aktin-Filamentbündel bilden, injiziert man monomeres (G-)Aktin nach kovalenter Markierung („Koppelung") mit den Fluoreszenzfarbstoffen Rhodamin oder Fluoreszein. Im Fluoreszenzmikroskop lässt sich nach verschiedenen Zeiten (Minuten bis Stunden) beobachten, wie sich in Zellen mit amöboider Bewegung neu gebildetes, markiertes F-Aktin vom Leitsaum (engl.: leading edge) aus einwärts schiebt (vgl. Abb. 17.**11**). Dies kann gesehen werden, weil markiertes G-Aktin, analog zu unmarkiertem G-Aktin, nur in neu assemblierte Aktinfilamente (F-Aktin) eingebaut wird (Analogmarkierung).

Die Affinitätsmarkierung arbeitet nach einem etwas anderen Prinzip. Um beim Beispiel der Aktinfilamente zu bleiben: Nur F-Aktin bindet mit hoher Affinität das Pilzgift Phalloidin (aus *Amanita phalloides*, Grüner Knollenblätterpilz). Wird dieses in fluoreszenzmarkierter Form in die Zelle eingebracht, so werden die vorhandenen Aktinfilamente markiert. Ähnliche Nachweise gelingen auch mit elektronenmikroskopischen Markern für verschiedenste Zellkomponenten. Insbesondere wurde eine Reihe von Rezeptoren der Zelloberfläche durch Affinitätsmarkierung lokalisiert. Ein Beispiel: Da man weiß, dass das Schlangentoxin α-Bungarotoxin (α-BTX) selektiv an Acetylcholin-Rezeptoren der postsynaptischen Membran (spezialisierte Zone der Muskel-Zellmembran; vgl. Abb. 6.**24**) in neuromuskulären Kontaktzonen bindet, kann markiertes α-BTX zur Affinitätsmarkierung solcher Rezeptoren eingesetzt werden.

Zahlreiche andere Rezeptoren der Zellmembran konnten lokalisiert werden, indem der physiologische Ligand in markierter Form angeboten wurde. Eines der in Kap. 12 gezeigten Beispiele ist der LDL-Rezeptor (Abb. 12.**3**).

Vielfach werden Lektine zur Affinitätsmarkierung verwendet. Lektine sind lösliche Proteine meist pflanzlicher Herkunft. Sie bestehen aus mehreren Untereinheiten und binden spezifisch an einzelne Zucker oder Gruppierungen von Zucker-Molekülen. Das bekannteste Lektin, Concanavalin A (ConA), aus bestimmten Bohnensamen isoliert, erkennt beispielsweise Glukose und Mannose; das Lektin WGA aus Weizenkeimen (WGA, engl.: wheat germ agglutinin) erkennt N-Acetyl-Neuraminsäure (Sialinsäure; vgl. Formel 5.48). Dementsprechend dienen markierte Lektine zur Lokalisierung von Glykoproteinen. An Markersubstanzen steht wiederum die bereits besprochene Palette zur Verfügung.

10.7 Die FRAP-Methode

Sie dient der Analyse dynamischer Prozesse in Self-assembly-Systemen. FRAP steht für „Fluorescence recovery after photobleaching" (Abb. 10.**16**). Die Bedeutung wird aus der experimentellen Vorgangsweise klar, etwa am Beispiel einer Biomembran. Man will z. B. Details über die laterale Mobilität von Lipidkomponenten erfahren, die ja eine „zweidimensionale Flüssigkeit" darstellen (vgl. Kap. 6). Einer Zelle kann nun ein fluoreszenzmarkierter Lipidbaustein einer bestimmten Sorte angeboten werden und sie nimmt ihn ganz normal in ihre Zellmembran auf, in der er sich gleichmäßig verteilt. Nun bleicht man mit einem dünnen Laser-Lichtstrahl unter mikroskopischer Kontrolle einen kleinen Fleck aus. Die Mobilität der Lipide füllt diesen gebleichten Fleck über Diffusion relativ schnell wieder aus. Die Fluoreszenz-Erholung (engl.: recovery) nach dem Photobleichen (engl.: bleaching) und damit der Diffusionskoeffizient (cm^2/s) von Membrankomponenten kann mittels FRAP quantitativ ermittelt werden. Dies gilt auch für Proteine, die wegen ihrer Größe sehr viel langsamer in Membranen driften.

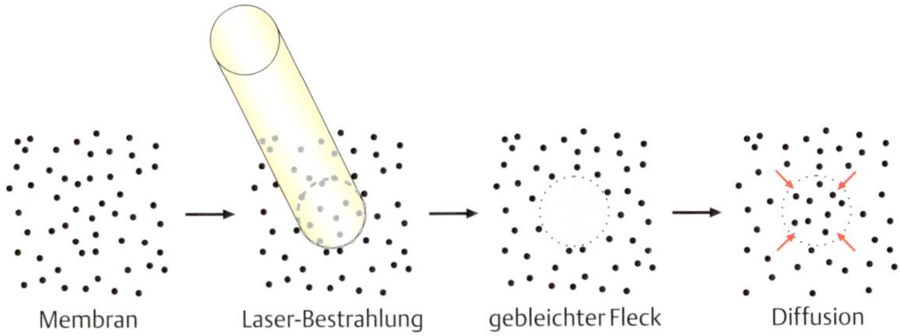

Abb. 10.**16** FRAP-Methode, wie sie im Text erläutert wird

Literatur

Asai, D.J.: Antibodies in Cell Biology. Harcourt Brace, London 1993
Celis, J.E.: Cell Biology. A Laboratory Handbook. Academic Press, San Diego 1998
Chalfie, M., S. Kain: Green Fluorescent Protein. Properties, Applications, and Protocols. Wiley-Liss, New York 1998
Chiesa, A., E. Rapizzi, V. Tosello, P. Pinton, M. de Virgilio, K.E. Fogarty, R. Rizzuto: Recombinant aequorin and green fluorescent protein as valuable tools in the study of cell signalling. Biochem. J. 355 (2001) 1
Griffiths, G.: Fine Structure Immunocytochemistry. Springer, Berlin 1993
Häder, D.P., M. Häder: Moderne Labortechniken. Thieme, Stuttgart 1993
Koolman, J., K.H. Röhm: Taschenatlas der Biochemie. Thieme, Stuttgart 1997
Plattner, H., H.P. Zingsheim: Elektronenmikroskopische Methodik in der Zell- und Molekularbiologie. Fischer, Stuttgart 1987
Rost, F.W.: Fluorescence Microscopy. Cambridge University Press, Cambridge 1992
Short, B., F.A. Barr: The Golgi apparatus. Curr. Biol. 10 (2000) R583
Slater, R.J.: Radioisotopes in Biology. IRL Press, Oxford 1993
Stumpf, W.E., H.F. Solomon: Autoradiography and Correlative Imaging. Academic Press, New York 1995
Wilson, K., K.H. Goulding: Methoden der Biochemie. Thieme, Stuttgart 1991
Wouters, F.S., P.J. Verveer, P.I.H. Bastiaens: Imaging biochemistry inside cells. Trends Cell Biol. 11 (2001) 203

Vgl. auch Literatur zu Kapitel 3

11 Transport von Molekülen an die Zelloberfläche und Export aus der Zelle

Die Zelle hat verschiedene Möglichkeiten, Substanzen abzugeben. Diesen Vorgang im weitesten Sinn bezeichnet man als Sekretion. Die auffälligste Form der Stoffabgabe erfolgt über Sekretvesikel. Deren Membran verschmilzt wenigstens zeitweise mit der Zellmembran (Exocytose), sodass über eine Exocytose-Öffnung Inhaltsstoffe aus der Zelle unter Wahrung ihrer Integrität abgegeben werden können. Unter diesen Stoffen sind solche, die nur nach einem spezifischen Stimulus freigesetzt werden (getriggerte Exocytose: Verdauungsenzyme, Hormone, Neurotransmitter etc.), wogegen die Abgabe anderer Stoffe (Komponenten der extrazellulären Matrix etc.) eines bestimmten Stimulus nicht bedarf (ungetriggerte Exocytose). Nach diesem Mechanismus werden auch Komponenten der Zellmembran ergänzt, indem die Vesikelmembran dauerhaft in der Zellmembran integriert wird. Dagegen wird in den meisten anderen Fällen die leere Vesikelmembran in die Zelle zurückgeholt (Endocytose, Membran-Recycling).

11.1 Das Prinzip des vesikulären Transportes

Mit zunehmender Komplexität entwickelte die Eukaryotenzelle während der Evolution die Fähigkeit, eigene Syntheseprodukte als membranumhüllte Pakete (Sekretvesikel) an die Zellmembran anzuliefern und den Inhalt durch Membranfusion nach außen abzugeben (Exocytose, Abb. 11.**1**). Die Zelle kann so auf Stimuli reagieren (stimulierte oder getriggerte Exocytose) und mit dem Sekret ihre Umgebung beeinflussen. Exocytose kann auf verschiedene Weise getriggert werden (s. u.), bei manchen Zellen z. B. durch elektrische Erregung (Depolarisation) oder bei anderen Zelltypen z. B. durch Bindung eines Botenstoffes (Hormon) an der Zelloberfläche. Exocytose eröffnet aber auch die Möglichkeit, die Zelloberfläche dynamisch zu gestalten, indem ohne bestimmten Stimulus den Erfordernissen entsprechende Membranproteine eingebaut werden können (ungetriggerte Exocytose). Im Gegenzug können Teile der Zellmembran ins Innere zurückgeholt werden (Endocytose). So kann auch die Zellmembran mit ihrer Glykokalix andauernd erneuert werden (Biogenese der Zellmembran).

Allein schon, weil jede Exocytose eine fortwährende Vergrößerung der Zellmembran bewirken würde, muss diesem unerwünschten Nebenaspekt gegengesteuert werden (Abb. 11.**1**). Die „Exocytose-gekoppelte Endocytose“ gewährleistet die Aufrechterhaltung der funktionellen Spezifität (d. h. der Proteinarten) sowohl der Sekretvesikel als auch der Zellmembran. Damit hat die Eukaryotenzelle auch das Prinzip der „Wiederverwendung leerer Container“ erfunden, denn die Vesikel können diesen Zyklus oft dutzendemale durch-

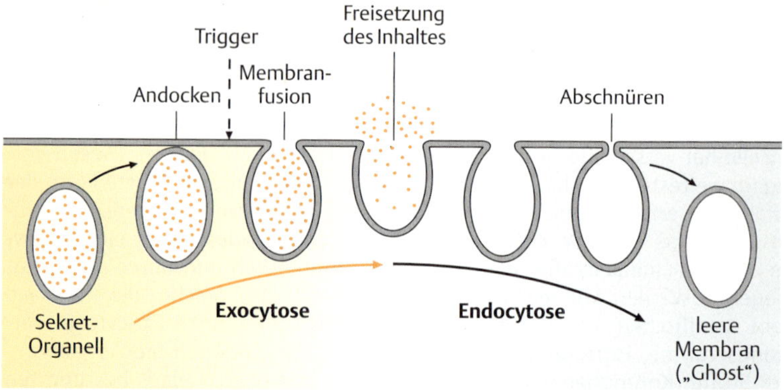

Abb. 11.**1** Exocytose und Endocytose. Ein Sekretorganell (Sekretvesikel) wird an die Zellmembran transportiert und dort angedockt. Darauf folgt die Fusion der Vesikelmembran mit der Zellmembran unter Bildung einer Exocytose-Öffnung. Die Exocytose erfolgt fallweise ungetriggert oder sie benötigt einen bestimmten Stimulus (getriggerte Exocytose). Durch die Exocytose-Öffnung wird der Vesikelinhalt aus der Zelle abgegeben. Vielfach wird die leere Vesikelmembran (Ghost) von der Zellmembran abgenabelt und in einem Recycling-Verfahren wieder verwendet (Exocytose-gekoppelte Endocytose).

laufen (Membran-Recycling). Abgabe und Aufnahme von Stoffen sind auf diese Weise eng miteinander gekoppelt (Abb. 11.**2**).

Im folgenden sind die verschiedenen Cytose-Prozesse zusammengestellt:
Exocytose (Abgabe von Stoffen)
- ungetriggerte Exocytose bzw. getriggerte („stimulierte" oder „geregelte") Exocytose

Endocytose (Aufnahme von Stoffen)
- Stoffe, die im Lichtmikroskop nicht erkennbar sind
  - Exocytose-gekoppelte Endocytose (Membran-Recycling)
  - Exocytose-unabhängige Endocytosen
- Stoffe, die im Lichtmikroskop geformt erscheinen (Phagocytose)

Transcytose (Durchschleusen von Stoffen)
- z. B. Durchtritt von Proteinen (Proteohormone, Antikörper) durch die Wand von Kapillaren (d.h. durch Endothelzellen) oder durch Epithelzellen.

Wie aus dem Alltag bekannt, kann Recycling nicht ewig fortgeführt werden. So hat auch die Zelle ihre „Verbrennungsanlagen", teils zur Entsorgung, teils zum Recycling von molekularen „Rohstoffen". Gemeint sind die Lysosomen, die beiden Aspekten gerecht werden. Als Organellen der intrazellulären Verdauung haben sie Anlieferwege von außen (über Endocytose-Vesikel), aber auch von innen, um abbaubedürftiges Material (überaltete Moleküle und Organel-

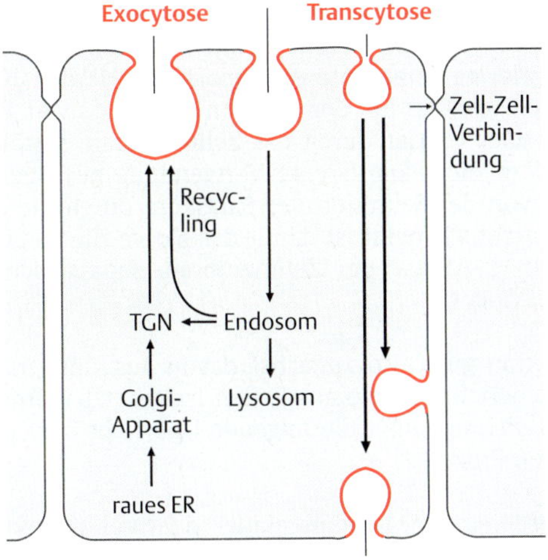

Abb. 11.**2** Cytose-Prozesse. Sekretorganellen werden vom Trans-Golgi-Netzwerk (TGN) abgeschnürt und geben ihren Inhalt über Exocytose an der Zellmembran ab. Daran schließt sich meistens eine Exocytose-gekoppelte Endocytose (vgl. Abb. 11.**1**). Endocytose tritt aber auch von diesem Prozess unabhängig auf (vgl. Kap. 12). Die Endocytosevesikel gelangen zum Endosom (vgl. Kap. 12), von dem Teile in das Recycling oder aber in Lysosomen zum Abbau gelangen können (vgl. Kap. 13). In der Transcytose wird dieser Weg vermieden. Vielmehr gelangen hierbei bestimmte Proteine, wie Hormone und Antikörper, durch Vesikelabschnürung von der einen Seite der Zelle auf die andere Seite, wo sie in unveränderter Form durch Vesikelfusion an der Zellmembran wieder abgegeben werden. Die beiden Seiten der Zelle, apikal (oben) und basolateral werden durch Zell-Zell-Verbindungen (vgl. Kap. 21) voneinander getrennt. Diese verhindern auch, dass Stoffe das Endothel von Blutkapillaren bzw. das Epithel der Darmwand unkontrolliert über den Interzellularraum passieren können. Die Transcytose gewährleistet somit die kontrollierte Passage von Stoffen, die nur in unveränderter Form ihre Wirkung im Körper erfüllen können.

len) zu entsorgen (vgl. Kap. 13). Von außen können auch pathogene Keime (Bakterien) in die Lysosomen mancher Zellen (Mikrophagen, Makrophagen) eingeschleust werden. Dieser als „Phagocytose" bezeichnete Prozess endet mit dem Abbau des Pathogens (vgl. Kap. 13).

Daraus wird deutlich, wie vielfach die Aufnahme und Abgabe von Stoffen verschiedener Art miteinander vernetzt sind und welche große Bedeutung diesen Prozessen beizumessen ist. Ein Sonderfall ist die Transcytose, bei der auf einer Seite der Zelle Stoffe über Vesikel aufgenommen und auf der anderen Seite wieder unverändert abgegeben werden. Endocytose und Transcytose werden in Kap. 12, Lysosomen in Kap. 13 eigens abgehandelt.

11.2 Allgemeines über die Abgabe von Stoffen (Sekretion)

Die Abgabe von Stoffen aus der Zelle nennt man ganz allgemein Sekretion. Damit kann vielerlei gemeint sein. Ausgenommen werden hierbei meistens jene Mechanismen, welche für den aktiven oder passiven Transport durch Pumpen, Kanäle oder Carrier durch die Zellmembran zuständig sind. Aber auch hierbei gibt es die inkonsistente Verwendung des Begriffes Sekretion, etwa wenn man von der Sekretion der Salzsäure durch die Belegzellen des Magenepithels spricht. Gemeint ist damit das aktive Hinauspumpen von Protonen durch eine H^+-ATPase der Zellmembran, sodass sich im Magensaft 1-normale (!) HCl findet.

Der Begriff Sekretion ging also zunächst davon aus, dass man extrazellulär Produkte angereichert findet, die aus Zellen freigesetzt wurden. Zur Klärung dieser Begriffsverwirrung, dient die folgende Übersicht über die uns bekannten „sekretorischen Prozesse“:

Paketierte Freisetzung von Makromolekülen oder von molekularen Aggregaten (Abb. 11.**3**)
- holokrine Sekretion: Zerfall ganzer Zellen zur Bildung von Sekret. Beispiel: Talgdrüsen inkl. Haarbalgdrüsen.
- apokrine Sekretion: Abschnürung eines Teils der Zelle (Sekret zunächst umhüllt von Zellmembran). Beispiel: Freisetzung von Lipidtröpfchen aus den Zellen der Milchdrüse.
- merokrine Sekretion: Exocytose, Freisetzung von Sekret aus membranumhüllten intrazellulären Vesikeln, deren Membran mit der Zellmembran verschmilzt und über die so gebildete Exocytose-Öffnung die Sekretabgabe erlaubt. Das Sekret besteht aus Proteinen, welche im allgemeinen glykosyliert sind. Beispiele: Abgabe von Lipoprotein-Aggregaten aus Leberzellen; Abgabe des Proteins Casein aus den Zellen der Milchdrüse, Proteinsekrete anderer Drüsen; Antikörper aus Plasmazellen; Nicht-Proteine, Catecholamine aus dem Nebennierenmark; Neurotransmitter aus Nervenendigungen etc. Auf demselben Weg wird aber auch die Zellmembran nachgebildet und werden einzelne Komponenten der extrazellulären Matrix und der pflanzlichen Zellwand ausgeschieden (vgl. auch Abschnitt 11.3.1). Auch bei Exocytose können zusätzlich zu Proteinen niedermolekulare Stoffe abgegeben werden (Ionen, ATP, Enkephaline etc.). Gelegentlich wird in den Lehrbüchern der Histologie merokrin als Oberbegriff für die unter apokrine bzw. merokrine Sekretion definierten Prozesse verwendet; die merokrine Sekretion wird dann auch als ekkrin bezeichnet.

Abgabe von polymerisierenden Substanzen. Beispiele: Beim Durchtritt durch die Zellmembran werden Monomere zu Polymeren polymerisiert und tragen auf diese Weise zur Bildung einzelner Komponenten der extrazellulären Matrix tierischer Zellen (Hyaluronsäure) oder der Hauptmasse pflanzlicher Zellwände (Zellulose) bei.

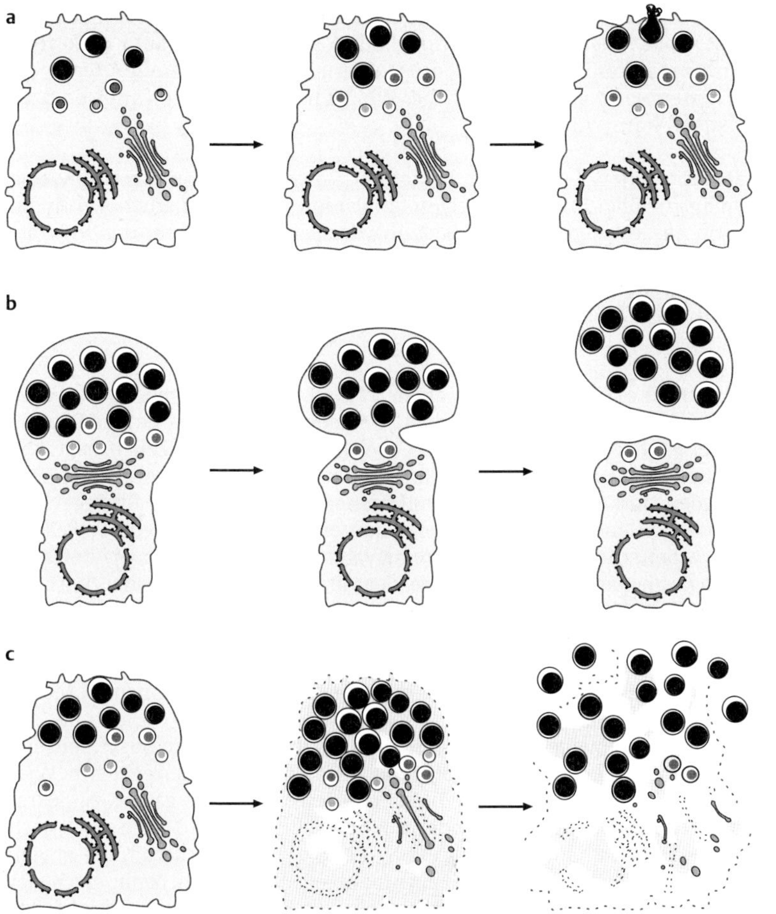

Abb. 11.**3** Sekretionsmechanismen. Der Begriff Sekretion ist komplex. Sekretion kann unter anderem bedeuten: **a** Exocytose (merokrine Sekretion), **b** Abschnürung eines Teils der Zelle mit den darin enthaltenen Sekretvesikeln (apokrine Sekretion) oder **c** Zerfall von ganzen Zellen mit ihren Sekretvesikeln zu einem Sekretbrei (holokrine Sekretion). Die Beispiele für Exocytose sind zahlreich (s. Aufzählungen im Text). Apokrin werden in der weiblichen Brustdrüse die Fettkügelchen der Milch freigesetzt. Daneben wird das Milchprotein Casein über Exocytose abgegeben. Die Talgdrüse ist ein Beispiel für holokrine Sekretion.

Abgabe von wasserlöslichen Verbindungen. Beispiele: Steroidhormone wie Corticosteroide der Nebennierenrinde oder Ecdyson, das Häutungshormon von Insekten; Thyroxin, das Schilddrüsenhormon; Gallenfarbstoffe (Hepatocyten). Hier erfolgt die Freisetzung über die Zellmembran durch Diffusion bzw. molekulare Transportprozesse.

Abgabe von Ionen. Beispiel: Im Sekret der Schweißdrüsen mit relativ wenig Proteinen, die über Exocytose freigesetzt werden, wird ein relativ hoher Anteil an Ionen ausgeschieden. Die Freisetzung der Salze erfolgt aber durch Transportmechanismen an der Zellmembran und ist deshalb eigentlich – ebenso wie die Harnbildung durch die Niere – nicht als Sekretion im eigentlichen Sinne zu bezeichnen. Ähnliches gilt für die Salzsäure-„Sekretion" im Magen (s. o.).

Zwei besondere Fälle treten zum einen in tierischen, zum anderen in pflanzlichen Geweben auf (vgl. Punkt 2 oben). In beiden Fällen betrifft es die Bildung wichtiger Komponenten jener Masse, welche zwischen den Zellen liegt. Die extrazelluläre Matrix (= Interzellulärsubstanz) tierischer Gewebe kann sehr verschieden stark ausgeprägt sein und besonders im Stütz- und Bindegewebe große Mengen an Proteoglykan-Molekülen enthalten, welche wie Pinselborsten an einem „Stiel" aus polymerer Hyaluronsäure (Hyaluronan) befestigt sind. Dagegen wird die Hauptmasse der oft massiven Zellwände zwischen Pflanzenzellen (vgl. Abb. 21.**17**) von Mikrofibrillen aus Zellulose gebildet. In beiden Fällen, bei Hyaluronan wie bei Zellulose, erfolgt die „Sekretion" über membranintegrierte Proteinkomplexe durch die Zellmembran hindurch, welche gleichzeitig die Polymerisierung der (dem Cytosol entnommenen) Monomere auf der extrazellulären Seite besorgen.

Als Sekretion im engeren Sinn verbleibt somit nur noch die Ausschleusung von Makromolekülen oder von Molekülaggregaten in „paketierter" Form. Wiederum kann Verschiedenes gemeint sein. Zellen können als ganzes zu Sekret zerfallen (holokrine Sekretion) oder ein Teil der Zelle wird als Sekret nach außen abgeschnürt (apokrine Sekretion). Beispiele sind wiederum der obigen Aufzählung sowie der Abb. 11.**3** zu entnehmen. Schließlich bleibt noch der Mechanismus der Exocytose zu erörtern, also die Freisetzung von Sekret durch Verschmelzen der Membran eines Sekretvesikels mit der Zellmembran. Dieser Prozess wird auch als merokrine oder – etwas altmodisch – als „ekkrine" Sekretion bezeichnet. Weniger auffällig, aber prinzipiell gleich, verläuft die Fusion kleiner Vesikel mit der Zellmembran, welche auf diese Art erneuert wird (Biogenese).

11.3 Exocytose

Die Fusion von Vesikeln mit der Zellmembran zur Abgabe von Stoffen kann getriggert oder ungetriggert erfolgen (Abb. 11.**4**)

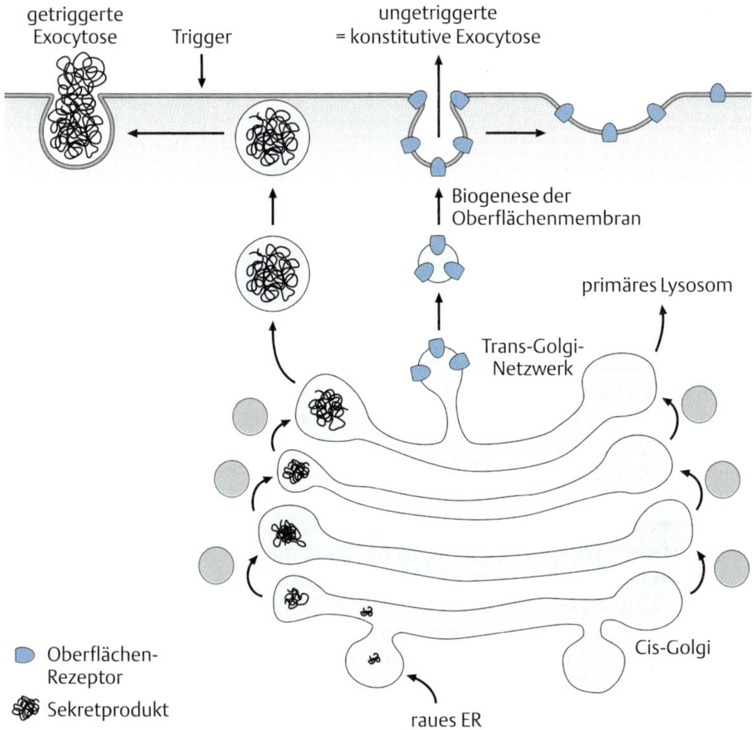

Abb. 11.**4** Getriggerte und ungetriggerte Exocytose im Vergleich. Hierzu existieren verschiedenartige Sekretvesikel in einer Zelle, die jedoch beide vom Trans-Golgi-Netzwerk abgeschnürt werden. Bei der getriggerten Exocytose kommt es primär auf die Freigabe des Sekrets, d. h. des Vesikelinhaltes an. Dies gilt auch für die ungetriggerte Exocytose, soweit auf diesem Wege manche der Komponenten der Interzellularsubstanz bzw. der pflanzlichen Zellwand freigesetzt werden. Daneben dienen die Vesikel der ungetriggerten Exocytose der andauernden Erneuerung der Zellmembran (Biogenese), in der sie durch Fusion und Diffusion aufgehen.

11.3.1 Ungetriggerte Exocytose

Manche Exocytose-Prozesse laufen also unauffällig, stetig und ohne einen auffälligen Trigger ab („konstitutive" oder „ungetriggerte Exocytose"). Beispiele betreffen nicht nur die Biogenese der Zellmembran mit ihrer Glykokalyx, sondern auch die Sekretion von Antikörpern (wiewohl es eines Antigens als Trigger bedarf, um Lymphocyten zur Vermehrung und Produktion spezifischer Antikörper anzuregen), von Serum-Lipoproteinen aus Hepatocyten, von

Wachstumsfaktoren sowie von bestimmten Komponenten der extrazellulären Matrix tierischer Gewebe und ihres pflanzlichen Äquivalents, der Zellwand. Man hat diese Prozesse voreilig auch „ungeregelte Sekretion" genannt. In der Zelle aber ist alles geregelt, wenn auch nicht immer deutlich sichtbar getriggert.

Die Funktionen der ungetriggerten Exocytosen lassen sich wie folgt zusammenstellen:

1. Biogenese bzw. permanente Erneuerung der Zellmembran mit ihrer Glykokalyx, ihren Ionenkanälen, Carriern, Rezeptoren etc.
2. Sekretion von Antikörpern (IgG, IgM), von Lipoproteinen des Blutserums und von Wachstumsfaktoren
3. Sekretion mancher Komponenten der extrazellulären Matrix tierischer Gewebe (Monomere des Kollagens, Chondroitinsulfat und Dermatansulfat, aber nicht Hyaluronsäure, s. o.)
4. Ausschleusung von einzelnen Komponenten der pflanzlichen Zellwand. Dies betrifft u. a. Proteine, jedoch nicht die Hauptmasse des Zellwandmaterials, nämlich die Zellulose (s. o.).

Die an der ungetriggerten Exocytose beteiligten Sekretvesikel sind relativ klein. Sie besitzen an ihrer Membranoberfläche Dockproteine, welche entsprechende Dockproteine an der Innenseite der Zellmembran erkennen können. Dabei kann in Epithelzellen sogar zwischen Vesikeln unterschieden werden, welche für den apikalen Bereich (oberen Bereich mit dem Bürstensaum aus Mikovilli) oder für den basolateralen (unteren und seitlichen) Bereich der Zellmembran unterhalb des Verbindungskomplexes bestimmt sind. So wandert die Na^+/K^+-ATPase immer an den basolateralen, die 5'-Nukleotidase an den apikalen Bereich. Man vermutet,dass auch hierbei zunächst der Transport an die basolaterale Seite erfolgt, dass diese Proteine aber in selektiven Membranabschnitten angereichert und erst dann über eine Art Transcytose (vgl. Abb. 11.**1**) nach apikal transportiert werden. Übrigens trifft dieser Mechanismus für alle Proteine zu, welche an der Zelloberfläche über einen Glykosyl-Phosphatidylinositol-Rest mit der Phospholipidschicht verankert sind (Kap. 6.4). Ebenfalls über ungetriggerte Exocytose gelangen auch die „Surface variant antigens" parasitärer Protozoen an die Zelloberfläche. Der häufige Wechsel dieser Glykokalix-Komponenten bei *Plasmodium*- (Erreger der Malaria) und *Trypanosoma*-Zellen (Erreger der Schlafkrankheit) etc. bewirkt, dass der infizierte Körper mit der Produktion spezifischer Antikörper nicht nachkommt. Dementsprechend mühsam ist die Entwicklung eines Impfserums.

Zur Steuerung der ungetriggerten Sekretion hat man ähnliche Vorstellungen wie zum Andocken und zur Fusion von Vesikeln im Bereich des Golgi-Apparates. Auch hier tritt kein Signaltransduktionsmechanismus, also keine Bildung von Second messenger bzw. keine Erhöhung der intrazellulären freien Ca^{2+}-Konzentration auf.

11.3.2 Getriggerte Exocytose

Ein Nerv „feuert" extrem schnell (binnen Millisekunden); andere Zellen, wie die des Nebennierenmarks, geben Catecholamine ab (binnen Sekunden), um ein Tier in Aktion zu versetzen. Drüsen werden zur Sekretion angeregt (binnen Minuten). Unter den getriggerten Exocytose-Prozessen (s.u.) gibt es also eine breite Palette von zeitlichen Ansprüchen, um die biologische Zielvorgabe zu erreichen. Beispiele zeigen die Abb. 11.**5** bis 11.**8**. Demnach laufen alle diese Prozesse nach einem ähnlichen Grundschema mit Variationen ab. Allgemein steigt dabei die Konzentration von freiem (= ionalem, gelöstem) Ca^{2+} von ca. 10^{-7} auf ca. 10^{-6} M oder darüber an.

Besonders beim schnellsten Exocytose-Vorgang, der neuronalen Transmission, ist es wichtig, dass das Andocken der Transmittervesikel in einem Self-assembly-Prozeß bereits vollzogen ist, bevor der Stimulus eintrifft (vgl. Box). Betrachten wir nun im speziellen eine motorische Endplatte, also die Endigung eines Motoneurons an einem Skelettmuskel (Abb. 11.**5**). Die Endplatte enthält Vesikel mit Acetylcholin als Transmitter (vgl. Formel 6.11). Sie werden über den soeben skizzierten Self-assembly-Prozeß an der Zellmembran (präsynaptische Membran) angedockt. Der Stimulus besteht nun in der Depolarisierung der Nervenendigung binnen ca. einer Millisekunde (vgl. Abb. 6.**10**). Dies aktiviert den Einstrom von extrazellulären Calcium-Ionen (Ca^{2+}_e) über spannungsabhängige Ca^{2+}-Kanäle, die sich öffnen, sobald die Nervenendigung depolarisiert wird (vgl. Kap. 6.2). Ca^{2+}-Ionen diffundieren im Cytosol aber

Plus: Vesikeltransport: Wie erkennen sich die richtigen Membranen, bevor sie verschmelzen?

Benötigt werden für die Auslösung der Exocytose hydrolysierbares Guanosintriphosphat (GTP) und verschiedene Proteine. Darunter sind monomere GTP-Bindeproteine, NSF und SNAPs. GTP wird an ein GTP-Bindeprotein (G-Protein) gebunden und durch dieses hydrolysiert (GTPase-Funktion). NSF steht für „NEM-sensitive factor"; es ist ein Protein, das von dem Gift N-Ethylmaleimid (NEM) entaktiviert wird. SNAP steht für „Soluble NSF attachment protein". Die SNAPs binden jeweils an einem SNAP-Rezeptorprotein der Vesikelmembran (v-SNARE, SNARE = SNAP-Rezeptor) sowie der Zellmembran (engl.: target, Zielmembran, t-SNARE). Beide Rezeptoren passen zueinander und vermitteln so das Andocken der Vesikel über die erwähnten Proteine. Dass nur „richtige" Membranen miteinander in Kontakt treten, wird durch diese Rezeptorproteine und evtl. eine Vielzahl membran- bzw. organellspezifischer G-Proteine gewährleistet. Wie die Fusion beider Membranen vermittelt wird, ist noch unbekannt. Vermutlich sind auch hierbei spezifische Proteine beteiligt. Dem Andocken und der Membranfusion auf einen Stimulus hin geht also ein komplexer Self-assembly-Prozeß voraus. Details zum Stand der Forschung sind den Literaturzitaten zu entnehmen.

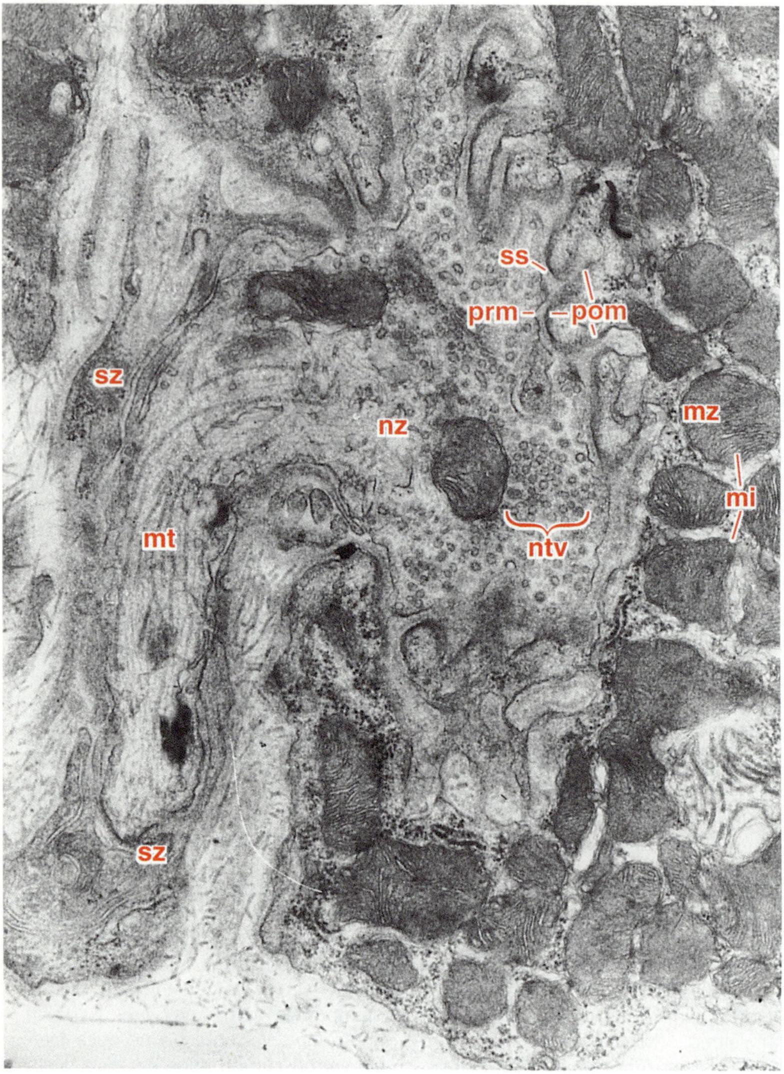

langsam. Daher ist eine Assemblierung dieser Ca^{2+}-Kanäle nahe an den Vesikel-Dockstellen eine Voraussetzung für die sofortige Freisetzung des Transmitters über Exocytose. Ca^{2+} bindet im Bereich der Vesikel-Dockstellen an bestimmte Proteine, deren Konformation durch die Ca^{2+}-Bindung verändert

◀ Abb. 11.**5** Neuromuskuläre Kontaktzone (motorische Endplatte). Dies ist das Ende eines Axons, d. h. des erregungsleitenden Fortsatzes einer motorischen Nervenzelle (nz, Motoneuron) in Kontakt mit einer quer gestreiften Muskelzelle (mz; vgl. Kap. 16). Beide Zellen sind voneinander durch einen Spalt getrennt (ss = synaptischer Spalt), der zwischen der Zellmembran der Nervenzelle (prm = präsynaptische Membran) und jener der Muskelzelle (pom = postsynaptische Membran) liegt. Im linken Teil lässt das Axon noch zahlreiche Mikrotubuli (mt; für den Vesikeltransport) und die Umhüllung durch Schwannsche Zellen (sz; zur elektrischen Isolierung) erkennen. Dagegen sind am Ende des Axons zahlreiche Neurotransmitter-Vesikel (ntv) konzentriert. Sobald der Nerv durch Depolarisierung aktiviert wird, können die Vesikel ihren Inhaltsstoff Acetylcholin binnen Millisekunden über Exocytose in den synaptischen Spalt abgeben. Dort trifft das Acetylcholin auf die Rezeptoren, die in der reichlich gefalteten postsynaptischen Membran sehr zahlreich vorhanden sind (vgl. Abb. 6.**24**). Die Aktivierung dieser Rezeptoren bringt dann mit wenig Zeitverzögerung die Muskelzelle zur Kontraktion. mi = Mitochondrien. Vergr. 19 000fach (aus Plattner, H: Progr. Histochem. Cytochem. 5/3 [1973] 1).

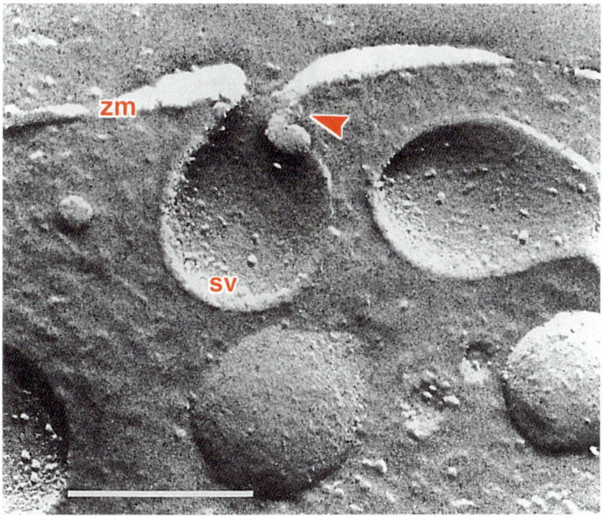

Abb. 11.**6** Exocytose im Gefrierbruch. Die Membran eines Sekretvesikels (sv) fusioniert mit der Zellmembran (zm), sodass ein Omega-förmiges Membrankontinuum entsteht. Die Pfeilspitze deutet auf die Exocytose-Öffnung, durch die das Sekret freigesetzt wird (in diesem Falle Catecholamine aus einer chromaffinen Zelle des Nebennierenmarkes). Vergr. 100 000fach, Strich = 0.25 µm (aus Schmidt, W., A. Patzak, G. Lingg, H. Winkler, H. Plattner: Eur. J. Cell Biol. 32 (1983) 31).

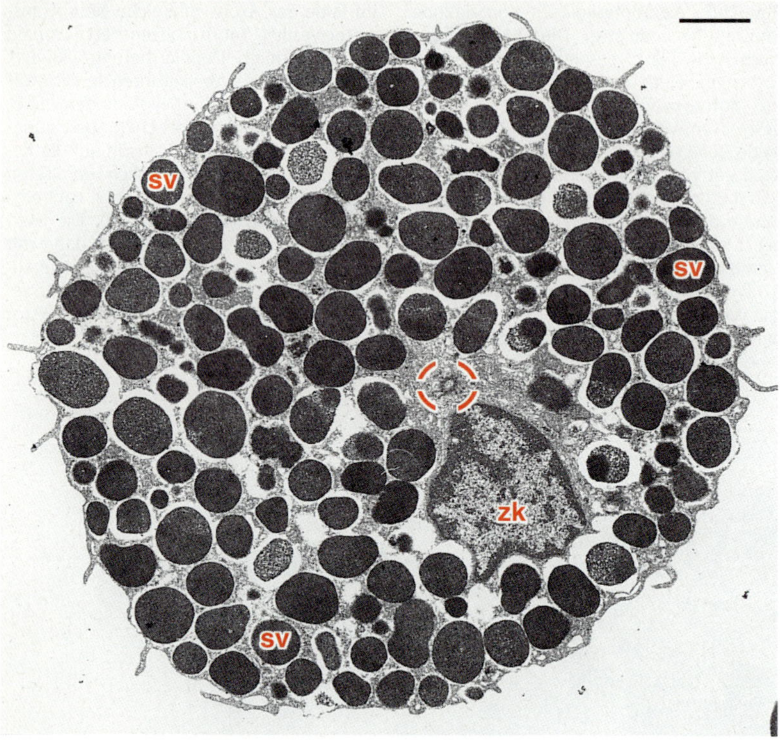

Abb. 11.**7** Mastzelle vor der Triggerung. Abgesehen vom Zellkern (zk) und dem nahe gelegenen Cytocenter (eingerahmt) mit dem Centriol in der Mitte (vgl. Kap. 16) fallen die zahlreichen Sekretvesikel (sv) ins Auge. Sie füllen die Zelle fast völlig aus. Vergr. 9500 fach, Strich = 1 µm (Aufnahme: H. Plattner).

wird. Damit wird die Membranfusion über fusogene Proteine eingeleitet. Diese greifen vermutlich in beide Membranen hinein (Zellmembran und Vesikelmembran) und dürften über hydrophobe Domänen das Ineinandergleiten der Membranlipide hervorrufen. Dadurch entsteht eine Exocytose-Öffnung und der Neurotransmitter wird schlagartig freigesetzt. Diesen Prozess nennt man Stimulus-Sekretions-Koppelung. Anschließend wird Acetylcholin an Rezeptoren (vgl. Abb. 6.**24**) einer benachbarten Zelle, z. B. einer Muskelzelle gebunden, die dadurch aktiviert wird.

Der Prozess der „Stimulus-Sekretions-Koppelung" dürfte bei anderen Zelltypen, wie Mastzellen (Abb. 11.**7** und 11.**8**) und Drüsenzellen, die ebenfalls zur getriggerten Exocytose fähig sind, im Prinzip ähnlich ablaufen (s. Aufzählung

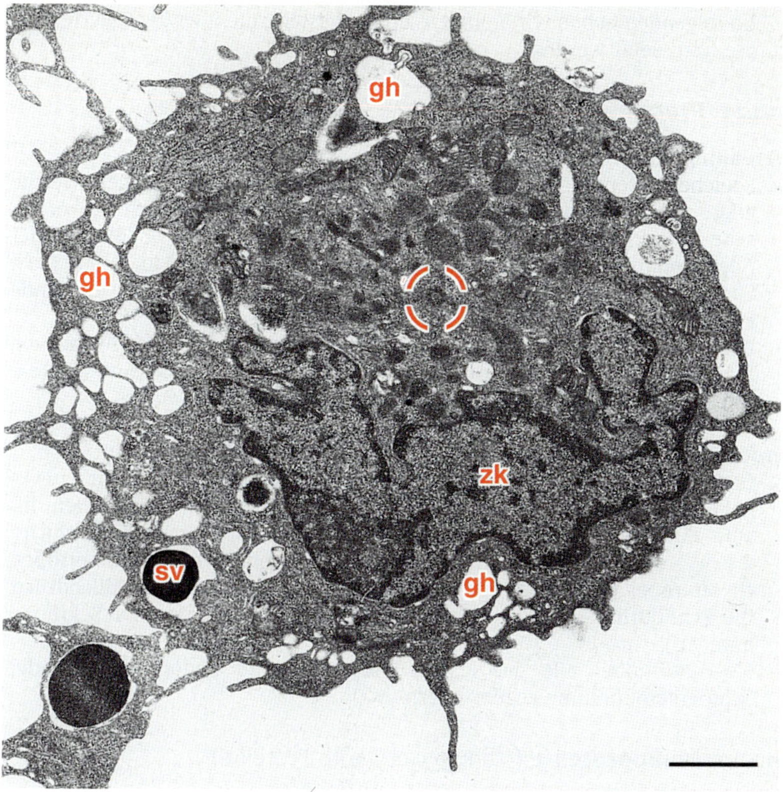

Abb. 11.**8** Mastzelle nach der Triggerung. Die Zelle enthält nur noch vereinzelt elektronendichte Sekretvesikel (sv). Die meisten Vesikel haben ihr Sekret (Histamin) über Exocytose abgegeben, sodass nur die leeren Vesikelmembranen (gh = Ghosts) zurückbleiben. Weitere Erklärungen wie in Abb. 11.**7**. Vergr. 11 500 fach, Strich = 1 µm (Aufnahme: H. Plattner).

unten). Sie reagieren aber weit langsamer als Neurone, weil entweder das Ca^{2+} nicht genau an die Zielorte, die Dock-Fusions-Stellen, hingeleitet wird, oder aber, weil erst noch andere Second messenger gebildet (vgl. Abb. 11.**9**) und noch weitere Aktivierungsschritte eingeleitet werden müssen. In der Aufzählung unten sind auch Bespiele zu exokrinen und endokrinen Drüsen aufgelistet. Aus endokrinen Drüsen gelangt das Sekret in die Blutbahn, aus exokrinen Drüsen dagegen nach außen (Speicheldrüsen) oder in mit der Außenwelt in Verbindung stehende Hohlräume (Verdauungsdrüsen).

Im folgenden haben wir Stoffe zusammengestellt, die über getriggerte Exocytose freigesetzt werden:

11.3.2.1 **Proteine** (mehr oder weniger glykosyliert)

Verdauungsenzyme aus exokrinen Drüsen

- Speicheldrüsen; ein Sonderfall sind die Giftdrüsen von Schlangen, welche allerdings neben oder anstelle von Verdauungsenzymen auch neurotoxische Proteine ausscheiden können, z. B. α-Bungarotoxin als Blocker der Acetylcholin-Rezeptoren an motorischen Endplatten, aber auch – je nach Spezies – hämolytische oder die Blutgerinnung hemmende oder fördernde Proteine.
- Exokriner Pankreas: Verdauungssaft des Darms mit Amylase (Abbau von Stärke), Lipasen (Lipide), Nucleasen (DNase, RNase), Kathepsine (Proteasen).

Proteohormone

- Endokrine Drüsen: Inselzellen des endokrinen Pankreas mit Insulin (aus B-Zellen, Senkung des Blutzuckerspiegels) und Glukagon (aus A-Zellen, Insulin-Antagonist). Hypophyse (Hirnanhangdrüse basal am Zwischenhirn): z. B. Wachstumshormon und glandotrope Hormone, wozu mammotropes, thyreotropes und luteotropes Hormon zählen, die jeweils die Milchdrüse, die Schilddrüse oder die Corpus luteum-Zellen des Ovars zur Sekretion anregen).
- Neurohormone: z. B. das Peptid Enkephalin und Endorphine, die der Schmerzempfindung gegensteuern.

11.3.2.2 **Mukoproteine** (stark glykosylierte Proteine)

Schleimproduzierende Becherzellen, in Epithelien des Darms eingestreut, ebenso wie in zahlreichen anderen Epithelien.

11.3.2.3 **Amine**

Mastzellen: Histaminausschüttung zur verstärkten Durchblutung (Aktivierung durch Bindung von Antikörpern an der Zelloberfläche. Folgeerscheinungen: verstärkte Hautrötung z. B. bei Allergien; im Extremfall kann die Aktivierung von Mastzellen Schockzustände auslösen). Nebennierenmark (Catecholamine = Adrenalin und Noradrenalin; Steigerung des Blutdrucks und Aktivierung des Organismus).

11.3.2.4 Neurotransmitter

Das Paradebeispiel ist die Freisetzung von Acetylcholin aus den motorischen Endplatten.

Im Detail kann die Aktivierung einer Drüsenzelle über Stimulus-Sekretions-Koppelung so ablaufen, wie in Abb. 11.**9** erläutert wird. Ein primärer Botenstoff bindet an seinem Rezeptor an der Oberfläche der Zellmembran. Der aktivierte Rezeptor aktiviert entweder die Adenylatcyclase oder die Phospholipase C. Dadurch wird an der cytoplasmatischen Seite der Zellmembran cAMP (vgl. Formel 6.14) gebildet oder es wird Phosphatidyl-Inositol-4,5-bis-Phosphat ($PInsP_2$) gespalten (vgl. Formeln 6.15 bis 6.17). Von den Spaltprodukten bleibt zum einen Diacylglycerin in der Membran und kann, ebenso wie cyclisches AMP verschiedene Proteine (z. B. Ionenkanäle) durch Phosphorylierung aktivieren. Dies kann zu einem Einstrom von Ca^{2+} aus dem Interzellularraum führen, wodurch die Zelle weiter aktiviert wird. Zum anderen entsteht als Spaltprodukt von $PInsP_2$ das Inositol-tri-Phosphat ($InsP_3$). $InsP_3$ ist wasserlöslich und diffundiert in das Zellinnere. Es trifft auf $InsP_3$-Rezeptoren im Endoplasmatischen Retikulum und bewirkt dort eine Freisetzung von Ca^{2+}. Auf diesem langen Umweg wird die Exocytose über längere Zeit getriggert (Minuten). Es ist klar, dass eine Drüsenzelle nach diesem komplizierten Schema nur wesentlich langsamer reagieren kann als eine motorische Nervenendigung. Aber die Verdauung mag ruhig langsamer vonstatten gehen als die Flucht vor dem Feind.

Dieses sind lediglich zwei extreme Beispiele, wie die Stimulus-Sekretions-Koppelung verlaufen kann. Darüber hinaus können noch andere Second messenger auftreten, auch solche, die ebenfalls Ca^{2+} aus intrazellulären Speichern freisetzen. Sogar Ca^{2+} kann die Freisetzung von weiterem Ca^{2+} induzieren (Ca^{2+}-induzierte Ca^{2+}-Freisetzung). Manche dieser Ca^{2+}-Pools kann man im Experiment auch durch das Purin-Derivat Coffein (Trimethylxanthin) aktivieren. Allerdings benötigt man dazu derartig hohe Konzentrationen (≥ 10 mM), dass kaum anzunehmen ist, dass uns eine Tasse Kaffee auf diesem Wege über Aktivierung von Neuronen oder des Nebennierenmarks frisch und munter macht. Man denkt dabei eher an die Aktivierung von Purin-Rezeptoren an der Oberfläche „purinerger" Neurone.

Der erste Schub getriggerter Sekretion erfolgt durch Sekretvesikel, die bereits an der Zellmembran angedockt sind. Vermutlich sind hierbei in allen Exocytose-aktiven Zellen Dockproteine, die das Andocken der Vesikel an der Zellmembran vermitteln, sowie monomere GTP-Bindeproteine, Ca^{2+}-sensitive Proteine und fusogene Proteine beteiligt, wie eingangs dargelegt wurde.

Bei länger währender Stimulation müssen neue Vesikel aus dem Zellinneren rekrutiert und angedockt werden. In vielen exocytotisch aktiven Zellen befindet sich jedoch ein dichtes Netzwerk aus Mikrofilamenten (vgl. Kap. 16), besonders im äußersten Randbereich der Zelle (Zellkortex). Die Stimulation bewirkt über den $[Ca^{2+}]_i$-Anstieg auch eine teilweise Fragmentierung dieses

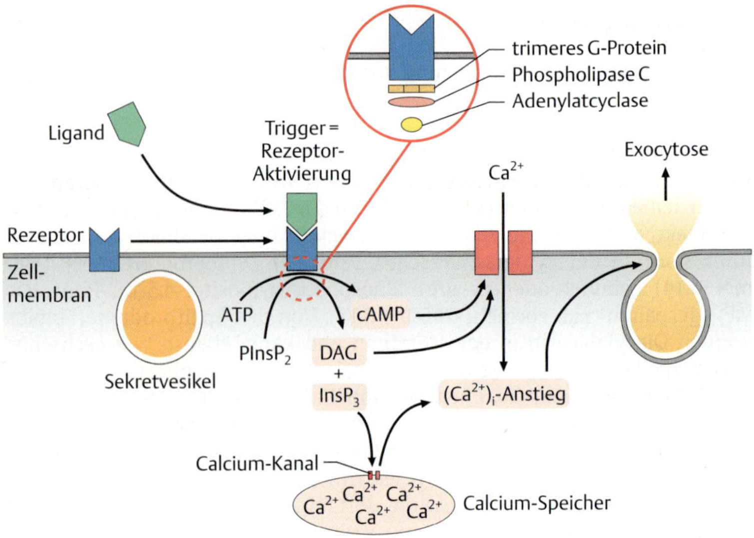

Abb. 11.**9** Stimulus-Sekretions-Koppelung. Eine Zelle wird durch die Bindung eines geeigneten Liganden an einem spezifischen Rezeptor getriggert (Rezeptor-Aktivierung). Zwischen dem Eintreffen dieses „ersten Boten“ und der Ausführung des „Befehls“ (Exocytose) spielt sich in der Zelle ein komplexer dynamischer Prozess ab (intrazelluläre Signaltransduktion), an dem verschiedene „Zweitboten“ beteiligt sein können. Solche Second messenger können cyclisches Adenosinmonophosphat (cAMP), Diacylglycerin (DAG), Inositoltriphosphat ($InsP_3$) und Ca^{2+} sein. cAMP wird mittels der Adenylatcyclase aus ATP gebildet, DAG und $InsP_3$ entstehen durch Spaltung von Diacyl-Phosphatidyl-Inositol-bis-Phosphat ($PInsP_2$) unter Vermittlung einer Phospholipase C, wie in den Formeln 6.15 bis 6.17 in Kap. 6.5 gezeigt wurde. Beide Enzyme werden an den aktivierten Rezeptor mittels eines trimeren GTP-Bindeproteins angebunden. Sowohl cAMP als auch DAG können Proteinkinasen aktivieren, sodass Proteine phosphoryliert werden. Dies ist hier nur für ein Membranprotein gezeichnet, kann aber in Wahrheit verschiedene Proteine betreffen. Auf diese Weise kann z. B. der Ca^{2+}-Kanal der Zellmembran beeinflusst werden, wiewohl in manchen Fällen allein die Rezeptor-Ligand-Bindung oder die elektrische Depolarisierung der Zelle zur Aktivierung der Ca^{2+}-Kanäle der Zellmembran ausreicht. Ein weiterer Anstieg der freien Ca^{2+}-Konzentration im Cytosol kann dadurch erfolgen, dass $InsP_3$ Ca^{2+}-Kanäle in Calcium-Speichervesikeln (Teile des Endoplasmatischen Reticulums) öffnet. Manchmal werden solche Kanäle auch allein durch einen vorhergehenden $[Ca^{2+}]_i$-Anstieg aktiviert (engl.: Ca^{2+}-induced Ca^{2+}-release, CICR), sodass die Entleerung der Calcium-Speicher das Ca^{2+}-Signal weiter verstärkt.

Netzwerks und die Loslösung sekretorischer Vesikel aus diesem „Sperrgitter", sodass neue Vesikel an die Zellmembran angedockt werden können.

Zusammenfassend wird bei der Stimulus-Sekretions-Koppelung eine Amplifikation des primären Signals in mehreren Stufen erzielt:

1. durch die sukzessive Anbindung eines Rezeptor-Ligand-Komplexes an mehrere G-Proteine, die
2. wieder mehrere Moleküle von Adenylatcyclase bzw. Phospholipase C aktivieren können, woraus
3. jeweils noch mehr Second messenger-Moleküle verfügbar werden. Diese wiederum üben
4. einen Effekt auf zahlreiche Zielproteine aus.

Erst dann kann mit nicht unbeträchtlicher Verzögerung der strukturell doch so einfach anmutende Prozess der Exocytose stattfinden („Befehl ausgeführt"). Ein Motoneuron dagegen kann seine Neurotransmitter-Substanz deshalb so schnell abgeben (Millisekunden), weil er nur des Ca^{2+}-Einstroms von außen, jedoch keiner weiteren Signaltransduktion bedarf.

Literatur

Arvan, P., D. Castle: Sorting and storage during secretory granule biogenesis: looking backward and looking forward. Biochem. J. 332 (1998) 593

Berridge, M. J., P. Lipp, M. D. Bootman: The versatility and universality of calcium signalling. Nature Rev. Mol. Cell Biol. 1 (2000) 11

Bock, J. B., R. H. Scheller: SNARE proteins mediate lipid bilayer fusion. Proc. Natl. Acad. Sci. USA 96 (1999) 12227

Brennwald, P.: Reversal of fortune: Do rab GTPases act on the target membrane? J. Cell Biol. 149 (2000) 1

Cowan, W. M., T. C. Südhof, C. Stevens: Synapses. John Hopkins University Press, Baltimore 2000

Halban, P. A., J. C. Irminger: Sorting and processing of secretory proteins. Biochem. J. 229 (1994) 1

Jahn, R., T. C. Südhof: Membrane fusion and exocytosis. Annu. Rev. Biochem. 68 (1999) 863

Kandel, E. R., J. H. Schwartz, T. M. Jessel: Principles of Neural Science. McGraw-Hill, New York 2000

Krauss, G.: Biochemistry of Signal Transduction and Regulation. Wiley-VCH, Weinheim 2001

Südhof, T. C.: The synaptic vesicle cycle: a cascade of protein-protein interactions. Nature 375 (1995) 645

Taylor, C. W.: Intracellular messengers. Pergamon, Oxford 1993

Zimmermann, H.: Synaptic transmission. Thieme, Stuttgart 1994

12 Das „Importgeschäft" – Aufnahme von Stoffen

Makromoleküle, Viren, Bakterien und zelluläre Parasiten können in membranumhüllten Vesikeln in die Zelle aufgenommen werden. Diesem Prozess der Endocytose (im weiteren Sinn) liegen verschiedene Mechanismen zugrunde. Die im Lichtmikroskop klar erkennbare Aufnahme großer Partikel (Bakterien, Parasiten) heißt Phagocytose, alles andere kann man als Endocytose im engeren Sinn bezeichnen und am besten im Transmissions-EM beobachten. Manche Makromoleküle müssen vor ihrer Aufnahme an die für sie spezifischen Rezeptoren an der Zellmembran binden (adsorptive oder rezeptorvermittelte Endocytose), andere brauchen dies nicht („Fluid-phase"-Endocytose, Pinocytose). Die adsorptive Endocytose ist sehr spezifisch, die Rezeptor-Ligand-Komplexe werden unter Vermittlung des Proteins Clathrin an der Innenseite der Zellmembran angehäuft („geclustert"). So bilden sich so genannte „Coated pits", die sich als „Coated vesicles" abschnüren. Das Schicksal der verschiedenen Endocytose-Vesikel bzw. ihrer Komponenten ist je nach Typ sehr unterschiedlich.

12.1 Endocytose und Phagocytose

Die Aufnahme von Stoffen in von Zellmembran-Abschnitten umschlossenen Vesikeln bezeichnet man als Endocytose. Dies kann sowohl flüssiges Außenmedium oder bestimmte Makromoleküle als auch geformte Elemente (Viren, Bakterien, Parasiten) betreffen. Dementsprechend wird die folgende Klassifikation getroffen:

Stoffe, die im Lichtmikroskop nicht erkennbar sind oder ungeformt erscheinen
1. Exocytose-gekoppelte Endocytose (Membran-Recycling)
2. Exocytose-unabhängige Endocytose
   - adsorptive, rezeptorvermittelte Endocytose: Makromoleküle (z. B. Rezeptor-Ligand-Komplex) und Viren
   - „Fluid phase" (nicht-adsorptive) Endocytose = Pinocytose

Stoffe, die im Lichtmikroskop geformt erscheinen (Phagocytose):
Zellbruchstücke, Bakterien, zelluläre Parasiten (*Toxoplasma*, *Plasmodium*)

Wie wir in Kap. 11 gesehen haben, ist allein zur Wahrung von Größe und Spezifität der Zelloberfläche Exocytose fast durchwegs mit Endocytose gekoppelt, auch wenn nichts als ein leerer Membran-Container abzutransportieren ist. Solche Recycling-Vesikel können mit neuen Inhaltsstoffen beladen werden.

In Motoneuronen benötigt die Exo-Endocytose-Koppelung nur wenige Millisekunden. Dieser kurze Zeitablauf gewährleistet die Wahrung der Membranspezifität, weil die laterale Diffusion der Membrankomponenten nicht zum Zuge kommt. Binnen 10 Minuten werden die Vesikel in „frühen Endosomen" wieder voll mit dem Neurotransmitter Acetylcholin beladen, sodass sie wieder auf den Exocytoseweg „versandt" werden können.

Bei anderen Systemen verläuft nicht nur die Exocytose, sondern auch die Exocytose-gekoppelte Endocytose langsamer, obwohl der Zeitbedarf lange stark überschätzt wurde. Die Exocytose-Endocytose-Koppelung erfolgt meistens im Sekunden-Bereich.

Lassen wir die Exocytose-gekoppelte Endocytose im weiteren außer acht, so können wir sehr verschiedenartige Endocytose-Prozesse beobachten (Abb. 12.**1**). Davon können wir im Lichtmikroskop meistens nur die langsame Aufnahme (über Minuten) von geformten Elementen sehen. Dies können Zellbruchstücke, Bakterien oder parasitäre Zellen sein. Sie werden durch Phagocytose in Phagosomen aufgenommen. Die Aufnahme von Molekülen erfolgt in kleinen Vesikeln, die man meistens nur im Transmissions-EM sehen kann. Man kann dies als Endocytose im engeren Sinn bezeichnen.

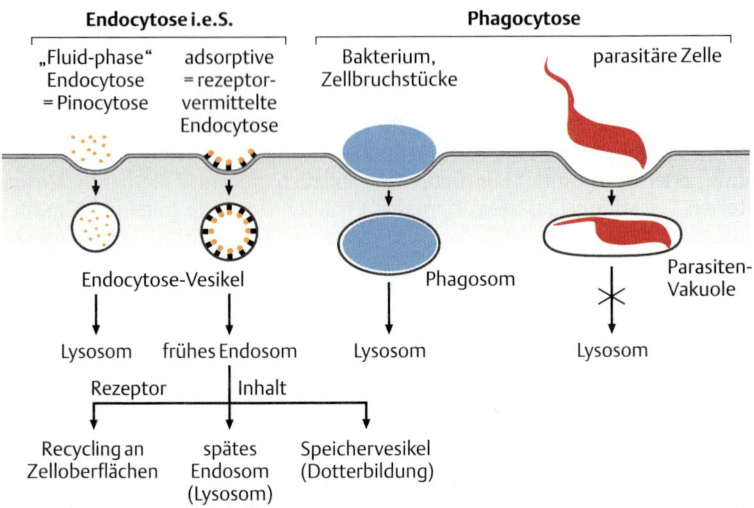

Abb. 12.**1** Aufnahme von Stoffen in die Zelle über membranumhüllte Vesikel. Dabei kann man als Endocytose im engeren Sinn (i.e.S.) die Aufnahme von Makromolekülen in kleine Vesikel bezeichnen. Ihr wird die Phagocytose als lichtmikroskopisch sichtbare Aufnahme von Partikeln bzw. von Mikroorganismen entgegengestellt. Die Endocytose i. e. S. erfolgt entweder ohne Rezeptorbindung („Fluid phase"-Endocytose, Pinocytose) oder über Rezeptor-Ligand-Komplexe (adsorptive, rezeptorvermittelte Endocytose). Das Schicksal der Endocytose-Vesikel, wie auch der Phagosomen, kann sehr unterschiedlich verlaufen (vgl. Text).

12.2 Endocytose im engeren Sinn

Bei der Endocytose im engeren Sinn gibt es zwei Möglichkeiten (Abb. 12.**1**):

1. die Moleküle werden ohne Membranbindung internalisiert („Fluid phase"-Endocytose, Pinocytose) oder
2. die Makromoleküle müssen zunächst an einen spezifischen Rezeptor der Zelloberfläche binden (adsorptive Endocytose). Diese ist sehr ligandenspezifisch und bedarf einer Hilfestellung von innen, wie in Abb. 12.**2** skizziert ist. Als illustrative Beispiele dienen uns die Aufnahme von Lipoproteinen in Fibroblasten des Bindegewebes (Abb 12.**3**) sowie die Internalisierung eines definierten Proteins in Makrophagen (Fresszellen, vgl. Kap. 13; Abb. 12.**4**). Die Moleküle können über kolloidale Goldpartikel sichtbar gemacht werden (vgl. Kap. 10).

Nehmen wir den Rezeptor für Lipoproteine genauer in Augenschein. Diese werden in verschiedener Form (z. B. als „Low density lipoproteins", LDL) im Golgi-Apparat der Hepatocyten hergestellt (vgl. Kap. 9) und ungetriggert exocytiert (vgl. Kap. 11). Sie erreichen über die Blutbahn alle Körperzellen. Dies ist wichtig, weil, erstens, Lipoproteine Cholesterin-Ester enthalten, zweitens, weil Cholesterin ein essenzieller Bestandteil (fast) aller Biomembranen ist, und schließlich, weil außer den Hepatocyten keine unserer Zellen das Cholesterin zu synthetisieren vermag. LDL bindet an LDL-Rezeptoren und die Rezeptor-LDL-Komplexe werden durch Self-assembly in der Zellmembran wie in kleinen „Pfützen" zusammengedrängt. Dabei hilft ein „molekularer Filter" an der Innenseite. Das lösliche Protein mit dem Namen Clathrin (MG von 180 000) gewährleistet diesen Self-assembly-Prozeß, an welchem es auf der cytosolischen Seite beteiligt ist. Bestimmte Membranabschnitte sind leicht nach innen gebeult und cytoplasmaseitig von einem stacheligen Belag aus Clathrin überzogen. Der dafür übliche Ausdruck „Coated pit" könnte mit dem wenig gebrauchten Begriff „Stachelgrübchen" übersetzt werden. Das „Coated pit" senkt sich ein (Abb. 12.**2** bis 12.**5**), bis sich ein Vesikel abschnürt, das als „Coated vesicle" bezeichnet wird – wiederum ist „Stachelvesikel" unüblich. Es streift unter ATP-Verbrauch (mithilfe einer „Uncoating ATPase") sofort den Clathrin-Belag ab (Abb. 12.**4** und 12.**5**) und die Clathrin-Monomere sind andernorts wieder einsatzbereit. Das glatte Vesikel ist nun zum Rezeptosom geworden, aus dem anschließend ein frühes Endosom wird (Abb. 12.**2**).

An dieser Stelle sollten wir einen genaueren Blick auf die Entstehung der Coated vesicles werfen, bevor wir die Vesikel nach dem Abstreifen des Clathrin-Belages weiter verfolgen. Clathrin bildet Trimere in der Form eines etwas mager geratenen Windrades, wobei jedes Monomer abgewinkelt ist (Abb. 12.**5**). Ein trimeres Clathrin wird auch als Triskelion bezeichnet. Bei der Bildung eines Coated pit bzw. eines Coated vesicle lagern sich Triskelions räumlich versetzt so zusammen, dass sie sich, wie in Abb. 12.**5** skizziert, teilweise überlagern und eine sechseckige Gitternetzstruktur mit dazwischengelagerten Fünfecken bilden.

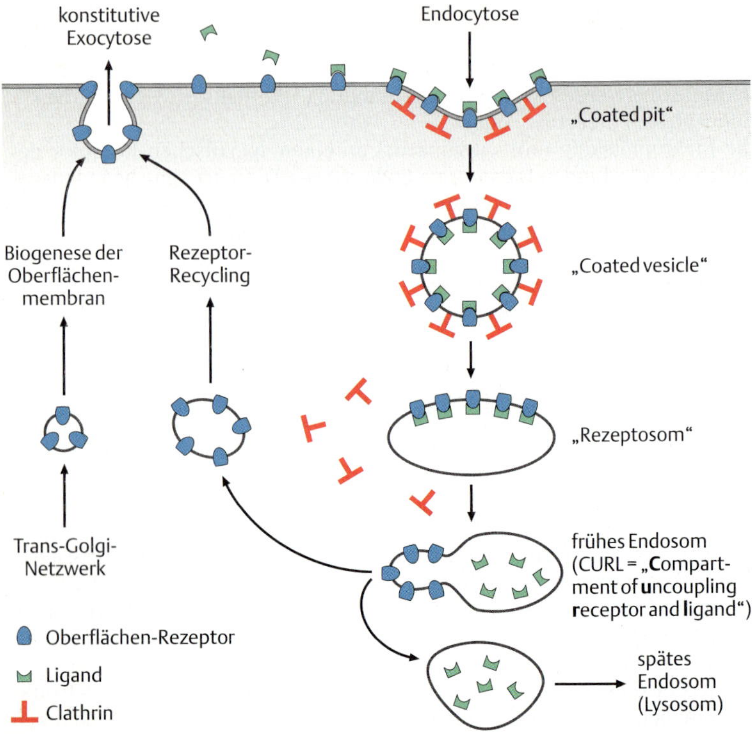

Abb. 12.**2** Membranfluss bei adsorptiver Endocytose. Rezeptor-Moleküle werden unter Beteiligung von Clathrin auf der Innenseite angehäuft („geclustert"), sobald sie außenseitig einen entsprechenden Liganden gebunden haben. Ab einer gewissen Größe senkt sich dieser Bereich der Zellmembran als „Coated pit" ein, bis er sich als „Coated vesicle" völlig abschnürt. Dieses stößt aktiv seinen Clathrin-Belag ab. Es verbleibt ein glattes Vesikel mit Rezeptor-Ligand-Komplexen (Rezeptosom), das anschließend zu einem frühen Endosom wird (CURL, *C*ompartment of *u*ncoupling *r*eceptor and *l*igand). Wie angedeutet werden hier die Rezeptoren bzw. die Liganden in jeweils entgegengesetzte Bereiche abgedrängt, bevor sich das frühe Endosom in zwei Vesikel aufspaltet. Im allgemeinen werden die Rezeptoren in Recycling-Vesikel an die Zellmembran zurück verfrachtet, wogegen die Vesikel mit den Liganden meistens als „späte Endosomen" im lysosomalen Apparat enden.

Im Ultradünnschnitt ergibt sich so die stachelige Struktur (Abb. 12.**3** und 12.**4**). Isoliert man die Clathrin-„Käfige" und untersucht man sie mittels Negativkontrastierung (vgl. Kap. 3), so sieht man eine hexagonale Struktur (Abb. 12.**6**) mit dazwischengelagerten Pentagonen.

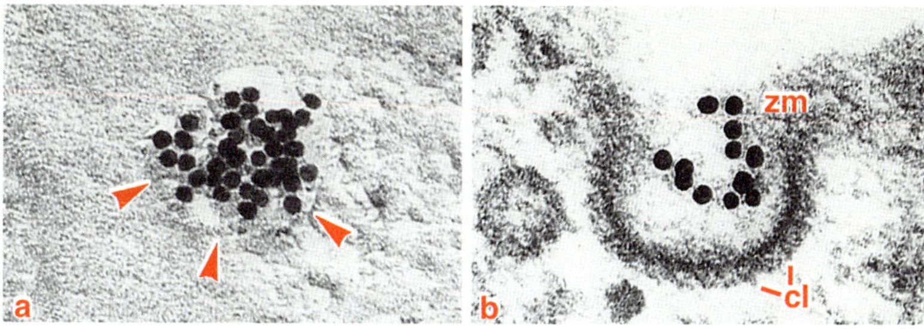

Abb. 12.**3** Assemblierung eines „Coated pit“ an der Zellmembran. Fibroblasten wurden hier mit LDL-Molekülen inkubiert, die durch Bindung an kolloidale Goldpartikel sichtbar gemacht wurden. Dies ist nach chemischer Fixierung einerseits **a** in einer Variante des Gefrierbruch-Verfahrens und andererseits **b** im Ultradünnschnitt möglich. Nur in **b** ist die innenseitige Anlagerung des Clathrin-Belages (cl) an der Zellmembran (zm) zu erkennen, wogegen **a** die massive Konzentrierung von Rezeptor-Ligand-Komplexen im „Coated pit“ offensichtlich macht (Pfeilspitzen). Vergr. 130 000fach (**a** Aufnahme: H. Robenek, Münster, **b** aus: Robenek, H., J. Rassat, A. Hesz, J. Grünwald: Eur. J. Cell Biol. 27 (1982) 242).

Betrachten wir das frühe Endosom, so kann dieses zweierlei Schicksal ereilen:

1. Normalerweise reift der von den Rezeptoren befreite Teil zum späten Endosom und endet als Lysosom. Hier werden die Cholesterin-Ester gespalten und Cholesterin wird ins Cytosol freigesetzt, sodass es für die Membranbildung verfügbar wird.
2. In Oocyten (Eizellen) wird diese lysosomale Aktivierung zunächst nicht vorgenommen, sondern die Lipoproteine werden in Speichervesikel (Dottergranula) abgegeben; vgl. Abb. 12.**1**. Der Dotter eines Vogel-Eis entspricht einer an Dottergranula sehr reichen (= polylecithalen) Eizelle. Die menschliche Eizelle von nur 0,1 mm Durchmesser ist arm an dotterhaltigen Vesikeln (= oligolecithal).

Nun haben aber die Zellen Rezeptor-Ligand-Komplexe internalisiert. Was geschieht mit diesen Rezeptoren? Für die Zelle ist es von Vorteil, ihre Rezeptoren vor der Einspeisung des Liganden in Lysosomen abzukoppeln und über Recycling-Vesikel zur Wiederverwendung an die Zelloberfläche zurückzutransportieren. Für die Entkoppelung von Rezeptor und Ligand gibt es ein eigenes Kompartiment. Sein ursprünglicher Name war CURL („Compartment of *u*ncoupling *r*eceptor and *l*igand“). Heute wird dieses Kompartiment als frühes Endosom bezeichnet. Hier kann man mit Methoden der elektronenmikroskopischen Immun- und Affinitätsmarkierung nachweisen, dass die Liganden in einen bauchigen Teil des frühen Endosoms gehen, die Rezeptoren aber in einen rüsselförmigen Fortsatz gedrängt, beide also voneinander geschieden werden (Abb. 12.**7**). Voraussetzung für diese Entkoppelung ist ein leicht saures Milieu (pH 6,0) in den frühen Endosomen. Dazu erwirbt ihre Membran auf noch

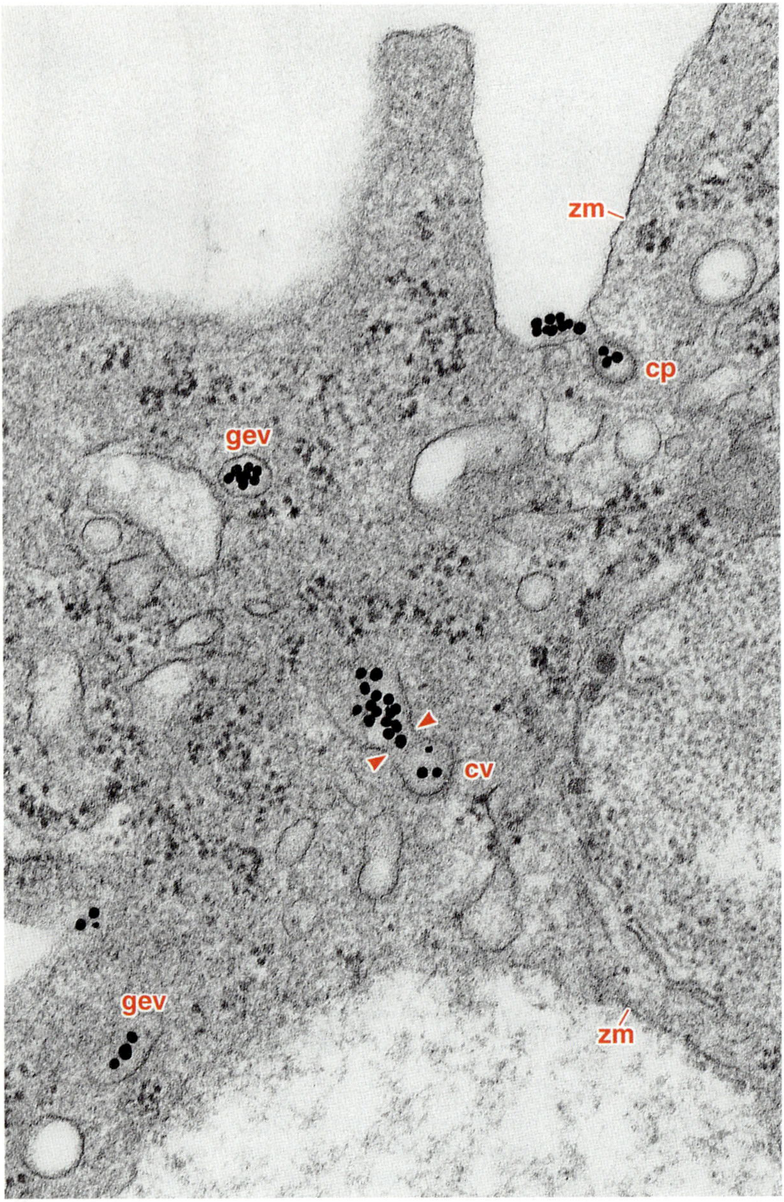
zm
cp
gev
cv
gev
zm

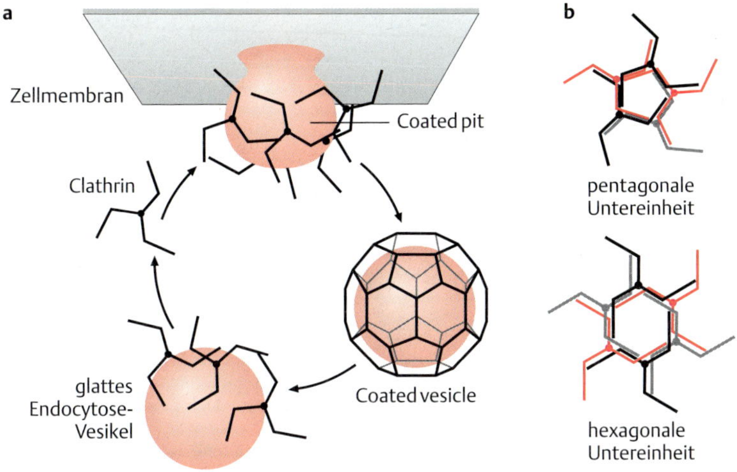

Abb. 12.**5** Selbst-Assemblierung von „Coated pits" und „Coated vesicles". Bereiche der Zellmembran, in denen sich Rezeptor-Ligand-Komplexe (nicht gezeichnet) angereichert haben, sind von Clathrin unterlagert. Dieser Prozess erfolgt unabhängig von der Art des Rezeptors. Das Clathrin assoziiert zunächst zu Trimeren (Triskelions), deren gewinkelte Arme sich an den Ecken von Hexagonen, mit dazwischengeschalteten Pentagonen, teilweise überlagern. Weitere assoziierte Proteine wie die „Uncoating ATPase" sind nicht gezeichnet.

unbekanntem Weg eine Protonenpumpe (H^+-ATPase). Das frühe Endosom teilt sich in zwei Vesikel auf. Eines davon bringt die Rezeptoren an die Zellmembran zurück (Rezeptor-Recycling), das andere speist die Liganden in Lysosomen oder in selteneren Fällen in Speichervesikel ein, wie oben beschrieben wurde (vgl. Abb. 12.**1**).

Neben LDL gibt es verschiedenste Liganden, welche die Zelle über Rezeptorbindung aufnimmt, gefolgt von lysosomaler Degradierung des Liganden und Recycling des Rezeptors an der Zelloberfläche. Eine Sonderstellung nimmt das Transferrin ein. Es hat Eisen gebunden, das unter anderem für die Cytochrome benötigt wird (vgl. Kap. 19). Im frühen Endosom wird jedoch nur das Eisen freigesetzt, wogegen in diesem Ausnahmefall der gesamte Rezeptor-Ligand-Komplex an die Zelloberfläche zurückwandert.

◀ Abb. 12.**4** Ausbildung von „Coated pits" (cp), „Coated vesicles" (cv) und glatten Endocytose-Vesikeln (gev). An diesem Makrophagen sind bei Aufnahme eines bestimmten Antigens (mit Goldmarkierung) alle diese Stadien erkennbar. Pfeilspitzen markieren an einem Vesikel den Bereich, wo der Clathrin-Belag erst teilweise abgestreift wurde. zm = Zellmembran. Vergr. 65 000fach (aus Schlepper-Schäfer, J., G. F. Springer: Biochim. Biophys. Acta 1013 (1989) 266).

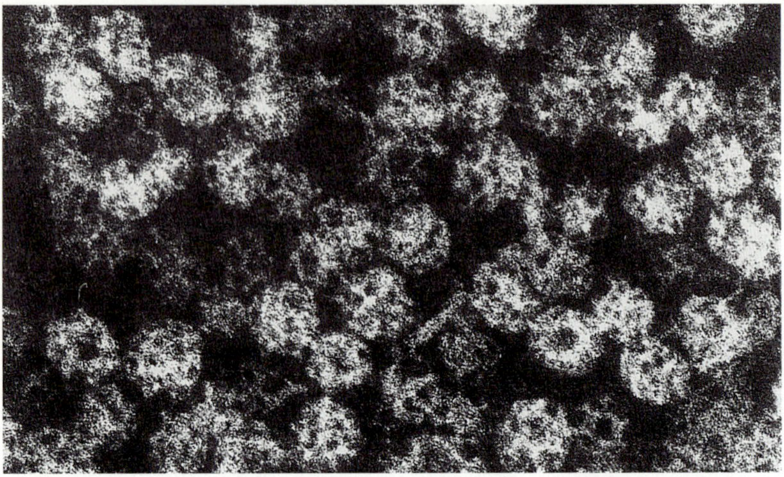

Abb. 12.**6** Clathrin-Käfige. Nach ihrer Isolierung lassen sie im Negativkontrastierungs-Verfahren den gitterartigen Aufbau aus Hexagons und Pentagons erkennen. Vergr. 120 000 fach (Aufnahme: J. Kartenbeck, Heidelberg).

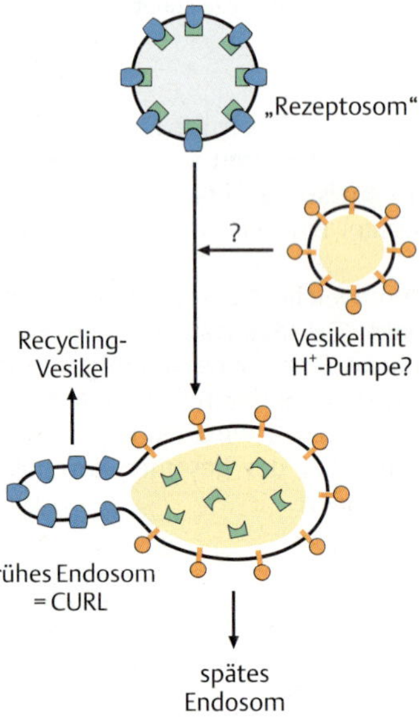

Abb. 12.**7** Trennung von Rezeptor und Ligand im frühen Endosom. Der Einbau einer Protonenpumpe (H^+-ATPase) in die Membran bewirkt einen Abfall des pH-Wertes im Vesikellumen und dieses führt zur Rezeptor-Ligand-Entkoppelung. Daher wurde dieses Kompartiment früher treffend als „Compartment of uncoupling receptor and ligand“ (CURL) bezeichnet, wogegen es jetzt als „frühes Endosom“ bezeichnet wird.

Das Recycling von Rezeptoren bedeutet auf die Dauer eine gleich bleibende Zahl an Oberflächenrezeptoren. Dies ist jedoch nicht immer erwünscht. Nehmen wir das Insulin oder die verschiedenen Wachstumsfaktoren. Hier würden Zielzellen permanent aktiviert werden. Um einen Dauerstimulus zu verhindern, werden hierbei die Rezeptor-Ligand-Komplexe nicht gespalten sondern als ganzes in Lysosomen zur Degradation eingespeist. Dadurch kommt es zu einer Herabregulierung der Rezeptoren (engl.: receptor downregulation).

Medizinisch interessant ist auch die erbliche Fehlbildung von LDL-Rezeptoren. Wenn Lipoproteine nicht genügend endocytiert werden, resultiert ein Anstieg des Cholesterin-Gehaltes im Blut (hereditäre Hypercholesterinämie) mit gefährlichen Konsequenzen (Arteriosklerose etc.).

12.3 Phagocytose

Auch der Phagocytose z. B. von Bakterien geht die Bindung an der Zelloberfläche voraus (vgl. Kap. 6.4). Die Zellmembran der „Gastzelle" buchtet sich ein (Abb. 12.**8**), nachdem an dieser Stelle zahlreiche Mikrofilamente assembliert wurden (vgl. Kap. 16.3). Phagocytose ist ein der Zelle aufgezwungener, aktiver, energieverbrauchender Prozess. Er dient der Entaktivierung von Bakterien in Lysosomen (vgl. Kap. 13). Nur bei weniger hoch entwickelten Eukaryotenzellen (Protozoen, Schleimpilze) dient dieser Prozess der Ernährung. Unser Körper setzt diesen Prozess auch zum Abbau von Zellbruchstücken ein, z. B. in Makrophagen.

12.4 Transcytose

Darunter versteht man – wie schon in Kap. 11 kurz erläutert – das unveränderte Durchschleusen von Proteinen in Vesikeln, zum einen durch Endothelzellen der Blutkapillaren und zum anderen durch Epithelzellen, beispielsweise der Darmwand. Es kann eine Bindung an einen Rezeptor erfolgen, dann erfolgt die Abschnürung eines Vesikels, das an der gegenüberliegenden Seite mit der Zellmembran fusioniert (vgl. Abb. 11.**2**). Die Rezeptor-Ligand-Dissoziation kann beispielsweise durch einen unterschiedlichen pH-Wert auf beiden Seiten der beteiligten Zelle bewirkt werden. Auf diese Weise können Hormone und Antikörper dem lysosomalen Abbau entgehen. Dieser Prozess wird durch die große Oberfläche der Blutkapillaren (beim Menschen: 300 m^2) bzw. der Darmauskleidung begünstigt.

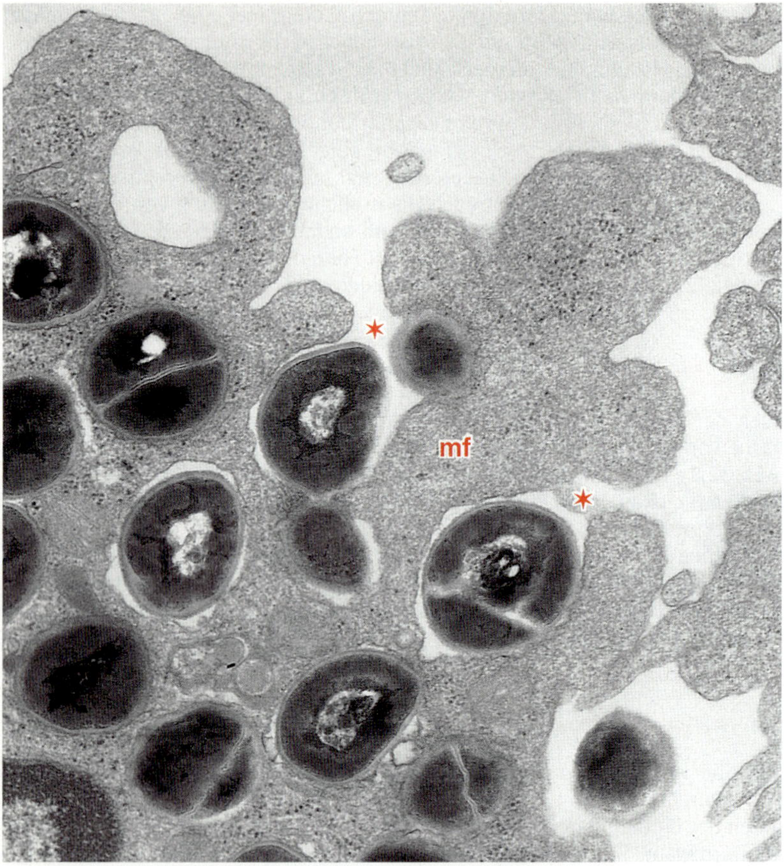

Abb. 12.**8** Makrophage bei der Phagocytose von Bakterien. Das pathogene Bakterium *Streptococcus aureus* wird durch Phagocytose dem lysosomalen Abbau zugeführt und so unschädlich gemacht (vgl. Kap. 13). Die Phagocytose beginnt mit der engen Assoziation des Bakteriums mit der Zellmembran des Makrophagen (Sterne), die sich bei gleichzeitiger Anreicherung von Mikrofilamenten (mf, z. T. quergeschnitten) einbuchtet, bis ein Phagosom abgeschnürt ist. Vergr. 15 000 fach (Aufnahme: J. Schlepper-Schäfer, Konstanz).

Literatur

Chimini, G., P. Chavrier: Function of rho family proteins in actin dynamics during phagocytosis and engulfment. Nature Cell Biol. 2 (2000) E191

Garin, J., R. Diez, S. Kieffer, J.-F. Dermine, S. Duclos, E. Gagnon, R. Sadoul, C. Rondeau, M. Desjardins: The phagosome proteome: Insight into phagosome functions. J. Cell Biol. 152 (2001) 165

Greenberg, S.: Diversity in phagocytic signalling. J. Cell Sci. 114 (2001) 1039

Kirchhausen, T.: Clathrin. Annu. Rev. Biochem. 69 (2000) 699

Kwaitkowska, K., A. Sobota: Signaling pathways in phagocytosis. BioEssays 21 (1999) 422

Marsh, M., H.T. McMahon: The structural era of endocytosis. Science 21 (1999) 215

McCarthy, K.M., M. Lam, L. Subramanian, R. Shakya, Z. Wu, E.E. Newton, N.E. Simister: Effects of mutations in potential phosphorylation sites on transcytosis of FcRn. J. Cell Sci. 114 (2001) 1591

Nixon, R.A., A.M. Cataldo: The endosomal-lysosomal system of neurons: new roles. Trends Neurosci. 18 (1995) 489

Sandvig, K., U.B. Van Duers: Clathrin. EMBO J. 19 (2000) 5943

Smith, C.J., B.M.F. Pearse: Clathrin: anatomy of a coat protein. Trends Cell Biol. 9 (1999) 335

Sorkin, A.: The endocytosis machinery. J. Cell Sci. 113 (2000) 4375

Tjelle, T.E., T. Lovdal, T. Berg: Phagosome dynamics and function. BioEssays 22 (2000) 255

13 Lysosomen – Abfall-Recycling als altbewährtes Prinzip

Lysosomen dienen der intrazellulären Verdauung. Die für Lysosomen typischen sauren Hydrolasen enthalten Mannose-6-Phosphat als Erkennungssignal zur selektiven Abtrennung vom Trans-Golgi-Netzwerk, als primäre Lysosomen (lysosomale Transportvesikel), die dann mit Vesikeln völlig verschiedenen Ursprungs fusionieren. Lysosomale Enzyme vermögen alle natürlichen Stoffgruppen abzubauen. So verdauen Lysosomen Partikel und Stoffe, die von außen kommen (Heterophagie) oder der Zelle selbst entstammen (Autophagie). Die molekularen Bausteine aus dem Abbau (Katabolismus) können im Cytosol zum Wiederaufbau von Makromolekülen (Anabolismus) verwendet werden (molekulares Recycling). Die Heterophagie dient u. a. der Entaktivierung von pathogenen Bakterien, von denen Bruchstücke an die Zelloberfläche zurücktransportiert werden und über Antigen-Präsentation das Immunsystem aktivieren. Die Autophagiedient der Erneuerung zellulärer Komponenten. Lysosomen sind also wichtig für funktionelle Plastizität und Material-Recycling.

13.1 Was charakterisiert Lysosomen?

Bei ihrer Entdeckung in den 50 er Jahren durch den Belgier de Duve stand der Zufall Pate. Eigentlich wollte er Enzyme der Glykolyse studieren. Über Nacht abgestellte Proben zeigten aber ganz unerwartete Enzymaktivitäten, welche offenkundig erst aus subzellulären Kompartimenten freigesetzt wurden und welche durchwegs Hydrolasen mit saurem pH-Optimum (pH $\approx$ 5,0) waren (saure Hydrolasen). Nach diesen Kriterien wurden die neuen Organellen auf den Namen Lysosomen getauft (griech.: lysein = lösen, soma = Körper). Der Grund für die zufällige Entdeckung war die Latenz ihrer Enzyme, denn diese werden erst meßbar, wenn die Membranumhüllung zerstört wird. Zweifellos waren Lysosomen einer Gruppe von Vesikeln zuzuordnen, die man im Elektronenmikroskop häufig sieht, von 0,1 bis 1 µm Größe und mit einfacher Membranumhüllung (Abb. 13.**1**).

Es dauerte nicht lange, bis dieser Identitätsnachweis im Elektronenmikroskop gelang. Dazu wurden Methoden der Enzymcytochemie eingesetzt (vgl. Abschnitt 10.3): Das Gewebe wird zunächst mit Aldehyden chemisch fixiert. Anschließend wird das Substrat des nachzuweisenden Enzyms bei optimalem pH (5,0) zugegeben. Das Leitenzym der Lysosomen, die saure Phosphatase, spaltet von verschiedenen Substratmolekülen Phosphatgruppen ab. Diese können durch Blei-Ionen (Pb^{2+}) ausgefällt und im Ultradünnschnitt sichtbar gemacht werden (Abb. 13.**2**; vgl. Kap. 10.3.1). Parallel dazu hat man gelernt, Lysosomen durch Dichtegradienten-Zentrifugation zu isolieren (vgl.

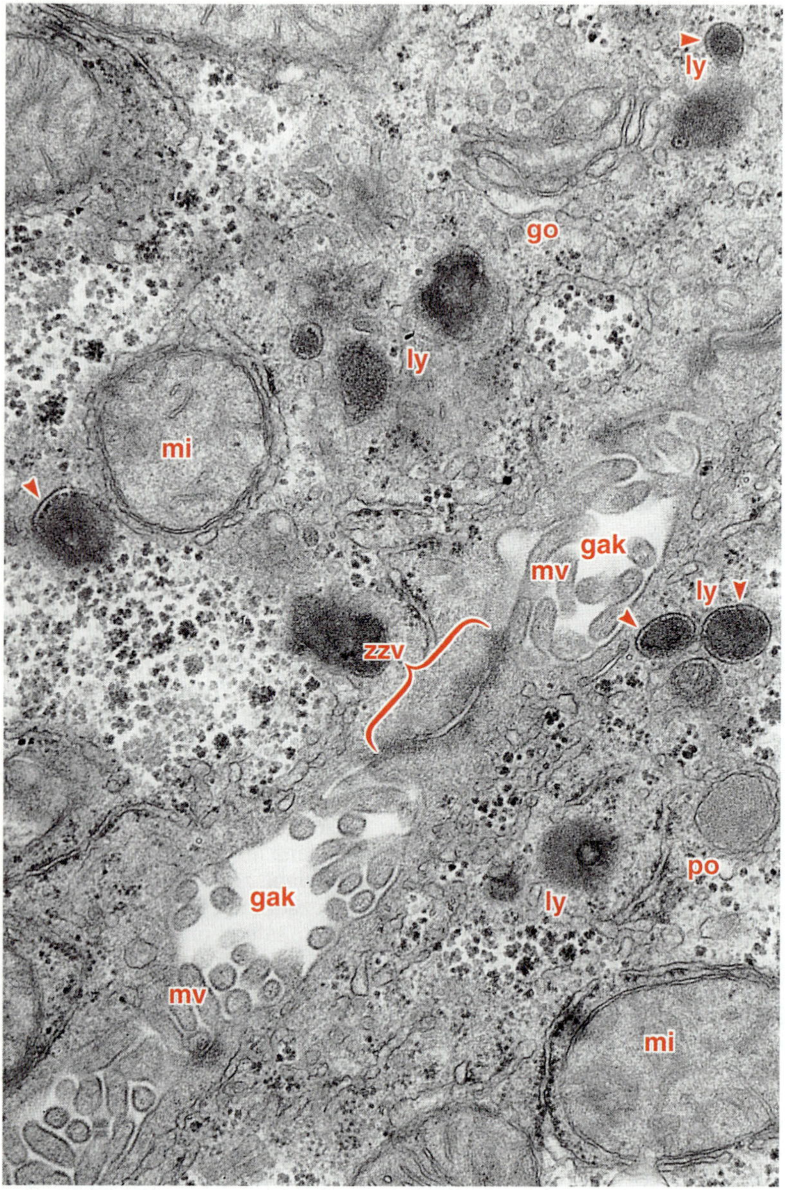

ly
go
ly
mi
gak
mv
ly
zzv
gak
po
ly
mv
mi

Kap. 10.1). Solche Fraktionen zeigten dieselben Strukturen angereichert, welche im cytochemischen Nachweis positiv für saure Phosphatase reagiert haben. Nun konnte man auch mit der biochemischen Methode der spektralphotometrischen Enzymbestimmung (vgl. Kap. 10.3.2) den hohen Gehalt an saurer Phosphatase-Aktivität in Lysosomen nachweisen.

So ergibt sich folgender Steckbrief für Lysosomen:
- Größe: 0,1 bis 1 µm (variabel)
- einfache Membranumhüllung
- pH ≈ 5,0
- Inhalt: saure Hydrolasen
- Leitenzym: saure Phosphatase
- Funktion: Abbau (hydrolytische Spaltung) von eingeschleusten Stoffen sowie von zelleigenen Komponenten

Lysosomen können praktisch alles spalten, womit eine Zelle je in Berührung kommt, also von außen (über Endocytose bzw. Phagocytose) oder von innen an zelleigenen Komponenten in Lysosomen eingeschleuste Stoffe (vgl. Kap. 12). Die Einzugsschiene von außen heißt Heterophagie, der Abbau von Eigenmaterial heißt Autophagie (griech.: heteros = fremd; autós = selbst; phagein = fressen). Einige Dutzend lysosomaler Enzyme sind bekannt, nach Gruppenspezifität geordnet sind dies:
- Proteasen (Kathepsine)
- Glykosidasen
- Nukleasen (DNase, RNase, also Desoxyribonuklease und Ribonuklease)
- Lipasen und Phospholipasen
- Phosphatasen und Sulfatasen
- Lysozym (zum Abbau des Mureinsacculus von Grampositiven Bakterien)

Der saure pH-Wert im Inneren der Lysosomen wird durch das Einpumpen von Protonen unter ATP-Verbrauch hergestellt (H^+-ATPase, H^+-Translokase oder Protonen-Pumpe) (Abb. 13.**3**). Da die lysosomalen Enzyme nur im sauren pH-Bereich, kaum aber im neutralen pH-Bereich des Cytosols aktiv werden können, ist die Zelle gegen lysosomale Lecks geschützt. Die Selbstverdauung der Lysosomen wird vielleicht durch die starke Glykosylierung der Innenseite der

◀ Abb. 13.**1** Lysosomen der Leberzelle. Die Lysosomen (ly) sind hier besonders elektronendicht und in Nähe der Gallenkapillaren (gak, mit Mikrovilli, mv) konzentriert. Daher werden diese Lysosomen auch als „Peribiliary dense bodies“ bezeichnet (engl. bile, Galle). Pfeilspitzen markieren Lysosomen mit klar erkennbarer einfacher Membranumhüllung. Lysosomen unterscheiden sich deutlich von den weniger dichten Peroxisomen (po) mit recht homogenem Inhalt, obwohl Form und Größe recht ähnlich sein können. mi = Mitochondrien, zzv = Zell-Zell-Verbindungen. Vergr. 26 000 fach (Aufnahme: H. Plattner).

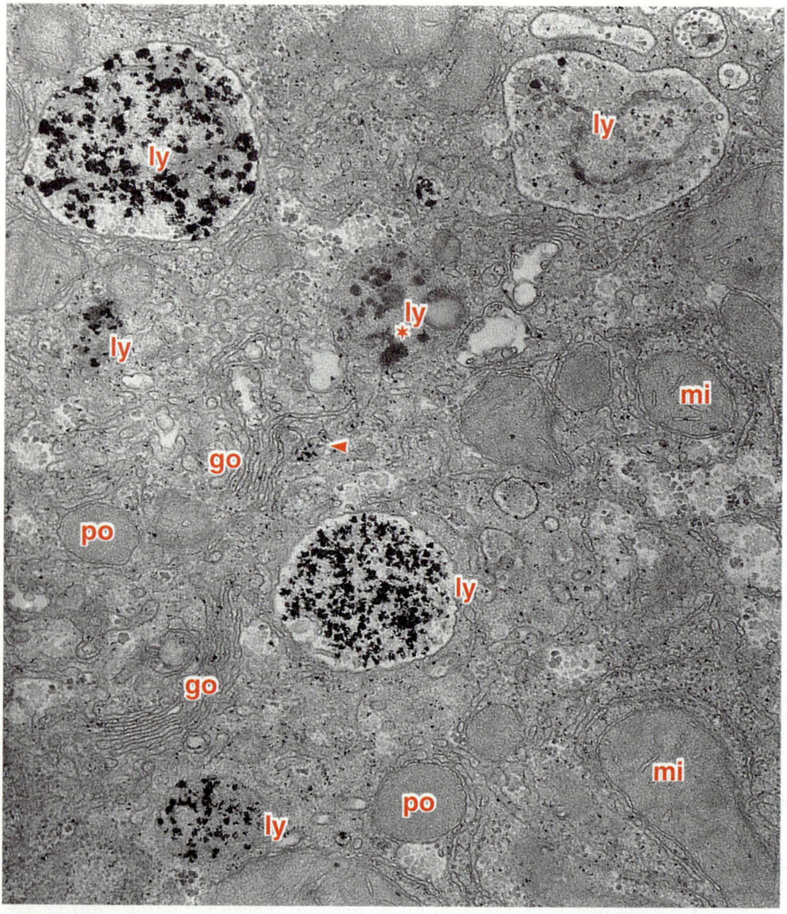

Abb. 13.**2** Enzymcytochemischer Nachweis des Leitenzyms saure Phosphatase in Lysosomen. Durch die schonende Aldehydfixation wurde die Enzymaktivität bewahrt, wiewohl einzelne Lysosomen (ly) etwas gequollen aussehen. Saure Phosphatase, erkennbar am elektronendichten Niederschlag, ist fast gänzlich auf Lysosomen unterschiedlicher Dichte beschränkt (obwohl sie in dem mit Stern gekennzeichneten Lysosom fehlt). Daneben ist Reaktionsprodukt aber auch in einem Vesikel des Trans-Golgi-Bereiches erkennbar (go, Pfeilspitze; vgl. Abb. 13.**5**). Kleine reaktive Bereiche sind randlich angeschnittene Lysosomen. Andere Organellen (mi = Mitochondrien, po = Peroxisomen) und das Cytosol zeigen nur wenig unspezifischen Niederschlag. Vergr. 28 000fach (Aufnahme: H. Plattner).

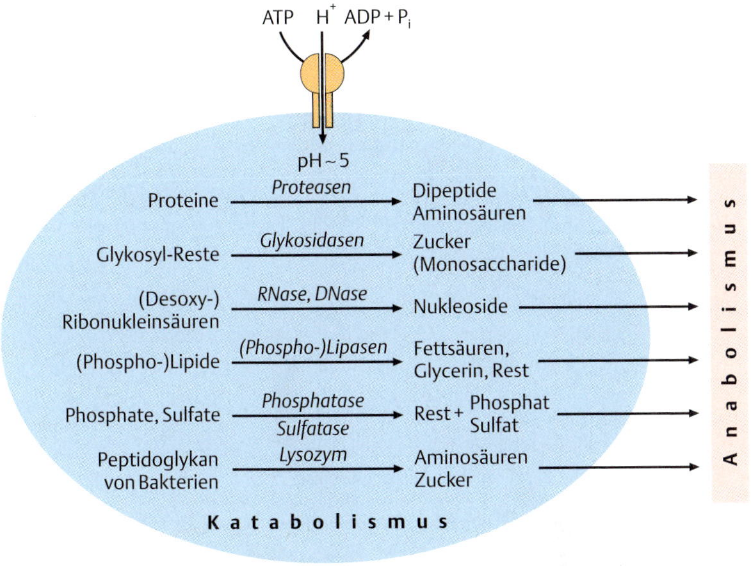

Abb. 13.**3** Funktionelles Schema eines Lysosoms. Seine Membran enthält eine H^+-Pumpe, die den pH-Wert im Lumen auf ca. 5,0 senkt, sodass die sauren Hydrolasen optimal arbeiten können. Diese sind eine Kollektion von Enzymen, mit denen praktisch alle Stoffgruppen abgebaut und als molekulare Bausteine ins Cytosol abgegeben werden können (Katabolismus → Anabolismus). Speziell das Enzym Lysozym erlaubt den Abbau des Peptidoglykans von Bakterien, die über Heterophagie in Lysosomen gelangt sind.

lysosomalen Membran und die Anheftung der Enzyme vermieden. Die aufgenommenen Stoffe werden gespalten (Katabolismus), und zwar in monomere Bestandteile (Aminosäuren, Monosaccharide, Nucleoside, Fettsäuren, Phosphoglycerin, Phosphat, Sulfat). Diese vermögen durch die lysosomale Membran ins Cytosol zu permeieren, wo sie zum Wiederaufbau zelleigener Substanzen dienen (Anabolismus). Damit erzielt die Zelle ein perfektes Material-Recycling.

13.2 Adressat mehrerer Transportrouten – Biogenese von Lysosomen

Ein für die Pädiatrie (Kinderheilkunde) besonders wichtiger Aspekt ist, dass es zahlreiche Defekte lysosomaler Enzyme gibt. Fehlt zum Beispiel die Sphingomyelinase, so füllen sich die Lysosomen mit zunehmenden Massen an Biomembran-Resten, die über Autophagie in die Lysosomen gelangen, aber nicht

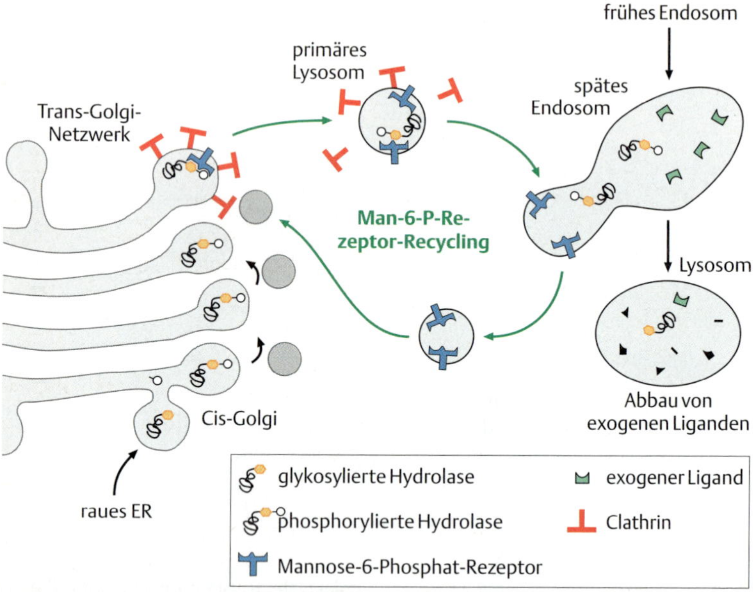

Abb. 13.**4** Biogenese von Lysosomen – Teil I: Ursprung im Golgi-Apparat und Anbindung an Endosomen. Alle Proteine eines Lysosoms entstammen der Synthese im rauen ER, von wo aus sie den Golgi-Apparat durchlaufen. Lysosomale Enzyme werden bereits im Cis-Golgi-Bereich am C6-Atom eines Mannose-Restes phosphoryliert. Dieser lysosomale Marker wird von Man-6-P-Rezeptoren im Trans-Golgi-Netzwerk (TGN) erkannt. So können sich unter Beteiligung von Clathrin primäre Lysosomen abschnüren. Diese fusionieren mit späten Endosomen (vielleicht auch mit frühen Endosomen; vgl. Text und Abb. 13.**9**). In Endosomen und Lysosomen werden nur die lysosomalen Enzyme zurückbehalten, wogegen die Man-6-P-Rezeptoren einem Recycling zum TGN zurück unterliegen. Im Gegensatz hierzu werden Rezeptoren, sofern sie von der Zelloberfläche her über Endocytose bis hierher eingebracht wurden (also den Weg zurück zur Zelloberfläche „versäumt" haben), in Lysosomen abgebaut (Rezeptor-Herabregulierung). Für Phagosomen mit Bakterien etc. ist ein dem Prinzip nach ähnlicher Prozessablauf anzunehmen.

abgebaut werden können (Niemann-Pick-Syndrom). Bei entsprechenden Enzymdefekten können verschiedene Substanzen, z. B. auch Glykogen, lysosomal gespeichert werden. Allgemein spricht man von „lysosomalen Speicherkrankheiten". Der Grund kann in der fehlenden Bildung bzw. in der fehlenden Einschleusung einzelner Enzyme in die Lysosomen sein. Diese wird normalerweise durch die molekulare Kennzeichnung durch einen „lysosomalen Marker" im Golgi-Apparat erzielt (vgl. Kap. 9). So war es denn auch ein amerikanischer Pädiater, der den Sortiermechanismus für lysosomale Enzyme entdeckte. Diesen Mechanismus wollen wir nun genauer unter die Lupe nehmen (Abb. 13.**4**).

Lysosomale Enzyme werden im rauen ER synthetisiert und glykosyliert. Eine weitere Modifikation erfolgt bei Eintritt in den Golgi-Apparat. Hier wird auf das C6-Atom eines Mannose-Restes ein Phosphat-Rest übertragen (Abb. 13.**4**). Dieser Mannose-6-Phosphat-Rest (Man-6-P) kennzeichnet ein noch im Golgi-Apparat befindliches Protein als lysosomales Protein. Im Trans-Golgi-Netzwerk (TGN) sitzen Man-6-P-Rezeptoren. Hier schnüren sich nun, unter Beteiligung eines Clathrin-Belages, kleine Vesikel (Coated vesicles) mit angereicherten Enzym-Rezeptor-Komplexen ab. Diese verlieren ihre Hülle und sind als „primäre Lysosomen" in der Lage mit „späten Endosomen" (pH 6,0) zu fusionieren. Es kann aber auch sein, dass in manchen Zellen primäre Lysosomen mit „frühen Endosomen" verschmelzen, die dann zu späten Endosomen reifen. Manche Lehrbücher sind von der Bezeichnung primäre Lysosomen, wie sie von den Entdeckern genannt wurden, abgegangen und bezeichnen sie als lysosomale Transportvesikel.

Nach der Fusion werden die Man-6-P-Rezeptoren über Clathrin-freie Recycling-Vesikel wieder zum TGN zur weiteren Verwendung zurückgeholt. Fehlt es also an der Kennzeichnung mit einem Man-6-P oder ist der Rezeptor defekt, so entspricht dies etwa einer fehlenden Adresse auf einem Brief oder einem fußkranken Postboten. Wie vorhin skizziert wurde, sind lysosomale Speicherkrankheiten die Folge.

Halten wir fest, dass Clathrin demnach auch einen intrazellulären Sortiermechanismus „bedient", also nicht nur bei der adsorptiven Endocytose beteiligt ist (vgl. Kap. 12). Vom Golgi-Apparat abgehende Clathrin-freie kleine Lysosomen sind in Abb. 13.**5** zu sehen.

Wir hatten eingangs den lysosomalen Abbau von Liganden und teilweise von Rezeptoren erwähnt. Dieser beginnt bereits in den späten Endosomen, die einen sauren pH-Wert (ca. 6,0) haben und vom TGN aus über primäre Lysosomen mit lysosomalen Enzymen beschickt werden (Abb. 13.**4**). Es gibt zwei Wege der weiteren Biogenese reifer Lysosomen, erstens, indem diese über Vesikel von den späten Endosomen her beliefert werden oder, zweitens, indem durch graduelle Reifung späte Endosomen zu Lysosomen werden, also ohne Vesikelfluss. Eine genaue Analyse ist schwierig. Dementsprechend schwammig ist die Nomenklatur. So wird häufig das späte Endosom auch mit Lysosom gleichgesetzt.

Lysosomen dienen aber auch der Abwehr von pathogenen Mikroorganismen. Ein Phagosom mit eingeschleusten Bakterien fusioniert mit einem späten Endosom und wird so endgültig zu einem Lysosom. Dies ist der Entaktivierungsweg für Bakterien in neutrophilen Granulocyten (Mikrophagen) und in Makrophagen. Die Fragmente werden sogar an die Zelloberfläche zurücktransportiert und dort „zur Schau gestellt". Diese Antigen-Präsentation durch Makrophagen mobilisiert T-Lymphocyten, die genau an die Antigenfragmente angepasste Antikörper herstellen, welche in der Folge bewirken, dass der Körper jede weitere Infektion abwehren kann („humorale Immunantwort").

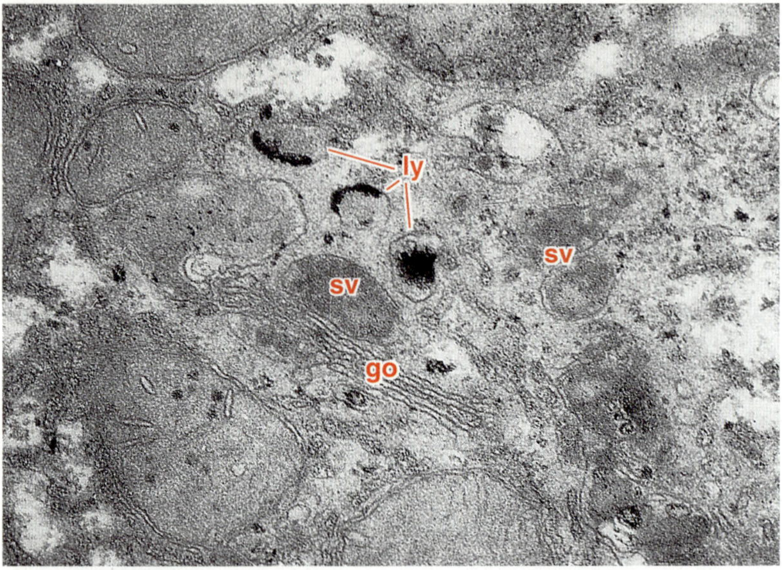

Abb. 13.**5** Darstellung der sauren Phosphatase in einem Golgi-Feld (go) einer Leberzelle. Nahe dem Trans-Golgi-Bereich liegen zum einen Sekretvesikel (sv, klar identifizierbar durch ihre Lipoprotein-Partikel), zum anderen ca. 0,1 bis 0,2 µm große Vesikel mit Reaktionsprodukt für saure Phosphatase. Hierbei dürfte es sich um primäre Lysosomen (ly) handeln, wiewohl man diese Aussage mit Sicherheit nur nach dem Nachweis treffen könnte, dass diese Lysosomen noch keine Fusionsprozesse durchgemacht haben. Dieser Nachweis ist aber im Einzelfall nicht möglich. Vergr. 45 000 fach (aus Plattner, H.: Biologie Aktuell II (1983) 89).

Viele niedere Eukaryoten leben vom phagocytotischen Bakterien-Abbau (Abb. 13.**6**). Hier wurde auch die intrazelluläre Verdauung entdeckt, als man von Lysosomen noch nichts wusste. Ihre Fress- oder Verdauungsvakuolen durchlaufen einen komplizierten Reifungsprozess.

Ein negativer Aspekt der Endocytose ist, dass Viren (z. B. *Influenza*) zunächst durch Endocytose in frühe Endosomen gelangen, mit deren Membran die Virus-Membran (bei saurem pH-Wert) von innen her fusioniert, so dass das virale Genom ins Cytoplasma gelangen und sich vermehren kann.

In Lysosomen können aber – wie angedeutet – auch zelleigene Komponenten abgebaut werden. Es können wohl einzelne Proteine direkt in Lysosomen aufgenommen und ganze Cytoplasma-Abschnitte (mit Glykogenrosetten, Ribosomen etc.) oder ganze Organellen (z. B. Mitochondrien) über autophage Vakuolen dem lysosomalen Abbau zugeführt werden (Abb. 13.**7**). Dabei umschließt zunächst ein Abschnitt des ER diese Zellbestandteile, lysosomale Enzyme werden durch Vesikelfusion eingebracht, die innere Membran der ER-

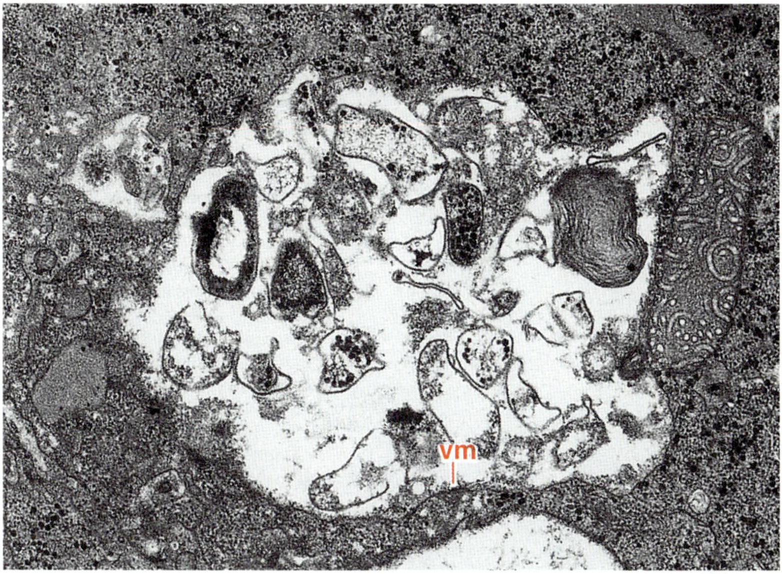

Abb. 13.**6** Abbau von Bakterien aus der Phagocytose. Hier hat eine Protozoenzelle *(Paramecium)* zum Zwecke des Nahrungserwerbs Bakterien phagocytiert, die sie in ihrem lysosomalen Apparat bis zur Unkenntlichkeit abgebaut hat. Lysosomen dienen hier also als Fress- oder Nahrungsvakuolen. vm = Vakuolenmembran Vergr. 23 000fach (Aufnahme: H. Plattner).

Umhüllung wird aufgelöst und es entsteht ein „Autophagosom". Die eingeschlossenen Zellkomponenten werden zusehends degradiert.

Einem reifen Lysosom ist nicht mehr anzusehen, was es sich auf welchem Wege – über Heterophagie (Endocytose inkl. Phagocytose) oder Autophagie – im Laufe der Zeit einverleibt hat. Der Inhalt aus beiden Transportwegen wird durch Fusionsprozesse ohnehin vermischt und bis zur Unkenntlichkeit abgebaut (Abb. 13.**8**, 13.**9**). Nur manche unverdauliche Stoffe häufen sich mit zunehmendem Alter eines Organismus an. So entstehen z. B. die „Alterspigment"-Flecken in der Haut.

Die Aufgaben der Lysosomen sind zusammengefasst folgende:
- Abbau bestimmter Liganden (Proteohormone, Wachstumsfaktoren etc.)
- auf diesem Wege Freisetzung von Cholesterin aus Lipoproteinen
- sowie des Hormons Thyroxin aus der Speicherform des Thyreoglobulins in der Schilddrüse
- Herabregulierung von Rezeptoren (nachdem sie durch häufiges Recycling gealtert sind)

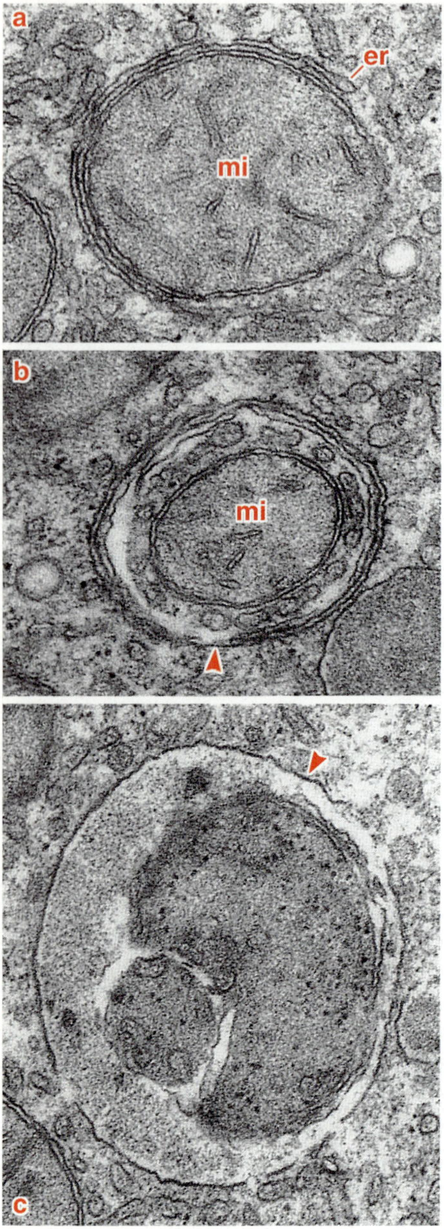

Abb. 13.**7** Bildung von autophagen Vakuolen in drei Momentaufnahmen. **a** Ein Organell (mi, Mitochondrium), das von einer Zisterne des ER (er) teilweise umschlossen wird (raues ER nach Verlust der Ribosomen). **b** Das Mitochondrium (mi), zusammen mit weiteren Membranen, ist bereits komplett eingeschlossen, und zwar von einer zumeist doppelten, lokal aber auch von einer bloß einfachen Membran (Pfeilspitzen). **c** Durch den fortschreitenden Abbau der „umzingelten" Strukturen ist nur noch eine einzige Hüllmembran (Pfeilspitze) übrig geblieben und der Inhalt wird zu Strukturen verdaut, deren Herkunft nur noch vage zu erahnen ist. Vergr. 40 000 fach (Aufnahmen: H. Plattner).

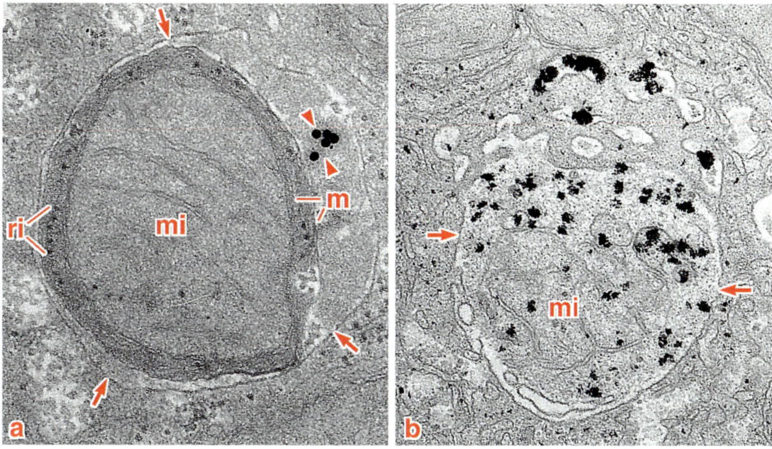

Abb. 13.**8** Konfluenz von Hetero- und Autophagie. **a** Hier liegt eindeutig eine autophage Vakuole vor. Dies ist aus der Präsenz eines Mitochondriums (mi), von Ribosomen (ri), Membranen (m) und von Cytosol innerhalb einer einfachen Hüllmembran (Pfeil) zu schließen. Diese Vakuole kann aber die Goldpartikel (Pfeilspitzen), die dem Versuchstier in die Blutbahn injiziert worden sind, nur über Heterophagie (Endocytose) aufgenommen haben. Dies beweist, dass Vakuolen bzw. Vesikel aus der hetero- bzw. autophagen Linie miteinander verschmelzen können. **b** Nachweis für saure Phosphatase in einer derartigen Vakuole: Reaktionsprodukt (schwarz) auch in vielfachen Verzweigungen bzw. Vesikeln, die mit ihr in Verbindung stehen bzw. fusionieren. mi = Fragment eines Mitochondriums. Vergr. 41 000fach (aus Plattner, H.: Biologie Aktuell II (1983) 89).

- Abbau von überalterten oder geschädigten Organellen sowie von cytoplasmatischen Komponenten (auch Proteine)
- auf diese Weise Beteiligung an Umbauprozessen (z. B. Metamorphose von Insekten)
- Abbau und Entaktivierung von phagocytierten Bakterien
- und daraus resultierend: Aufbereitung von Antigenen für die Antigen-Präsentation
- Abbau von überalteten Zellen (Erythrocyten des Menschen: nach 4 Monaten) und von Zellfragmenten (z. B. bei Wundheilung) in Makrophagen
- in Pflanzenzellen: Vakuole zur Speicherung von Stoffen und zur Regulation des Turgors (vgl. den folgenden Abschnitt, 13.3).

Wenn vorhin auf die Unschärfe der Begriffe im Bereich der Biogenese der Lysosomen angespielt worden war, so ist dies sowohl aus der Komplexität ihrer Biogenese als auch aus der Schwierigkeit heraus zu verstehen, jedem konkreten Lysosom im Elektronenmikroskop anzusehen, was es im Laufe sei-

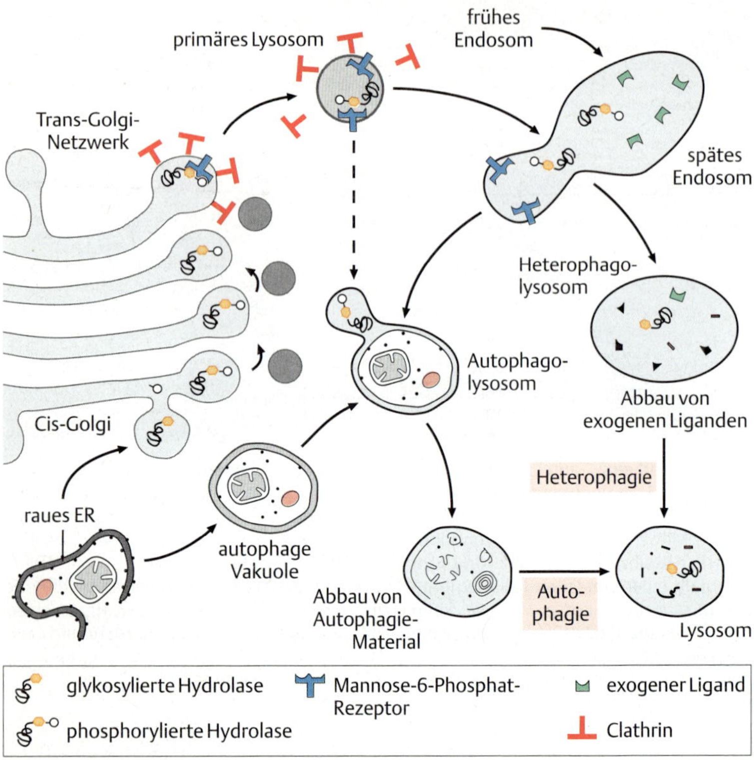

Abb. 13.**9** Biogenese von Lysosomen – Teil II: Bildung von autophagen Vakuolen und Fusion von Lysosomen verschiedener Herkunft. Der linke und obere Teil wurde bereits in Abb. 13.**4** besprochen. Unterer Teil: Eine autophage Vakuole entsteht dadurch, dass ein Teil des Cytoplasmas von sich schließenden Membranen des rauen ER unter Verlust der Ribosomen völlig eingeschlossen wird. Der Antransport von lysosomalen Enzymen kann auf zwei Wegen erfolgen – vielleicht über primäre Lysosomen, sicherlich aber durch Fusion mit einem späten Endosom. Schließlich bleibt wegen der fortschreitenden Verdauung nur eine einzige Hüllmembran übrig, denn der gesamte Inhalt wird zunehmend abgebaut. Die autophage Vakuole wurde so zum Autophagolysosom, dem man das späte Endosom als Heterophagolysosom entgegenstellen kann. Beide Arten von Lysosomen können zu einem „tertiären Lysosom“ verschmelzen, dessen Herkunft wegen des fortschreitenden Material-Abbaus nicht mehr immer nachvollzogen werden kann.

Tab. 13.**1** Biogenese von Lysosomen und synonyme Begriffe

Bezeichnungen	Synonym	Herkunft (Biogenese)
primäres Lysosom	lysosomale Transportvesikel	vom Trans-Golgi-Netzwerk
sekundäres Lysosom	spätes Endosom (Heterophagolysosom)	aus Fusion eines Endocytose- bzw. Phagocytose-Vesikels (Heterophagosom) mit einem primären Lysosom
	Autophagolysosom	aus Fusion einer autophagen Vakuole (Autophagosom) mit einem primären Lysosom (?) oder mit einem späten Endosom
tertiäres Lysosom	alle oben genannten Komponenten sind verschmolzen	enthält alle Komponenten

nes Lebens alles „erlebt" hat. Uns erscheint es didaktisch vorteilhaft, die von C. de Duve, dem Entdecker der Lysosomen, getroffene Einteilung in primäre, sekundäre und tertiäre Lysosomen nicht ganz zu verwerfen (Tab. 13.**1**). Warum sollte man Transportvesikel mit lysosomalen Enzymen, welche noch nicht in den Genuss einer Fusion gekommen sind, nicht als primäre Lysosomen bezeichnen? Die Hetero- und Autophagosomen bekommen den Zusatz „-lyso-", wenn sie nachweislich lysosomale Enzyme erworben haben (auf welchem Weg auch immer). Sie haben dann wenigstens eine Fusion erlebt und gelten dann als „sekundäre Lysosomen". Jene Lysosomen, die in ihrem langen Dasein mit mehreren Partnern fusioniert haben, kann man als „tertiäre Lysosomen" bezeichnen. Bereits de Duve erkannte, dass diese ihre Fusionsfähigkeit einbüßen können, je älter sie werden. Vielleicht kann man sich so das „Schicksal" eines Lysosoms am besten einprägen ...

13.3 Die Vakuole der Pflanzen – ein Lysosom besonderer Art

In Pflanzenzellen repräsentiert die Vakuole eine spezielle Form von Lysosom (Abb. 13.**10**). Sie hat ebenfalls eine einfache Membranumhüllung und ein saures Innenmedium mit lysosomalen Enzymen. Hier werden oft bestimmte Proteine, überschüssige Salze (teilweise als Kristalle) oder Produkte aus Nebengeleisen des Stoffwechsels gespeichert („sekundärer Stoffwechsel" der Pflanzen). Diese Produkte wie Caffein oder Opiate scheinen häufig für die Pflanzen keinen direkt erkennbaren Vorteil zu bringen. Vielleicht dienen manche von ihnen als Fraßschutz. Die Vakuole hilft bei der Regulation des Turgors durch reversible Mobilisierung von Salzkristallen. Schließlich ist auch der Farbstoff Anthocyan hier gespeichert. Je nach pH-Wert und Ionen-Gehalt des

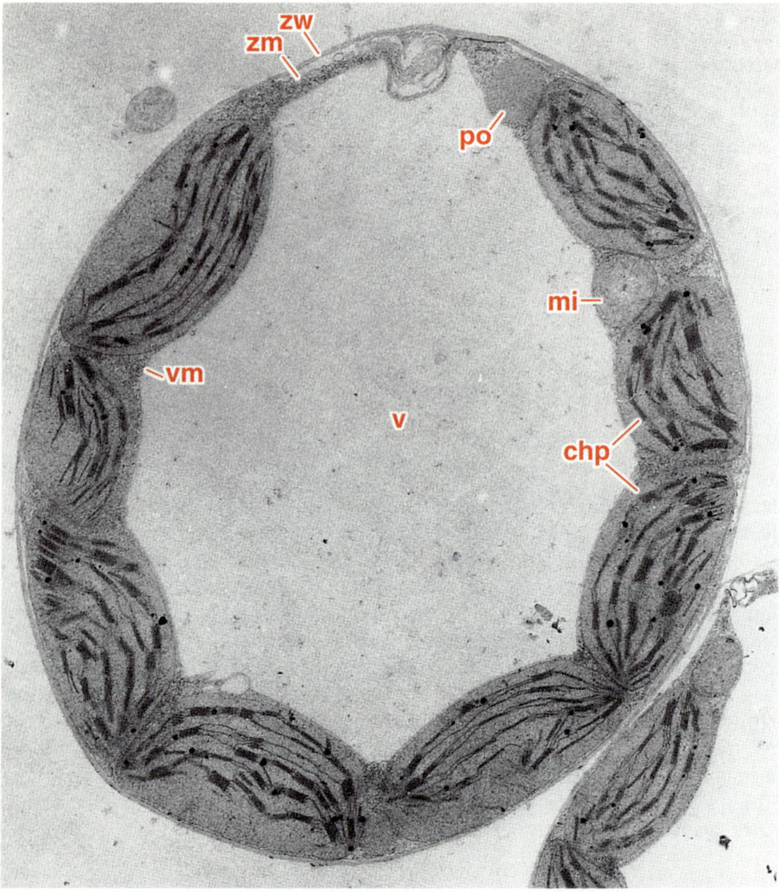

Abb. 13.**10** Zelle aus dem Blatt der Bohne *(Phaseolus vulgaris)*. Das Bild wird beherrscht von der großen Vakuole (v), deren Form sich wegen des Innendruckes den Konturen der zahlreichen Chloroplasten (chp), sowie eines Mitochondriums (mi) und eines Peroxisoms (po) anpasst. vm = Vakuolenmembran, zm = Zellmembran, zw = Zellwand. Vergr. 10 000 fach (Aufnahme: K. Mendgen, Konstanz).

Vakuoleninhaltes verleiht er rote (sauer) oder blaue Färbung (alkalisch) oder beides nacheinander, so den Rot-Blau-Übergang in Blütenständen unseres heimischen Lungenkrautes *Pulmonaria officinalis* („Hänsel und Gretel").

Literatur

De, D. N.: Plant Cell Vacuoles. CSIRO, Collingwood 2000
Engelhard, V. H.: Die Antigen-Prozessierung. Spektrum Wiss. 10 (1994) 48
Hille-Rehfeld, A.: Mannose 6-phosphate receptors in sorting and transport of lysosomal enzymes. Biochim. Biophys. Acta 1241 (1995) 177
Kim, J., D. J. Klionsky: Autophagy, Cytoplasm-to-vacuole targeting pathway, and pexophagy in yeast and mammalian cells. Annu. Rev. Biochem. 69 (2000) 303
Klionsky, D. J., S. D. Emr: Autophagy as a regulated pathway of cellular degradation. Science 290 (2000) 1717
Ludwig, T., R. Le Borgne, B. Hoflack: Roles for mannose-6-phosphate receptors in lysosomal enzyme sorting, IGF-II binding and clathrin-coat assembly. Trends Cell Biol. 5 (1995) 202
Mullins, C., J. S. Bonifacino: The molecular machinery for lysosome biogenesis. BioEssays 23 (2001) 333
Neufeld, E. F.: Lysosomal storage diseases. Annu. Rev. Biochem. 60 (1991) 257
Peters, C., v. K. Figura: Biogenesis of lysosomal membranes. FEBS Lett. 346 (1994) 108
Roberts, D. L., D. J. Weix, N. M. Dahms: Molecular basis of lysosomal enzyme recognition: Three-dimensional structure of the cation-dependent mannose 6-phosphate receptor. Cell 93 (1998) 639
Sandoval, I. V., O. Bakke: Targeting of membrane proteins to endosomes and lysosomes. Trends Cell Biol. 4 (1994) 292
Winchester, B., A. Vellodi, E. Young: The molecular basis of lysosomal storage diseases and their treatment. Biochem. Soc. Trans. 28 (2000) 150

14 Sehr variable Zellorganellen: Glattes Endoplasmatisches Retikulum, Lipidtropfen und Glykogen

Das glatte Endoplasmatische Retikulum (ER) bildet sich durch Proliferation aus dem rauen ER. Seine Aufgaben sind Synthese von Lipoiden und Steroidmolekülen, unter anderem von Cholesterin. Im glatten ER werden Pharmaka entgiftet, die selbst zur reversiblen Proliferation des glatten ER führen können. Die verschiedenen Formen des ER dienen als Calcium-Speicher. Auch sind Enzyme des Glykogen-Stoffwechsels (Glykogen = polymere Speicherform der Glukose) mit dem glatten ER assoziiert, so z. B. das Leitenzym der „Mikrosomenfraktion" (Vesikel aus glattem und rauem ER), die Glukose-6-Phosphatase. Abgesehen von Glykogenrosetten treten in manchen Zellen Lipidtropfen als Energiespeicher in Erscheinung.

14.1 Glattes ER und Lipidtropfen

Neben dem rauen ER findet sich in manchen Zellen auch ein variabler Anteil von Ribosomen-freiem ER, das glatte ER. Man kann seine Bildung experimentell induzieren (s. u.) und sieht dann im Transmissions-EM kontinuierliche Verbindungen mit dem rauen ER, aus dem es durch Sprossung hervorgeht (Proliferation), indem sich reichlich verzweigte tubuläre Strukturen von ca. 30 bis 100 nm Durchmesser ausbilden (Abb. 14.**1**). Wie kann eine rasche Erweiterung der Phospholipidschicht bei Proliferation des glatten ER erfolgen? Die Antwort ist einfach, denn die Synthese von Lipiden ist gerade eine der Hauptaufgaben des glatten ER. Dadurch kann das raue ER unter Verlust der Ribosomen zu glattem ER transformiert werden (Abb. 14.**2**). Lipide können aber auch von cytosolischen Proteinen aufgenommen und an andere Membranen der Zelle transferiert werden (Lipid-Austausch-Proteine).

Am deutlichsten tritt die Fähigkeit des glatten ER zur Lipidsynthese an resorbierenden Epithelzellen des Dünndarms zu Tage. Im Darm werden Fette aus der Nahrung in ihre molekularen Komponenten gespalten, d. h. in Glycerin und Fettsäuren. Nach Aufnahme durch die Zellmembran sieht man im glatten ER Fetttröpfchen, welche durch Resynthese in den Darmepithelzellen entstanden sind. Manche Zellen haben sich darauf spezialisiert, Fetttropfen als Nährstoffreserve anzureichern (Fettzellen). In der Leber gilt die Anreicherung von Fetttropfen (Abb. 14.**3**) als degeneratives Zeichen.

Wir erinnern uns, dass in Biomembranen, mit den Phospholipiden vermischt, der Steroidkörper des Cholesterins auftritt (vgl. Formel 6.7 in Kap. 6). Steroide, inklusive Cholesterin und Steroidhormone herzustellen, obliegt ebenfalls dem glatten ER. Dementsprechend gut ist das glatte ER in jenen Zellen

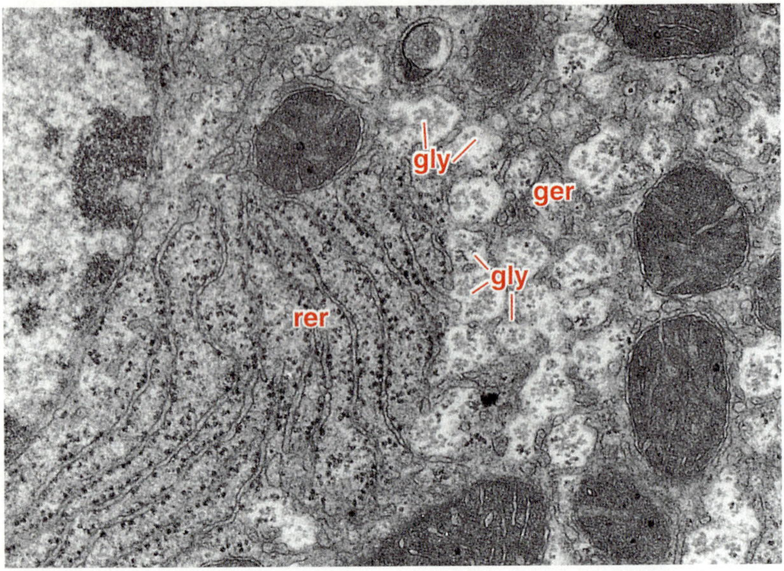

Abb. 14.**1** Glattes ER. In direktem Kontakt mit den Zisternen des rauen ER (rer) sieht man tubulär verzweigtes, im Querschnitt oft vesikulär erscheinendes glattes ER (ger). Dieses knospt durch Lipidsynthese aus dem rauen ER (Proliferation; vgl. Abb. 14.**2**). Dazwischen liegen Rosetten von Glykogen (gly). Vergr. 28 000fach (Aufnahme: H. Plattner).

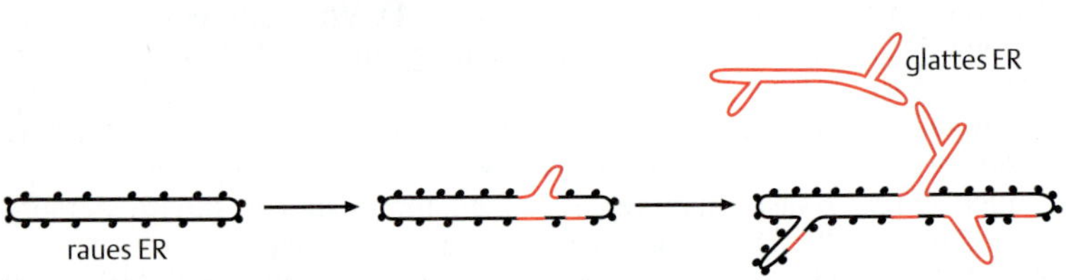

Abb. 14.**2** Das glatte ER knospt aus dem rauen ER hervor, indem es Lipide synthetisiert. Die Umwandlung erfolgt also durch Einschieben neuer Membranbestandteile. Dabei werden auch neuartige Proteine eingebaut. Daraus resultiert die sichtbare Proliferation unter Verlust des Ribosomen-Besatzes.

ausgebildet, welche sich auf die Produktion von Steroidhormonen spezialisiert haben (Nebennierenrinde, Keimdrüsen). Da die Cholesterinsynthese auf unsere Leber konzentriert ist, haben Hepatocyten immer einen gewissen Anteil an glattem ER. Hier wird Cholesterin mit Fettsäuren verestert, an Proteine adsorbiert, als Lipoproteine durch den Golgi-Apparat hindurch (vgl. Abb. 9.**3** und

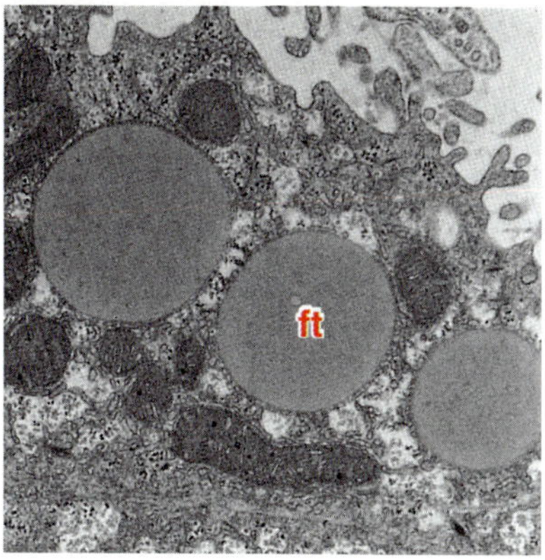

Abb. 14.**3** Fettropfen in einer Zelle der Leber. Nur mit Erfahrung, aufgrund des glasig-homogenen Erscheinungsbildes ist die Identifikation als Fettropfen (ft) möglich. Vergr. 11 000 fach (Aufnahme: H. Plattner).

13.**5**) und über ungetriggerte Exocytose in die Blutbahn abgegeben (vgl. Kap. 11.3.1). Damit wird dieses Syntheseprodukt des glatten ER der Leber unseren anderen Körperzellen zur Verfügung gestellt.

An der Leber kann man noch eine andere auffällige Beobachtung machen. Appliziert man einem Versuchstier bestimmte Pharmaka, wie das Schlafmittel Phenobarbital, so beginnt das glatte ER stark auf Kosten des rER zu proliferieren, bis das rER fast völlig verdrängt ist. Parallel zu diesen ultrastrukturellen Veränderungen wird die Synthese jener Enzyme des glatten ER induziert, welche der Detoxifikation (Entgiftung) dienen. Dabei handelt es sich um Hydroxylierungsprozesse:

$$\mathrm{H-\overset{|}{\underset{|}{C}}-H} \longrightarrow \mathrm{H-\overset{|}{\underset{|}{C}}-OH} \qquad (14.1)$$

Diese dienen der Modifikation von lipophilen Pharmaka in hydrophile Produkte, wodurch deren Ausscheidung erleichtert wird. Binnen einer Woche kann das glatte ER durch Autophagie wieder zurückgebildet werden. Allerdings kann dieser Detoxifikationsprozess fallweise auch das Gegenteil bewirken: Das Gift des Schimmelpilzes *Aspergillus* (auf Brot oder in Nüssen) wird erst durch die Hydroxylierung zum aktiven Zellgift – ein kurioser „Unfall" der Evolution. Diese aktivierten Aflatoxine sind hochgradige Leber-Karzinogene, wie man erst zu Ende der 70er-Jahre herausfand.

Mikrosomen. Durch Dichtegradienten-Zentrifugation kann man glattes und raues ER nicht immer leicht voneinander trennen. Man nennt die gewonnene Fraktion aus kleinen Membranvesikeln die Mikrosomen-Fraktion. Zwar sind hier Fragmente beider ER-Typen angereichert, aber leider enthalten Mikrosomen oft auch noch Komponenten des Golgi-Apparates und vesikulierte Fragmente der Zellmembran als Verunreinigung (Kontamination).

Ca^{2+}-Speicherung im ER. Erst ab den 80 er Jahren wurde man gewahr, dass das raue wie das glatte ER als Calcium-Speicher dient. Daraus kann Ca^{2+} bei Aktivierung der Zelle mobilisiert werden (vgl. Kap. 6.5 und 11.3.2). Diese Fähigkeit war vorher nur von einer speziellen Form des glatten ER bekannt, dem Sarkoplasmatischen Retikulum der quer gestreiften Muskelzellen. Wie das Sarkoplasmatische Retikulum enthalten auch die anderen Formen des ER verschiedener Zelltypen eine Calcium-Pumpe (Ca^{2+}-ATPase) und Ca^{2+}-Kanäle für die Freisetzung von Ca^{2+} bei Stimulation. Dabei werden die Kanäle von Second messengern geöffnet. De facto wurde die Ca^{2+}-Speicherkapazität des ER entdeckt, als man eine Mikrosomenfraktion mit $InsP_3$ versetzte – einem der möglichen Ca^{2+}-aktivierenden Second messenger.

14.2 Glykogen

Besonders in der Leber sind – insbesondere im fließenden Übergangsbereich zwischen rauem und glattem ER – häufig Glykogenrosetten anzutreffen (vgl. Abb. 15.**1**). Glykogen ist die polymere Speicherform von Glukose in tierischen Zellen. Wie bereits erwähnt, ist Glykogen ein 1,4-α-Polyglukosid mit vereinzelten 1,6-Glukosid-Bindungen, deretwegen das Glykogenmolekül verzweigt ist (vgl. Abb. 5.**10**). Die im EM sichtbaren Glykogenrosetten sind Aggregate (50 nm Durchmesser) solcher Polymere mit angelagerten Enzymen, die dem Auf- bzw. Abbau des Glykogens dienen (Glykogenese bzw. Glykogenolyse). Die Zelle speichert also ihren „Universalbrennstoff" Glukose nicht in monomerer Form. Einer der Gründe hierfür ist, dass dies eine zu hohe osmotische Belastung darstellen würde, die Zelle womöglich platzen könnte. Am Auf- und Abbau ist das Enzym Glukose-6-Phosphatase beteiligt. Es gilt als Leitenzym des ER.

Literatur

Alonso, M. D., J. Lomako, W. M. Lomako, W. J. Whelan: A new look at the biogenesis of glycogen. FASEB J. 9 (1995) 1126

Brown, D. A.: Lipid droplets: Proteins floating on a pool of fat. Curr. Biol. 11 (2001) R446–R449

VanHelvoort, A., G. VanMeer: Intracellular lipid heterogeneity caused by topology of synthesis and specifity in transport. Example: sphingolipids. FEBS Lett. 369 (1995) 18

15 Peroxisomen – Relikte aus grauer Vorzeit?

Peroxisomen bekamen ihren Namen vom Gehalt an peroxidativ aktiven Enzymen. Die Katalase-Reaktion spaltet das Zellgift Wasserstoffperoxid. Peroxisomen üben daher eine Entgiftungsfunktion aus. Bei Pflanzen ist die Mobilisierung von Speicherfetten in Glyoxysomen des Samens von besonderer Bedeutung. Um Wachstum und Vermehrung der Peroxisomen zu gewährleisten, werden in bereits bestehende Peroxisomen weitere molekulare Bausteine eingeschoben. Dadurch vergrößern sie sich und es können sich durch Knospung neue Peroxisomen bilden: Peroxisomen bilden sich also nicht über den für Sekretvesikel und Lysosomen besprochenen Vesikelfluss.

Die Größe dieser Organellen mit einfacher Membranumhüllung kann zwischen 0,1 und 1 µm variieren (Abb. 15.**1**). Sehr variabel, je nach Zelltyp, ist auch ihre Enzymausstattung, jedoch handelt es sich durchwegs um oxidative Enzyme. Dazu gehören bei tierischen Zellen die Katalase, peroxidativ aktive Enzyme, Uratoxidase und D-Aminosäure-Oxidase. Peroxidasen und Katalase enthalten eine Häm-Gruppe mit einem Eisen-Atom. Peroxidase bewirkt die folgende Reaktion:

$$R{-}H_2 + O_2 \xrightarrow{\text{perioxidative Enzyme}} R + H_2O_2 \qquad (15.1)$$

wobei R für verschiedenartige organische Reste steht. Wasserstoffperoxid (H_2O_2), ein schweres Zellgift, wird gleich an Ort und Stelle mittels Katalase zerlegt:

$$2\,H_2O_2 \xrightarrow{\text{Katalase}} 2\,H_2O + O_2 \qquad (15.2)$$

Es besteht die hypothetische Vermutung, dass Peroxisomen Überbleibsel aus einer frühen Evolutionsperiode der Eukaryotenzelle darstellen, bevor diese Mitochondrien entwickelt hat. Letzteres erfolgte durch Aufnahme oxidativer Bakterien für eine Entgiftung, später sogar für eine hocheffiziente energetische Ausbeutung des Sauerstoffs (vgl. Kap. 24.3). Sauerstoffradikale konnten in der Frühzeit der Evolution, bei noch ungehinderter UV-Einstrahlung, leicht entstehen und mussten entgiftet werden, weil sie für die Zelle extrem schädlich sind. Dieser Verdacht, dass Peroxisomen eine Art „lebender Fossilien" sein könnten, wird durch das Vorkommen von D-Aminosäure-Oxidase erhärtet, wogegen in unserem Körper nur L-Aminosäuren vorkommen. Peroxisomen sind auch zum Abbau von Fettsäuren nach dem Schema der β-Oxidation befähigt (vgl. Kap. 19.2). Da diese normalerweise nur in geringem Umfang in Peroxisomen, dagegen in weit größerem Umfang und mit relevanter Energie-

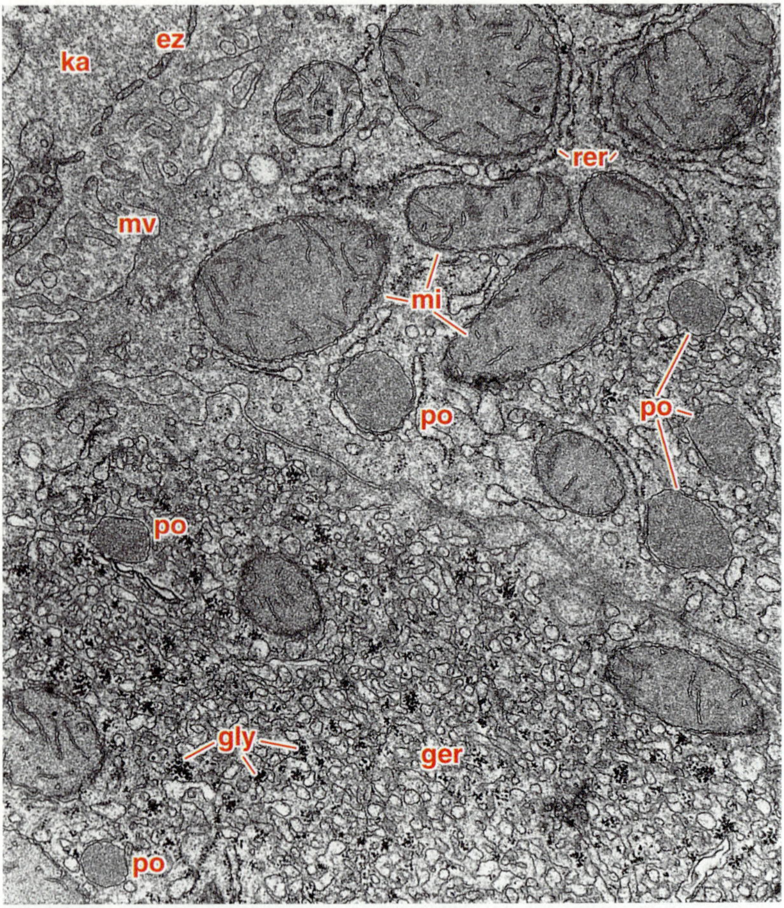

Abb. 15.1 Peroxisomen. Diese Aufnahme zweier benachbarter Hepatocyten zeigt, dass Peroxisomen (po) unregelmäßig ins Cytoplasma eingestreut sind, eine einfache Membranumhüllung und einen homogenen Inhalt besitzen. Daneben sind bereits vertraute Strukturen erkennbar, wie raues und glattes ER (rer, ger), Glykogenrosetten (gly) und Mitochondrien (mi). Mikrovilli (mv) der Zelloberfläche ragen gegen die Blutgefäßkapillare (ka) vor. Speziell in der Leber sind die Kapillaren nur unvollständig bedeckt, weil ihr Endothelzellbelag [ez] vielfach durchlöchert ist; dies dient dem besseren Stoffaustausch, etwa von Glukose, die hauptsächlich in der Leber als Glykogen gespeichert wird. Vergr. 19 000fach (Aufnahme: H. Plattner).

ausbeute in den Mitochondrien erfolgt, erhärtet auch dies den Verdacht, Peroxisomen seien „altertümliche" Organellen.

Trotz allem sind Peroxisomen funktionell nicht unbedeutend. Ihre Zahl vermehrt sich dramatisch nach teilweiser Entfernung der Leber (partielle Hepatektomie) oder bei Applikation von Wirkstoffen, welche die Konzentration der Blutfette in die Höhe treiben (Hyperlipämie). In diesem Zusammenhang mag ihre Fähigkeit zum Fettstoffwechsel wichtig werden. Leitenzym der Peroxisomen aus tierischem Gewebe ist die Katalase.

Auffälliger ist die indirekte Beteiligung spezieller Formen von Peroxisomen am Energiestoffwechsel von Pflanzenzellen. In Blättern sieht man Peroxisomen häufig mit Chloroplasten assoziiert (vgl. Abb. 20.**1**), wo sie ein Zwischenprodukt der Kohlenstoff-Assimilation unter O_2-Verbrauch und CO_2-Abgabe verarbeiten können. Dieser Prozess erinnert an die Atmung (Respiration) tierischer Zellen und läuft daher unter dem Namen Photorespiration. Sehr bedeutsam ist die Beteiligung spezieller Peroxisomen (Glyoxysomen) am Keimvorgang. Hier werden im Glyoxylat-Zyklus die Fettvorräte von Pflanzensamen mobilisiert und in Zucker umgewandelt, sodass sich der Keimling entfalten kann. Die speziellen Aspekte der Pflanzenzelle sind in Kap. 23 ausführlicher dargestellt.

Große Probleme brachte die Aufklärung der Biogenese der Peroxisomen mit sich. Sie bilden sich nicht neu, sondern durch Vergrößerung und anschließende Knospung. Lipide werden als Einzelmoleküle in die Membran eingeschoben (Wachstum durch Einlagerung, nicht über Vesikelfluss). Die Proteine des Inhaltes, wie auch jene der Membran der Peroxisomen, werden an freien Ribosomen synthetisiert und über spezifische Erkennungssignale (Sequenzabschnitte) aufgenommen. Ebenfalls aus dem Cytosol importiert wird die Häm-Gruppe von Katalase und Peroxidase, die erst im Organell fertig zusammengebaut werden.

Literatur

deDuve, C.: Die Herkunft der komplexen Zellen. Spektrum Wiss. 6 (1994) 60

Frimmer, M.: Die Leber als Kläranlage. Biol. i. u. Zeit 12 (1982) 168

Masters, C.J.: On the role of the peroxisome in the metabolism of drugs and xenobiotics. Biochem. Pharmacol. 56 (1998) 667

Pilone, M.S.: D-Amino acid oxidase: new findings. Cell. Mol. Life Sci. 57 (2000) 1732

Schrader, M., S.J. King, T.A. Stroh, T.A. Schroer: Real time imaging reveals a peroxisomal reticulum in living cells. J. Cell Sci. 113 (2000) 3663

Smith, M.D., D.J. Schnell: Peroxisomal protein import: The paradigm shifts. Cell 165 (2001) 293

Tabak, H.F., I. Braakman, B. Distel: Peroxisomes: simple in function but complex in maintenance. Trends Cell Biol. 9 (1999) 447

Vgl. auch Kap. 23.

16 Das Cytoskelett – Stütze und Bewegungsgrundlage

Das Cytoskelett umfasst Mikrotubuli, Mikrofilamente und Intermediär-Filamente. Mikrotubuli sind 25 nm dicke, unverzweigte, hohle Strukturen aus Tubulin und dienen der Herstellung der Zellform sowie als Gleitschienen für intrazelluläre Bewegungsabläufe verschiedener Art (Organellentransport, Kernteilungsspindel). Mikrofilamente sind 6 nm dicke Filamente aus Aktin; die Kontraktion wird durch teleskopartiges Aneinandergleiten an zwischengelagerten Myosin-Molekülen unter ATP-Verbrauch bewerkstelligt. In extrem regulärer Organisationsform liegt Aktomyosin in der quer gestreiften Muskulatur vor. Mikrofilamente sind an der lokalen Formgebung von Zellen sowie an dynamischen Prozessen, wie an der amöboiden Bewegung, beteiligt. Bei Bewegungsabläufen an Mikrotubuli sind ATP-getriebene Motorproteine involviert (Dynein, Kinesin). Dagegen ist die dritte Art von Komponenten des Cytoskeletts, die Intermediär-Filamente (häufig von 10 nm Dicke), relativ heterogen. Dies betrifft sowohl die Art der beteiligten Proteine als auch die Positionierung dieser Filamente in der Zelle, die variable Expression von Zelltyp zu Zelltyp sowie Unterschiede auf verschiedenen phylogenetischen Niveaus.

16.1 Die Komponenten des Cytoskeletts

Nur die Eukaryotenzelle besitzt ein Cytoskelett. Seine Aufgaben sind vielfältig, wie etwa Formgebung, innere Festigung, Festlegung von Oberflächenkomponenten, intrazellulärer Transport, Kontraktilität, Ausbildung der Kernteilungsspindel, Beteiligung an der Zellteilung etc. Diese Funktionen werden von den verschiedenartigen Komponenten des Cytoskeletts in unterschiedlichem Ausmaß gewährleistet.

Die Komponenten des Cytoskeletts sind:
- Mikrotubuli
- Mikrofilamente
- Intermediär-Filamente

Sie alle sind aus jeweils charakteristischen Protein-Untereinheiten aufgebaut. Diese sind Tubulin (Mikrotubuli), Aktin (Mikrofilamente) und verschiedenartige Proteine (Intermediär-Filamente). Tubulin und Aktin sind phylogenetisch relativ konservativ. Hingegen werden Intermediär-Filamente nicht nur häufig gewebespezifisch aus verschiedenen Proteinen gebildet (exprimiert), sondern sie weisen auch große Unterschiede auf, wenn man Organismen von unterschiedlichem phylogenetischen Niveau vergleicht (z. B. Protozoen und Säugetierzellen). Intermediär-Filamente sind also phylogenetisch nicht konservativ.

Tab. 16.**1** Molekulare und morphologische Charakteristika der Elemente des Cytoskeletts

Cytoskelett-Elemente	**Baueinheiten (Molekulargewicht) Form**	**polymere Form Verzweigung (Dicke)**
Mikrotubuli	α-β-Tubulin (2 × 50 000) Heterodimer	Röhren unverzweigt (25 nm)
Mikrofilamente	G-Aktin (42 000) globulär	Filamente primär unverzweigt; über Aktin-Bindeproteine sekundäre Verzweigungen (6 nm)
Intermediär-Filamente (vgl. Tab.16.**2**)	variabel (meist > 40 000)	Filamente unverzweigt (ca. 10 nm)

Manche Komponenten des Cytoskeletts sind relativ stabil (z. B. Intermediär-Filamente), wogegen andere, oft lokal, in der Zelle einem dauernden Umbau unterliegen. Durch Anfügen oder Entfernen von Untereinheiten können Mikrotubuli schnell verlängert oder verkürzt werden. Ähnliches gilt für Mikrofilamente. Man nennt dies Polymerisation (Aufbau) und Depolymerisation (Abbau). Dieser Sachverhalt ist sehr wichtig, weil er die rasche dynamische Umgestaltung des Cytoskeletts ermöglicht. Damit sich in der Zelle Polymere bilden können, müssen allerdings bestimmte Rahmenbedingungen erfüllt sein. Dazu gehören eine ausreichende Konzentration an Untereinheiten (kritische Konzentration der Baueinheiten) und die jeweils spezifischen Kofaktoren.

Manche Komponenten des Cytoskeletts assoziieren bestimmte Proteine aus dem Cytosol. Ein Beispiel sind die „Microtubule-associated proteins" (MAPs), die auch eine Stabilisierung der Mikrotubuli bewirken. Ein anderes Beispiel ist die Assoziation von Myosin mit Aktin-Filamenten in Muskelzellen. Tab. 16.**1** gibt eine Übersicht über die Strukturen des Cytoskeletts, ihre Proteinkomponenten und die jeweiligen Bedürfnisse der Polymerbildung.

16.2 Mikrotubuli

Mikrotubuli sind aus Tubulin aufgebaut. Tubulin ist ein globuläres Protein mit einem MG von 50 000 und einem Durchmesser von 5 nm. Ungefähr 1 % des Zellproteins kann Tubulin sein. Tubulin bildet die Wand der Mikrotubuli, die unverzweigte, nicht-kontraktile, hohle Röhren darstellen (Abb. 16.**1** und 16.**2**). Tubulin wird von wenigstens zwei Genen kodiert. In aller Regel werden zwei Monomerformen, α- und β-Tubulin, exprimiert, die sich nur geringfügig voneinander unterscheiden. α- und β-Tubulin bilden ein so genanntes Heterodimer, die

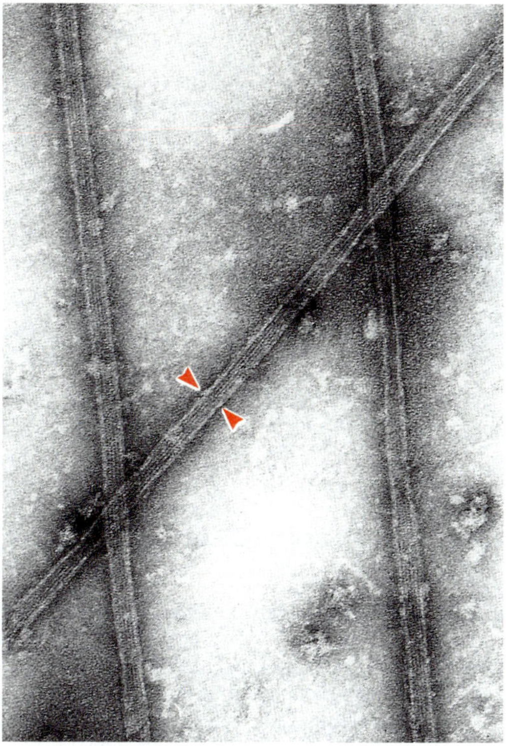

Abb. 16.**1** Isolierte Mikrotubuli im Negativ-Kontrastierungsverfahren. Mikrotubuli sind unverzweigte röhrenartige Strukturen von 25 nm Durchmesser. Ihr Aufbau aus Protofilamenten ist besonders im markierten Bereich evident. Vergr. 120 000fach (aus Zimmermann, H. P., K. H. Doenges, E. Moll: Eur. J. Cell Biol. 26 (1982) 310).

Baueinheit des Mikrotubulus. Diese werden durch Polymerisation zu länglichen Protofilamenten zusammengefügt, in denen sich α- und β-Einheiten abwechseln. 13 solcher Protofilamente bilden die Wand eines hohlen Mikrotubulus, wobei die Protofilamente leicht gegeneinander verschoben sind (Abb. 16.**2**). Bei einer Wandstärke von 5 nm (entsprechend dem Durchmesser des Tubulin-Moleküls), beträgt der Durchmesser des Mikrotubulus als ganzes 25 nm. Das Konstruktionsprinzip der Röhre gewährleistet hohe mechanische Stabilität gegen Verbiegen bei minimalem Materialbedarf. Dieses ist wichtig für die Bildung von oft sehr langen Mikrotubuli, wie etwa in motorischen Nerven (Motoneurone), deren Gestalt und Funktion sie gewährleisten. Unter entsprechenden Bedingungen lassen sich aus isoliertem Tubulin im Reagenzglas (in vitro) Mikrotubuli herstellen und diese in Tubulin-Untereinheiten zerlegen. Diese können sich wieder von selbst zu Mikrotubuli zusammenfügen, sodass sie durch Zentrifugation von anderen Proteinen abgetrennt werden können. Dieses Verfahren der reversiblen Selbst-Assemblierung (Self-assembly) kann man auch zur Reinigung von Tubulin verwenden.

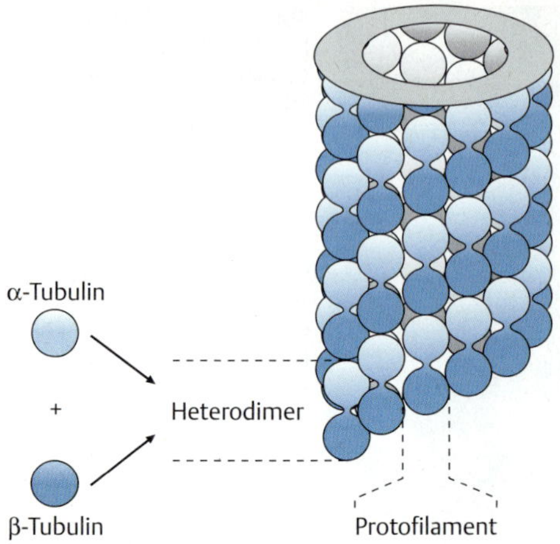

Abb. 16.**2** Aufbau von Mikrotubuli aus Heterodimeren. In den 13 Protofilamenten eines Mikrotubulus wechseln einander α- und β-Tubulin in schraubig versetzter Anordnung ab; das Innere bleibt hohl.

16.2.1 Dynamische Instabilität von Mikrotubuli und ihre Beeinflussung durch Toxine

In der Zelle besteht ein Gleichgewicht zwischen dem heterodimeren Tubulin (T_d) und der polymeren Form der Mikrotubuli (T_p). Dieses ist äußerst sensibel z. B. gegenüber unterschiedlichen Ca^{2+}-Konzentrationen (Abb. 16.**3**).

Da die Zelle in der Lage ist, durch Puffersysteme und Pumpen lokal und sehr schnell die Ca^{2+}-Konzentration zu beeinflussen, hat sie auf diese Weise auch einen sehr effektiven Regulationsmechanismus zur Hand, den Aufbau von Mikrotubuli und ihren Abbau zu dimerem und monomerem Tubulin (T_d, T_m) zu steuern. Ein zweiter Kontrollmechanismus, der jedoch wesentlich längerfristig wirkt, ist die Stabilisierung der Mikrotubuli durch assoziierte Proteine (vgl. MAPs weiter oben) oder chemische Modifikationen wie Acetylierung bzw. Detyrosylierung (Abb. 16.**4**).

Die Stabilität von Mikrotubuli wird zudem von einer Vielzahl von Drogen (mit sehr verschiedener chemischer Struktur) positiv, zumeist jedoch negativ beeinflusst (Abb. 16.**5**).

Colchicin und Vinblastin sowie dessen Derivat Vincristin sind pflanzliche Alkaloide (von *Colchicum*, Herbstzeitlose, bzw. von *Vinca*, Immergrün) und

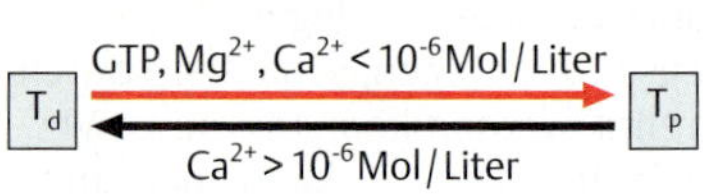

Abb. 16.**3** Gleichgewicht zwischen heterodimerem Tubulin (T_d) und der polymeren Form der Mikrotubuli (T_p). Diese wird durch GTP und Mg^{2+} stabilisiert, durch Ca^{2+} destabilisiert.

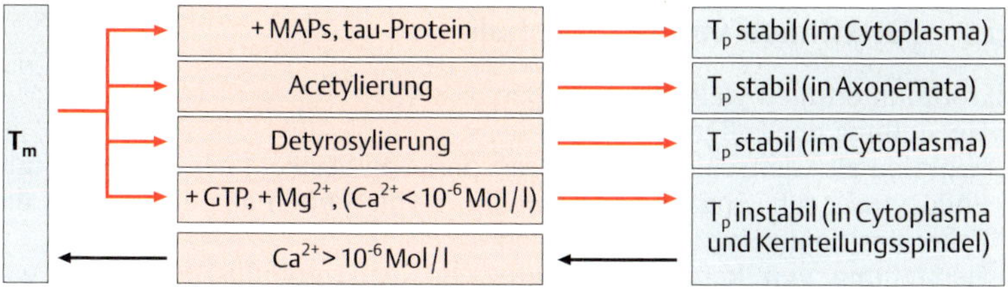

Abb. 16.**4** Stabilisierung der Mikrotubuli durch assoziierte Proteine oder chemische Modifikation, zusätzlich zu den in Abb. 16.**3** gezeigten Kontrollmechanismen. T_m = monomeres Tubulin. Axonemata: vgl. Kap. 17.**1**.

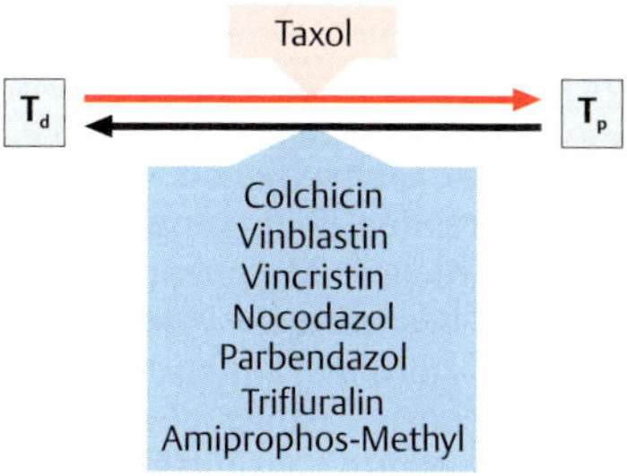

Abb. 16.**5** Beeinflussung der Mikrotubuli-Stabilität durch Drogen bzw. Toxine.

zerstören Mikrotubuli bzw. verhindern deren Polymerisation. Manche von diesen Drogen sind therapeutisch verwendbar, etwa zur Chemotherapie bei Krebs. Krebszellen teilen sich sehr häufig, was sie nicht mehr können, wenn die aus Mikrotubuli aufgebaute Kernteilungsspindel nicht mehr gebildet werden kann (vgl. Kap. 22.1.2). Dieses gilt auch für Taxol, das Gift der Eibe. Obwohl im Grunde mikrotubulistabilisierend, ist diese Wirkung jedoch irreversibel, sodass z. B. eine Kernteilungsspindel nicht dynamisch ist und die eingeleitete Zellteilung nicht ordnungsgemäß zu Ende geführt werden kann. Seit 1993 ist Taxol speziell bei Eierstock-Krebs im Einsatz. Andere Drogen finden als Herbizide (Pflanzenschutzmittel) Anwendung, z. B. jene, mit den Trivialnamen Trifluralin und Amiprophos-Methyl. Die verschiedenen Einsatzbereiche reflektieren die unterschiedliche Sensitivität. Diese ist durch einen gewissen, wenn auch geringfügigen phylogenetischen Unterschied in der molekularen Struktur des Tubulins gegeben.

16.2.2 Funktionen von Mikrotubuli

Mikrotubuli erfüllen vielfache Aufgaben:
- Herstellung der äußeren Zellform
- Funktion als Gleitschienen zum Transport von Vesikeln bei Exocytose und Endocytose, d. h. Abgabe oder Aufnahme von Stoffen aus der bzw. in die Zelle; Positionierung von Organellen
- Herstellung von komplexen Aggregaten (Mikrotubulus-Derivaten), wie Centriol, Basalkörper, Kernteilungsspindel, Cilien und Flagellen

Herstellung der äußeren Zellform. Manche Zellen sind extrem langgesteckt. Beispiele sind die Fibroblasten des Bindegewebes und Motoneurone. Sie alle enthalten parallel zur Längsachse ausgerichtete Mikrotubuli (Abb. 16.**6** und 16.**7**). Versetzt man sie mit destabilisierenden Drogen, so verlieren sie ihre Form, d. h. sie kollabieren (Abb. 16.**6**).

Funktion als Gleitschienen. Unter den oben geschilderten, die Mikrotubuli destabilisierenden Bedingungen kommt auch der intrazelluläre Vesikeltransport zum Erliegen. Motoneurone beispielsweise können keine synaptischen Transmitter-Vesikel mehr vom Zellkörper an die Zellperipherie transportieren, sodass ihre normale Funktion versagt. Unter physiologischen Bedingungen laufen Transportvorgänge jedoch ständig im Inneren der Zellen ab (Abb. 16.**7**): Sekret- bzw. Neurotransmitter-Vesikel müssen an die Zelloberfläche transportiert werden. Nach Abgabe des Inhaltes ist das „Leergut" (d.h. die leeren Membranhüllen, Ghosts) zum Wiederauffüllen (Recycling) wieder in das Zellinnere zu schaffen. Zum Vesikeltransport verwendet die Zelle die vom Cytozentrum ausgehenden „Schienengleis-Anlagen" der Mikrotubuli, an denen Vesikel in beiden Richtungen entlanggleiten können (Abb. 16.**8**, 16.**9**).

Dazu werden die Vesikel spontan mit im Cytosol vorhandenen Motorproteinen bestückt. Im Falle des Vesikeltransports sind dies Kinesin und Dynein. Wie jeder Motor bedürfen auch sie der Energiezufuhr. Dazu spalten sie ATP, sie sind also ATPasen. Dabei wird ihre Konformation geändert und dadurch die Bewegung gegenüber den Mikrotubuli ausgelöst. Die chemisch ausgelöste, von ATP „betriebene" Bewegung dieser zahlreichen Mini-Motoren wird in sichtbare Bewegung umgesetzt. Kinesin dient dem Transport in Richtung Minus nach Plus (vgl. Abb. 16.**8**), also im allgemeinen in Richtung Zellperipherie. Dynein dient dem Transport in die Gegenrichtung, also nach innen. Bei Motoneuronen würde man sagen, Kinesin dient dem anterograden, Dynein dem retrograden Transport.

Kinesin hat ein MG von 120 000 oder mehr (je nach Isoform) und bildet Dimere (Abb. 16.**10**). Es hat sich durch molekulargenetische Arbeiten zu Anfang der 90 er Jahre als eine große Familie von ähnlichen Proteinen entpuppt. Im wesentlichen sieht Kinesin wie ein abgewinkelter Arm aus. Das verbreiterte Ende berührt die zu transportierende Organelle wie eine doppelte Hand, den Transport bewirkt das Abwinkeln des „Ellenbogengelenks".

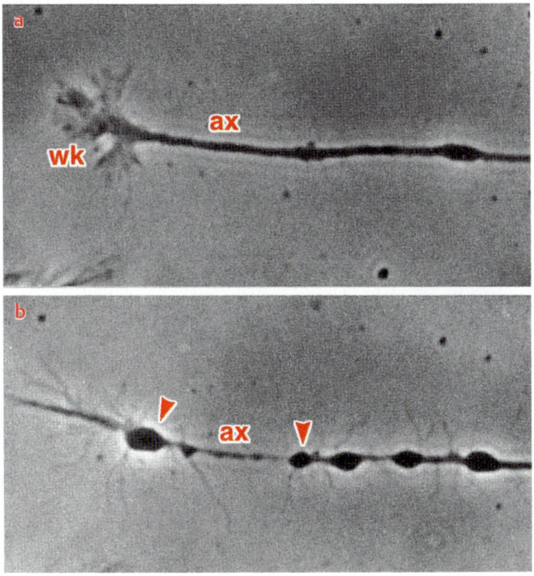

Abb. 16.**6** Isolierte Nervenzelle und ihre Veränderung nach Zugabe von Colchicin. **a** Am Ende des längsgestreckten Axons (ax) ist der Wachstumskegel (wk) zu sehen, mit dem die Nervenzelle amöboide (chemotaktische) Suchbewegungen ausführt. **b** Diese Strukturen sind nach Zerstörung der Mikrotubuli durch Colchicin weitgehend zerstört und das Axon zeigt kropfartige Kollapsstrukturen (Pfeilspitzen). Vergr. 880fach (Aufnahmen: M. Bastmeyer, C. A. O. Stürmer, Konstanz)

Dynein ist um ein mehrfaches größer als Kinesin. Die Hauptkette verschiedener Isoformen hat ein MG von 470 000 bis 540 000. Dynein bewerkstelligt den Transport in die Gegenrichtung. Endocytose-Vesikel können so von der Zellmembran zu frühen Endosomen, zum Trans-Golgi-Netzwerk (TGN) oder zu Lysosomen transportiert werden. Das cytoplasmatische Dynein ist ein zweiköpfiges Molekül (Abb. 16.**11**). Diese Struktur steht im Gegensatz zum Dynein in Mikrotubulus-Aggregaten (Axonemata) von Cilien und Flagellen, wo eine dreiköpfige Form vorliegt. Die Köpfchen können bei allen Formen von Kinesin und Dynein unter ATP-Hydrolyse gegenüber dem kurzen Schwanzteil umknicken und dadurch mechanische Arbeit vollbringen.

Es bleibt zu klären, warum eine Vesikelmembran auf dem Wege zur Zellperipherie Kinesin, auf dem Weg in die Zelle hinein jedoch Dynein bindet. Wahrscheinlich gibt es hierfür Rezeptoren. Rezeptoren bzw. Erkennungssignale (Proteine) an den Membranen selbst gewährleisten auch die Spezifität von Membran-Membran-Interaktionen, und nicht etwa die Anordnung von Mikrotubuli oder die cytoplasmatischen Motorproteine. Diese sind nur für den effizienten Transportablauf zuständig.

Alle zellulären Motorproteine lassen sich auch in vitro testen. Es ist nämlich möglich, die einzelnen Komponenten zu isolieren und dann in vitro eine „Rekonstitution“ vorzunehmen. Mithilfe neuerer lichtmikroskopischer Techniken (videoverstärkte Differenzial-Interferenzkontrast-Mikroskopie) konnte man so den Beweis erbringen, dass Kinesin und cytoplasmatisches Dynein

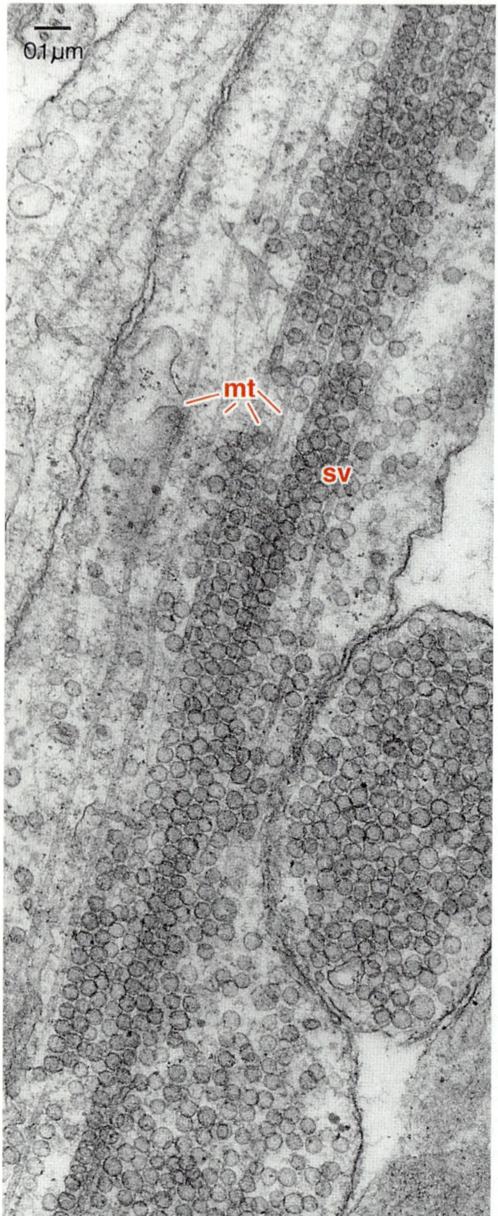

Abb. 16.**7** Neurotransmitter-Vesikeltransport entlang von Mikrotubuli. In dieser Nervenzelle des Rückenmarks imponiert die parallele Ausrichtung der Mikrotubuli (mt) als Gleitschienen für den axonalen Transport von Neurotransmitter-Vesikeln (sv = synaptische Vesikel). Vgl. Schema in Abb. 16.**8**. Vergr. 48 000fach (aus D. S. Smith, U. Järlfors, R. Beránek: J. Cell Biol. 46 (1970) 199).

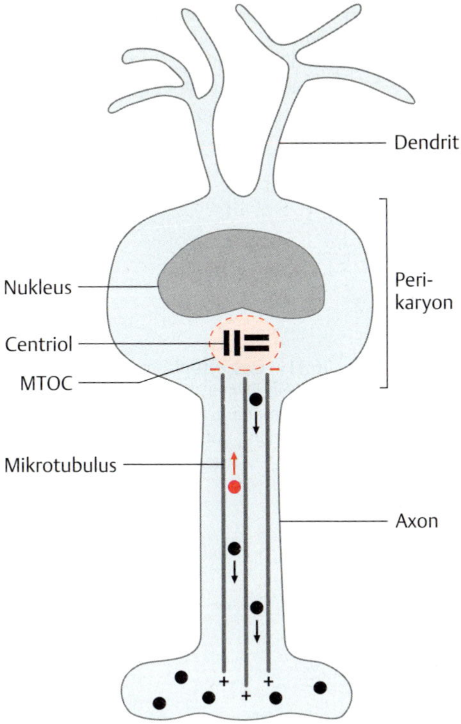

Abb. 16.**8** Anordnung und Funktion der Mikrotubuli in einer Nervenzelle. Die längsgestreckte Form eines Axons (längsgestreckter Neuronfortsatz) wird durch die parallele Anordnung von Mikrotubuli gewährleistet. Diese entspringen dem „Microtubule organizing center" (MTOC), also dem Centrosom mit seinem Centriol. An diesem Ende sind die Mikrotubuli relativ stabil (Minus-Ende, –), wogegen sie am anderen Ende durch Anlagerung von Tubulin-Dimeren weiter wachsen können (Plus-Ende, +). In einem von – nach + gerichteten Transport gleiten die Neurotransmitter-Vesikel (schwarze Punkte) gegen das Ende des Axons (orthograder Transport). Dagegen können leere Vesikel in Richtung von + nach – transportiert werden (rote Punkte; retrograder Transport). Allerdings werden, wenigstens in langen Motoneuronen, nicht alle nach Stimulation geleerten Neurotransmitter-Vesikel für ein Membran-Recycling bis zum Zellkörper (Perikaryon, mit dem Zellkern) zurückgeholt – dieser Weg wäre viel zu lang und wird daher auf den Bereich innerhalb der Nervenendigung beschränkt, also abgekürzt (vgl. Kap. 12).

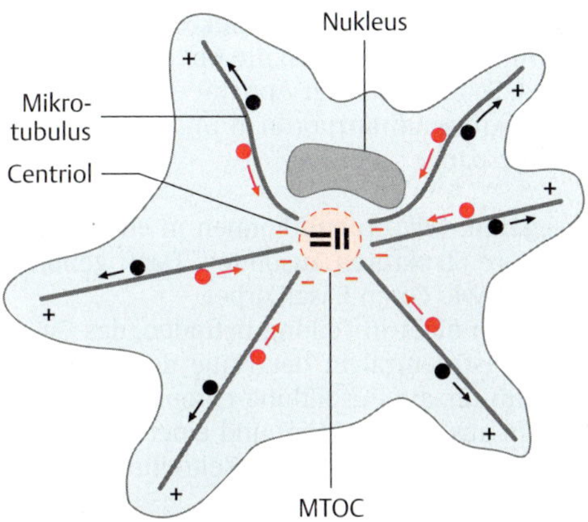

Abb. 16.**9** Anordnung und Funktion der Mikrotubuli in einer nichtneuronalen Zelle (z. B. in einer Bindegewebszelle). Wie in Abb. 16.**8** sind die Mikrotubuli vom MTOC ausgehend polar angeordnet. Sie geben der Zelle Gestalt und dienen sowohl dem Vesikeltransport von – nach + als auch von + nach –.

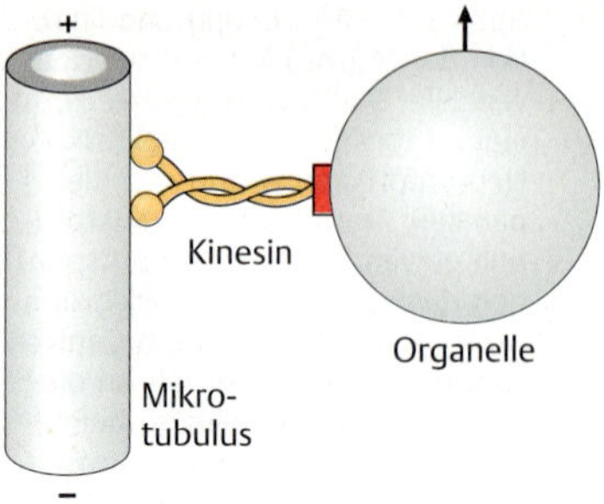

Abb. 16.**10** Kinesin ist ein dimeres Motorprotein, das Organelle entlang von Mikrotubuli in Richtung – nach + transportiert, also vom Kern in Richtung Zellperipherie.

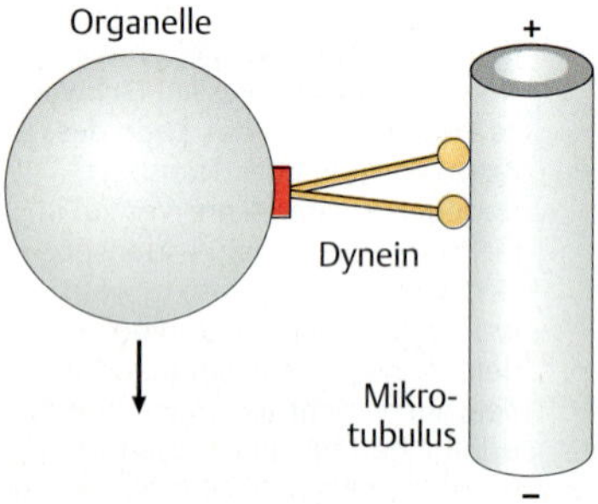

Abb. 16.**11** Das cytoplasmatische Motorprotein Dynein ist (wie Kinesin) aus Dimeren aufgebaut und transportiert Organellen entlang von Mikrotubuli in Richtung + nach –, also von der Zellperipherie in Richtung Kern.

als Motoren den intrazellulären Vesikeltransport entlang von Mikrotubuli antreiben. Wiederum läuft nichts ohne ATP.

Eine weitere Folge der gerichteten Ordnung von Mikrotubuli ist die Positionierung von Organellen. Warum sitzen das Endoplasmatische Retikulum (ER) und der Golgi-Apparat bei den meisten Zellen tief im Inneren, zumeist in der Nähe des Zellkerns (perinukleär)? Warum wandern Sekretvesikel recht zielgerichtet an die Zellperipherie? All dies ermöglichen die Mikrotubuli, aber nur, wenn sie richtig angeordnet sind. So hat der Golgi-Apparat eine inhärente Tendenz, sich am Minus-Ende der Mikrotubuli anzuordnen und das ER wird zwischen Plus- und Minus-Ende aufgespannt.

Herstellung von komplexen Aggregaten. Mikrotubuli können in einem weiteren Self-assembly-Prozeß komplexere Strukturen ausbilden. Dazu gehören das Centriol, die Cilien und Flagellen sowie deren Basalkörper.

Das Centriol bildet in Zellen, die sich nicht in Teilung befinden, das Cytozentrum (Centrosom) aus. Dieses, meist zentral in der Nähe des Zellkerns gelegen, dient als Polymerisationskeim für die Ausbildung cytoplasmatischer Mikrotubuli. Das Cytozentrum besteht aus dem Centriol und einer angelagerten diffusen Masse von Proteinen. Tritt eine Zelle in die Zellteilung ein, so

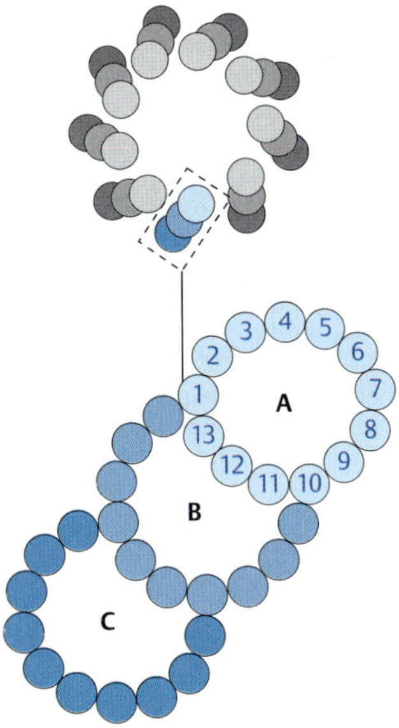

Abb. 16.**12** Centriol im Querschnitt. Das Centriol wird als ein Mikrotubulus-Derivat bezeichnet. Eigentlich ist es ein Mikrotubuli-Aggregat, denn es besteht aus 9 Aggregaten von jeweils drei kurzen Mikrotubuli (A – C), die sich jeweils 5 der 13 Protofilamente teilen. Einen identischen Aufbau beobachtet man an Basalkörpern von Cilien und Flagellen der Eukaryotenzelle (vgl. Kap. 17).

bildet je ein doppeltes Centriol den Ausgangspunkt für die beiden Pole der Kernteilungsspindel. Ein Centriol besteht aus 9 Gruppierungen von kurzen, gleich langen Mikrotubuli, die ihrerseits in Dreiergruppen (Tripletts) vereinigt sind. Man nennt diese Anordnung 9 × 3-Struktur (Abb. 16.**12**).

In den Cilien und Flagellen sind die einzelnen Mikrotubuli-Strukturen aus 13 Protofilamenten aufgebaut. Allerdings teilen sich die Mikrotubuli der einzelnen Tripletts jeweils 5 solcher Protofilamente (Abb. 16.**12**). Die Situation ist in Wirklichkeit insofern komplexer, als Centriolen immer doppelt und in senkrechter Anordnung zueinander auftreten (Abb. 16.**13**).

Wir haben es also mit Self-assembly-Prozessen auf 4 Niveaus zu tun:
1. bei der Protofilament-Grundstruktur der Mikrotubuli,
2. bei der Bildung von Mikrotubuli-Tripletts,
3. bei deren Zusammenlagerung zum ersten Einzel-Centriol und
4. bei der Ausbildung des zweiten Einzel-Centriols.

Früher nannte man dieses „Zwillingspärchen" ein Diplosom (Zweikörper), heute benennt man es mit dem einen Namen „Centriol" und muss sich dabei bewusst sein, dass man ein „Zwillingspärchen" mit einem einzigen Namen anspricht. Noch nicht ganz geklärt ist der vierte Schritt des Self-assembly-Prozesses während der Ausbildung des Centriols. Bis in die frühen 90 er Jahre haftete dem Centriol denn auch der alte Mythos an, es enthalte eine eigene

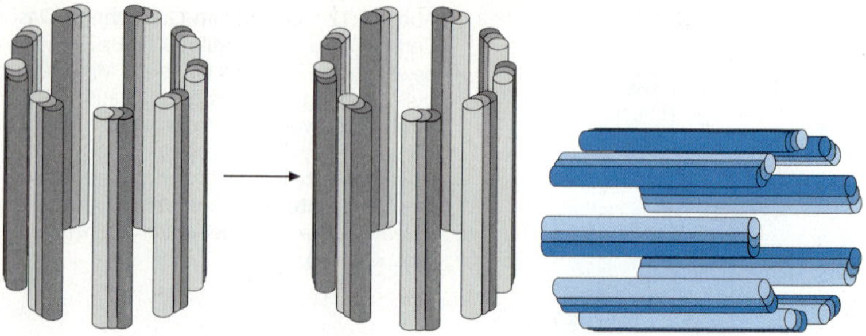

Abb. 16.**13** Biogenese des Centriols. Der in Abb. 16.**12** skizzierte Bau ist zunächst räumlich wiedergegeben (links). Das Centriol kann sich replizieren, indem in senkrechtem Winkel die Self-assembly einer identischen Struktur erfolgt, bis diese auf dieselbe Länge angewachsen ist. Die molekularen Hintergründe dieser Biogenese sind noch ungeklärt.

DNA und sei deshalb zur Autoduplikation fähig. Diese Hypothese ist nun wohl endgültig widerlegt.

Die Biogenese des Centriols bleibt Gegenstand der zellbiologischen Forschung. Da man von so kleinen Strukturen nur schwerlich größere Mengen von Proteinen in reiner Form isolieren kann, beschritt man den Weg der Isolierung mittels monoklonaler Antikörper (vgl. Kap. 10.5.4 und Abb. 22.**5**). Dabei fand man bisher mehrere Proteine, die Bestandteile der unmittelbaren Umgebung des Centriols sind. Anfang der 90 er Jahre isolierte man eine bestimmte Isoform von Tubulin, das γ-Tubulin, das speziell an Centriolen und Basalkörpern zu finden ist. γ-Tubulin dient als Keimbildner für die Ausbildung jener Mikrotubuli, die von Centriolen abstrahlen. Anzumerken ist, dass Basalkörper von Cilien und Flagellen einen identischen Aufbau wie ein einzelnes Centriol aufweisen. Sie können sogar, wenn sie isoliert und in fremde Zellen transferiert werden, jeweils die eine oder die andere Funktion übernehmen. Centriolen und Basalkörper sind also austauschbar. Nicht verwunderlich ist daher, dass sich sowohl an Centriolen als auch an Basalkörpern Mikrotubuli ausbilden können. Dies gilt im Fall der Centriolen für die Mikrotubuli der Kernteilungsspindel, im Fall der Basalkörper jedoch nicht nur für die axonemalen Mikrotubuli der Cilie bzw. der Flagelle selbst, sondern auch für Mikrotubuli, die von den Basalkörpern aus ins Cytoplasma abstrahlen.

Im Endeffekt sind nicht die Centriolen wichtig, sondern die sie umhüllende Masse von Proteinen. Die Natur selbst bietet hierfür den Beweis: Zwar haben fast alle tierischen Zellen ein Centriol, bei weitem aber nicht alle Pflanzenzellen (vgl. Kap. 23). Weder Nadelhölzer (Coniferen) noch Blütenpflanzen (Angiospermen) haben Centriolen. Sie bilden auch keine Cilien oder Flagellen aus, auch nicht in den männlichen Keimzellen – im Unterschied zu tierischen Keimzellen. Möglich wurde dies durch die Entwicklung einer Art „innerer

Befruchtung" durch einen Pollenschlauch bei höheren Pflanzen. Ihre Kernteilungsspindel wird ausgehend von einer Polkappe gebildet, aus jener diffusen Masse von Proteinen, die sonst das Centriol umgibt.

Da Centriolen ebenso wie ihre reduzierte Form bei höheren Pflanzen als Ausgangspunkt für die Polymerisation von Mikrotubuli dienen, werden sie auch als „Microtubule organizing center" (MTOC) bezeichnet. Dies gilt für das Cytozentrum, das cytoplasmatische Mikrotubuli bildet, ebenso wie für die Kernteilungsspindel. Mikrotubuli wachsen durch fortwährendes Anfügen von Heterodimeren immer weiter. Man ist übereingekommen, das wachsende Ende eines Mikrotubulus als sein Plus-Ende zu bezeichnen, wogegen das Minus-Ende am MTOC lokalisiert ist (vgl. Abb. 16.**8**, 16.**9**). Zellen mit ausgesprochener Polarität wie Motoneurone zeigen eine ausgeprägte Parallelanordnung ihrer Mikrotubuli (vgl. Abb. 16.**7**, 16.**8**).

Ein weiteres, sehr wichtiges, Mikrotubulus-Aggregat ist die Kernteilungsspindel (vgl. Kap. 22.1.2).

16.3 Mikrofilamente

16.3.1 Molekulare Komponenten und Bau von Mikrofilamenten

Ihre Hauptkomponente ist Aktin. Lokal können Aktin-Filamente mit Aggregaten des Myosins in Wechselwirkung treten, wodurch sie als „Mikrofilamente" ihre Kontraktilität erlangen. Regelmäßige Anordnungen von Aktin-Filamenten und Myosin werden in quer gestreiften Muskelzellen ausgebildet (Skelett- und Herzmuskel), wodurch die schon im Lichtmikroskop sichtbare Querstreifung entsteht. Glatte Muskelzellen lassen ebenso wie Nicht-Muskelzellen eine solche Querstreifung nicht erkennen, für die ein relativ hoher Anteil an Myosin Voraussetzung ist. Das Verhältnis von Aktin- zu Myosin-Molekülen beträgt 4 : 1 bei quer gestreiften Muskelzellen, dagegen ca. 120 : 1 bei Nicht-Muskelzellen (Richtwerte). Auch andere Proteine sind oft mit Aktin-Filamenten assoziiert (s. u.). In Nicht-Muskelzellen überwiegen bei weitem die Aktin-Filamente, sodass sie in dichten Lagen oder Bündeln auftreten und als Mikrofilamente bezeichnet werden (Abb. 16.**14**).

Aktin ist ein globuläres, phylogenetisch recht konservatives Protein mit einem MG von 42 000, das im Prozentbereich zum Gesamtprotein der meisten Zellen beiträgt. In der monomeren Form wird es als G-Aktin bezeichnet (G für globulär). Es kann über der kritischen Monomerkonzentration unter geeigneten Bedingungen reversibel zu F-Aktin (F für *f*ilamentär), also zu Filamenten polymerisieren (Abb. 16.**15**, 16.**16**).

Allgemein liegt also eine ähnliche Situation wie bei Mikrotubuli vor (vgl. Abb. 16.**2**). Der Übergang von F- zu G-Aktin wird erleichtert, wenn ATP bei der Assemblierung von Aktin-Filamenten hydrolysiert worden ist. Assemblierung ohne ATP-Spaltung führt zu stabileren Filamenten. Die Aktin-Filamente sind eigentlich zwei miteinander verzwirbelte Filamente (Doppelhelix). Sie sind

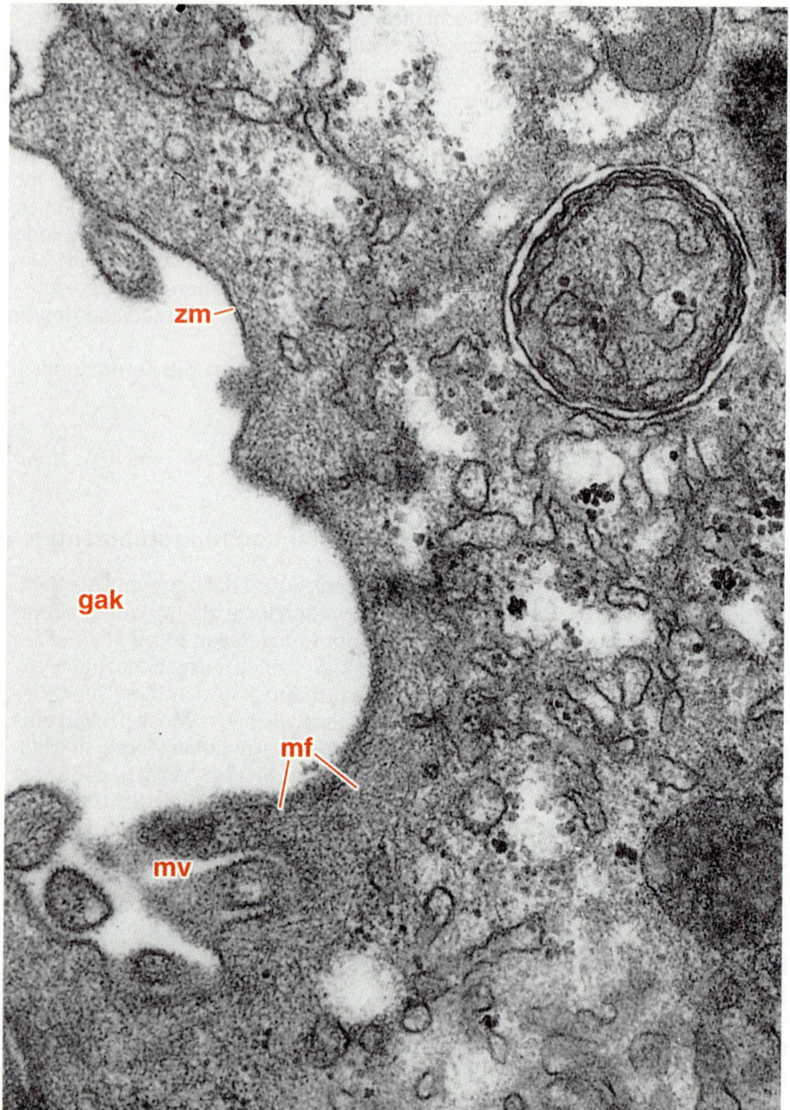

Abb. 16.**14** Mikrofilamente. Hier unterlagern Mikrofilamente (mf) als dicke Schicht die Zellmembran (zm) einer Gallenkapillare (gak) der Leber. Sie reichen auch in paralleler Anordnung in die Mikrovilli hinein (mv), die teilweise im Querschnitt und teilweise im Längsschnitt getroffen sind. Vergr. 50 000 fach (Aufnahme: H. Plattner).

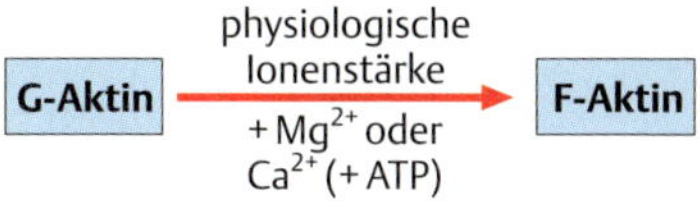

Abb. 16.**15** Bedingungen, unter denen G- zu F-Aktin polymerisiert. Dazu gehören eine physiologische Ionenkonzentration, wie sie normalerweise in der Zelle vorliegt, sowie eine genügende Konzentration von G-Aktin und Mg^{2+} oder Ca^{2+} und ATP.

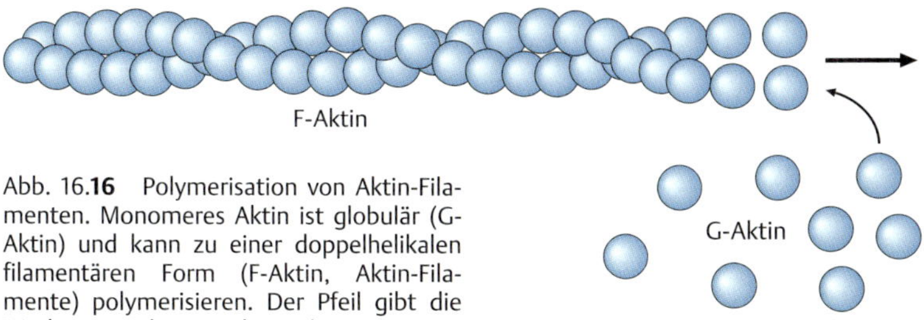

Abb. 16.**16** Polymerisation von Aktin-Filamenten. Monomeres Aktin ist globulär (G-Aktin) und kann zu einer doppelhelikalen filamentären Form (F-Aktin, Aktin-Filamente) polymerisieren. Der Pfeil gibt die Wachstumsrichtung des Filamentes an, das demnach polar gebaut ist (vgl. Abb. 16.**18**).

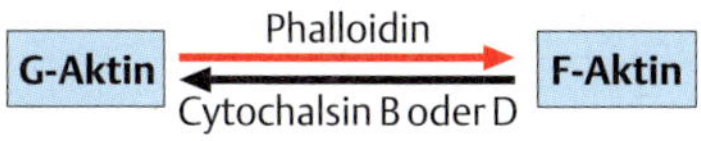

Abb. 16.**17** Beeinflussung des G-/F-Aktin-Gleichgewichts durch Toxine.

unverzweigt, jedoch können Verzweigungen durch manche „Aktin-Bindeproteine", wie Fimbrin, über Vernetzung zweier Aktin-Filamente erzeugt werden.

Das dynamische Gleichgewicht zwischen monomerem und polymerem Aktin wird auch durch Drogen (Toxine) beeinflusst (Abb. 16.**17**).

Phalloidin ist eine Toxinkomponente aus unseren heimischen Knollenblätterpilzen (z. B. *Amanita phalloides*). Es ist ein zyklisches, in sich vernetztes Heptapeptid, das durch Proteasen des Darms nicht gespalten wird. Es kann binnen 3 Tagen letal wirken. Im Lichtmikroskop sieht man schwere Zellschäden mit Vakuolenbildung, im Elektronenmikroskop Mikrofilament-Aggregate, die keine Dynamik des Mikrofilamentsystems mehr erlauben.

Cytochalasine sind Toxine aus primitiven Pilzen *(Helminthosporium)*, die das Gleichgewicht von G- zu F-Aktin nach links verschieben. Dadurch lösen sich die Mikrofilamente langsam auf. Sowohl Cytochalasine (wovon Cytochalasin D viel spezifischer ist als B) als auch Phalloidin sind wichtige experimentelle Werkzeuge bei der Aufklärung der Funktion von Mikrofilamenten. Insbesondere Phalloidin, wenn es durch Farbstoffe sichtbar gemacht wurde, kann zur „Affinitätsmarkierung" von F-Aktin eingesetzt werden. Wie bei Mikrotubuli kann man auch an Aktin-Filamenten eine Polarität, d. h. ein Plus- und ein Minus-Ende feststellen (Abb. 16.**18**). Am Minus-Ende sind die Fila-

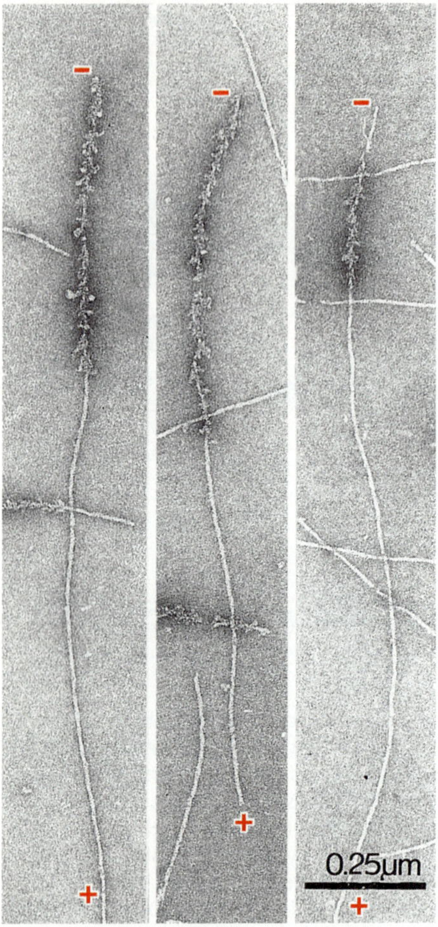

Abb. 16.**18** In-vitro-Demonstration der Polarität von Aktin-Filamenten. Zunächst wurde zu F-Aktin eine Lösung mit den isolierten Köpfchen von Myosin zugegeben. Dies ergibt eine pfeilspitzenartige „Dekoration", die eine deutliche Polarität erkennen lässt. Nach anschließender Zugabe von G-Aktin polymerisiert dieses bevorzugt an den stumpfen Enden der „Pfeilspitzen" (+), dagegen weniger oder gar nicht am entgegengesetzten Ende (−). Die Komplexe wurden mittels Negativ-Kontrastierung sichtbar gemacht. Vergr. 64 000fach (Aufnahme: G. Isenberg, München).

mente vielfach verankert, häufig z. B. an den Z-Scheiben in den Sarkomeren der quer gestreiften Muskelzellen oder an der Zellmembran. Das Protein α-Aktinin dient der Verankerung (s. u.).

16.3.2 Funktion von Mikrofilamenten

Nur in Wechselwirkung mit Myosin können Mikrofilamente Kontraktilität erlangen. Dazu muss man den Aufbau der Myosin-Moleküle und ihre Selbst-Assemblierung in die typischen Aggregate verstehen. Myosin-Moleküle (ge-

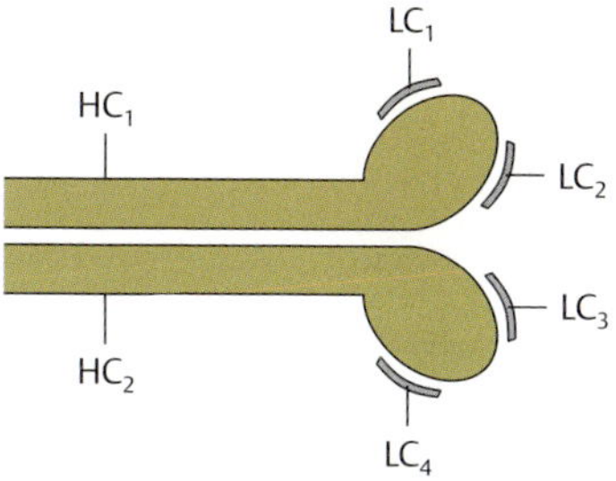

Abb. 16.**19** Bau des Myosin-Moleküls. Es besteht aus zwei parallel angeordneten schweren Ketten (HC_1 und HC_2, Heavy chains) mit je einem Schwanz- und einem Kopfteil, an dem jeweils zwei leichte Ketten angelagert sind (LC_1 bis LC_4, Light chains). Der Schwanz ist verkürzt gezeichnet (vgl. Abb. 16.**20**).

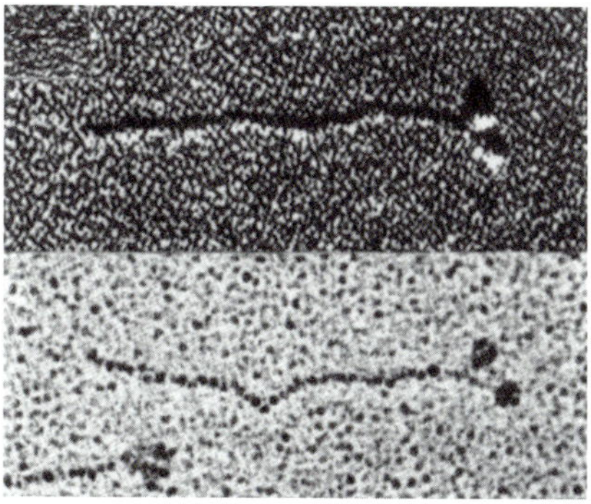

Abb. 16.**20** Isolierte Myosin-Moleküle. Die zwei zur Auswahl gezeigten Moleküle wurden auf einer Trägerfolie adsorbiert und mit Schwermetall bedampft. Man kann die beiden Köpfchen und den langen Schwanzteil erkennen. Vergr. 190 000 fach (aus Claviez, M. K. Pagh, H. Maruta, W. Baltes, P. Fisher, G. Gerisch: EMBO J. 1 (1982) 1017).

meint ist Myosin vom Typ II, von dessen Komponenten es wiederum viele Isoformen gibt), lagern sich spontan paarweise zusammen. Ein solches doppeltes Myosin-Molekül besteht aus zwei schweren Ketten (Heavy chains, HC), mit je einem Köpfchen- und je einem Schwanzteil. Die Schwänze lagern sich parallel aneinander, jedes der Köpfchen bindet je zwei leichte Myosinketten (Light chains, LC) (Abb. 16.**19**, 16.**20**). Insgesamt ergibt sich ein MG aus $2 \times HC + 4 \times LC = 2 \times 200\,000 + 4 \times 20\,000 = 480\,000$ für das Myosin-Doppelmolekül. Dieses hat eine Länge von 0,13 μm und kann daher im Elektronenmikroskop leicht beobachtet werden. Dies wird insbesondere dann wichtig, wenn man die Assemblierung zu komplexen Aggregaten, zu deren Bildung das Myosin neigt, analysieren will. Es zeigt sich gleichzeitig eine parallele und antiparallele Anordnung vieler Myosin-Moleküle nach dem in Abb. 16.**21** wiedergegebenen Schema. Die Struktur ähnelt einem doppelten Blumenstrauß, welcher im Sarkomer der quer gestreiften Muskelfasern einige Hundert „Blüten" auf jeder Seite trägt. Nicht-Muskelzellen begnügen sich mit bescheideneren „Blumensträußen". Dass mehrere Myosin-Moleküle jeweils antiparallel angeordnet sind, hat wichtige funktionelle Konsequenzen (s. u.).

Die Aufklärung des Kontraktionsprozesses wurde erst durch die Elektronenmikroskopie an quer gestreiften Muskelzellen möglich. Man konnte beob-

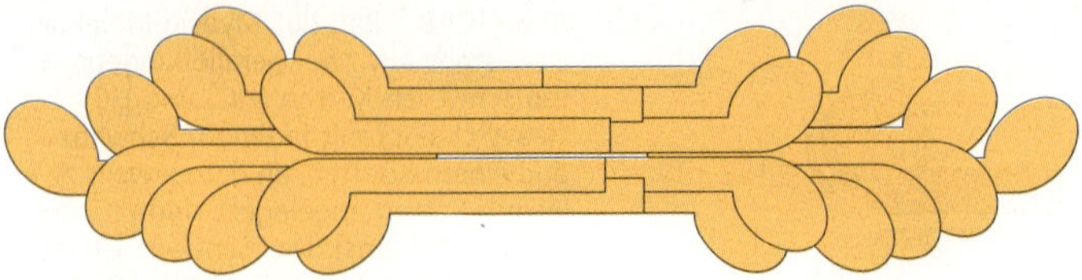

Abb. 16.**21** Selbst-Assemblierung von Myosin-Molekülen. In dieser Form liegt Myosin in der Zelle vor: Die dimeren Moleküle aggregieren lateral in paralleler und antiparalleler Ausrichtung, mit leichter Versetzung der einzelnen Moleküle gegeneinander. Dadurch können in der Zelle an den beiden Enden des Aggregats viele Myosinköpfchen mit Aktin-Filamenten in Berührung kommen. Erst diese Anordnung ermöglicht die Kontraktion nach dem in Abb. 16.**22** skizzierten Mechanismus. Die leichten Ketten sind nicht gezeichnet.

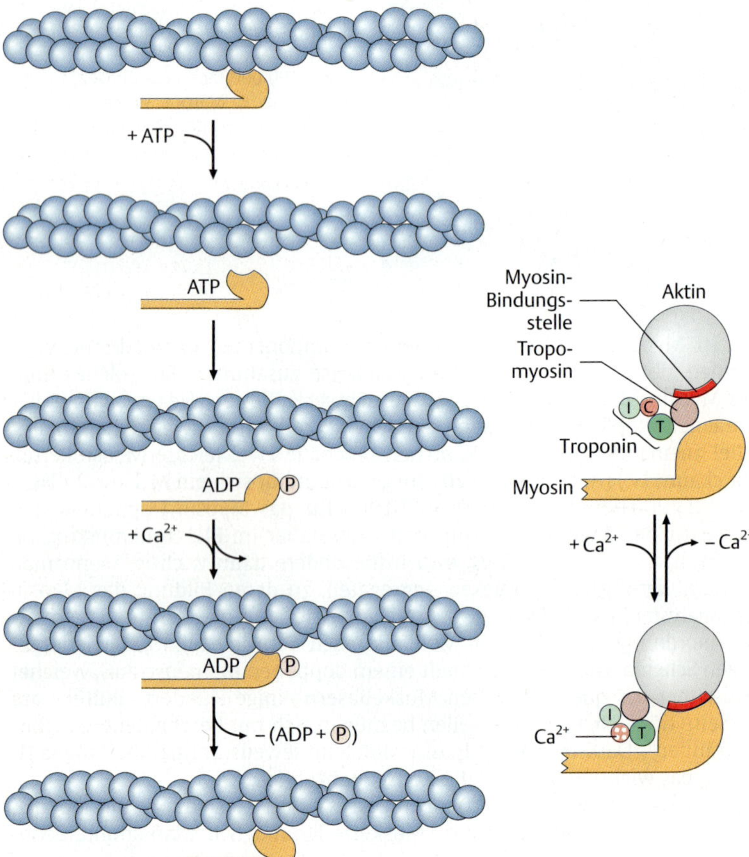

achten, wie bei der Kontraktion die Aktin-Filamente zwischen die Myosin-Aggregate innerhalb eines sich kontrahierenden Sarkomers hineingleiten (Gleitfilament-Theorie; vgl. Abb. 16.**23**). Voraussetzung hierzu ist ein Anstieg der intrazellulären freien Ca^{2+}-Konzentration, der aufgrund eines extrazellulären Stimulus erfolgt (Stimulus-Kontraktions-Koppelung). Bei quer gestreiften Muskelzellen ist dies ein Nervenimpuls, d. h. die Freisetzung einer Transmittersubstanz mit nachfolgender Depolarisierung der Muskelzelle. Es gibt bei Muskel- und Nicht-Muskelzellen verschiedene Wege, auf denen ein Anstieg der freien Ca^{2+}-Konzentration erfolgen kann, z. T. durch Freisetzung aus intrazellulären Ca^{2+}-Speichern, z. T. durch Einströmen aus dem Interzellularraum über Ca^{2+}-Kanäle der Zellmembran (vgl. Kap. 6.5). Ein solcher Speicher ist das Endoplasmatische Retikulum (ER), im Falle der quer gestreiften Muskelzellen ist dies seine spezielle Ausbildung in Form des Sarkoplasmatischen Retikulums (SR, Abb. 16.**24**).

Die Muskelkontraktion beruht wie die Dynein-Mikrotubuli-Wechselwirkung auf Konformationsänderung. Der Bewegungszyklus (Abb. 16.**22**) beginnt hier mit der durch erhöhte Ca^{2+}-Konzentration stimulierten Bindung eines Myosin-Köpfchens an ein Aktin-Molekül. Das Köpfchen ist dabei in einem Winkel von 45 ° zu dem Rest des Myosin-Moleküls abgeknickt. Die Anlagerung eines ATP-Moleküls bewirkt eine Konformationsänderung des Myosin-Köpfchens, das daraufhin die Bindung an das Aktin verliert. (Die Totenstarre hat ihren Grund in dem fehlenden Nachschub an ATP. Dadurch kann der Aktomyosin-Komplex nicht getrennt werden, die Muskel bleiben solange kontrahiert, bis proteolytische Prozesse einsetzen.) In der Folge wird das ATP zu ADP + P_i gespalten. Das Myosinköpfchen wirkt also als eine (Ca^{2+}-abhängige,

◀ Abb. 16.**22** Interaktion von F-Aktin mit Myosin bei der Kontraktion. Der Anschaulichkeit halber ist Myosin verkleinert dargestellt.
Links, von oben nach unten: Ohne ATP und Ca^{2+} bindet Myosin starr am F-Aktin, wie in der Totenstarre. Das ATP der lebenden Zelle hat eine „Weichmacherfunktion", indem das Myosinköpfchen vom F-Aktin getrennt wird. Die Hydrolyse von ATP zu ADP und Phosphat (eingekreistes P, ional gebunden) und der Anstieg der freien Ca^{2+}-Konzentration (nach Aktivierung der Zelle) bringt das Myosinköpfchen in eine andere Konformation und in Kontakt mit dem F-Aktin. Sobald ADP und Phosphat abdiffundieren, macht das am F-Aktin haftende Myosinköpfchen eine Konformationsänderung. Dadurch wird F-Aktin gegenüber dem Myosin verschoben. Viele solche Schritte müssen in sehr schneller Folge ablaufen, um eine Zelle zu einer lichtmikroskopisch sichtbaren Kontraktion zu bringen.
Rechts: Rolle des Ca^{2+} bei der Interaktion von Aktin und Myosin. Rechts oben: Unter Ruhebedingungen können F-Aktin und Myosinköpfchen nicht miteinander wechselwirken, weil Tropomyosin dazwischenliegt. Am Tropomyosin angelagert ist ein Komplex aus Troponin-Molekülen (I, C, T). Rechts unten: Wenn eine Muskelzelle von einer motorischen Nervenzelle einen Erregungsimpuls erhält, so strömt Ca^{2+} aus dem Sarkoplasmatischen Retikulum. Erst der Anstieg der freien Ca^{2+}-Konzentration lässt das Myosinköpfchen mit dem F-Aktin in Wechselwirkung treten, indem Ca^{2+} durch die Bindung an Troponin C die Konformation des Troponin-Tropomyosin-Komplexes so verändert, dass dieser auf die Seite rutscht.

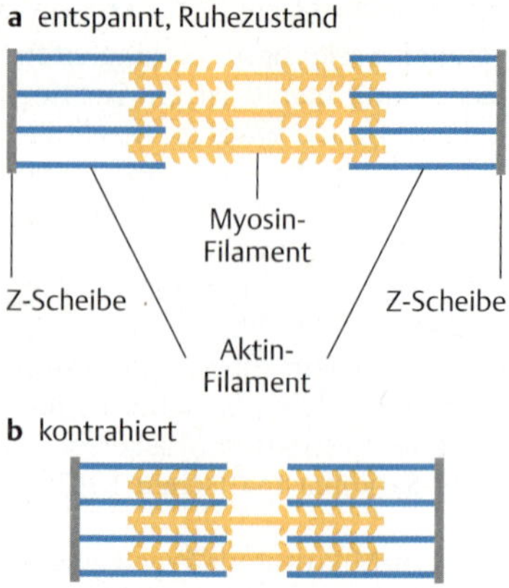

Abb. 16.**23** Zellkontraktion mittels reversibler Wechselwirkung zwischen Aktin und Myosin (Aktomyosin) in einem Sarkomer des quer gestreiften Muskels (Skelett- und Herzmuskel). **a** Ruhezustand, **b** kontrahiert. Die antiparallel angeordneten Myosin-Moleküle können durch vielfach wiederholte Konformationsänderungen (vgl. Abb. 16.**22**) in Wechselwirkung mit benachbarten Aktin-Filamenten diese immer weiter gegeneinander verschieben. Da dabei die Myosin-Filamente an den Aktin-Filamenten entlanggleiten, spricht man von der „Gleitfilament-Theorie". Diese wurde zunächst für die quer gestreifte Muskulatur bewiesen, jedoch gilt dieses Prinzip auch für glatte Muskelzellen und Nicht-Muskelzellen, welche allerdings viel weniger Myosin, unregelmäßig zwischen Aktin-Filamenten eingestreut, enthalten.

Aktin-aktivierte) ATPase und ist daher ein Motorprotein. Dieser energieliefernde Schritt führt einmal dazu, dass das Myosinköpfchen in Bezug auf den Myosinschwanz in eine 90°-Lage umknickt und zudem die Fähigkeit zur Bindung an ein Aktin-Molekül gewinnt. Die anschließende Freisetzung von ADP + P_i lässt das Myosinköpfchen ein letztes Mal um ca. 45° abknicken und schiebt dabei das Aktin-Molekül ein Stück weiter. Durch erneute Bindung eines ATP kann der Zyklus von neuem beginnen (Abb. 16.**22**). So gleiten die Aktin-Filamente immer weiter am Myosin entlang (Abb. 16.**23**) – die Muskelzelle macht eine mikroskopisch sichtbare Kontraktion. Die koordinierte Kontraktion vieler Zellen ergibt die makroskopisch sichtbare Kontraktion.

Um die Effektivität bis zur athletischen Höchstleistung steigern zu können, liegen in der quer gestreiften Muskelzelle also antiparallel angeordnete doppelte „Blumensträuße" von Myosin vor, die im Sarkomer der quer gestreiften Muskelfasern einige Hundert „Blüten" auf jeder Seite trägt. Dass mehrere Myosin-Moleküle jeweils antiparallel angeordnet sind, hat wichtige funktionelle Konsequenzen. Da von beiden Sarkomerbegrenzungen, den Z-Scheiben, Aktin-Moleküle zwischen die Myosinbündel hineinragen, können diese durch die antiparallele Anordnung der Myosinköpfchen aufeinander zu bewegt werden (Abb. 16.**23** und 16.**24**), sobald der Muskel aktiviert wird. Die Folge davon ist eine sehr effektive, teleskopartige Verkürzung bzw. Kontraktion des Sarkomers.

In glatten Muskelzellen liegt Aktomyosin in ähnlicher Weise wie in Nicht-Muskelzellen vor, allerdings mit relativ wenig Myosin gegenüber F-Aktin, und ohne regelmäßige Anordnung. Nur vereinzelte dicke Filamente verraten die Präsenz von Myosin. Nicht-Muskelzellen zeigen nur in „Stressfasern" manchmal eine ähnliche Anordnung von Aktomyosin wie in Sarkomeren, allerdings

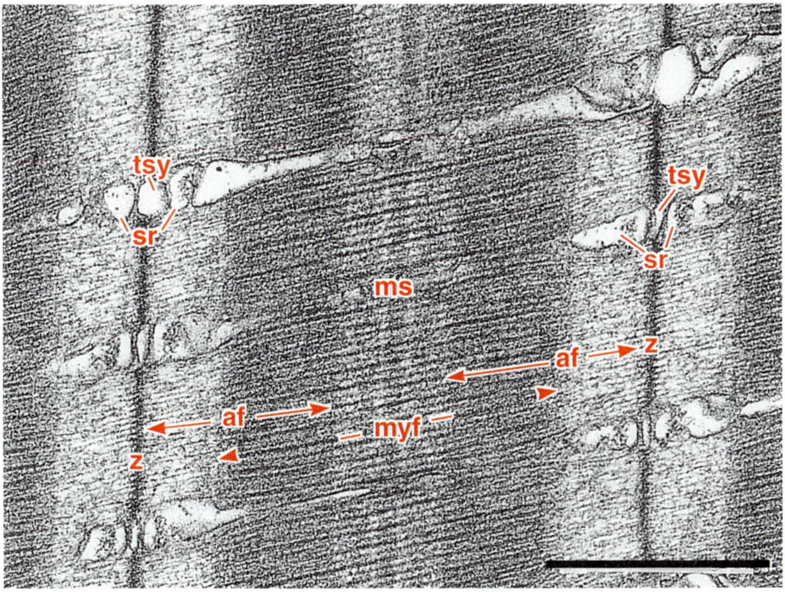

Abb. 16.**24** Sarkomer aus einer quer gestreiften Muskelzelle im Längsschnitt. Ein Sarkomer ist ca. 2 µm lang und beidseitig von einer Z-Scheibe (z) aus α-Aktinin begrenzt. α-Aktinin ist ein Aktin-Bindeprotein, an welchem die feinen Aktin-Filamente (af) ansetzen. Diese ragen in die Mitte des Sarkomers hinein, lassen jedoch einen Mittelstreifen (ms) frei. Die in der Mitte eines Sarkomers angeordneten dichteren Myosin-Filamente (myf) überlappen mit den Aktin-Filamenten. Weil die Überlappung nur teilweise ist, ist der hellere Mittelstreifen von dunkleren Zonen flankiert und helle Streifen bleiben am Rand des Sarkomers frei von Myosin. Bei der Kontraktion gleiten die Aktin-Filamente beiderseits entlang der Myosin-Filamente. Dadurch werden die dunkleren Zonen verlängert und die helleren Zonen werden schmäler. Dieser Vorgang läuft gleichzeitig in all den Dutzenden Sarkomeren ab, die eine Muskelzelle der Länge ausfüllen. Die Kontraktion wird eingeleitet durch Freisetzung von Ca^{2+} aus dem Sarkoplasmatischen Retikulum (sr), das eng an Einstülpungen der Zellmembran anliegt (tubuläres System, tsy), welche die Erregung auf das Innere der Muskelzelle überträgt (Stimulus-Kontraktions-Koppelung). Vergr. 30 000fach, Strich = 1 µm (aus Hertwig, I., H. Eichelberg, H. Schneider: Cell Tissue Res. 255 (1989) 363).

deutlich weniger geordnet. Stressfasern durchziehen manchmal einzeln oder zu mehreren Zellen (vgl. Abb. 17.**12**). Ihr quasi-periodischer Bau kann am besten durch Immunmarkierung unter Einsatz von Antikörpern gegen α-Aktinin sichtbar gemacht werden. Dieses dient – wie bereits erwähnt – ganz allgemein der Verankerung von Aktin-Filamenten, sei es an der Zellmembran, in den Z-Scheiben der Sarkomergrenze und in weniger geordneten Strukturen der Stressfasern. In Nicht-Muskelzellen kann durch die teilweise Vernetzung des F-Aktins (s. o.) auch ein dreidimensionales Netzwerk gebildet werden, das sich mittels verstreut eingelagerten Myosin-Aggregaten kontrahieren kann.

Das Mikrofilamentsystem erfüllt auch in Nicht-Muskelzellen zahlreiche Aufgaben:
- Protoplasmaströmung
- Kontraktion bestimmter Zellbereiche sowie ganzer Zellen
- Fortbewegung ganzer Zellen, wie z. B. amöboide Bewegung und Chemotaxis (vgl. Kap. 17.2)
- Formgebung und lokale Strukturierung von Zellen

Protoplasmaströmung in Nicht-Muskelzellen. Sehr große Zellen, wie manche Protozoen oder Pflanzenzellen, müssen ihr Cytoplasma „umrühren". Offensichtlich kann bloße Diffusion von Ionen, Metaboliten und manchen Organellen keine gleichmäßige Verteilung mehr gewährleisten. Schön zu beobachten ist dies z. B. in Staubfäden (Stamina) der Zimmerpflanze *Tradescantia* oder in der Küchenzwiebel (Epithelien der Schalen von *Allium cepa*). Diese Plasmaströmung wird durch Myosin-dekorierte Zellorganellen hervorgerufen, die an stationären Aktin-Bündeln vorbeigleiten. Im Protozoon *Paramecium* (Pantoffeltierchen) kreisen die Vesikel des intrazellulären Verdauungssystems (Phagosomen, Lysosomen) in 20–40 Minuten durch die Zelle, bevor die unverdaulichen Reststoffe abgegeben werden.

Kontraktion bestimmter Zellbereiche sowie ganzer Zellen. Kontraktion ist nur dann gewährleistet, wenn Aktin-Filamente mit Myosin durchsetzt sind, sodass sie als Aktomyosin eine reversible Kontraktion vollziehen können. Dabei kann, im Falle hochorganisierter quer gestreifter Muskelzellen, bis zu 50% der durch die ATP-Hydrolyse freigesetzten Energie genutzt werden. Der Wirkungsquerschnitt, d. h. die Energieausbeute, ist also deutlich höher als bei Wärmekraftmaschinen (z. B. 30%). Kontraktionsvorgänge spielen sowohl lokal in einzelnen Zellen als auch in ganzen Zellverbänden eine große Rolle. Bei der (Phagocytose) von z. B. pathogenen Keimen haften sich diese über spezifische Erkennungsstrukturen an der Zellmembran einer höheren Zelle an. Die Membran stülpt sich lokal ein und ein Phagocytose-Vesikel schnürt sich ab. Der Vorgang wird von einer lokalen Assemblierung von Mikrofilamenten begleitet, wie man im Elektronenmikroskop sehen kann (vgl. Abb. 12.**8**). Es handelt sich dabei um einen aktiven Prozess, der Energie in Form von ATP benötigt.

Unter diese Kategorie der lokalen Kontraktion fällt auch der Teilungsring, der nach Abschluss der Kernteilung das Cytoplasma tierischer Zellen in zwei Hälften aufteilt. Die beiden Tochterzellen werden durch einen Ring aus Aktin und Myosin voneinander abgeschnürt (Abb. 16.**25**). Bei Pflanzenzellen liegt ein anderer Teilungsmechanismus vor, vgl. Abb. 22.**11**.

Ein Sonderfall stellt die Ausstoßung des Zellkerns bei der Erythrocytenreifung dar. Bei Säugetieren reifen die Erythroblasten zu Erythrocyten unter aktivem Ausstoß des Zellkerns durch das Mikrofilamentsystem. Damit ergibt

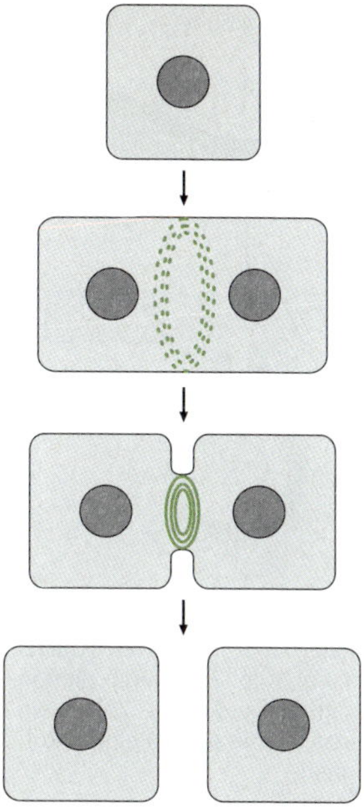

Abb. 16.**25** Teilungsring aus Aktin und Myosin. Nach der Kernteilung müssen die Tochterzellen voneinander getrennt werden. In tierischem Gewebe erfolgt dies durch die Assemblierung des Teilungsringes aus Aktomyosin. Dieser Ring kontrahiert sich, bis die Tochterzellen voneinander getrennt sind.

sich eine höhere Transportleistung für Blutgase (O_2, CO_2) durch den relativ steigenden Hämoglobin-Gehalt, allerdings bei beschränkter Lebensdauer (4 Monate beim Menschen).

Eindrucksvolle Beispiele für Kontraktionsvorgänge in ganzen Zellen bzw. Zell-Lagen stammen aus der Neurobiologie. Schon in der Embryogenese vermittelt die lokale Kontraktion von Zellen des Ektoderms (die äußerste Zellschicht des Embryos vor der Organbildung) die rinnenförmige Einfaltung entlang eines Streifens (Neuroektoderm). Diese Rinne schließt sich dann zum Neuralrohr (Abb. 16.**26**).

Die oberseitige (apikale) Kontraktion der Zellen durch das Mikrofilamentsystem ermöglicht diese Faltung. In der weiteren Entwicklung entsteht das Zentralnervensystem mit dem Rückenmark, dessen Zentralkanal in der dargestellten Weise entsteht. Ähnlich werden Drüsenepithelien zu geschlossenen Follikeln, zu offenen, kugelförmigen Acini oder zu Tubuli gefaltet.

Lokale Formgebung und Strukturierung der Zelle. Die lokale Strukturierung des Cytosols durch den Übergang vom gallertartigen in einen flüssigen Zustand (Gel-Sol-Übergang) wird bei der amöboiden Bewegung angesprochen (vgl. Kap. 17.2). Auch an anderen Zellen kann dieser Mechanismus lokal auftreten. So sieht man in Drüsen- und Nervenzellen häufig eine kortikale (sub-

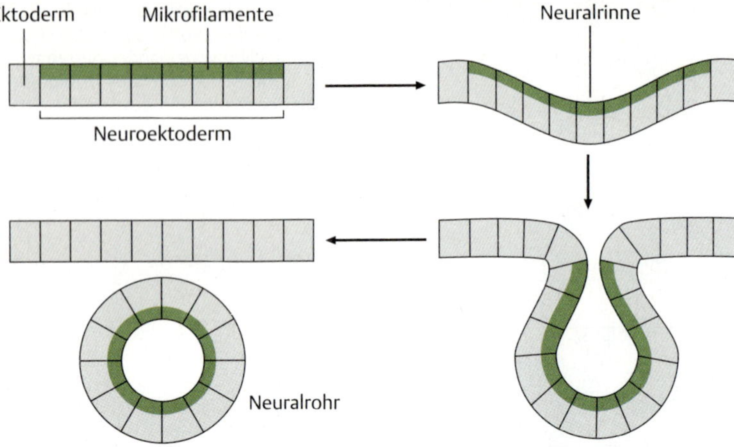

Abb. 16.**26** Faltung von Epithelien mittels Aktomyosin. In der Embryogenese werden verschiedene Gewebe eingebuchtet und zu einem Rohr gefaltet, z. B. das Neuralrohr als Anlage des Zentralnervensystems. Dies erfolgt durch die Kontraktion von Aktin-Myosin-Aggregaten, welche die Epithelzellen auf ihrer apikalen Seite umgürten (Gürteldesmosomen; vgl. Kap. 21). Durch die einseitige Kontraktion werden die Zellen einseitig zugespitzt, bis sie sich zu einem Rohr schließen können.

plasmalemmale) Anreicherung von Mikrofilamenten. Sie bilden eine Barriere beim Antransport von Sekret- und Neurotransmitter-Vesikeln zur Zellmembran. Diese Barriere muss erst gelockert werden (Zerfall von F-Aktin), wenn Exocytose getriggert wird.

Eine lokale Formgebung ist besonders ausgeprägt in den als Mikrovilli (Mikrozotten) bezeichneten Ausstülpungen der Zellmembran (Abb. 16.**27**, 16.**28**; vgl. auch Abb. 15.**1**, 16.**14**). Sie sind flächendeckend z. B. auf der oberen (apikalen) Seite von resorbierenden Epithelien ausgebildet (Abb. 16.**27**). Hier ist F-Aktin formgebend zur Herstellung einer großen resorbierenden Oberfläche angeordnet (Abb. 16.**28**). Diese beträgt bei unserem Dünndarm 2000 m^2 – zum einen wegen der Auffaltung des Epithels zu Zotten, zum anderen wegen der Auffaltung der Zelloberflächen zu Mikrovilli. Im Dünndarmepithel sitzen hier verschiedene Enzyme und Carriersysteme (vgl. Kap. 6.2).

Abb. 16.**27** Mikrovilli. Mikrozotten (Mikrovilli, mv) dienen der Vergrößerung der Oberfläche, wie bei den hier im Gefrierbruch gezeigten Epithelzellen des Dünndarms. So wird die resorbierende Oberfläche etwa 50fach vergrößert. Unterhalb dieses Bürstensaums ist eine homogene Zone (Sternchen) wahrzunehmen, die wegen ihres Reichtums an Mikro-Filamenten und Intermediär-Filamenten keine Organellen besitzt. zk = Zellkern. Vergr. 12 000fach (Aufnahme: H. Plattner). ▶

mv
*
zk

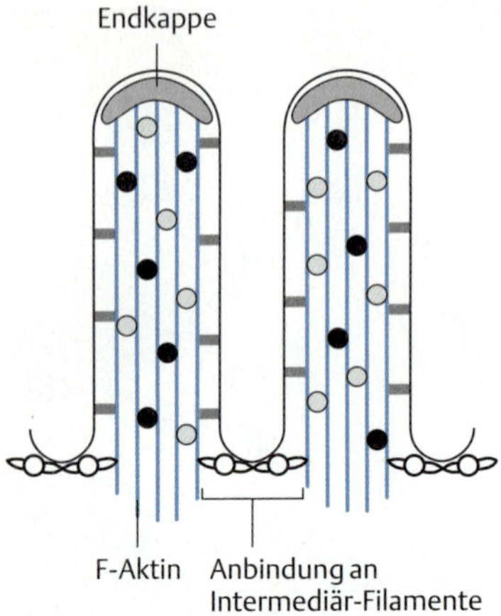

Abb. 16.**28** Mikrovilli im Längsschnitt. In einer fingerförmigen Ausbuchtung der Zellmembran enthalten sie parallel ausgerichtete Aktin-Filamente, jedoch ohne dazwischengelagertes Myosin. Mikrovilli sind also nicht kontraktil. Zur statischen Stabilisierung dieser F-Aktinbündel sind jedoch verschiedene andere Proteine dazwischengelagert, wie durch verschiedene Symbole angedeutet. Am oberen Ende sorgt eine Endkappe für die Anordnung des F-Aktins in der richtigen Polarität (Minus-Ende oben). Unten erfolgt eine Anbindung an Intermediär-Filamente.

Eine sehr wichtige Rolle spielen Mikrofilamente als Komponenten von Gürteldesmosomen. Diese stellen einen Teil des Verbindungskomplexes (Junctional complex) dar, mit dem Epithelzellen miteinander verbunden sind (vgl. Abb. 16.**26** und Kap. 21.1). An Verdickungen der Zellmembran setzen Aktin-Filamente an. An Gürteldesmosomen streichen sie parallel zur Zellmembran. Dies zeigen die Abb. 21.**5** und 21.**7**, ebenso wie die Verbindung dieser Filamente über Intermediär-Filamente vom Typ des Spektrins. Diese Anordnung dient der mechanischen Stabilisierung (vgl. Kap. 21).

16.4 Intermediär-Filamente

Diese sind die variabelsten Komponenten des Cytoskeletts. Sie sind nicht nur phylogenetisch wenig konservativ, sondern sie werden auch gewebsspezifisch in vielen Varianten exprimiert. Vier Typen sind bei Mammaliern besonders wichtig (Tab. 16.**2**).

Intermediär-Filamente dienen der mechanischen Festigung. Extrem ist dies an Keratin-Filamenten zu erkennen. Sie füllen weitgehend das Cytoplasma der basalen Epithelzellschichten der Haut aus (Abb. 16.**29**), wo diese noch tei-

Abb. 16.**29** Intermediär-Filamente. Beispiel: Keratin-Filamente in der Haut eines Mäuseschwanzes. Die äußerste Schicht der Haut ist die hier gezeigte Epidermis. Diese stellt ein nach außen gerichtetes Deckgewebe dar (Epithel), das mehrschichtig ist und nach außen unter Verhornung abstirbt. In allen Zellschichten, außer der verhornten Schicht (Sternchen), sind bizarre Aggregate von Intermediär-Filamenten (if) erkennbar, die in der Haut aus Keratin bestehen. Sie setzen an Punktdesmosomen an (Beispiele eingekreist); vgl. Kap. 21. zk = Zellkern. Vergr. 3600 fach (Aufnahme: H. Plattner). ▶

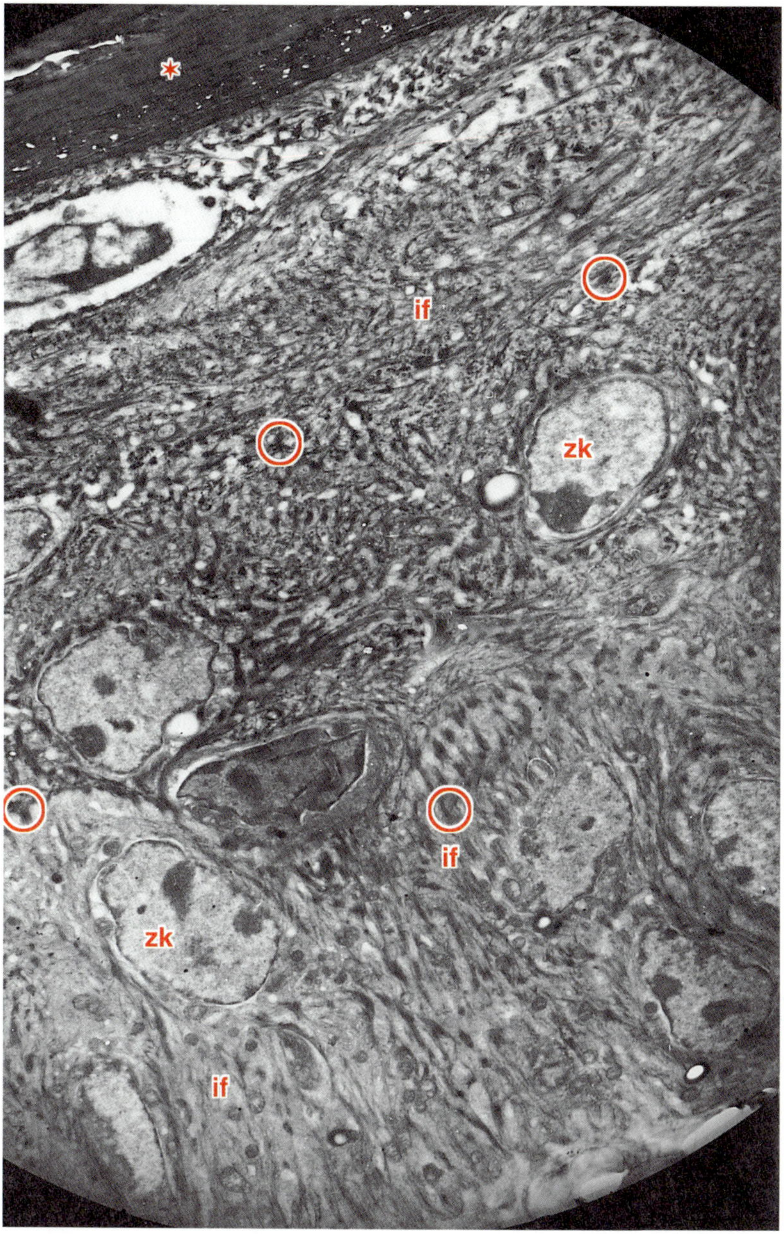
*
if
zk
if
zk
if

Tab. 16.2 Typen von Intermediär-Filamenten und ihr Vorkommen

Typ von Intermediär-Filament	Bausteine	Vorkommen
Keratin-Filamente	Keratin	Epidermis
Neuro-Filamente	variabel	Neurone
Vimentin-Filamente	Vimentin	Fibroblasten
Kernlamina	Lamine	Zellkernrand

lungsfähig sind (Stratum germinativum). Nach oben hin, bis zum Stratum corneum, sterben die Zellen ab, indem sie zunehmend verhornen und austrocknen. Dadurch nimmt der Anteil an Keratin relativ noch mehr zu, sodass es die Zellen praktisch völlig ausfüllt. Ähnliches gilt für die Bildung von Haaren und Nägeln.

Ein viel subtileres Stütznetzwerk bildet das Spektrin, das durch seine subplasmalemmale Anordnung die Zellmembran der Erythrocyten von innen her elastisch verstärkt. Spektrin-ähnliche Proteine gibt es aber auch an der Zellmembran anderer tierischer Zelltypen.

Der Rand des Zellkerns wird innenseitig durch die Kernlamina verstärkt, an der die dekondensierten Chromosomen des Ruhekerns angeheftet sind. Diese Lamina besteht aus Laminen (MG von 65 000 bis 75 000); vgl. hierzu Kap. 7.

Die zelltypspezifische Expression von Intermediär-Filamenten kann sich bei der Karzinogenese verändern (Karzinom, zu Krebszellen entartete Epithelien). Deshalb ist die immunhistochemische Analyse mit einer Batterie von käuflichen Antikörpern ein wichtiges diagnostisches Hilfsmittel geworden.

Literatur

Cheney, R. E., M. A. Riley, M. S. Mooseker: Phylogenetic analysis of the myosin superfamily. Cell Motil. Cytoskel. 24 (1993) 215

Hirokawa, N.: Kinesin and dynein superfamily proteins and the mechanism of organelle transport. Science 279 (1887) 519

Holmes, K. C., M. A. Geeves: The structural basis of muscle contraction. Phil. Trans. R. Soc. Lond. B 355 (2000) 419

Hyams, J. S., C. W. Lloyd: Microtubules. Wiley-Liss, New York 1994

Kabsch, W., J. Vandekerckhove: Structure and function of actin. Annu. Rev. Biophys. Biomol. Struct. 21 (1992) 49

Kreis, T., R. Vale: Guidebook to the Cytoskeletal and Motor Proteins. Oxford University Press, Oxford 1999

Mack, G. J., Y. Ou, J. B. Rattner: Integrating centrosome structure with protein composition and function in animal cells. Microsc. Res. Techn. 49 (2000) 409

Palazzo, R. E., T. N. Davis: Centrosomes and Spindle Pole Bodies. Academic Press, New York 2001

Pollard, T. D., L. Blanchoin, R. D. Mullins: Molecular mechanisms controlling actin filament dynamics in nonmuscle cells. Annu. Rev. Biophys. Biomol. Struct. 29 (2000) 545
Reilein, A. R., S. L. Rogers, M. C. Tuma, V. I. Gelfand: Regulation of molecular motor proteins. Int. Rev. Cytol. 204 (2001) 179
Sharp, D. J., G. C. Rogers, J. M. Scholey: Roles of motor proteins in building microtubule-based structures: a basic principle of cellular design. Biochim. Biophys. Acta 1496 (2000) 128
Vallee, R. B.: Molecular Motors and the Cytoskeleton. Part B. Academic Press, New York 1998
Zimmermann, W., C. A. Sparks, St. J. Doxsey: Amorphous no longer: the centrosome comes into focus. Curr. Op. Cell Biol. 11 (1999) 122

17 Fortbewegung von Zellen

Elemente des Cytoskeletts dienen bei einigen Zelltypen zu deren Fortbewegung: z. B. Schwimmen mittels Cilien und Flagellen oder kriechende, amöboide Bewegungen. Cilien (< 10 μm) und Flagellen (> 10 μm) sind Derivate von Mikrotubuli in Ausstülpungen der Zellmembran, wobei 9 periphere Dupletts von Mikrotubuli zwei zentralen Mikrotubuli gegenüberstehen, entsprechend dem Prinzip (9 × 2) + 2. Die Dupletts werden gegeneinander durch Vermittlung des Motorproteins Dynein verschoben, sodass eine Schlagbewegung resultiert. Im Zellkörper sind Cilien und Flagellen durch einen Basalkörper verankert, der dem Centriol entspricht (9 × 3 Mikrotubuli). Die amöboide Bewegung hingegen bedarf einer komplexen Umgestaltung des Vorderendes einer Zelle, wo Aktin reversibel polymerisiert wird, und außerdem der dauernden Bildung und Lösung von Fokalkontakten mit dem Substrat. Kontraktile Prozesse im relativ steifen Zellkortex des Hinterendes scheinen wenig bedeutsam zu sein.

17.1 Schwimmbewegungen (Cilien, Flagellen)

Manche Eukaryotenzellen haben Cilien (Wimpern) oder Flagellen (Geißeln), mit denen sie im Gewebeverband Schleim bewegen oder – im Falle freier Zellen – schwimmen können. Zur einen Gruppe gehören die Cilien-Epithelien (z. B. des Eileiters), zur anderen die männlichen Samenzellen (Spermatozoen) und frei lebende Protisten. Cilien und Flagellen sind beide ca. 0,2 μm dicke bewegliche Fortsätze der Zelloberfläche mit identischem Innenaufbau aus Mikrotubuli-Aggregaten (Abb. 17.**1**, 17.**2**). Allerdings sind sie unterschiedlich lang; die Grenze liegt bei ca. ≤ 10 μm für Cilien, für Flagellen darüber. Dieses führt auch zu einem verschiedenen Bewegungsablauf bei beiden Organellen, obwohl der ihm zugrunde liegende molekulare Mechanismus identisch ist. Beide Organellen basieren auf einem Basalkörper, der in der Zelle nahe der Zelloberfläche sitzt. Cilien wie Flagellen werden von der Zellmembran umhüllt.

Cilien und Flagellen zeigen eine (9 × 2) + 2 Anordnung von Mikrotubuli-Aggregaten (Abb. 17.**3**, 17.**4**), die man Axonema nennt. Ein Axonema beinhaltet also 9 Dupletts von peripheren Mikrotubuli, die ähnlich angeordnet sind wie die 9 Tripletts im Basalkörper, auf dem sie aufsitzen. Protofilament-Untereinheiten werden mit dem Nachbarn im Duplett geteilt. Die 9 × 2 peripheren Mikrotubuli umgeben zwei einzeln stehende zentrale Mikrotubuli, die von einer zentralen Hülle umgeben sind. Sogenannte Spikes – oder Speichen – reichen von den peripheren Mikrotubuli ausgehend an die zentrale Hülle heran. Die Funktion beider Strukturen ist ungeklärt.

Zwischen den peripheren Mikrotubuli-Dupletts bestehen daher mehrere Verbindungen. Einmal werden die Dupletts locker zusammen gehalten; zum

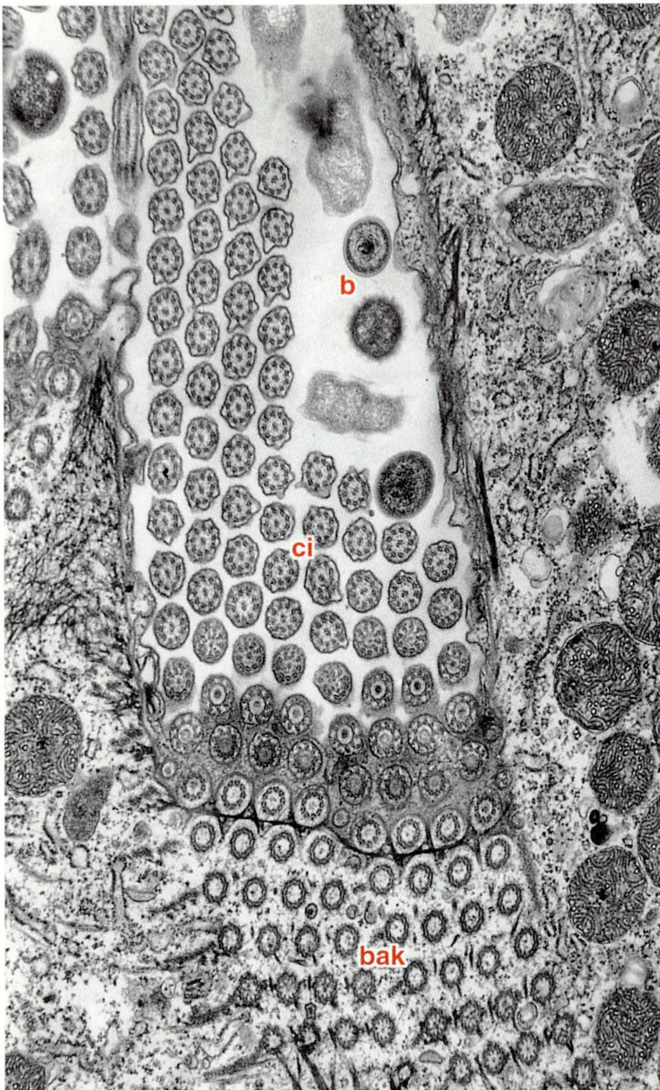

Abb. 17.**1** Cilienfeld an der Oberfläche einer *Paramecium*-Zelle (Ciliaten, Protozoen). Hier dienen die regulär angeordneten Cilien (ci) dem Einstrudeln von Bakterien (b) als Nahrung. In tieferen Schnittlagen erscheinen die Basalkörper (bak), auf denen die Cilien aufgesetzt sind. Vergr. 14 000 fach (Aufnahme: H. Plattner).

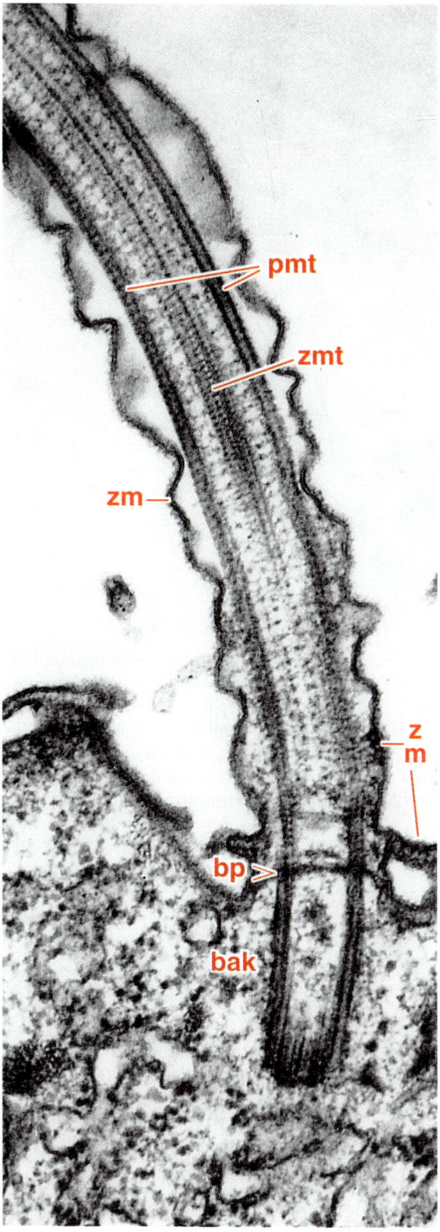

Abb. 17.**2** Cilium einer *Paramecium*-Zelle im Längsschnitt. Das Cilium, das von der Zellmembran (zm) umhüllt wird, enthält periphere sowie zentrale Mikrotubuli (pmt, zmt). Es sitzt einem Basalkörper (bak) auf, der ebenfalls ein Rohr aus Mikrotubuli-Aggregaten darstellt. Eine Basalplatte (bp) grenzt das Cilium gegen den Basalkörper ab. Vergr. 59 000fach (Aufnahme: H. Plattner).

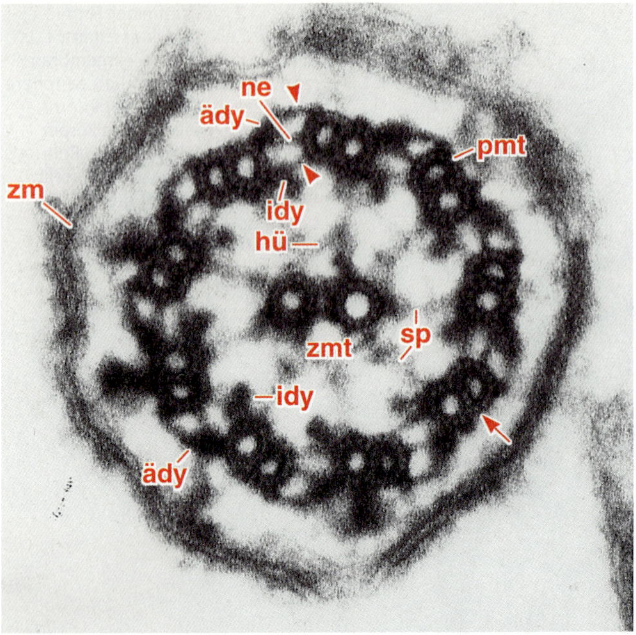

Abb. 17.**3** Querschnitt durch ein Cilium. Es ist von der Zellmembran (zm) umhüllt und enthält 9 periphere Mikrotubuli-Dupletts (pmt) sowie zwei zentrale Mikrotubuli (zmt). Letztere sind von einer Hülle (hü) umgeben. Die peripheren Mikrotubuli-Dupletts teilen sich jeweils 5 Protofilamente (Pfeil). Am A-Mikrotubulus (vgl. Abb. 17.**4**) eines jeden Dupletts sind das äußere und das innere Dynein-Ärmchen (ädy, idy) fixiert. Die Dupletts werden durch Nexin (ne) zusammengehalten. Wie diese Aufnahme zum ersten Mal zeigte, gibt es daneben auch noch eine dünne, lockere Verbindung zwischen den Dynein-Ärmchen und den benachbarten Dupletts (Pfeilspitzen). Die Dynein-Ärmchen treten beim Cilienschlag mit dem B-Mikrotubulus des benachbarten Dupletts in direkten Kontakt und bewirken durch eine Konformationsänderung den Cilienschlag. Vergr. 240 000 fach (aus Plattner, H., C. Westphal, R. Tiggemann: J. Cell Biol. 92 (1982) 368).

anderen ist der Schlag durch eine reversible Verbindung zwischen Dupletts durch Dynein-Moleküle gewährleistet (Abb. 17.**5**).

Die Dynein-Moleküle der Axonemata von Cilien und Flagellen sind mit einem Teil fest an jeweils einem der Mikrotubuli eines peripheren Dupletts verankert. Das andere Ende des Dynein-Moleküls – im Gegensatz zu seinem cytoplasmatischen Namensvetter hat es hier drei Köpfchen – setzt an einem Duplett des benachbarten Mikrotubulus ohne dauernde Verbindung an. Die Grundlage der Bewegung von Cilien und Flagellen ist eng mit dieser reversiblen Verbindung zwischen Dynein-Köpfchen und dem benachbarten Mikro-

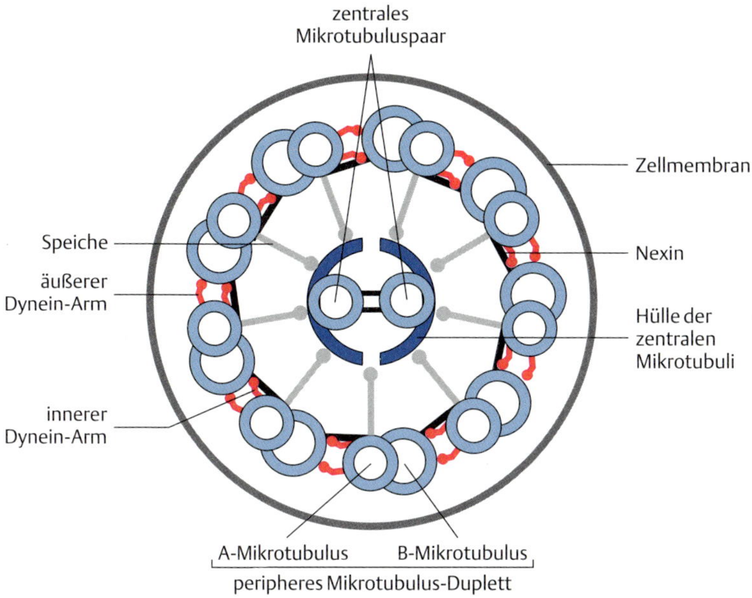

Abb. 17.**4** Schematischer Querschnitt eines Ciliums (vgl. Abb. 17.**3**).

tubulus verknüpft (Abb. 17.**5**). Der Bewegungszyklus beginnt mit einer Bindung des Dyneins am benachbarten Mikrotubulus-Duplett. Dabei nehmen die Köpfchen in Bezug auf den Mikrotubulus einen Winkel von 90° ein (Abb. 17.**5a**). Durch Anlagerung von ATP an die Köpfchen wird eine Konformationsänderung der Bindungsstellen eingeleitet, die zur Lösung des Dynein-Mikrotubulus-Komplexes an dieser Stelle führt. Die anschließende hydrolytische Spaltung des ATP in ADP + P_i bewirkt einmal ein Abknicken der Dynein-Köpfchen und eine Konformationsänderung um 45° (Abb. 17.**5b**), zum anderen die Reaktivierung der Bindungsstellen. Die erneute Bindung an das benachbarte Mikrotubulus-Duplett führt zur Freisetzung von ADP + P_i. Dieses wiederum löst ein Zurückschwingen des Dynein-Köpfchens in die frühere 90°-Position aus. Als Folge davon werden die beteiligten Mikrotubuli gegeneinander verschoben (Abb. 17.**5**). Bei diesem Vorgang wird ATP hydrolysiert, das axonemale Dynein ist also eine ATPase mit der Funktion eines zellulären Motorproteins. Da alle Dupletts aber an der Basalplatte des Ciliums verankert sind, biegen sie sich gegeneinander, die Bewegung wird in eine Krümmung umgelenkt und es erfolgt der aktive Schlag. Der Schlag von Cilien ähnelt einer Gerte, die man durchbiegt. Für den Rückholschlag wird diese Dynein-vermittelte Verbindung von Dupletts wieder gelöst, wobei sich das Cilium durchkrümmt (Abb. 17.**6**).

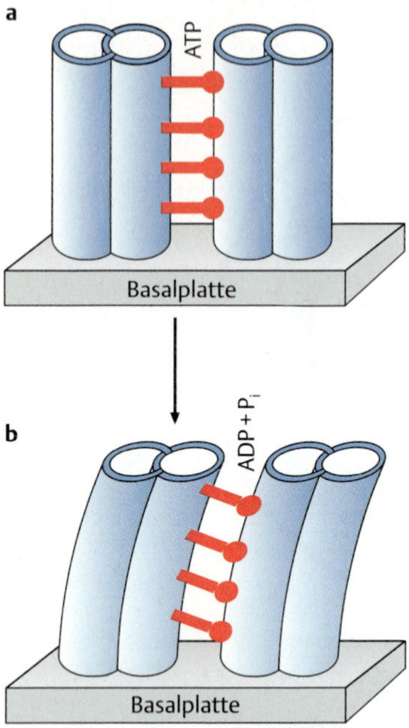

Abb. 17.**5** Molekulare Dynamik des Schlages von Cilien und Flagellen: Interaktion von peripheren Mikrotubuli-Dupletts über Dynein-Ärmchen. **a** In Gegenwart von ATP verharren die Dupletts in Ruhestellung. **b** Erst die Hydrolyse von ATP zu ADP + P_i bewirkt eine Konformationsänderung der Dynein-Ärmchen (die P_i ional binden bzw. auch phosphoryliert werden). Da die Mikrotubuli-Dupletts fest an einer Basalplatte verankert sind, resultiert diese Bewegung des Dyneins in einem Aneinandergleiten benachbarter Dupletts bei gleichzeitiger Krümmung des Ciliums oder Flagellums. Aus der raschen Abfolge vieler solcher reversibler Prozesse resultiert der mikroskopisch sichtbare Schlag eines Ciliums oder Flagellums.

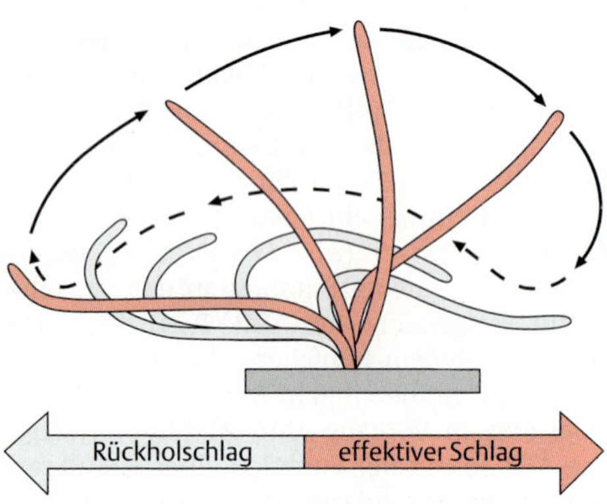

Abb. 17.**6** Mikroskopische Dynamik des Cilienschlags. Beim effektiven Schlag bleibt das Cilium mehr oder weniger in ganzer Länge gestreckt, während es an seiner Verankerung im Zellkörper umgelegt wird. Beim Rückschlag dagegen krümmt sich das Cilium entlang seiner gesamten Länge elastisch durch, um mit geringstem Widerstand in die Ausgangsposition zurückzukehren. Wie durch die Armbewegung beim Brustschwimmen resultiert durch den unterschiedlichen hydrodynamischen Widerstand eine Nettobewegung durch den effektiven Schlag. Ein Ciliat würde sich nach links bewegen; Schleim auf einer Zelle eines Cilienepithels dagegen würde nach rechts transportiert werden.

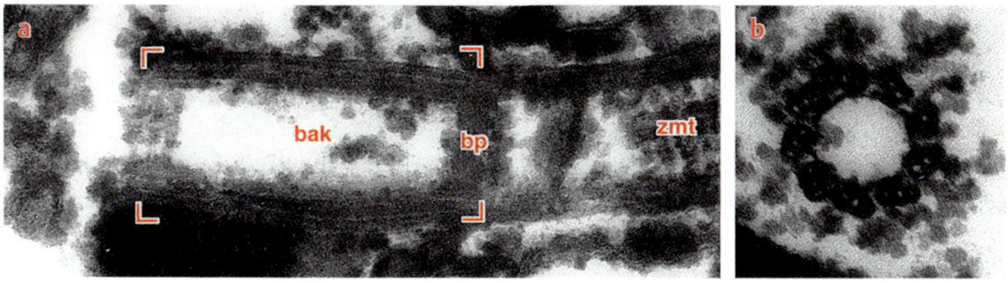

Abb. 17.**7** **a** Längs- und **b** Querschnitt durch den Basalkörper eines Ciliums. Basalkörper (bak) von Cilien und Flagellen zeigen denselben Bau, der auch mit dem des Centriols identisch ist. Alle diese Strukturen bestehen aus einem kurzen Hohlzylinder, dessen Wand aus 9 Mikrotubuli-Tripletts gebildet wird, die sich wieder 5 Protofilamente teilen. Während das in **a** ansetzende Cilium zentrale Mikrotubuli (zmt) besitzt, fehlen diese im Basalkörper. Die Basalplatte (bp) grenzt Cilium und Basalkörper voneinander ab. Vergr. 70 000fach (Aufnahme: H. Plattner).

Der Basalkörper hat einen identischen Aufbau wie ein einzelnes Centriol, er besteht also aus 9 × 3 Mikrotubuli, d. h. aus 9 Mikrotubuli-Tripletts (Abb. 17.**7**; vgl. auch Abb. 16.**12**). In jedem Triplett werden 5 Protofilamente mit einem benachbarten Mikrotubulus geteilt (Abb. 16.**12**). Ein Basalkörper ist, wie ein Centriol, nach innen hin offen. In diesem Hohlraum hat man organelleigene DNA vermutet, was aber nicht bestätigt werden konnte (vgl. auch Kap. 24). Nach außen hin ist ein Basalkörper von einer Basalplatte (aus Protein) bedeckt. Darauf ist das eigentliche Cilium bzw. Flagellum aufgesetzt.

Im Gegensatz zu Cilien führen Flagellen Schlängelbewegungen aus (Abb. 17.**8**), durch welche begeißelte Zellen vorwärts getrieben werden, wie etwa Spermatozoen (Spermien) oder Flagellaten (Algen). Die Bewegung beruht

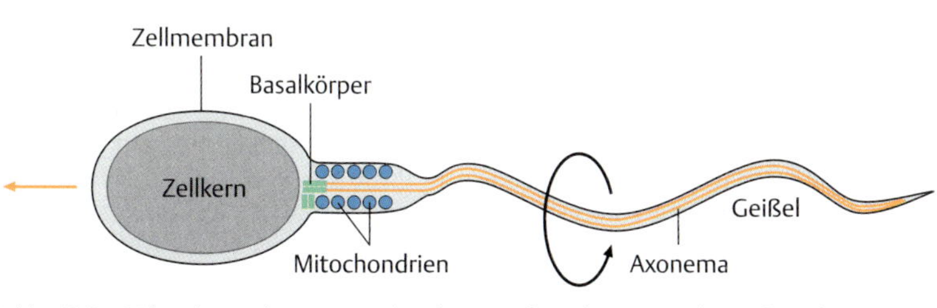

Abb. 17.**8** Mikroskopische Dynamik der Flagellenbewegung. Ein Spermatozoon (Spermium) beispielsweise bewegt sich aufgrund der oszillierenden Bewegung seiner Geißel. Diese enthält denselben axonemalen Aufbau wie ein Cilium (vgl. Abb. 17.**3**, 17.**4**). Bei einer Spermienzelle zeigt sich besonders deutlich die Identität von Basalkörper und Centriol (vgl. Abb. 16.**12**, 16.**13**), indem hier ein identisch gebautes „Zwillingsgebilde" dem eigentlichen Basalkörper senkrecht anliegt. Am Ansatz der Geißel sind Mitochondrien für die Energieversorgung massiv angehäuft. Die Flagellenbewegung dient hier dem raschen Transport von ungewöhnlich stark kondensiertem genetischen Material zur Eizelle zum Zweck ihrer Befruchtung.

ebenfalls auf einer Verschiebung der peripheren Mikrotubuli gegeneinander. Der molekulare Bewegungsmechanismus ist also derselbe wie bei Cilien, nur resultiert dieser wegen der Länge der Flagellen in der mikroskopisch sichtbaren typischen Schlängelbewegung. Die Wirkung ist wie die einer Schiffsschraube. Es sei hier betont, dass die Strukturen gleichen Namens bei Prokaryoten nach Bau und Bewegungsablauf völlig anders geartet sind (vgl. Kap. 4.2.1).

Was bewirkt der Schlag der Cilien? Cilien bedecken oft zahlreich die Oberfläche von Zellen (Ciliaten, „Wimpertierchen" aus dem Reich der Protozoen; Cilienepithelien, z. B.von Ovidukt oder Trachea). Wie Abb. 17.**6** zeigt, werden Cilien bei ihrem Schlag an ihrer Basis umgelegt (Abb. 17.**6**). Dieser „aktive Schlag" ist dem schnellen Armschlag beim Brustschwimmen vergleichbar und wie bei diesem erfolgt der langsamere „Rückholschlag" durch Abwinkeln.

In der Dimension der Zelle, bei enger Platzierung zahlreicher Cilien im Mikrometer-Abstand, werden benachbarte Cilien durch Adhäsionskräfte mechanisch gekoppelt. Daher schlagen Cilien synchron – aber nicht ganz, sondern „metachron" – in Wellen, wie wenn der Wind über ein Kornfeld streicht. Der Cilienschlag erfolgt etwa 10–50 mal pro Sekunde, d. h. mit 10–50 Hertz. Nun gibt es zwei Möglichkeiten, den Cilienschlag in Bewegung umzusetzen:

1. Handelt es sich um Einzelzellen (Ciliaten), so wird die ganze Zelle vorwärts getrieben.
2. Ist die Zelle im Gewebe fixiert, so wird das anliegende Material bewegt.

Ciliaten werden vom Cilienschlag mit einer Schwimmgeschwindigkeit von einigen Millimeter/Sekunde fortgetrieben. Im Eileiter dient der Cilienschlag zum Transport des Eies, in den Bronchien und der Trachea dem Abtransport von Schleim (zum Aushusten von pathogenen Keimen, also Bakterien) und Fremdstoffen (Schwebstoffe, Aerosole).

Es gibt Krankheiten, bei denen weder der Flagellen- noch der Cilienschlag funktionieren (Kartagener Syndrom). Die Patienten neigen zu Entzündungen der Atemwege (Bronchitis), die mit Cilienepithelien ausgekleidet sind, und die Männer sind steril (Bewegungslosigkeit, Akinese der Spermien). Durch die elektronenmikroskopische Analyse konnte der Grund dieser Fehlfunktion aufgedeckt werden: Den Cilien bzw. Flagellen fehlen die Dynein-Ärmchen und damit das die Bewegung auslösende Motorprotein.

17.2 Kriechbewegungen (amöboide Bewegung, Chemotaxis)

Manche Zellen, wie frei lebende Amöben, Fibroblasten, neutrophile Granulocyten (weiße Blutkörperchen) und leider auch manche Krebszellen haben die Fähigkeit, sich durch Kriechen fortzubewegen. Amöben können so leichter auf ihre Nahrungsquellen, wie Bakterien oder andere Protozoen, treffen. Da man diese Art der Fortbewegung an Amöben schon vor über 100 Jahren erstmals beobachtet hatte, nennt man sie immer noch „amöboide Bewegung".

Oftmals steuern Zellen recht gezielt auf ihre „Beutestücke" los, weil von diesen chemische Lockstoffe ausgehen – daher auch der Name Chemotaxis. So nehmen neutrophile Granulocyten an ihrer Oberfläche über spezifische Rezeptoren das von Bakterien häufig freigesetzte Tripeptid Formyl-Methionylleucylphenylalanin (fMLP) wahr. Mit der Formylform des Methionins beginnt speziell die bakterielle Proteintranslation (vgl. Kap. 8.3). Die Zellen folgen dem Gradienten des fMLP wie einem bakteriellen „Duftstoff", sammeln sich am Ort der Infektion und bilden so einen Entzündungsherd. Die Zellen nehmen dann so viele Bakterien durch Phagocytose wie möglich auf und entaktivieren diese durch intrazelluläre Verdauung in ihren Lysosomen (vgl. Kap. 13). Dabei stopfen sie sich derart mit Bakterien voll, dass sie platzen – es entsteht Eiter. Dieser „Selbstmord durch Überfressen" ist durchwegs als Opfer für den Gesamtorganismus zu bewerten. Der gesamte Vorgang wird auf zweierlei Weise durch das Mikrofilamentsystem gewährleistet, einmal durch dessen Beteiligung an der amöboiden Bewegung und zum anderen bei der Phagocytose (vgl. Kap.12.3).

Amöboid schieben sich neutrophile Granulocyten unter extremer Formveränderung durch sich bildende Lücken in Blutkapillaren (Diapedese, Durchtritt), unwiderstehlich angelockt vom Duftreiz der fMLP-Moleküle (Chemotaxis). Man nennt neutrophile Granulocyten auch Mikrophagen und stellt sie so den Makrophagen gegenüber. Diese sind auch amöboid beweglich, sie phagocytieren ebenfalls pathogene Keime und spielen eine wichtige Rolle bei der Immunantwort. Enorme medizinische Bedeutung kommt der amöboiden Bewegung durch das Verhalten mancher Krebszellen zu. Sie neigen dazu, aus dem Primärtumor bzw. aus dem Primärkarzinom (im Falle epithelialer Gewebe) auszuwandern und sich in anderen Geweben anzusiedeln (Metastasenbildung).

Was sehen wir, wenn eine Zelle amöboid wandert? Abb. 17.**9** und 17.**10** zeigen das dickere Hinterende mit dem Zellkern und eine Ausdünnung der Zelle am Vorderende („Leading edge"; Leitsaum ist ebenso gebräuchlich), also in Richtung der Kriechbewegung. Dort bilden sich lokale sackartige Ausstülpungen (Pseudopodien). Auch fädige Fortsätze (Filopodien, „Mikrospikes") und manchmal lamellenartige Erhebungen (Lamellopodien, „Ruffles") können sich bilden. Nicht zu vergessen – wer wandert, muss ab und an seine Füße vom Boden heben. Analog ist die Verankerung der amöboiden Zellen am Substrat (Wachstumsunterlage) über Fokalkontakte reversibel.

Alles sieht so einfach und undramatisch aus, dennoch ist die amöboide Bewegung bis heute bei weitem noch nicht restlos aufgeklärt. Seit langem zog man im wesentlichen folgende Hypothese in Betracht: Durch Kontraktion von Aktomyosin in der äußeren Schicht (Kortex) des Hinterendes (vgl. Abb. 17.**10**) würde auf das dortige Cytoplasma ein Druck ausgeübt. Dadurch würde bei gleichzeitiger Auflockerung am Vorderende das Vorwärtsfließen des Zellinhaltes bewirkt (Prinzip der Zahnpastatube). Eine Folge davon sei

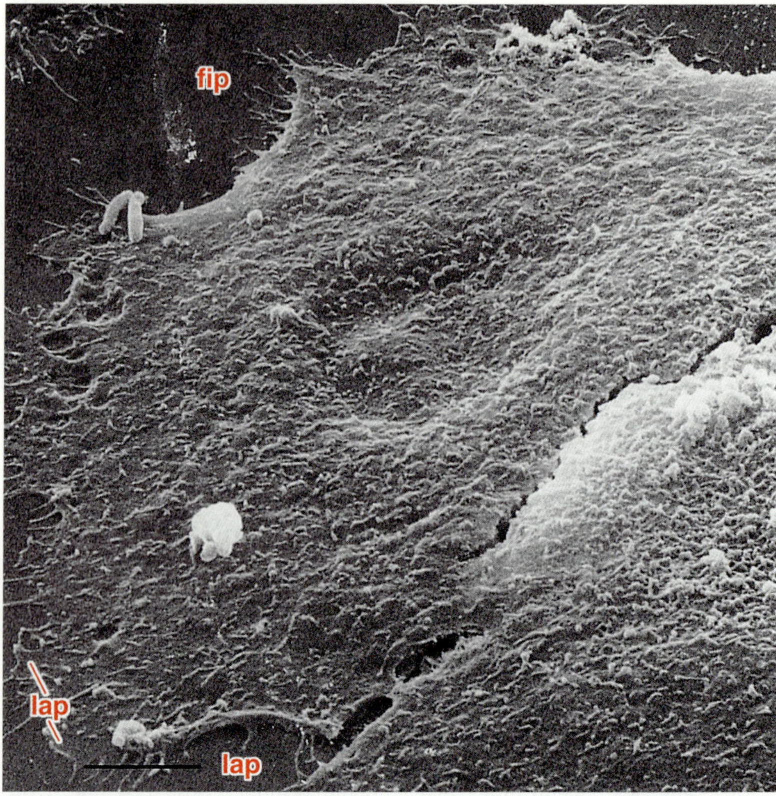

Abb. 17.**9** Zellfortsätze einer Zelle in Zellkultur, dargestellt im Raster-EM. Flächige bzw. stielförmige Fortsätze sind Lamellipodien (lap) bzw. Filopodien (fip) auf der dynamischen Seite der Zelle (links). Die rechte Seite hingegen steht an einer anderen Zelle an und verhält sich statisch, d. h. die Zellen kriechen nicht übereinander (vgl. auch Kap. 6.4). Vergr. 3000fach, Strich = 5 μm (Aufnahme: P. Pscheid, H. Plattner).

die Bildung von Zellfortsätzen am Zell-Vorderende. Heute sieht man das differenzierter. Das Aktomyosin im Kortex des hinteren Zellabschnitts braucht sich nicht zu kontrahieren. Allein seine relative Starrheit ist relevant. Im Gegensatz hierzu ist das Vorderende der Zelle zu einem lokalen Übergang von einem festen Gel- in einen flüssigen Sol-Zustand befähigt, der durch teilweise Depolymerisierung von Aktinfilament am Vorderende abläuft. Zusätzlich treibt die Aktinpolymerisation in Lamellipodien und Filopodien das Vorderende immer weiter voran (Abb. 17.**11**).

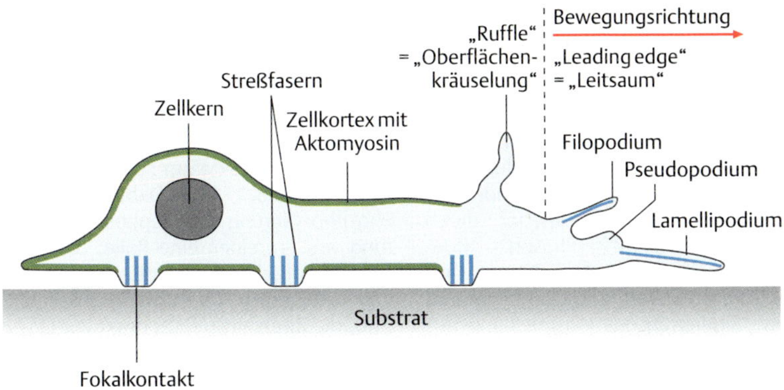

Abb. 17.**10** Amöboide Bewegung. Die Zelle bewegt sich von links nach rechts, wo sie ein abgeflachtes „Leading edge" (Leitsaum) erkennen lässt. Dort können sich flächige Lamellipodien und stielförmige Filopodien, teilweise auch gröbere Pseudopodien bilden (z. B. bei Amöben). Filopodien sondieren wie Antennen das Umfeld auf chemische Reize hin, die anderen Fortsätze schieben die Zelle am Leitsaum voran und über konstitutive Exocytose wird hier neues Membranmaterial eingebaut. Diese Strukturen sind sehr dynamisch, indem sie durch Polymerisation von Aktin (blau) vorwärts getrieben werden. Der Überschuss an Membranmaterial kann oberseits nach hinten geschoben werden, wo durch den Materialstau eine Kräuselung („Ruffles") auftreten kann. Das dickere Hinterende der Zelle birgt den Zellkern und die Zellmembran ist hier durch Anlagerung von (wenig-kontraktilem) Aktomyosin mechanisch verstärkt. Mikrofilamente reichen als Stressfasern auch an die Fokalkontakte heran, mit denen die Zelle reversibel dem Substrat anhaftet (vgl. Abb. 17.**12**). Filamente aus Aktin bestimmen auch die Dynamik der Zellfortsätze am „Leading edge" (vgl. Abb. 17.**11**), in die sie hineinreichen. Die Aktin-haltigen Strukturen sind blau hervorgehoben.

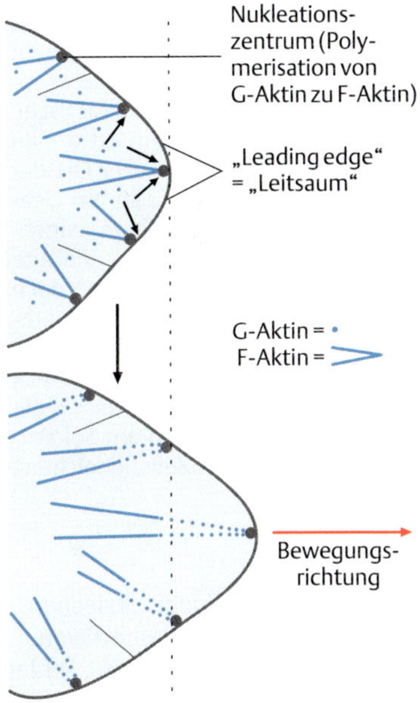

Abb. 17.**11** Molekulare Prozesse am „Leading edge". Das F-Aktin zeigt hier besonders starke Dynamik, indem es durch Anpolymerisieren von G-Aktin (blaue Punkte) an Nukleationszentren direkt an der Zellmembran verlängert wird. Dadurch wird das Vorderende der Zelle bei amöboider Bewegung vorwärts geschoben.

Plus: Amöboide Bewegung: Wie wird sie aktiviert und gesteuert?

Diesen Vorgängen liegen folgende molekulare Regulationsmechanismen zugrunde: Die Mobilisierung von G-Aktin zur Bildung von F-Aktin wird durch das Aktin-Bindeprotein Profilin ermöglicht, dessen Verfügbarkeit wieder durch den Abbau von $PInsP_2$ (Phosphatidyl-Inositol 4,5-bis-Phosphat) gesteuert wird. Die Hydrolyse von $PInsP_2$ entspricht einem Signaltransduktionsmechanismus (vgl. Kap. 6.5). Parallel dazu führt ein Anstieg der intrazellulären freien Ca^{2+}-Konzentration über die Aktivierung des Proteins Severin lokal, im Inneren eines sich bildenden Fortsatzes, zu einem Zerfall von F-Aktin in monomeres G-Aktin. Dadurch steigt der osmotische Druck, Wasser wird aus dem extrazellulären Raum angezogen. Dieser Ort der Zelle schwillt an, sodass sich am „leading edge" die Zellmembran zunehmend auswölbt. Insofern war die alte Hypothese „à la Zahnpastatube" doch nicht so falsch. Es dürfte auch stimmen, dass durch die Starrheit des restlichen, gelartigen Zellkortex ein Druck aufrechterhalten wird, sodass die Ausbildung von Fortsätzen am Sol-artigen Vorderende der Zelle erleichtert wird.

Weiterhin nimmt man an, dass sich – ebenfalls über einen Anstieg der intrazellulären freien Ca^{2+}-Konzentration – die Fokalkontakte am Substrat lösen können (Abb. 17.**12**). Dabei spielen Phosphorylierung und Dephosphorylierung von Proteinen eine Rolle, die auf der cytosolischen Seite mit den membranintegrierten Rezeptoren assoziiert sind, die ihrerseits den Kontakt zur Unterlage herstellen (vgl. Kap. 21). Jedenfalls sind Phosphorylierungs- und Dephosphorylierungsprozesse entscheidend für die Haftung auf der Unterlage. Diese Prozesse bestimmen auch über die Fähigkeit von Krebszellen, sich aus dem Tumor zu lösen, auszuwandern und andernorts Metastasen zu bilden (vgl. Kap. 22). Die Dephosphorylierung könnte durch eine Ca^{2+}- und Calmodulin-aktivierte Proteinphosphatase erfolgen. (Calmodulin ist ein Ca^{2+}-Bindeprotein, das nachgeschaltete Proteine zu aktivieren vermag.) Erst nach Lösung von Fokalkontakten nahe dem „Leading edge" kann sich die Zelle weiterbewegen. Gleichzeitig werden die von den Fokalkontakten ausgehenden F-Aktin-Bündel („Stressfasern"; Abb. 17.**10**, 17.**12**) aufgelöst.

Was geht bei diesem „Kriechen auf leisen Sohlen" im Detail vor sich? Molekulargenetische Arbeiten von Gerisch und Mitarbeitern, überwiegend mit den Amöbenstadien des „Schleimpilzes" *Dictyostelium* (eigentlich den Protozoen zuzurechnen), zeigten folgendes. Es ist kein einzelner Faktor, der die amöboide Bewegung bestimmt, sondern eine Vernetzung vieler Faktoren (vgl. Box). *Dictyostelium* ist ein gutes Modellsystem, weil man leicht Mutanten im Laboratorium herstellen und züchten kann. Mutanten ohne Myosin (Myosin-minus-Mutanten) zeigten zur großen Überraschung, dass es auch ohne Myosin mit der amöboiden Bewegung vorangeht – nur nicht so zielstrebig. Eine Kontraktion „à la Zahnpastatube" findet nicht statt.

Wie erwähnt, ist das Hinterende von Zellen mit amöboider Bewegung relativ steif, das Vorderende dagegen relativ mobil. Bei der Analyse des Mikro-

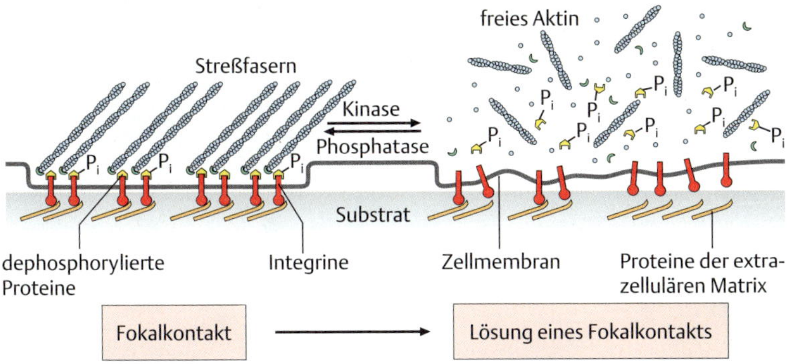

Abb. 17.**12** Molekulare Prozesse an Fokalkontakten. An ihrer Bildung sind zahlreiche Proteine beteiligt, die hier nur teilweise berücksichtigt wurden. Für die Ausbildung eines Fokalkontakts (links) wesentlich ist die Akkumulation von Rezeptoren für Proteine der extrazellulären Matrix, den Integrinen. Diese Rezeptoren gehören zur Gruppe der Zell-Adhäsionsmoleküle (vgl. Kap. 21). Innerseitig binden Stressfasern an den Fokalkontakt, aber nur dann, wenn verschiedene weitere cytosolische Proteine assoziiert sind. Ein Teil dieser Proteine an der Bindungsstelle von Stressfasern muss wohl in phosphorylierter Form vorliegen, um einen Fokalkontakt aufrecht zu erhalten (FAK = focal adhesion kinase). Dies wird durch die dynamische Bildung von Fokalkontakten unter dem Einfluss von Protein-Kinasen bzw. ihre Auflösung unter der Wirkung von Protein-Phosphatasen bewirkt. In diesem Falle wird das Aktin frei, die Rezeptoren diffundieren frei in der Zellmembran (Pfeile) und der Fokalkontakt wird zunehmend aufgelöst. Gleichzeitig werden andere Proteine phosphoryliert.

filamentsystems mittels fluoreszenzmarkiertem Phalloidin zeigten sich bei Zellen, die sich amöboid fortbewegen, kurze Bündel von F-Aktin am „Leading edge“ (Abb. 17.**11**). In Kombination mit Fluoreszenz-Analogmarkierung (vgl. Kap. 10.6) fand man des weiteren, dass hier G-Aktin an der Zellmembran angelagert wird (Abb. 17.**11**) und am innenseitigen Ende der kurzen Mikrofilamentbündel „abtröpfelt“. Möglich wurden diese Beobachtungen mittels der FRAP-Methode (Fluorescence recovery after photobleaching, vgl. Kap. 10.7).

Die amöboide Bewegung umfasst also folgende Komponenten: Umgestaltung des Vorderendes (Gel-Sol-Übergang = fest/flüssig), lokale Aktinpolymerisation, passiver Druck durch kortikales Aktomyosin und reversible Haftung am Substrat (vgl. Box).

Es ist wahrscheinlich, dass ähnliche Mechanismen den Suchbewegungen wachsender Neurone zugrunde liegen (Abb. 17.**13**). Es handelt sich hierbei um Bewegungen der feinen Fortsätze von Neuronen bei der Kontaktaufnahme mit anderen Neuronen. Sie werden durch das Mikrofilamentsystem vermittelt, das im Wachstumskegel („Growth cone“) von wachsenden Neuronen reichlich ausgebildet ist. Auch hierbei dürfte die chemotaktische „Verrechnung“ von

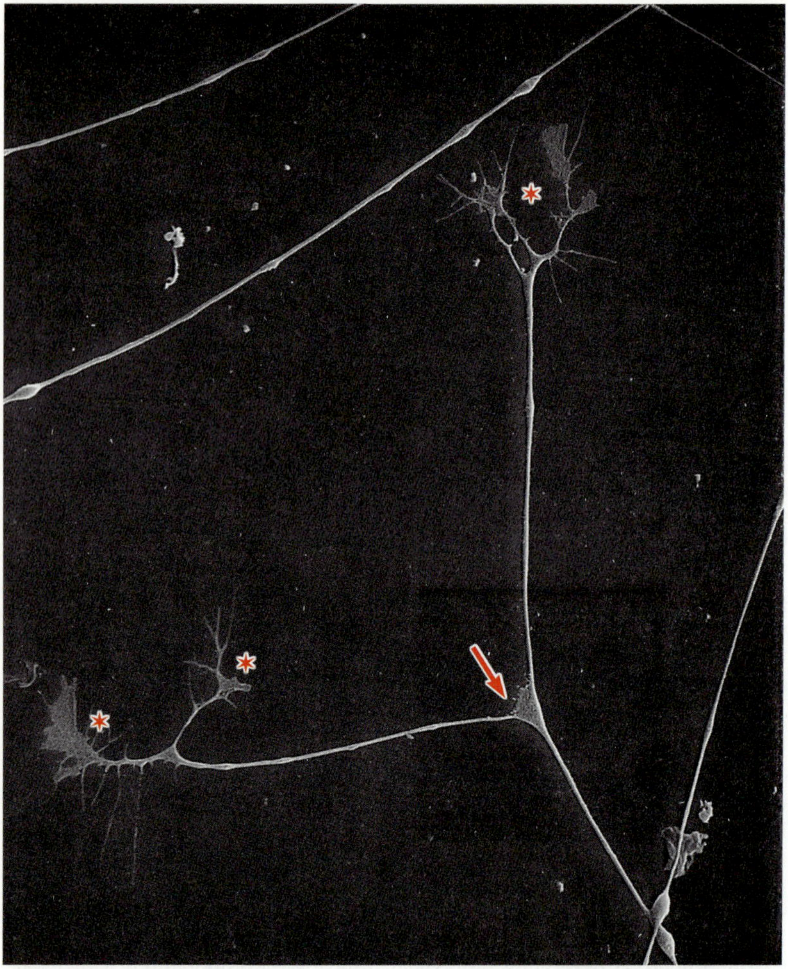

Abb. 17.**13** Isolierte Nervenzellen im Raster-EM. Das mittlere Neuron ist verzweigt (Pfeil) und zeigt an seinen Endverzweigungen (Sterne) flächige und stielförmige Strukturen. Diese entsprechen Lamellipodien und Filopodien, wie sie für nichtneuronale Zellen beschrieben wurden. Hiermit führt das Neuron amöboide Suchbewegungen aus (die allerdings nur im Zeitraffer-Film sichtbar sind), um mit Nachbarzellen in Kontakt zu treten. Vergr. 650 fach. (Aufnahme: M. Bastmeyer, C. A. O. Stürmer, Konstanz).

Konzentrationsgradienten chemischer Signale, deren Natur erst teilweise klar ist, eine Rolle spielen. Und auch hier beobachtet man einen Anstieg der freien intrazellulären Ca^{2+}-Konzentration, sobald die „Suchaktion" startet.

17.3 Geschwindigkeiten dynamischer zellulärer Prozesse

Die Tab. 17.**1** vermittelt eine Vorstellung über die Geschwindigkeiten, mit denen verschiedene dynamische Prozesse des Zellgeschehens ablaufen.

Wir entnehmen der Tab. 17.**1**, dass die „Schwimmer" deutlich schneller sind als die „Nichtschwimmer", denn die amöboide Bewegung ist träge. Einem Pantoffeltierchen kann man im Mikroskop kaum folgen, für die Beobachtung der amöboiden Kriechbewegung dagegen muss ein Zeitraffer eingesetzt werden. Beachtlich sind auch die unterschiedlichen Geschwindigkeiten bei intrazellulären Transportprozessen.

Tab. 17.**1** Geschwindigkeiten von zellulären Bewegungsvorgängen

Bewegungsvorgang	**Geschwindigkeit (μm/s)**
begeißelte Bakterien	1 – 10
Plasmaströmung in Protozoen und pflanzlichen Zellen	1 bis > 10
Transport von Sekretvesikeln	1
axonaler Transport (Neurotransmitter-Vesikel)	≤ 5
amöboide Bewegung	1 – 25
Schwimmbewegung von Ciliaten (Protozoen)	3000
Cilienschlag (Cilienspitze)	300
Frequenz	10 – 50 Hz (= Hertz = Schläge / Sek)
Chromosomen in Anaphase	0,02

Literatur

Beningo, K. A., M. Dembo, I. Kaverina, J. V. Small, Y.-L. Wang: Nascent focal adhesions are responsible for the generation of strong propulsive forces in migrating fibroblasts. J. Cell Biol. 153 (2001) 881

Bray, D.: Cell Movements. Garland Publishing Inc., New York 2001

Bretscher, M. S., C. Aguado-Velasco: Membrane traffic during cell locomotion. Curr. Op. Cell Biol. 10 (1998) 537

Burridge, K., M. Chrzanowska-Wodnicka: Focal adhesions, contractility, and signaling. Annu. Rev. Cell Dev.Biol. 12 (1996) 463

Carraway, K. L., C. A. Carothers Carraway, K. L. Carraway III: Signaling and the Cytoskeleton. Springer, Berlin 1998

Firtel, R. A., C. Y. Chung: The molecular genetics of chemotaxis: sensing and responding to chemoattractant gradients. BioEssays 22 (2000) 603

Gallo, G., P.C. Letourneau: Axon guidance: GTPases help axons reach their targets. Curr. Biol. 8 (1998) R80-R82

Gomez, T.M., E. Robles, M.-M. Poo, N.C. Spitzer: Filopodial calcium transients promote substrate-dependent growth cone turning. Science 291 (2001) 1983

Horwitz, A.R., J.T. Parsons: Cell migration – movin' on. Science 286 (1999) 1102

Nobes, C.D., A. Hall: Rho, rac, and cdc42 GTPases regulate the assembly of multimolecular focal complexes associated with actin stress fibers, lamellipodia, and filopodia. Cell 81 (1995) 53

Parent, C.A., P.N. Devreotes: A cell's sense of direction. Science 284 (1999) 765

Petit, V., J.-P. Thiery: Focal adhesions: structure and dynamics. Biol. Cell 92 (2000) 477

Porter, M.E., S.S. Winfield: The 9+2 axoneme anchors multiple inner arm dyneins and a network of kinases and phosphatases that control motility. J. Cell Biol. 151 (2000) F37–F42

Schmitz, A.A.P., E.-E. Govek, B. Böttner, L. Van Aelst: Rho GTPases: signaling, migration and invasion. Exp. Cell Res. 261 (2000) 1

Song, Y.H., E. Mandelkow: The anatomy of flagellar microtubules: polarity, seam, junctions, and lattice. J. Cell Biol. 128 (1995) 81

Svitkina, T.M., G.G. Borisy: Progress in protrusion: the tell-tale scar. Trends Biochem. Sci. 24 (1999) 432

18 Das Cytosol – mehr als eine inerte Grundmasse

Das Cytosol lässt sich als Überstand nach Abzentrifugieren aller geformten Elemente einer Zelle gewinnen. Im Cytosol läuft die Glykolyse als erste Stufe der Energiegewinnung aus Glukose ab. Daneben finden hier teilweise der Harnstoff-Zyklus und die Synthese von Aminosäuren, Zuckern, Nukleotiden etc. statt. Als Leitenzym gilt die Laktat-Dehydrogenase.

Nähme man aus einer Zelle den Zellkern, so bliebe das Cytoplasma mit seinen Organellen – mit oder ohne Membranumhüllung – übrig. Entfernte man daraus alle Organellen, so erhielte man das Grundplasma oder Cytosol. Am leichtesten können alle Organellen entfernt werden, indem Zellen homogenisiert und anschließend bei hoher g-Zahl zentrifugiert werden, z. B. bei 100 000 g. Dabei sedimentieren alle geformten Elemente (Organellen) und der Überstand (engl.: supernatant) enthält alles Cytosol.

In der lebenden Zelle ist auch das Cytosol nicht ganz strukturlos. Über eine lokal mehr oder weniger ausgeprägte Aktin-Polymerisation ist das Cytosol besonders im Zellkortex etwas fester (vgl. Kap. 16.3.2), d. h. gelartig strukturiert, im Inneren bedeutend flüssiger (solartig). Der Gel-Sol-Zustand kann reversibel gesteuert werden. Cytosolische Ionen und Proteine liegen zwar größtenteils in gelöster, d. h. frei diffundierbarer Form vor, zum Teil sind sie jedoch reversibel an strukturierte Komponenten gebunden. Im Hinblick auf die Aktinfilamente sei daran erinnert, dass für deren reversible Selbstorganisation (Self assembly) immer eine gewisse Minimalkonzentration an Monomeren (kritische Monomerkonzentration) bereit stehen muss, soll die Zelle flexibel bleiben (vgl. Kap. 16.3.1).

Schließlich sei auch daran erinnert, dass sich die ionalen und molekularen Transportprozesse an der Zellmembran zunächst einmal auf die Konzentrationen im Cytosol auswirken. Erst sekundär können Stoffe in Organellen sequestriert (z. B. Ca^{2+}) oder aus der Zelle wieder abgegeben werden (z. B. Glukose über Carrier). In den meisten Zellen wird die Glukose metabolisiert (z. B. Glukose-Abbau in der Glykolyse, s. u.) oder, falls genügend Reserve besteht, in Speicherform polymerisiert (z. B. Glukose als Glykogen; vgl. Kap. 14.2). Andere Moleküle werden zur Herstellung zelleigener Substanzen verwendet. Hierfür gibt es viele Beispiele, etwa die Synthese von Proteinen aus Aminosäuren, wobei jedoch nur ein Teil der Proteine im Cytosol verbleibt (vgl. Kap. 8). Eine andere Leistung des Cytosols ist die Produktion von Pentosen, wie Ribose, im Pentose-Phosphat-Zyklus. Hierbei wird aus Glukose Ribose erzeugt, die für die Bildung von Nukleinsäuren gebraucht wird. Abfallprodukte des Stoffwechsels können ebenfalls im Cytosol auftreten, etwa Ammoniak (NH_3) aus dem Abbau von Aminosäuren. Dieses schwere Zellgift wird im Harnstoffzyklus beseitigt, der zum Teil im Cytosol, zum Teil in den Mitochondrien abläuft (vgl. Kap. 19).

Dabei findet nicht nur eine Synthese von Harnstoff, der über die Nieren ausgeschieden wird, sondern auch eine Resynthese von Aminosäuren statt. Man kann hier von molekularem Recycling sprechen, weil Nutzstoff aus Abfall produziert wird! Auch Proteine können hier in makromolekularen Aggregaten (Proteasomen) abgebaut werden.

Gelöste Gase wie O_2 und CO_2 diffundieren frei im Grundplasma. Mit O_2 werden Mitochondrien zur oxidativen Phosphorylierung, d. h. zur Energiekonservierung unter O_2-Verbrauch und ATP-Bildung, versorgt (vgl. Kap. 19). Das in Mitochondrien durch Decarboxylierungsprozesse entstehende CO_2 diffundiert ebenfalls durch das Cytosol hindurch. So werden die unterschiedlichen O_2- und CO_2-Konzentrationen in und außerhalb der Zelle ausgeglichen. CO_2 kann sich wie in Kap. 20 (Formel 20.4) beschrieben, mit Wasser zur Kohlensäure verbinden. Daher könnte es bei Anreicherung von CO_2 („Kohlensäure") zu einer Ansäuerung (Azidifizierung) des Cytosols kommen. Dies würde die Konformation von Proteinen verändern – etwa von cytosolischen Enzymen, die durchwegs bei neutralem pH am besten „funktionieren" – und damit ihre Funktionsfähigkeit ebenso beeinträchtigen wie die Löslichkeit vieler Substanzen. Daher muss der pH-Wert des Cytosols gut gepuffert sein.

Ähnliches gilt für Calcium, für dessen konstante Cytosol-Konzentration die Zelle eine Reihe von Regulationsmöglichkeiten besitzt (vgl. Calcium-Pumpen der Zellmembran, Kap. 6, und Calcium-Speicher, Kap. 11.3.2 und 14). Ein weiterer Regulationsmechanismus findet im Cytosol selbst statt. Es handelt sich um die Bindung an Calcium-Bindeproteine des Cytosols, wie Troponin oder Calmodulin. Bereits ein geringfügiger Anstieg des freien, d. h. ional gelösten Ca^{2+} führt zur Aktivierung von Zellen. Dem wird sofort gegengesteuert, um eine Daueraktivierung zu unterbinden. Wäre der Anstieg von $[Ca^{2+}]$ zu hoch, so würden die cytosolischen Phosphat-Ionen (PO_4^{3-}, P_i) ausgefällt, denn Calciumphosphat ist unlöslich. Damit verlöre die Zelle jede Steuerung ihres Energiestoffwechsels, der auf Phosphat-Basis verläuft ($ADP + P_i \leftrightarrow ATP$).

Ein Teil des Energiestoffwechsels, die Glykolyse, gehört ebenfalls zu den wichtigsten Funktionen des Cytosols. ATP, sei es aus der Glykolyse oder aus der oxidativen Phosphorylierung der Mitochondrien, muss ebenfalls in das Cytosol gelangen, um die verschiedenen Pumpen oder Motorproteine etc. anzutreiben. ATP kommt in einer Konzentration von ca. 1 mMol/l in der Zelle vor. In einer Minute wird das gesamte ATP verbraucht bzw. neu synthetisiert, sodass ein Mensch pro Tag ATP ungefähr in der Größenordnung seines eigenen Körpergewichts umsetzt.

All dies wird genügen, um der irrigen Vorstellung vorzubeugen, die Zelle sei ein formloses Gebilde, in dem einige mehr oder weniger wichtige Organellen und der höchstwichtige Zellkern liegen. Das Cytosol birgt also nicht nur wichtige Funktionen, es ist auch „Umschlagplatz" für vielerlei Stoffe und zeigt eine dynamische Strukturierung, hauptsächlich durch Beteiligung von Elementen des Cytoskeletts.

18.1 Glykolyse

Der erste Schritt der Energiegewinnung, wenn wir von der Photosynthese in den Chloroplasten der grünen Pflanzen einmal absehen, verläuft über die Glykolyse (Abb. 18.**1**). Die Glykolyse beginnt mit der Glukose, die entweder über den Glukose-Carrier direkt in die Zelle importiert oder indirekt aus der Speicherform des Glykogens durch Glykogenolyse verfügbar wird. In der Nettobilanz bringt die Glykolyse zwar nur 2 ATP-Moleküle pro Molekül Glukose, jedoch kann das anfallende Abbauprodukt, die Brenztraubensäure, in den Mitochondrien mit 18 fach höherer Energieausbeute (weitere 36 Moleküle pro Molekül Glukose) weiter verwertet werden (vgl. Kap. 19.2). Eigentlich entstehen bei der Glykolyse pro Molekül Glukose 4 Moleküle ATP, die Hälfte davon wird aber wieder investiert, um anfallende Stoffwechselprodukte (Metaboliten oder Substrate) zu phosphorylieren. Dies ist erforderlich, um die Glykolyse am Laufen zu halten. Einige wichtige Metaboliten sind in den folgenden Formeln 18.1 bis 18.7 dargestellt, wobei P_i einen Phosphat-Rest andeutet:

(18.1)

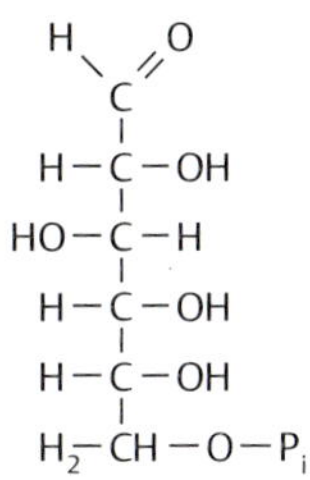

Glukose-6-Phosphat
(C_6-Körper)

(18.2)

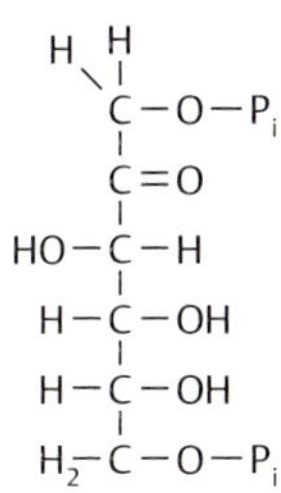

Fruktose-1,6-bis-Phosphat
(C_6-Körper)

(18.3)

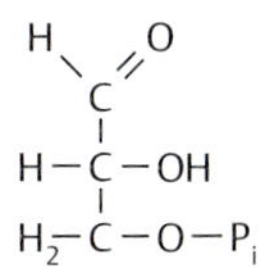

Glycerinaldehyd-3-Phosphat
(C_3-Körper)

(18.4)

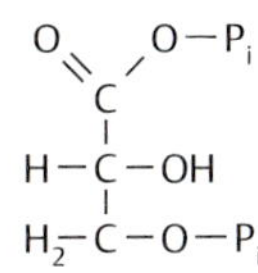

Glycerinsäure-1,3-bis-Phosphat
(C_3-Körper)

Ketoform Enolform

Pyruvat = Benztraubensäure (C_3-Körper)

(18.5) (18.6)

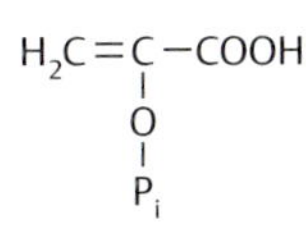

Phospho-Enol-Pyruvat
(C_3-Körper)

(18.7)

Die Glykolyse besteht aus drei Abschnitten (Abb. 18.**1**):

1. einem ATP-verbrauchenden Abschnitt mit Phosphorylierung von C_6-Körpern,
2. der Spaltung eines 2 fach phosphorylierten C_6-Körpers in zwei einfach phosphorylierte C_3-Körper mit nachfolgender ATP-Bildung sowie
3. der Freisetzung dieser Phosphat-Reste unter neuerlicher Bildung von ATP.

Auf der zweiten Stufe müssen zwei Phosphat-Ionen (P_i) eingeschleust werden, um die doppelte Phosphorylierung (bis-Phosphat) eines C_3-Körpers, der Glycerinsäure, zu gewährleisten. Diese entsteht durch Oxidation, d. h. Entfernung von Wasserstoff aus Glycerin-Aldehyd-3-Phosphat. Diese Verbindung kann auch aus Dihydroxyacetonphosphat, dem zweiten Spaltprodukt aus Fruktose-1,6-bis-Phosphat, nachgebildet werden. Der Wasserstoff wird auf Nicotinamid-Adenin-Dinukleotid (NAD) übertragen, nach dem Schema in Formel 18.8:

$$NAD^+ + 2H \rightarrow NADH + H^+ \tag{18.8}$$

Der Ablauf der Glykolyse ist im einzelnen in Abb. 18.**1** dargestellt.

Die Glykolyse verläuft also anaerob, d. h. ohne O_2-Verbrauch. Das Pyruvat wird durch einen Carrier (Pyruvat-Shuttle) in die Mitochondrien eingeschleust und dort unter O_2-Verbrauch (aerob) energetisch weiter ausgebeutet (vgl. Kap. 19). Wenn die Mitochondrien, z. B. bei starker körperlicher Belastung damit nicht mehr nachkommen, wird in Muskelzellen das Pyruvat zu Milchsäure (Laktat) reduziert, wozu das vorhin gebildete NADH den Wasserstoff beisteuert, nach folgender Reaktion (18.9):

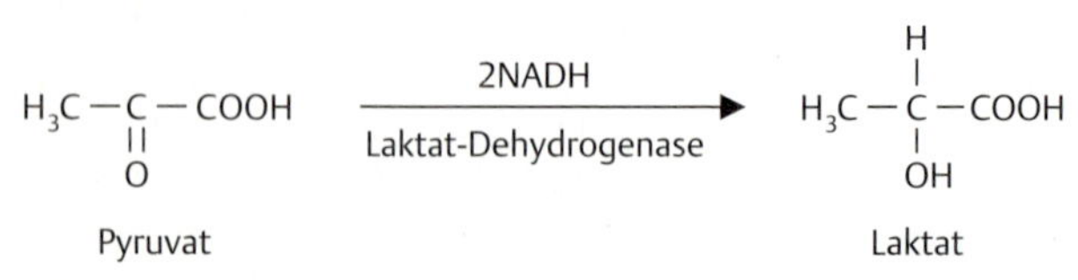

(18.9)

Das Enzym, das diese Reaktion katalysiert, heißt Laktat-Dehydrogenase (LDH), weil die Reaktion prinzipiell in beide Richtungen laufen kann. LDH ist das Leitenzym des Cytosols.

Der Übergang $NAD^+ + 2H \rightarrow NADH + H^+$ ist reversibel. NAD^+ ist *N*icotin*a*mid-*D*inukleotid (Formeln 18.10, 18.11). Das NAD/NADH-System stellt daher ein Redox-System dar und steht für eine Reihe von Oxido-Reduktions-Prozessen zur Verfügung. Besondere Bedeutung erlangt es in den Mitochondrien; vgl. Kap. 19). Auch aus der Sicht der Evolution der Zelle ist es interessant, zumal sich ebenfalls die Photosynthese dieses Redox-Systems bedient (allerdings in phosphorylierter Form, d. h. als NADP/NADPH; vgl. Kap. 20). Aus der Schlüssel-

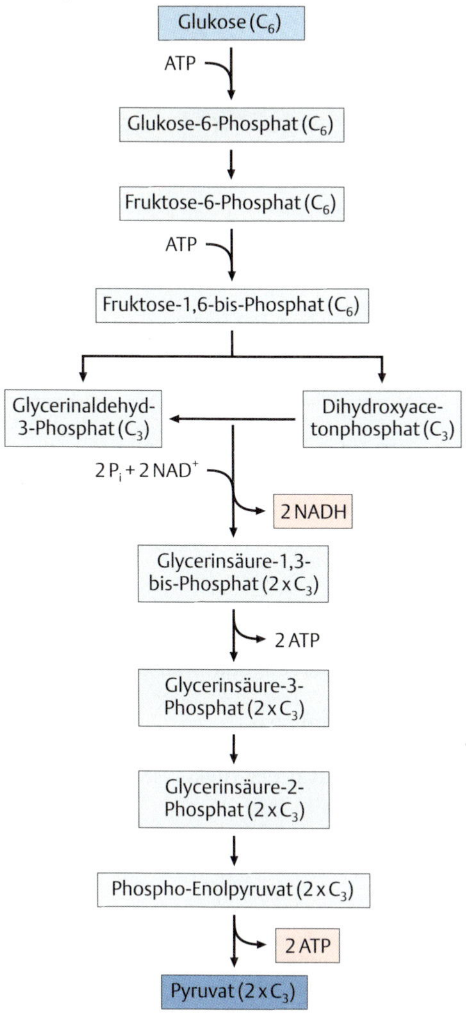

Abb. 18.**1** Ablauf der Glykolyse, wie im Text erläutert

rolle des NAD bei den verschiedenen Arten der Energiekonservierung lässt sich ableiten, dass NAD wahrscheinlich früh in der Evolution „erfunden" wurde. Auf diesen Sachverhalt weist auch eine frühzeitige „alternative" Verwendung der Bausteine Adenin, Ribose und Phosphat in verschiedenen wichtigen Bausteinen der Zelle hin (vgl. Kap. 24).

(18.10) (18.11)

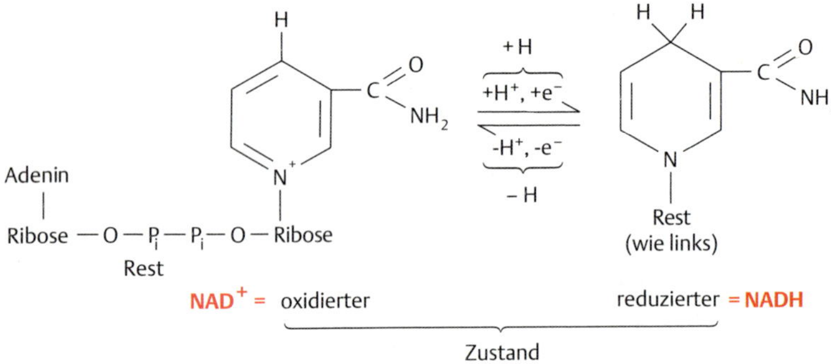

Gemäß der chemischen Definition von Reduktionsvorgängen erfolgt der Übergang von der oxidierten in die reduzierte Form also eigentlich durch Übertragung von Protonen (Wasserstoff-Ionen, H^+) und Elektronen (e^-):

$$H = H^+ + e^- \quad (18.12)$$

Die anaerobe Energiegewinnung bei der Glykolyse kann aus evolutionärer Sicht als eine primitive Reaktion angesehen werden, und zwar aus folgenden Gründen:

1. Früh in der Evolution war O_2 noch nicht verfügbar.
2. Die Energieausbeute ist relativ gering. Wie erwähnt, vermögen die Mitochondrien viel mehr Energie aus dem Pyruvat der Glykolyse herauszuholen.

Literatur

Baumeister, W., Z. Cejka, M. Kania, E. Seemüller: The proteosome: a macromolecular assembly designed to confine proteolysis to a nanocompartment. Biol. Chem. 378 (1997) 121
Nelson, D., M. Cox: Lehninger Biochemie. Springer, Berlin 2001
Stryer, L.: Biochemistry. W.H. Freeman & Co., New York 1995
Voet, D., J. G. Voet: Biochemie. VCH Verlagsgesellschaft mbH, Weinheim 1992

19 Mitochondrien – die „Kraftwerke der Zelle“

Mitochondrien sind von einer doppelten Membran umhüllt, wobei die innere Membran die Mitochondrien-Matrix umschließt. Mitochondrien synthetisieren den Großteil des ATP-Bedarfs einer Eukaryotenzelle. Sie importieren das im Cytosol bei der Glykolyse gebildete Pyruvat, das in den Mitochondrien in den Tricarbonsäure-Zyklus eingespeist wird. Dabei laufen Decarboxylierungs- und Reduktionsprozesse ab. Das entstehende CO_2 wird ausgeschieden. Dagegen werden die bei der Abspaltung von H-Atomen (nach $H = H^+ + e^-$) entstehenden Protonen und Elektronen an die mitochondriale Innenmembran abgegeben. Dort findet ein e^--Transport an der Cytochromkette statt, wobei die Protonen in den Außenraum des Mitochondriums getrieben werden. Der H^+-Rückfluss treibt die ATP-Synthese an, die an O_2-Verbrauch gekoppelt ist (oxidative Phosphorylierung, Zellatmung). Mitochondrien enthalten eine geringe Menge an DNA, sodass sie mit ihrem organelleigenen Translationsapparat einige wenige Proteine selbst synthetisieren können.

Die Zelle hat einen großen Energiebedarf, nicht nur um Bewegungsprozesse und Syntheseleistungen zu vollbringen, sondern auch um ihr Fließgleichgewicht gegenüber dem extrazellulären Milieu aufrechtzuerhalten. Die Netto-Energieausbeute in der Glykolyse beträgt nur zwei Moleküle ATP pro Molekül Glukose (vgl. Kap. 19). Die höhere Zelle hat jedoch im Laufe ihrer Evolution die Möglichkeit erworben, das Endprodukt der Glykolyse, die Brenztraubensäure (Pyruvat), weiter energetisch auszubeuten und auf diesem Wege eine weitaus höhere Zahl an ATP-Molekülen aus einem Molekül Glukose zu gewinnen. Um den „Treibstoff“ Glukose so effizient zu nutzen, musste die Zelle in den Besitz sehr effizienter „Kraftwerke“ gelangen: die Mitochondrien.

19.1 Strukturelle Aspekte

Je nach den energetischen Anforderungen gibt es Zellen mit nur wenigen und solche mit bis zu über tausend Mitochondrien. Auch ihre Größe variiert von 0,1 bis zu mehreren Mikrometer. Sie können rund oder lang gestreckt sein (Abb. 19.**1**) und sogar Verzweigungen zeigen. Das Phasenkontrast- oder Interferenzkontrast-Mikroskop enthüllt beachtliche, allerdings langsame Formveränderungen.

Mitochondrien (Einzahl: Mitochondrium bzw. Mitochondrion) sind Organellen mit doppelter Membranumhüllung. Sie haben eine äußere und eine innere Membran (Abb. 19.**2**). Dazwischen ist der sehr schmale perimitochondriale Spalt (Intermembranraum) zu sehen. An verstreut liegenden Kontaktstellen sind beide Membranen eng miteinander verbunden. Die randständige

Abb. 19.**1** Mitochondrien. In dieser Leberzelle zeigt das EM die Verschiedengestaltigkeit (Polymorphie) der Mitochondrien (mi). Sie haben unterschiedliche Größe und Form, die sich im Phasenkontrast-Mikroskop noch dazu als relativ dynamisch erweist. Des weiteren ist das Vorkommen eines inneren Membransystems (cm = Cristae mitochondriales) und die homogene Grundsubstanz des Innenraumes (mm = Mitochondrien-Matrix) erkennbar. Überdies sind zu sehen: glattes und raues Endoplasmatisches Retikulum (ger, rer), sowie Glykogenrosetten (gly). Vergr. 23 000 fach (Aufnahme: H. Plattner).

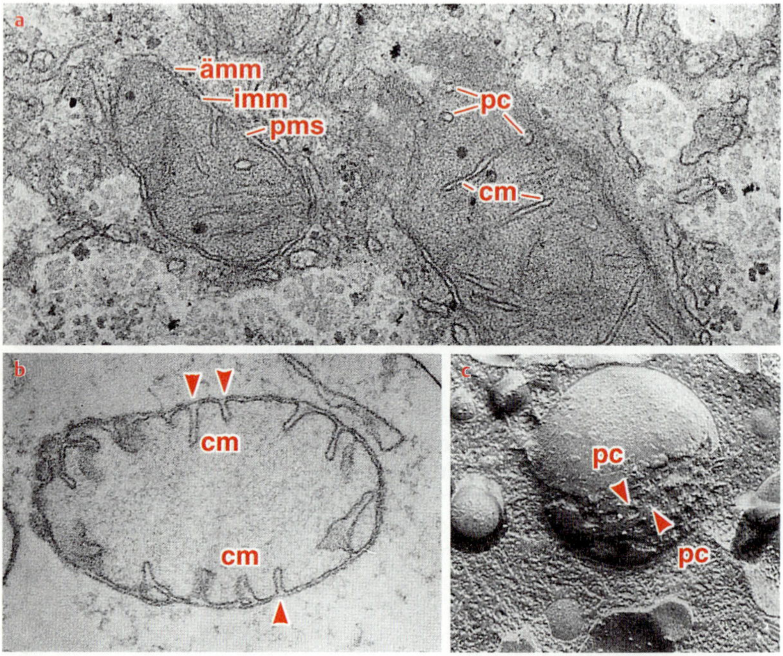

Abb. 19.**2** Das Membransystem eines Mitochondriums. Hier sind die äußere und die innere mitochondriale Membran (ämm, imm) getrennt wahrnehmbar (**a**, **b**). Obwohl letztere vielfach zu Cristae mitochondriales (cm) eingefaltet ist, kann man eine direkte Verbindung des Cristae-Raumes mit dem perimitochondrialen Spalt (pms) nur gelegentlich unter günstigen Bedingungen wahrnehmen (Pfeilspitzen). Dies liegt daran, dass die Cristae nur mit einem schmalen, kurzen Stiel (pc = Pediculae cristae) an der randständigen Innenmembran ansetzen. Pediculae sind besonders im Gefrierbruch (**c**) und nur fallweise an ultradünnen Schnitten (**a**, **b**) erkennbar. Auf diese Weise sind der Cristae-Raum und der perimitochondriale Spalt voneinander weitgehend, wenn auch nicht vollständig, funktionell abgekoppelt. Dem entspricht die in den Abb. 19.**3** und 19.**4** angegebene funktionelle Differenzierung der mitochondrialen Innenmembran. Vergr. 45 000 fach (Aufnahmen **a**, **b**: H. Plattner; **c**: Plattner, H., H. Winkler, H. Hörtnagl, W. Pfaller,: J. Ultrastruct. Res. 28 (1969) 191).

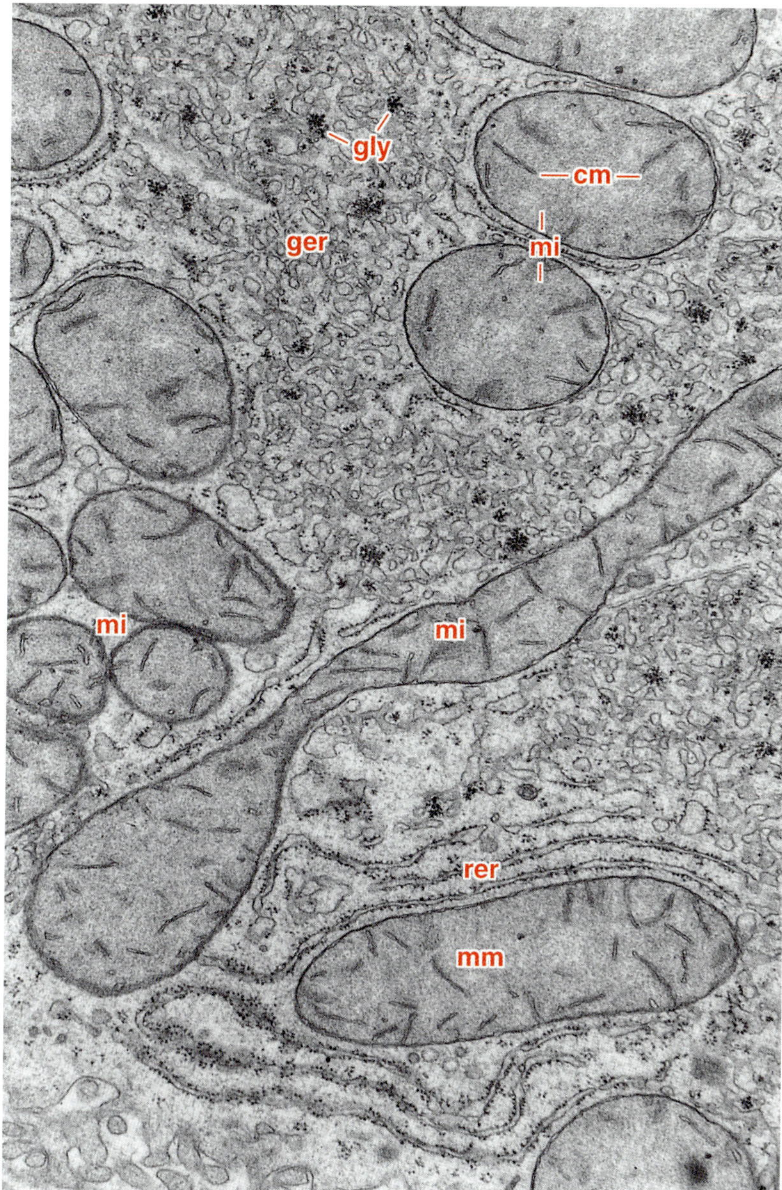
gly
cm
ger
mi
mi
mi
rer
mm

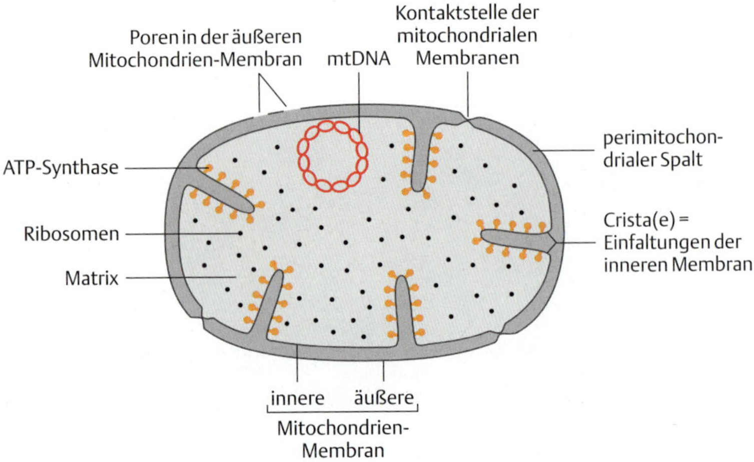

Abb. 19.**3** Strukturelle Organisation eines Mitochondriums der tierischen und pflanzlichen Eukaryotenzelle. Ein Mitochondrium ist von zwei Membranen umhüllt, wobei schmale Kontaktstellen dem Import von Proteinen aus dem Cytosol dienen. Die Innenmembran zeigt immer wieder Einfaltungen: Cristae (mitochondriales). Zwischen der Außen- und Innenmembran liegt der perimitochondriale Spalt (Intermembranraum), der mit den Cristae-Einfaltungen nur über enge „Pediculae“ in Verbindung steht. Der Innenraum heißt mitochondriale Matrix und ist der Sitz der mitochondrialen DNA (mtDNA), der 70S-Ribosomen und wichtiger Stoffwechselwege. Die Außenmembran hat Poren.

Innenmembran weist mehr oder weniger zahlreiche Einfaltungen auf, die Cristae (mitochondriales), die zwar wie breite Kämme (Cristae) aussehen, jedoch an der randständigen Innenmembran nur über einen schmalen Stiel ansetzen, die Pedicula(e) cristae. Der Raum einer jeden Crista steht daher zwar mit dem perimitochondrialen Raum in offener Verbindung, jedoch ist diese Verbindung sehr eng (Abb. 19.**2**). Der von der Innenmembran mit ihren Cristae-Einfaltungen umschlossene Raum heißt Mitochondrien-Matrix. Erstaunlich war zunächst die Entdeckung, dass Mitochondrien in ihrer Matrix kleine ringförmige, nackte DNA-Moleküle (mitochondriale DNA, mtDNA) enthalten. Darüber hinaus verfügen sie über wenige, unauffällige mitochondriale Ribosomen. Was es damit für eine Bewandtnis hat, darauf werden wir am Ende des Kapitels zurückkommen.

Zunächst wollen wir versuchen, aus der strukturellen die funktionelle Gliederung eines Mitochondriums zu verstehen (Abb. 19.**3**, 19.**4**). Warum hat ein Mitochondrium zwei Membranen? Warum ist die innere Membran über schmale Pediculae zu Cristae eingefaltet? Und was hat dies mit der Funktion als hocheffizientes Kraftwerk zu tun?

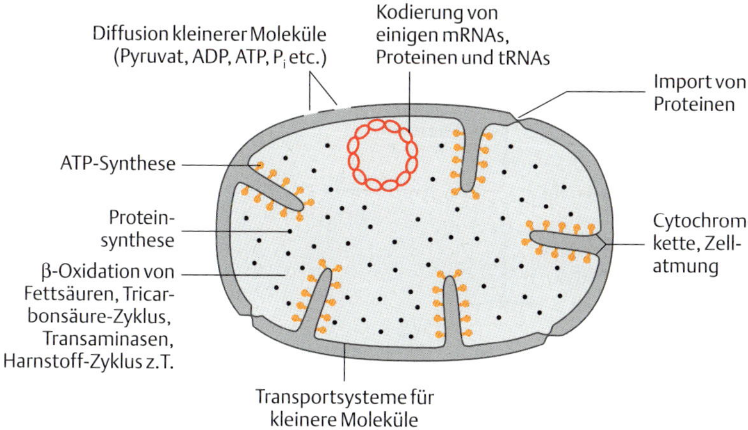

Abb. 19.**4** Funktionelle Organisation eines Mitochondriums. Neben der β-Oxidation von Fettsäuren, dem Umbau mancher Aminosäuren über Transaminierung und der teilweisen Lokalisierung des Harnstoff-Zyklus ist der Tricarbonsäure-Zyklus der wichtigste Stoffwechselprozess in der mitochondrialen Matrix. Die dabei gebildeten Produkte werden an der Innenmembran weiter verarbeitet, hauptsächlich an den Cristae. Diese sind der Sitz der Atmungskette und der ATP-Synthese, welche über einen Protonengradienten (ΔH^+) zwischen den beiden Räumen des Mitochondriums angetrieben wird. Nur die Außenmembran ist über Poren für kleine Moleküle frei permeabel, nicht jedoch die Innenmembran. Hier kann der Transport nur über spezifische Proteinmoleküle (Carrier) erfolgen. Die komplexe Struktur der Mitochondrien ist die Voraussetzung für ihre Funktionsfähigkeit als „Kraftwerke" der Zelle.

19.2 Funktionelle Aspekte

Die äußere Mitochondrienmembran ist permeabel für Ionen und Moleküle von geringem Molekulargewicht, nicht jedoch für Proteine. Derlei Permeabilität über Poren findet sich nicht bei der randständigen Innenmembran und ihren Einfaltungen (Cristae mitochondriales). Aus funktionellen Gründen muss die Innenmembran impermeabel sein, genauer gesagt – sie ist nur über spezifische Transportproteine permeabel. So gelangt Pyruvat aus dem Glykolyse-Stoffwechsel durch Diffusion zwar in den perimitochondrialen Spalt, für den Weitertransport muss das Pyruvat jedoch über einen Carrier durch die Innenmembran geschleust werden (Pyruvat-Shuttle). Dasselbe gilt für ADP und P_i, die Stoffe, die bei ATP-Hydrolyse während energieverbrauchender Prozesse im Cytosol anfallen und die das Mitochondrium importieren muss, um neues ATP nachbilden und ins Cytosol exportieren zu können. Der ADP/ATP-Austausch erfolgt über ein Carrier-Protein vom Typ eines „Antiporters", also ebenfalls in Form eines integralen Proteins der mitochondrialen Innenmembran. Die ATP-Synthese erfolgt an einem anderen integralen Protein der Cri-

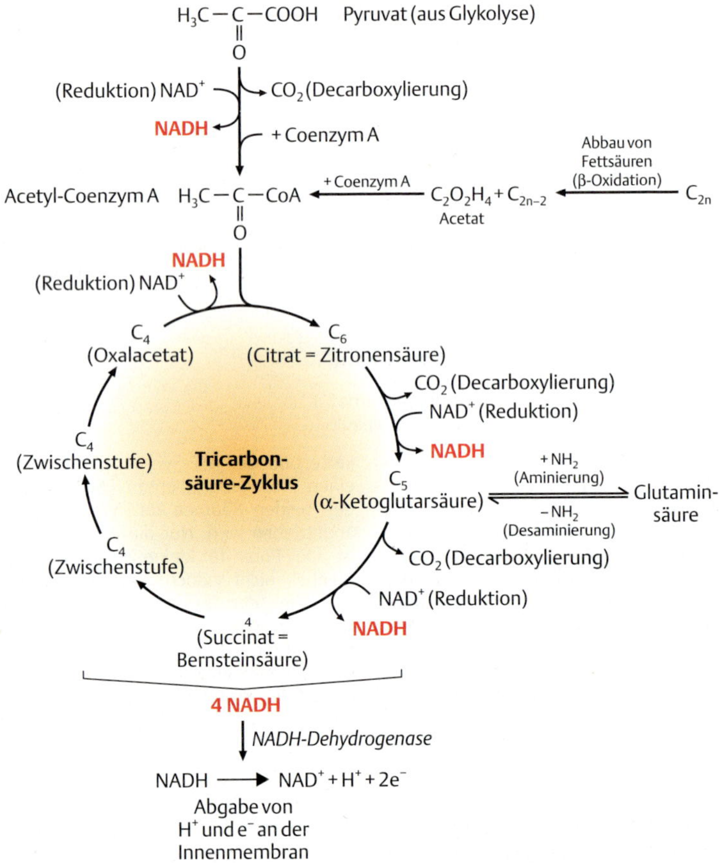

stae-Membran, an der ATP-Synthase. Diese Moleküle durchspannen mit einem stielartigen Teil die Membran der Cristae und ragen mit einem darauf sitzenden kugeligen Teil in die Matrix vor. Ihr Aussehen trug ihnen im Fachjargon den Spitznamen „Lollipop“ ein (Lutscher). Dazwischen liegt ein komplexer Stoffwechselweg, den wir nun genauer unter die Lupe nehmen wollen. Nur weniges sei noch vorweggenommen: Die ATP-Synthase arbeitet wie eine Turbine (Abb. 19.**9**), angetrieben durch einen Protonengradienten (ΔH^+), der durch einen an den Elektronentransport gekoppelten H^+-Transport aus der Matrix in den Cristae-Raum aufgebaut wird. Der H^+-Gradient ist also wie ein Stausee, dessen Abfluss zur Energiekonservierung in Form von ATP genutzt wird.

◀ Abb. 19.**5** Stoffwechselwege in der Matrix eines Mitochondriums. Pyruvat gelangt über einen Carrier („Pyruvat-Shuttle“) durch die innere Mitochondrienmembran in die Matrix. Durch Decarboxylierung (CO_2-Abspaltung) entsteht Acetat (Essigsäure), das an Coenzym A (CoA) gebunden und in den Tricarbonsäure-Zyklus eingespeist wird. Auf den selben Weg gelangen Acetat-Reste (C_2), die aus den um jeweils einen C_2-Rest verkürzten Fettsäuren entstehen (β-Oxidation der Fettsäuren). Zu Anfang des Tricarbonsäure-Zyklus vereinigt sich Acetyl-CoA mit dem C_4-Molekül des Oxalacetats, sodass ein C_6-Molekül entsteht, nämlich Citrat (weshalb dieser Zyklus auch Citrat-Zyklus heißt). Durch weitere Decarboxylierungsschritte entstehen C_5- und C_4-Moleküle. Diese werden durch geringfügige Veränderungen in Oxalacetat umgewandelt und der Zyklus kann von neuem beginnen. Das durch Decarboxylierungsprozesse gebildete CO_2 diffundiert in das Cytosol und wird ausgeschieden. Der Tricarbonsäure-Zyklus hat auch Anschluss an den Auf- oder Abbau einzelner Aminosäuren. So kann durch Desaminierung aus Glutaminsäure α-Ketoglutarsäure gebildet werden, der Prozess kann aber über Aminierung (katalysiert durch Transaminase-Enzyme) auch umgekehrt verlaufen, je nach Bedarf. Außerdem findet in der Mitochondrien-Matrix (neben dem Cytosol) ein Teil des Harnstoff-Zyklus zur Entgiftung von NH_3 (Ammoniak) aus dem Abbau von Aminosäuren statt. Der zentrale Prozess ist jedoch der Tricarbonsäure-Zyklus mit der Bildung von NADH, das an die Innenmembran des Mitochondriums diffundiert und dort seine Reduktionsäquivalente in die Redoxkette der Cytochrome einspeist (vgl. Abb 19.**6**, 19.**7**). Dies ist die Voraussetzung für die Energiegewinnung im Mitochondrium.

Wie verlaufen diese Prozesse im einzelnen und wie sind sie verschaltet (Abb. 19.**5** bis 19.**7**)? Allem voraus geht der Abbau von Pyruvat. Nach dem Import über „sein“ spezifisches Shuttle in die Matrix wird das Pyruvat decarboxyliert (Abspaltung von CO_2). Gleichzeitig mit der Decarboxylierung wird das Pyruvat zu Essigsäure oxidiert (Entfernung eines H-Atoms). Es entsteht aber nicht freie Essigsäure, sondern Acetyl-CoA, weil die Reaktion die Bindung an Coenzym A erfordert. Auch werden die H-Atome nicht als solche freigesetzt, sondern an den H-Akzeptor NAD^+ übertragen, das zu NADH reduziert wird. Diese beiden Schritte, Decarboxylierung und Bildung von Reduktionsäquivalenten des NADH, treten in der Folge mehrmals auf. Entstünde freier Wasserstoff, so verpuffte dieser mit dem gelösten O_2 in einer Knallgas-Explosion ohne Energiegewinn und zerstörte die Zelle. Stattdessen hat die Zelle einen „trickreichen“ vielstufigen Weg gefunden, die Reduktionsäquivalente des NADH auf sanftem Weg einer energetischen Nutzung zuzuführen, wie wir gleich sehen werden.

Zunächst wird Acetyl-CoA in den Tricarbonsäure-Zyklus (Citrat-Zyklus oder Krebs-Zyklus, nach seinem Entdecker) eingeschleust. Es verbindet sich mit Oxalacetat, einem C_4-Körper, der im Rahmen des Zyklus stets nachgebildet wird, zu Citrat (Zitronensäure). Bei diesem ersten Schritt des Tricarbonsäure-Zyklus wird ebenfalls ein NAD^+-Molekül zu NADH reduziert. Citrat (C_6) wird dann zu α-Ketoglutarsäure (C_5) decarboxyliert und wiederum wird ein NADH gebildet. Dasselbe wiederholt sich beim Übergang zu Succinat (Bernsteinsäure, C_4), das über weitere Zwischenstufen wieder zu Oxalacetat umgebaut wird.

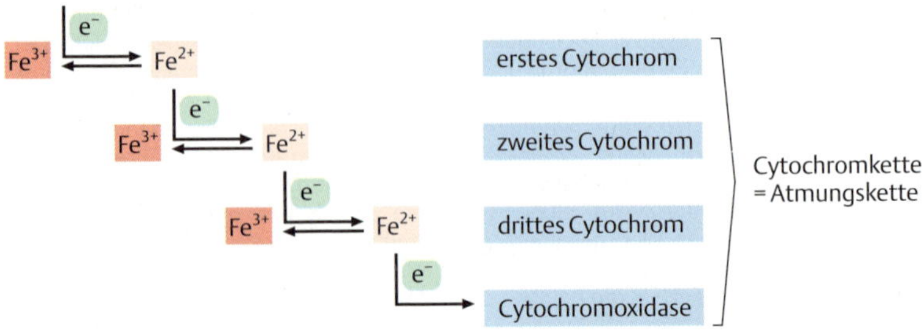

Abb. 19.**6** Elektronen-Transport an der Cytochromkette der mitochondrialen Innenmembran. Diese enthält in ihren Cristae ein Redoxsystem aus mehreren verschiedenen Cytochromen. Cytochrome sind Proteine mit einer Häm-Gruppe, deren Eisen-Atom seinen Oxidationszustand reversibel ändern kann. Dabei wechselt jedes Mal bei Aufnahme eines Elektrons (e^-) die Wertigkeit von Fe^{3+} zu Fe^{2+} und durch e^--Abgabe an das nächste Glied der Cytochromkette wieder zu Fe^{3+} etc. Somit ereignet sich in der mitochondrialen Innenmembran ein stetiger Elektronentransport, wobei die Elektronen kaskadenartig auf immer tiefere Energieniveaus abfließen. Schließlich werden sie von der Cytochromoxidase aufgenommen, an der die Endoxidation mit molekularem Sauerstoff (O_2) stattfindet („Zellatmung“). Die Cytochromkette mit Cytochrom-(c-)Oxidase wird daher auch als Atmungskette bezeichnet.

Somit wurden bei der Verarbeitung eines Pyruvat-Moleküls 4 NADH-Moleküle gebildet (vgl. Formeln 18.**10**, 18.**11**).

Das NADH diffundiert in der Mitochondrien-Matrix herum und stößt so auch an die Cristae-Membranen. Dort wird von der NADH-Dehydrogenase, einem integralen Membranprotein, folgender Prozess katalysiert:

$$\mathrm{NADH} \xrightarrow{\text{NADH – Dehydrogenase}} \mathrm{NAD^+ + H^+ + 2\,e^-} \qquad (19.1)$$

Die Elektronen (e^-) treffen in der Cristae-Membran auf die Cytochrome, das sind Proteine mit einem Eisenkern (Fe^{2+} bzw. Fe^{3+}). Mehrere Cytochrome sind in Serie geschaltet. Sie nehmen Elektronen auf und geben sie an das nächste Cytochrom weiter, nach dem in Abb. 19.**6** gezeigten Schema.

Wie Abb. 19.**6** und 19.**7** zeigen, durchlaufen Cytochrome bzw. ihre Eisenkerne reversible Reduktions- und Oxidationsschritte (Oxido-Reduktions-Prozeß), indem sie die Elektronen immer weitergeben. Das letzte der Cytochrome wird von der Cytochromoxidase oxidiert, die zwei Aufgaben erfüllt:

1. Durch ihre Molekülstruktur können die Elektronen in den Matrix-Raum zurückgelangen.
2. Zusammen mit den dort ebenfalls vorhandenen Protonen und mit molekularem Sauerstoff wird von der Cytochromoxidase auf der Matrix-Seite die Zellatmung katalysiert:

$$4\,H^+ + 4\,e^- + O_2 \rightarrow 2\,H_2O \qquad (19.2)$$

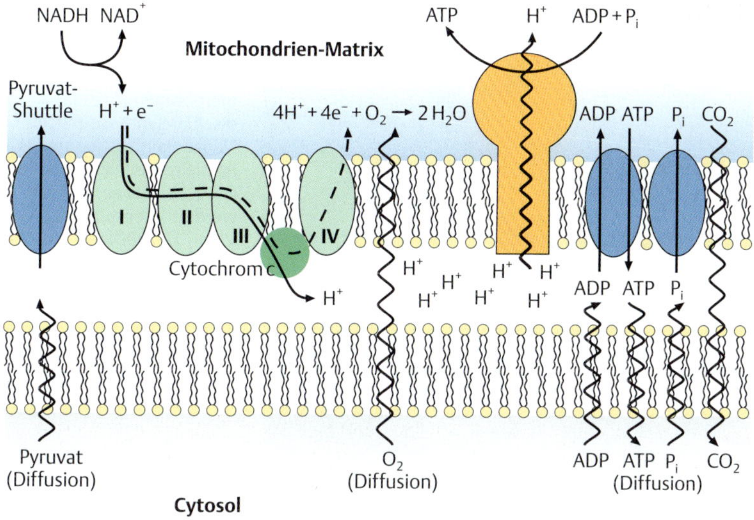

Abb. 19.7 Das Membransystem eines Mitochondriums: Transportprozesse und Energiekonservierung. O_2 diffundiert aus dem Cytosol ins Mitochondrium, CO_2 diffundiert hinaus, kleine Moleküle können in den perimitochondrialen Spalt diffundieren. Zur Passage der Innenmembran bedarf es Carrier-Systeme für Pyruvat und Phosphat, aber auch für den ADP/ATP-Austausch. Nur so kann die gesamte Zelle von dem in Mitochondrien reichlich gebildeten ATP profitieren. Die ATP-Bildung verläuft nach einem komplexen Schema: Zunächst werden die in der Mitochondrienmatrix gebildeten NADH-Moleküle (Reduktionsäquivalente) an der Innenmembran zu NAD^+ oxidiert (I, NADH-Dehydrogenase). Elektronen (e^-) werden über die Redoxkette der Cytochrome (II, III, Cytochrom c) in der Membran weitergegeben, eigentlich über deren Eisen-Kern, der einen reversiblen Oxido-Reduktions-Vorgang ($Fe^{3+} \leftrightarrow Fe^{2+}$) durchmacht. An der Cytochromoxidase (IV) gelangen Elektronen und Protonen (H^+) zur Reaktion mit molekularem Sauerstoff (Endoxidation, Zellatmung). Dass dabei zunächst nur H_2O gebildet wird, mag trivial erscheinen. Wichtig ist jedoch, dass vorher Protonen (positiv) den Elektronen (negativ) hinterherdiffundieren und so im perimitochondrialen Spalt angereichert werden, wogegen die Elektronen über die Cytochromoxidase wieder in die Matrix zurückgeschleust werden. Aus diesem „Stausee" fließen Protonen in das Innere des Mitochondriums zurück, und zwar über einen Kanal im Inneren des komplexen Proteinmoleküls der ATP-Synthase, welche wie eine Turbine der Energiegewinnung dient (ATP-Synthese).

Es entsteht also unter O_2-Verbrauch harmloses H_2O, von dem die Zelle ohnehin genug hat. Was bringt das der Zelle?

Dazu müssen wir den Weg der Protonen aus der NADH-Oxidation verfolgen. Wegen ihrer positiven Ladung diffundieren sie den Elektronen hinterher, durch die Cristae-Membran hindurch. Die Protonen können nicht durch die Barriere der Cytochromoxidase-Moleküle zurückdiffundieren. Also werden sie

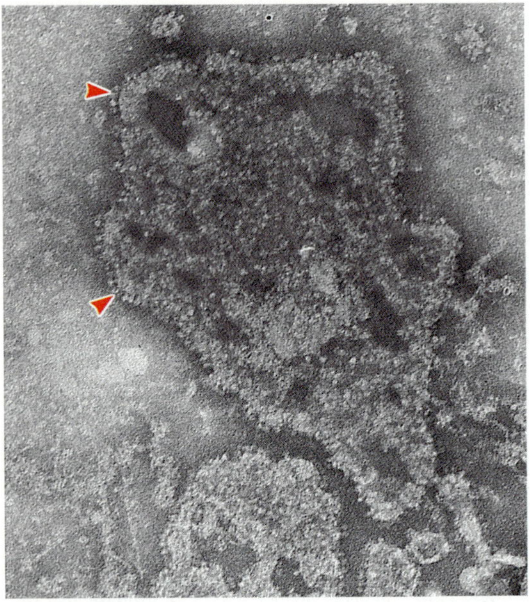

Abb. 19.**8** ATP-Synthase Moleküle an Cristae-Membranen. An isolierten mitochondrialen Innenmembranen (Cristae) kann die ATP-Synthase mittels Negativkontrastierung als gestielte Moleküle („Lollipops“) sichtbar gemacht werden (Pfeilspitzen). Vergr. 120 000 fach (Aufnahme: E. Junger, Düsseldorf).

im Cristae-Raum angereichert, sodass sich ein H^+-„Stausee“ am „Staudamm“ der Cristae-Membranen aufbaut. Protonen können nur über die „Kanäle“ der ATP-Synthase-Moleküle abfließen (Abb. 19.**7** bis 19.**9**). Diese sind aus zahlreichen Untereinheiten aufgebaut. Der H^+-Durchfluss bewirkt eine reversible Konformationsänderung der Quartärstruktur der ATP-Synthase, wobei matrixseitig die Bewegungsenergie der Konformationsänderung in chemische Energie umgesetzt wird:

$$\mathrm{ADP} + \mathrm{P_i} \xrightarrow{\text{ATP-Synthase}} \mathrm{ATP} \qquad (19.3)$$

Der Wirkungsgrad kann dabei bis zu 40 % betragen und ist damit im Vergleich zu technischen Systemen unübertroffen.

Aus den gerade aufgezeigten Gründen sind Mitochondrien so komplex aufgebaut. Bei den O_2-verbrauchenden, atmungsaktiven Granula, die O. Warburg zu Anfang des Jahrhunderts angereichert und als Sitz der Zellatmung erkannt hatte (vgl. Kap. 1), handelte es sich also um die Mitochondrien. Unter O_2-Verbrauch wird ADP zu ATP in Mitochondrien; damit sind sie der Sitz der oxidativen Phosphorylierung. Die ATP-Synthase koppelt die oxidativen Prozesse an die Energiekonservierung; daher kennt man sie auch unter dem Namen „mitochondrialer Koppelungsfaktor“ (cf). Voraussetzung für diese chemische Reaktion ist die Protonen-Anreicherung auf der Außenseite der Innen-

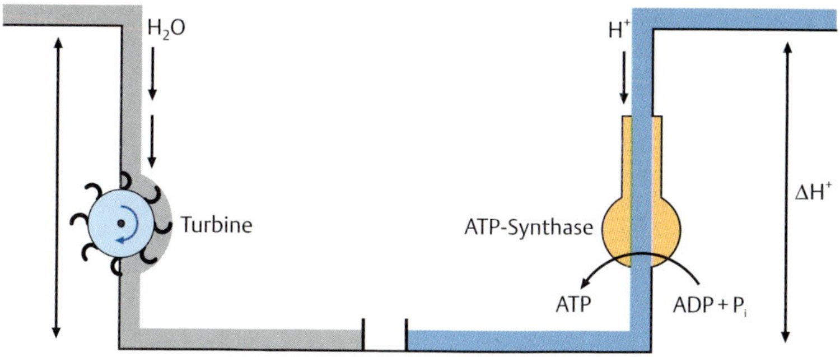

Abb. 19.**9** Wie ein Wasserstrom an einem Gefälle eine Turbine antreiben kann, so treibt das Protonengefälle (ΔH^+ zwischen dem perimitochondrialen Spalt und der Mitochondrien-Matrix) beim Abfluss durch das ATP-Synthase-Proteinmolekül hindurch die ATP-Synthese an. Zwar rotiert hier kein Turbinenrad, jedoch finden hier geringfügige Konformationsänderungen in der aus zahlreichen Untereinheiten bestehenden ATP-Synthase statt. Hier werden ADP + P_i so zusammengebracht, dass beide Komponenten zu ATP verknüpft werden können, sodass der osmotische Protonengradient in chemischer Energie (ATP) gespeichert werden kann („chemiosmotische Theorie").

membran. Wie uns aus Kap. 6.1 vertraut ist, bewirkt die Anreicherung von Ionen, wie hier von Protonen, immer messbare osmotische Effekte, wobei der ΔH^+-Ausgleich in Form chemischer Energie (ATP) gespeichert wird. Dieses sind die Zusammenhänge der „chemiosmotischen Theorie" der Energiekonservierung in Mitochondrien.

Fassen wir also zusammen. Der komplexe Bau des Mitochondriums ist Voraussetzung für seine Funktion. Die Vorgänge in der Matrix sind nur das notwendige Vorspiel zum Prozess einer hocheffizienten ATP-Gewinnung – 18 mal mehr als im Cytosol. Die Begriffe Zellatmung, oxidative Phosphorylierung und Chemiosmose beschreiben allesamt Teilaspekte eines komplexen Geschehens.

Als Leitenzym der Mitochondrien wird zumeist die Cytochromoxidase gemessen, sie ist gleichzeitig das Leitenzym ihres Innenmembransystems. Für die Matrix gelten alle Enzyme des Tricarbonsäure-Zyklus als Leitenzyme.

Betrachtet man Zellen im Elektronenmikroskop, so kann man ihnen direkt ansehen, ob sie viel oder wenig Energie benötigen, um ihrer Aufgabe gerecht zu werden. Besonders hohe Energieanforderungen haben die Zellen des Herzmuskels, denn sie brauchen sehr viel ATP für die periodische Kontraktion des Aktomyosins ebenso wie für die Ca^{2+}-Pumpen, um nach jeder Kontraktion die Ruhekonzentration des Ca^{2+} wiederherzustellen (Ca^{2+}-Homöostase). Vergleichsweise benötigt eine glatte Muskelzelle wesentlich weniger an ATP. Hoher oder geringer ATP-Verbrauch manifestieren sich im ultrastrukturellen Erscheinungsbild dieser beiden Zelltypen: Die Herzmuskelzelle hat zahlreiche große Mitochondrien mit zahlreichen Einfaltungen des Innenmembransystems, eine glatte Muskelzelle besitzt hingegen nur wenige, kleine Mitochondrien mit wenig Membraneinfaltungen. Ähnliches gilt für Krebszellen. Abb. 19.**10** zeigt entsprechende Unterschiede für zwei benachbarte Zelltypen in der Leber: Hepatocyten besitzen viele große Mitochondrien, die weit weniger stoffwechselintensiven Fresszellen (Makrophagen, die in der Leber auch „Kupffersche Sternzellen“ heißen) dagegen wenige von geringer Größe.

Andererseits gibt es Zellen, die weniger für ihre Energieversorgung als vielmehr für bestimmte Syntheseleistungen auf die Mitochondrien angewiesen sind. Dies trifft insbesondere auch für Leberzellen zu (Abb. 19.**1**, 19.**2**, 19.**10**). Aus den Abb. 19.**4** und 19.**5** geht hervor, dass die Mitochondrienmatrix auch der Sitz weiterer Stoffwechselfunktionen ist: Erstens, findet hier über die β-Oxidation der Abbau von Fettsäuren statt, die in der Zelle immer aus einer geraden Anzahl von C-Atomen aufgebaut sind (C_{2n}). Zwischen dem der Carboxyl-Gruppe folgenden α-C-Atom und dem β-C-Atom wird in einem oxidativen Prozess ein Acetat-Rest abgenommen (β-Oxidation) und als Acetyl-CoA auf dem bekannten Weg in den Tricarbonsäure-Zyklus eingespeist. So werden Fettsäuren um einen C_2-Rest nach dem anderen „abgeknabbert“ und der ATP-Gewinnung zugänglich gemacht. Zweitens, in die Mitochondrien-Matrix gelangen auch Aminosäuren. Einige wenige davon sind manchen Zwischenstufen des Tricarbonsäure-Zyklus sehr ähnlich gebaut. Diese können durch Transaminierung (Desaminierung des einen mit Aminierung des anderen Partners) ineinander umgewandelt werden. Drittens, auch Desaminierungsprozesse (Entfernung einer NH_2-Gruppe) finden statt. Diese führen zur Bildung des cytotoxischen Ammoniaks bzw. in Lösung zur Bildung des Ammonium-Ions:

$$NH_3 + H_2O \leftrightarrow NH_4OH \leftrightarrow [NH_4]^+ + OH^- \qquad (19.4)$$

Diese Zellgifte werden noch in der Matrix entgiftet, indem sie in den Harnstoff-Zyklus eingeschleust werden. Es sei aber angemerkt, dass alle drei gerade beschriebenen Funktionen wohl eher als „Nebenjobs“ einzustufen sind. So findet der Fettsäure-Abbau auch in Peroxisomen statt (vgl. Kap.15), die Aminosäuresynthese ist überwiegend Angelegenheit des Cytosols, das auch wesentlichen Anteil am Harnstoff-Zyklus hat. Die „Nebenjobs“ vermitteln aber einem Mitochondrium Zugriff auf so verschiedene Stoffgruppen, wie Kohlenhydrate (über Pyruvat), Lipide und Aminosäuren; sie versetzen ein Mitochondrium auch in die Lage, einen Teil der Entgiftungsfunktionen selbst zu übernehmen. Wo auch immer diese Funktionen der mitochondrialen Matrix in großem Umfang beansprucht werden, erscheinen die Mitochondrien nicht sehr reich an Cristae, dafür aber um so reicher an Matrix. Nach dem oben Gesagten trifft dies in besonderem Maße für unsere Leberzellen zu.

Mit den Giften aus dem zelleigenen Stoffwechsel selbst fertig zu werden, musste die Zelle natürlicherweise im Laufe der Evolution „lernen“. Dies gilt auch für die Mitochondrien. Dabei mag es zunächst ungewöhnlich erscheinen, den Sauerstoff, auf den die Mitochondrien (fast) jeder Eukaryotenzelle angewiesen sind, als Zellgift zu apostrophieren. Dennoch machte es die Evolutions-

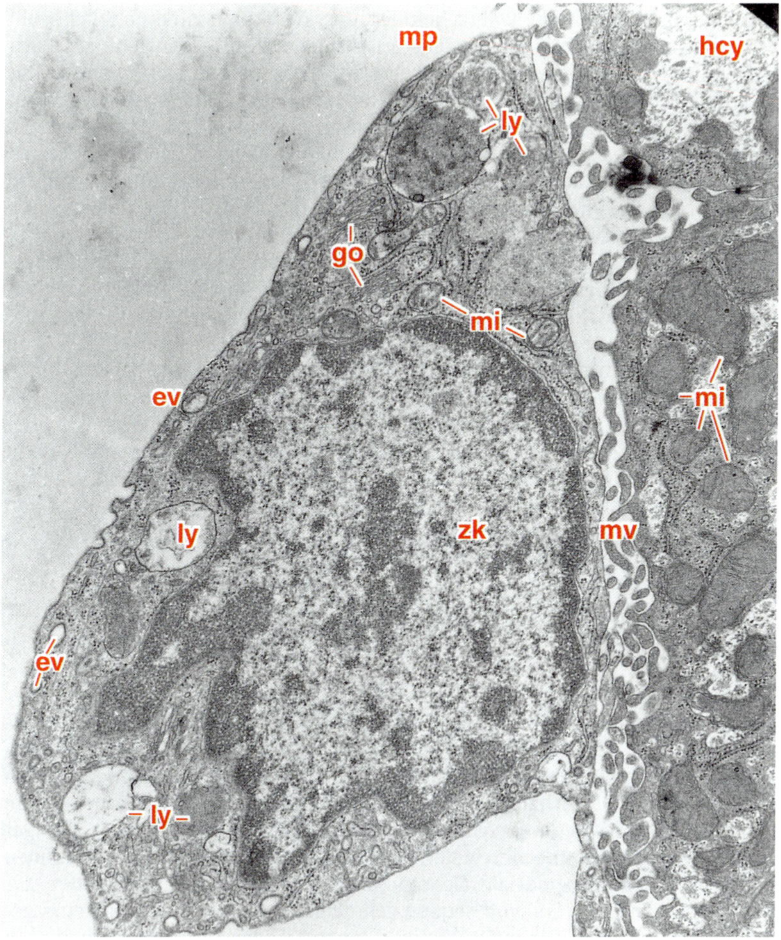

Abb. 19.**10** Struktur-Funktions-Korrelation am Beispiel der Mitochondrien. Ein Hepatocyt (hcy), der wichtige Syntheseleistungen vollbringt und Energie für den Gesamtkörper bereitstellt, enthält wesentlich zahlreichere und größere Mitochondrien (mi) als eine Makrophagen-Zelle (mp). Diese liegt hier in der Wand einer Blutgefäßkapillare; sie ist auf die Aufnahme von Fremdstoffen über Endo- bzw. Phagocytose spezialisiert, dagegen nicht auf hohe metabolische und energetische Leistungen. Dementsprechend besitzt der Makrophage nur wenige, kleine Mitochondrien, wogegen seine speziellen Leistungen aus der Präsenz ausgeprägter Endocytose-Vesikel (ev) und Lysosomen (ly) abzulesen sind. Weitere Details: Golgi-Apparat (go), Mikrovilli (mv), Zellkern (zk). Vergr. 13 000 fach (Aufnahme: H. Plattner).

forschung in hohem Maße wahrscheinlich, dass der Sauerstoff anfänglich wohl ein Zellgift war (vgl. Kap. 24). Der O_2-Umsatz in den Mitochondrien mag demnach zunächst, als zeitgleich mit der Entstehung der Eukaryotenzelle der O_2-Anteil in der Atmosphäre anstieg, zu dessen „Entschärfung“ und erst dann – oder gleichzeitig – zur Energiegewinnung gedient haben. So hat es aus unserer Sicht die Eukaryotenzelle verstanden, den Nachteil eines Zellgifts zu ihrem Vorteil umzukehren. Ansonsten können nur seltene, ungewöhnliche Gifte die Mitochondrienfunktionen beeinträchtigen. Dazu gehört die Blausäure (Cyanwasserstoffsäure, HCN) bzw. ihr Anion (Cyanid, CN^-). Es findet sich in gebundener Form in Mandelkernen, wird unter anderem aber auch von tropischen Tausendfüßlern (Myriapoda) zur chemischen Abwehr freigesetzt. Cyanid bindet an Cytochrome, hemmt die Zellatmung und führt sehr schnell zum Tod, weil jede Zelle ihr gesamtes ATP in einer Minute verbraucht bzw. neu synthetisieren muss. Wir sind also auf den Dauerbetrieb der kleinen Mitochondrien-„Kraftwerke“ angewiesen.

Den Sauerstoff für die Zellatmung in den Mitochondrien nehmen wir über die Lungen auf, von wo er über das Blut in die Kapillaren der Blutgefäße, dann durch Diffusion über die interzellulären Räume in die Zellen gelangt. Denselben undramatischen Weg geht in umgekehrter Richtung das CO_2 aus den Decarboxylierungsprozessen. Wenn wir Atem schöpfen, so steht dies also in direktem Zusammenhang mit der Zellatmung in den Mitochondrien.

19.3 „Semiautonomie“: Mitochondriale DNA und Proteinsynthese

Welche Bedeutung ist der mtDNA und den mitochondrialen Ribosomen zuzuschreiben? Nur ca. 1 % der gesamten DNA einer tierischen Zelle liegt extranukleär in Mitochondrien vor. Die ca. 10 µm lange, nackte, ringförmige mtDNA könnte in ihrer Gesamtheit bestenfalls ein Protein von ca. 3×10^4 Aminosäuren, also von einem MG von höchstens 3 000 000 kodieren. Dies ist weit weniger als man für die Summe der vielen mitochondrialen Proteinarten errechnen kann. Da das mitochondriale Genom (auch als Chondriom bezeichnet) für viele Organismen bereits voll sequenziert werden konnte, lässt sich eine genaue Bilanz angeben: Die mtDNA kodiert einen Teil der mitochondrieneigenen ribosomalen Proteine und rRNA, einen Teil ihrer tRNA, sowie einen Teil der Proteine der Innenmembran (NADH-Dehydrogenase, Cytochrom b, Cytochromoxidase, ATP-Synthase). Für weitere Angaben vgl. Kap. 24.5. Wohlgemerkt – von diesen komplexen Proteinen werden jeweils nur einzelne Untereinheiten von der mtDNA kodiert, die anderen Untereinheiten werden nach einer nukleären mRNA an freien Ribosomen im Cytosol translatiert und importiert. Untereinheiten von beiderlei Herkunft werden erst an der Innenmembran aneinander gefügt.

Der Import von Proteinen aus dem Cytosol erfolgt über die Kontaktstellen, an denen die äußere und die innere randständige Mitochondrienmembran miteinander verbunden sind (Abb. 19.**11**). Auf diesem Wege werden weiterhin die RNA- und DNA-Polymerasen (die das Mitochondrium benötigt, um mit seiner DNA überhaupt etwas anfangen zu können) importiert sowie alle Enzyme der mitochondrialen Matrix. Das Mitochondrium importiert also die meisten Proteine und, außer ATP, exportiert es nichts ins Cytosol. Die organelleigene DNA vermittelt damit jedem Mitochondrium zwar eine gewisse Auto-

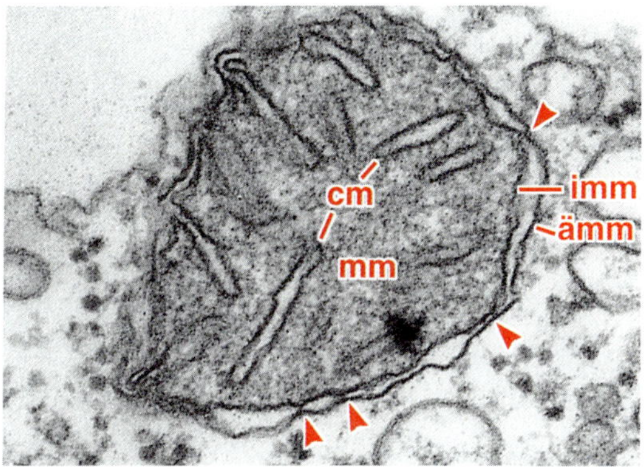

Abb. 19.**11** Kontaktstellen. Zwischen innerer und äußerer Mitochondrien-Membran (imm, ämm) werden unter günstigen Bedingungen diese Kontakstellen sichtbar (Pfeilspitzen). cm = Cristae mitochondriales, mm = Mitochondrien-Matrix. Vergr. 70 000fach (Aufnahme: H. Plattner).

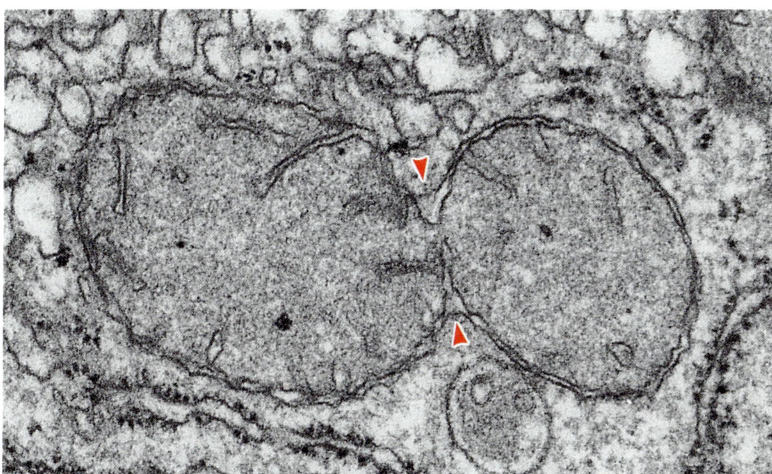

Abb. 19.**12** Biogenese von Mitochondrien durch Teilung. Mitochondrien entstehen nie de novo, sondern immer durch Teilung aus ihresgleichen. Dabei schnürt sich die mitochondriale Innenmembran ein und die äußere folgt ihr (Pfeilspitzen), bis aus einem Mitochondrium zwei geworden sind. Vergr. 60 000 fach (Aufnahme: H. Plattner).

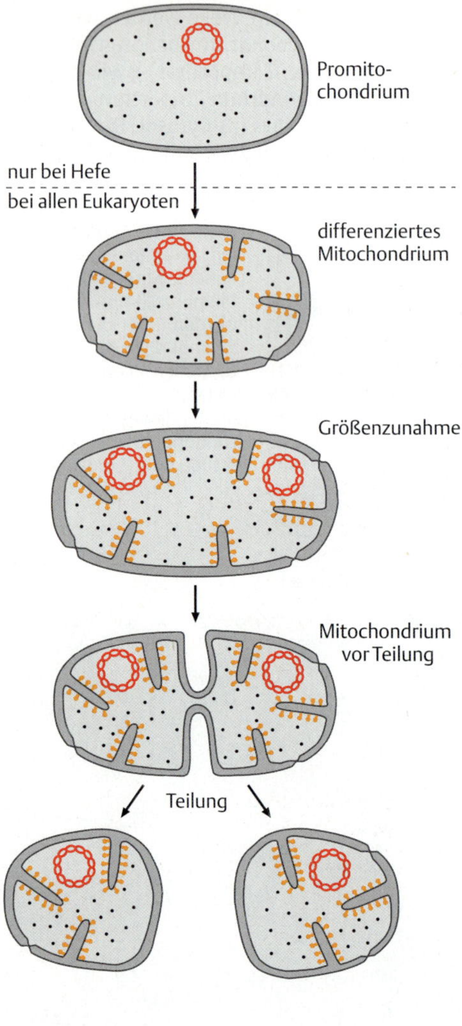

Abb. 19.**13** Biogenese von Mitochondrien durch Teilung. Mitochondrien entstehen nie de novo, sondern immer durch Teilung aus ihresgleichen. Dabei schnürt sich die mitochondriale Innenmembran ein und die äußere folgt ihr, bis aus einem Mitochondrium zwei geworden sind. Vergr. 60 000fach (Aufnahme: H. Plattner).

nomie (wie ein kleiner Staat in einem großen), genauer betrachtet aber ist jedes Mitochondrium bestenfalls mit einem halbautonomen „Staat im Staate“ zu vergleichen, der eine extrem negative Handelsbilanz aufweist.

19.4 Biogenese

Seit man erkannt hatte, dass Mitochondrien ein eigenes, spezifisches, wenn auch kleines Genom besitzen, war es nahe liegend anzunehmen, dass Mitochondrien immer nur aus ihresgleichen durch Teilung entstehen können. Dennoch hielten einige Forscher, nach allerdings umstrittenen, experimentellen Beobachtungen hartnäckig an der Hypothese fest, Mitochondrien könnten sich im Cytosol neu bilden (De-novo-Genese). Diese Hypothese stützte sich überwiegend auf Beobachtungen an Zellen der Bäcker- oder Bierhefe *(Saccharomyces cerevisiae)*, in denen unter O_2-Entzug Mitochondrien, wenn überhaupt, nur noch als strukturarme Promitochondrien zu beobachten sind. Pulsmarkierungsexperimente (vgl. Kap.10.4.1) brachten jedoch den unumstößlichen Beweis gegen die Annahme einer De-novo-Genese, auch bei Hefezellen. In unserem Körper gibt es keine Entdifferenzierung zu Promitochondrien.

Dementsprechend sieht man in Ultradünnschnitten verschiedenster Zellen, selten zwar, Mitochondrien, die sich offensichtlich in Teilung befinden (Abb. 19.**12**). Dabei kommt es zunächst zu einer rundum fortschreitenden Einfaltung der Innenmembran, wobei die nun verdoppelte mtDNA und die Ribosomen auf die beiden Hälften aufgeteilt werden. Durch Einschnürung der Außenmembran werden beide Hälften schließlich getrennt (Abb. 19.**13**).

Literatur

Babcock, G.T., M. Wikström: Oxygen activation and the conservation of energy in cell respiration. Nature 356 (1992) 301

Kawano, S., H. Takano, T. Kuroiwa: Sexuality of mitochondroa: fusion, recombination, and plasmids. Int. Rev. Cytol. 161 (1995) 49

Mori, M., K. Terada: Mitochondrial protein import in animals. Biochim. Biophys. Acta 1403 (1998) 12

Oster, G., H. Wang, M. Grabe: How F_0-ATPase generates rotary torque. Phil. Trans. R. Soc. Lond. B 355 (2000) 523

Pon, L.A., E.A. Schon: Mitochondria. Academic Press, New York 2001

Scheffler, I.E.: Mitochondria. Wiley-Liss, New York 1999

Vgl. auch Kapitel 5

20 Chloroplasten – die „Solarenergie-Kollektoren" der Pflanzenzelle

Pflanzen können mithilfe ihrer Chloroplasten die Primärenergie des Sonnenlichts als chemische Energie binden. Dabei entsteht aus Kohlendioxid und Wasser nach der Formel

$$6\,CO_2 + 6\,H_2O + \text{Licht} \rightarrow C_6H_{12}O_6 + 6\,O_2$$

Glukose und Sauerstoff. Dieser als Photosynthese bzw. (Kohlenstoff-)Assimilation bezeichnete Prozess der Bildung von Glukose läuft in vielen Einzelstufen ab, die nur aus dem streng kompartimentierten Bau des Chloroplasten mit zwei Hüllmembranen, komplexen Innenmembranen und einem Stroma (Innenraum) verständlich sind. So erfolgt die Lichtreaktion an einem inneren Membransystem, welches das Chlorophyll birgt. Das dabei gebildete ATP und NADPH wird gänzlich in die Syntheseleistungen der Dunkelreaktion im Stroma des Chloroplasten investiert. Neben Glukose kann auch das Intermediärprodukt Glycerinaldehyd-3-Phosphat ins Cytosol abgegeben werden. Erst dort kann es über die Glykolyse und über den mitochondrialen Energiestoffwechsel zur ATP-Bildung ausgewertet werden. Auch die Pflanzenzelle „finanziert" also ihre Energiebedürfnisse mithilfe von Glykolyse und oxidativer Phosphorylierung. Jedoch hat sie, im Gegensatz zur tierischen Zelle, über die Photosynthese die Möglichkeit, Glukose bzw. deren Vorläufer in den Chloroplasten selbst herzustellen. Chloroplasten sind nicht nur strukturell den Mitochondrien ähnlich, sie sind ebenfalls teilautonome Strukturen mit eigenem Genom und Translationsapparat.

Nur die Zellen der grünen Pflanzen – von den Algen bis zu den höchstentwickelten Blütenpflanzen – besitzen Chloroplasten. Die grüne Farbe stammt vom Chlorophyll (Blattgrün), das die Voraussetzung bietet, Sonnenenergie aufzunehmen und in Form von chemischer Energie zu speichern. Der Wirkungsgrad, mit dem Primär- in Sekundärenergie umgewandelt wird, liegt mit 10% so hoch wie es nur die modernsten Solarzellen unserer Technik vermögen. Beide Systeme, das natürliche wie das künstliche, können unter optimalen Bedingungen sogar bis zu 30% Energieausbeute erreichen. Mit der ersten, als Lichtreaktion bezeichneten Teilfunktion eng verquickt ist eine zweite Teilfunktion des Chloroplasten. Es handelt sich um die Dunkelreaktion, in der die (Kohlenstoff-)Assimilation stattfindet. Der gesamte Reaktionsablauf wird als Photosynthese bezeichnet. Die Pauschalformel für die Photosynthese ist wie folgt:

$$6\,CO_2 + 6\,H_2O + \text{Licht} \rightarrow C_6H_{12}O_6 + 6\,O_2 \qquad (20.1)$$

Es entsteht also aus CO_2 in Verbindung mit Wasser: Glukose und O_2. Allerdings verläuft diese Synthese im Chloroplasten über viele Zwischenstufen, die erst aus dem Bau des Chloroplasten verstanden werden können.

20.1 Bau und Funktion von Chloroplasten

Jede Pflanzenzelle kann über einen bis mehrere Chloroplasten verfügen (Abb. 13.**10** sowie 20.**1** bis 20.**3**). In nichtgrünen Pflanzenteilen fehlen sie oder sie existieren in abgewandelter, chlorophyllfreier Form (Leukoplasten, Amyloplasten), allerdings mit prinzipiell ähnlichem Grundaufbau. Chloroplasten mit all ihren Vorläufern und abgeleiteten Formen werden als Plastiden zusammengefasst.

Um die Funktionsweise eines Chloroplasten zu verstehen, müssen wir uns zunächst mit seinem Aufbau befassen (Abb. 20.**2**, 20.**3**). Dieser ist dem eines Mitochondriums recht ähnlich (vgl. Kap. 19): Auch ein Chloroplast besitzt eine doppelte Membranumhüllung mit Kontaktstellen zwischen der äußeren und der inneren randständigen Membran, die zwischen sich einen Außenraum abgrenzen. Der innere plasmatische Raum wird bei Chloroplasten als Stroma bezeichnet. Das Stroma wird von reichlich ausgebildeten, parallel angeordneten, in sich geschlossenen Innenmembranen (Lamellen) durchzogen. Die Summe dieser Innenmembranen nennt man Thylakoide. Dabei sind lange, quer durch das Stroma verlaufende Stromalamellen zu beobachten, ebenso wie kurze, geldrollenartig übereinander liegende Lamellenstapel, die Granalamellen. Diese verdanken ihren Namen dem Unvermögen der frühen Zellbiologen, denen ja noch kein Elektronenmikroskop zur Verfügung stand, hier mehr als nur grüne Körnchen (Grana) auszumachen. Erst das Elektronenmikroskop erlaubte auch die Feststellung weiterer struktureller Details: Die Granalamellen entstehen aus den Stromalamellen als lokale, kurze, scheibchenförmige Auswüchse, von denen immer einige übereinander gestapelt werden. Weiterhin zeigte sich, dass die Stromalamellen in sich geschlossen sind, also keine Verbindung zum Außenraum eines Chloroplasten erkennen lassen (im Gegensatz zu den Pediculae cristae der Mitochondrien). Nach geeigneter Präparation lässt sich im Stroma ein knäueliges Aggregat von fädigem Material beobachten. Es handelt sich um die chloroplasteneigene DNA, die ptDNA (pt für Plastiden). Da Plastiden bis zu 30% der gesamten DNA einer Pflanzenzelle enthalten können (also ein Vielfaches gegenüber Mitochond-

Abb. 20.**1** „Porträt" eines Chloroplasten (chp), in der typischen Assoziation mit einem Peroxisom (po) und Mitochondrien (mi). Alle drei Organellen sind mit dem Energiestoffwechsel der Pflanzenzelle befasst. So können Syntheseprodukte des Chloroplasten an das Cytosol abgegeben werden (vgl. Text), um im Cytosol (und in der Folge in Mitochondrien) oder in Peroxisomen weiterverarbeitet zu werden, in letzteren über Photorespiration (vgl. Kap. 15 und 23). Am Chloroplasten erkennt man seine Membranumhüllung, obwohl äußere und innere Hüllmembran hier nicht aufgelöst werden können. Weiterhin erkennt man das Stroma (st), die Stromalamellen (stl) als flache, membranumhüllte Säcke sowie die aus Lamellenstapeln geformten Grana (gr). Es sind der Rand einer Vakuole (v) mit der Vakuolenmembran (vm), der Zellkern (zk), die Zellmembran (zm) und die Zellwand (zw) zu sehen. Objekt: Blatt der Bohne, *Phaseolus vulgaris*. Vergr. 33 000 fach (Aufnahme: K. Mendgen, Konstanz).

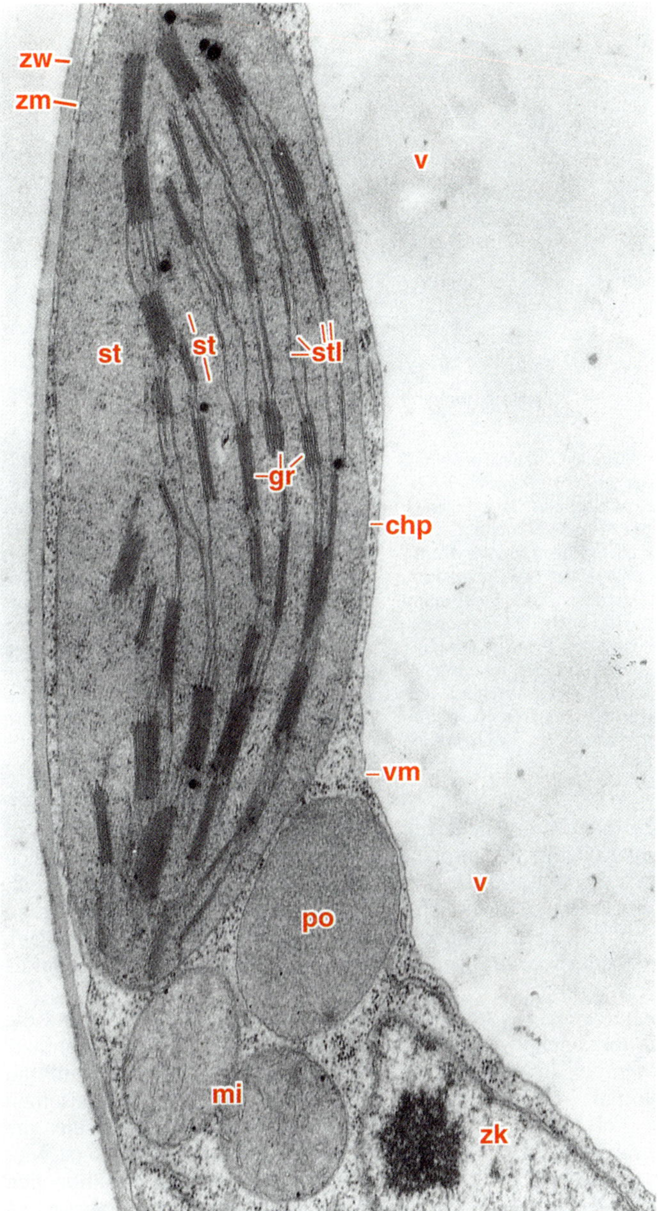
zw
zm
v
st
st
stl
gr
chp
vm
v
po
mi
zk

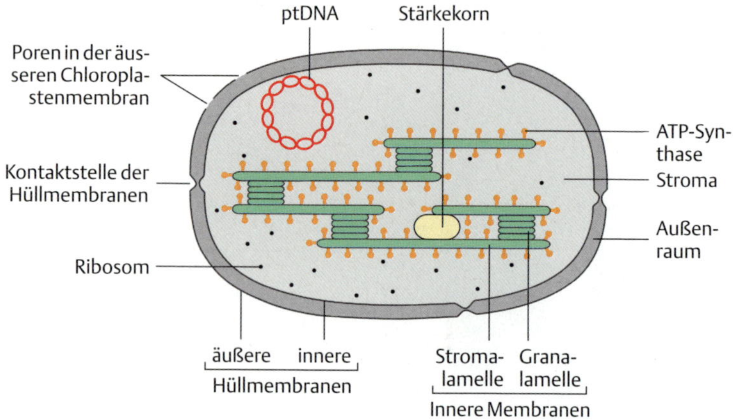

Abb. 20.**2** Strukturelle Organisation eines Chloroplasten der grünen pflanzlichen Eukaryotenzelle. Ein Chloroplast ist prinzipiell ähnlich gebaut wie ein Mitochondrium, denn er besitzt auch eine doppelte Membranumhüllung mit einem Zwischenraum und mit Kontaktstellen. Der Innenraum heißt hier Stroma, das auch 70S-Ribosomen und eine eigene Plastiden-DNA (ptDNA) beherbergt. Die Gliederung des Innenmembransystems, welches nach Abschluss der Differenzierung von der inneren Hüllmembran völlig „abgenabelt“ ist, erscheint jedoch wesentlich komplexer als beim Mitochondrium. Quer durch das Stroma verlaufen die Stromalamellen, welche man sich als zusammengedrückte, d. h. flache, geschlossene Säcke vorstellen kann. Zwischen je zwei Stromalamellen liegen, wie Geldrollen aufgestapelt, Granalamellen – deutlich kleinere, flache Säcke. Sie sind durch parallele Ausfaltungen aus Stromalamellen entstanden. Beide Arten von Lamellen, Stroma- wie Granalamellen, enthalten Chlorophyll (Blattgrün), dem die Pflanze ihre grüne Farbe verdankt.

rien), lässt sich hier die organelleigene DNA besonders leicht beobachten (zu den Translationsprodukten der ptDNA vgl. Kap. 24.5). Daneben finden sich auch im Stroma des Chloroplasten 70S-Ribosomen von 23 nm Durchmesser. Es gibt also eine Reihe von Ähnlichkeiten mit den Mitochondrien. Lediglich das innere Membransystem ist anders gefaltet und es enthält das Chlorophyll. Und selbstverständlich vollbringen Chloroplasten völlig andere Aufgaben als Mitochondrien.

Entsprechend der relativ komplizierten strukturellen Gliederung sind die einzelnen Teilfunktionen im Chloroplasten aufgeteilt (Abb. 20.**3**). Die Kontaktstellen zwischen der äußeren und der inneren randständigen Hüllmembran dienen dem Import von nukleär kodierten und an cytosolischen Ribosomen translatierten Proteinen. Ebenfalls wie bei Mitochondrien ist auch hier die äußere Membran permeabel für kleinere Moleküle, die innere jedoch ist wiederum strikt impermeabel. Die in Abb. 20.**3** angegebenen funktionellen Aspekte sind im Detail in den Abb. 20.**4** und 20.**5** dargestellt. Wir versuchen

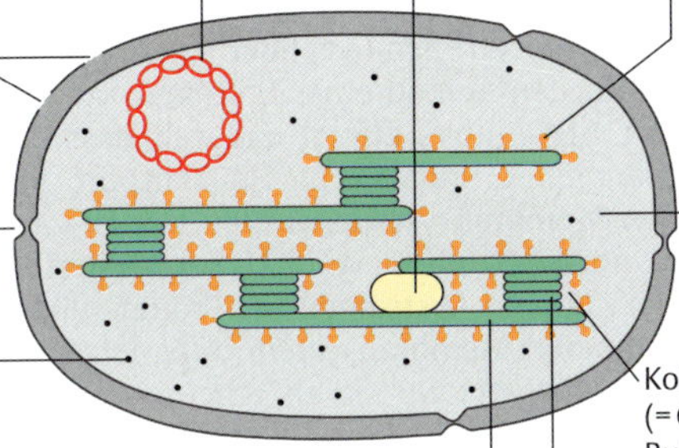

Abb. 20.**3** Funktionelle Organisation eines Chloroplasten. Die Chlorophyll enthaltenden Stroma- und Granalamellen „fangen" Sonnenlicht ein und spalten H_2O (Photolyse des Wassers), gefolgt von Elektronen- und Protonentransport zum Aufbau eines Protonengradienten (ΔH^+) und schlussendlich zur ATP-Synthese. Die bisher beschriebenen Vorgänge bezeichnet man als „Lichtreaktion". Ihre Produkte sind intensiv vernetzt mit dem Ablauf der „Dunkelreaktion" im Stroma. Ihr wichtigster Schritt ist die Kohlenstoff-Assimilation unter Bindung von CO_2 an Ribose-1,5-bis-Phosphat. Das dazu notwendige Schlüsselenzym Rubisco (= Ribulose-1,5-bis-Phosphat Carboxylase) sitzt frei im Stroma. Die in der Dunkelreaktion entstehende Glukose kann in polymerer Form als Stärkekörner gespeichert werden.

nun, aus der strukturellen Gliederung des Chloroplasten seine Funktion zu verstehen. Wieder die Frage: Warum ist der Chloroplast so kompliziert gebaut?

Die beiden, im Chloroplasten ablaufenden Teilreaktionen, Licht- und Dunkelreaktion, sind in Abb. 20.**4** und Abb. 20.**5** erläutert.

Die Lichtreaktion ist auf Stroma- und Granalamellen verteilt, die beide Chlorophyll in ihren Membranen eingelagert haben. Um eine hohe Energieausbeute zu gewährleisten, muss das Chlorophyll mit einer Reihe anderer Komponenten kombiniert werden. Diese Molekülaggregate bilden eine wirksame „Lichtantenne", die im Extremfall sogar einzelne Photonen aufnehmen und energetisch nutzen kann. Eine höhere Wirksamkeit ist – allein nach den Gesetzen der Physik – nicht zu erreichen, denn ein Photon, also ein Lichtquant, ist die minimal existierende Lichtmenge! (Es ist daher nicht erstaunlich, dass mancherorts Pflanzenphysiologen mit Physikern auf dem Sektor der Solarenergie-Forschung zusammenarbeiten). In einer Gefrierbruch-Replik sind solche Antennen-Komplexe deutlich zu identifizieren (Abb. 20.**6**).

Zusammenfassend lässt sich feststellen: Mit der Lichtaufnahme sind folgende Funktionen des inneren Membransystems des Chloroplasten gekoppelt (Abb. 20.**4**, 20.**5**). Der erste Schritt heißt paradoxerweise Photosystem II. Hier führt die Lichtaufnahme zur Photolyse von Wassermolekülen. Daran schließt sich der Transport von Elektronen (e^-) über eine Cytochromkette an. Dies ist die Voraussetzung für den Aufbau eines Protonengradienten (ΔH^+) – ähnlich Mitochondrien. Der ΔH^+-Aufbau erfolgt dadurch, dass Protonen den Elektronen hinterherdiffundieren, sodass ein H^+-Transport in die geschlossenen Räume des inneren Membransystems erfolgt. Der H^+-Gradient ist seinerseits die Voraussetzung für die Synthese von ATP. Letztere erfolgt – wieder ähnlich den Mitochondrien – durch Abströmen der Protonen über die ATP-Synthase-Moleküle, die im inneren Membransystem integriert sind. Bis hierher gelten also die gleichen Gesetze wie wir sie als „chemiosmotische Theorie" bei den Mitochondrien kennen gelernt haben. Die anschließende Dunkelreaktion, die der Kohlenstoff-Assimilation dient (vgl. Abb. 20.**4**), erfolgt im Stroma. Die Ribulose-1,5-bis-Phosphat-Carboxylase (Rubisco) ist als Schlüsselenzym der CO_2-Assimilation nicht am inneren Membransystem integriert, sondern liegt frei im Stroma. Das Endprodukt der CO_2-Assimilation, die Glukose, wird teil-

Abb. 20.**4** Biochemische Prozesse in den Chloroplasten der grünen Pflanze. Sie umfassen **a** die Lichtreaktion am Innenmembransystem des Chloroplasten und **b** die Dunkelreaktion im Stroma. Paradoxerweise wirkt im ersten Schritt der Lichtreaktion das Photosystem II, erst danach folgt Photosystem I. An einem Antennenkomplex von Photosystem II (mit Chlorophyll) wird Sonnenlicht „eingefangen". Es führt zur H_2O-Spaltung (Photolyse von Wasser). Molekularer Sauerstoff (O_2) entweicht. Elektronen (e^-) durchlaufen die erste Stufe einer Redoxkette (mit Cytochromen), Protonen (H^+) werden in das Lumen der Stromalamellen gepumpt. Ähnlich wie beim Mitochondrium wird der Abfluss der Protonen über eine ATP-Synthase zur ATP-Synthese genützt. Allerdings wird dieses ATP zur Gänze im Chloroplasten selbst benötigt, und zwar für die Dunkelreaktion. Weitere Photonen heben im Photosystem I (ebenfalls mit Chlorophyll und im Innenmembransystem) die Elektronen nochmals auf ein höheres Energieniveau, von welchem sie unter Reduktion von $NADP^+$ abströmen. Das entstehende NADPH wird auch in die Dunkelreaktion eingespeist. Zur Dunkelreaktion: Im Stroma wird Ribulose-5-Phosphat durch ATP zu Ribulose-1,5-bis-Phosphat phosphoryliert, daran wird CO_2 gebunden. Dieser Prozess der Kohlenstoff-Assimilation wird katalysiert durch das Schlüsselenzym Ribulose-1,5-bis-Phosphat-Carboxylase (Rubisco), das frei im Stroma sitzt. Das entstehende C_6-Molekül wird sofort in zwei Moleküle von 3-Phosphoglycerinsäure gespalten. Unter NADPH-Verbrauch wird diese zu Glycerinaldehyd-3-Phosphat reduziert. Dieses kann einerseits zum Teil ins Cytosol abgeführt und dort in die Glykolyse eingeschleust werden, andererseits kann es zur Synthese verschiedener Zucker verwendet werden. Das wichtigste Syntheseprodukt, die Glukose, kann im Chloroplasten als Stärke gespeichert, wieder in Glukose und Glycerinaldehyd-3-Phosphat mobilisiert und als solches ins Cytosol abgegeben werden. Die Dunkelreaktion ist eigentlich ein zyklischer Prozess (Calvin-Zyklus), indem ein Teil des Glycerinaldehyd-3-Phosphats wieder zu Ribulose-5-Phosphat zurückgeführt wird. ►

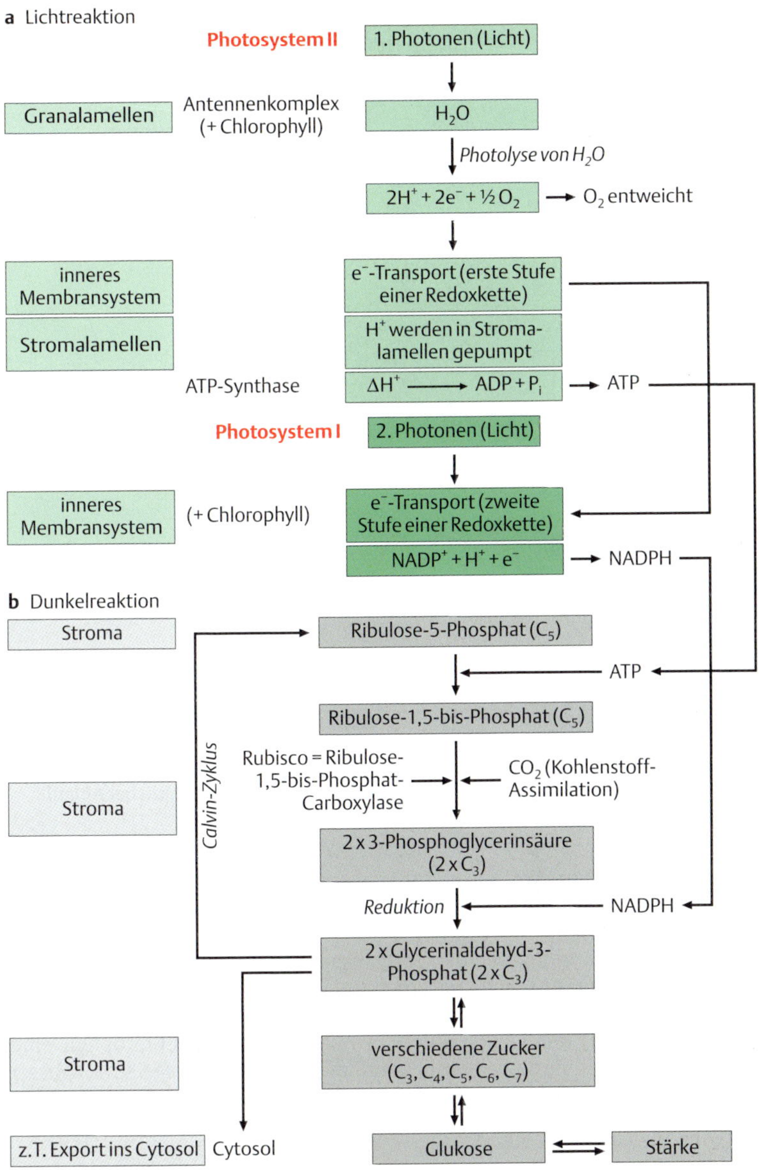
a Lichtreaktion
Photosystem II
1. Photonen (Licht)
Granalamellen
Antennenkomplex (+ Chlorophyll)
H_2O
Photolyse von H_2O
$2H^+ + 2e^- + ½O_2$
O_2 entweicht
inneres Membransystem
Stromalamellen
e^--Transport (erste Stufe einer Redoxkette)
H^+ werden in Stromalamellen gepumpt
ATP-Synthase
ΔH^+ → ADP + P_i
ATP
Photosystem I
2. Photonen (Licht)
inneres Membransystem
(+ Chlorophyll)
e^--Transport (zweite Stufe einer Redoxkette)
$NADP^+ + H^+ + e^-$
NADPH
b Dunkelreaktion
Stroma
Ribulose-5-Phosphat (C_5)
ATP
Ribulose-1,5-bis-Phosphat (C_5)
Stroma
Calvin-Zyklus
Rubisco = Ribulose-1,5-bis-Phosphat-Carboxylase
CO_2 (Kohlenstoff-Assimilation)
2 x 3-Phosphoglycerinsäure (2 x C_3)
Reduktion
NADPH
2 x Glycerinaldehyd-3-Phosphat (2 x C_3)
Stroma
verschiedene Zucker (C_3, C_4, C_5, C_6, C_7)
z.T. Export ins Cytosol
Cytosol
Glukose
Stärke

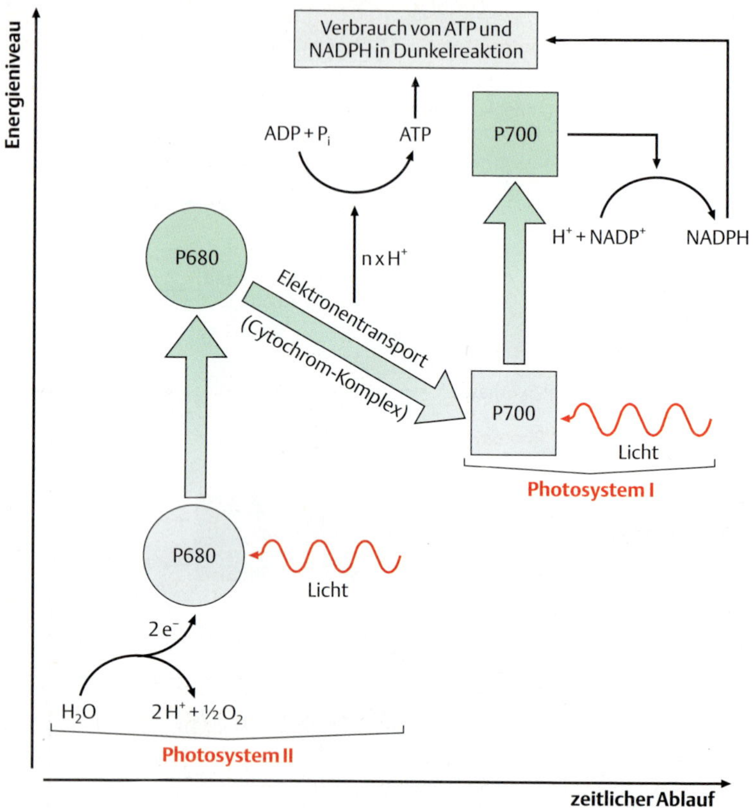

weise sogar im Lichtmikroskop sichtbar, wenn eine Polymerisation zu Stärkekörnern im Stroma stattfindet. Soweit eine Kurzdarstellung, die wir nun vertiefen.

Kehren wir noch einmal an den Ausgangspunkt der Photosynthese zurück. Das detaillierte Funktionsschema eines Chloroplasten in den Abb. 20.**4** und 20.**5** zeigt, dass allen anderen Schritten voraus das Photosystem II (und nicht das Photosystem I) der Lichtreaktion in Aktion tritt. Das Chlorophyll eines Antennenkomplexes nimmt Photonen auf, die dann in der Lage sind, Wassermoleküle in Protonen und Sauerstoff zu spalten. Dabei werden Elektronen frei:

$$2\,H_2O + \text{Licht} \rightarrow 4\,H^+ + 4\,e^- + O_2 \qquad (20.2)$$

Molekularer Sauerstoff (O_2) entweicht aus der Pflanze in die Atmosphäre. Die Elektronen werden von einem angehobenen Energieniveau herunter entlang

◀ Abb. 20.**5** Z-Schema der Photosynthese. Die Photosynthese beginnt mit dem Photosystem II. Dieses besteht aus einem Antennenkomplex, der neben Chlorophyll noch eine Reihe von Komponenten enthält. Dieser heißt P680-Komplex, weil er als Lichtabsorber mit maximaler Effizienz bei Einstrahlung von Licht mit einer Wellenlänge von 680 nm dient. Seine Aktivierung resultiert in der Hydrolyse von Wasser. Die dabei frei werdenden Elektronen (e^-) werden von P680 aufgenommen, das auf ein höheres Energieniveau angehoben wird (schwarz → grün).

Der zweite Schritt der Photosynthese besteht in einem Elektronentransport entlang eines Cytochrom-Komplexes. Das abfallende Energieniveau wird energetisch genutzt, indem gleichzeitig mit dem Elektronen-Fluß ein Protonen-Transport in die geschlossenen Säcke des Innenmembransystems des Chloroplasten in Gang gehalten wird. Die Bildung von ATP erfolgt dann wie in Kap. 19.2 für die Mitochondrien besprochen wurde. Der Abfluss der Protonen in das Stroma des Chloroplasten treibt eine ATP-Synthase am Innenmembransystem an (chemiosmotische Theorie).

Erst in einem dritten Schritt kommt das Photosystem I zum Zuge. Dieses enthält wiederum eine „Lichtantenne“ mit Chlorophyll. Da die maximale Energetisierung durch Licht von 700 nm erfolgt, heißt dieser Komplex P700. Auch P700 gibt aus seinem energetisierten Zustand Energie ab, die hier aber zur Reduktion von $NADP^+$ zu NADPH genutzt wird.

ATP und NADPH werden also im Anschluss an die Prozesse der Lichtreaktion gebildet. Beide Substanzen werden in der Dunkelreaktion verbraucht (vgl. Abb. 20.**4**). Erst in der Dunkelreaktion erfolgt die Bildung von Glycerinaldehyd-3-Phosphat und Glukose, mit denen die Pflanzenzelle ihre Energiebedürfnisse außerhalb des Chloroplasten bestreitet.

Abb. 20.**6** Antennenkomplexe einer Chloroplasten-Membran im Gefrierbruch-Bild. Vergr. 122 000 fach (Aufnahme: M. Lefort-Tran, M. Pouphile, Gif-sur-Yvette, und H. Plattner).

einer Redoxkette über ein stetig abnehmendes Energieniveau transportiert (Abb. 20.**5**). Die dabei beteiligten Cytochrome – andere als in der inneren Mitochondrienmembran – sind auch im Chloroplasten im inneren Membransystem lokalisiert und transportieren die Elektronen über den reversiblen Übergang von $Fe^{3+} \leftrightarrow Fe^{2+}$. Die Protonen diffundieren den Elektronen hinterher, bis sie auch im Chloroplasten in den zu Hohlräumen geschlossenen Säcken des inneren Membransystems „gefangen“ sind. Und wiederum gibt es nur den Ausweg, dass die Protonen durch H^+-Kanäle der ATP-Synthase-Moleküle zurück ins Stroma abfließen. So kann das Konzentrationsgefälle der Protonen (ΔH^+) auch hier zur ATP-Produktion genutzt werden. Sogar der molekulare Aufbau dieser ATP-Synthase ist jenem der mitochondrialen im Prinzip recht ähnlich. Ein wesentlicher Unterschied sei jedoch noch einmal betont: Der Chloroplast exportiert dieses ATP nicht, sondern er investiert es zur Gänze, um den später folgenden Schritt der CO_2-Assimilation zu „finanzieren“ (Abb. 20.**4**).

Zunächst aber schließt sich an das Photosystem II das Photosystem I an (Abb. 20.**4**, 20.**5**). Dieses ist ebenfalls im inneren Membransystem lokalisiert und enthält Chlorophyll, das Photonen aufnimmt. Die in der vorausgehenden Cytochromkette von System II energetisch abgefallenen Elektronen werden noch einmal auf ein höheres Energieniveau gehoben. Diese Elektronen vermögen, zusammen mit Protonen, $NADP^+$-Moleküle zu NADPH zu reduzieren. Das $NADP^+$/NADPH-System unterscheidet sich von dem uns aus den Mitochondrien vertrauten durch eine Phosphorylierung des C2-Atoms der Adenin-gekoppelten Ribose; vgl. Formeln 18.10 und 18.11. Der Ablauf ist folgendermaßen:

$$NADP^+ + H^+ + 2\,e^- \rightarrow NADPH \qquad (20.3)$$

Die Reduktionsäquivalente aus Photosystem I können (wie das ATP aus Photosystem II) erst in der Dunkelreaktion zum Zug kommen (Abb. 20.**4**).

Zusammenfassend können wir demnach festhalten, dass die Lichtreaktion eine zweistufige Vorbereitung zur Dunkelreaktion im Stroma ist, und zwar durch die Bereitstellung von ATP und von NADPH. Bei der Lichtreaktion werden also Elektronen durch den Lichteinfang am Chlorophyll zweimal auf ein hohes Energieniveau gehievt. Der Verlauf des Energieniveaus eines Elektrons sieht daher aus wie ein um 90° gekipptes Z (Abb. 20.**5**), daher spricht man vom Z-Schema der Photosynthese.

Abb. 20.**4** zeigt einige weitere Details zum Ablauf der Dunkelreaktion. Diese verläuft zyklisch, d. h. das Ausgangsprodukt Ribulose-5-Phosphat (ein C_5-Körper) wird im Calvin-Zyklus stets nachgebildet. Zunächst wird Ribulose-5-Phosphat mittels ATP (aus der Lichtreaktion) zu Ribulose-1,5-bis-Phosphat aufphosphoryliert. Erst dann kann es als Substrat für das Schlüsselenzym der Dunkelreaktion dienen. Dieses Enzym ist die Ribulose-1,5-bis-Phosphat-Carboxylase (Rubisco). Seinen Namen erhielt es aufgrund der Fähigkeit, Kohlendioxid kovalent an Ribulose-1,5-bis-Phosphat zu binden. Dabei verwendet die

Pflanze Kohlendioxid in gelöster Form, das in einem komplexen Gleichgewichtssystem vorliegt (Formel 20.4):

$$\underset{\text{Kohlendioxid + Wasser}}{CO_2 + H_2O} \leftrightarrow \underset{\text{Kohlensäure}}{H_2CO_3} \leftrightarrow \underset{\text{Bicarbonat-Ion}}{H^+ + HCO_3^-} \leftrightarrow \underset{\text{Carbonat-Ion}}{2\,H^+ + CO_3^{2-}} \qquad (20.4)$$

Auf diesem Wege steht dem Chloroplasten CO_2 stets zur Verfügung. Die Carboxylase der Chloroplasten hat demnach die umgekehrte Funktion wie die CO_2-freisetzenden Decarboxylasen der Mitochondrien. Da CO_2 in zelleigene Substanz integriert wird (letzten Endes in Glukose), wird der gesamte Vorgang als „Assimilation" bezeichnet. Der so gebildete C_6-Körper zerfällt in die zwei C_3-Körper der 3-Phosphoglycerinsäure, die mittels NADPH aus der Lichtreaktion zu zwei Molekülen Glycerinaldehyd-3-Phosphat reduziert werden. Dieses stellt eine Schlüsselsubstanz des pflanzlichen Stoffwechsels dar. Glycerinaldehyd-3-Phosphat kann einerseits über komplexe Schritte im Rahmen des Calvin-Zyklus in Ribulose-5-Phosphat zurückgeführt oder andererseits noch im Chloroplasten in Zucker verschiedener Kettenlänge umgewandelt werden. Dabei ist die Bildung von Glukose und deren Kondensation zu polymerer Stärke besonders wichtig, die im Stroma als Körnchen sichtbar wird. Dieser „Trick" erlaubt es den Chloroplasten, große Mengen an Glukose zu speichern, ohne durch osmotische Belastung zu platzen.

Wie sind Chloroplasten in die Gesamtfunktion der Pflanzenzelle eingebunden? Abb. 20.**7** fasst dies zusammen. Sowohl Glukose, als auch das Glycerinaldehyd-3-Phosphat können ins Cytosol abgegeben werden. Im Cytosol kennen wir Glycerinaldehyd-3-Phosphat bereits als Zwischenstufe der Glykolyse (vgl. Kap. 18). Über diese kann Pyruvat gebildet und in den Mitochondrien weiter energetisch ausgebeutet werden (vgl. Kap. 19), wie dies auch in tierischen Zellen erfolgt. Zwischenprodukte der Kohlenstoff-Assimilation können jedoch auch in den Peroxisomen der Pflanzenzelle ausgebeutet werden (vgl. Kap. 23).

An dieser Stelle sei noch einmal betont, dass die Pflanzenzelle nur indirekt von der Syntheseleistung ihrer Chloroplasten profitiert, nämlich erst auf dem Wege der Glykolyse und des oxidativen Energiestoffwechsels der Mitochondrien. Erst dabei wird das ATP für die verschiedensten energieverbrauchenden Prozesse der Zelle synthetisiert, wogegen das in Chloroplasten gebildete ATP zur Gänze für die „Finanzierung" der Photosynthese investiert wird. Demnach benötigt auch die Pflanzenzelle O_2 für ihre mitochondriale Zellatmung, obwohl sie den größten Teil des O_2, das bei der Photolyse des Wassers anfällt, an die Atmosphäre abgibt. Diese Zusammenhänge wurden bereits in Abb. 4.**3** zusammengefasst.

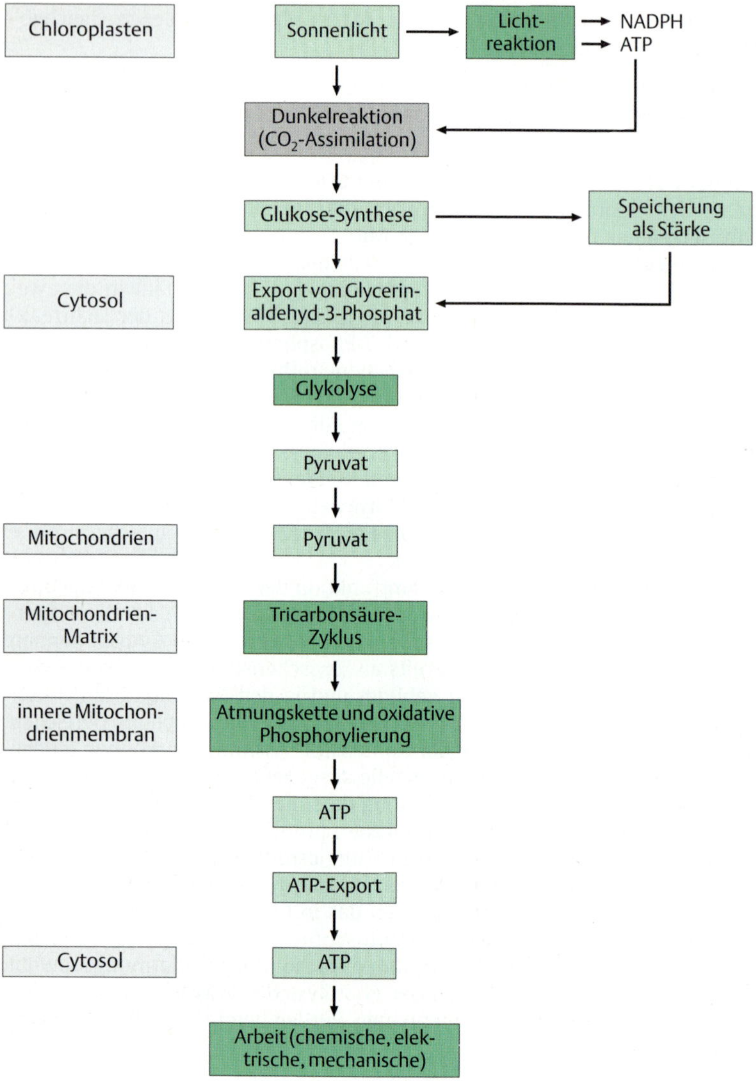
Chloroplasten
Sonnenlicht
Licht-reaktion
NADPH
ATP
Dunkelreaktion (CO_2-Assimilation)
Glukose-Synthese
Speicherung als Stärke
Cytosol
Export von Glycerin-aldehyd-3-Phosphat
Glykolyse
Pyruvat
Mitochondrien
Pyruvat
Mitochondrien-Matrix
Tricarbonsäure-Zyklus
innere Mitochon-drienmembran
Atmungskette und oxidative Phosphorylierung
ATP
ATP-Export
Cytosol
ATP
Arbeit (chemische, elek-trische, mechanische)

◀ Abb. 20.**7** Energiekonservierung („Energiegewinnung") und Energieumsatz in Pflanzenzellen in Kurzfassung. Zwar wird auch im Chloroplasten ATP gebildet (in der Lichtreaktion), jedoch wird dieses an Ort und Stelle (in der Dunkelreaktion) wieder verbraucht. Die Energieversorgung der Pflanzenzelle läuft also über den Export von anderen Syntheseprodukten des Chloroplasten, unter anderem Glycerinaldehyd-3-Phosphat. Dieses kann in die Glykolyse eingespeist werden, deren Endprodukt Pyruvat in den Mitochondrien weiter verwertet wird. Damit ist der weitere Energiestoffwechsel der Pflanzenzelle identisch mit dem der tierischen Zelle, abgesehen von der wichtigen Tatsache, dass die grüne Pflanzenzelle den „Brennstoff" Glukose selbst zu synthetisieren vermag.

20.2 Biogenese von Chloroplasten

Wie Mitochondrien entstehen auch Chloroplasten immer durch Teilung aus ihresgleichen. Dies wird über ihre organelleigene DNA, die ptDNA, gewährleistet, deren Translationsprodukte der Ergänzung aus der cytosolischen Translation von kernkodierten Produkten bedürfen. Die ptDNA kodiert einige der Proteinketten des inneren Membransystems, darunter ein Teil der Cytochrome. Weiterhin kodiert die ptDNA organelleigene tRNA sowie einen Teil der Proteine und der rRNA der Ribosomen, die der Chloroplast in seinem Stroma besitzt. Weitere Details gibt die Tab. 24.**2**. Die organelleigenen Ribosomen werden gebraucht, um die Genprodukte der ptDNA zu translatieren. Es werden keinerlei Translationsprodukte aus den Plastiden exportiert, dagegen wird sehr vieles an Translationsprodukten aus dem Cytosol importiert. Die meisten Genprodukte der Chloroplasten sind nukleär kodiert, müssen also importiert werden. Kaum eines der Innenmembran-Proteine wird komplett von ptDNA-Genen kodiert, sondern Peptidketten aus beiden Genomen werden kombiniert. Die Situation ist also jener bei Mitochondrien sehr ähnlich, vgl. Kap. 19.3. Dabei müssen durch Lichteinfall komplizierte Signale induziert werden, die die Differenzierung der farblosen und strukturell einfachen Vorläuferformen zu fertigen Chloroplasten anregen (Abb. 20.**8**).

Obwohl die Verhältnisse also prinzipiell wieder sehr ähnlich wie bei den Mitochondrien liegen, haben die Choroplasten eine noch weitergehende Autonomie bewahrt, wahrscheinlich weil sie erst später in der Evolution in die Pflanzenzellen gelangt sind als Mitochondrien (vgl. Kap. 24).

Wie differenziert sich ein Chloroplast aus seiner Vorläuferstruktur (Abb. 20.**8**)? Ohne Licht kann ein Plastid als kleiner Proplastid, zwar mit ptDNA und doppelter Membranhülle, aber ohne ausgeprägtes inneres Membransystem existieren. Bei Lichteinfall beginnt die innere Membran ins Stroma einzusprossen. Es bilden sich Stromalamellen und später durch deren lokale Ausfaltungen übereinander liegende Granalamellen. Dabei werden zunehmend Chlorophyll und Cytochrome in das innere Membransystem eingebaut. Wird eine grüne Pflanze auf längere Dauer abgedunkelt, so verblasst sie. So etiolieren Gräser, wenn sie wochenlang im Garten unter einem Brett liegen, können aber schnell wieder grün werden. Diese Fähigkeit beruht darauf, dass

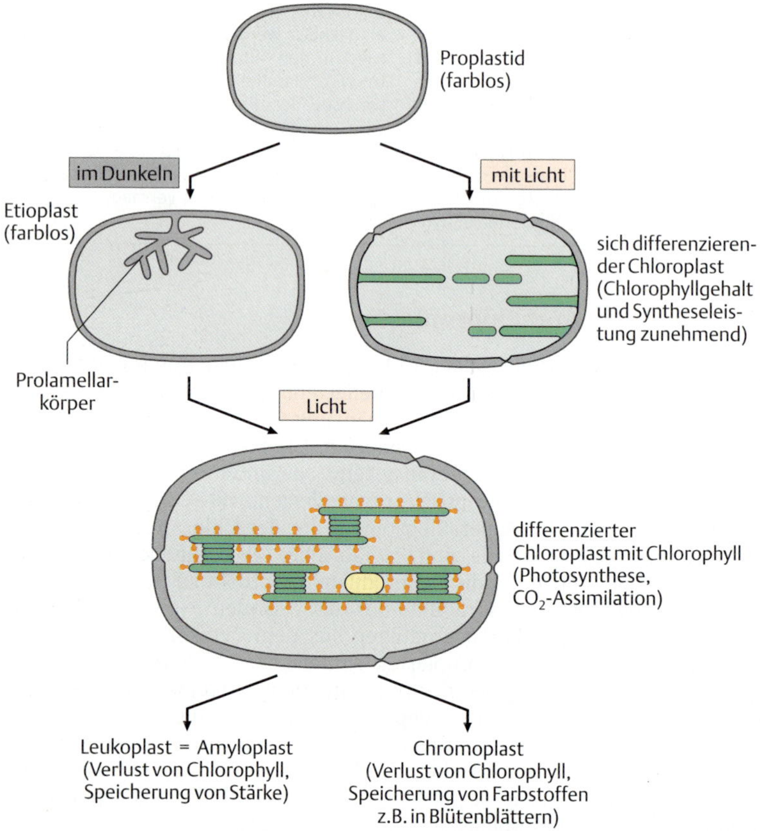

Abb. 20.**8** Biogenese von Chloroplasten und deren Derivate (Chloroplasten, Amyloplasten). Für kleine, chlorophyllfreie Proplastiden, die bereits eine doppelte Membranumhüllung aufweisen, gibt es zwei Differenzierungswege.
Im Dunkeln entwickeln sich reichliche Einfaltungen der Innenmembran. Dieser Prolamellarkörper der Etioplasten stellt einen Membranvorrat für die weitere Differenzierung dar, sobald die Zelle Licht „sieht“. Wenn Licht sogleich verfügbar ist bilden sich unmittelbar parallele Einfaltungen der Innenmembran. Auf beiden Wegen geht die endgültige Differenzierung durch Ausbildung von Granalamellen und zunehmende Einlagerung von Chlorophyll in Stroma- und Granalamellen vonstatten, wodurch der Chloroplast seine volle Funktionsfähigkeit erlangt. Er kann sie aber auch zugunsten der Speicherung von Farbstoffen (Chromoplasten von Blütenblättern) oder bei extremer Speicherung von Stärke (Amyloplasten, Leukoplasten) verlieren. Beide Chloroplasten-Derivate sind frei von Chlorophyll.

die Chloroplasten der Pflanzenzelle auch ohne Lichtversorgung nicht ganz verloren gehen. Sie werden in diesem Fall nicht einmal zu ganz einfachen Proplastiden, sondern zu so genannten Etioplasten zurückgebildet. Etioplasten könnte man als rasch differenzierungsfähige Wartestadien bezeichnen. Ihre innere Randmembran bildet lokal reichlich verzweigte tubuläre Einfaltungen (im Lichtmikroskop als farbloses Primärgranum zu sehen), die als Lipidreserve dienen. Damit ist die rasche Proliferation des inneren Membransystems, mit der der Chloroplast unverzüglich „loslegen“ kann, gewährleistet.

Chloroplasten können auch auf anderem Wege ent- oder umdifferenziert werden. In Speichergeweben, wie Kartoffelknollen, haben sie kein Chlorophyll und werden voll gestopft mit Stärkekörnern. Diese Umstände haben solchen Plastiden die Namen Leukoplasten bzw. Amyloplasten eingebracht. Chromoplasten dagegen haben zwar auch ihr Chlorophyll verloren, dafür speichern sie jedoch bunte Farbstoffe und bestimmen so die Farbe vieler Blüten. Ein Beispiel ist das leuchtende Gelb der Sumpfdotterblume *Caltha palustris* (für andere Blütenfarben vgl. Kap. 13).

Literatur

Bauer, J., A. Hiltbrunner, F. Kesler: Molecular biology of chloroplast biogenesis: gene expression, protein import and intraorganeller sorting. Cell. Mol. Life Sci. 58 (2000) 420

Boekema, E. J., J. F. L. van Breeman, H. van Roon, J. P. Dekker: Arrangement of photosystem II supercomplexes in crystalline macrodomains within the thylakoid membrane of green plant chloroplasts. J. Mol. Biol. 301 (2000) 1123

Häder, D.-P.: Photosynthese. Thieme, Stuttgart 1999

Küchler, M., J. Soll: From nuclear genes to chloroplast localized proteins. Plant Sci. 161 (2001) 379

Vgl. auch Kapitel 5 und 23

21 Zusammenhalt von Zellen im Gewebeverband

Zellen sind in vielfacher Weise miteinander sowie mit der extrazellulären Matrix (Interzellulärsubstanz) verbunden. An Zell-Zell-Verbindungen gibt es solche, die als ultrastrukturelle Membranspezialisierungen sehr auffällig sind. Dazu gehören Tight junctions zur einseitigen Versiegelung der Interzellulärräume, die Gürteldesmosomen mit Cadherinen als integralen Membranproteinen und innenseitig ansetzenden Aktin-Filamenten sowie Punktdesmosomen, ebenfalls mit Cadherinen, aber in Assoziation mit Keratin-Filamenten. Synonym werden diese Komponenten des „Verbindungskomplexes" als Zonula occludens, Zonula adherens und Macula adherens bezeichnet. Cadherine sind Zelladhäsionsmoleküle (integrale Membran-Glykoproteine), welche Ca^{2+}-abhängig an ihresgleichen binden (homophile Bindung zwischen benachbarten Zellmembranen). Zwischen und außerhalb diesen festigenden Zell-Zell-Verbindungen sind Gap junctions zur interzellulären Kommunikation lokalisiert. Daneben unterhalten Zellen großflächige, jedoch strukturell weniger auffällige Verbindungen über Zelladhäsionsmoleküle, sowohl mit anderen Zellen, als auch mit Komponenten der extrazellulären Matrix. Diese enthält unter anderem Aggregate aus Hyaluronsäure und Proteoglykanen sowie elastische Fasern aus Elastin und mechanisch sehr feste Fasern aus Kollagen. Zahlreiche Verbindungen gewährleisten den Kontakt der Zellen mit diesen Komponenten der Matrix. Dazu gehören Kontakte über die integralen Membranproteine der Gruppe der Integrine, und zwar nicht nur an Hemidesmosomen (mit Keratin-Filamenten) und Fokalkontakten (mit Aktin-Filamenten), sondern auch an strukturell unauffälligen Zell-Matrix-Verbindungen. Integrine sind integrale Membran-Glykoproteine zur Bindung von einzelnen Matrixkomponenten. Integrine sind daher Rezeptoren für Matrixkomponenten; sie bilden heterophile Bindungen. Die Herstellung bzw. Lösung aller dieser Verbindungen ist bedeutsam nicht nur bei normalen Entwicklungsprozessen, sondern auch bei der Entstehung von Tumoren. Die Lösung solcher Verbindungen erlaubt die Freisetzung von metastasierenden Tumorzellen.

21.1 Zellen im Gewebeverband

Im vielzelligen Organismus sind Zellen zu Geweben und Gewebe zu Organen zusammengefügt. Ein Gewebe ist ein Verband gleichartiger Zellen von einer Art, meistens aber von mehreren Arten, mit typischer Anordnung und gemeinsamer Funktion. Mehrere Arten von Zellen sind in den meisten Fällen allein schon deshalb beteiligt, weil die meisten Gewebe von Blutgefäßen durchsetzt sind. Ein Extremfall ist das Knorpelgewebe, das allein Chondrocyten enthält und durch Diffusion ernährt wird. In manchen Geweben sind klare Bau- und

Funktionseinheiten erkennbar („Histione", nicht zu verwechseln mit Histonen). Beispiele sind das Leberläppchen und das Osteon des Knochengewebes. Der Begriff des Histions impliziert eine strukturelle und funktionelle Unterteilung mancher Gewebe bzw. die Tatsache, dass Gewebe meistens nicht völlig homogen gebaut sind. Durch Zusammenschluss mehrerer Gewebe entstehen Organe für komplexere Funktionsleistungen. Paradebeispiel hierfür ist unser Auge, in dem u. a. Gewebe für die Aufnahme und Verarbeitung von Lichtreizen (Retina, ein Epithel aus Sinnes- und Nervenzellen) und Gewebe für die Bündelung des Lichtes (Augenlinse) sowie weitere Gewebe miteinander kombiniert sind.

Es ist aber nicht selbstverständlich, dass Zellen überhaupt miteinander in Kontakt bleiben, und noch weniger, dass sie dies in „richtiger" Anordnung tun. Dazu bedarf es einer Palette an Proteinen der Zelloberfläche, meist membranintegrierte Glykoproteine (Glykokalix; vgl. Kap. 6.4). Sie stellen spezifische Zell-Zell-Kontakte her. Cytoplasmaseitig kann strukturell eine Anknüpfung an Elemente des Cytoskeletts erfolgen, nämlich an Aktin- und Intermediär-Filamente (vgl. Kap. 16) und funktionell an Signaltransduktionswege (vgl. Kap. 6.5 und 17.2).

Zellen sind vielfach von einer mehr oder weniger stark ausgebildeten zwischenzelligen Substanz umgeben (Interzellulärsubstanz, extrazelluläre Matrix). Bei starker Ausprägung gesellen sich zu ihr auch Elemente des Bindegewebes, wie das Faserprotein Kollagen. Benachbarte Zellen besitzen dann an ihrer Oberfläche unter anderem auch integrale Bindeproteine für Kollagen (Kollagen-Rezeptor) und andere Zell-Matrix-Verbindungen.

Wie in Abb 21.**1** zusammengefasst, ist der Zusammenhalt von Zellen in Geweben gewährleistet durch
- Zell-Zell-Verbindungen
- Zell-Matrix-Verbindungen

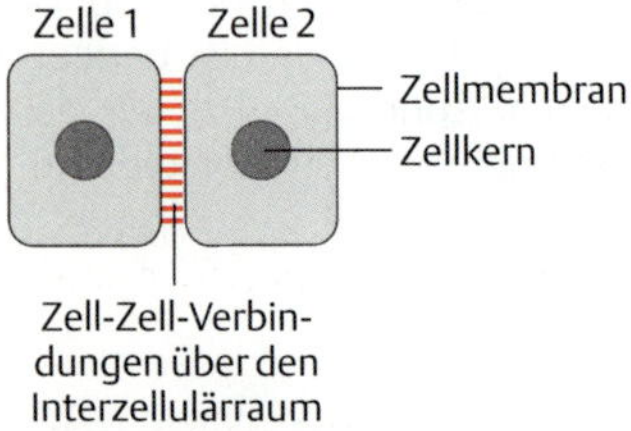

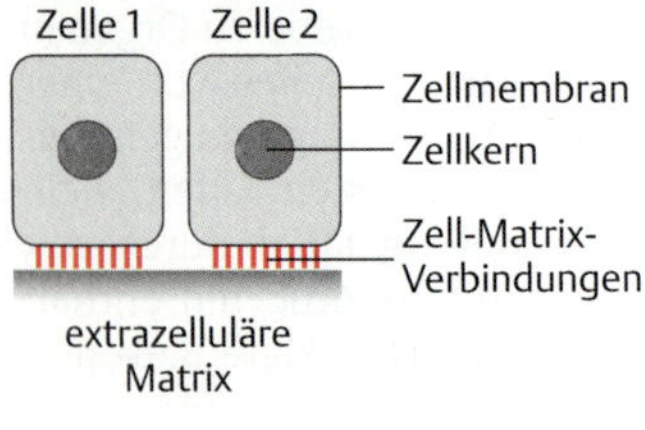

Abb. 21.**1** Zusammenhalt von Zellen im Gewebe. Der Zusammenhalt der Zellen ist gewährleistet durch Zell-Zell- sowie durch Zell-Matrix-Verbindungen. Beide sind hier getrennt gezeichnet, können aber gleichzeitig am Zusammenhalt von Zellen in Geweben mitwirken

Zwischen beiden gibt es insofern Gemeinsamkeiten, als manche Zell-Zell-Verbindung auch quasi halbiert auftreten und dann als Zell-Matrix-Verbindung fungieren kann.

Im folgenden sind strukturell auffällige Zell-Zell-Verbindungen und Zell-Matrix-Verbindungen zusammengestellt (Abb. 21.**2** bis 21.**10**):

Undurchlässige Zell-Zell-Verbindungen: Tight junction (Schlussleiste, Zonula occludens). Diese Verbindungen dienen dem Abdichten des Interzellulärraumes.

Haftverbindungen: Sie dienen der mechanischen Festigung (vgl. nachfolgende Punkte 1, 2) und der Deformierbarkeit (s. Punkt 1).

1. In Assoziation mit Aktin-Filamenten
   - Adhäsionsgürtel (engl.: adhesion belt, Gürteldesmosom, Zonula adhaerens): zweiteilige Zell-Zell-Verbindung
   - Fokalkontakte (engl.: adhesion plaques): Zell-Matrix-Verbindungen, die wie halbierte Gürteldesmosomen aussehen.
2. In Assoziation mit Intermediär-Filamenten vom Typ der Keratine
   - Punktdesmosom (Macula adhaerens). Zweiteilige Zell-Zell-Verbindung
   - Hemidesmosom: Zell-Matrix-Verbindung, die wie ein halbiertes Punktdesmosom aussieht.
3. In ultrastrukturell weniger auffälligen Zell-Zell- und Zell-Matrix-Verbindungen.
   - Im Gegensatz zu den oben genannten Verbindungen sind hier die beteiligten Proteine nicht zu größeren dauerhaften Aggregaten geclustert, sondern flächig verteilt. Auch die Anbindung cytoskelettaler Filamente ist hier – obwohl vorhanden – im EM nicht so offensichtlich.

Kommunizierende Verbindungen: Sie dienen der „interzellulären Kommunikation" durch Stoffaustausch.

1. Gap junctions:
   - molekulare Tunnelproteine zum Austausch niedermolekularer Stoffe.
2. Plasmodesmen:
   - einzige Zell-Zell-Verbindungen von Pflanzengeweben, die dem interzellulären Stoffaustausch dienen, ähnlich den Gap junctions tierischer Gewebe.
3. Chemische Synapsen:
   - setzen chemische Botenstoffe durch Exocytose frei (vgl. Kap. 11.3.2), z. B. „chemische Kommunikation" zwischen einer Nervenendigung und eng benachbarter Muskel- oder Nervenzelle über Neurotransmitter-Freisetzung.

Wenn wir einmal von den Plasmodesmen der Pflanzen und den chemischen Synapsen absehen, so können in tierischen Geweben theoretisch alle aufgelisteten Zell-Zell-Verbindungen, sowie Fokalkontakte und Hemidesmosomen,

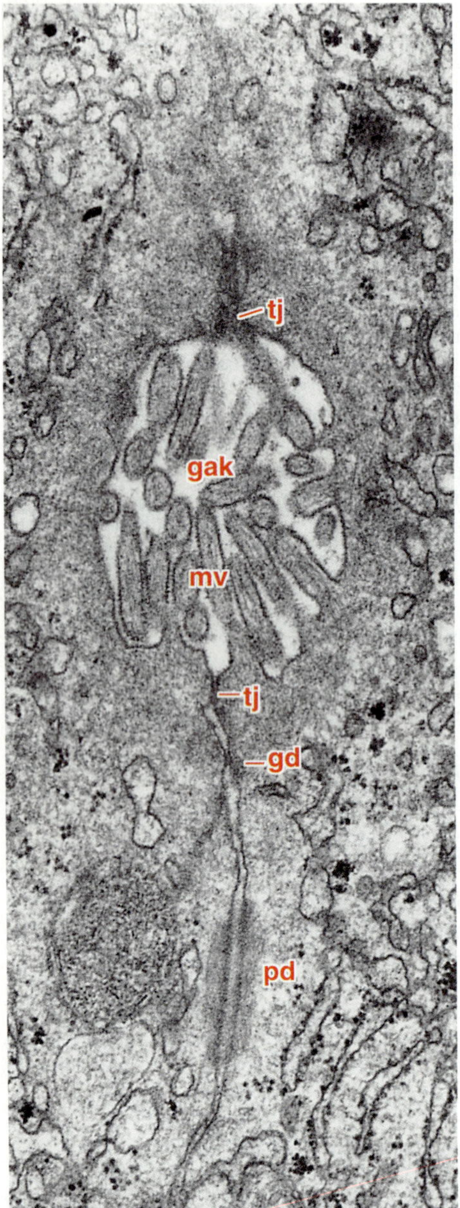

Abb. 21.**2** Verbindungskomplex. An einer Gallenkapillare (gak, mit Mikrovilli, mv) lässt sich ihre Abtrennung vom restlichen Interzellulärraum durch Tight junctions (tj) erkennen. Diese verhindern den Einstrom der Galle in die Blutbahn. In der weiteren Abfolge sind im Schnitt getroffen: ein Gürteldesmosom (gd) und ein wesentlich ausgedehnteres Punktdesmosom (pd). Beide sind von einer elektronendichten Masse flankiert, die (nach immuncytochemischen Analysen) jeweils Aktin bzw. Keratin enthalten. Die Kombination dieser strukturell auffälligen Zell-Zell-Kontakte nennt man den Verbindungskomplex (Junctional complex). Vergr. 45 000fach (Aufnahme: H. Plattner).

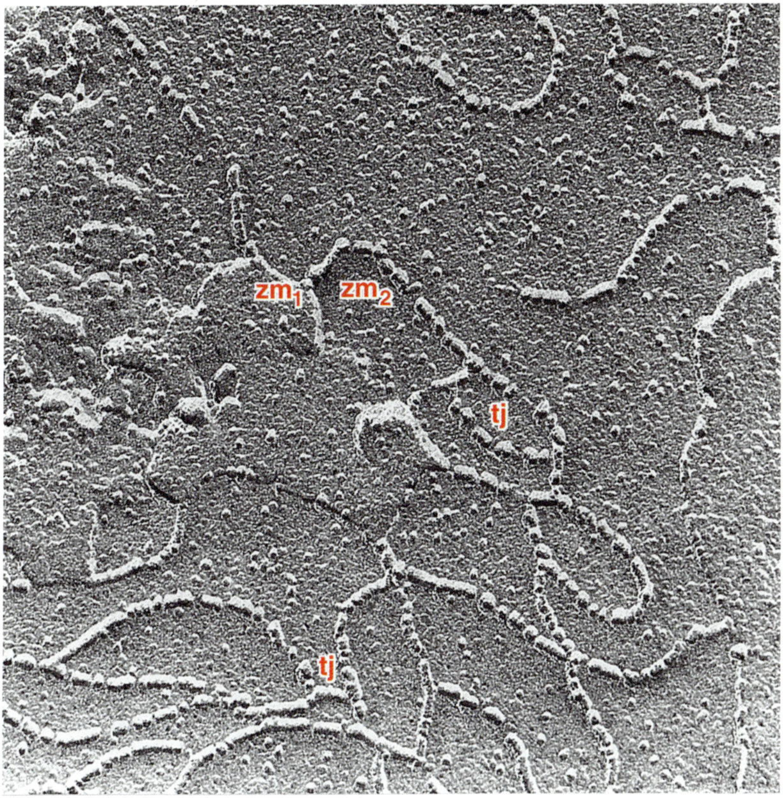

Abb. 21.**3** Tight junction im Gefrierbruch. Hier liegen die Zellmembranen zweier Nachbarzellen (zm_1, zm_2) sehr eng aneinander. Dieser enge Zusammenschluss wird durch integrale Membranpartikel gewährleistet, die in verzweigten Reihen angeordnet sind und eine Art „Vernietung" beider Membranen bewerkstelligen (vgl. Abb. 21.**4**). Vergr. 110 000fach (Aufnahme: P. Pscheid und H. Plattner).

nebeneinander vorkommen. Bei der Gewebebildung werden sie je nach funktionellen Bedürfnissen selektiv ausgebildet. Der besseren Übersichtlichkeit halber seien die einzelnen Komponenten zunächst getrennt dargestellt. Abb. 21.**2** zeigt Beispiele im elektronenmikroskopischen Bild.

21.1.1 Tight junctions

Sie sind als „Schlussleisten" am resorbierenden Epithel des Dünndarms bereits histologisch im Lichtmikroskop deutlich erkennbar. Im Transmissions-EM er-

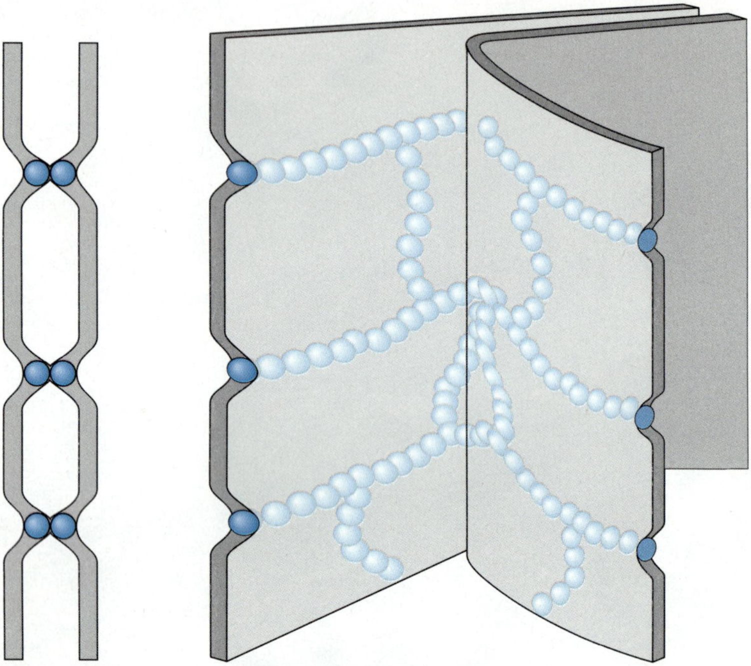

Abb. 21.**4** Tight junctions. Schematische Darstellung der „Vernietung“ benachbarter Zellmembranen durch Membranpartikel (vgl. Abb. 21.**3**). Links: Im Querschnitt sieht man die aneinander passenden Proteinpartikel. Rechts: Erst im Gefrierbruch (hier schematisch) zeigt sich die Anordnung der Partikel in verzweigten Reihen.

kennt man eine enge Annäherung benachbarter Zellmembranen (Abb. 21.**2**). Appliziert man eine elektronendichte Salzlösung (z. B. Lanthan, La^{3+}) an einer Seite, so kann diese im Interzellulärraum nur bis zu den Tight junctions vordringen. Ähnlich dicht sind diese Zell-Zell-Verbindungen für physiologische Ionen oder gar für größere Moleküle.

Besonders aufschlussreich sind Gefrierbruch-Analysen (Abb. 21.**3**). Sie zeigen, dass an Tight junctions benachbarte Zellen durch eng aneinander gelegte, in langen und vielfach verzweigten Linien angeordnete integrale Proteine miteinander „vernietet“ sind, wie das Schema in Abb. 21.**4** zeigt.

Besonders prägnant sind Tight junctions im Bereich der Blut-Hirn-Schranke ausgebildet, wo sie dazu beitragen, dass Substanzen aus dem Blutkreislauf nur unter strikter Kontrolle Zutritt zum Nervengewebe erlangen. Auch das Darmepithel besitzt ausgeprägte Tight junctions, sodass Verdauungsenzyme den Körper nicht zersetzen und auch Nährstoffe nur unter strikter Kontrolle der molekularen Transportmechanismen in den Körper gelangen können (vgl.

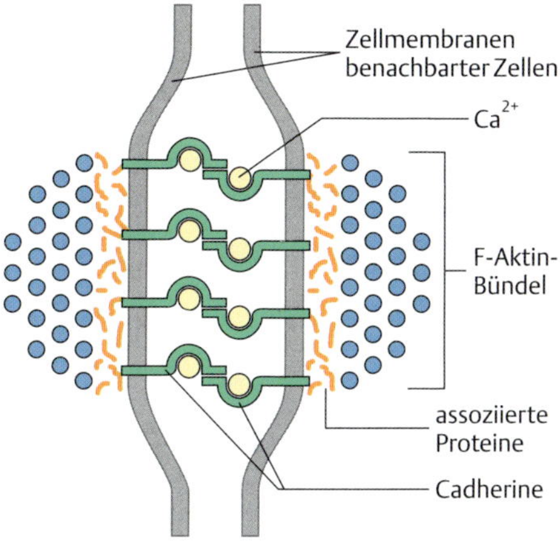

Abb. 21.**5** Bau eines Gürteldesmosoms. Die benachbarten Zellmembranen wahren einen deutlichen Abstand voneinander und enthalten hier Cadherine, die von beiden Seiten in den Interzellulärraum vorragen, Ca^{2+} binden und über homophile Bindung miteinander verbunden sind. Innenseitig folgen membranassozierte Proteine, an die sich Bündel von Aktin-Filamenten flach anlagern.

Kap. 6.2). Für die Integrität der Tight junctions ist extrazelluläres Ca^{2+} erforderlich.

Das Äquivalent der Tight junctions bei Invertebraten, von den primitivsten Metazoen (Schwämmen) angefangen, sind die „Leiter-Desmosomen“, die allerdings ein etwas anderes Aussehen haben. Das Errichten einer Permeabilitätsschranke war offensichtlich ein frühes „Anliegen“ der Evolution.

21.1.2 Adhäsionsgürtel und Fokalkontakte

Adhäsionsgürtel. Unterhalb der Schlussleisten folgt häufig eine als Adhäsionsgürtel bezeichnete Struktur (Abb. 21.**2**, 21.**5**). Hier sind benachbarte Zellen durch gleichartige transmembranäre (integrale) Glykoproteine vom Typ der Cadherine miteinander verhaftet, indem diese in den Interzellulärspalt vorragen und in schleifenartigen Strukturen das bivalente Kation Ca^{2+} binden. Allgemein bezeichnet man als Cadherine jene membranintegrierten Glykoproteine, die Zell-Zell-Verbindungen unter Beteiligung von beidseitig gleichartigen Molekülen und unter Ca^{2+}-Einlagerung herstellen (Abb. 21.**5**).

Die Bezeichnung Adhäsionsgürtel oder Gürteldesmosom kommt daher, dass diese Zell-Zell-Kontakte flächig, wie ein Gürtel, um die gesamte Zelle herumlaufen (Abb. 21.**7** und 21.**8**). Über zwischengelagerte, membranassoziierte Proteine sind Aktin-Filamente mit dem Gürteldesmosom verbunden (Abb. 21.**5**). Mit den Aktin-Filamenten kann Myosin assoziiert sein, wodurch eine gewisse Kontraktilität erreicht wird.

Fokalkontakte. Vom Adhäsionsgürtel ausgehend können Aktin-Filamente aber auch nach basal verlaufen, wo Epithelzellen über Fokalkontakte mit der extrazellulären Matrix in Verbindung treten. Diese, auch als Adhäsionsplaques bezeichneten Zell-Matrix-Verbindungen, zeigen im Transmissions-EM zwar

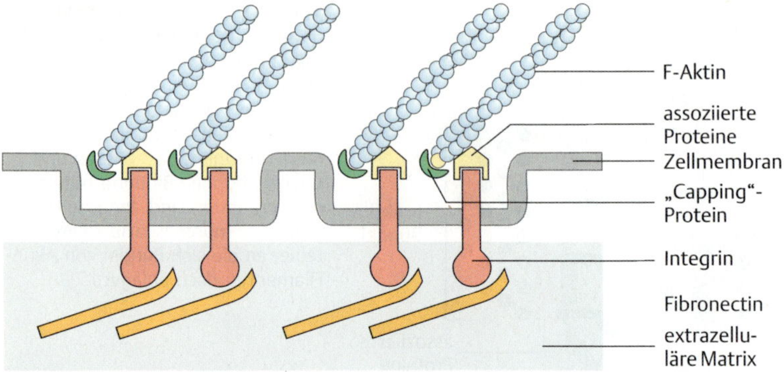

Abb. 21.**6** Bau von Fokalkontakten (Adhesion plaques). Diese dienen der Anheftung von Zellen an die extrazelluläre Matrix. Hier enthält die Zellmembran Integrine, die als Rezeptoren für Komponenten der Matrix dienen. Die hier gezeichneten Integrine dienen als Fibronectin-Rezeptoren. Innenseitig binden an den Integrinen, von denen ein jedes eigentlich aus zwei Untereinheiten besteht, Aktin-Filamente, jedoch nur durch Vermittlung von assoziierten Proteinen, deren komplexe Zusammensetzung aus verschiedenen Proteinen nicht gezeichnet ist. Die Aktin-Filamente sind außerdem durch ein „Capping"-Protein abgedeckt, um ihre weitere Polymerisation auf dieser Seite zu verhindern.

einen ähnlichen Aufbau wie ein halbierter Adhäsionsgürtel, jedoch besitzen sie andersartige integrale Membran-Glykoproteine, die Integrine (Abb. 21.**6**). Diese stellen Verbindungen mit Proteinen anderer Art (Nicht-Integrine) her, nämlich mit Komponenten der extrazellulären Matrix. Integrine kann man daher als heterophil bindende Rezeptoren für Matrixkomponenten bezeichnen. Von besonderer Wichtigkeit ist dabei der Fibronectin-Rezeptor. In Abb. 21.**6** ist die Anbindung von Aktin-Filamenten an die Integrine eines Fokalkontaktes über assoziierte Proteine sehr vereinfacht gezeichnet. In Wirklichkeit sind viel mehr Proteine beteiligt und jedes Integrin besteht aus zwei Untereinheiten.

Auch Bindegewebszellen, die Fibroblasten, sind auf diese Art im Bindegewebe verankert. Das Fibronectin, an dem sie haften, stellen sie selbst her und geben es über konstitutive Exocytose ab. Wenn eine Zelle, z. B. ein Fibroblast in der Kulturschale, beginnt, sich amöboid fortzubewegen, müssen diese Fokalkontakte gelöst werden (vgl. Kap. 17.2). Ähnliches geschieht, wenn Zellen zu Krebszellen entarten, wenn also die Kontakthemmung sowie die Teilungshemmung und somit die normale Integration im Gewebe aufgehoben werden (vgl. Kap. 6.4). Erst durch Lösen der Fokalkontakte kann es zum Auswandern von Krebszellen und somit zur Metastasen-Bildung in anderen Organen außerhalb des Primärtumors kommen. Fokalkontakte sind also reversible, dynamische Strukturen (vgl. Abb. 17.**12**).

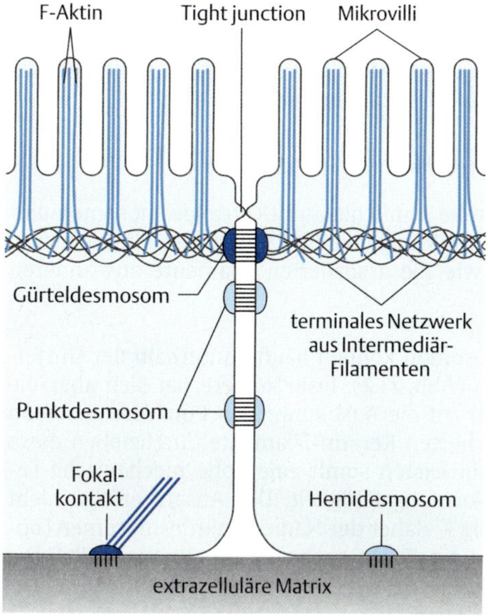

Abb. 21.**7** Zuordnung von F-Aktin-Bündeln zu verschiedenen Spezialisierungen der Zellmembran in Epithelzellen. Aktin-Filamente (blau) liegen gebündelt vor in den Mikrovilli, sowie an den Gürteldesmosomen. Dazwischen liegt das terminale Netzwerk aus Intermediär-Filamenten, sodass aus diesem Raum größere Organellen ausgeschlossen sind. Unterseits folgen Punkt- und Hemidesmosomen (vgl. Abb. 21.**8**). Den Abschnitt der Zellmembran mit den Mikrovilli, oberhalb der Tight junctions, bezeichnet man als apikal, den Rest als basolateral.

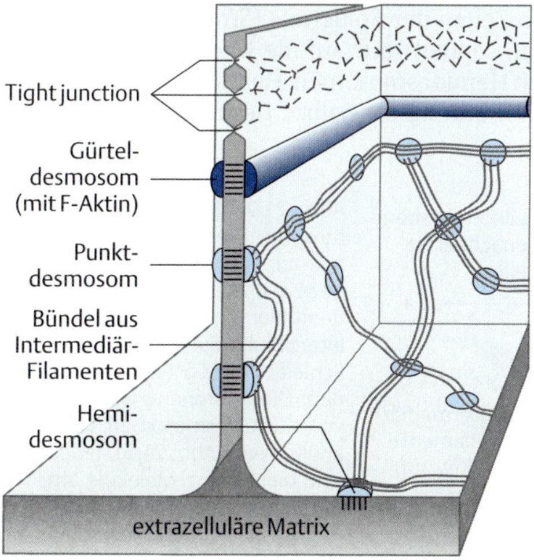

Abb. 21.**8** Zuordnung von Bündeln aus Keratin-Filamenten zu Spezialisierungen der Zellmembran. Die Keratin-Filamente (grau) binden an Punkt- und Hemidesmosomen. Zum Vergleich mit Abb. 21.**7** sind auch die anderen Strukturen des Verbindungskomplexes eingezeichnet.

Im Ensemble präsentieren sich Adhäsionsgürtel und Fokalkontakt wie in Abb. 21.**7** dargestellt ist. Dabei ist berücksichtigt, dass auch jene Aktin-Filamente, welche aus den Mikrovilli einstrahlen, mit den Aktin-Filamenten des Adhäsionsgürtels über Intermediär-Filamente in Kontakt treten.

21.1.3 Punktdesmosomen und Hemidesmosomen

Auffallend ist hierbei die strukturelle Ähnlichkeit mit Gürteldesmosomen und Fokalkontakten, obwohl die an der Bildung von Punkt- und Hemidesmosomen beteiligten Membranproteine sowie die assoziierten Filamente aus anderen Komponenten bestehen.

Punktdesmosomen. Punktdesmosomen können häufig unterhalb der Gürteldesmosomen beobachtet werden (Abb. 21.**2**). Insbesondere hat sich aber die Epidermis der Haut (Deckepithel) auf die Ausbildung von Punktdesmosomen spezialisiert. Die mit ihnen assoziierten Keratin-Filamente durchziehen diese Zellen kreuz und quer und gewährleisten somit eine hohe mechanische Festigkeit bei entsprechender Verformungsfähigkeit. Der Ansatz erfolgt nicht gürtelförmig, sondern punktförmig – daher der Name Punktdesmosomen (obwohl im Elektronenmikroskop so ein Punkt eher eine Scheibe darstellt). Die am Aufbau der Punktdesmosomen beteiligten molekularen Komponenten gehen aus Abb. 21.**9** hervor.

Hemidesmosomen. Die untersten Zellen der Epidermis (Stratum basale) treffen basal auf keine Nachbarzellen, sondern nur auf die Interzellulärsubstanz des Bindegewebes. Hier bilden sich Hemidesmosomen. Hemidesmosom bedeutet, dass sich diese Zell-Matrix-Verbindung als halbes Desmosom präsentiert

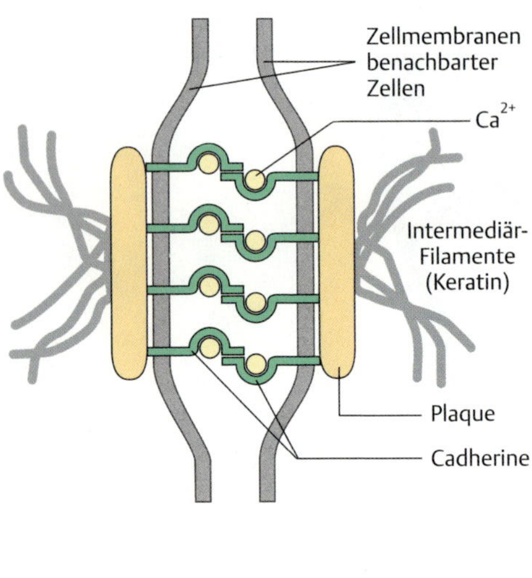

Abb. 21.**9** Bau eines Punktdesmosoms. Die benachbarten Zellmembranen verlaufen in einem gewissen Abstand voneinander, denn hier ragen Cadherine in den Interzellulärraum vor, wo sie Schleifen mit Ca^{2+}-Brücken ausbilden. Die Anordnung ist also jener von Gürteldesmosomen sehr ähnlich (vgl. Abb. 21.**5**), jedoch sind hier andere Moleküle am Aufbau beteiligt. So bilden hier membranassoziierte Proteine eine Plaque-Struktur, an die sich Intermediär-Filamente aus Keratin anlagern.

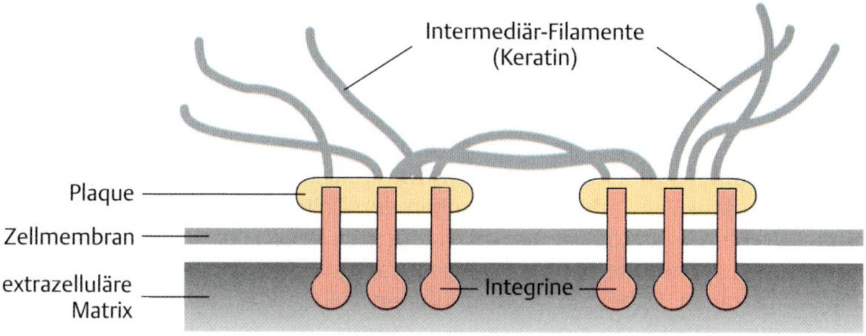

Abb. 21.**10** Bau eines Hemidesmosoms. Hier vermitteln Integrine den Kontakt zur extrazellulären Matrix (ähnlich wie bei Fokalkontakten; vgl. Abb. 21.**6**). Innenseitig schließen sich assoziierte Proteine an, die hier einen Plaque bilden, an dem Intermediär-Filamente aus Keratin ansetzen (ähnlich wie bei Punktdesmosomen).

(griech.: hemi, halb). Hemidesmosomen sind aus Integrinen aufgebaut (vgl. Abb. 21.**10**). In Abb. 21.**8** ist die Anordnung von Punkt- und Hemidesmosomen in Relation zu den vorhin besprochenen Zell-Zell-Verbindungen dargestellt.

Wie bei den Gürteldesmosomen liegen auch bei den Punktdesmosomen integrale Glykoproteine (Cadherine), innenseitig assoziierte Proteine und Filamente des Cytoskeletts vor, hier allerdings vom Typ der zu den Intermediär-Filamenten gehörenden Keratin-Filamente. Nur bei äußerlicher Betrachtung sind Hemidesmosomen halbierte Punktdesmosomen. Sie treten zwar über Keratin-Filamente mit diesen in Verbindung, die Hemidesmosomen enthalten jedoch Integrine (Abb. 21.**10**).

21.2 Der Verbindungskomplex

Da Tight junctions, Gürtel- und Punktdesmosomen häufig in dieser Reihung nacheinander angeordnet sind (vgl. Abb. 21.**2**), werden sie auch als Verbindungskomplex (Junctional complex) zusammengefasst.

21.3 Zell-Zell-Verbindungen ohne assoziierte Filamente

21.3.1 Allgemeine Zell-Zell- und Zell-Matrix-Adhäsion

Dazu gehören alle jene Verbindungen, welche ultrastrukturell weniger auffällig als die vorhin besprochenen, aber nicht weniger wichtig sind. Oft können die beteiligten Komponenten nur über Immunmarkierung dokumentiert werden.

Häufig beobachtet man, wie Zellen einen relativ konstanten Abstand voneinander halten (z. B. in Abb. 4.**16**). Der Interzellulärspalt birgt ein Reservoir an

Ionen und Nährstoffen, die entlang der großen Fläche mit dem Zellinneren ausgetauscht werden. Über integrale Glykoproteine der Zellmembran wird die Erkennung von Nachbarzellen und deren spezifische Adhäsion gewährleistet. Über solche Moleküle können sogar Differenzierungsschritte induziert oder Zellbewegungen ausgelöst werden. Kurzum, auch dort, wo im EM keine morphologisch auffälligen Strukturen des Verbindungskomplexes zu sehen sind, gibt es molekulare Verbindungen zwischen den Zellen über verschiedenartige integrale Membran-Glykoproteine, die von beiden Seiten aus in den Interzellulärraum oder zu einer mehr oder weniger stark ausgebildeten extrazellulären Matrix hinausragen. Dabei gibt es verschiedene Möglichkeiten (Abb. 21.**11**):

1. Die Bindung erfolgt an einer Komponente der extrazellulären Matrix mittels einseitig herausragenden Integrinen (Allgemein: Substrate adhesion molecules, „SAMs").
2. Die Bindung erfolgt über beidseitig aus den benachbarten Zellmembranen herausragende integrale Proteine. Darunter fallen mehrere Typen:
   - Cadherine mit Ca^{2+}-abhängiger Bindung beidseitig gleichartiger Partner (homophile Bindung) wie in Abb. 21.**5** und 21.**9**, jedoch ohne auffällige intrazelluläre Filamentbündel.
   - „CAMs" (Cell adhesion molecules) der Immunglobulin-(Ig-)Superfamilie (s. u.). Diese können homophile oder heterophile Bindungen eingehen, also mit gleichen oder ungleichen Partnern von CAMs binden.

Dieser in der Tat verwirrenden Nomenklatur liegen rasch fortschreitende molekulargenetische Strukturaufklärungen zugrunde.

Somit gibt es verschiedene Typen von „Zelladhäsionsmolekülen" im weiteren Sinn. Mit ihren hydrophoben Domänen sind sie in der Zellmembran verankert, mit extrazellulär vorragenden glykosylierten Proteinketten zeigen sie gleichsam ihre Identitätskarte vor. Diese Funktionen gehören zu dem, was wir in Kap. 6.4 in einfacher Form als eine der Funktionen der Glykokalix kennen gelernt haben: die Erkennungsfunktion.

In diesem Zusammenhang wollen wir einen Blick auf andere Glykoproteine werfen, deren Erkennungsfunktion geradezu sprichwörtlich ist: die Antikörper (vgl. Kap. 10.5), die „Profis" unter den Erkennungsmolekülen. Die Überraschung war groß, als mit Methoden der molekularen Genetik gezeigt werden konnte, dass einige Zelladhäsionsmoleküle Sequenz- und Strukturhomologien mit Antikörper-Molekülen (IgGs) aufweisen, nämlich die so genannten Ig-Domänen. Antikörper sind zwar Erkennungsmoleküle, aber keine Zelladhäsionsmoleküle. Aus evolutiver Sicht stellt sich daher die Frage, ob hier Genduplikation mit anschließender Diversifikation über Mutationen am Werk war (vgl. Kap. 24).

Von außerordentlicher Bedeutung neben Cadherinen sind die neuronalen Zelladhäsionsmoleküle während der Entwicklung, von der frühesten Embryonalphase bis zur Verknüpfung korrekter Kontakte zwischen Neuronen. Die Expression neuronaler Zelladhäsionsmoleküle ändert sich während der Entwicklung und verläuft nach einem festgelegten genetischen Programm. Eines

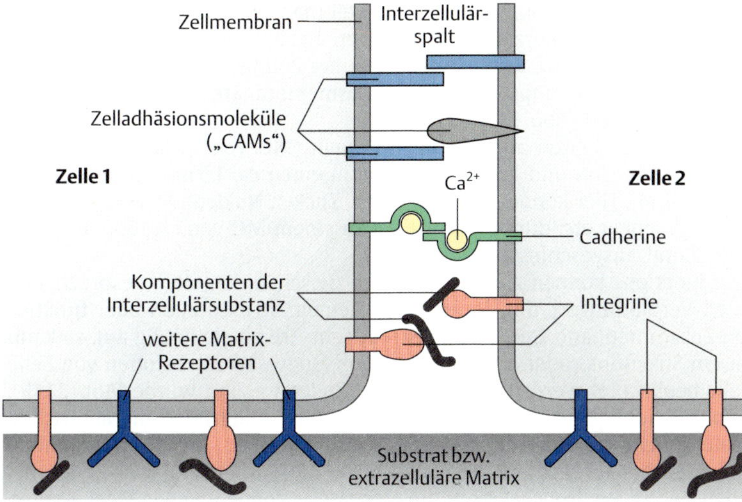

Abb. 21.**11** Zellen können miteinander über integrale Membranproteine auf unterschiedliche Weise verbunden sein. Eine indirekte Verbindung besteht über Bindung von „SAMs“ (Integrinen) mit Komponenten der extrazellulären Matrix, für deren einzelne Komponenten sie eine Rezeptorfunktion mit spezifischer Bindung ausüben. Eine direkte Verbindung besteht über Cadherine (homophile Bindung) oder über „CAMs“ (homo- oder heterophile Bindungen, vgl. auch Kap. 21.5). Alle diese Verbindungen sind zumeist breitflächig über die Zelloberfläche verteilt, sodass sie ultrastrukturell nicht ins Auge springen.

der neuronalen Zelladhäsionsmoleküle der Ig-Superfamilie bezeichnet man als das „Neuronal cell adhesion molecule“ schlechthin („NCAM“). Aber auch im Nervengewebe kommt die ganze Palette der erwähnten Zelladhäsionsmoleküle vor.

Die Cadherine gehören – neben Gap junctions und modifizierten Tight junctions – wahrscheinlich mit zu den ursprünglicheren Zelladhäsionsmolekülen. Jedenfalls gibt es Ca^{2+}-abhängige Zell-Zell-Verbindungen bereits bei den primitivsten Metazoen (Porifera, Schwämme).

Zur Stabilisierung von Zell-Zell-Verbindungen können jedoch noch weitere Proteinspezies beitragen: die Lektine. Hier sei daran erinnert, dass Lektine meist oligomere, meist lösliche Proteine sind, mit der Fähigkeit, spezifische Glykosylierungs-Reste (Zucker) zu erkennen. Sie kommen wohl in allen Eukaryotenzellen vor.

21.3.2 Gap junctions

Der Name, für den es kein gebräuchliches Äquivalent im Deutschen gibt, ist ungeschickt gewählt. Ironischerweise könnte man sagen, dass sie so heißen (engl.: gap, Spalt; junction, Verbindung), weil man an diesen Zell-Zell-Verbindungen fast keinen Interzellulärspalt sehen kann (Abb. 21.**12**). Benachbarte Zellen liegen hier so eng beieinander, dass ihre Zellmembranen mit Aggregaten oligomerer Membranproteine enge transmembranäre Tunnel von Zelle zu Zelle bilden können (Abb. 21.**13**, 21.**14**).

Sechs Untereinheiten aus Connexin-Protein (MG von 28 000 oder mehr) bilden ein Connexon und lassen im Zentrum einen ca. 1,5 nm breiten Tunnel frei (Abb. 21.**14**). Hier können Wasser, Ionen, Zucker, Nukleotide, Aminosäuren, Second messenger etc. durchtreten – bis zu einem MG von ca. 1600. Proteine bleiben damit ausgeschlossen.

Gap junctions können ziemlich wahllos zwischen den oben besprochenen Zell-Zell-Verbindungen, mit denen sie in keinem strukturellen oder funktionellen Zusammenhang stehen, eingestreut sein. Treten sie häufig auf, so kann leicht ein Stromfluss oder ein Austausch von Fluoreszenzfarbstoffen von Zelle zu Zelle beobachtet werden, wenn eine der Zellen injiziert wurde (Abb. 21.**15**).

Gap junctions dienen somit der ionalen (elektrischen) und metabolischen Koppelung benachbarter Zellen, z. B. in Drüsengeweben. Diese „interzelluläre Kommunikation" erleichtert die konzertierte Aktion benachbarter Zellen bei Stimulation. Im Herzmuskel dient die elektrische Koppelung der Muskelzellen der Synchronisation des Herzschlags. Allerdings könnten darin auch gewisse Gefahrenmomente stecken, denn steigt z. B. bei Verletzung einer Zelle ihre intrazelluläre Ca^{2+}-Konzentration auf letale Werte, so könnten auch ihre Nachbarzellen mit beeinträchtigt werden. Die Evolution hat insofern vorgesorgt, als dass ein abnormaler Anstieg von $[Ca^{2+}]_{i\ frei}$, über eine Konformationsänderung der Connexine in einem Connexon, einen Verschluss des Verbindungstunnels und damit eine Entkoppelung der Zellen bewirkt.

21.3.3 Plasmodesmen

Pflanzen haben es schwer, benachbarte Zellen und Gewebe zu „harmonisieren", etwa über Strukturen à la Gap junctions, zu deren Ausbildung sich zwei Zellen schon sehr nahe kommen müssen. Höhere Pflanzen haben ihre eigene „Problemlösung" gefunden. Punktuell ist die dicke Zellwand, deretwegen Nachbarzellen sich nicht direkt berühren können, unterbrochen. An solchen Stellen läuft die Zellmembran von einer Zelle zur anderen über, sodass tunnelartige Verbindungen entstehen (Abb. 23.**4** und 23.**5**). Diese nennt man Plasmodesmen (griech.: desma = Band), weil sie ein „Plasmaband" zweier Zellen durch die Zellwand hindurch bilden. Da dieser Tunnel aber sehr breit ist (~50 nm), wäre die Diffusionsbarriere für den interzellulären Stoffaustausch zu wenig selektiv, hätte die Evolution nicht einen weiteren „Trick" erfunden. Wie ein Korken im Flaschenhals steckt ein Pfropfen aus Phospholipiden in Form eines kollabierten Membranvesikels des Endoplasmatischen Retikulums in den Plasmodesmen und erlaubt nur den langsamen, kontrollierten Austausch molekularer Komponenten.

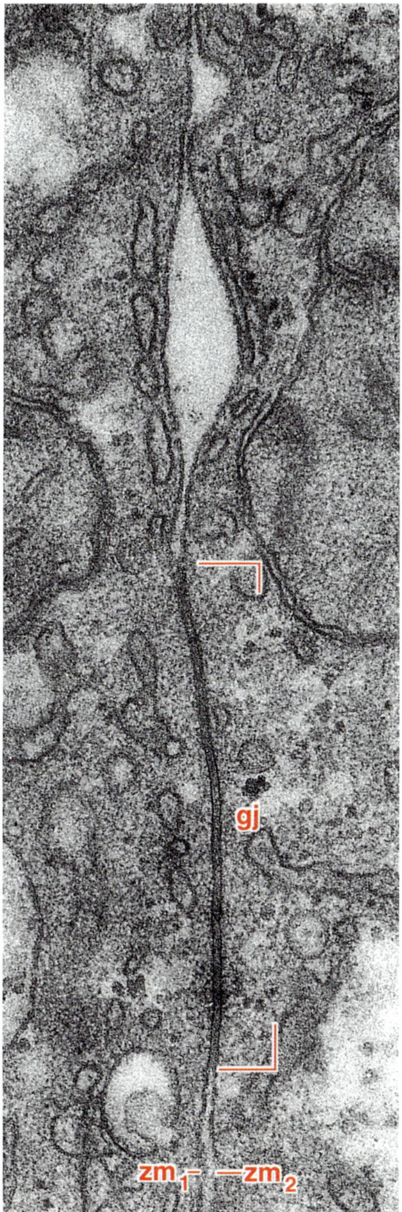

Abb. 21.**12** Gap junction (gj) im Querschnitt. Hier legen sich die Zellmembranen zweier benachbarter Zellen (zm_1, zm_2) über eine weite Fläche eng aneinander. Vgl. hierzu das Gefrierbruch-Bild (Abb. 21.**13**) und die Schemazeichnung (Abb. 21.**14**). Vergr. 60 000fach (Aufnahme: H. Plattner)

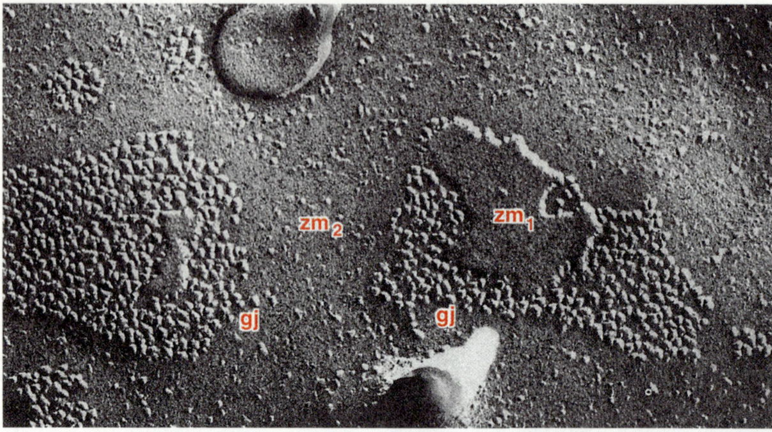

Abb. 21.**13** Gap junctions im Gefrierbruch-Bild. Hier präsentieren sich Gap junctions (gj) als dichtgepackte Membranpartikel in der Zellmembran der einen Zelle (zm_2); aber auch in dem nicht aufgebrochenen Fragment der Zellmembran einer darüberliegenden Zelle (zm_1) lässt sich die partikuläre Struktur erahnen. Dies entspricht der Anordnung von beidseitig zusammenpassenden Membranpartikeln, wie sie in Abb. 21.**14** gezeigt wird. Vergr. 125 000 fach (aus Hülser, D. F., D. Paschke, J. Greule. In H. Plattner: Electron Microscopy of Subcellular Dynamics. CRC Press, Boca Raton 1989).

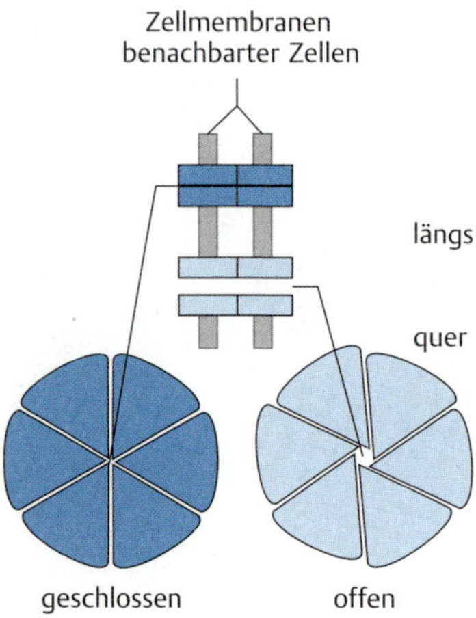

Abb. 21.**14** Funktioneller Bau von Gap junctions. Der untere Bildteil zeigt, dass jedes der Membranpartikel von Abb. 21.**13** eigentlich aus 6 Untereinheiten besteht: ein Membranpartikel entspricht einem Connexon aus 6 Connexin-Proteinen. Diese Untereinheiten können gegeneinander so verschoben werden, daß ein Connexon in einem geschlossenem oder offenen Zustand vorliegt. Im letzteren Fall wird eine kleine hydrophile Pore gebildet. Im Längsschnitt (oberer Bildteil) sind jeweils Connexone der benachbarten Zellmembranen aneinander gedockt. Im offenen Zustand können auf diesem Wege Ionen und niedermolekulare Verbindungen zwischen den Zellen ausgetauscht werden (vgl. Abb. 21.**15**).

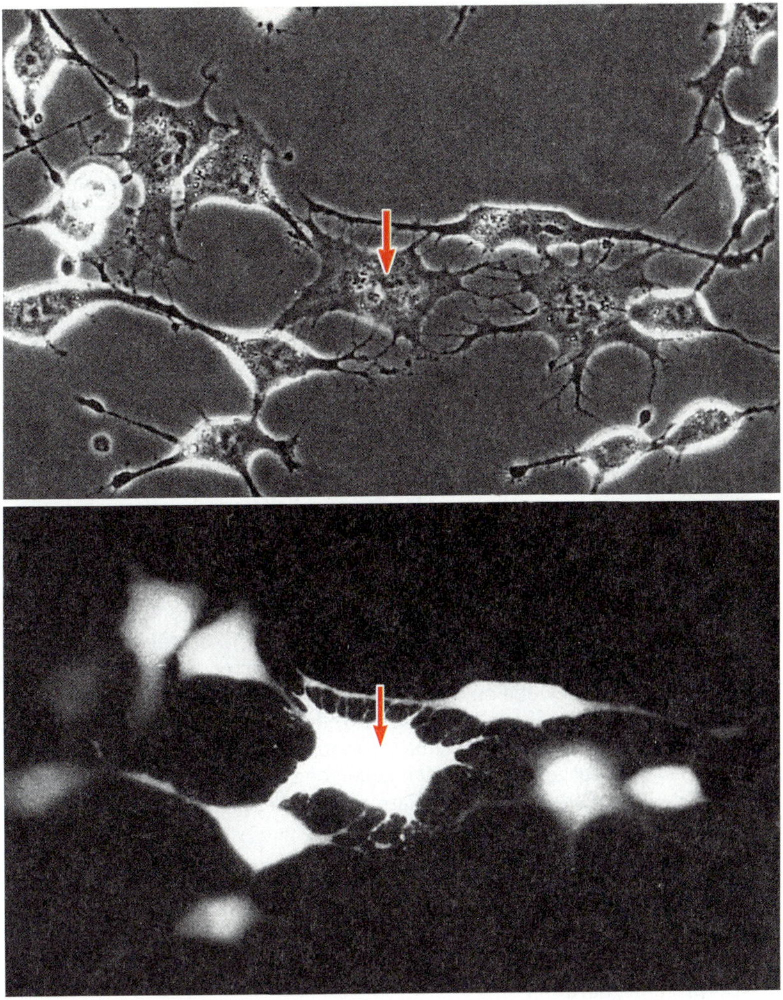

Abb. 21.**15** Stoffaustausch über Gap junctions. Von diesen Krebszellen in Zellkultur wurde nur die mittlere (Pfeil) mit einem Fluoreszenzfarbstoff injiziert. **a** Phasenkontrast-Bild, **b** Fluoreszenz-Bild. Innerhalb von wenigen Minuten lässt sich der Fluoreszenzfarbstoff mit einem gewissen Konzentrationsabfall auch in den Nachbarzellen nachweisen. Dieser interzelluläre Transport ist aber nur dann nachzuweisen, wenn die Zellen an ihren feinen Fortsätzen mittels Gap junctions miteinander in Verbindung stehen, wie dies für diese Zellen in Abb. 21.**13** gezeigt wurde. Vergr. 300fach (aus Hülser, D. F., D. Paschke, J. Greule. In H. Plattner: Electron Microscopy of Subcellular Dynamics. CRC Press, Boca Raton 1989).

21.4 Zell-Matrix-Verbindungen im Rückblick

Vorhin wurden an Zell-Matrix-Verbindungen jene hervorgehoben, welche ultrastrukturell auffällig erscheinen und mit Aktin- oder Keratin-Filamenten assoziiert sind: Fokalkontakte und Hemidesmosomen. Wie erwähnt, beinhalten diese Integrine in gehäufter Form, die an Fokalkontakten insbesondere über Fibronectin-Rezeptoren verfügen. Jedoch wurden ebenfalls ungeclusterte Integrine, als Rezeptoren für weitere Komponenten der extrazellulären Matrix, erwähnt (vgl. Abb. 21.**11**). Zusätzlich verankern integrale Membran-Proteoglykane die Zelle in der sie umgebenden Matrix. Um dies besser zu verstehen, werden wir uns im nächsten Abschnitt mit den Komponenten der extrazellulären Matrix genauer vertraut machen.

21.5 Die extrazelluläre Matrix (Interzellulärsubstanz)

Im folgenden klammern wir die Pflanzengewebe aus, die in Form einer mehr oder weniger stark ausgebildeten Zellwand auch eine Art Interzellulärsubstanz besitzen. Die extrazelluläre Matrix kann bei tierischen Geweben verschieden stark ausgebildet sein – am stärksten bei Binde- und Stützgeweben (Knorpel, Knochen). Im Falle des Knochengewebes sind zur mechanischen Härtung Mineralsalze eingelagert, wie Calciumphosphate und Calciumkarbonat. Der üblichen Situation in Geweben kommt jedoch das Knorpelgewebe wesentlich näher, mit seinem Gehalt an wasserreicher gelartiger Grundsubstanz (hydratisiertes Gel) und mit fallweise eingelagerten Fasern. Als anderes Extrem ist das Bindegewebe zu nennen. Es ist besonders reich an Fasern und besteht neben vereinzelten Bindegewebszellen (Fibroblasten, Fibrocyten) ebenfalls überwiegend aus extrazellulärer Matrix. Diese ist am bescheidensten in jenen Geweben ausgebildet, wo sich Zellen eng aneinander legen und einen schmalen, ca. 30 nm breiten Interzellulärraum bilden (vgl. Abb. 4.**16**). Zwischen diesen Extremen gibt es alle Übergänge.

Die extrazelluläre Matrix umfasst:

1. eine amorphe Grundsubstanz mit
   - Hyaluronsäure
   - Proteoglykanen
2. Faserproteine, darunter
   - Kollagen
   - Elastin.

Hyaluronsäure ist ein sehr großes (MG bis zu 10^7), modifiziertes Polysaccharid mit vielen Carboxylgruppen ($-COO^-$), also mit negativen Überschussladungen. Dagegen sind Proteoglykane mit langen Polysaccharidketten (Glykane) bestückte Proteine. Hyaluronsäure und Proteoglykane können zu komplexen Makromolekülen zusammentreten. Die modifizierten Zucker-Reste der

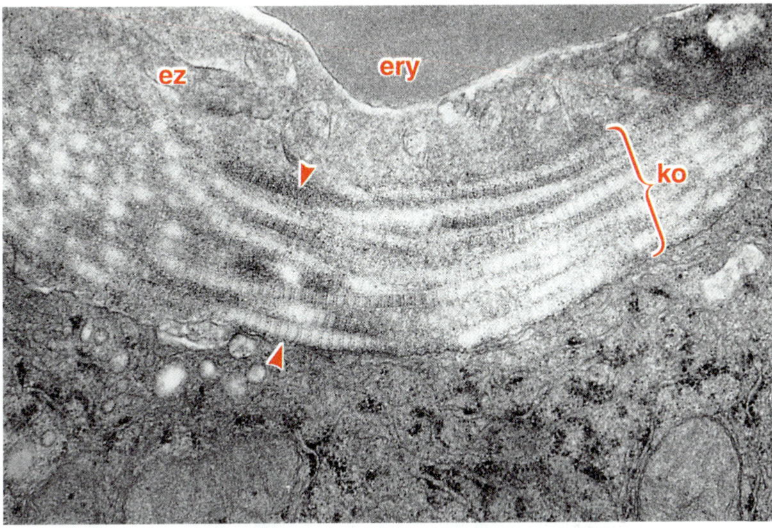

Abb. 21.**16** Kollagen des Bindegewebes. Hier liegt ein Bündel aus Kollagen-Fasern (ko) zwischen einem Blutgefäß (ez = Endothelzelle, ery = Erythrocyt) und einer Gewebezelle. Insbesondere im Bereich zwischen den Pfeilspitzen ist die feine periodische Querstreifung der Kollagen-Fasern erkennbar. Vergr. 24 000 fach (Aufnahme: H. Plattner).

Proteoglykane enthalten zahlreiche freie Aminogruppen ($-NH_3^+$) und sie sind vielfach auch stark sulfatiert (SO_4^{2-}-Gruppen). Mit ihren positiven und/oder negativen Überschussladungen binden sowohl Hyaluronsäure als auch Proteoglykane viele Wassermoleküle, weil diese Dipolcharakter haben (vgl. Formel 5.19 in Kap. 5), sowie Ionen. Altersbedingte Veränderungen führen durch geringere Hydratation (Wasserbindung) zum Erschlaffen des Bindegewebes, etwa in der Haut, die dadurch immer faltiger wird. Kollagen gewinnt durch die parallele Aneinanderlagerung zahlreicher Einzelmoleküle beachtliche Faserdicke mit periodischer Streifung (65 nm) im Transmissions-EM (Abb. 21.**16**). Durch Ausbildung von Faserbündeln mit unterschiedlicher Orientierung gewinnt die unter der Epidermis liegende Schicht (Corium) große mechanische Festigkeit und die Haut kann leicht und schadlos verschoben werden. Es ist jener Anteil von Tierhäuten, welcher zur Ledergewinnung verwertet wird, daher der Name Lederhaut (Corium). Im Gegensatz dazu bilden andere Bindegewebe-Fasern aus dem Protein Elastin ein vielfach quervernetztes, dreidimensionales Knäuelprotein von hoher Verformungsfähigkeit und Dehnbarkeit. Elastin ist besonders in der Wand der großen Blutgefäße ausgebildet, aber auch im elastischen Knorpel.

Es sei noch einmal betont, dass an vielen Stellen unseres Körpers, auch außerhalb der jeweils spezialisierten Binde- und Stützgewebe, die verschiede-

Technik: Zellen in Kultur

Schon lange kann man Zellen aus Bindegewebe isolieren und in Kulturgläsern (in vitro) kultivieren. Mit anderen Zellen, wie Hepatocyten, war dies viel schwieriger und mit manchem Zelltyp will es immer noch nicht gelingen. Auch kann man Fibroblasten in vitro leicht zur Teilung und Vermehrung bringen – bei Hepatocyten funktioniert das nicht. Es bleibt hier bei Primärkulturen (Kultur von Zellen aus Organentnahme, ohne Vermehrung in vitro) (**a**). Der Zellbiologe kann also beim besten Willen nicht immer auf das Opfern von Versuchstieren verzichten.

Doch wie kann man Zellen aus dem Gewebeverband bzw. aus Organen isolieren? Die Antwort läßt sich aufgrund aller dargestellten Fakten über die Verbindungs- und Verankerungsmechanismen ableiten.

1. Erforderlich ist das Entfernen des extrazellulären Ca^{2+} (wegen der Ca^{2+}-abhängigen Bindung über Komponenten des Verbindungskomplexes, d. h. über Tight junctions und Cad-

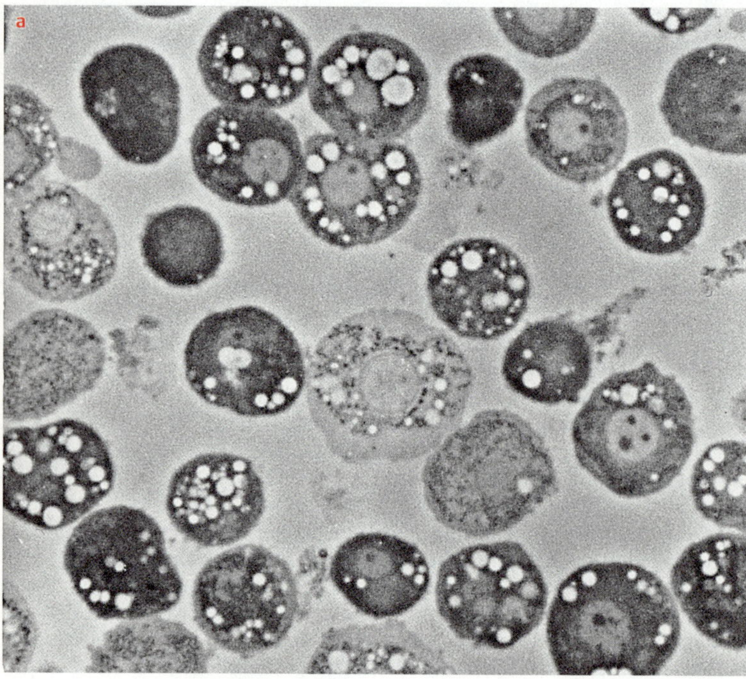

a Frisch isolierte Hepatocyten aus der Leber der Ratte. Diese Phasenkontrast-Aufnahme eines semidünnen Schnittes zeigt, daß diese Zellen gut aus dem Lebergewebe isoliert werden können und nur noch wenige Zellen aneinander hängen. Vergr. 500 fach (Aufnahme: H. Plattner).

Fortsetzung

Fortsetzung

herine). Hierzu setzt man sogenannte Ca^{2+}-Chelatoren ein, wie Ethylenglykoltetraacetat (EGTA), dessen vier Acetat-(Essigsäure-)Reste insgesamt zwei Ca^{2+}-Ionen binden.

2. Es müssen sowohl die Matrixkomponenten, als auch das größte Faserprotein, das Kollagen, zerlegt werden. Dazu appliziert man Hyaluronidase und Kollagenase.
3. Es bedarf proteolytischer Enzyme, wegen der zahlreichen Protein-Protein-Wechselwirkungen. Das aber kann Schwierigkeiten bei zellbiologischen Analysen bereiten, denn Rezeptoren, Carrier, Kanäle etc. sollten intakt bleiben.

Zur Isolierung von Zellen werden Organe mit physiologischen Lösungen mit den genannten Zusätzen durchströmt (perfundiert), bis das Gewebe zerfällt (**b**). Die Kultur erfolgt meist auf geeigneten Trägermaterialien als Schicht einzelner Zellen (Monolayer-Kultur) in Plastikgefäßen (Petrischalen etc.), in welche man eine Kulturlösung (Kulturmedium) gießt. Diese enthält nicht nur wichtige Salze, Nährstoffe und Vitamine, sondern auch die jeweils erforderlichen Wachstumsfaktoren, auf welche die Zellen angewiesen sind. Binnen einiger Zeit können sich auch Rezeptoren, Carrier und Kanäle etc. wieder regenerieren, die beim Isolieren der Zellen ungewollt in Mitleidenschaft gezogen wurden. In (**c**) ist zu sehen, wie Hepatocyten sich spreiten und zunehmend eine geschlossene Monolayer-Kultur bilden. Sie sind nicht teilungsfähig. Fibroblasten können sich dagegen bis zu ca. 70 mal teilen, bis die Kulturen erschöpft sind.

Die Idee war attraktiv, Zellen mit uneingeschränkter Teilungsfähigkeit zu züchten. Mit Krebszellen gelingt dies, weil sie sich nicht an das strenge Gesetz der Teilungsinhibition halten (vgl. Kap. 6.4). Zu diesem „zügellosen" Wachstum kann man auch normale Zellen bringen, indem man sie chemisch oder durch Virusinfektion verändert, so daß sie sich wie Krebszellen verhalten („transformierte Zellen"). Eine weitere Möglichkeit besteht darin, daß man normale Zellen (z. B. Lymphocyten) mit Krebszellen fusioniert. Es entstehen hybride Zellen mit beiderlei Genom und fortwährender Teilungsfähigkeit (Hybridoma-Zellen). Nun lassen sich einzelne Zellen „herauspicken" und getrennt kultivieren. Wird dies mehrmals wiederholt, so entsteht durch Vermehrung jeweils ein Klon von Zellen mit identischem Genom. Im Falle der Lymphocyten wird dies zur Herstellung von monoklonalen Antikörpern ausgenützt (vgl. Kap. 10.5.4).

Die anspruchsvollste Möglichkeit ist derzeit auf die Kultur von Stammzellen ausgerichtet, mit dem Ziel, genetisch defekte Zellen im Organismus zu ersetzen. Dabei werden undifferenzierte, multipotente Zellen, eben „Stammzellen", isoliert und in Kultur genommen, um sie entweder in vitro oder nach Implantation zur Differenzierung zu einem gewünschten Zelltyp (dessen Ausfall, z. B. bei der Parkinson-Krankheit zu Störungen führt) zu bringen. Zwar wird derzeit viel über die Problematik von embryonalen Stammzellen gesprochen, wie sie aus befruchteten Eizellen isoliert werden können. Jedoch hat sich Ende der 90er Jahre gezeigt, dass viele Gewebe (auch unser Gehirn), selbst im adulten Stadium noch Stammzellen besitzen, deren Aktivierung im Körper selbst – wenn sie gelingt – neue Perspektiven in der Medizin eröffnet.

Fortsetzung

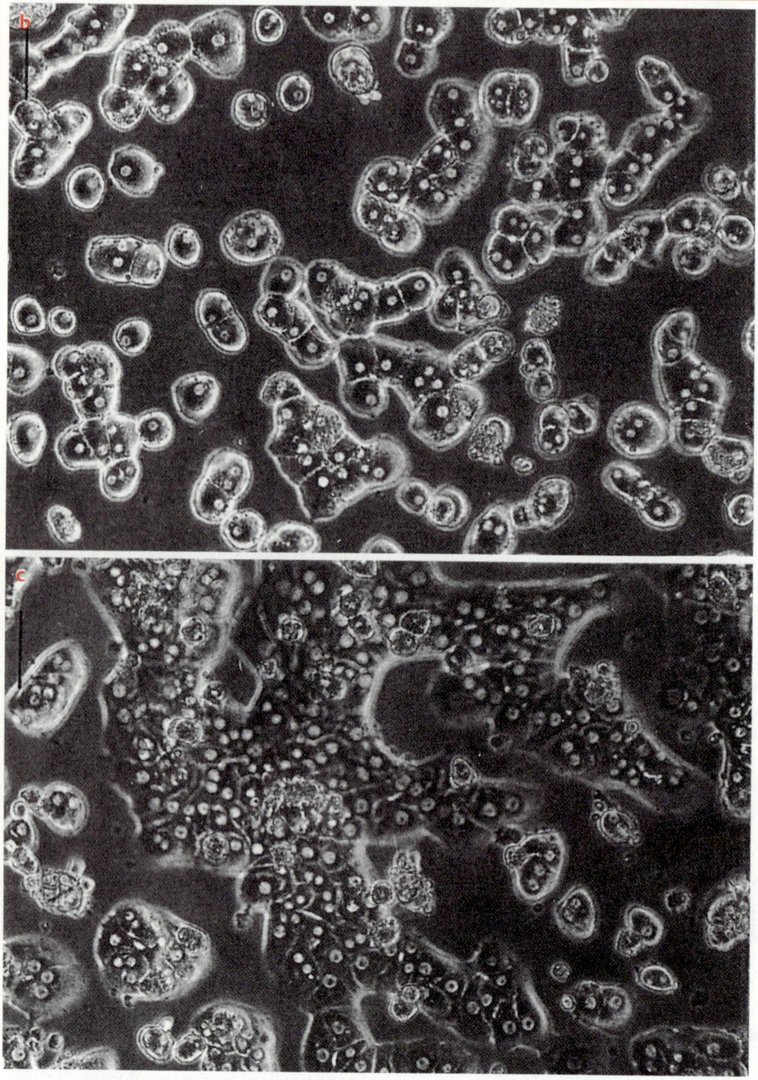

b, c Lebende Hepatocyten nach Isolierung aus der Rattenleber (Phasenkontrast-Aufnahmen). **b** Unmittelbar nach dem Ausstreuen sind die Zellen weniger dicht gelagert. **c** Binnen einiger Stunden spreiten sie sich hingegen so, daß sie einen fast flächendeckenden Rasen bilden, ohne übereinander zu wachsen (Monolayer-Kultur). Vergr. 200 fach, Striche = 50 mm (Aufnahme: P. Pscheid und H. Plattner, Konstanz).

nen Komponenten der extrazellulären Matrix vorkommen. Zusätzlich sind viele Zellen, so auch die meisten Blutgefäße und Epithelien von einer diffusen, ca 50 nm dicken Basallamina unterlagert. Sie enthalten u. a. die als Lamin*ine* (nicht Lamine) bezeichneten Proteine. Die auf der Basallamina aufsitzenden Zellen besitzen eigene Laminin-Rezeptoren.

21.6 Chemische Synapsen

Diese wurden in Zusammenhang mit der getriggerten Exocytose von Neurotransmittern besprochen (vgl. Kap. 11.3.2).

Literatur

Birchmeier, C. and D. Meyer: Factors controlling growth, motility, and morphogenesis of normal and malignant epithelial cells. Int. Rev. Cytol. 160 (1995) 221

Braga, V.: The crossroads between cell-cell adhesion and motility. Nature Cell Biol. 2 (2000) E182

Clark, E.A. and J.S. Brugge: Integrins and signal transduction pathways: the road taken. Science 268 (1995) 233

Fuchs, E., D.W. Cleveland: A structural scaffolding of intermediate filaments in health and disease. Science 279 (1998) 514

Isacke, C.M., M.A. Horton: The Adhesion Molecule. Academic Press, San Diego 2000

Junqueira, L.C., J. Carneiro: Histologie. Springer, Berlin 1991

Kowalczyk, A.P., E.A. Bornslaeger, S.M. Norvelle, H.L. Palka, K.J. Green: Desmosomes: Intercellular adhesive junctions specialized for attachment of intermediate filaments. Int. Rev. Cytol. 185 (1999) 287

Kreis, T., R. Vale: Guidebook to the Extracellular Matrix and Adhesion Proteins. Oxford University Press, Oxford 1993

Louvet-Vallée, S.: ERM proteins: From cellular architecture to cell signaling. Biol. Cell 92 (2000) 316

Owens, D.W., G.W. McLean, A.W. Wyke, C. Paraskeva, E.K. Parkinson, M.C. Frame, V.G. Brunton: The catalytic activity of the src family kinases is required to disrupt cadherin-dependent cell-cell contacts. Mol. Biol. Cell 11 (2000) 51

Peracchia, C.: Gap Junctions. Molecular Bais of Cell Communication in Health and Disease. Academic Press, San Diego 2000

Prockop, D.J.: Hopkins memorial medal lecture. Pleasant surprises en route from the biochemistry of collagen to attempts at gene therapy. Biochem. Soc. Trans. 27 (1999) 15

Roberts, D.D., R.P. Mecham: Cell Surface and Extracellular Glycoconjugates. Academic Press, San Diego 1993

Sieg, D.J., C.R. Hauck, D.D. Schlaepfer: Required role of focal adhesion kinase (FAK) for integrin-stimulated cell migration. J. Cell Sci. 112 (1999) 2677

Staehelin, L.A. and B.E. Hull: Junctions between living cells. Sci. Amer. 238 (1978) 140

Tsukita, S. and M. Furuse: Occludin and claudins in tight-junction strands: leading or supporting players? Trends Cell Biol. 9 (1999) 268

Tsukita, S. and S. Yonemuras: Cortical actin organization: Lessons from ERM (ezrin/radixin/moesin) proteins. J. Biol. Chem. 274 (1999) 34507

Tu, Y., Y. Huang, Y. Zhang, Y. Hua, C. Wu: A new focal adhesion protein that interacts with integrin-linked kinase and regulates cell adhesion and spreading. J. Cell Biol. 153 (2001) 585

Turner, C. E.: Paxillin and focal adhesion signalling. Nature Cell Biol. 2 (2000) E231
Yurchenco, P. D., D. E. Birk: Extracellular Matrix Assembly and Structure. Academic Press, San Diego 1994
Vgl. auch Spezialhefte „Cell-to-cell contact and extracellular matrix“. Curr. Op. Cell Biol. 11/5 (1999), 12/5 (1999) und 13/5 (2001)
Vgl. auch Spezialheft „Cell shape and adhesion“. Exp. Cell Res. 261/1 (2000)

22 Zellzyklus, Kernteilung und Zellteilung

Sowohl somatische Zellen (Körperzellen) als auch Geschlechtszellen können sich teilen. Bei somatischen Zellen wird die DNA zunächst verdoppelt, sodass bei der Zellteilung ein diploider Chromosomensatz weitergegeben werden kann (mitotische Kernteilung, Mitose). Bei den Geschlechtszellen werden die Chromosomen auf den haploiden Satz reduziert (Reduktionsteilung im Rahmen der Meiose). So kann bei der Verschmelzung einer männlichen mit einer weiblichen Geschlechtszelle eine diploide Zygote (befruchtetes Ei) entstehen, aus der sich durch viele Zellteilungen ein vielzelliger diploider Organismus bildet.

Von einer Teilung zur nächsten durchschreitet eine somatische Zelle folgende Stadien des Zellzyklus: Mitose → G1-Phase → S-Phase (Synthese von DNA) → G2-Phase → Mitose etc. Die meiste Zeit ihres Lebens verbringt die Zelle nicht mit der Zellteilung, sondern am längsten verweilt sie in der G1-Phase. Ihr Kern ist dann teilungsinaktiv („Ruhekern"). Dabei entfaltet sie aber ihre spezifischen Stoffwechselleistungen. Die zeitliche Abfolge dieser Stadien wird durch phasenspezifische Proteinkomplexe aus Cyclinen und cyclinaktivierten Proteinkinasen gesteuert.

22.1 Körperzellen (somatische Zellen)

Es ist sinnvoll, die speziellen Aspekte der Geschlechtszellen extra zu behandeln (vgl. Kap. 22.2), weil hier in einem eigenen Teilungsschritt das Genom von diploid auf haploid reduziert werden muss.

22.1.1 Der Zellzyklus

Zellen verbringen im allgemeinen die meiste Zeit in einem Stadium hoher metabolischer Aktivität. Abhängig vom Stoffwechselzustand, zeigen sie einen mehr oder weniger entwickelten Nukleolus. Da dabei die Chromosomen aber lichtmikroskopisch kaum erkennbar bleiben, spricht man vom „Ruhekern", obwohl gerade er viel mRNA bildet. Diese Phase der Zellen, in denen sie keine Teilungsaktivität zeigen, heißt Interphase. Sie wird unterbrochen von der Phase der Kernteilung (Mitose), die eng mit der nachfolgenden Zellteilung (Cytokinese) verquickt ist.

Die meisten unserer Körperzellen haben die Fähigkeit, sich zu teilen. Dies impliziert nicht nur, dass die Hälfte des Cytoplasmas, sondern auch jeweils ein kompletter Satz ihres Erbmaterials an die jeweils entstehenden zwei Tochterzellen weitergegeben wird. – Der Begriff „Tochterzellen" ist nicht wörtlich zu nehmen, weil jeweils weiblich oder männlich determinierte Zellen, also Zellen von Frau oder Mann ihren geschlechtsspezifischen diploiden Chromosomen-

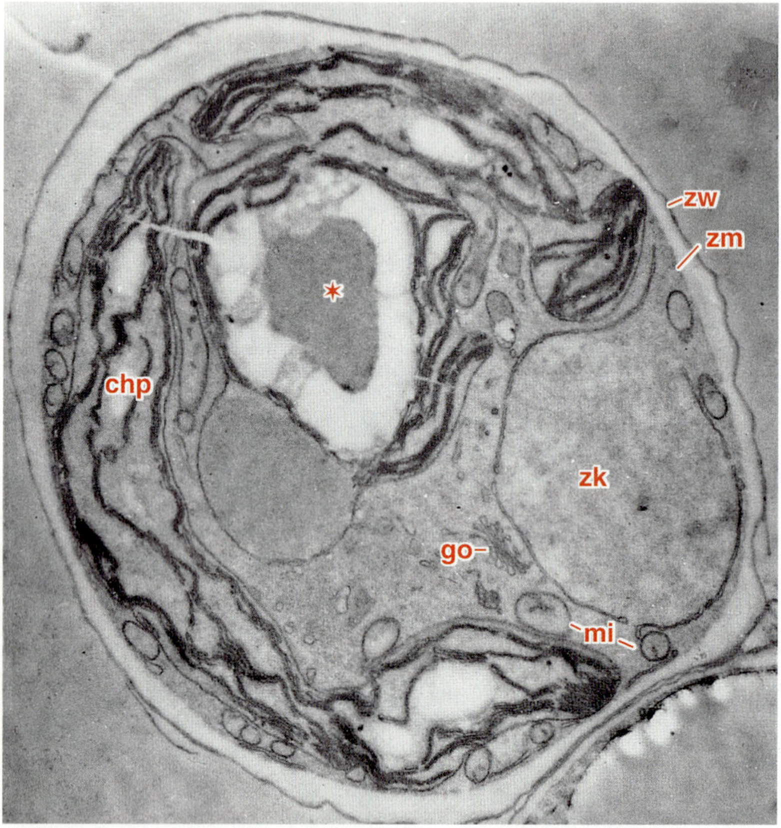

Abb. 22.**1** Algenzelle vor der Teilung *(Chlorella pyrenoidosa)*, im Vergleich zu Abb. 22.**2** nach der Teilung. chp = Chloroplast mit Speicher-Kohlenhydrat (Sternchen). go = Golgi-Apparat, mi = Mitochondrien, zk = Zellkern, zm = Zellmembran, zw = Zellwand. Vergr. 16 500 fach (aus Plattner, H., W. M. Fischer, W. W. Schmitt, L. Bachmann: J. Cell Biol. 53 (1972) 116).

satz vererben; vgl. Kap. 7.4. – Nach der Teilung wachsen die Zellen wieder auf volle Größe heran.

Dieses Verfahren ist die Regel bei Eukaryoten. Nimmt man z. B. eine einzelne Algenzelle heraus, so kann man beobachten, wie sich eine Zelle in zwei Zellen teilt, diese teilen sich wiederum, sodass 2, 4, 8, 16 … Tochterzellen entstehen (Abb. 22.**1**, 22.**2**).

Teilung impliziert vorausgehende Verdopplung der DNA. Diese erfolgt in der Synthese-Phase (S-Phase) des Zellzyklus, über dessen Ablauf Abb. 22.**3**

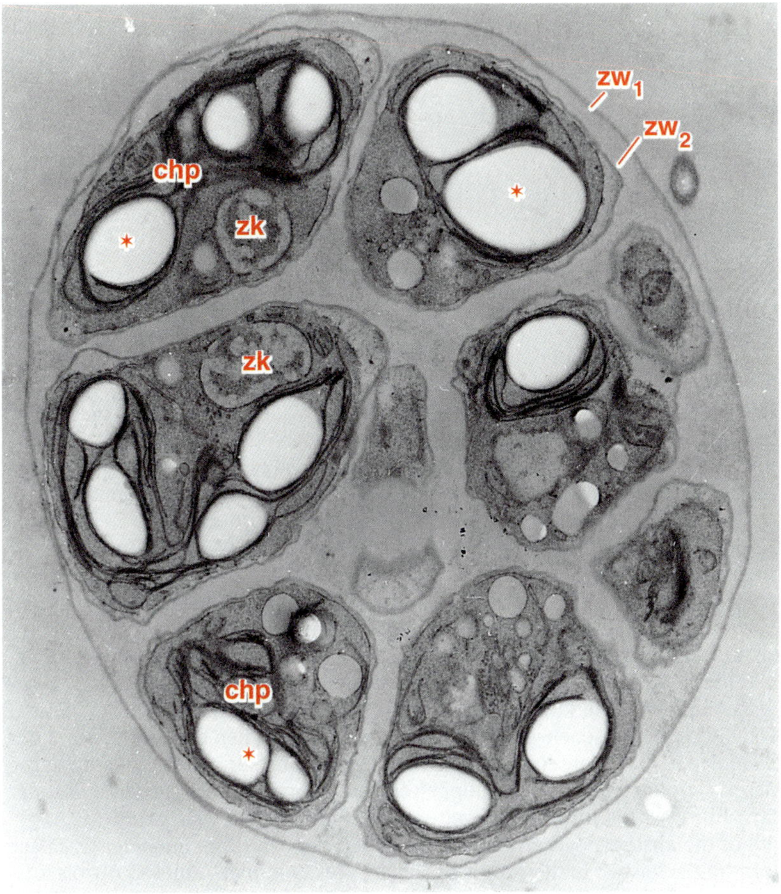

Abb. 22.2 Algenzelle *(Chlorella pyrenoidosa)* nach der Teilung in zahlreiche gleichartige Tochterzellen (äquale Teilung). Symbole wie in Abb. 22.1. Die Tochterzellen (mit Zellwand zw_2) sind zunächst kleiner als die Ausgangszelle, von deren Zellwand (zw_1) sie noch umhüllt sind, bevor sie freigesetzt werden und zu gleicher Größe heranwachsen. Vergr. 14 000 fach (Aufnahme: W. M. Fischer, J. Klima, Innsbruck).

informiert. Im Mikroskop sind die Chromosomen in der S-Phase nicht als distinkte Strukturen sichtbar, das Durchlaufen der S-Phase ist jedoch mit speziellen Methoden nachweisbar. So zeigen UV-Absorption, DNA-Färbetechniken oder ^{3}H-Thymidin-Einbau kombiniert mit Autoradiographie eine DNA-Verdopplung an. Mit der letztgenannten Methode war die S-Phase sogar ent-

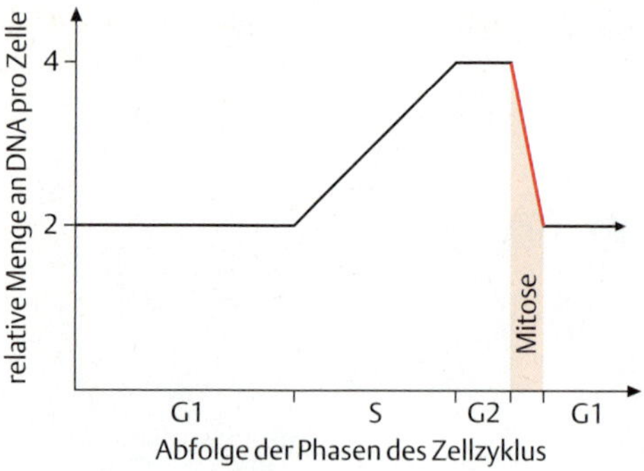

Abb. 22.**3** Stadien des Zellzyklus.

deckt worden, fast zeitgleich mit der Entdeckung der Doppelhelix-Struktur der DNA, die ein vertieftes molekulares Verständnis für ihre semikonservative Replikation vermitteln konnte. Was bisher besprochen wurde, ist Teil eines umfangreichen, komplexen Geschehens – des Zellzyklus, dessen Gesamtverlauf aus Abb. 22.**3** hervorgeht. Der weitere Verlauf wird im folgenden beschrieben.

Es lässt sich nach der S-Phase nachweisen, dass die Chromosomen nun der Länge nach in zwei Chromatiden gespalten sind, die nur durch das gemeinsame Centromer verbunden sind (vgl. Abb. 7.**7** und 7.**10**). Jede der Chromatiden wird vom einen bis zum anderen Ende von einer DNA-Doppelhelix durchzogen. Weil der Chromosomensatz diploid ist (Zahl der Chromosomen = 2 n), hat eine Zelle nach der S-Phase vier Sätze gleichartiger Gene (Allele). In dieser Phase äußerer Ruhe können Zellen einige Zeit verweilen; sie heißt G_2-Phase, weil sie einen Zwischenraum (engl.: gap, Spalt) zwischen der S-Phase und der nachfolgenden Kernteilung bezeichnet. Erst in dieser wird das genetische Material nun wieder auf den doppelten Satz gebracht. Der Mechanismus, der dazu führt, ist die Mitose, ein weiterer Teilabschnitt des Zellzyklus.

Für die anstehende Kernteilung (Mitose) wird bereits zu Ende der G_2-Phase Vorarbeit geleistet: In der *Prophase* rücken die „Zwillinge" eines Centriols auseinander und bilden jeweils einen neuen Zwillingspartner. Jeweils ein solches (doppeltes) Centriol wandert nun in entgegengesetzte Richtungen, derweil sich die Kernmembran in Vesikel aufgelöst hat. In der *Metaphase* wird aus Mikrotubuli die Kernteilungsspindel aufgebaut (Abb. 22.**4** bis 22.**6**). Mit ihrer Hilfe werden die Chromosomen in der *Anaphase* in jeweils zwei Chromatiden zerlegt und je zwei identische Chromatiden den beiden Tochterzellen zugeordnet. Diese werden in der sich anschließenden Zellteilung voneinander getrennt. Damit hat jede Tochterzelle wieder einen diploiden Chromosomensatz.

Nun kann es geraume Zeit dauern, bis eine Zelle wieder in Teilungsaktivität übergeht. Die Zeit zwischen einer Mitose und einer neuerlichen S-Phase nennt man G_1-Phase (Abb. 22.**3**).

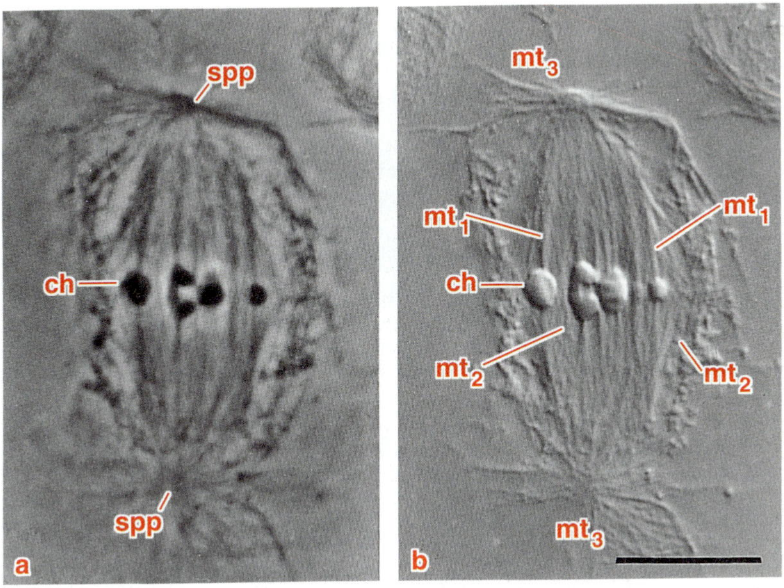

Abb. 22.**4** Kernteilungsspindel während der Metaphase, **a** im Phasenkontrast und **b** im Interferenz-Kontrast. Beide Methoden erlauben es, an der lebenden Zelle die kondensierten Chromosomen (ch) in der Mitte der Teilungsspindel (Äquatorialplatte), ebenso wie die Mikrotubuli der Teilungsspindel, zu beobachten. Die Mikrotubuli strahlen von den Spindelpolen (spp) in alle Richtungen ab. Manche von ihnen setzen an den Chromosomen an (Kinetochor-Mikrotubuli, mt_1), andere bilden die Pol-Mikrotubuli (ohne Ansatz an Kinetochoren, mt_2). Die nach außen abstrahlenden Mikrotubuli stellen eine dritte Mikrotubuli-Population dar (Astral-Mikrotubuli, mt_3); sie haben wahrscheinlich mit der Positionierung der Teilungsspindel in der Zelle zu tun. Vergr. 2000 fach, Strich = 10 µm (aus Bastmeyer, M., D. G. Russel: J. Cell Sci. 87 (1987) 431).

Die Dauer der einzelnen Schritte des Zellzyklus kann sehr variabel sein. In teilungsaktiven Darmepithelien (Kryptenzellen) kann der gesamte Zellzyklus ca. anderthalb Tage dauern. Zellen unseres Zentralnervensystems teilen sich überhaupt nicht mehr – sie haben eine extrem lange G_1-Phase. Ganz allgemein verweilen Zellen nach ihrer Differenzierung oder in den Ruhestadien von Samen und Knospen der Pflanzen in der G_1-Phase. Die S-Phase erstreckt sich meist über wenige Stunden. Auch die G_2-Phase währt zumeist nur einige Stunden. Ein Richtwert für die Dauer der Mitose liegt zwischen einer bis mehreren Stunden, wobei etwa die Hälfte für die Prophase benötigt wird. Meta- und Anaphase benötigen lediglich einige Minuten.

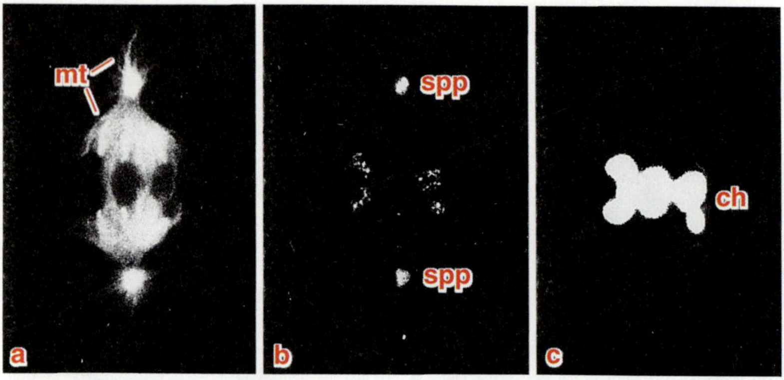

Abb. 22.**5** Identifikation der Komponenten einer Teilungsspindel in Metaphase mittels Fluoreszenzmikroskopie. **a** Lokalisierung von Tubulin mittels anti-Tubulin-Antikörpern. Wie in der strukturellen Analyse (Abb. 22.**4**) ist das Abstrahlen von Mikrotubuli (mt) nicht nur zwischen den Spindelpolen, also zur Bildung der eigentlichen Teilungsspindel, sondern auch gegen die Zellperipherie hin zu beobachten. Die Chromosomen erscheinen als dunkle Flecken in der Mitte. **b** Immunfluoreszenz unter Einsatz von Antikörpern, die gegen Komponenten des MTOC an den Centriolen gerichtet sind (spp = Spindelpole). **c** Fluoreszenz-Affinitätsmarkierung der Chromosomen (ch) mit der „DAPI-Methode" (vgl. Abb. 7.**11**). Diese ist spezifisch für DNA, sodass die Chromosomen in der Äquatorialplatte selektiv aufleuchten. Vergr. 1100 fach (Aufnahmen: M. Bastmeyer, Konstanz).

22.1.2 Die Teilungsspindel

Die (Kern-)Teilungsspindel ist die strukturell auffälligste Differenzierung im Laufe des Zellzyklus. Sie gewährleistet die gleichmäßige Verteilung des genetischen Materials auf die Tochterzellen. Daher wollen wir zunächst dieses Gebilde genauer unter die Lupe nehmen (Abb. 22.**4** bis 22.**9**). Die Teilungsspindel ist ein komplexes Aggregat aus Mikrotubuli und Mikrotubuli-Derivaten (Centriolen). Letztere dienen als Mikrotubuli-Organisationszentren (MTOC). Die Mikrotubuli der Kernteilungsspindel haben ihr Minus-Ende daher am Spindelpol.

Vom Spindelpol aus strahlen mehrere Populationen von Mikrotubuli ab. Es sind dies u. a. die Kinetochor-Mikrotubuli und die Pol-Mikrotubuli (Abb. 22.**4** bis 22.**9**). Erstere setzen von beiden Spindelpolen her am Kinetochor eines Chromosoms an (vgl. Kap. 7). Die beiden Chromatiden eines Chromosoms werden bei der mitotischen Teilung, beim Übergang von der Metaphase in die Anaphase, voneinander getrennt und sie rücken entlang der Kinetochor-Mikrotubuli auseinander zum jeweiligen Pol der Teilungsspindel. Dies wird dadurch ermöglicht, dass sich die Kinetochor-Mikrotubuli durch Abgabe von Tubulin-Molekülen am Plus-Ende verkürzen. Ein Mikrotubulus kann an sei-

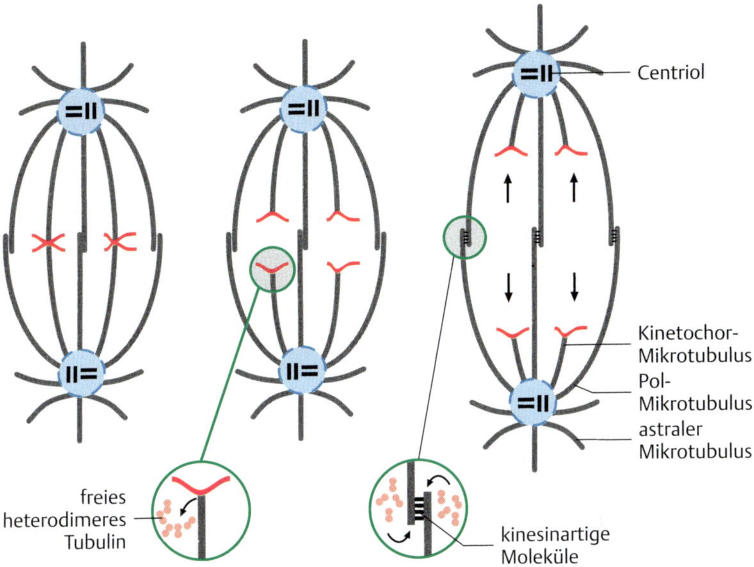

Abb. 22.**6** Teilungsspindel und Aufteilung der Chromatiden bei der Mitose (Metaphase und Anaphase). Symbole: Mikrotubuli (grau), Chromatiden (rot), Centriolen (schwarz) mit angelagertem Material des MTOC (blau umrahmt).
Von links nach rechts: Die Teilungsspindel zeigt drei Populationen von Mikrotubuli, nämlich erstens die sich überlappenden Pol-Mikrotubuli, zweitens die am Kinetochor (in der Centromer-Region der Chromosomen) ansetzenden Kinetochor-Mikrotubuli und drittens die nach außen abstrahlenden Astral-Mikrotubuli.
Links: In der Metaphase sind die Chromosomen, die aus zwei am Centromer zusammenhängenden Chromatiden bestehen, in der Äquatorialplatte angeordnet. Mitte: Während der Anaphase verkürzen sich die Kinetochor-Mikrotubuli durch „Abtropfen" von Tubulin-Molekülen am Plus-Ende (Mikrotubuli-Depolymerisation, Inset). Dabei werden die Chromatiden eines jeden Chromosoms getrennt.
Rechts: Ebenfalls in der Metaphase werden die Pol-Mikrotubuli verlängert, und zwar durch zwei Prozesse. An ihrem Überlappungsbereich werden die Pol-Mikrotubuli durch das Motorprotein Kinesin auseinander geschoben; gleichzeitig werden sie durch Anpolymerisieren weiterer Tubulin-Moleküle verlängert (Inset). Daneben verkürzen sich die Kinetochor-Mikrotubuli immer weiter. Durch das Zusammenwirken dieser Komponenten gelangt das genetische Material in der Telophase an die Spindelpole (nicht gezeigt).

nem Plus-Ende also sowohl schrumpfen als auch wachsen (durch Anlagerung von Tubulin-Molekülen, vgl. Kap. 16). Das Minus-Ende ist hingegen nach der Konvention jener Bereich eines Mikrotubulus, „wo sich nichts tut".

Die zweite Population von Mikrotubuli der Kernteilungsspindel, die Pol-Mikrotubuli, interagieren nicht mit den Chromosomen. Sie bilden dagegen eine Brücke von Pol zu Pol, indem je ein Mikrotubulus von einem Spindelpol mit einem Mikrotubulus vom anderen Spindelpol überlappt. Nun müssen die Chromatiden getrennt werden und es muss Platz geschaffen werden für zwei entstehende Tochterzellen. Dies wird wie folgt erreicht: Die Spindelpole werden auseinander getrieben, indem sich an den Plus-Enden der Pol-Mikrotubuli weitere Tubulin-Moleküle anlagern. Die Pol-Mikrotubuli nehmen also an Länge zu. Zusätzlich sind an der Überlappungszone Kinesin-Moleküle als Motorproteine am Werk, die die antiparallelen Pol-Mikrotubuli zusätzlich auseinander treiben. Diese Prozesse – Verkürzung der Kinetochor-Mikrotubuli und Verlängerung der Pol-Mikrotubuli – laufen so lange, bis die Tochtergenome die jeweiligen Spindelpole erreicht und eine neue Kernmembran erworben haben (Telophase).

Toxine, welche die Ausbildung dynamischer Mikrotubuli verhindern (vgl. Kap. 16.2.1), unterbinden auch die Bildung einer Teilungsspindel und damit die Zellteilung. Daher wirken sie als Cytostatika. Diese können für die Chemotherapie bei Krebs verwendet werden, um das schnelle Wachstum von Krebszellen zu stoppen.

Mit dem Ende der Kernteilung wird die Teilungsspindel wieder aufgelöst und die Zellteilung eingeleitet. Das Centriol (als ein Pärchen in jeder Tochterzelle) kann nun wieder ein Cytozentrum in Nähe des Zellkerns ausbilden. Von hier werden erneut cytoplasmatische Mikrotubuli aufgebaut. Erst dann kann die richtige Positionierung der Organellen, wie die des Golgi-Apparates, wiederhergestellt und der Vesikelverkehr wieder aufgenommen werden (vgl. Kap. 16.2.2). In der Tat haben diese Prozesse während der Zellteilung ausgesetzt, weil das „Schienenmaterial" der Mikrotubuli und das „Organisationszentrum" (Centriol) für den Aufbau der Teilungsspindel gebraucht wurden.

Wir sind uns nun über die „logistischen" Probleme einer Zellteilung und deren „mechanistische" Lösung klar geworden. Sie sind hier noch einmal zusammenfassend dargestellt, wobei die Vorgänge 2 bis 5 Bestandteil der Mitose sind:
1. DNA-Synthese in der S-Phase
2. Ausbildung einer Kernteilungsspindel
3. Trennung der Chromatiden in Verbindung mit
4. Verkürzung der Kinetochor-Mikrotubuli sowie
5. Streckung der Pol-Mikrotubuli.
6. Erst dann erfolgt die Trennung der wiederum diploiden Folgezellen voneinander (Zellteilung, Cytokinese).

Die Abb. 22.**7** bis 22.**9** zeigen die verschiedenen Mikrotubuli einer Teilungsspindel, ihren Abgang vom Centriol (Abb. 22.**7**, 22.**8**) sowie den Ansatz der Kinetochor-Mikrotubuli an einem Chromosom (Abb. 22.**9**). Nachdem wir nun das wichtigste Instrumentarium der Mitose kennen, wollen wir uns dem Verlauf der Mitose mit allen ihren Stadien zuwenden.

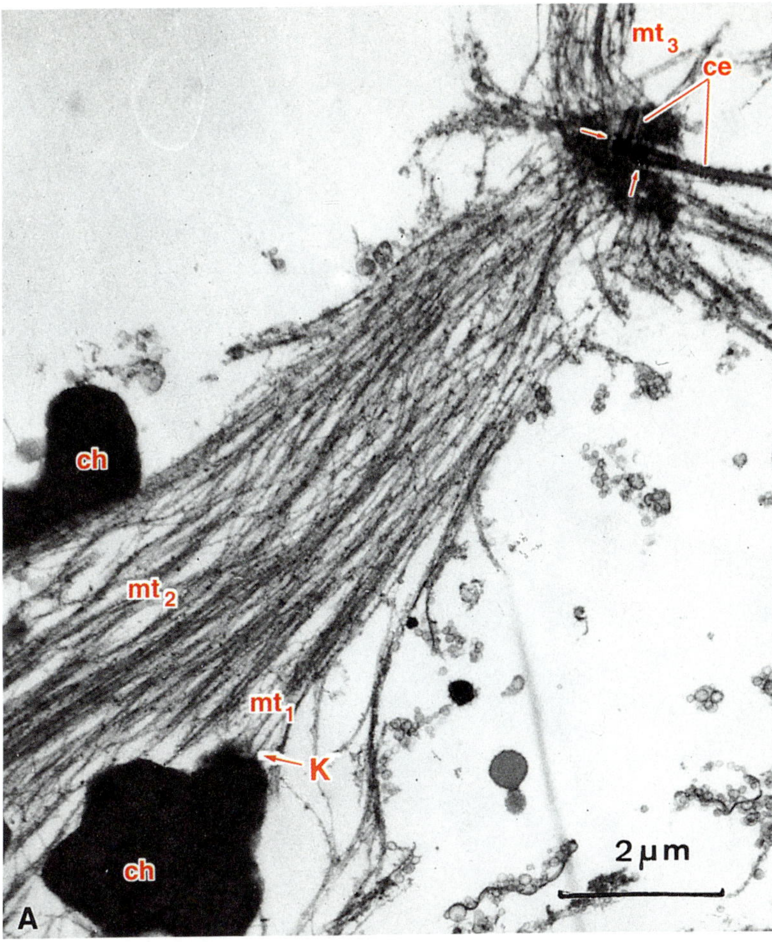

Abb. 22.**7** Teilungsspindel im Transmissions-Elektronenmikroskop. Wesentlich deutlicher als im Lichtmikroskop (vgl. Abb. 22.**4**) ist hier wahrzunehmen, dass nur ein Teil der von einem Centriolen-Pärchen (ce) ausgehenden Mikrotubuli mit einem Chromosom (ch) in Kontakt treten (Kinetochor-Mikrotubuli, mt_1), im Gegensatz zu den Pol-Mikrotubuli (mt_2). Nach außen strahlen Astral-Mikrotubuli ab (mt_3). Vergr. 11000fach (aus Bastmeyer, M., D. G. Russel: J. Cell Sci. 87 (1987) 431).

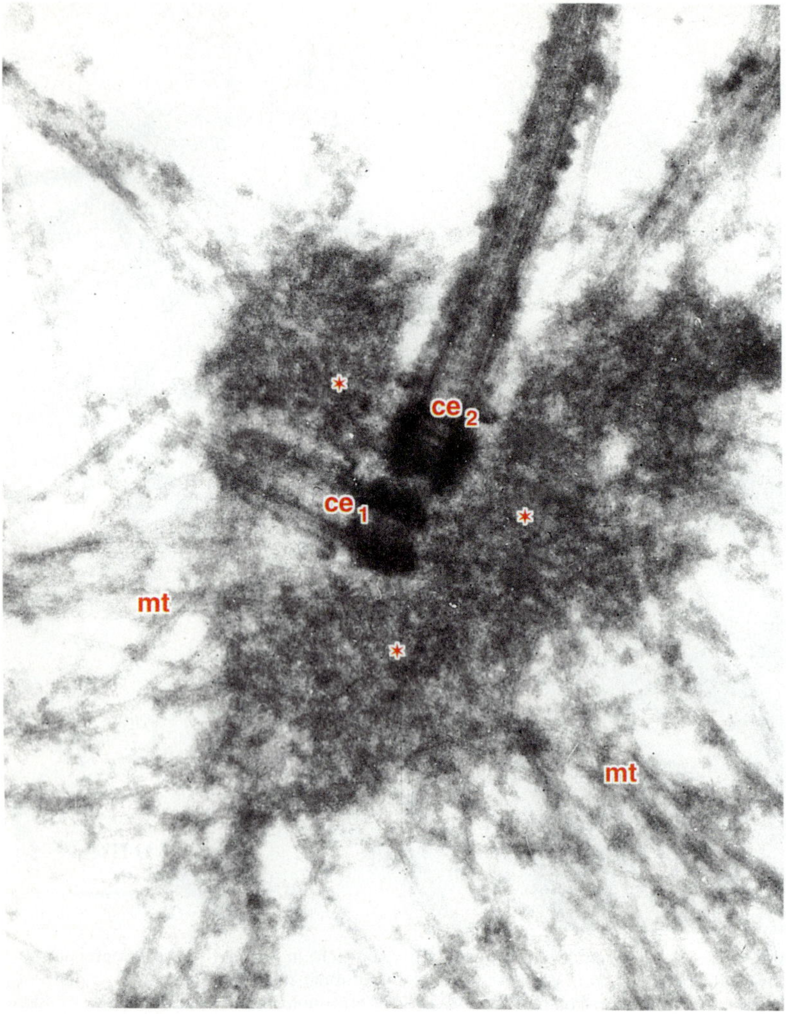

Abb. 22.**8** Spindelpol im Transmissions-EM. Die einzelnen Centriolen stehen senkrecht aufeinander (ce_1, ce_2). Sie sind von amorphem Material umgeben (Sternchen), aus dem die Mikrotubuli (mt) abstrahlen. Das amorphe Material stellt also jenes MTOC dar, das in Abb. 22.**5b** mittels Immunfluoreszenz identifiziert worden war. Vergr. 55 000 fach (Aufnahme: M. Bastmeyer, Konstanz).

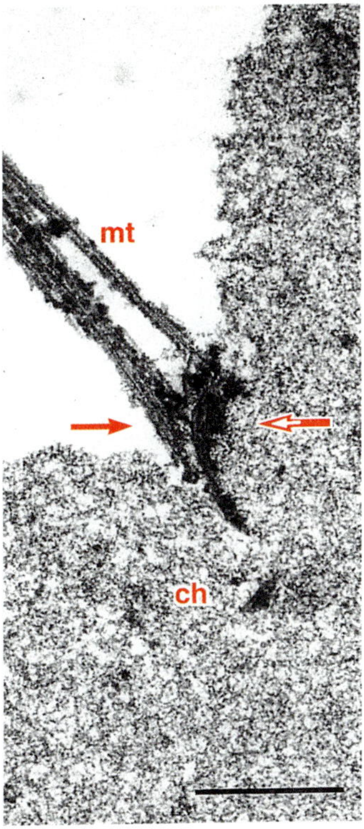

Abb. 22.**9** Kinetochor im Transmissions-EM. Die Kinetochor-Mikrotubuli (mt) setzen am Kinetochor an. Dieses präsentiert sich als eng begrenzte Verdichtungszone (zwischen den Pfeilen) an einem anderweitig wenig strukturiert erscheinenden Chromosom (ch). Vergr. 40 000 fach (Aufnahme: M. Bastmeyer, Konstanz)

22.1.3 Mitose und Cytokinese (Kern- und Zellteilung)

Der Eintritt in die Kernteilung ist von dramatischen mikroskopischen Veränderungen begleitet (Abb. 22.**10**, 22.**11**). Das erste Zeichen bzw. geradezu das Kriterium für den Eintritt in die erste Phase der Mitose *(Prophase)*, ist die beginnende Kondensation der Chromosomen, die dadurch erst in zunehmendem Maße sichtbar werden. Unter den Auslösemechanismen ist die Phosphorylierung von verschiedenen Proteinen zu nennen (vgl. Kap. 22.1.5). Jedes der Centriolenpärchen wandert in entgegengesetzte Richtung, um die Pole der Teilungsspindel festzulegen, die sich aber erst später bildet. Bei den höheren Pflanzen (die keine Centriolen besitzen) wird die Aufgabe eines MTOC von den amorphen Polplatten erfüllt. Der Nukleolus löst sich beim Übergang von der Prophase zur Metaphase auf.

Was treibt die beiden Pole auseinander? Sorgfältige strukturelle Analysen zeigten, dass sich die von den Polen ausstrahlenden Mikrotubuli (Polmikrotubu-

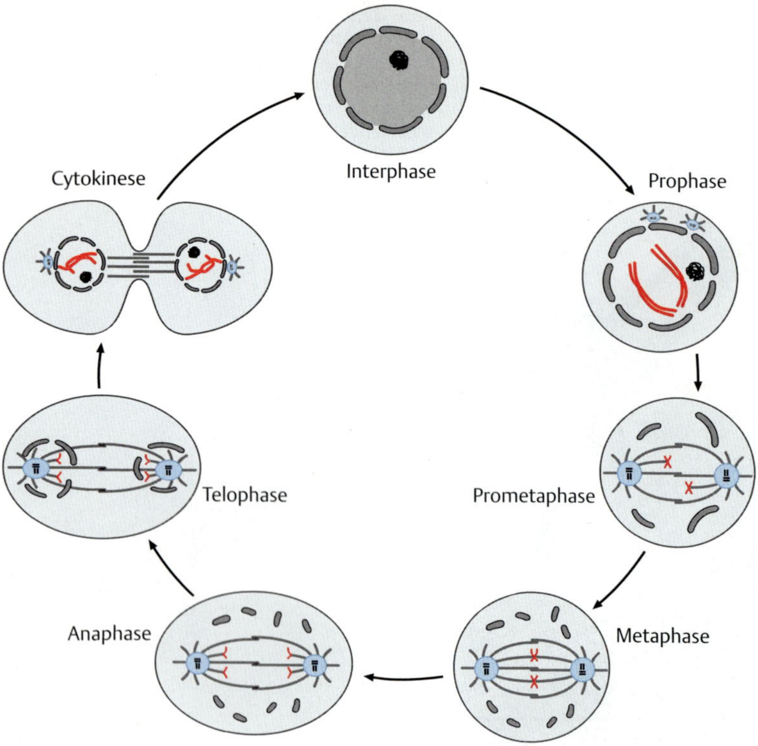

Abb. 22.**10** Schematischer Ablauf der Mitose, wie im begleitenden Text beschrieben.

Abb. 22.**11** Lichtmikroskopische Aspekte der Mitose: Mitose-Figuren in einem histologischen Schnitt durch die Zwiebelwurzel. **a** In der Interphase sind deutlich der Rand des Zellkerns, dunkles Heterochromatin (hc) als kleine Schollen und der Nukleolus (nu) zu erkennen; zw = Zellwand. **b** Wird die frühe Prophase eingeleitet, so sind Nukleoli (nu) und Kernumgrenzung noch vorhanden; die Chromosomen sind erst teilweise kondensiert. **c** Erst in der späteren Prophase werden die Chromosomen (ch) durch vollständige Kondensierung in ihrer Gestalt erkennbar und die Kernmembran verschwindet. **d** In der Metaphase werden die Chromosomen durch die sich bildende Teilungsspindel (ts) in die Mitte gedrückt und bilden so die Äquatorialplatte (äp). **e** Spätes Stadium der Anaphase: Die Chromosomen wurden in je ein Chromatid längsgespalten (nicht sichtbar) und diese werden entlang der Teilungsspindel zu den Spindelpolen transportiert. Dieser Transport ist am Nachschleifen der Chromatid-Enden erkennbar (Pfeile). **f** In der Telophase ist der Transport der Chromatiden abgeschlossen. In der Mitte der Teilungsspindel bildet sich eine neue Zellwand (Phragmoplast, zwischen Pfeilspitzen), welche die beiden Tochterzellen zu trennen beginnt. Vergr. 1100 fach (Aufnahmen: C. Braun, J. Hentschel). ▶

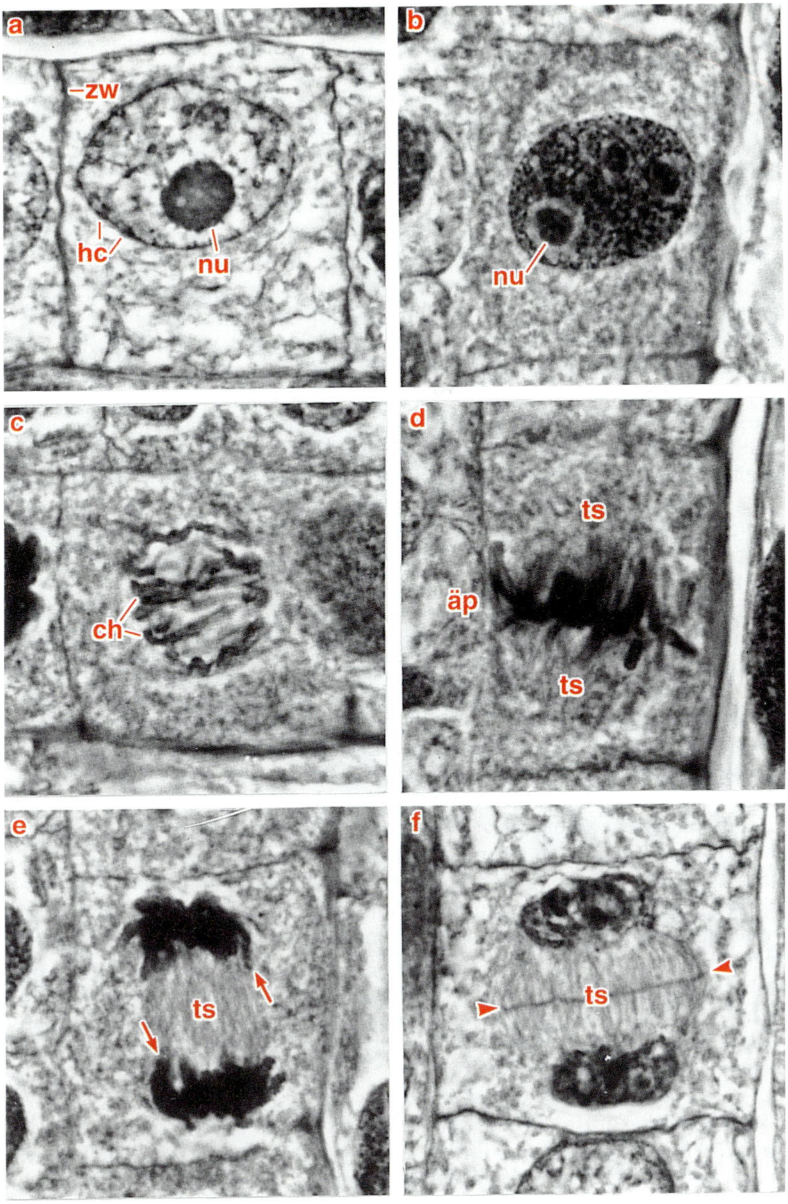
a
zw
hc
nu
b
nu
c
ch
d
ts
äp
ts
e
ts
f
ts

li) teilweise überlappen. Im Überlappungsbereich werden die gegenläufigen Mikrotubuli durch das Motorprotein Kinesin auseinander geschoben, bis sie einander diametral entgegenstehen. Damit rücken die Pole der Kernteilungsspindel (Spindelapparat, Mitosespindel) auf maximale Distanz auseinander. Noch während dieser Prozess läuft, wird die Kernmembran aufgelöst. Die Chromosomen werden zunehmend kondensiert und immer deutlicher sichtbar. Damit ist die erste Phase der Mitose abgeschlossen – die Prophase.

Ein teilungsaktiver Kern ist bereits in der Prophase nur „mit sich selbst beschäftigt" und die Syntheseleistungen der Zelle versiegen, wie schon das Verschwinden des Nukleolus anzeigt. Auch der Vesikelverkehr im Cytoplasma kommt zum Erliegen, zum einen, weil nun alles „Schienenmaterial" der Mikrotubuli eingeholt wird (durch Depolymerisation), um eine zunehmend komplexe Teilungsspindel aufzubauen, zum anderen, weil wichtige Organellen, wie das raue Endoplasmatische Retikulum und der Golgi-Apparat, in Vesikel fragmentiert werden (Vesikulation). Dies wird zum Ende der Teilungsaktivität ihre annähernd gleichmäßige Aufteilung an die Tochterzellen erleichtern. Eine Neubildung dieser Organellen ist nicht möglich. Auch die Kernmembran ist bereits vesikuliert. Das Signal hierzu gibt die Phosphorylierung von Lamin, dem innenseitig angelagerten Protein aus der Gruppe der Intermediär-Filamente (vgl. Kap. 16.4). Erst jetzt werden die inzwischen vollkommen kondensierten Chromosomen frei beweglich, wogegen sie vorher an der Kernlamina angeheftet waren (vgl. Kap. 7).

Der zweite Akt der Mitose heißt *Metaphase*. Von beiden Spindelpolen aus polymerisieren die Kinetochor-Mikrotubuli, die sich nicht überlappen. Wie von magischer Hand ordnen sich sämtliche Chromosomen im Mittelfeld der Zelle senkrecht zu den Mikrotubuli des Spindelapparates an und bilden so die Äquatorialplatte (Metaphase-Platte). In unserem molekular-mechanistischem Verständnis steckt hinter der „magischen Hand" folgender Mechanismus. Zunächst kommt ein Chromosom bzw. sein Kinetochor durch die Stoßbewegungen (Brownsche Molekularbewegung), denen alle kleinen Partikel unterliegen, zufällig mit einem Kinetochor-Mikrotubulus in Kontakt. Dort erfolgt dann die Bindung des Kinetochors gleich an mehrere Mikrotubuli. Eine ebensolche Bindung erfolgt dann zufällig an jene Kinetochor-Mikrotubuli, die vom anderen Pol her einstrahlen. Da diese Mikrotubuli auf annähernd gleiche Länge ausgebildet werden, kommen alle Chromosomen in der Äquatorialplatte zu liegen. Die Teilungsspindel ist nun perfekt. Sie ist ein bipolares Gebilde mit sich überlappenden Pol-Mikrotubuli und an den Kinetochoren endenden Kinetochor-Mikrotubuli. Sie alle strahlen von den Centriolen bzw. von den Polkappen aus, deren randständige Proteine als Mikrotubuli-Organisationszentrum dienen.

Es folgt nun der dritte Akt der Mitose, die *Anaphase*. Der wichtige Schritt ist hierbei die Teilung der Centromeren eines jeden Chromosoms, dessen Chromatiden somit getrennt werden können. Bei der Trennung helfen zwei Mechanismen:

1. Die an den Spindelpolen verankerten Kinetochor-Mikrotubuli verkürzen sich durch langsame Depolymerisation.
2. Die Pol-Mikrotubuli dagegen verlängern sich, nicht nur durch Einlagerung von Tubulin-Molekülen, sondern auch durch Kinesin-vermitteltes Auseinandergleiten in ihrer Überlappungszone.

Der Zug von den Polen her wird nun sichtbar, indem die Centromeren immer weiter an die Spindelpole heranrücken, die Schenkel der Chromatiden (die wir nun nach ihrer Trennung wieder Chromosomen nennen können) werden nachgeschleift. Dies ist das typische Bild der Anaphase.

Der Schlussakt der Mitose ist die *Telophase*. Die Chromosomen haben den jeweiligen Spindelpol erreicht. Die Lamine werden wieder dephosphoryliert. Nach diesem Signal können die Vesikel der Kernmembran, an denen die Lamine anhaften, wieder miteinander verschmelzen. Sie schließen dabei die aus der Kernteilung hervorgegangenen Chromosomen in den neuen Kernen ein. Dabei werden Kernporen ausgespart, an denen wieder Porenkomplexe assembliert werden.

22.1.4 Die Cytokinese

Sozusagen als Nachspiel zur Kernteilung findet die Zellteilung statt (Cytokinese). Erst im Laufe der Cytokinese wird die Teilungsspindel komplett aufgelöst. Die Zellteilung gewährleistet, dass ein Organismus wächst, indem die Zahl seiner Zellen vermehrt wird. Bei jeder Teilung somatischer Zellen entstehen im allgemeinen zwei gleich große Folgezellen (äquale Teilung). Sie übernehmen nicht nur ein Genom identischer Größe, sondern auch ungefähr die Hälfte der Organellen. Nur in Ausnahmefällen teilen sich die Kerne ohne nachfolgende Zellteilung. So entsteht ein großes vielkerniges Gebilde (Plasmodium), z. B. bei Schleimpilzen. Alternativ können einkernige Zellen miteinander verschmelzen (Syncytium), z. B. jeweils einige Dutzend Zellen im Skelettmuskel.

Tierische Zellen werden voneinander getrennt, indem der Zellkörper in der Mitte zwischen den nun geteilten Zellkernen durch einen kontraktilen Teilungsring aus Aktomyosin, wie eine Wespentaille, eingeschnürt wird (vgl. Kap. 16.3.2). So bildet sich eine rundum laufende Teilungsfurche, bis beide Zellen voneinander „abgenabelt" sind. Bei Pflanzen mit ihrer starren Zellwand musste eine andere Lösung gefunden werden. Hier akkumulieren viele kleine Golgi-Vesikel in der Teilungsebene (Abb. 22.**11**); durch Sekretionstätigkeit wird eine zunächst dünne Zellwand gebildet (primäre Zellwand), um die sich jeweils die Zellmembran durch Verschmelzung der Vesikel schließt; vgl. Kap. 23.

Fast immer läuft die Cytokinese bereits während der Telophase der Mitose an, während die Teilungsspindel bereits zu depolymerisieren beginnt. Da im Falle tierischer Zellen jede Folgezelle ein Centriolpärchen geerbt hat, kann dieses seine Funktion als Cytozentrum wieder aufnehmen, von dem aus cytoplasmatische Mikrotubuli auszustrahlen beginnen. Wie auch bereits erwähnt, kann nun der Vesikelverkehr wieder aufgenommen werden, und die Folgezellen wachsen auf die ursprüngliche Größe heran.

Wir haben bisher nur wenige molekulare Steuermechanismen erwähnt, die während der Mitose zum Zug kommen. Gibt es so etwas wie eine Kontrolluhr, die das Signal zum Eintritt in die Mitose gibt? Derlei Kenntnisse würden nicht nur unser Grundlagenwissen erweitern, sondern sie wären auch – in Anbetracht der zügellosen Teilungsaktivität von Tumorzellen – von praktischer medizinischer Bedeutung. Die folgenden Steuermechanismen zeichnen sich ab.

22.1.5 Regulation des Zellzyklus

Über Jahrzehnte wurde ein mitoseauslösender Faktor gesucht. Heute weiß man von Analysen an Pilzen (Hefe *Saccharomyces cerevisiae*), Insekten (Fruchtfliege *Drosophila melanogaster*) und Säugetieren, dass alle Schritte des Zellzyklus von bestimmten Proteinen eingeleitet werden. Diese Proteine, die Cycline, können erst als Komplex mit anderen Proteinen aktiv werden. Dabei ist eines der Proteine eine Proteinkinase, das andere ein Cyclin. Während bestimmter Phasen des Zellzyklus wird jeweils ein spezifisches Cyclin (z. B. Cyclin A, B, C … F) gebildet. Nach jedem Stadium des Zellzyklus wird das jeweilige Cyclin wieder abgebaut und für jedes folgende Stadium wird ein anderes Cyclin neu gebildet. Ihrer cyclischen Synthese verdanken sie ihren Namen.

Abb. 22.**12** zeigt dieses Prinzip. Die Bildung des Kinase-Cyclin-Komplexes ist besonders gut für den Faktor bekannt, der die Mitose auslöst. Er wird jetzt mit der Abkürzung MPF belegt (Mitose-Phase-Förderfaktor, engl.: maturation promoting factor). Es bedarf einer weiteren Proteinkinase, die das im MPF enthaltene Kinase-Molekül phosphoryliert. Dieses verbindet sich mit einem Cyclin zu einem Komplex, dem MPF. Seine Aktivität erhält MPF jedoch erst, wenn er durch eine Phosphatase wieder teilweise dephosphoryliert wird. Erst jetzt liegt ein aktiver MPF vor. Dieser kann verschiedene Proteine phosphorylieren, die dann den Eintritt in die Mitose erlauben.

Abb. 22.**13** gibt ein detailliertes Bild über den „Einsatz" verschiedener Cycline und cyclinabhängiger Kinasen (engl.: cyclin-dependent kinases), wozu die Proteine mit der Bezeichnung cdk, aber auch cdc2 gehören. Obwohl das Bild, z. B. für die Einleitung der Mitose, nun komplexer aussieht, erkennt man die schematische Grundlage von Abb. 22.**12** wieder. Es treten cdc2 und Cyclin B zu einem Komplex zusammen, wobei cdc2 durch CAK mehrfach phosphoryliert wird (CAK, cdk-aktivierende Kinase). Anschließend wird das cdc2 im Komplex durch eine Phosphatase namens cdc25 dephosphoryliert. Erst durch diese sequenzielle Aktivität der Kinase CAK und der Phosphatase cdc25 wird aus einem inaktiven ein aktiver MPF. Dieser erlangt somit seinerseits die Aktivität einer Proteinkinase. Nun können weitere Proteine phosphoryliert werden (in Abb. 22.**13** nicht gezeichnet), die den Ablauf der Mitose regulieren.

Abb. 22.**13** zeigt auch, wie weitere cdk- und Cyclin-Moleküle als heterodimere Komplexe zur Einleitung bzw. zum Durchlaufen weiterer Phasen des Zellzyklus zum Zug kommen. Die Modifikation der jeweiligen cdk-Moleküle

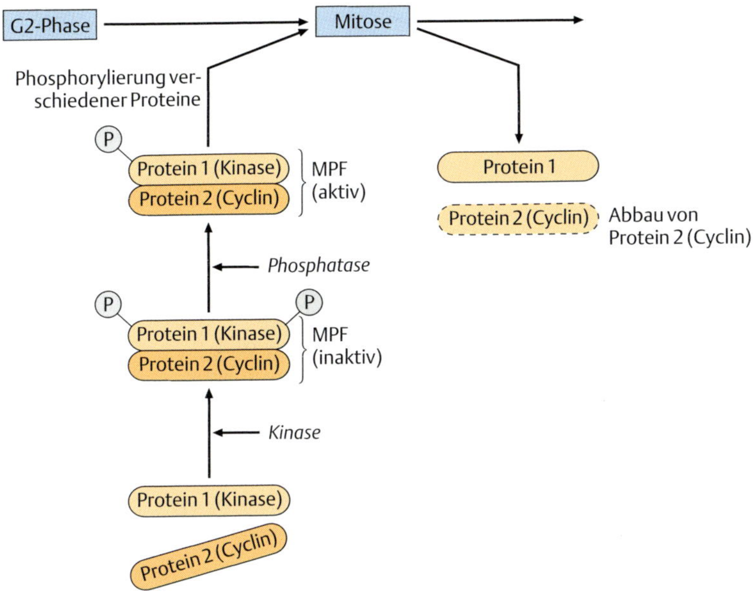

Abb. 22.**12** Regulation des Zellzyklus: Vereinfachte Darstellung der Regulation der Mitose. Von unten nach oben: Zwei Proteine, wovon Protein 2 ein soeben kurz vor der Mitose gebildetes Cyclin ist, verbinden sich zu einem Heterodimer. Dabei wird Protein 1 durch eine Kinase mehrfach phosphoryliert. Das Heterodimer bildet nun einen – allerdings noch inaktiven – MPF (Mitose-Phase-Förderfaktor). Dieser erlangt seine Aktivität, indem er von einer Phosphatase teilweise dephosphoryliert wird. Nun besitzt das im aktiven MPF enthaltene Protein 1 seinerseits die Fähigkeit als Proteinkinase in Aktion zu treten und jene Proteine zu phosphorylieren, die den Ablauf der Mitose gewährleisten. Anschließend wird selektiv das Cyclin abgebaut.

wurde hingegen in Abb. 22.**13** außer Acht gelassen. Abb. 22.**13** zeigt aber auch, dass nach Ablauf einer Phase nur die Cycline, nicht aber ihre cdc2- bzw. cdk-Partner durch Proteolyse an Proteasomen (vgl. Kap. 18) abgebaut werden. Diese sind nun ohne das entsprechende Cyclin ohnehin inaktiv.

Selbstredend ist die Kenntnis der Steuermechanismen des Zellzyklus, insbesondere der Mitose, von höchstem medizinischen Interesse, bilden sich Tumoren doch durch die zügellose Teilungsaktivität oft nur einer einzigen „entgleisten" Zelle. Aber auch unter normalen Umständen zeigen insbesondere Epithelien (Deckgewebe) hohe Teilungsaktivität. So erneuert sich das Epithel unseres Magen-Darm-Traktes im Laufe des Lebens fast 5000 mal, die Epidermis der Haut an die 1000 mal.

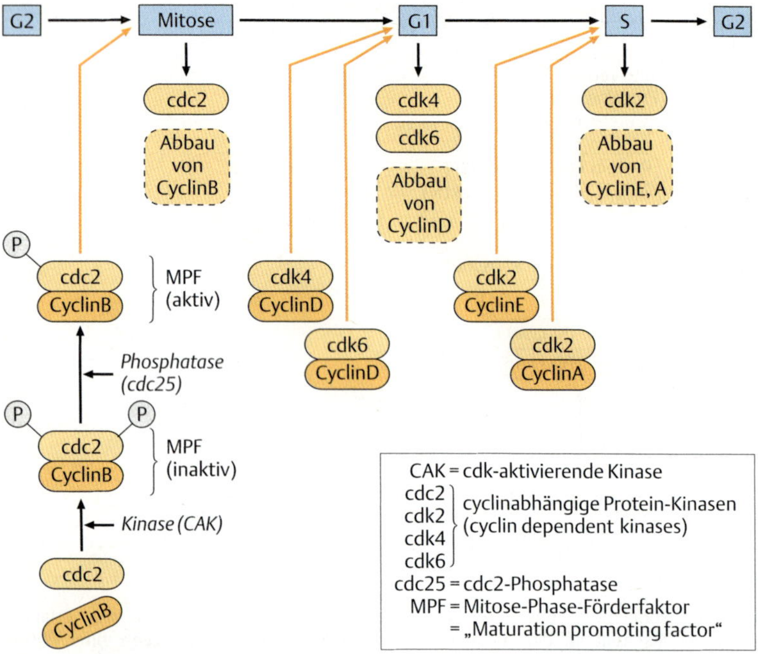

Abb. 22.**13** Regulation des Zellzyklus bei Säugetierzellen. Das in Abb. 22.**12** skizzierte Prinzip ist hier mit konkreten Bezeichnungen der einzelnen Proteine ausgefüllt und auf weitere Stadien des Zellzyklus erweitert worden. Die Erläuterung erfolgt im Text.

22.2 Geschlechtszellen

Durch die Verschmelzung einer Samenzelle (Spermatozoon) mit einer Eizelle (Ovum) erfolgt die Befruchtung zur Zygote (befruchtete Eizelle). Dabei kommen zwei Chromosomensätze zusammen. Daher muss gewährleistet sein, dass jede der Geschlechtszellen nur einen haploiden Chromosomensatz mitbringt. Dies wird in einer Reduktionsteilung, im Rahmen eines als Meiose bezeichneten komplexen Vorgangs erreicht (Abb. 22.**14**).

Die Meiose (Reifeteilung) umfasst zwei Kernteilungs- und Zellteilungsschritte, Meiose I und II (1. und 2. Reifeteilung). Meiose I beinhaltet die Reduktionsteilung (diploid → haploid). Die anschließende Meiose II ist einer Mitose ähnlich, nur dass hier ein haploider Chromosomensatz auf die Folgezellen verteilt wird. Da diese Aufteilung gleichmäßig erfolgt, bezeichnet man Meiose II auch als Äquationsteilung.

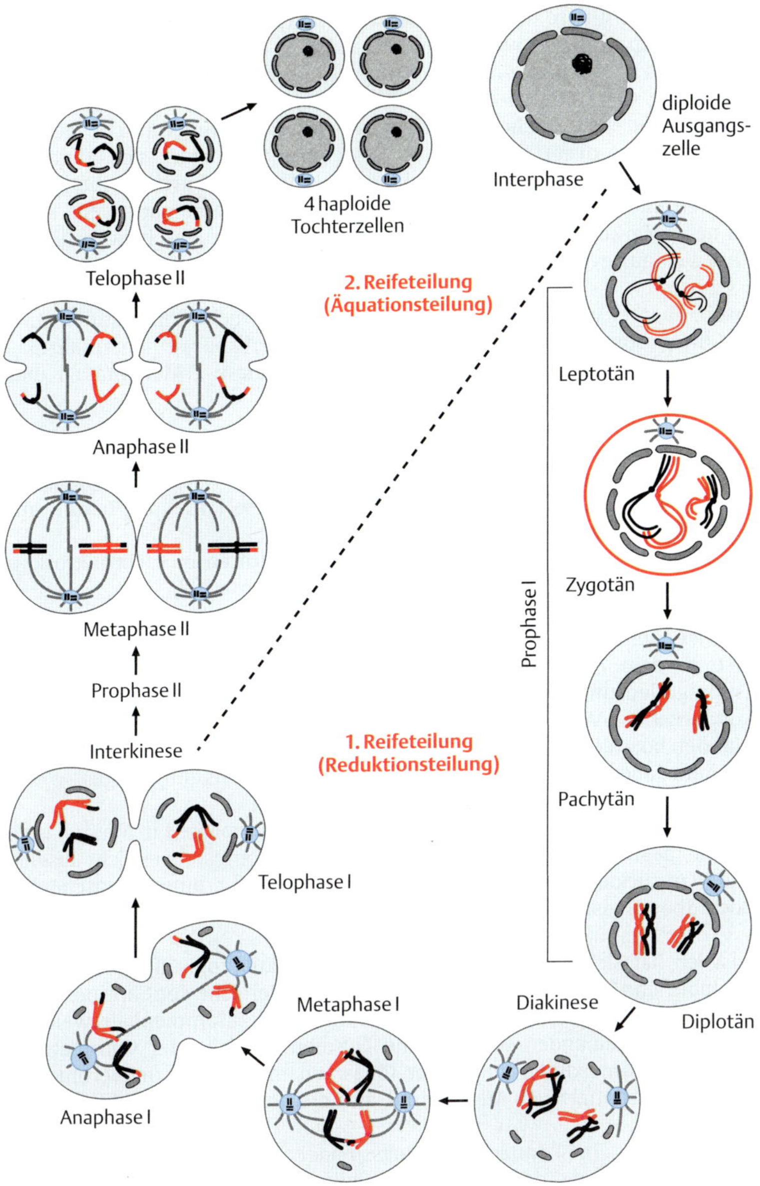

Abb. 22.**14** Schematischer Verlauf der Meiose. Erklärung im Text.

In der Meiose I wird das genetische Material durchmischt. Die elterlichen Chromosomenpaare lagern sich eng aneinander, es bildet sich ein enger Kontakt (Chiasma) zwischen einzelnen Chromatiden homologer Chromosomen, sodass ganze Chromatiden-Abschnitte zwischen homologen Chromosomen väterlichen und mütterlichen Ursprungs wechselseitig ausgetauscht werden können (Crossing-over). Durch diese Tatsache unterscheidet sich Meiose I wesentlich von der regulären Zellteilung. Die intensive Durchmischung des väterlichen und mütterlichen Erbgutes nennt man Rekombination. Sie kann durch neue Merkmalskombinationen zu besseren Überlebenschancen führen und hat sich aus evolutiver Sicht bewährt.

Meiose I. Hierbei werden (im Gegensatz zur Mitose nicht Chromatiden sondern) Chromosomen getrennt, väterliche und mütterliche werden zufallsmäßig aufgeteilt. Die Stadien von Meiose I sind Prophase I, Metaphase I und Anaphase I.

Prophase I umfasst komplexe Detailschritte (vgl. Lehrbücher der Genetik). Sie wurden mit den ebenso altertümlichen wie hässlichen Namen Leptotän, Zygotän, Pachytän, Diplotän und Diakinese belegt. Diese Einteilung beruht auf folgenden lichtmikroskopischen Beobachtungen.

- Im *Leptotän* werden die Chromosomen als Strukturen im Lichtmikroskop gerade sichtbar (Beginn der Chromosomen-Kondensation).
- Im *Zygotän* lagern sich homologe Chromosomen in einer Äquatorialplatte parallel aneinander.
- Erst ab dem *Pachytän* werden Details der Chromosomenstruktur, wie Chromatiden und Chromomeren, sichtbar (Abschluss der Chromosomen-Kondensation). Während des Pachytäns bilden sich Chiasmen zwischen Chromatiden homologer Chromosomen zur Einleitung des Crossing-over. Dieses Stadium dauert im allgemeinen am längsten – meistens einige Tage.
- Im *Diplotän* wird das Crossing-over abgeschlossen.
- Als *Diakinese* bezeichnet man den Übergang von Prophase I in Metaphase I. Hierbei beginnen die Centromeren homologer Chromosomen leicht auseinander zu rücken, jedoch bleiben die Endstücke der Chromosomenschenkel noch über Chiasmen untereinander verbunden.

Inzwischen hat sich die Kernmembran durch Vesikulation aufgelöst und die Spindelpole sind sichtbar geworden. Die mittleren Bereiche der Chromosomen mit dem Centromer, das hier die beiden Chromatiden zusammenhält, weichen noch weiter auseinander, während die äußeren Bereiche der Chromatiden homologer Chromosomen noch über Chiasmen miteinander in Verbindung bleiben. So präsentiert sich *Metaphase I*, also die Metaphase von Meiose I.

In **Anaphase I** ist eine komplette Teilungsspindel ausgebildet. Nun werden die Chiasmen getrennt und die Chromosomen mit den jeweils deutlich sichtbaren zwei Chromatiden wandern in die Richtung der Spindelpole.

Nun wäre eigentlich eine Telophase I fällig, aber früheren Forschern gefiel es, in Meiose I dieses Stadium mit dem Terminus *Interkinese* zu belegen. Dies bedeutet ein Stadium zwischen zwei Bewegungsabläufen – ein Zwischenstadium, das es allerdings in den meisten Fällen gar nicht gibt. Denn meistens setzen die Folgezellen unmittelbar zur Meiose II an.

Meiose II. Zwar wurde in der Meiose I die Chromosomenzahl von 2 n auf n reduziert, jedoch besteht jedes Chromosom zu Ende von Meiose I noch aus zwei Chromatiden. Die Meiose II dient nun dazu, die Chromatiden zu trennen. Sie erinnert daher an eine Mitose, allerdings mit dem Unterschied, dass im Fall von Meiose II der Geschlechtszellen mit einem haploiden Chromosomensatz operiert wird (im Falle einer echten Mitose der somatischen Zellen dagegen mit einem diploiden Satz).

Insgesamt kann die Meiose bei Pflanzen wie bei Säugetieren in der Größenordnung von einigen Stunden bis Tagen durchlaufen werden, je nach Organismus. Beim Menschen sind die Verhältnisse sehr komplex (Abb. 22.**15**).

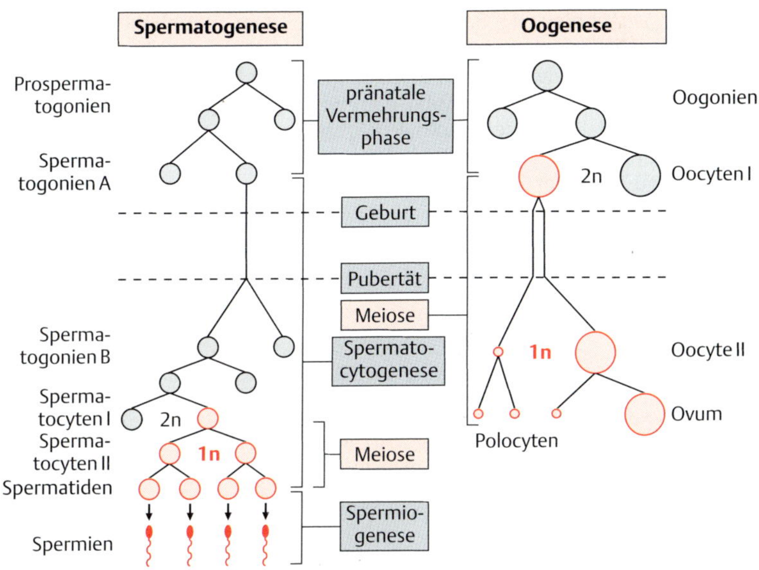

Abb. 22.**15** Reifung von männlichen (links) und weiblichen (rechts) Geschlechtszellen beim Säugetier (Mensch). Die an der Reifeteilung beteiligten Differenzierungsstadien sind rot hervorgehoben. Dabei wird der diploide Chromosomensatz auf haploid reduziert (2 n → n). Auffallend ist das Auftreten äqualer Zellteilungen im männlichen, dagegen inäqualer Zellteilungen im weiblichen Geschlecht. Dabei wird ein kleiner Polocyt (Polkörperchen) von der Eizelle abgetrennt. Die Eizelle benötigt ein umfangreicheres Cytoplasma, die Spermien dagegen sollen alle möglichst klein und flink sein. Weitere Erläuterungen im Text.

Im Hoden teilen sich zunächst diploide Prospermatogonien mitotisch zu Spermatogonien A und diese zu Spermatogonien B. Erst bei der Teilung von Spermotocyten I zu Spermatocyten II erfolgt die Meiose; sie dauert ca. drei Wochen. In Meiose II teilt sich jeder Spermatocyt II relativ rasch in zwei Spermatiden. Jede dieser Zellteilungen ist äqual, d. h. die Teilung resultiert in gleich großen Zellen. So entsteht eine große Zahl gleichartiger Zellen, aus denen erst durch weitere Differenzierung bewegungs- und befruchtungsfähige Spermatozoen entstehen (vgl. Abb. 17.**8**).

Im Ovar der Frau entstehen durch mitotische Teilung aus diploiden Oogonien zunächst Oocyten I. Diese Oocyten I treten nun in die erste meiotische Teilung (Reduktionsteilung) ein. Da dies zudem eine inäquale Zellteilung ist, entstehen auf diese Weise eine große Oocyte II und eine kleine Polzelle, die jedoch in engem Kontakt miteinander bleiben. Es wird sodann die Meiose II eingeleitet, aber nicht vollendet. Im allgemeinen reift pro Monat eine solche Oocyte II zu einem Graafschen Follikel heran. Die Ovulation (Eisprung) entlässt eine 150 µm große Eizelle in den Ovidukt (Eileiter). Nur wenn die Eizelle auf ihrem Weg in den Uterus von einem Spermatozoon befruchtet wird, vollendet sie kurz vor Verschmelzung des weiblichen mit dem männlichen Kern die Meiose II und wird zum Reifei (Ovum). Dabei entsteht erneut eine kleine Polzelle. Da die während der Meiose I entstandene erste Polzelle sich auch noch einmal teilt, liegen am Ende der Meiose im weiblichen Geschlecht eine große Eizelle und drei kleine Polzellen ohne weitere Funktion vor. Die Verschmelzung von Ei- und Samenzelle führt wieder zu einem diploiden Chromosomensatz der Zygote, aus der durch zahllose Mitosen die große Zahl der Zellen unseres Körpers hervorgeht.

Über die Regulation dieser komplexen Prozesse ist noch wenig bekannt.

Literatur

Goldberg, A. L., S. J. Elledge, J. W. Harper: Reisswolf für Proteine. Spektrum Wiss. 22 (2001) 55

Heald, R.: Motor function in the mitotic spindle. Cell 102 (2000) 399

Marshall, W. F.: Centiroles take center stage. Curr. Biol. 11 (2001) R496

Miller, M. E., F. R. Cross: Cyclin specificity: how many wheels do you need on a unicycle? J. Cell Sci. 114 (2001) 1811

Mölling, K.: Die Gene und der Krebs. In E. P. Fischer: Mannheimer Forum 91/92. Piper, München 1992

Palazzo, R. E., G. P. Schatten: Twenty Ways of Looking at a Centrosome. Academic Press, San Diego, C. A. 2000

Pines, J., C. L. Rieder: Re-staging mitosis: a contemporary view of mitotic progression. Nature Cell Biol. (2001) E3 – E6

Robinson, D. N., J. A. Spudich: Towards a molecular understanding of cytokinesis. Trends Cell Biol. 10 (2000) 237

Vgl. auch Kapitel 23

23 Besonderheiten der Pflanzenzelle im Vergleich zur tierischen Zelle

Hier werden pflanzliche und tierische Zellen miteinander verglichen. Die „Grundausstattung" ist zwar dieselbe, jedoch verfügen die einen über manche Fähigkeit, die die anderen nicht besitzen. So können nur pflanzliche Zellen Photosynthese betreiben, weil nur sie Chloroplasten besitzen. Glukose dient beiden Arten von Zellen als „Brennstoff", denn beide vollbringen Glykolyse im Cytosol und oxidativen Energiestoffwechsel in Mitochondrien. Die höhere Pflanzenzelle besitzt jedoch auch eigene Stoffwechselwege, wie z. B. die Photorespiration und den Glyoxylat-Stoffwechselweg, wobei mehrere Organellen zusammenwirken. Auch der lysosomale Apparat bringt häufig eine besondere Differenzierung hervor, nämlich die große(n) Vakuole(n). Diese wirken als Wasserreservoir, halten den Turgor (Innendruck) aufrecht und dienen der Ablagerung von Substanzen, die für die Funktion der Pflanzenzelle nicht direkt wichtig sind (Mineralkristalle, Produkte des „sekundären Pflanzenstoffwechsels"). Erstaunlich ist der Besitz ähnlicher Komponenten der Signaltransduktion wie in tierischen Zellen, aber auch das Fehlen von Centriolen, Cilien und Flagellen. Die Kernteilungsspindel wird demnach ohne Centriolen, nur von Polkappen aus, ausgebildet. Besonders auffallend ist die starre Zellwand der Pflanzen. Im Gegensatz hierzu bilden tierische Gewebe viel komplexere Zell-Zell- und Zell-Matrix-Verbindungen aus und zeigen ein breiteres Differenzierungsspektrum.

23.1 Innere Organisation der Pflanzenzelle

unter einer Pflanzenzelle kann man vieles verstehen – von der autotrophen Protistenzelle (Algen) bis zu den diversen Zelltypen der Blütenpflanzen. Hier werden (fast) nur letztere angesprochen. Als repräsentative „Pflanzenzelle" würde man am ehesten eine nicht speziell differenzierte Zelle aus dem Schwammgewebe (Parenchym) des Inneren eines Blattes (Mesophyll), dem Hauptort der Photosynthese, verstehen. Daneben besitzt eine Pflanze noch andere Organe (Stängel/Stamm, Wurzeln, Reproduktionsorgane) mit einer Reihe von mehr oder weniger differenzierten gewebespezifischen Zelltypen, deren Zahl bei Blütenpflanzen (Angiospermen) auf ca. 70 geschätzt wird. Das ist wesentlich weniger als bei einem Säugetierorganismus, der in ein Mehrfaches an Zelltypen differenziert ist.

Das Hauptcharakteristikum der pflanzlichen Zelle ist ihr Gehalt an Chloroplasten oder von Derivaten derselben, die eigens in Kapitel 20 besprochen wurden. Demnach haben Pflanzen drei Genome: Das Kerngenom, sowie jenes der Mitochondrien (Chondriom) und Chloroplasten (Plastom); vgl. Kapitel 24.

Das Fehlen neuronaler Elemente, die Bewegungsunfähigkeit und die Ausbildung starker und starrer Stützgewebe (verholztes Gewebe) bei pflanzlichen Organismen könnten einen dazu verleiten, pflanzliche Zellen gegenüber tierischen als langweilig einzuschätzen. Diese Einschätzung würde weit daneben liegen – haben sie sich doch in der Evolution aus tierischen Zellen entwickelt (vgl. Kap. 24), unter Wahrung von deren Organellen, sogar bei Zugewinnung der Chloroplasten für eine energetisch unübertroffene Photosyntheseleistung. So erstaunt es auch nicht, dass Ribosomen aus Pflanzenzellen in vitro ohne weiteres die mRNA für Hämoglobin u. a. tierischer Proteine translatieren können. Einzelne Fähigkeiten bzw. die Synthese bestimmter Proteine (z. B. der klassischen cytoplasmatischen Intermediärfilamente) wurde zwar verloren, andere kamen jedoch hinzu und manche Organellen haben eine weitere Diversifikation erfahren (Peroxisomen, Lysosomen/Vakuolen). Besonders auffällig ist, dass die „extrazelluläre Matrix“ tierischer Gewebe durch eine Zellwand aus ganz anderen Komponenten ersetzt ist. Auch interzelluläre Kontakte sind von anderer Art und es ist faszinierend zu sehen, wie pflanzliche Gewebe in ihren Plasmodesmen ein funktionelles Analogon zu „gap junctions“ tierischer Zellen entwickelt haben. Der Fortschritt des Genomprojektes „*Arabidopsis*/ Ackerschmalwand“ (ein Kreuzblütler, *Cruciferae*) und der Vergleich von DNA- und Protein-Sequenzabschnitten bringt neuerdings Unerwartetes zu Tage: Cadherine, vielleicht auch Integrine in Pflanzenzellen!

Wir haben für tierische Zellen die ubiquitäre Verbreitung der Na^+/K^+-ATPase (Na^+/K^+-Pumpe) besprochen, die bewirkt, dass $[K^+]_i > [K^+]_e$ bzw. $[Na^+]_i < [Na^+]_e$ ist und dass die tierische Zelle ein Ruhepontential von ca. –50 mV oder leicht darunter aufweist (vgl. Kap. 6.2). Pflanzenzellen stellen ihr inneres Milieu bevorzugt über eine plasmalemmale H^+-ATPase ein, die Protonen nach außen pumpt. (Das dazu notwendige ATP stammt auch in der Pflanzenzelle aus der Glykolyse und der mitochondrialen Zellatmung). Dort bleiben die Protonen zwischen den Makromolekülen der Zellwand „getrappt“. Durch die Ungleichverteilung der Protonen wird die pflanzliche Zellmembran energetisiert und der H^+-Rückfluss durch die Zellmembran wird zum sekundär-aktiven Transport anderer von der Zelle benötigter Stoffe ausgenützt. Zwar besitzen auch viele tierische Zellen eine H^+-ATPase in ihrer Zellmembran, ihre Tätigkeit ist dort jedoch im Allgemeinen viel weniger ausgeprägt als bei Pflanzenzellen.

Unerwartet ist zunächst (weil man in diesem Zusammenhang eher an Nerven- und Muskelzellen denkt), dass auch Pflanzenzellen ein elektrisches Potenzial über ihre Zellmembran aufweisen, ja dass ihr Ruhepotenzial wegen der starken innenseitigen Anreicherung von Chloridionen (Cl^-) sogar sehr ausgeprägt ist (von –150 mV bis zu –250 mV). Pflanzenzellen können fallweise ein Aktionspotenzial entwickeln, allerdings nur träge über einen bis zu 10 Sekunden langen Zeitraum, basierend auf einem depolarisierenden Cl^--Efflux und einem repolarisierenden K^+-Influx über die Zellmembran. So ein Aktionspotenzial tritt auf, wenn die Blattspreiten der Venusfliegenfalle (*Dionaea*, Sonnentaugewächse) binnen weniger als einer Sekunde zuschnappen um ein Insekt einzufangen, sowie bei den relativ schnellen Blattbewegungen der Mimose (Leguminosen). Damit einher gehen in einseitig angeordenten Zellen rasche Änderungen des Turgors und dieses bewirkt über die Volumenänderung solcher Zellen die für diese Pflanzen sprichwörtlich schnellen Reaktionen.

Tierische wie pflanzliche Zellen haben eigene Kanalproteine zum sekundäraktiven Transport von Wasser, die sog. Aquaporine. Diese sind nicht nur in der Zellmembran, sondern auch in der Membran der Vakuole angereichert, die ja dazu dient, Wasser zu speichern und einen gewissen Innendruck aufrecht zu erhalten (Turgor; vgl. Kap. 6.1). Vermittels der Aquaporine kann Wasser schnell durch Membranen durchtreten.

Erstaunlich ist, dass Pflanzenzellen über das gleiche System der intrazellulären Signaltransduktion verfügen können wie tierische Zellen, mit Hydrolyse von $PInsP_2$ und Bildung von $InsP_3$, welches der Aktivierung von Ca^{2+} aus intrazellulären Speichern für die Signal-Transduktion dient (vgl. Kap. 11). Wenn eine Ranke der Zaunrübe (*Bryonia*) sich festzurrt, tritt dieses Phänomen in Aktion.

Durchschreiten wir die Pflanzenzelle vom Zellkern bis zur Zellmembran, so entdecken wir (abgesehen von den Chloroplasten und ihrer Abkömmlinge; vgl. Kap. 20) insgesamt mehr Ähnlichkeiten zur tierischen Zelle als Unterschiede. So gibt es keine prinzipiellen Unterschiede in Ultrastruktur und Funktion von Zellkern, freien Ribosomen und rauem ER. Auch glattes ER kann sehr ausgeprägt sein. Der Golgi-Apparat kann bei Pflanzen wesentlich imposanter, aus bis zu über einem Dutzend Stapel umfassenden Dictyosomen aufgebaut sein. Hier wurde auch erstmals eine seiner Funktionen entdeckt: Synthese von Komponenten der Zellwand. Diese gelangen per Vesikeltransport über ungetriggerte (konstitutive) Exocytose über die Zellmembran nach außen. Dabei handelt es sich wie üblich um unauffällige, kleine Vesikel mit elektronenlichtem Inhalt. Konstitutive Sekretvesikel dieser Art dienen auch dem Einbau von neuen Komponenten in die Zellmembran, die ja in allen Zellen einer dauernden Regenerierung unterliegt. Insbesondere beim Auswachsen von Wurzelhärchen oder des Pollenschlauchs zur Befruchtung der Eizelle sieht man, neben zahlreichen Mikrotubuli und Mikrofilamenten, eine Vielzahl solcher Vesikel, deren konstitutive Exocytose die Zellmembranfläche vergrößert und dadurch den Pollenschlauch verlängert. Auch in der Pflanzenzelle gibt es „Gegenverkehr", der über Endocytosevesikel erfolgt. Darunter gibt es solche von der Art der „coated pits/vesicles", d.h. mit einem cytoplasmaseitigen Belag aus Clathrin. In der Tat kann man die endocytotische Aufnahme von elektronendichten Markern beobachten, wenn man im Experiment vorher die Zellwand entfernt.

In Pflanzenzellen sind Mikrotubuli dominante Elemente des Cytoskelettes. Sie haben aber eine weitgehend abweichende Sensitivität zu destabilisierenden Agentien (vgl. Kap. 16.2.1), sodass manche dieser Drogen als „Pflanzenschutzmittel" Einsatz finden. Im Gegensatz hierzu haben Drogen, die Aktin-Filamente in Monomere zerlegen (Cytochalasine, vgl. Kap. 16.2.1, sowie neuerdings Latrunculin A), denselben Effekt in tierischen und pflanzlichen Zellen.

Von Intermediärfilamenten ist wenig bekannt, abgesehen von den Laminen der Kernlamina (vgl. Kap. 16.4). Ob es sie bei Pflanzen überhaupt in nennenswerter Zahl gibt, darüber kann endgültigen Aufschluss vielleicht erst die weitere Evaluation des *Arabidopsis*-Genomprojektes und ein anschließendes „Proteomics"-Projekt bringen.

Wesentlich seltener werden große Vesikel mit elektronendichtem Inhalt beobachtet, die an Vesikel der stimulierten Exocytose zur Freisetzung von Hormonen aus tierischen Drüsenzellen erinnern (vgl. Kap. 11) und bei speziellen Pflanzenzellen in der Tat einem ähnlichen Zweck dienen. Dagegen sind die meisten Pflanzenhormone – für Wachstum, gerichtetes Wachstum und Differenzierung – lösliche niedermolekulare Verbindungen, die keinem paketierten Transport unterliegen. Darunter gibt es, wie bei tierischen Zellen auch (vgl. Kap. 6), sogar Steroid-Hormone. Ethylen ($_2HC{=}CH_2$) ist ein weiteres, gasförmiges Hormon, das von reifen Früchten freigesetzt wird und dann benachbarte Früchte ebenfalls zum Reifen bringt.

Auch Pflanzenzellen bedürfen einer „inneren Erneuerung", d. h. einzelne Zellkomponenten können einem lysosomalen Abbau zugeführt werden. Der Ursprung des lysosomalen Apparates liegt wiederum im Trans-Golgi-Netzwerk (TGN), von dem primäre Lysosomen abknospen. Das Endprodukt ist zumeist die große Vakuole, die in Ein- oder Mehrzahl die meisten Pflanzenzellen dominiert. Wie erwähnt, dient die Vakuole der Speicherung von Wasser und spielt eine wichtige Rolle beim Aufrechterhalten des osmotischen Druckes (Trugor; vgl. Kap. 6.1). Auch die Membran der Vakuole ist, wie die Zellmembran, semipermeabel. Sie wird nach einer althergebrachten Nomenklatur als Tonoplast (vom Griechischen „tonos", die Spannung) bezeichnet. Die Vakuole kann aber auch der Akkumulation von Farbstoffen wie Anthocyan (vgl. Kap. 13) dienen. Darüber hinaus kann sie weitere Stoffe des sekundären Pflanzenstoffwechsels lagern, die durch Membranumhüllung vom Rest der Zelle wie in einer Mülltonne abgeschirmt und bei Zerstörung der Zelle freigesetzt werden. Coffein und Opiate, die in der Mohnpflanze (*Papaver somniferum*) durch enzymatische Auflösung der Zellwände in größere Hohlräume verteilt werden, sind Beispiele für solche Einbahnen pflanzlicher Syntheseleistungen, die für die direkte Funktion der Pflanzenzelle unerheblich, aber gegen Fressfeinde nützlich sein können. Bekanntlich haben sich menschliche Kultur und Unkultur jedoch auch über den Inhalt der pflanzlichen „Mülltonnen" hergemacht.

23.2 Die besondere Rolle von Peroxisomen bei Pflanzen

Der für Peroxisomen tierischer Zellen kaum mehr übliche Ausdruck „Microbodies" (Singular „Microbody", was eigentlich „Kleinkörper" bedeutet) ist für pflanzliche Zellen noch durchaus üblich. Auch hier sind es Organellen mit einfacher Membranumhüllung und ziemlich homogenem Inhalt, der (per-)oxidative Enzyme umfasst, darunter das Leitenzym, die Katalase (vgl. Kap. 15). Diese vermag das Zellgift H_2O_2 in H_2O und ½ O_2 (das sich zu O_2 vereinigt) zu spalten. An pflanzlichen Microbodies kann man zwei Grundtypen unterscheiden:

1. Glyoxisomen (oder Glyoxysomen), die durch Mobilisierung von Lipid-Vorräten über β-Oxidation von Fettsäuren dem Sämling beim Auskeimen helfen. (Wir erinnern uns, dass diese in tierischen Zellen in der Mitochondrienmatrix und nur in geringerem Umfang in Peroxisomen lokalisiert ist; vgl. Kap. 19.2). In der Pflanzenzelle sind allein diese Organellen für die β-Oxidation von Lipiden zuständig; dabei werden die Vorräte an Fetten bzw. fetten Ölen in den Kotyledonen mancher Samen dem Stoffwechsel zugeführt.
2. „eigentliche Peroxisomen", die man kurz Peroxisomen nennt. Ihre Zusatzaufgabe besteht in der Photorespiration.

23.2.1 Biogenese

Wie bei der tierischen Zelle blieb die Biogenese bis in die jüngste Zeit umstritten. Sicher ist, dass die meisten – wahrscheinlich alle – Proteine mit freien Ribosomen im Grundplasma synthetisiert werden. Dann werden sie auf Grund bestimmter Signalabschnitte („Targeting-Sequenzen") durch Rezeptor-Proteine der peroxisomalen Membran erkannt und unter ATP-Verbrauch importiert. Die in jüngster Zeit revitalisierte Hypothese, dass auch ein Vesikelfluss vom rauen ER gewisse Komponenten beisteuern könnte, scheint keine breite Akzeptanz zu finden. So ist auch bei Pflanzen für den Biosyntheseweg Sprossung aus vorhandenen Peroxisomen und Erweiterung durch Einbau von molekularen Komponenten anzunehmen. Manche vermuten, dass beim Ergrünen der jungen Pflanze die Glyoxisomen in eigentliche Peroxisomen umgewandelt werden. Da jedoch die Glyoxisomen bei den meisten Pflanzen nur in den Keimblättern (vgl. unten) vorkommen, müssen sich in den nachfolgend ausgebildeten Blättern (Primär- und Sekundärblätter) die Peroxisomen auf jeden Fall unabhängig ausbilden. Für Glyoxisomen gibt es kein Äquivalent in tierischen Zellen, und sie können nicht mit vergleichbarer Effizienz Fettvorräte abbauen wie die Pflanzenzellen.

23.2.2 Funktion

Wie die tierische Zelle, so hat auch die Pflanzenzelle Bedarf an der Inaktivierung von toxischem H_2O_2, ja sogar noch in vermehrtem Maße. Dieses reichert sich u. a. im Zusammenhang mit der Photorespiration (Abb. 23.**2**) bzw. bei der anschließenden Oxidation der Glykolsäure zu Glyoxylat an, die in den Glyoxisomen stattfindet, die ja auch die Katalase als Leitenzym aller peroxisomaler Organellen beherbergen. Hier läuft auch der namengebende Glyoxylat-Zyklus ab (Abb. 23.**1**). Das Glyoxylat ist ein zentraler Metabolit der Microbodies und kann in Glyoxisomen bzw. Peroxisomen auf verschiedenem Wege gebildet werden: (i) im Rahmen des Glyoxylat-Zyklus nach Spaltung von Isocitrat (C_6) in Succinat (C_4) + Glyoxylat (C_2); (ii) aus Glykolat, das im Chloroplasten-

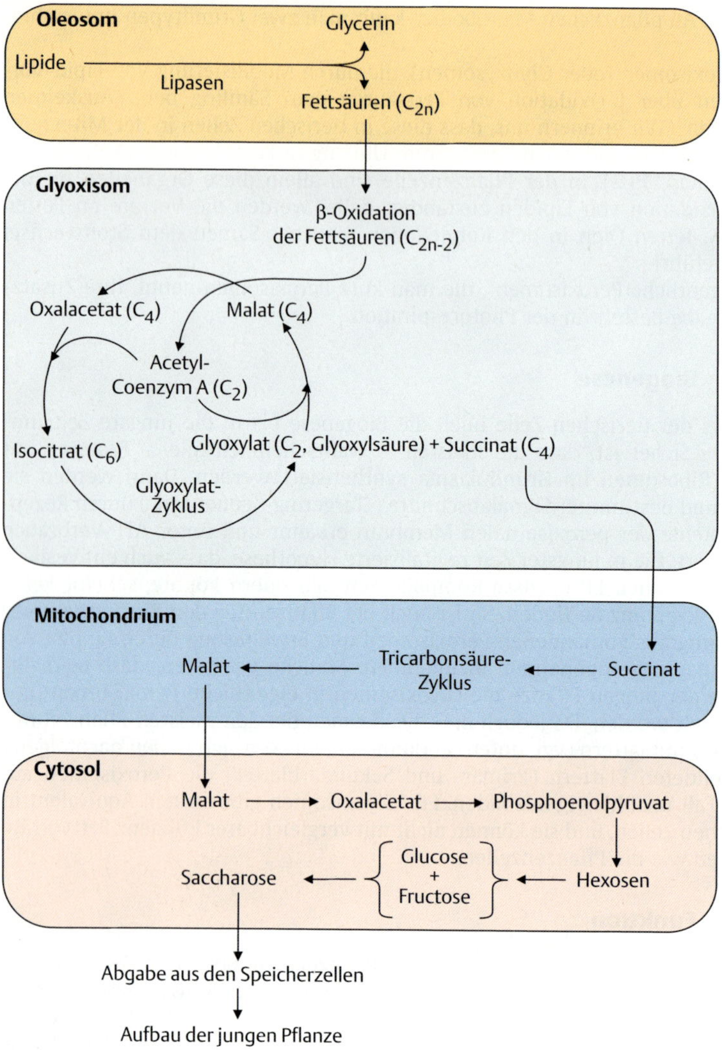

Abb. 23.**1** Zusammenspiel zwischen Glyoxisomen (Glyoxylat-Zyklus), Oleosomen, Mitochondrien und Cytosol bei der Mobilisierung von Lipid-Speichertropfen. Das Schema ist im Text unter „Glyoxylat-Zyklus" genauer erklärt.

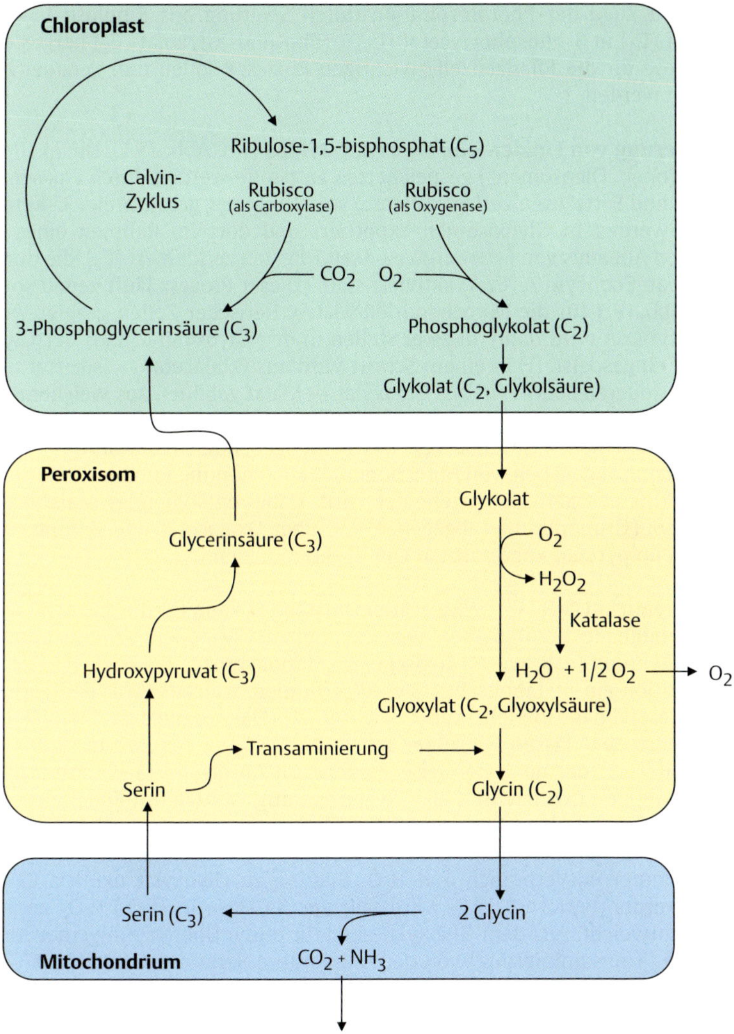

Abb. 23.2 Zusamenspiel zwischen Chloroplasten, Peroxisomen und Mitochondrien beim Ablauf der Photorespiration. Das Schema ist im Text unter „Photorespiration" genauer erläutert

Stroma im Zuge der Photorespiration durch Spaltung aus Ribulose-1,5-bis-Phosphat (C_5) in 3-Phosphoglycerat (C_3) + (Phospho-)Glykolat (C_2) hergestellt wird. Diese für die Pflanzenzelle wichtigen Prozesse sollen nun genauer besprochen werden.

Mobilisierung von Lipiden und Glyoxylat-Zyklus (vgl. Abb. 23.**1**). Die in „lipid bodies" (oder „Oleosomen") gespeicherten Fettstoffe werden durch Lipasen in Glycerin und Fettsäuren zerlegt. Letztere weisen immer geradzahlige C-Ketten auf. Sie werden in Glyoxisomen exportiert und dort im Rahmen eines β-oxidativen Abbaues von Fettsäuren zu Acetyl-Resten zerkleinert (C_2), die durch Bindung an Coenzym A (CoA) aktiviert sind. (Dieser Prozess läuft genau so ab wie in Abb. 19.**5** für die Mitochondrien-Matrix tierischer Zellen gezeigt wurde). Acetyl-CoA wird dann an zwei Stellen in den Glyoxylat-Zyklus der Glyoxisomen eingespeist. (i) In einem Schritt wird aus Oxalacetat → Isocitrat und in einem anderen Schritt (ii) aus Glyoxylat → Malat gebildet, aus welchem auf diese Weise wiederum Oxalacetat regeneriert wird. Durch Spaltung von Isocitrat entsteht neben Succinat (C_4) das namengebende Glyoxylat, das in das Grundplasma abgegeben, von Mitochondrien aufgenommen und im Tricarbonsäure-Zyklus energetisch ausgebeutet wird. Dabei entstehendes Malat kann ins Cytosol (Grundplasma) abgegeben und über Oxalacetat und Bildung von Phosphoenolpyruvat zur Synthese von Zuckern dienen.

Photorespiration (vgl. Abb. 23.**2**). Unter Umständen kann für die grüne Pflanze die ungenügende Verfügbarkeit von CO_2, bei relativ hohem O_2-Druck, zum Problem werden (z. B. wegen toxischer Oxidationsprozesse). Dazu hat sie in der Evolution ein metabolisches „Ventil" erfunden, welches zwar energetisch ungünstig, für das Überleben aber wichtig ist. (Die spezielle Problemlösung von „C_4-Pflanzen" lassen wir außer acht). Hierbei kann das Enzym „Rubisco" (vgl. Kapitel 20), das normalerweise als Ribulose-1,5-bisphosphat-Carboxylase die Bindung von CO_2 bewirkt, als Oxygenase tätig werden. Im Endeffekt entsteht dann aus Ribulose-1,5-bisphosphat Phosphoglykolsäure, welche zu Glykolat dephosphoryliert und an Peroxisomen abgegeben wird. Hier wird Glykolat unter O_2-Verbrauch und H_2O_2-Bildung zu Glyoxylat oxidiert (2 H-Atome werden entfernt). H_2O_2 wird von der Katalase in $H_2O + ½ O_2$ zerlegt und O_2 entweicht. Aus dem Glyoxylat entsteht durch Übertragung einer Aminogruppe (Transaminierung) von der Aminosäure Serin die Aminosäure Glycin. Diese wird an Mitochondrien abgegeben, in deren Matrix Serin regeneriert werden kann (vgl. Abb. 19.**5**). Serin wird wiederum in das Peroxisom exportiert. Nach seiner Verwendung zur Glycinbildung entsteht Hydroxypyruvat und aus diesem Glycerat, das wiederum an die Chloroplasten abgebenen und in den Calvin-Zyklus eingespeist wird.

Photorespiration besagt, dass gleichzeitig photosynthetisch CO_2 gebunden und O_2 abgegeben wird. Sie dient wohl der Entlastung des Photosynthese-Apparates, aus dem der Schlüsselmetabolit teilweise abgezogen und oxidativ weiter verarbeitet werden kann. Durch die Einbindung der Syntheseleistungen der Mitochondrien-Matrix vermehrt sich auch die Verfügbarkeit von Aminosäuren für die Pflanze. In diesem komplizierten Stoffwechselweg sind also z. T. zyklische Prozesse in drei Organellen zusammengeschaltet. Diese funktionelle Verquickung der verschiedenen Organellen macht es verständlich, warum man im elektronenmikroskopischen Bild einer grünen Zelle häufig einen Chloroplasten mit einem Mitochondrium und einem Peroxisom assoziiert sieht (Abb. 20.**1**). Diese strukturelle „Dreiheit" reflektiert das enge funktionelle Wechselspiel dieser Kompartimente. Es ist dies ein exzellentes Beispiel dafür, dass Bau und Struktur der Zelle sich wechselseitig bedingen. Will man die Zelle verstehen, so muss man daher beides kennen.

Dabei kann das Grundplasma nicht nur als – möglichst kurze – Diffusionsstrecke beteiligt sein; über seine „Shuttle"-Systeme (vgl. Kap. 19.2) kann das Mitochondrium Metaboliten für die Glykolyse und die Neubildung von Zuckern (Gluconeogenese) abgeben. Die assimilatorisch aktiven grünen Pflanzenteile geben zumeist Saccharose, ein Disaccharid aus Glukose und Fruktose, zum Transport in die übrigen Pflanzenorgane ab.

23.3 Die Zellwand

Die der Zellmembran der Pflanzenzelle aufgelagerte Zellwand besteht aus drei Schichten: der dünnen Mittellamelle sowie der jeweils viel dickeren Primär- und Sekundärwand. Die chemischen Komponenten sind polymere Kohlenhydrate (Polysaccharide; vgl. Kap. 5.4), darunter Pektine, Hemizellulose und Zellulose sowie Proteine, die jeweils auf verschiedenen Biosynthesewegen angeliefert und in jeweils unterschiedlichen Mengenanteilen in den einzelnen Schichten deponiert werden (Abb. 23.**3**).

23.3.1 Chemische Bestandteile

Unter den Polysacchariden der Zellwand unterscheidet man drei Typen

1. Pektine sind Polysaccharide, deren saure (negativ geladene) Gruppen fähig sind Ca^{2+} und Mg^{2+} zu binden. Diese Ionenbrücken können leicht gelöst und neue gebildet werden, wie dies beim Wachstum erforderlich ist, sodass Pektine ein hydrophiles, dehnbares Gel darstellen. Demensprechend ist dies auch die dominante Komponente der nach der Zellteilung als erster gebildeten Zellwandstruktur, der Mittellamelle.
2. Hemizellulosen sind Polymere aus Pentosen (C_5-Zucker) und Hexosen (C_6-Zucker).
3. Mit zunehmender Dicke der Zellwand nimmt der Anteil an Zellulose zu. Sie ist ein Polymer aus 1,4-β-glykosidisch verbundenen Glukosemolekülen (vgl. Kap. 5.4), die in paralleler Anordnung Mikrofibrillen bilden, die ihrerseits parallel, über Kreuz oder schraubig angeordnet sein können und dadurch eine hohe Reißfestigkeit pflanzlicher Zellwände bzw. Gewebe bewirken können.

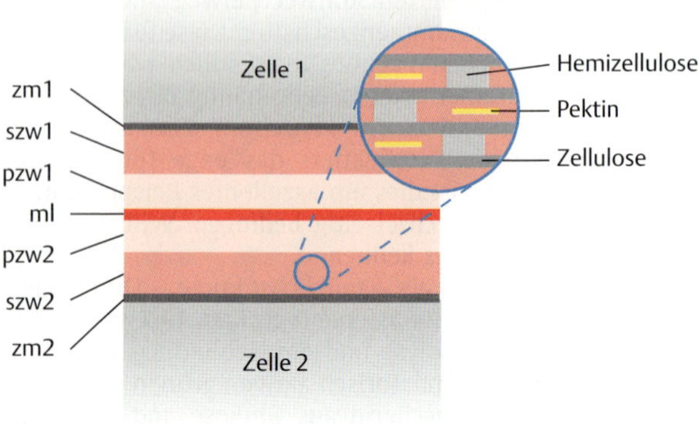

Abb. 23.**3** Schematische Darstellung der Pflanzenzellwand, die in der Regel aus einer einheitlichen, zentralen Mittellamelle (ml) und den primären (pzw) sowie den sekundären Zellwänden (szw) besteht. Der sekundären Zellwand schließen sich die jeweiligen Zellmembranen (zm) benachbarter Zellen an. Das Inset zeigt selektiv die Anordnung von drei dominierenden Komponenten der Zellwand. Davon wird die Zellulose als fädiges Makromolekül von Synthesemolekülen (integrale Membranproteine) synthetisiert und dabei direkt in die Zellwand hineingebaut. Pektin und Hemizellulose gelangen durch konstitutive Exocytose in die Zellwand, wo sie zwischen den Zellulosemolekülen eingelagert werden.

Der Anteil des als Extensin bezeichneten Proteins in der Zellwand liegt bei <10%. Es ist stark glykosyliert (>50%), reich an Lysinresten (daher basisch) und seine Prolinreste sind hydroxyliert. (Dieses ist in frappierender Ähnlichkeit mit dem Kollagen der extrazellulären Grundsubstanz tierischer Gewebe; wahrscheinlich erfolgt auch die Hydoxylierung von Extensinen im ER). Die kovalente Verknüpfung einzelner Extensinketten führt zu einer gewissen Starrheit bzw. mechanischen Festigkeit.

23.3.2 Biosynthese und Schichtaufbau

Die Zellwand wird durch Auflage immer weiterer Schichten (Appositionswachstum) von der Zelle weg verdickt (Abb. 23.**3**). Auf diese Weise wird die Mittellamelle immer weiter von der Zellmembran weggeschoben. Im Folgenden seien die biogenetischen Schritte kurz charakterisiert.

- In der Mittellamelle dominieren die flexiblen Pektine, sodass sie relativ flexibel ist. Sie ist auch die Hauptkomponente der Zellplatte, wie sie bei der Zellteilung gebildet wird (vgl. Kap. 23.4). Diese Komponenten kommen über Vesikelfluss – letztendlich aus dem rauen ER über den Golgi-Apparat – an die Zellmembran.

- Die Primärwand leitet sich ebenfalls hauptsächlich aus Komponenten der konstitutiven Exocytose ab, darunter wiederum Pektine und Extensinproteine; daneben wird bis zu 15 % Zellulose eingelagert, indem Aggregate von Zellulose Polymerase-Molekülen („Rosetten"; vgl. Kap. 11.2) beim Durchtritt durch die Zellmembran Glukosemoleküle linear vernetzen (analog zur Synthese von Hyaluronan tierischer Gewebe). Je mehr Zellulose und Extensin eingelagert werden, umso steifer und fester wird die Primärwand.
- Diese beiden Komponenten dominieren dann in der Sekundärwand; zumal Zellulose kann bis zu < 95 % Mengenanteil erreichen, sodass über die Sekundärwand große mechanische Festigkeit erreicht wird.

Falls ein Gewebe verholzt, so tritt noch eine weitere Komponente in der Zellwand auf, das Lignin. Es entsteht in der Zellwand verholzender Teile aus Vernetzung von Phenoxymonomeren (C_6-Ring mit OH-Gruppe), an denen eine kurze C-Kette hängt (mit einer Kohlenstoffdoppelbindung). Unter dem Einfluss von Peroxidasen in der Zellwand werden Phenoxyradikale gebildet, deren Reaktivität zur Polymerisation zu riesigen Makromolekülen mit der bekannten Festigkeit führen. (Das zugrunde liegende Polymerisationsschema erinnert sehr an jenes, das die Polymerchemie für Plexiglas beschreibt). Im Endeffekt besteht dann Holz zu ungefähr je einem Drittel aus Lignin, Hemizellulosen und Zellulose.

23.3.3 Transport von Wasser in der Zellwand

Die Zellwand bildet ein riesiges extrazelluläres Kompartiment, das in seiner Gesamtheit als Apoplast bezeichnet wird. Die hydrophilen Komponenten der Zellwand sind in der Lage, Wasser reversibel zu binden. Daher erfolgt ein großer Anteil des Wassertransportes durch den Pflanzenkörper außerhalb der Zellen über den Apoplast.

23.3.4 Sonderbildungen

Auch für pflanzliche Gewebe besteht das Bedürfnis der „Harmonisierung" von benachbarten Zellen. Pflanzen haben es schwer, benachbarte Zellen und Gewebe zu „harmonisieren", etwa über Strukturen à la gap junctions, zu deren Ausbildung sich zwei Zellen schon sehr nahe kommen müssen. Höhere Pflanzen haben ihre eigene „Problemlösung" gefunden. Punktuell ist die dicke Zellwand, deretwegen Nachbarzellen sich nicht direkt berühren können, unterbrochen. An solchen Stellen läuft die Zellmembran von einer Zelle zur anderen über, sodass tunnelartige Verbindungen entstehen (Abb. 23.**4** und 23.**5**). Diese nennt man Plasmodesmen (griech.: desmos = Band), weil sie ein „Plasmaband" zweier Zellen durch die Zellwand hindurch bilden. Da dieser Tunnel aber sehr breit ist (~ 50 nm), wäre die Diffusionsbarriere für den interzellulären Stoffaustausch zu wenig selektiv, hätte die Evolution nicht einen weiteren „Trick" erfunden. Wie ein Korken im Flaschenhals steckt ein Pfropfen

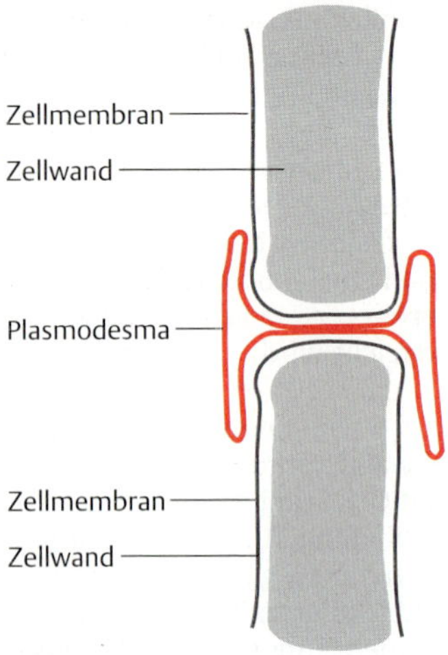

Abb. 23.**4** Plasmodesmen als Strukturen für interzelluläre Kommunikation bei Pflanzen. Hier stehen die Nachbarzellen in kontinuierlicher Verbindung, d. h. die Zellwand ist unterbrochen und die Zellmembranen sind miteinander verschmolzen. Der so gebildete Verbindungskanal ist durch ein kollabiertes Vesikel des Endoplasmatischen Retikulums eingeengt.

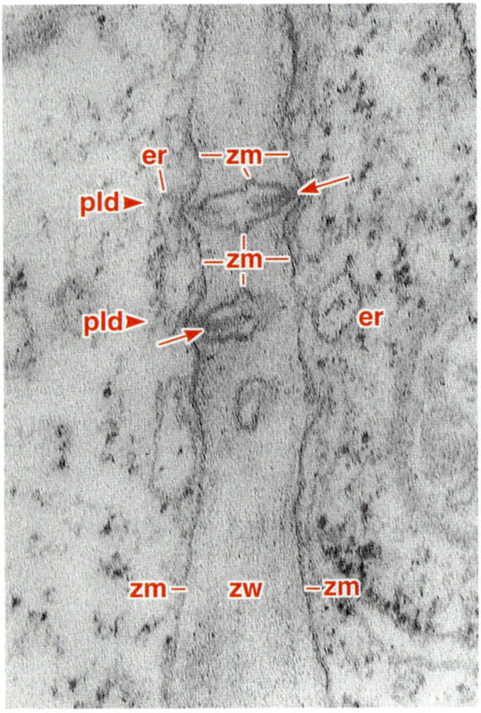

Abb. 23.**5** Plasmodesmen als Zell-Zell-Verbindungen bei Pflanzen. (Objekt: Leitbündel aus der Wurzelhaube – Koleoptile – der Gerste, *Hordeum vulgare*). An jedem Plasmodesma (pld) ist die Zellwand (zw) zwischen zwei benachbarten Zellen unterbrochen und die Zellmembranen (zm) beider Zellen stehen miteinander in einer kanalartigen Verbindung (vgl. Abb. 23.**4**). Der Pfeil weist auf den Phospholipidpfropfen, ein Derivat des Endoplasmatischen Retikulums (er), der die Passage für den interzellulären Stofftransport einengt. Vergr. 120 000fach (Aufnahme: K. Mendgen, Konstanz).

aus Phospholipiden in Form eines kollabierten Membranvesikels des Endoplamatischen Retikulums in den Plasmodesmen und erlaubt nur den langsamen, kontrollierten Austausch molekularer Komponenten.

Eine weitere Sonderbildung interzellulärer Verbindungen ist der Caspary-Streifen. Seiner Funktion nach erinnert er an die „tight junctions“ (vgl. Kap. 21.1.1). In der Tat dient er, als lokale Bildung in speziellen Geweben der Wurzel, der Abdichtung von Zellgruppen von der Durchleitung von Wasser und Mineralsalzen über den Apoplasten, sodass hier der kontrollierte Durchfluss durch die so ausgestatteten Zellen hindurch, ohne Bypass über den Apoplasten, erzwungen wird. Der Caspary-Streifen wird durch lokale Einlagerung extrem hydrophober Komponenten (Suberin, die Substanz von Korken) in einem kleinen Abschnitt der Zellwand gebildet. Dem liegt also ein völlig anderes Prinzip der Isolation zu Grunde als wir von tierischen Geweben her kennen.

23.4 Zellteilung und Differenzierung bei Pflanzen

Wie bei tierischen Zellen gibt es auch bei pflanzlichen sowohl eine mitotische als auch eine meiotische Zellteilung (vgl. Kap. 22), indem bei ersterer identische Abkömmlinge mit einem diploiden Chromosomensatz, bei letzterer dagegen im Rahmen einer Reduktionsteilung solche mit einem haploiden Chromosomensatz gebildet werden. (Wir lassen den oft sehr variablen Generationswechsel von haploiden und diploiden Formen, Haplonten und Diplonten, bei niederen Pflanzen außer acht). In einer Blüte können weibliche Anlagen neben männlichen vorkommen, das sind Fruchknoten und Staubgefäße, die den Pollen als männliche Keimzellen freisetzen. Alternativ können die Geschlechter auf verschiedene Blüten aufgetrennt sein. Während bei niederen Pflanzen noch Spermatozoiden (entsprechend den Spermatozooen der Tiere) in einem Wassertropfen an die Eizelle heranschwimmen müssen, brauchen dies die Angiospermen nicht mehr. Hier wächst ein Pollenschlauch aus und dringt so durch das Gewebe der weiblichen Anlagen zur Eizelle vor, damit ihre Kerne verschmelzen können. Weibliche und männliche Geschlechtszellen bzw. deren Kerne sind haploid, durch die Befruchtung entsteht ein diploider „Embryo“ und daraus durch fortgesetzte mitotische Teilungen die fertige diploide Pflanze.

Die Zellen von Angiospermen besitzen kein Centriol. Ähnliches gilt nur für einen Teil der Gymnospermen (z. B. Nadelhölzer = Coniferen), wogegen andere Gymnospermen (Cycaspalmen = Palmfarne, Gingkobäume) schwimmfähige Spermatozoiden mit einem Kranz aus Geißeln und dementsprechend auch Basalkörper aufweisen. Da Basalkörper Äquivalente von Centriolen darstellen, bilden solche Zellen auch ihre Kernteilungsspindel von zwei einander entgegen liegenden Centriolen aus. Bei den Blütenpflanzen hingegen bildet sich die Teilungsspindel von zwei diffusen Polkappen aus, die γ-Tubulin enthalten und als MTOCs dienen (vgl. Kap. 16.2.2). Solche MTOCs liegen auch an der Peripherie der Zelle, von wo aus cytoplasmatische Mikrotubuli organisiert werden.

Auch die Cytokinese zeigt bei den höheren Pflanzen Besonderheiten. Die Ebene der Zellteilung wird schon vor der Prophase, also vor Beginn der Mitose, durch einen Gürtel von Mikrotubuli, der um die Mutterzelle peripher herumläuft, festgelegt. Dieser Gürtel sind die einzigen kortikalen Mikrotubuli, die von den zahlreichen ursprünglich in der Teilungsspindel vorhandenen Mikrotubuli während der Teilung übrig bleiben. In nichtteilungsaktiven Zellen sind nämlich überall zahlreiche Mikrotubuli parallel zur Zellwand angeordnet. Wird dieses Präprophase-Band experimentell verschoben, so führt dies nachfolgend auch zu einer Umorientierung der Teilungsebene. Die Teilungsspindel besteht bei Pflanzen aus Kinetochor- und Polmikrotubuli. Ansonsten sei für den Verlauf der Kernteilung auf Kapitel 22 verwiesen.

Bei Abschluss der Kernteilung tritt bei Pflanzen eine weitere auffällige Sonderbildung auf, die bereits im Lichtmikroskop erkennbar ist, der Phragmoplast (Abb. 22.**11**). Dieser besteht (i) aus kurzen, parallel und senkrecht zur Teilungsebene angeordneten Mikrobubuli, welche noch aus der Teilungsspindel übrig geblieben sind, (ii) aus angelagerten Golgi-Feldern, von denen (iii) zahlreiche Vesikel abgehen, die miteinander fusionieren und dabei (iv) aus ihrem Inhalt die neue Zellwand und (v) die beiden neuen Zellmembranen ausbilden. Diese neue Zellwand, welche zunächst sehr fein ist und noch nicht die übliche Dicke einer Zellwand aufweist, wurde ebenfalls mit einem eigenen Namen belegt: die Zellplatte. (Bei niederen Pflanzen, wie Algen, wächst die neue Zellwand wie eine Irisblende vom Rand her nach innen vor). Einen Teilungsring mit Aktomyosin, welcher durch Kontraktion die „Töchter“ tierischer Zellen trennt, gibt es bei Pflanzen nicht.

Pflanzengewebe – das sind auch Samen. Da Zoologen und Botaniker darunter etwas Verschiedenes verstehen, sei zunächst einer Begriffsverwirrung vorgebeugt. Die Zoologen verstehen darunter die haploiden männlichen Keimzellen (Spermatozoen = Samenzellen), die mit ihrer Geißel an die ebenfalls haploide Eizelle heranschwimmen und diese durch Verschmelzung zu einer diploiden Zygote befruchten. In der Botanik versteht man unter „Samen“ eine befruchtete Eizelle mit Nährgewebe und Hüllgeweben verschiedener Art, die häufig zu mehreren zu einem komplexen Fruchtgebilde zusammengefügt werden. Die Nährgewebe, die dem pflanzlichen Embryo im Samen als Starthilfe beim Auskeimen mitgegeben werden, können weniger (Orchideen) oder mehr, und dabei unterschiedliche Reservestoffe enthalten. So können sie in ihren Zellen Fetttropfen („lipid bodies“, z. B. in Rapssamen) oder Vesikel mit Proteinvorräten enthalten („protein bodies“). Letzteres ist besonders ausgeprägt bei Samen der Leguminosen (Erbsen, Bohnen), deren zwei Hälften eigentlich embryonale Blätter darstellen und als Keimblätter bzw. Kotyledonen bezeichnet werden. Sie enthalten vielfach auch Lektine (vgl. Kap. 10.6), von denen einige Fanatiker der Rohkostwelle ihre Giftigkeit im Rohzustand und demnach ihre Funktion als Fraßschutz ungewollt wieder entdeckt haben. Protein-Speichervesikel entstehen entweder auf dem klassischen Weg über raues ER und Golgi-Apparat oder aber aus dem rauen ER ohne nachweisbare Golgi-Passage.

Obwohl es unüblich ist, bei Pflanzenzellen von „Stammzellen“ zu sprechen, bewahren sich auch pflanzliche Organismen undifferenzierte Zellen mit der Fähigkeit großer Teilungsaktivität und nachfolgender Differenzierung. Solche Zellen bilden z. B. das Kambium, aus dem zwei eng aneinander liegende „Ferntransport“-Systeme gebildet werden. Das Kambium liegt bei holzigen Gewächsen zwischen dem Holzgewebe und dem Bast der Rinde, bei krautigen Pflanzen zwischen dem Xylem und dem Phloem eines Leitbündels. Die dem Transport von Wasser und gelösten Nährsalzen aus der Wurzel nach oben dienenden Elemente sind im Holz/Xylem-Gewebe gebündelt, die der Weiterleitung von organischen Syntheseprodukten aus den Blättern dienenden Elemente im Bast/Phloem vereinigt. Im Holzteil verschmelzen absterbende Zellen ihrer Länge nach zu langen, mit dick verholzter Wand bestückten Leitungen (Tracheen), die einen effizienten Ferntransport von Wasser und Mineralsalzen aus den Wurzeln erlauben. Kapillare Kohäsion und aktiver Transport im Wurzelbereich treiben diese Nährstoffe mit dem Wasserstrom nach oben, wo zusätzlicher Sog durch die Transpiration von Wasser entsteht. Im Rahmen der Differenzierung von Kambiumzellen entsteht bei Bäumen nach außen hin der Bast und die Borke. Die Zellen des Bastes leben, bis seine Zellen mit fortschreitender Teilungsaktivität zur Oberfläche hin abgeschoben und verkorkt werden und als Borke absterben. Damit besteht eine frappierende Ähnlichkeit mit unserer Haut, deren Zellen vom Stratum germinativum (das bedeutet eigentlich Keimschicht) bis zum toten Stratum corneum (= Hornschicht) weiter geschoben werden, von wo sie abschuppen. Weitere undifferenzierte Gewebe mit hoher Teilungs- und Differenzierungsfähigkeit, die man als Meristeme bezeichnet, sind an verschiedenen Stellen der Pflanze positioniert.

Wachstum bedeutet bei Pflanzen zweierlei: Streckungswachstum (Strekkung durch Wasseraufnahme in einem sekundär-aktiven Prozess) und Teilungswachstum. Es beginnt mit dem Keimen eines Samens. Sie können im Extremfall über Jahrzehnte ruhen. (Keimende Getreidekörner aus Pharaonengräbern sind ein Märchen!). Erst durch Aufnahme von Wasser werden Pflanzensamen aktiviert, gefolgt von der Aufnahme von Nährsalzen, weiterer Aufnahme von Wasser etc. All dies erfolgt über die Wurzelhärchen – lateral gedehnte Epithelzellen mit einem enormen Streckungsvermögen von 10% pro Minute! Wie beim raschen Auswachsen des Pollenschlauches sind auch hier zahlreiche kleine, aus dem Golgi-Apparat abgeschnürte Sekretvesikel im Spiel. Sie dienen nicht nur der Vergrößerung der Zellmembran, sondern auch der Sekretion von Schleimstoffen für das leichtere Hineingleiten in das Erdreich.

Die Pflanzenzelle braucht bestimmte Ionen, genau so wie die tierische Zelle, um ihr „inneres Milieu“ einzustellen. Dies betrifft die Herstellung des Ruhepotenzials, des richtigen osmotischen Drucks, sowie ganz allgemein die richtige Ionenbalance; spezifische Ionen werden für spezifische Zellfunktionen gebraucht, z. B. Ca^{2+} als „second messenger“, Mg^{2+} als Bestandteil von Chlorophyll etc. Sulfat (SO_4^{2-}), Nitrat (NO_3^-) und Phosphat (PO_4^{3-}) müssen als Nährsalze aufgenommen werden, damit die Pflanze Aminosäuren bzw. Proteine und Nukleotide etc. synthetisieren kann. In einzelnen Fällen kann es für die

Zelle wichtig sein, „zu viel des Guten“ wieder loszuwerden. So vermeiden manche Pflanzen im Cytosol einen Überschuss an Ca^{2+}, das ja vermittels geringfügiger Konzentrationsänderungen als „second messenger“ dienen soll, indem sie es als unlösliches Calciumoxalat in Kristallvakuolen abspeichern.

23.5 Unerwartete Fähigkeiten der Pflanzenzelle

Wer hätte sich von einer Pflanzenzelle eine derartige Vielfalt von Fähigkeiten erwartet?

- die Fähigkeit pflanzlicher Ribosomen zur Übersetzung von beliebiger mRNA aus menschlichen Zellen, Aktomyosin als kontraktiles Protein, welches ausgeprägte intrazelluläre Bewegungsprozesse (Plasmaströmung) erlaubt,
- Entwicklung eines Aktionspotenzials,
- Durchführung von Exo- und Endocytoseprozessen,
- Prozesse der Zellstreckung, bei Pollenschläuchen und Wurzelhärchen, nach Prinzipien, die denen der amöboiden Bewegung tierischer Zellen nicht unähnlich sind: massive Exocytose von unscheinbaren sekretorischen Vesikeln, Ca^{2+}-Signale und Ansammlung von Aktin und Mikrotubuli an der Spitze,
- Subtanztransport über so weite Strecken, von der Wurzel bis zu den Blättern, wie dies auch bei sehr hohen Bäumen zur Ernährung erforderlich ist, des weiteren die Fähigkeit,
- über lange Strecken hinweg durch Hormone Wachstum und Differenzierung zu steuern, und zwar
- unter Beteiligung von Hormonrezeptoren und einer Signaltransduktion, mit Einbindung von GTP-Bindeproteinen und $InsP_3$- sowie Ca^{2+}-vermittelten Signalen,
- in der Energiekonservierung bei der Photosynthese alle technischen Erfindungen buchstäblich in den Schatten zu stellen, was die Effizienz betrifft,
- eine interzelluläre Kommunikation durchzuführen (Plasmodesmen als Analoga zu „gap junctions“),
- Zelladhäsionsproteine, wie Cadherine und Integrine, auszubilden (deren Rolle allerdings noch spezifiziert werden muss), und schließlich mit dem Inhalt ihrer „Abfalltonnen“ (Vakuolen) Fressfeinde abzuwehren, denen man zunächst ein höheres Organisationsniveau zuschreiben würde.

Die Tabelle 23.**1** fasst zusammen, was Pflanzenzellen im Laufe der Evolution „vergessen“ und was sie neu „dazu gelernt“ haben. Ohne Zweifel hat die Selektion auch hier für eine Optimierung der für den Funktionsablauf notwendigen Komponenten gesorgt und überflüssiges Material eliminiert. Dazu mögen auf der Minusseite eine Vielzahl von Intermediärfilamenten, auf der Plusseite die Fähigkeit zur Synthese von Zellulose gezählt werden. Für manche Probleme wurden alternative Lösungen entwickelt, so die Plasmodesmen an Stelle der „gap junctions“ und die Polymerisation von Zucker zu Stärke anstatt zu Glykogen bei Tieren. In beiden Fällen ist der „Trick“ derselbe, nämlich die Speicherung großer Stoffmengen für die Energieversorgung unter Wahrung eines problemlosen osmotischen Druckes.

Wieviel an Genen in Blütenpflanzen vorhanden ist, hat das *Arabidopsis*-Genomprojekt offenbart. Es hat viele Forscher erschreckt, indem es eine nur geringfügig geringere Anzahl an Genen als das Humane Genomprojekt erbracht hat. Eine zukünftige Analyse könnte zeigen, dass manche Gene im Laufe der Evolution der höheren Pflanzenzelle nur nicht mehr exprimiert werden oder aber umfunktioniert worden sind. So können etwa manche Leguminosen Leg-Hämoglobin synthetisieren – Moleküle, die dem roten Blutfarbstoff unserer Erythrocyten ähnlich sind. Umgekehrt wurde wiederholt festgestellt, dass Seescheiden (Ascidien, die als Chorda-Tiere zum Verwandtschaftskreis der Wirbeltiere, Vertebrata, zählen) Zellulose zu synthetisieren vermögen.

Der auffallendste Unterschied zwischen pflanzlichen und tierischen Organismen besteht in der Fähigkeit zur Autotrophie der einen, und dem Vorkommen eines neuronalen Systems und der Fähigkeit zu weitreichenden Bewegungen der anderen. Dabei darf jedoch nicht übersehen werden, dass Pflanzenzellen im Prinzip ebenfalls jene Elemente enthalten, die der Neurotransmission und der Muskelkontraktion zu Grunde liegen, nämlich einerseits Sekretvesikel, SNAPs, SNAREs (vgl. Kap. 11.3), GTP-Bindeproteine, Mikrotubuli als Transportschienen und Motorproteine und andererseits Aktin und Myosin, sowie Ca^{2+}-Speicher und Signaltransduktion.

Centriole bzw. Basalkörper von Cilien und Flagellen wurden für die Pflanzenzelle in der Kreidezeit vor über 100 bis 150 Millionen Jahren überflüssig, indem die Befruchtung über einen auswachsenden Pollenschlauch, also unabhängig von einem Wassertropfen für anschwimmende Spermatozoiden umgestaltet wurde. Fast zeitgleich mit der Entwicklung geschlossener Samenanlagen und Befruchtung über den Pollenschlauch bei Pflanzen verlegten die Tiere, mit der Entwicklung der Säugetiere, die Keimesentwicklung nach innen. Je geringer die Abhängigkeit von den variablen Umweltbedingungen ist, umso besser lässt es sich eben überleben. Dieses gilt für die Angehörigen beider Organismenreiche.

23.6 Tierische und pflanzliche Zelle im Rückblick – ein Vergleich

Trotz prinzipiell gleichen Aufbaus, zeigen beide Arten von Eukaryotenzellen doch wesentliche Unterschiede. Dies betrifft insbesondere ihre Energetik. Nur die Pflanzenzelle besitzt Chloroplasten (vgl. Kapitel 20) und damit die Fähigkeit zur Ausnutzung des Sonnenlichtes (Primärproduktion). In den Chloroplasten kann Glukose in Form von Stärkekörnern gespeichert werden. Tierische

Tab. 23.1 Komponenten von Zellen und Geweben der Pflanzen*) im Vergleich zu Tieren

Komponente	Tiere	Pflanzen	
Zellkern mit allen Komponenten inkl. Nukleolus, Chromosomen etc.	+	+	
Kernteilungsspindel	+	+	
– Centriol	+	–	„Polplatten" als MTOCs für Spindelbildung
– Pol- u. Kinetochor-Mikrotubuli	+	+	
Cytosol mit Glykolyse	+	+	
Raues ER	+	+	
– „core" Glykosylierung	+		
– Ca^{2+}-Speicherung	+	+	
Glattes ER	+	+	
„Shuttle" Vesikel	+	+	
Golgi-Apparat	+	+	Synthese von Komponenten der Zellwand (analog zur Synthese von Komponenten der extrazellulären Matrix bei Tieren)
Lysosomen	+	+	
– tertiäre Lysosomen	+	+	als große Vakuole für Speicherung von Wasser und Ablage von Salzkristallen (zumeist ohne weitere Nutzung) und Endprodukten des „sekundären Pflanzenstoffwechsels" (wie Coffein, Opiate etc., z. T. für Schutz gegen Freßfeine) sowie bestimmte Farbstoffe (z. B. Anthocyan); Einspeisung von autophagen Komponenten möglich (Abbau)
Sekretvesikel			
– konstitutive	+	+	zur Erneuerung von Komponenten der Zellmembran und der Zellwand
– stimulierte	+	–	
Endocytose inkl. „coated vesicles"	+	+	zur Erneuerung von Komponenten der Zellmembran; experimentell nachweisbar an „Protoplasten", d. h. nach Abbau der Zellwand
Peroxisomen			
– „normale" Formen	+	+	Photorespiration (Aufnahme von Succinat zur weiteren Verstoffwechselung im Anschluss an die Prozesse in den benachbarten Mitochondrien)
– Sonderformen	–	+	Glyoxisomen als eine für Pflanzen typische Form zur Mobilisierung von Lipiden in Speichergewebe (Keimblätter, mit „Glyoxylatzyklus")

* Gemeint sind höhere Pflanzen, z. B. Blütenpflanzen. +, – bedeuten Anwesenheit bzw. Fehlen

Tab. 23.1 Komponenten von Zellen und Geweben der Pflanzen *(Fortsetzung)*

Komponente	Tiere	Pflanzen	
Ca^{2+}-Speicher mit Ca^{2+}-Pumpe, Ca^{2+}-Bindeproteinen u. Kanälen	+	+	
Mitochondrien	+	+	
Cytoskelett			
– Mikrotubuli	+	+	
– Motorproteine			
– Dynein	+	+	
– Kinesin	+	+	
– Mikrofilamente (Aktomyosin)	+	+	oft kortikal angeordnet, für Plasmaströmung
– Intermediärfilamente			
– Lamine (Zellkern)	+	+	
– cytoplasmatische (Keratin etc.)	+	–	bisher nicht nachgewiesen
Mikrotubuli-Derivate			
– Basalkörper	+	–	
– Cilien	+	–	
– Flagellen	+	–	
– Centriol	+	–	
Centrin	+	+	
Lipidtropfen	+	+	
Glykogen	+	–	
Chloroplasten u. Derivate	–	+	
Zellmembran	+	+	
– Ionenpumpen, z. B. Na^+/K^+-ATPase etc.	+	+	
– Carrier u. Ionenkanäle	+	+	
– Integrine	+	–	(Vorkommen noch unsicher)
– Cadherine	+	+	nachgewiesen in Genomanalysen; dienen wahrscheinlich für Zell-Zell-Kontake vor Ausbildung einer Zellwand
– Tight junctions	+	–	jedoch gibt es in Wurzeln spezielle Bildungen (Caspary'scher Ring), die der Abdichtung gegen benachbarte Zellen dienen (vgl. Text)
– Gürteldesmosomen	+	–	
– Punktdesmosomen	+	–	
– Hemidesmosomen	+	–	
– Fokalkontakte	+	–	
– Gap junctions	+	–	jedoch übernehmen Plasmodesmen eine vergleichbare Funktion („interzelluläre Kommunikation" zwischen Nachbarzellen. Über Plasmodesmen können sich aber auch pflanzliche Viren von Zelle zu Zelle verbreiten

Tab. 23.1 Komponenten von Zellen und Geweben der Pflanzen *(Fortsetzung)*

Komponente	**Tiere**	**Pflanzen**
Extrazelluläre Matrix	+	– eine z. T. analoge Funktion hat die Zellwand
– Glykosaminoglykane, Hyaluronsäure, Kollagen u. a. Faserproteine	+	–
Zellwand	–	+ mit viel Zellulose (Glukosepolymer), geringem Proteinanteil, evtl. Lignin (Holz) etc.
Chloroplasten, mit Sonderformen (Amylo- u. Leukoplasten)	–	+
– Stärke	–	+ als Speicherform der Glukose (vgl. Glykogen im Cytosol tierischer Zellen)
Zellteilung		
– Teilungsring mit Aktomyosin (Einschnürung)	+	–
– Abtrennung durch Vesikelverschmelzung	–	+ Phragmoplastbildung

Zellen dagegen entnehmen Glukose und andere Nahrungsstoffe anderen Organismen. Sie speichern Glukose im Cytosol in Form von Glykogen.

Bei manchen Algenzellen (Euglena) können die Chloroplasten durch Antibiotikabehandlung eliminiert werden (Abb.23.**6**). Sie verlieren damit ihre Autotrophie, können aber heterotroph durch Zusatz organischer Nährstoffe ernährt werden. Diese speziellen Algenzellen sind damit in der Lage, sowohl tierische als auch pflanzliche Form anzunehmen.

Mitochondrien und andere Organellen sind pflanzlichen und tierischen Zellen gemeinsam. Prinzipiell gilt dies auch für die Lysosomen, denn diesen entspricht bei Pflanzen die Vakuole (vgl. Kapitel 13).

Wesentliche Unterschiede ergeben sich aus der relativ starren Zellwand pflanzlicher Gewebe. Sie unterbindet praktisch jede Exocytose außer der konstitutiven Exocytose zur Biogenese der Zellmembran und von Komponenten der Zellwand. Die Zellwand unterbindet auch die ausgeprägten Endocytoseprozesse, die man bei tierischen Zellen häufig beobachtet. Entfernt man aber durch enzymatische Verdauung (Cellulasen) die Zellwand, so kann man an pflanzlichen Protoplasten Endocytoseprozesse mit Markern sichtbar machen.

Dagegen verhindert eine Zellwand unterschiedlicher Dicke (Abb. 20.**1** und 23.**5**) definitiv die Ausbildung derart komplexer Zell-Zell-Verbindungen, wie wir sie für tierische Gewebe in Kapitel 21 kennen gelernt haben. Dies gilt nicht nur für die Vielfalt spezifischer Zell-Erkennungsmoleküle, sondern auch für ultrastrukturell sichtbare Details des Verbindungskomplexes (Junctional complex). Einen solchen besitzen Pflanzengewebe nicht. Auch Gap junctions fehlen ihnen. An ihrer Stelle hat die Pflanze Plasmodesmen ausgebildet, deren Struktur jedoch völlig anders geartet ist. Die wesentlichen Unterschiede zwi-

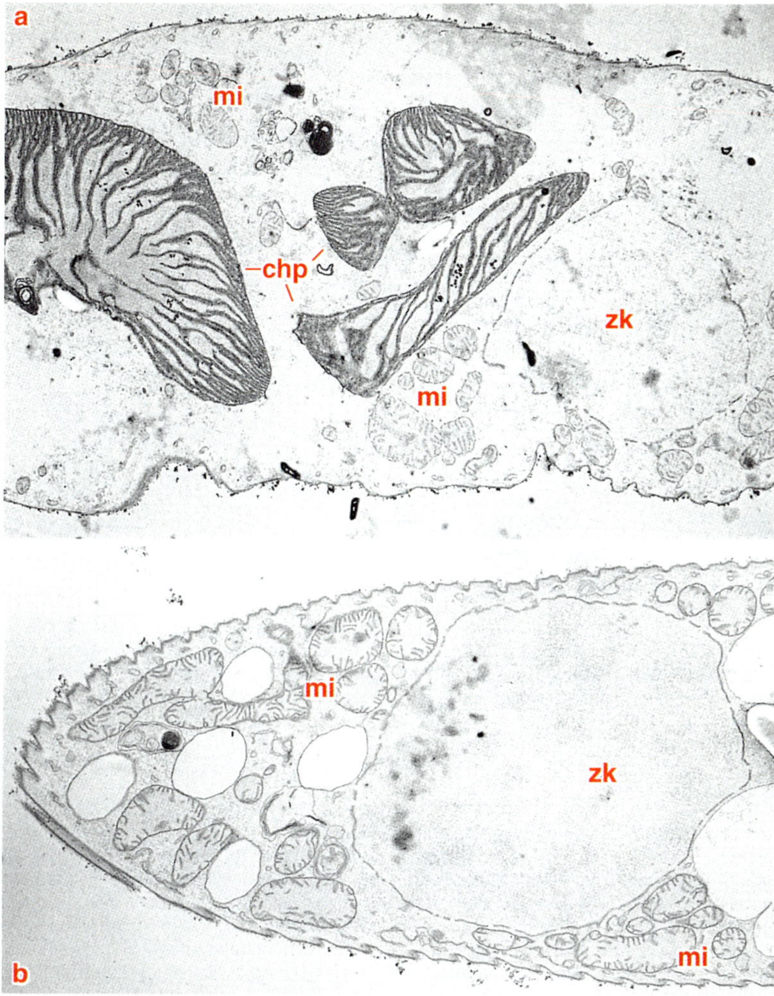

Abb. 23.**6** Die Algen-Zelle *Euglena*, einmal als pflanzliche (**a**) und einmal als tierische Zelle (**b**) gezüchtet. **a** *Euglena* besitzt normalerweise Chloroplasten (chp), mit denen sie als Pflanze, also photoautotroph ohne Zufuhr organischer Nahrung gedeiht. Daneben besitzt sie wie jede Pflanzenzelle auch Mitochondrien (mi), allerdings nur wenige kleine. **b** Durch Antibiotikabehandlung wurden die Chloroplasten eliminiert und *Euglena* in eine tierische Zelle verwandelt. Als heterotropher Organismus ist sie auf die Zufuhr organischer Nahrung angewiesen, für deren energetische Verwertung sie als Kompensation zahlreichere und größere Mitochondrien besitzt.

Der Vergleich der „zwei Gesichter der *Euglena*" belegt, daß eine pflanzliche Zelle, zusätzlich zu ihren Chloroplasten, auch über die „Grundausstattung" der tierischen Zelle verfügt. zk = Zellkern. Vgr. 6900fach. (Aufnahmen: H. Plattner).

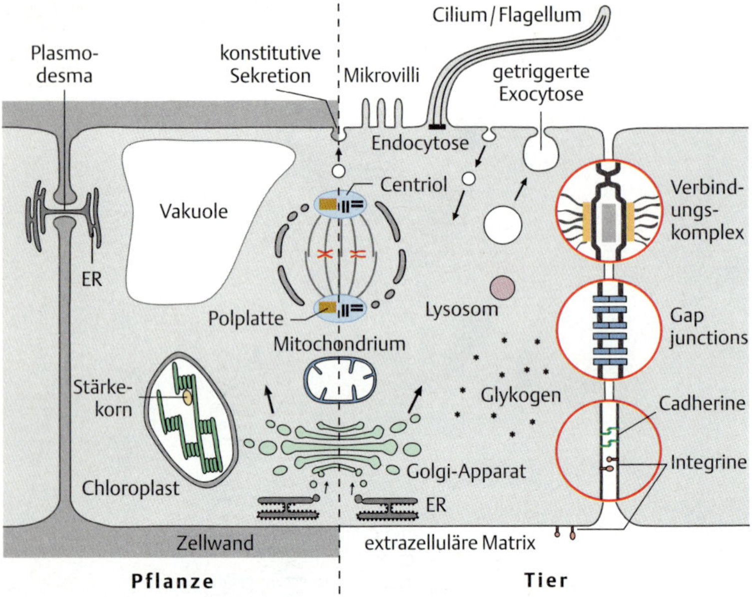

Abb. 23.**7** Wesentliche Unterschiede zwischen höheren pflanzlichen und tierischen Zellen. Weitere Erläuterungen s. Text. In der Mitte sind beiden Zellarten gemeinsame Strukturen gezeichnet, wie der Zellkern mit Teilungsspindel und Chromosomen, Endoplasmatisches Retikulum, konstitutive Sekretvesikel und Mitochondrien.

Abb. 23.**8** Zusammenhänge zwischen dem Energiestoffwechsel der grünen Pflanzen und der Tiere. Aminosäuren und Nukleotide etc. sind hier außer acht gelassen. Den grün unterlegten Teil des Stoffwechsels gibt es nur bei Pflanzen, den blau unterlegten Teil bei Tieren und Pflanzen, der gelb unterlegte Teil dient der Aufnahme pflanzlicher Produkte in den Tierkörper. Jede tierische Zelle lebt letztendlich von der Syntheseleistung der grünen Pflanzenzelle. Glukose wird mit der Nahrung im Darm aufgenommen. Stärke und Fette werden vor der Aufnahme enzymatisch gespalten. Glukose und Komponenten der Fette gelangen nur über die „strenge Kontrolle“ durch die Darmepithelzellen in die Blutbahn, über welche sie an alle Körperzellen gelangen. Der Abbau der Glukose findet zunächst über die Glykolyse im Cytosol statt. Pyruvat und Fettsäuren werden in den Tricarbonsäure-Zyklus eingespeist und die oxidative Phosphorylierung in den Mitochondrien ermöglicht im Endeffekt die Umsetzung in die Energie-Speicherform des ATP. ATP verläßt das Mitochondrium und kann überall in der tierischen und pflanzlichen Zelle als Energielieferant jede Art von Arbeit „finanzieren“. Nur Pflanzenzellen sind zur Primärproduktion befähigt, d. h. die primäre Energie des Sonnenlichts zu binden (grün unterlegt). Beide, tierische und pflanzliche Zellen, können über Glykolyse und mitochondrialen Stoffwechsel ATP gewinnen (blau unterlegt).

schen tierischen und pflanzlichen Zellen und Geweben sind in Tab. 23.**1** und Abb. 23.**7** zusammengefasst.

Der Pflanzenzelle fehlen auch Mikrovilli und fast ausnahmslos auch Cilien und Flagellen. Lediglich männliche Geschlechtszellen, von den Algen bis zu den nacktsamigen Samenpflanzen (Gymnospermen, im Gegensatz zu den „be-

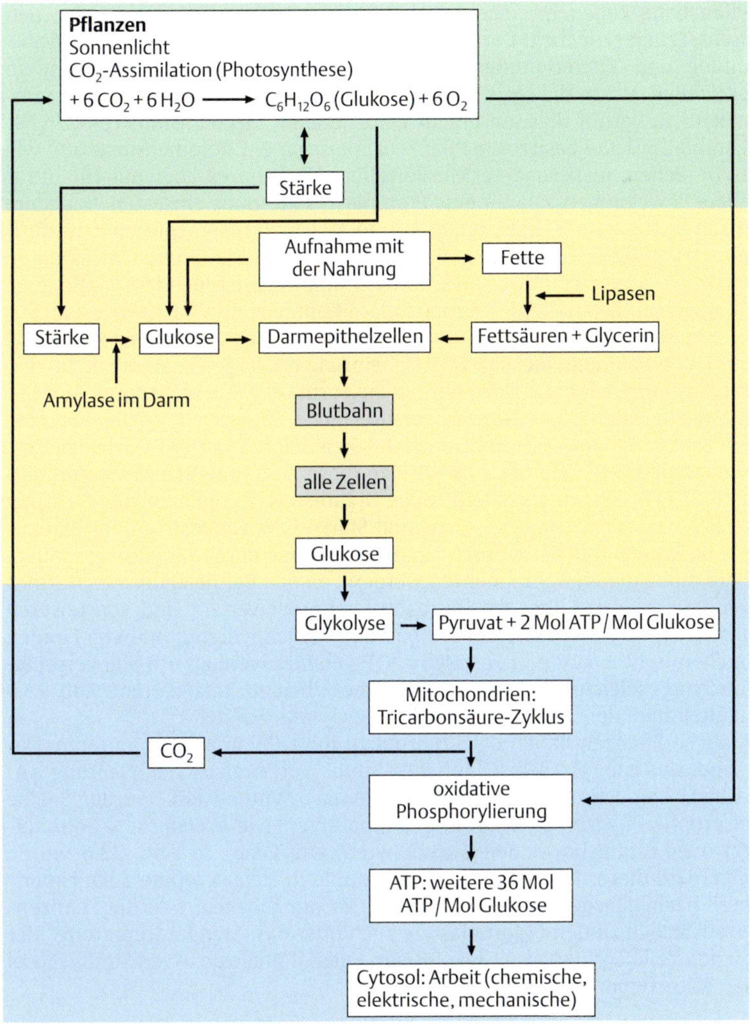

decktsamigen" Blütenpflanzen, Angiospermen) können sich sehr wohl mittels mehr oder weniger langer Flagellen fortbewegen. Bei der pflanzlichen Befruchtung kommen ebenfalls Zell-Zell-Erkennungsmoleküle zum Zug. Den Angiospermen und einem Teil der Gymnospermen, wie den Nadelhölzern (Koniferen), fehlt jedoch die Fähigkeit zur Flagellenbildung, weil sie weder Basalkörper noch Centriolen besitzen. Dementsprechend wird bei Pflanzen die Kernteilungsspindel von strukturell amorphen Polkappen ausgebildet.

Pflanzliche Zellen erreichen auch nie den Grad an Spezialisierung, den tierische Zellen erreichen. Denken wir nur an das neuronale System für Wahrnehmung und Weiterleitung von Reizimpulsen und deren Umsetzung in Muskelzellen. Wenn die sprichwörtliche Mimose ihre Fiederblättchen zusammenzieht, so beruht dies auf einem ganz anderen Mechanismus (plötzlicher Turgorabfall). Dabei besitzt die Pflanzenzelle sogar ein Aktomyosinsystem wie tierische Zellen, insbesondere Muskelzellen. Sie kann es aber nur für intrazelluläre Bewegungen, z. B. für eine Protoplasmaströmung einsetzen. Nachdem man zahlreiche Ionenkanäle, Pumpen und andere Transportproteine an tierischen Zellen einer ausführlichen elektrophysiologischen und molekularen Charakterisierung zugeführt hatte, werden nun in zunehmendem Maße auch an pflanzlichen Zellen ähnliche molekulare Komponenten nachgewiesen.

Wie in Kap. 20 beschrieben wurde, vermag nur die grüne Pflanzenzelle die Energie des Sonnenlichtes in Form chemischer Energie zu binden. In den Chloroplasten erfolgt die Speicherung in Form von Stärkekörnern. Aus der Pflanzenzelle kann Saccharose an die restliche Pflanze abgegeben werden. Davon lebt nicht nur die autotrophe Pflanze selbst, sondern auch der Rest der Eukaryotenwelt. In Abb. 23.**8** werden diese Zusammenhänge zusammengefasst. So nehmen wir als heterotrophe Organismen mit pflanzlicher Nahrung Fette, Proteine (nicht eingezeichnet) und Stärke bzw. Glukose auf. Im Verdauungstrakt werden die Fette durch Lipase und Stärke durch Amylase gespalten. Erst die molekularen Komponenten werden von den Epithelzellen des Darmes aufgenommen, dann über die Blutbahn im Körper verteilt und von unseren Körperzellen verwertet. Aus dem Abbau von Kohlenhydraten und von Lipiden kann chemische Energie in Form von ATP gebildet werden, um alle verschiedenen Syntheseleistungen und mechanische Arbeit zu „finanzieren". Abb. 23.**8** beinhaltet auch den Kreislauf von O_2 und CO_2 (vgl. Kapitel 4).

Manche Pflanzen haben das Chlorophyll ihrer Chloroplasten verloren. Daher sind sie, wie wir selbst, auf die Zufuhr von organischer Nahrung angewiesen, die von Pflanzen (oder Bakterien) synthetisiert wurde. Solche heterotrophe Pflanzen sind farblose Schmarotzer (wie *Orobanche* = Sommerwurz) oder Fäulnisbewohner (Saprophyten, wie Pilze). In Abb. 23.**6** wurde gezeigt, dass dieser Übergang von Autotrophie in Heterotrophie auch experimentell nachvollzogen werden kann. Dies ist nur möglich, weil die Pflanzenzelle, zusätzlich zu den Chloroplasten, auch über das „Standardrepertoire" der tierischen Zelle verfügt, also Glykolyse im Cytosol und oxidativen Stoffwechsel in den Mitochondrien vollbringen kann.

Literatur

Buchanan, B. B., W. Gruissem, R. L. Jones: Biochemistry & Molecular Biology of Plants. American Society of Plant Physiologists, Rockville, Maryland 2000
Chory, J., D. Wu: Weaving the complex web of signal transduction. Plant Physiol. 125 (2001) 77
Clark, G. B., G. Thompson, S. J. Roux: Signal transduction mechanisms in plants. Curr. Sci. 80 (2001) 170
Cosgrove, D. J.: Wall structure and wall loosening. A look backwards and forwards. Plant Physiol. 125 (2001) 131
Eastmond, P. J., I. A. Graham: Re-examining the role of the glyoxylate cycle in oilseeds. Trends Plant Sci. 6 (2001) 72
Ellis, B. E., G. P. Miles: Plant biology. One for all? Science 292 (2001) 2022
Faik, A., A. M. Laboure, D. Gulino, P. Mandaron, D. Falconet: A plant surface protein sharing structural properties with animal integrins. Eur. J. Biochem. 253 (1998) 552
Gunning, B. E. S., M. W. Steer: Bildatlas zur Biologie der Pflanzenzelle. Gustav Fischer, Stuttgart 1996
Hoffmann-Thoma, G.: Die Vakuole. Recycling und Entsorgung in der Pflanzenzelle. Biol. i. u. Zeit 31 (2001) 313
Lerouge, P., M. Cabanes-Macheteau, C. Rayon, A.-C. Fischette-Lainé, V. Gomord, L. Faye: N-Glycoprotein biosynthesis in plants: recent developments and future trends. Plant Mol. Biol. 38 (1998) 31
Marc, J.: Microtubule-organizing centres in plants. Trends Plant Sci. 2 (1997) 223
McCurdy, D. W., D. R. Kovar, C. J. Staiger: Actin and actin-binding proteins in higher plants. Protoplasma 215 (2001) 89
Mullen, R. T., C. R. Flynn, R. N. Trelease: How are peroxisomes formed? The role of the endoplasmic reticulum and peroxins. Trends Plant Sci. 6 (2001) 256
Nebenfuhr, A., L. A. Staehelin: Mobile factories: Golgi dynamics in plant cells. Trends Plant Sci. 6 (2001) 160
Nultsch, W.: Allgemeine Botanik. Thieme, Stuttgart 2001
Olsen, L. J.: The surprising complexity of peroxisome biogenesis. Plant Mol. Biol. 38 (1998) 163
Reddy, A. S.: Molecular motors and their functions in plants. Int. Rev. Cytol. 204 (2001) 97
Ryan, C. A., G. Pearce: Polypeptide hormones. Plant Physiol. 125 (2001) 65
Sakano, K.: Metabolic regulation of pH in plant cells: role of cytoplasmic pH in defense reaction and secondary metabolism. Int. Rev. Cytol. 206 (2001) 1
Thiel, G., N. Battey: Exocytosis in plants. Plant Mol. Biol. 38 (1998) 111
Vidali, L., P. K. Hepler: Actin and pollen tube growth. Protoplasma 215 (2001) 64
Vitale, A., G. Galili: The endomembrane system and the problem of protein sorting. Plant Physiol. 125 (2001) 115
Zambryski, P., K. Crawford: Plasmodesmata: gatekeepers for cell-to-cell transport of developmental signals in plants. Annu. Rev. Cell Dev. Biol. 16 (2000) 393
Zellwand: vgl. zahlreiche Artikel in Plant Mol. Biol. 47, No 1–2 (2001)

Vgl. auch Kapitel 20

24 Evolution der Zelle

Unter den reduzierenden Bedingungen der Uratmosphäre haben sich im Laufe einer präbiotischen Evolution die Bausteine des Lebens entwickelt. Aus den Probionten (ohne die Fähigkeit zur identischen Replikation) haben sich vor ca. 3,8 bis 3,5 Milliarden Jahren die ersten Urzellen gebildet (Progenot), vermutlich mit RNA als genetischem Material. Die Prokaryoten differenzierten sich in Archae- und Eubakterien. Die Archaebakterien könnten durch Kompartimentierung ihrer DNA die Grundlage für die Entwicklung der Eukaryotenzelle gebildet haben. Nach der Symbiosen-Hypothese wurden Eubakterien mit oxidativem Stoffwechsel als Endosymbionten aufgenommen, zunächst um den in der Atmosphäre ansteigenden cytotoxischen Sauerstoff zu entgiften, dann aber auch, um höhere ATP-Ausbeute im Anschluss an die Glykolyse zu erzielen. Photosynthetisch aktive Cyanobakterien, obwohl zu den ältesten echten Zellen gehörend, wurden erst später als Endosymbionten aufgenommen. So entstanden die Chloroplasten. Nach dieser Hypothese ist also vermutlich zunächst die tierische und später die pflanzliche Eukaryotenzelle entstanden.
Diesen Vorstellungen entsprechen folgende Befunde:
- Ähnlichkeiten der Archaebakterien mit Eukaryoten;
- teilweise Autonomie von Mitochondrien und Chloroplasten;
- das Genom der Plastiden ist noch wesentlich umfangreicher als jenes der Mitochondrien; aus beiden Organellen wurde während der Evolution zunehmend DNA in den Zellkern verlagert.

24.1 Präbiotische Evolution

Zu Anfang stellen wir einen kurzen Steckbrief für die erste Zelle zusammen.
- Merkmal: selbstreplizierende Struktureinheit
- Ort: Urozean, vielleicht dessen Randbereich
- Zeit: vor 3,8 Milliarden Jahren
- Spurensicherung: Mikrofossilien mit datiertem Alter
- Beweise zum Hergang des Geschehens: nur Indizien

Was wissen wir über die Entstehung der Zelle? Damit stellen wir die Frage nach der Entstehung des Lebens überhaupt. Lange Zeit erschien diese Frage schier unergründlich; sie war nur den Mythen und den Offenbarungsreligionen zugänglich. Ein wissenschaftlicher Nachvollzug des globalen „Experiments Leben" ist nicht möglich, neues Leben aus der Retorte wird es nie geben, und zwar aus mehreren miteinander zusammenhängenden Gründen:
1. Wir haben es, auch bei der einfachsten Bakterienzelle, mit einem hochkomplexen und dabei fein geregelten System zu tun. Ihr Genom umfasst den Informationsgehalt eines dicken Buchs.

2. Jede Zelle ist – auch in evolutiver Hinsicht – ein offenes System, welches sich über Jahrmilliarden in stetem Wechselspiel auf die Umwelt eingestellt hat, wobei diese ihrerseits einem steten, nicht wiederholbaren Wandel unterlag.
3. Ein Heer von allgegenwärtigen Mikroorganismen würde zersetzend über alles herfallen, was sich je an ungeschütztem – also nicht in die gegenwärtige Umwelt angepasstem – Leben, in irgendwelchen Vorstufen bilden könnte.

Zumindest für diesen Zweig der Evolutionsforschung gibt es also keine direkte experimentelle Überprüfbarkeit, keine Möglichkeit zur Falsifikation. Daraus müssten wir zunächst zwangsweise ableiten, dass die Frage nach der Entstehung und weiteren Evolution der Zelle wissenschaftlich nicht zu behandeln sei. Allerdings erscheint es wissenschaftlich vertretbar, so viele Fakten wie möglich zu sammeln und diese zu einem hypothetischen Szenario – wie es gewesen sein könnte – zusammenzufügen, wohl wissend, dass alles nur eine Hypothese ist und bleiben wird.

Um welche Fakten kann es sich hierbei handeln? Dazu müssen wir uns vergegenwärtigen, dass weder neue Himmelskörper noch neue Organismen aus dem Nichts kommen. Wenn es so eine „creatio ex nihilo“ nicht gibt – zumindest das Leben betreffend – so stehen die Chancen nicht so schlecht, dass wir an rezenten Organismen Spuren ihrer Evolution finden könnten. Um den Schlüssel zur Evolution der Zelle zu finden, müssen wir Erkenntnisse der Astronomie, Geologie, Paläontologie (Fossilkunde) ebenso ins Kalkül ziehen wie jene der Mikrobiologie, Molekulargenetik und Zellbiologie. Dabei arbeitet jede dieser Sparten wiederum mit einem weitgespannten Repertoire an Methoden.

Unsere erste Frage wird die Minimalkriterien des Lebens betreffen. Wie im Kap. 4.1 dargelegt wurde, verstehen wir unter Leben zunächst eine Struktureinheit, welche komplexer organisiert ist als ihre Umgebung und zur identischen Selbstvermehrung (Replikation) befähigt ist. Aber bereits die höhere Komplexität widerspricht den Gesetzen der Thermodynamik. Um es kurz auf den Punkt zu bringen: Keine Kerze dieser Welt zieht spontan soviel Energie an, dass sie von selbst zu brennen anfinge. Dasselbe gilt für Gradienten von Stoffkonzentrationen. Also muss schon für frühe Organismen (Eobionten oder Probionten) irgendeine Grenzfläche postuliert werden, deren Rolle später eine echte Zellmembran hätte übernehmen können. Die in so einem Zellvorläufer enthaltenen Substanzen, Ionen und Moleküle, könnten zunächst keine anderen als jene des umgebenden Mediums gewesen sein. Wären also die ersten Probionten im Meer entstanden, so hätten diese Systeme nichts anderes enthalten können, als je im Meer enthalten war. Erst dann könnten sich bei Erreichen einer selektiven Permeabilität der Grenzfläche Stoffgradienten einstellen. Selektive Absorption (s. u.) und Self-assembly-Prozesse könnten dazu beigetragen haben. Ein System dieser Art würde an Effizienz und Beständigkeit gewinnen, wenn es in der Lage wäre, Energie von außen aufzunehmen, zu konservieren und für komplexere Bedürfnisse und Fähigkeiten wieder zu mobilisieren. Wir hätten es dann mit einem Gebilde zu tun, welches sowohl in stofflicher als auch in energetischer Hinsicht ein offenes System im Fließgleichgewicht wäre. Jedes einzelne dieser Gebilde wäre wieder zerfallen, wie es spontan entstanden war – wie eine Seifenblase.

Um über dieses „Seifenblasen"-Stadium hinauszukommen, musste ein Mechanismus zur Speicherung von Information eines Bauplanes und zur identischen Replikation dieses Bauplanes gefunden werden. Dabei denkt man sofort an DNA, wahrscheinlich aber nicht ganz zu Recht, wie wir sogleich sehen werden. Unabhängig von der Art des Informationsspeichers impliziert das Kriterium der identischen Replikation aus evolutiver Sicht auch das unvermeidliche Auftreten gelegentlicher Abweichungen (Mutationen) und den Kampf eines jeden Organismus einer jeden Spezies (eines Gen-Pools) um das Dasein im Wettbewerb mit anderen Organismen bzw. Spezies. Im Jahre 1859 hatte es der Engländer Charles Darwin in seinem Buch „On the Origin of Species" ungefähr so formuliert: Organismen entwickeln sich zu immer höherer Komplexität durch Variation (heute würden wir in den meisten Fällen sagen: durch Mutation) und Selektion. Selektion aber setzt Wettbewerb voraus und dieser lässt nur die unter den gegebenen Umweltbedingungen am besten geeigneten Organismen überleben. Unausgesprochen steht dahinter immer die Begrenztheit der verfügbaren Ressourcen (z. B. Nährstoffe). Falls dieses der Motor gewesen wäre, der schon die frühesten Evolutionsschritte, die Entstehung der ersten Zelle angetrieben hätte, stellt sich als nächstes die Frage: Wer stand im Wettbewerb mit wem und um welche Ressourcen?

Wir müssen uns nun also Klarheit darüber verschaffen, welche Umweltbedingungen damals geherrscht haben mochten, als das Leben entstanden sein könnte. Ein kurzer Exkurs in die Entstehungsgeschichte unseres Planeten ist angesagt.

Über das Alter des Kosmos streiten sich die Astronomen nun wieder intensiver als noch in den 80er Jahren, als man mit 15 Milliarden Jahren seit dem Urknall eine recht fixe Vorstellung hatte. Ein abwechselndes Entstehen und Vergehen, eine „kontinuierliche Kreation" steht derzeit aber ebenso zur Debatte. Nach Entstehen unseres Sonnensystems vor ca. 10 Milliarden Jahren bildete sich unser Planet Erde vor etwa 4,5 Milliarden Jahren. Es dauerte wohl einige Millionen Jahre, bis sich ein Urkontinent (Pangaea) von einem Urozean getrennt hatte. Beide waren noch dampfend heiß und im Ozean lösten sich Salze aus dem sich verfestigenden Gestein. Zieht man eine Reihe von Betrachtungen und unsere Kenntnisse über die Planeten Jupiter und Saturn zum Vergleich heran, so war die Uratmosphäre mit einiger Sicherheit reduzierend. Sie enthielt keinen freien Sauerstoff, dafür aber sicherlich H_2O-Dampf und vielleicht CO_2 und reduzierende Gase, wie NH_3 (Ammoniak), CH_4 (Methan), H_2S (Schwefelwasserstoff) und H_2 (molekularen Wasserstoff). Diese Gase finden sich heute noch bei vulkanischer Tätigkeit, welche damals enorm gewesen sein muss. Dazu kamen elektrische Entladungen und Gewitter. Radioaktive Strahlung drang von innen, kosmische Strahlung und UV-Strahlung drangen massiv von außen auf die Oberfläche. „Und die Erde ward wüst und leer", wie

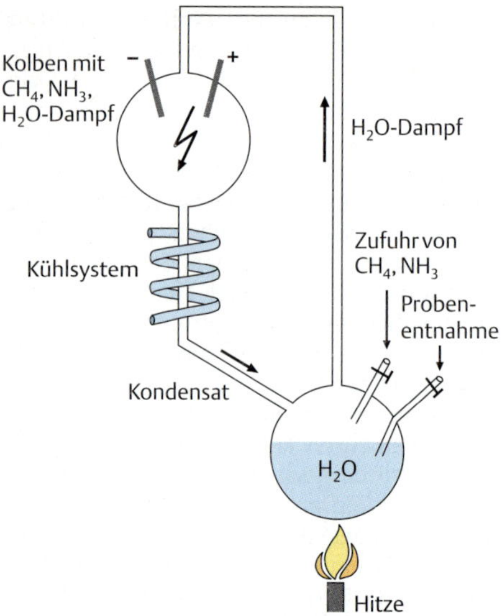

Abb. 24.**1** Versuchsanordnung von S. Miller zur Simulation der Bildung von Bausteinen des Lebens (1. Stufe der präbiotischen Evolution). Unter reduzierenden Bedingungen, ähnlich der Uratmosphäre, mit elektrischen Entladungen (oder Einstrahlung energiereicher Strahlung), lassen sich biologisch interessante chemische Verbindungen durch Kondensation (Kühlsystem) in einem Wasserbad nachweisen. Es wird angenommen, dass dieses in ähnlicher Weise auch im warmen Urozean stattfand (Ursuppe).

es in der Genesis heißt. War das der Nährboden für das zarte Pflänzchen Leben? Das harsche Klima damals, vor ca. 3,8 Milliarden Jahren, war aller Wahrscheinlichkeit nach sogar die Voraussetzung dafür, dass sich Leben überhaupt bilden konnte.

Im Jahre 1953, als J. Watson und F. Crick die Doppelhelix-Struktur der DNA entdeckten, erregte eine weitere Arbeit einiges Aufsehen: die Doktorarbeit des US-Amerikaners Stanley Miller. Er stellte die Bedingungen der Uratmosphäre in einem teilweise mit Wasser gefüllten Glaskolben nach und setzte sie elektrischen Entladungen aus (Abb. 24.**1**). Von Zeit zu Zeit entnahm er Proben aus seinem „Labor-Ozean" für die chemische Analyse. Das Ergebnis war verblüffend: Er fand eine Vielzahl an organischen Verbindungen, darunter nicht nur Aminosäuren, sondern auch proteinartige Verbindungen. Man nennt diese Proteinoide, weil sie nicht immer die typische Säure-Amid-Bindung (Peptidbindung) aufwiesen. Welch ein unerwarteter Erfolg in Anbetracht der Schlüsselrolle der Proteine! Soll doch um die Jahrhundertwende der Evolutionsforscher Ernst Haeckel zum Entdecker der Proteine, Emil Fischer, gesagt haben: „Wenn ihr Chemiker erst Eiweiße machen könnt, dann krabbelt es!" Warum es aber in Millers Retorte nicht zu „krabbeln" anfing, haben wir uns bereits eingangs vergegenwärtigt. Da es zu Anfang keine destruktiven Mikroorganismen gegeben hatte, konnten sich organische Verbindungen im Urozean anreichern. Man spricht auch von „Ursuppe". Heute meint man, dass es ein eher „dünnes Süppchen" war, mit nur Bruchteilen von Prozent an gelöstem organischen Material.

Bald wurden auch andere Szenarien im Experiment durchgespielt, etwa mit trockener Erhitzung, um dem Geschehen auf dem Festland oder im Randbereich des Meeres Rechnung zu tragen. Auf diese Weise konnte man eine Reihe weiterer organischer Verbindungen erzeugen: Komponenten von Lipiden, verschiedene Zucker, aber auch Purin- und Pyrimidin-Basen. Da Phosphat ohnehin im Meerwasser gelöst ist, hatte man die wichtigsten Bausteine des Lebens in der Hand. Nun galt es – und es gilt immer noch –, zu überlegen, wie die oben genannten Kriterien des Lebens realisiert werden konnten: Umgrenzung, Komplexität, Energiegewinnung, identische Replikation, Umsetzung der genetischen Information in Effektoren (Proteine), begleitet von Mutation und Selektion.

Grenzflächen können sich auf einfachem Wege, z. B. durch Selbstaggregation von Lipiden bilden, wie wir im Kap. 6 über „Biomembranen“ gesehen haben. Einige Mikrometer große Vesikel lassen sich aber auch aus Proteinoiden herstellen, in diesem Fall mit einer proteinartigen Grenzfläche. Solche Gebilde (Sphäroide) können gelöstes Material einschließen. Für die höhere Komplexität gegenüber der Umgebung, also die Anreicherung von Stoffen, gibt es ebenfalls Modellvorstellungen: Die Grenzflächen bestimmter, relativ häufiger Mineralien (Silikate, Kieselsäure-Derivate; Pyrit, FeS_2) vermögen eine Reihe von organischen Verbindungen durch Adsorption anzureichern, wenn diese nur geringfügige Ladungen aufweisen. Durch selektive Wechselwirkung mit dem Kristallgitter können sogar Stereoisomere selektiv angereichert werden.

Durch Einschluss solcher Adsorbate in Sphäroide hätten vermutlich ziemlich definierte Gebilde mit Membranbegrenzungen geformt werden können. An adsorbierten Molekülen wären denkbar: Nukleotide (vielleicht bereits ATP), Polynukleotide (und zwar am ehesten RNA, wie wir gleich sehen werden), Aminosäuren, Proteinoide und selbstverständlich verschiedene Salze bzw. Ionen. Es ist das Zeitalter der „chemischen Evolution“, einer Selektion von Molekülen in zunächst noch variablen Struktureinheiten. Es ist die Zeit, „als das Leben noch nicht wert war, Leben genannt zu werden“, wie Thomas Mann in seinem Roman „Der Zauberberg“ schreibt. Alle Angaben zu diesem präbiotischen Lotteriespiel sind hypothetisch, also wie immer ohne Gewähr.

Die Abb. 24.**2** fasst den umstehenden Text spekulativ zusammen.

24.2 Die ersten Zellen

Eine Struktureinheit, wie in Abb. 24.**2** dargestellt, kann man als eine für die Entstehung einer echten Zelle notwendige Vorstufe betrachten (Probiont). Ein Probiont hätte also eine strukturelle Umgrenzung (Membran) gehabt, welche die selektive Anreicherung von Stoffen ermöglichte. Größe, Form und Inhalt wären vielleicht noch variabel gewesen. In den 90er Jahren konnte die autokatalytische Self-assembly von Nukleotiden erreicht werden, wenn sie an geeignete Trägermoleküle gekoppelt wurden. Der entscheidende Schritt wurde damit eingeleitet: die Fixierung aller dieser Merkmale durch einen abrufbaren

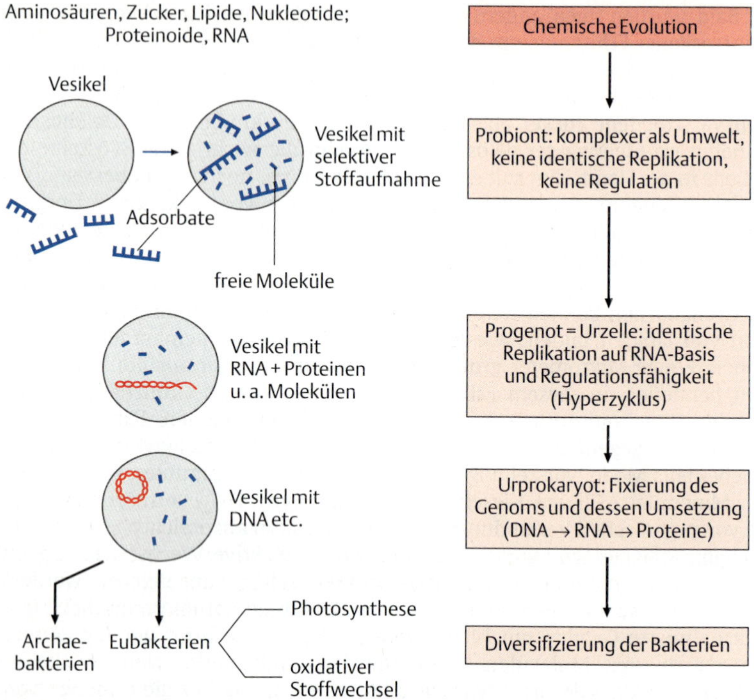

Abb. 24.**2** Hypothetische 2. Stufe der präbiotischen Evolution. Aus Lipiden und/oder Proteinoiden können sich spontan Vesikel bilden. Chemisch aktive organische Materialien können selektiv an manchen Mineralien adsorbiert und in Vesikeln eingeschlossen werden. Vermutlich hat ein derartiger Probiont auf unbekannte Weise den Übergang zur Urzelle (Progenot) geschafft. Dabei könnte er gewisse Eigenschaften in einem Genom auf RNA-Basis fixiert haben; dessen Transkriptionsprodukte könnten nach der Hyperzyklus-Hypothese (vgl. Abb. 24.**3**) über Rückkoppelungsprozesse zu erhöhter Effizienz geführt haben. Erst in einem weiteren Schritt dürfte der Übergang zu einem Genom mit DNA und RNA für die verschiedenen Aufgaben bei der Translation (mRNA, tRNA, rRNA) erfolgt sein. Schließlich erfolgte die Differenzierung in Archae- und Eubakterien, wobei unter letzteren zunächst Formen mit photosynthetischer Aktivität und erst später solche mit oxidativem Stoffwechsel herausgebildet wurden.

Informationsspeicher (Genom). Erst jetzt könnten wir eine echte, wenn auch zunächst sehr primitive Zelle (Progenot, Urzelle), mit der Fähigkeit zur identischen Selbstvermehrung annehmen. Erst jetzt konnte der Wettbewerb um die Ressourcen einsetzen: Das Startzeichen für die Evolution durch Mutation und Selektion war gegeben, auf der Basis von Zufall und Notwendigkeit. So sah es der französische Nobelpreisträger (1965) Jacques Monod in seinem Buch „Le hazard et la nécessité“ (Zufall und Notwendigkeit).

Die Universalität des genetischen Kodes auf der Basis der DNA ist bestechend. Sie impliziert möglicherweise eine einmalige Entstehung, also den monophyletischen Ursprung der Zelle. Das „zentrale Dogma“ der Molekularbiologie des Informationsflusses von DNA in Richtung Proteine (und nicht umgekehrt) ist ein weiterer Eckpunkt bei der Evolution der Zelle (vgl. Kap. 4 und 7). Ungeklärt bleibt jedoch, wie das Leben die Übersetzung (Translation) in die Sprache der Proteine gelernt hat, denn nicht nur jede Replikation, sondern auch jede Translation benötigt wiederum Proteine, die ihrerseits nur durch Transkription und Translation über Nukleinsäuren gebildet werden können (vgl. Kap. 8). Hier stellt sich in der Evolutionsforschung die Frage nach der Henne und dem Ei oder in anderen Worten: Was gab es zuerst, die „Legislative“ (Genom) oder die „Exekutive“ (Proteine)?

Es war ein großes Glück, als zu Anfang der 80er Jahre im Einzeller *Tetrahymena* (Protozoa) die Ribozyme entdeckt wurden. Sie vermitteln uns eine hypothetische Modellvorstellung, wie Legislative und Exekutive zunächst in einer Molekülspezies hätten vereint sein und später, im Laufe der Evolution, aufgetrennt werden können. Ribozyme stellen eine relativ kurze Kette von RNA dar, die teilweise einsträngig ist, teilweise aber in sich überlagernden Schleifen gepaart sein kann (ähnlich wie in tRNA). Besonders faszinierend ist, dass Ribozyme die Umlagerung und Verlängerung der eigenen Molekülstruktur zu katalysieren vermögen. Sie sind also gleichzeitig Informationsträger für ihre dynamisch-variable Eigenstruktur und agieren wie Enzyme als Biokatalysatoren für diese ihnen eigene Dynamik; daher der Name Ribozyme.

Auf einer folgenden Stufe der Evolution könnten Proteine die Selbstvermehrung der RNA-Moleküle beschleunigt haben. Hierzu hat der deutsche Nobelpreisträger (1967) Manfred Eigen, basierend auf dem Vermehrungszyklus von RNA-Viren, seine „Hyperzyklus“-Hypothese entwickelt (Abb. 24.**3**): Die Transkription führt zur Translation von Proteinen (Polymerasen), die in großer Stückzahl nicht nur die Replikation des Genoms, sondern auch die Transkription ankurbeln. Nach dieser Modellvorstellung hätte sich erst allmählich, während der fortschreitenden Evolution, der Übergang zu der stabileren DNA als Informationsspeicher, den verschiedenen RNA-Formen als Zwischenträger der Information und den Proteinen als Biokatalysatoren vollzogen. Der tRNA kommt hierbei eine Schlüsselrolle zu, weil sie nicht nur mit ihrem Antikodon-Bereich den Kode auf der mRNA, sondern im gegenüberliegenden Bindungsbereich auch die entsprechende Aminosäure erkennen muss (vgl. Kap. 8). Darauf wird gleich zurückzukommen sein.

Vergleicht man nun den molekularen Aufbau einer bestimmten Molekülsorte in Organismen von verschiedenem evolutivem Alter, so zeigt sich eine progressive Änderung der ihr zugrunde liegenden Genstruktur. Die Sequenzhomologie einzelner Gene ist viel größer, je enger verwandt die verglichenen Organismen sind. So lässt sich sogar die Mutationsrate eines Gens ermitteln, d. h. die Häufigkeit einer Mutation in einem definierten Zeitabschnitt.

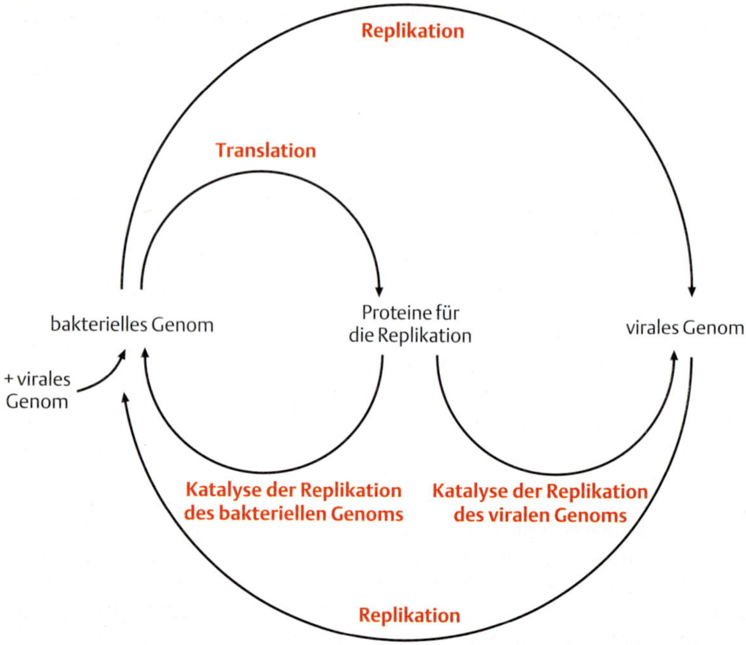

Abb. 24.**3** Hyperzyklus-Hypothese (nach M. Eigen). Als Modell dient die Replikation des Genoms von Viren in einem Bakterium. Das bakterielle Genom steuert zunächst die Translation von bakteriellen Proteinen; darunter sind auch die für die Replikation des bakteriellen Genoms notwendigen Proteine (DNA-Polymerase etc.). Diese katalysieren aber nicht nur die Replikation des bakteriellen Genoms, sondern auch jene des viralen Genoms. Dessen Replikation wird dadurch aufgeschaukelt. Nach einer Modellvorstellung könnte die Ausbildung derartiger Hyperzyklen die biologische Evolution in der Anfangsphase angetrieben haben. Dabei könnten zunächst Ribozyme (RNA mit katalytischen Eigenschaften) das genetische Material gebildet haben, das Proteine mit Rückkoppelungseffekten kodiert haben könnte. Beim Übergang zu einem DNA-basierten Genom hätte RNA eine zweite regulatorische Schleife bilden und in der Folge die heutigen Aufgaben bei der Translation übernehmen können (mRNA, tRNA, rRNA).

Früher hatte man nur die Möglichkeit, Aminosäuresequenzen zu vergleichen. Zwar konnte man bereits auf diese Weise ganz gut nachvollziehen, was die vergleichende Fossilkunde an verwandtschaftlichen Zusammenhängen postuliert hatte (etwa beim Vergleich des Cytochrom c), jedoch waren die Daten wegen der Degeneration (Redundanz) des genetischen Kodes nicht so genau wie die Daten von Nukleotidsequenzen, welche die heutige Molekulargenetik bereitzustellen vermag.

Analysen dieser Art führten bis an den Ursprung des Lebens zurück. Mit der Extrapolation aller für tRNAs verfügbaren Daten zeigte M. Eigen, dass es ursprünglich wahrscheinlich nur drei Typen von tRNAs gegeben hat, die Aminosäuren von jeweils ähnlichem Charakter transferierten. Besonders faszinierend aber ist, dass die Extrapolation auf den Nullpunkt ein Alter von 3,5 Milliarden Jahren ergibt. Es entspricht in etwa dem Alter der ältesten fossilen Zellen, mit denen wir uns nun befassen wollen.

Wo sollte man nach den ältesten Fossilien suchen? Zunächst nur in Sedimentgesteinen, aber nicht in kristallinem Urgestein, denn nur bei der Ablagerung von Sedimenten können Organismen mitsedimentieren. Allerdings dürfen solche Sedimentgesteine (Quarzite etc.) nicht durch hohe Drücke und Temperaturen verändert worden sein. In Gesteinsschliffen von solchen nichtmetamorphen Sedimenten fand man Strukturen, deren Größe im Mikrometerbereich liegt und die durchwegs an Bakterienzellen erinnern. Beispiele sind die auf ca. 3,8 bzw. 2,7 Milliarden Jahre datierten Mikrofossilien *Isuasphaera issua* oder *Archaeosphaeroides barbertonensis* aus Grönland bzw. Südwestafrika. Ein Alter von 3,5 Milliarden Jahren wurde für die ältesten Cyanobakterien ermittelt. Diese sind besonders leicht nach folgenden Merkmalen zu identifizieren:

1. Sie bilden Zellketten und sind so von nichtbiogenen Aggregaten leicht zu unterscheiden, zumal in Abständen andersartige Zellen (Heterocysten) auftreten (Abb. 24.**4**).
2. Sie scheiden konzentrische Lagen aus $CaCO_3$ aus, die im Dünnschliff eine charakteristische Struktur zeigen.
3. So bilden sie noch heute metergroße buckelartige Kalkstöcke (Stromatolithe) im Uferbereich tropischer Meere.
4. Es ist verblüffend, dass die Struktur dieser fossilen Gebilde praktisch identisch ist mit jenen rezenter Stromatolithe, wie man sie auf den Bermudas oder in der Haifischbucht in Australien vorfindet.

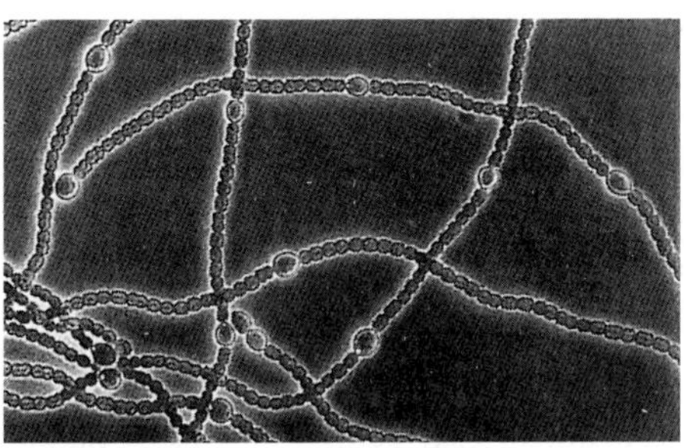

Abb. 24.**4** Zellketten aus Cyanobakterien der Spezies *Anabaena*. In einigem Abstand treten große Heterocysten auf. Derlei unverwechselbare Gebilde wurden bereits in 3,5 Milliarden Jahren alten Fossilien gefunden (Stromatolithe), sodass die „Erfindung" der Photosynthese auf diese Zeit zurückgehen dürfte. Erst sehr viel später dürften ähnliche Formen als Endosymbionten in die Eukaryotenzelle aufgenommen und in Chloroplasten transformiert worden sein. Vergr. 400fach (aus Wolk, C. P., A. Ernst, J. Elhai: In Bryant, D. A.: The molecular biology of cyanobacteria. Kluwer Academic Publications, Dordrecht 1994).

Der biogene Ursprung von Fossilien kann mittels der Relation der Kohlenstoff-Isotope ^{12}C zu ^{13}C sichergestellt werden, denn das leichtere Isotop wird nur in biologischem Material angereichert. (Nicht zu verwechseln mit der ^{14}C-Methode, die zur Altersbestimmung für Zeiträume bis zu 20 000 Jahren eingesetzt werden kann.) Überdies konnte man mit einiger Sicherheit feststellen, dass das Alter dieser ältesten Zellen in fossilen Stromatolithen ca. 3,5 Milliarden Jahre beträgt. Da Cyanobakterien photosynthetisch aktiv sind, entspricht dies auch dem Zeitraum, seit welchem Zellen zur Energiekonservierung bzw. zur Kohlenstoff-Assimilation befähigt sind.

24.3 Das Problem mit dem Sauerstoff

Die Uratmosphäre war praktisch O_2-frei ($< 0{,}1\,\%$). Da die Photosynthese O_2 freisetzt, hätte sich ein steter Wandel von der reduzierenden Uratmosphäre in eine oxidierende, O_2-haltige Atmosphäre vollziehen müssen. Die Photolyse des Wassers durch ionisierende Strahlung und UV-Licht hätte ein übriges beitragen müssen. Dennoch glaubt man, dass der O_2-Gehalt der Atmosphäre erst später anstieg (Abb. 24.**5**) und erst vor ca. 2 Milliarden Jahren 1 % erreichte (sekundäre Atmosphäre). In der heutigen „tertiären Atmosphäre" liegt der O_2-Gehalt bei 21 %. Der Grund für den verzögerten Anstieg könnte sein, dass O_2 bei der Oxidation offenliegender Eisenlagerstätten verbraucht wurde. Man weiß, dass in jener Epoche die großen Lagerstätten der „Bändereisenerze" (Eisenoxide) gebildet wurden, wie z. B. an der Grenze USA-Kanada im Bereich der „Großen Seen". Andere Befunde aus dem Anfang der 90 er Jahre besagen allerdings, dass derlei Ablagerungen auch biogen durch Eisenbakterien entstanden sein könnten. Im allgemeinen aber herrscht Übereinstimmung, dass der atmosphärische freie O_2-Gehalt erst in der zweiten Halbzeit unseres Planeten, also ab der Zeit vor 2 Milliarden Jahren, auf über 1 % angestiegen sei.

Die Radiochemie hat gezeigt, dass in wässrigen Lösungen, besonders in Gegenwart von gelöstem Sauerstoff, bei Bestrahlung mit ionisierender Strahlung oder mit UV-Licht, Radikale gebildet werden, z. B. $OH^{\bullet}$, $O^{\bullet}$ etc. Die Symbole stehen für Atome und Moleküle mit freien Valenzen, die sehr instabil sind und sich leicht zu Peroxiden wie H_2O_2 (Wasserstoffperoxid) umsetzen. Peroxide sind sehr reaktiv und vermögen organische Moleküle, auch Makromoleküle wie DNA, zu verändern. Diese indirekte Strahlenwirkung ist die dominierende Komponente bei Strahlenschäden. Es ist anzunehmen, dass in der Frühphase derlei Prozesse einerseits die Evolution über Mutationen angetrieben, andererseits aber auch die Bildung komplexerer stabiler Genome behindert haben (eben durch zu häufige Mutationen). Unter den Bedingungen der Uratomosphäre, bei O_2-Gehalten unter 0,1 %, konnte die UV-Strahlung ungehindert auf die Erdoberfläche aufprallen. Erst als der O_2-Gehalt auf $> 1\,\%$ anstieg, also vor ca. 2 Milliarden Jahren hat sich wahrscheinlich in höheren atmosphärischen Schichten allmählich ein Schutzschild aus Ozon (O_3) aufgebaut hat, sodass UV zunehmend herausgefiltert wurde und sich das Genom

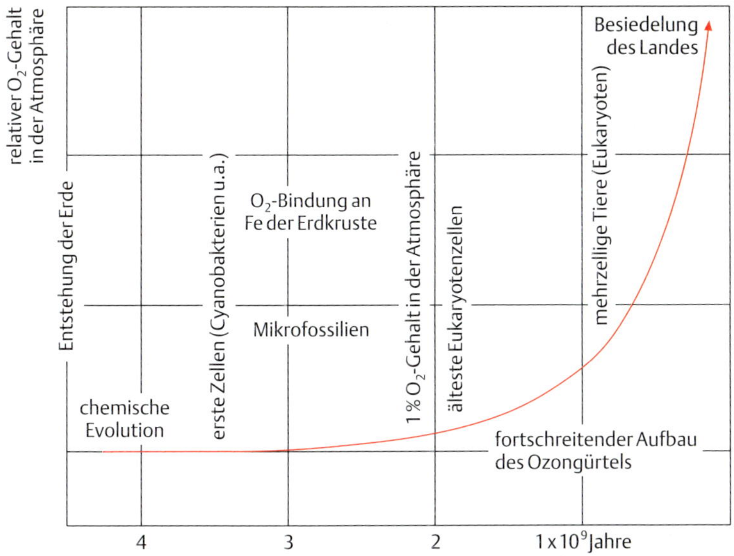

Abb. 24.**5** Tendenzielle Zunahme von O_2 in der Atmosphäre. Ausgehend von den reduzierenden Bedingungen der Uratmosphäre müsste eigentlich das frühe Erscheinen der photosynthetisch aktiven Cyanobakterien zu einem raschen Anstieg des O_2-Gehaltes in der Atmosphäre geführt haben. Dass dies nicht so war, mag an der Bindung von O_2 an Eisenmineralien in diesem Abschnitt der Erdgeschichte gelegen haben (Bildung der Bändereisenerze, Fe-Oxid, Rost). Die auf >3 bis 2 Milliarden Jahre datierten Mikrofossilien dürften also weitgehend anaerob gelebt haben. Erst vor ca. 2 Milliarden Jahren dürfte der O_2-Gehalt der Atmosphäre auf über 1 % angestiegen sein. Seitdem wurde stetig ein Ozongürtel (O_3) aufgebaut, dessen schützende Wirkung erst die Vergrößerung des Genoms der Eukaryotenzelle ermöglicht haben dürfte. Mehrzellige Eukaryoten, Tiere und Pflanzen, kamen später und besiedelten das Land.

ungestört vergrößern konnte. Der Sauerstoff war also ursprünglich mitnichten der große „Freund und Förderer" des Lebens – im Gegenteil, er war eher ein Zellgift. Die Zelle musste im Laufe der Evolution erst lernen, O_2 zu entgiften. Die Evolution hat dazu eine ganze Palette von Enzymen entwickelt, welche zumeist mit einem Fe-Atom ausgestattet sind, nämlich Peroxidasen, Katalase und Superoxid-Dismutasen. Sie sind in der Lage, Peroxide abzubauen. Oft ist das Fe-Atom in einer Häm-Gruppe integriert, wie sie auch im Hämoglobin der Erythrocyten und in den Cytochromen der mitochondrialen Innenmembran vorkommt. Im letzteren Fall hat die Zelle die Entgiftung von O_2 so gründlich vorangetrieben, dass sie den ursprünglichen Nachteil zu einem entscheidenden Vorteil umgemünzt hat. Wie wir in Kap. 19 gesehen haben, bringt die Nutzung von O_2 bei der oxidativen Phosphorylierung eine 18fache Energieaus-

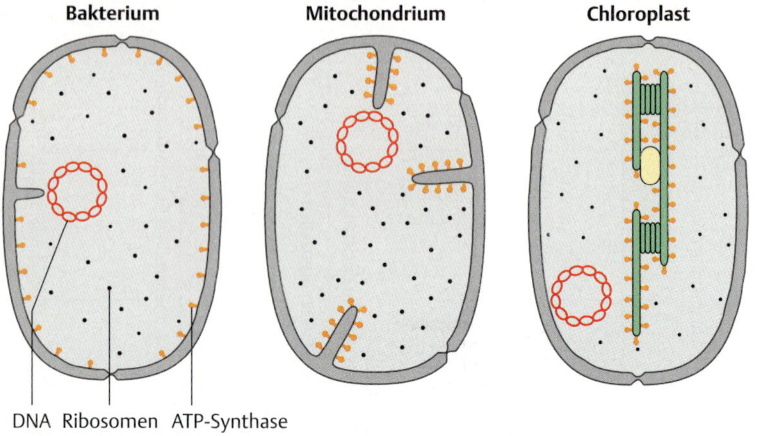

Abb. 24.**6** Strukturelle und funktionelle Ähnlichkeit von Bakterien, Mitochondrien und Chloroplasten. Sie alle haben eine histonfreie, zirkuläre DNA und relativ kleine Ribosomen. Manche Bakterien enthalten Cytochrome und ATP-Synthase in ihrer Zellmembran verankert. Wie bei den beiden Organellen nutzt die ATP-Synthase einen H^+-Gradienten zum Antrieb der ATP-Bildung. Im Falle solcher Bakterien erlauben äußere Hüllschichten den Aufbau eines „Stausees" von Protonen, im Falle der beiden Organellen wird dies durch die Präsenz einer äußeren Hüllmembran ermöglicht. Wie bei Chloroplasten gibt es auch bei photosynthetisch aktiven Bakterien Membraneinfaltungen zum „Stauen" von Protonen (nicht gezeichnet; vgl. Abb. 4.**7**). Diese und weitere Ähnlichkeiten unterstützen die Symbiose-Hypothese zum Ursprung beider semiautonomer Organellen.

beute gegenüber dem O_2-freien Ablauf der Glykolyse. So haben bereits manche Bakterien den Tricarbonsäure-Zyklus, die Atmungskette mit Cytochromen und eine daran gekoppelte oxidative Phosphorylierung „erfunden".

Solche Formen von Bakterien besitzen in ihrer Zellmembran Cytochromketten und ATP-Synthase-Moleküle. Der H^+-Gradient, den sie entlang der Zellmembran aufbauen, kann nach außen nicht abdiffundieren, weil wenigstens eine weitere Hüllschicht (vgl. Kap. 4.2.1) dies verhindert. ATP wird über einen Protonen-Einstrom durch eine membranständige ATP-Synthase gebildet. Die Bakterien zeigen also genau jenes Funktionsmuster, welches wir von den Mitochondrien der Eucyte her kennen. Unter den Bakterien gibt es aber nicht nur Stoffwechselformen, die funktionell einem Mitochondrium, sondern auch solche, die einem Chloroplasten ähnlich sind. Es gibt also heterotrophe oder autotrophe Formen. Im Falle autotropher Bakterien sind häufig reichliche Einfaltungen der Zellmembran ausgebildet (vgl. Kap. 4.2.1). So besteht eine prägnante Ähnlichkeit zwischen Chloroplasten und Cyanobakterien einerseits und Mitochondrien und den rezenten farblosen Purpurbakterien andererseits (Abb. 24.**6**).

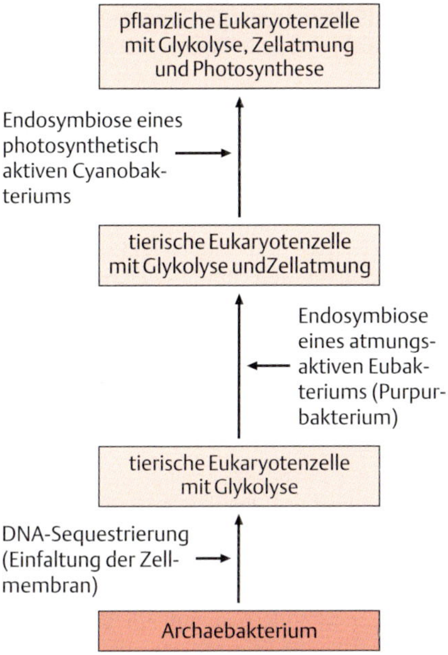

Abb. 24.**7** Hypothetische Evolution des Energiestoffwechsels der tierischen und der pflanzlichen Eukaryotenzelle

Vieles deutet darauf hin, dass die Eukaryotenzelle ursprünglich nur über die energetisch kaum interessanten Entgiftungswege für O_2 verfügte, etwa in Form von Katalase in Peroxisomen (vgl. Kap. 15) und von cytosolischer Superoxid-Dismutase. Wahrscheinlich hat sie sich erst später oxidative Bakterien als nützliche „Haustiere" einverleibt – zum wechselseitigen Nutzen (Symbiose; Abb. 24.**7**). In ähnlicher Weise könnten aus Cyanobakterien abgeleitete photosynthetisch aktive Bakterien aufgenommen und in Chloroplasten transformiert worden sein („Symbiose-Hypothese" der Evolution von Mitochondrien und Chloroplasten; s. u.). Der erste Schritt war die Bildung von Mitochondrien aus Bakterien mit oxidativem Stoffwechsel. Dies diente nicht nur der Beseitigung von anfallendem O_2, sondern er brachte auch einen enormen Vorteil in der Energieversorgung. Der zweite Schritt war die Aufnahme photosynthetisch aktiver Bakterien als Chloroplasten. Dies führte zur Bindung von CO_2, das beim Stoffwechsel der Mitochondrien anfällt, und zur Bereitstellung von noch mehr O_2, das inzwischen ja geradezu nützlich geworden war.

Die energetische Situation der Eukaryotenzelle wurde also auf zwei Stufen verbessert:

1. durch die „Domestikation" von O_2-verbrauchenden Bakterien, also bei der Entstehung von Mitochondrien;

2. später die Nutzung des Sonnenlichts als Primärenergie, und zwar durch „Domestikation" von Bakterien mit der Fähigkeit zur Photosynthese.

Beides, der oxidative Stoffwechsel und die Photosynthese, sind also „Erfindungen", die die Eukaryotenzelle nicht selbst gemacht hat. Vielmehr handelt es sich um „Erfindungen" von prokaryotischen „Gastarbeitern". Die „Symbiose-Hypothese" wird unter 24.5 weiter vertieft.

Der O_2-Gehalt der Atmosphäre konnte nun ohne viel Gefahr für die weitere Evolution ansteigen, er konnte sogar ausgebeutet und zum Selektionsvorteil aller aeroben Organismen umgemünzt werden. Je mehr der O_2-Gehalt anstieg, umso mehr entwickelte sich in den letzten 2 Milliarden Jahren auch der Ozon-Schutzschild. Erst die damit stark abnehmende Strahlenbelastung erlaubte die Evolution größerer Genome.

24.4 Der Weg zur höheren Zelle

Vor 1,8 Milliarden Jahren lässt sich aus Mikrofossilien das Auftauchen der Eukaryotenzelle belegen. Von der Evolution einiger ihrer Komponenten, die mit dem Problem des Sauerstoffs zusammenhängen, war soeben die Rede, aber noch nicht vom Zellkern. Wie wir im Kap. 7 sahen, war eine strukturelle Abgrenzung eines beim Übergang Prokaryot → Eukaryot auf ein Vielfaches anwachsenden Genoms wohl unabdingbar. Gleichzeitig musste die Effizienz der Maschinerie für die Synthese eines viel umfangreicheren Repertoires an Proteinen gesteigert werden. Gibt es Kandidaten im Kreise der Prokaryoten, die als Vorläufer für diesen Funktionswandel in Frage kämen?

Bereits seit den 70er Jahren war es möglich, kleinere RNA-Spezies zu sequenzieren. In seiner Pionierarbeit hatte der US-Amerikaner C. R. Woese die 16S-rRNA ausgewählt, weil diese in der kleinen Untereinheit der Ribosomen nicht nur von Bakterien, sondern in ihrem Gegenstück, der 18S-rRNA, auch in der kleinen Untereinheit cytosolischer Ribosomen der Eukaryoten vorkommt. Außerdem hat dieses rRNA-Molekül eine überschaubare Größe.

Innerhalb der Bakterien erkannte man plötzlich zwei Gruppen mit tiefgreifenden Unterschieden: eine Gruppe der allseits vertrauten Bakterienarten, welche nun „Eubakterien" genannt wurden (egal ob grampositiv oder -negativ), und eine Gruppe von „Archaebakterien" mit erstaunlichen Eigenschaften. Archaebakterien sind nur von extremen Biotopen her bekannt. Sie leben unter methanhaltigen, extrem sauren (pH bis $\leq 1{,}0$) oder heißen Bedingungen bis $> 100\,°C$ (Methanbakterien, acidophile und thermophile Bakterien) oder in salzhaltigen Medien (halophile Bakterien). Man fühlt sich unmittelbar an die harschen Bedingungen der frühen Evolution erinnert. Sie sind chemo-, aber nicht photoautotroph. Ihre Ribosomen sind vom 80S-Typ. Die Translation beginnt mit Methionin (anstatt mit dem Formyl-Derivat wie bei Eubakterien) und ist unempfindlich auf manche bakterienaktive Antibiotika. Manche Archaebakterien haben Introns in ihrem Genom, ganz wie das Eukaryoten-Genom. Auch die für

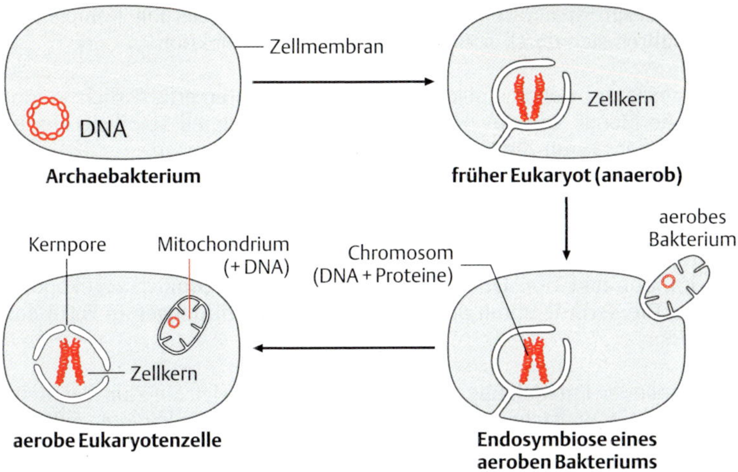

Abb. 24.**8** Hypothetische Entwicklung des Kern-Genoms und der Mitochondrien mit ihrem als Chondriom bezeichneten Genom (= mtDNA). Der Zellkern mit dem Kern-Genom könnte sich durch Sequestrierung des Genoms von Archaebakterien und dessen Aufteilung in lineare Koppelungsgruppen (Chromosomen) gebildet haben. (Erst im Laufe der Evolution hätte das Kern-Genom einen vielfachen Umfang erreicht). Analog zu den Mitochondrien könnten später die Chloroplasten mit ihrer als Plastom bezeichneten ptDNA durch Aufnahme von photosynthetischen Bakterien entstanden sein (nicht dargestellt).

das Spleißen der Prä-mRNA in funktionelle mRNA erforderlichen Spleißosomen wurden in Archaebakerien gefunden. So liegt der Schluss nahe, dass Archaebakterien die Vorfahren der „höheren Zelle" sein könnten. Die Abgrenzung eines Zellkerns kann man sich so vorstellen, dass sich die Zellmembran eingefaltet und dabei das Genom in einem eigenen Kompartiment, dem Zellkern, umhüllt hat (Abb. 24.**8**).

Zusammenfassend lässt sich folgende hypothetische Abfolge für die Evolution der immer komplexer werdenden Eukaryotenzelle entwickeln (Abb. 24.**8**). Ein Archaebakterium erlangt ein vergrößertes Genom. Dieses wird durch Einfaltung der Zellmembran vom Rest des Cytoplasmas weitgehend abgetrennt. Diese Einfaltung ist notgedrungen doppelschichtig und die Abtrennung ist nicht vollständig – es entsteht die doppelte Kernmembran mit Kernporen. Introns stellen vielleicht ein Reservoir von DNA für weitere Differenzierungsprozesse bereit. Das relativ stabile Genom kann weiter anwachsen, weil es durch den zunehmenden Ozonschild geschützt ist. Die DNA wird weiter vermehrt durch Gen-Duplikationen, wobei die Duplikate zu neuen Genen mutieren. Dieser Mechanismus der genetischen Diversifikation konnte durch die molekulare Genetik vielfach belegt werden. Ein größeres Genom erlaubt eine immer komplexere strukturelle und funktionelle Differenzierung. Komplexere Zellen bewähren sich durch höhere Plastizität in der Selektion.

Das Anwachsen des Genoms machte mehrfach Umbauten erforderlich:
1. Die große Menge an DNA pro Zellkern erforderte deren Stabilisierung in Nukleosomen, wofür die Histone erfunden werden mussten.
2. Die meterlange DNA musste in kleinere Kopplungsgruppen (Chromosomen) zerlegt werden.
3. Die Kernteilungsspindel musste erfunden werden – Hand in Hand mit der Entwicklung des Cytoskeletts.
4. Transkription und Translation mussten voneinander räumlich abgekoppelt werden. Die Kernmembran proliferierte durch Ausstülpungen in Form des rauen ER.

Mit zunehmender Entwicklung der Eukaryotenzelle geriet die Zahl der Genprodukte um ein Vielfaches umfangreicher als in einer Prokaryotenzelle. Es gab nun Spielraum für die Ausbildung weiterer Organellen, wie den ganzen Apparat für Export und Import von Substanzen. Golgi-Apparat, sekretorische und endocytotische Vesikel sowie Lysosomen wurden ebenso „erfunden“ wie die Elemente des Cytoskeletts. Die Zellen erlangten höhere Reaktivität durch spezifische Oberflächen-Rezeptoren und intrazelluläre Signaltransduktion. Nicht nur die Signaltransduktion, sondern auch neue Stoffwechselwege wurden entwickelt. Es entwickelten sich neue Arten der Lokomotion (amöboide Bewegung, Cilien, Flagellen). Der ganze Aufwand konnte erst „finanziert“ werden, als oxidative Bakterien als „Dauergäste“ (Endosymbionten) in Form der Mitochondrien aufgenommen worden waren. Die „Einheitswährung“ blieb das ATP. Sowohl das O_2- als auch das Nahrungsangebot stiegen mit der Entwicklung pflanzlicher Eukaryoten, also mit Aufnahme photosynthetischer Bakterien als Endosymbionten (Chloroplasten), noch um ein weiteres global an. Die Evolution treibt sich nun eigendynamisch selbst weiter – sie dauert bis heute an (Abb. 24.**9**).

Vor 0,8 Milliarden Jahren begegnen wir den ersten vielzelligen Mikroorganismen. Die für den zwischenzelligen Kontakt erforderlichen Oberflächen-Proteine beanspruchen einen weiteren Teil des Genoms. Das Genom bleibt in allen Zellen eines Organismus gleich, aber das sequenzielle „Abrufen“ einzelner Gene nach einem genetischen Programm gewährleistet die Differenzierung eines vielzelligen Organismus in spezialisierte Zellen mit jeweils optimierter Effizienz.

Schon bei Bakterien gibt es sexuelle Prozesse in Form des Austauschs von DNA-Stücken (Konjugation; vgl. Kap. 4.2.2). Auch die Eukaryotenzelle ist prinzipiell zwar nicht auf Sexualität angewiesen, profitiert aber von der Verschmelzung zweier Zellen bzw. ihrer Kerne durch Rekombination von genetischem Material und durch Abdecken nachteiliger Mutationen im diploiden Chromosomensatz. Freilich musste dazu auch die Reduktionsteilung „er-

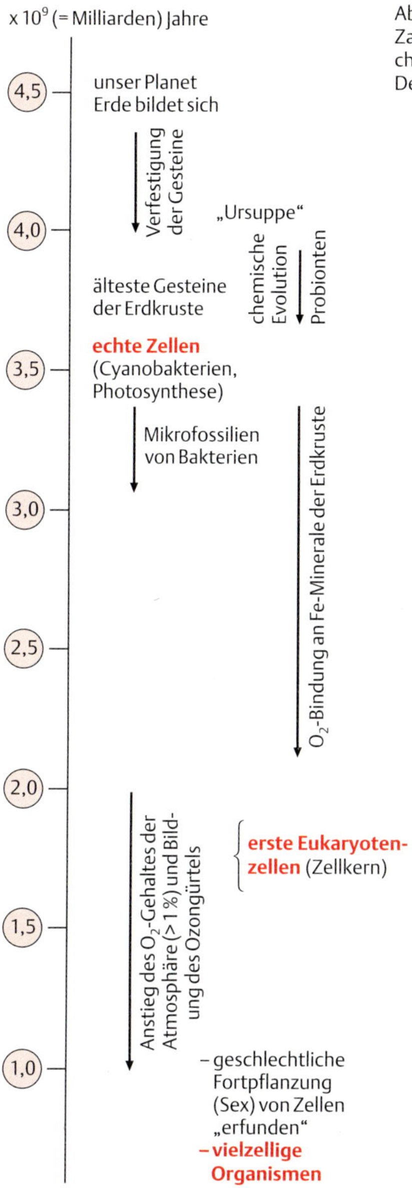

Abb. 24.**9** Zeitskala der Evolution der Zelle. Zahlreiche multidisziplinäre Analysen machen dieses Szenario wahrscheinlich. Für Details vgl. Text.

funden" werden, sonst würde sich ja das Genom mit jeder Verschmelzung von zwei Zellen verdoppeln.

All dies musste die Eukaryotenzelle bei „laufendem Betrieb" realisieren – „wegen Umbau geschlossen" gab es nicht. Vielleicht ist deshalb nicht jede Lösung technisch perfekt. Die Evolution musste auch auf zellulärem Niveau Kompromisse schließen. Im „Bestreben" nach Optimierung läuft die Evolution der Zelle immer noch weiter. Dieser Aspekt impliziert für die Evolutionsforschung eine große Chance: Spuren der Evolution können wir bis in unsere eigenen Zellen hinein verfolgen. Um das zu beleuchten, wollen wir uns noch einmal den Mitochondrien zuwenden. Da für Chloroplasten ein ähnlicher evolutiver Werdegang anzunehmen ist, wollen wir beide Organellen vergleichend betrachten.

24.5 Die Symbiose-Hypothese auf dem Prüfstand

Vorhin wurde die Aufnahme und „Domestikation" von Eubakterien mit der Fähigkeit zur oxidativen Phosphorylierung als Mitochondrien, und von photosynthetisch aktiven Eubakterien als Chloroplasten skizziert (vgl. 24.3). Das innere Membransystem der Organellen entspräche somit einer bakteriellen Zellmembran, die äußere Organellenmembran wäre ein Abkömmling der Oberflächenmembran der Zelle selbst.

Diese „Symbiose-Theorie" sollte besser als „Symbiose-Hypothese" bezeichnet werden, weil ihre Aussage – wie so vieles in der Evolutionsforschung – sich einer experimentellen Überprüfung entzieht. Sie hat ihre eigene Evolution durchgemacht. Ausgehend von der gewagten, kühnen Spekulation, über weitgehende Akzeptanz, verfiel sie zeitweise der Lächerlichkeit, bis sie neuerdings glänzend bestätigt wurde.

Das Postulat eines endosymbiontischen Ursprungs wurde erstmals bereits um die Jahrhundertwende erhoben. (Übrigens hat R. Altmann in einer entsprechenden Publikation erstmals Osmiumtetroxid als Fixans verwendet.) Beide Organellen, Mitochondrien und Chloroplasten, ähneln den Bakterien in Form und Größe. Besonders bei Chloroplasten assoziiert man grüne Bakterien. Den langen Weg der Mitochondrien von den atmungsaktiven Partikeln Warburg's bis zu ihrer strukturellen Identifikation haben wir in Kap. 19 nachgezeichnet. Die alte Hypothese wurde wieder attraktiv, als man DNA in Chloroplasten und in Mitochondrien entdeckt hatte (ptDNA, mtDNA). Diese beiden Organellen mit doppelter Membranumhüllung wurden daher als „autonome Organellen", ihr Genom als Chondriom bzw. als Plastom bezeichnet.

Die DNA von Mitochondrien und Chloroplasten liegt in der Matrix bzw. im Stroma, sie ist im allgemeinen ringförmig (mit *einem* Replikationsstartpunkt, engl.: origin of replication), sie hat keine Histone gebunden und ist meistens frei von Introns. Ein Mitochondrium hat häufig an die 10, ein Chloroplast bis zu 100 Kopien derselben DNA. Diese stellt ca. 1 bzw. 10% (bis zu 30%) der gesamten DNA einer tierischen bzw. pflanzlichen Zelle. Wegen der Identität der multiplen DNA-Kopien besagt dies jedoch nichts über die Zahl der autonom kodierten Genprodukte. Ein DNA-Ring eines Leber-Mitochondriums hat einen Umfang von ca. $\geq 5\ \mu m$, jener eines Chloroplasten ist etwa 10 mal länger. Das organelleigene Genom entspricht im allgemeinen einem Gehalt an 10 bis 20 bzw. 100 bis 200 Kilobasenpaaren (kbp). In Mitochondrien des Menschen sind es 16,5 kbp. Der Informationsgehalt ist dementsprechend nur 1/100 000 des Kern-Genoms. Würde die gesamte autonome DNA in Protein umgesetzt, so ergäbe dies nur einen Bruchteil der zahlreichen Proteinspezies, welche ein Mitochondrium für seine komplexen Funktionen benötigt (vgl. Kap. 19). So häuften sich die Evidenzen, dass ein Großteil der Genprodukte aus dem Cytoplasma importiert wird. In die umgekehrte Richtung gibt es keinen Transport von Genprodukten. Dasselbe gilt für Chloroplasten (vgl. Kap. 20). Mitochondrien und Chloroplasten sind demgemäß bestenfalls als semiautonome Organellen „mit stark negativer Handelsbilanz" zu betrachten, denn sie importieren die meisten Genprodukte und exportieren keine.

Beide Organellen verfügen über den enzymatischen Apparat (Polymerasen etc.), um ihre DNA selbst zu replizieren und in mRNA (welche die Organellen nie verlässt) zu transkribieren, sowie alles, was für die Translation erforderlich ist. Hierfür enthalten sie eigene Ribosomen in ihrer Matrix bzw. im Stroma. Diese Ribosomen sind vom kleinen 70S-Typ, wie wir ihn von Eubakterien her kennen, und sie enthalten den bakteriellen Ribosomen sehr ähnliche rRNA- und Protein-Spezies. Unter anderem enthält die kleine Untereinheit eine 16S-rRNA, entsprechend der in Eubakterien. Die organelleigene Proteinsynthese ist unempfindlich auf Cycloheximid, kann aber durch das Antibiotikum Chloramphenicol gehemmt werden (Tab. 24.**1**). Sie beginnt mit N-Formyl-Methionin und nicht mit Methionin, wie an den freien Ribosomen des Cytosols, und an jenen des rauen ER. Diese Kriterien entsprechen ebenfalls den Verhältnissen bei Eubakterien und stehen im Gegensatz zur Proteinsynthese im Cytosol der Eukaryotenzelle. Ebenfalls wie bei Bakterien fehlt der inneren Membran beider Organellen das Cholesterin.

Diese Häufung von Gemeinsamkeiten zwischen Mitochondrien und Chloroplasten einerseits und Eubakterien andererseits (Tab. 24.**1**) ist eine starke Stütze für die Symbiose-Hypothese. Dazu kommen noch beträchtliche Sequenzhomologien bei der rRNA und bei manchen Proteinen sowie die Tatsache, dass es Bakterien von jeweils entsprechendem Stoffwechseltyp in freier Natur gibt. Es muss aber klargestellt werden, dass es auch hier einen direkten Nachvollzug des „Experiments Evolution" nicht gibt – weder kann man Mitochondrien oder Chloroplasten zellfrei züchten, noch kann man heute entsprechende Bakterien in eine Eukaryotenzelle einschleusen, um sie intrazellulär zu „domestizieren". Es verging eine viel zu lange Zeit, seit sich diese Symbiose in der Evolution eingependelt hat. Beide Organellen haben im Laufe der Evolution wohl das meiste ihrer Kompetenzen an das Kern-Genom abgegeben. Dieser „Hang zum Zentralismus" ging mit einem DNA-Transfer einher, in der Art, wie man es gelegentlich mit Transposons (mobile DNA-Abschnitte) beobachtet.

Tab. 24.**1** Ähnlichkeiten zwischen Eubakterien und autonomen Organellen (Mitochondrien bzw. Chloroplasten) im Vergleich zum Rest der Eukaryotenzelle

Kriterium	**Eubakterien**	**autonome Organellen**	**Rest der Eukaryotenzelle**
DNA			
– Form	ringförmig, ohne Histone		linear in Chromosomen (mit Histonen)
– Replikation	ein Startpunkt		viele Startpunkte
Ribosomen	70S (ohne 5,8S-rRNA)		80S (mit 5,8S-rRNA)
Proteinsynthese	Start: N-Formyl-Methionin		Start: Methionin
– Sensitivität auf Antibiotika	empfindlich auf Chloramphenicol, unempfindlich auf Cycloheximid		empfindlich auf Cycloheximid, nicht auf Chloramphenicol
3-OH-Steroide	fehlen	fehlen im inneren Membransystem	vorhanden

Diese Annahme wird dadurch gestützt, dass beim Pilz *Neurospora* ein solcher Gentransfer aus Mitochondrien in den Zellkern während bestimmter Entwicklungsabschnitte beobachtet wird, obwohl das die Ausnahme ist. Auch beobachtet man in freier Natur, wie sich manche Eukaryotenzellen symbiontische Bakterien einverleiben – sie werden endocytiert, dann aber nicht lysosomal abgebaut. Dazu lassen sich entsprechende Modellfälle anführen: Der in Tümpeln heimischer Wälder lebende Flagellat (Protozoa) *Pelomyxa palustris*, dem eigene Mitochondrien fehlen, vermag dieses Defizit durch Aufnahme atmungsaktiver Bakterien zu korrigieren. *Cryptomonas* (ebenfalls ein Flagellat) nimmt photosynthetische Bakterien auf und kompensiert so das Fehlen von Chloroplasten. Eine Liste an weiteren Beispielen offenbart, dass manche dieser Endosymbionten noch getrennt lebensfähig, andere jedoch bereits in totale Abhängigkeit von ihrer Wirtszelle geraten sind. Auch für die Verhinderung des lyosomalen Abbaus gibt es einen Modellfall: Phagozytierte Tuberkulose-Bakterien *(Mycobacterium tuberculosis)* vermögen die Fusion mit Lysosomen zu hemmen und so dem Abbau zu entgehen, genauso wie es für die bakteriellen Vorläufer von Mitochondrien und Chloroplasten gefordert wird. (Gerade das war lange Zeit die Problematik der Tuberkulose-Therapie.)

Tab. 24.**2** fasst zusammen, was die organelleigene DNA höherer Tiere und Pflanzen jeweils in Mitochondrien und Chloroplasten kodiert. Daraus erkennt man folgende Gesetzmäßigkeiten.
- An Proteinen werden fast nur solche der Innenmembranen kodiert. Darunter sind Schlüsselenzyme des organelltypischen Stoffwechsels.

Tab. 24.**2** Genprodukte aus der DNA von Mitochondrien und Chloroplasten

Genprodukt	Kodierung in Mitochondrien	Kodierung in Chloroplasten
Proteine		
– äußere Membran	keine	keine
– Außenraum	keine	keine
– Matrix	keine (Import von Enzymen inkl. DNA- und RNA-Polymerasen sowie ribosomale Proteine)	keine Enzyme (außer Untereinheiten der RNA-Polymerase), jedoch zahlreiche ribosomale Proteine Rubisco (größere Untereinheit)
– Innenmembran	NADH-Dehydrogenase (teilweise) Cytochrom c-Oxidase (teilweise) Cytochrom b (teilweise) ATP-Synthase (Hefezellen: 2 Proteine des Basisteils für die Membranverankerung; Mensch: 1 solche Untereinheit)	Teile von Photosystem I und II Teile der Cytochromkette ATP-Synthase (2 Untereinheiten des Basis- und 4 des Kopfteils)
RNAs	mRNAs für obige Proteine, alle tRNAs, zwei rRNA-Typen	mRNAs für obige Proteine tRNAs, rRNAs

- Meistens werden nur einzelne Untereinheiten von solchen Proteinen kodiert bzw. entsprechende mRNAs gebildet.
- Darüber hinaus erzeugen die Organellen einen Teil der für die Translation erforderlichen Moleküle, wie tRNAs, rRNAs und fallweise ribosomale Proteine. Der autonom kodierte Anteil ist bei Mitochondrien deutlich geringer als bei Chloroplasten.
- Die Schlüsselenzyme der Replikation und Transkription, die DNA- und RNA- Polymerasen, entstammen bei Mitochondrien ausnahmslos und bei Chloroplasten überwiegend dem Kern-Genom.

Allein aus den Angaben für beide Organellen in Tab. 24.**2** lässt sich schließen, dass Mitochondrien älter als Chloroplasten sein müssen (vgl. unten), weil letztere noch viel mehr Autonomie besitzen.

Um den Ablauf der Evolution weiter aufzuklären, wurden Cytochrome und andere Enzyme beider „autonomen Organellen" mit jenen verschiedener Bakterien verglichen. Dazu kam die Sequenzanalyse der 16S- bzw. 18S r-RNA und schließlich ab den 80er Jahren die Sequenzanalyse des Genoms dieser Organellen in einzelnen Spezies. Daraus ergaben sich folgende Schlussfolgerungen.

- Mitochondrien sind älter als Chloroplasten. Ihnen entsprechen am ehesten „schwefelfreie" Purpurbakterien. Vorläufer dieser Art wurden vermutlich

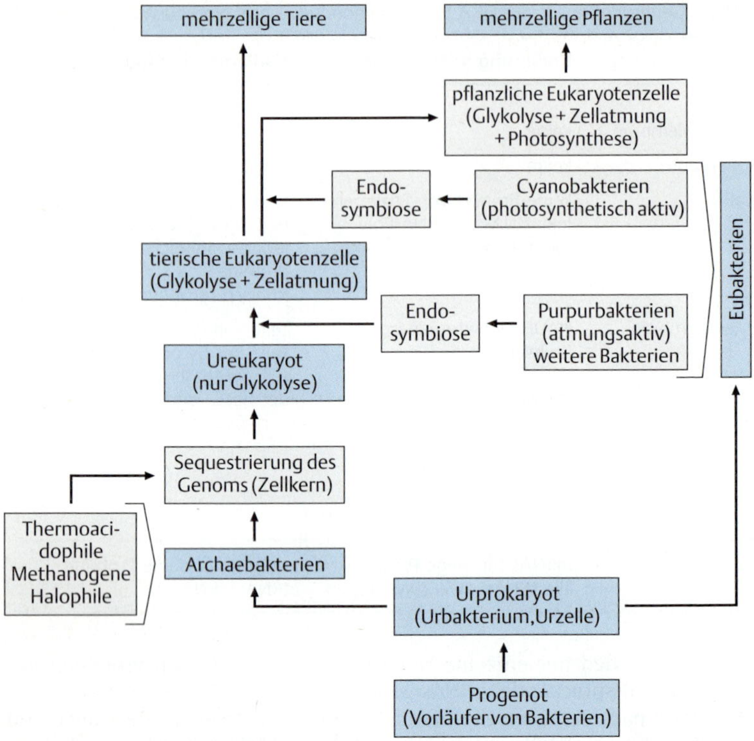

Abb. 24.**10** Zusammenfassung der hypothetischen Abfolge in der Evolution der tierischen und der pflanzlichen Eukaryotenzelle aus den verschiedenen bakteriellen Vorläufern. Für weitere Details vgl. Text.

vor ca. 1,8 bis 1,5 Milliarden Jahren als Endosymbionten aufgenommen. Durch Gentransfer wurde ein zunehmender Anteil des Organell-Genoms in das Kern-Genom der Eukaryotenzelle integriert.

- Als Vorläufer-Äquivalent der Chloroplasten kann man am wahrscheinlichsten blaugrüne Bakterien, Verwandte der Cyanobakterien, annehmen. Obwohl Cyanobakterien zu den ältesten Zellen gehören (vgl. 24.2), erfolgte ihre Aufnahme in die pflanzliche Zelle erst sehr viel später, und zwar nachdem die Eukaryotenzelle bereits ihre Mitochondrien erworben hatte. Der Transfer von DNA in das Kern-Genom ist hier weniger fortgeschritten als bei Mitochondrien.
- Die pflanzliche Eukaryotenzelle ist also jünger als die tierische.
- Zwischen Chondriom und Plastom gab es keinen Genaustausch.

Daraus lässt sich der Stammbaum für die Evolution der Eukaryotenzelle in Abb. 24.**10** ableiten. Die Symbiose-Hypothese wird durch einige weitere Ähnlichkeiten zwischen Mitochondrien und Chloroplasten einerseits und Eubakterien andererseits gestützt (Tab. 24.**1**).

Autonom kodierte Genprodukte sitzen immer noch an den Schlüsselstellen der organelltypischen Funktionen. So wird die für die Endoxidation verantwortliche Cytochrom c-Oxidase der Mitochondrien-Innenmembran zur Gänze, die für die CO_2-Bindung an Ribulose-1,5-bis-Phosphat verantwortliche Ribulose-1,5-bis-Phosphat-Carboxylase (Rubisco) der Chloroplasten-Innenmembran etwa zur Hälfte (eine Untereinheit) und die in beiden Membrantypen verankerte ATP-Synthase zu variablen Anteilen organellautonom kodiert. Dabei ist mit fortschreitender Evolution offensichtlich die DNA für eine zunehmende Anzahl von Untereinheiten der ATP-Synthase in den Zellkern abgegeben worden (vgl. Tab. 24.**2**).

Die US-Amerikanerin Lynn Margulis hat das Verdienst, die Symbiose-Hypothese revitalisiert zu haben. Ihr Versuch, diese auf andere Organellen (insbesondere Cilien, Flagellen und Kernteilungsspindel) zu erweitern, findet jedoch bisher keinerlei konkrete Unterstützung (vgl. Kap. 16.2.2).

24.6 Wie ging die Evolution der Zelle weiter?

Ein Teil der höheren Pflanzen, die Koniferen (Nadelhölzer) und die Blütenpflanzen, haben sogar die Fähigkeit zur Ausbildung von Centriolen, Basalkörpern, Cilien und Flagellen verloren (vgl. Kap. 23). An ihrer Kernteilungsspindel haben sie nur noch amorphe Polkappen. Dieses ging mit der Ausbildung einer Art innerer Befruchtung über einen Pollenschlauch einher. Die männlichen Gameten brauchen nicht mehr in einem Wassertropfen anzuschwimmen. Wie die Entwicklung der Blütenpflanzen wurde auch die Evolution der Säugetiere in der Kreidezeit (vor 140 bis 65 Millionen Jahren) forciert. Die Säugetierzellen haben derartige evolutive Neuerungen jedoch nicht mitgemacht, sie behielten Centriolen und Cilien und ihre Spermatozoen schwimmen immer noch nach dem „altmodischen" Prinzip des Geißelschlages an die Eizelle heran.

Bei Säugetieren wird das mitochondriale Genom nur mütterlicherseits weitergegeben (maternale, nicht mendelnde Vererbung). Aus diesem Grunde und wegen des einfachen Baus (ohne Introns) und der geringen Größe wird das Chondriom häufig für Verwandtschaftsanalysen ethnischer Gruppen und zur ethnischen Zuordnung von Mumien herangezogen. Der letzte prominente Fall dieser Art ist der Tiroler Eismann „Ötzi". (Er erwies sich als „echter" Europäer.) In weltweiten Analysen des Chondrioms zeigte sich, dass die Evolution auf zellulärem Niveau in der Tat stetig fortschreitet.

Selbstverständlich beansprucht ein zunehmender Grad an Komplexität mit fortschreitender Evolution eine zunehmende Menge an DNA (Tab. 24.**3**). Dennoch ist der Umfang der Kern-Genome kein verlässlicher Gradmesser für das

Tab. 24.**3** Anzahl der Gene bzw. der Basenpaare im haploiden Satz des Genoms von Organismen mit zunehmender Komplexität (ungefähre Richtwerte)

Organismus	**Basenpaare/Zelle**	**Gene**
Bakterien	$< 10^6$ bis 2×10^7	> 1000
– kleinste Bakterien (*Mycoplasma*)		< 500
Pilze	10^7 bis 10^8	
– Hefe (*Saccharomyces cerevisiae*)		6000
– Schleimpilz (*Dictyostelium*)		~ 10 000
Fadenwurm (*Caenorhabditis*)		19 000
Blütenpflanzen (*Arabidopsis*)		25 500
Insekten	$> 10^8$	
– Taufliege (*Drosophila*)		14 000
Fische	3×10^8 bis $> 10^9$	
Vögel	10^9	
Mensch	3×10^9	31 500 – 42 000 (?)

evolutionäre Niveau. Von fast 90% unseres Kern-Genoms sind keine Translationsprodukte bekannt. Bekanntlich werden Intron-Abschnitte der Prä-mRNA noch im Zellkern, also vor der Translation eliminiert (Spleißen; vgl. Kap. 7). Dazu kommt noch Junk-DNA, deren abfälliger Name (engl.: junk, Abfall) andeuten soll, dass es sich in der Tat um den während der Evolution angefallenen Abfall handeln könnte. Sogar mitochondriale DNA mancher Organismen enthält Junk-DNA. Noch kennen wir jedoch die Spielregeln der Evolution zu wenig genau, um so urteilen zu können – vielleicht handelt es sich um ein DNA-Reservoir für die weitere Evolution. Die bisher bekannten Wege verlaufen allerdings nach anderen Prinzipien: Gelegentliche Genduplikationen und bei Pflanzen auch Polyploidisierung stellten den größten Anteil „der genetischen Spielmasse" für die stetig fortlaufende Evolution. Kap. 21.3.1 gibt hierfür ein Beispiel auf der Basis der Sequenzhomologie zwischen Antikörper-Molekülen und bestimmten Zelladhäsionsmolekülen.

Bei aller Faszination über die molekularen Mechanismen sollten die globalen Zusammenhänge der Stoffkreisläufe im Laufe der Evolution nicht übersehen werden. Die Biosphäre steht in stetem Wechselspiel mit der Atmosphäre. Seit fast 2 Milliarden Jahren hat sich der Ozonschild entwickelt und die Oberflächentemperatur unseres Planeten wird wesentlich durch einen adäquaten CO_2-Gehalt (0,03%) mitbestimmt. Welche Beiträge hierzu tierische und pflanzliche Zellen liefern, haben wir bereits in Kap. 4 skizziert. Insofern hängt alles Leben an einem relativ empfindlichen Gleichgewicht, das aus der Summe der Aktivitäten aller Zellen über den Zeitlauf der Evolution resultiert.

Literatur

Brack, A.: The Molecular Origins of Life. Cambridge University Press, Cambridge 1999
deDuve, C.: Die Herkunft der komplexen Zellen. Spektrum Wiss. 6 (1994) 60
Doolittle, W. F.: Stammbaum des Lebens. Spektrum Wiss. 4 (2000) 52
Dyer, B. D., R. A. Obar: Tracing the History of Eukaryotic Cells. Columbia University Press, New York 1994
Eckardt, N. A.: Arabidopsis Genome conference 2000: How a small weed changed the world. Plant Cell 13 (2001) 5
Eigen, M.: Stufen zum Leben. Piper, München 1987
Fox, S.: The Emergence of Life. Basic Books, New York 1988
Gesteland, R. F., J. F. Atkins: The RNA World. Cold Spring Harbor Laboratory, Cold Spring Harbor 1993
Gray, M. W.: Origin and evolution of mitochondrial DNA. Annu. Rev. Cell Dev. Biol. 5 (1989) 25
Küppers, B. O.: Der Ursprung biologischer Information. Piper, München 1990
Lahav, N., S. Nir, A. C. Elitzur: The emergence of life on Earth. Progr. Biophys. Mol. Biol. 75 (2001) 75
Lang, B. F., M. W. Gray, G. Burger: Mitochondrial genome evolution and the origin of eukaryotes. Annu. Rev. Genet. 33 (1999) 351
Maier, U.-G.: Die Evolution von Zellen. Naturwissenschaften 83 (1996) 103
Margulis, L.: Symbiosis in Cell Evolution. Freeman, New York 1993
Morowitz, H. J.: Origin of Cellular Life: Metabolism Recapitulates Biogenesis. Yale University Press, Yale 1993
Osawa, S.: Evolution of the Genetic Code. Oxford University Press, Oxford 1995
Palmer J. D.: Comparison of chloroplast and mitochondrial genome evolution in plants. In R.G. Herrmann (Hrsg.): Cell Organelles, Springer, Wien 1992
Wills, C., J. Bada: The Spark Of Life. Perseus Publishing, Cambridge 2000
Woese, C. R.: Bacterial evolution. Microbiol. Rev. 51 (1987) 221

Sachverzeichnis

Halbfette Ziffern verweisen auf Abbildungen

C

D

F

G

Q

R

S

T